Hellerich / Harsch / Haenle
Werkstoff-Führer Kunststoffe

Hellerich / Harsch / Haenle

Werkstoff-Führer Kunststoffe

Eigenschaften, Prüfungen, Kennwerte

Mit 133 Abbildungen, 59 Diagrammen und 71 Tabellen

8., völlig überarbeitete Auflage

HANSER

Prof. Dipl.-Ing. Dr. h.c. Walter Hellerich, Heilbronn
Prof. Dipl.-Ing. Günther Harsch, Beilstein
Prof. Dr.-Ing. Siegfried Haenle, Göppingen

Die im vorliegenden Buch enthaltenen Angaben wurden nach sorgfältiger Prüfung der vorhandenen Unterlagen zusammengestellt. Es kann jedoch keine Gewähr im Einzelfall, auch nicht in patentrechtlicher Sicht übernommen werden. Bei Auslassungen oder Fehlern können keine Rechtsansprüche an Verlag und Verfasser gestellt werden.
Die aufgeführten Handelsnamen und Hersteller können nur Beispiele sein. Die getroffene Auswahl läßt nicht darauf schließen, daß andere Produkte nicht vorhanden sein können.

Die Deutsche Bibliothek – CIP-Einheitsaufnahme

Hellerich, Walter:
Ein Titeldatensatz für diese Publikation ist bei Der Deutschen Bibliothek (CIP-Zentrale, Adickesallee 1, 60322 Frankfurt) erhältlich.

ISBN 3-446-21437-2

Dieses Werk ist urheberrechtlich geschützt.
Alle Rechte, auch die der Übersetzung, des Nachdruckes und der Vervielfältigung des Buches oder Teilen daraus, vorbehalten. Kein Teil des Werkes darf ohne schriftliche Genehmigung des Verlages in irgend einer Form (Fotokopie, Mikrofilm oder einem anderen Verfahren), auch nicht für Zwecke der Unterrichtsgestaltung – mit Ausnahme der in den §§ 53, 54 URG ausdrücklich genannten Sonderfälle –, reproduziert oder unter Verwendung elektronischer Systeme verarbeitet, vervielfältigt oder unter Verwendung elektronischer Systeme verarbeitet, vervielfältigt oder verbreitet werden.

© 2001 Carl Hanser Verlag München Wien
http://www.hanser.de

Satz und Druck: Druckhaus „Thomas Müntzer" GmbH, Bad Langensalza
Herstellung: Oswald Immel
Umschlaggestaltung: MCP· Susanne Kraus GbR, Holzkirchen
Printed in Germany

Vorwort zur 8. Auflage

Der „Werkstoff-Führer Kunststoffe" hat mit seiner umfassenden Darstellung der Kunststoffeigenschaften und Prüfverfahren für Kunststoffe in der Fachwelt seit 25 Jahren einen festen Platz gefunden und ist durch ständige Überarbeitung stets aktuell geblieben. Die 7. Auflage war besonders gründlich überarbeitet und auch erweitert worden.

In der neuen 8. Auflage wurden die Änderungen berücksichtigt, die sich durch Übernahme von europäischen EN- bzw. internationalen ISO-Normen ergeben haben.

Bei den Werkstoffen brachten diese Änderungen teilweise neue Festlegungen der charakteristischen Eigenschaften und Werkstoffbezeichnungen, vor allem bei den rieselfähigen duroplastischen Formmassen. Das neu aufgenommene Kapitel „Verbundsysteme" ist der Entwicklung angepaßt und enthält sowohl faserverstärkte Kunststoffe (FK), als auch Polymer-Legierungen (Blends). Bei den Kennwertbereichen in den Übersichtstabellen sind weiterhin nur Basiswerkstoffe aufgenommen, da die Vielfalt der Modifikationen den Rahmen dieser Tabellen sprengen würde und die Übersichtlichkeit verloren ginge.

Mehrere Prüfverfahren wurden den neuen Normen angepaßt. Die Härteprüfverfahren wurden durch die Rockwell-Härteprüfung ergänzt; bei den Schlagprüfungen wurde die instrumentierte Schlagzähigkeitsprüfung neu aufgenommen, dafür die alten Schlagzähigkeitsprüfungen mit Normkleinstäben nur noch erwähnt. Änderungen ergaben sich bei den Brennprüfungen, bei den Verfahren zur Bestimmung der Wasseraufnahme, beim Konditionieren, bei der Ermittlung der Schwindungswerte und bei den Viskositätsmessungen. Die Bestimmung der Fließfähigkeit bei Prepregs und langfaserverstärkten Kunststoffen wurde neu aufgenommen.

Die klare, übersichtliche Gliederung und die handliche Form des Fachbuches, die zum bisherigen Erfolg beigetragen haben, sind beibehalten worden.

Herrn Dipl.-Ing. F. Berg vom Fachnormenausschuß Kunststoffe (FNK) danken wir für seine wertvollen Hinweise auf die Änderungen durch Einführung der internationalen Normung. Dem Carl Hanser Verlag sind wir für die wiederum vertrauensvolle und gute Zusammenarbeit dankbar. Herr Dr. Wolfgang Glenz hat uns viel geholfen, Ordnung in die Handelsnamen und Rohstoffhersteller zu bekommen, die einem laufenden Wechsel unterzogen sind. Herr Oswald Immel hat die 8. Auflage in Layout und Typografie vorteilhaft umgestaltet.

Die Verfasser

Vorwort zur 1. Auflage

Jeder Ingenieur und Techniker, der Kunststoffe als technische Werkstoffe einsetzen will, braucht einen schnellen Überblick über die Kunststoffarten und eine gute Vergleichsmöglichkeit der wichtigsten Eigenschaften. Diese Forderungen werden in dem vorliegenden Buch erreicht durch

Angaben über Aufbau und Gefüge der wichtigsten Kunststoffe,
Hinweise auf Hersteller und Handelsnamen,
prägnante und übersichtliche Beschreibung der Eigenschaften,
Erläuterung der Eigenschaften durch typische Anwendungsbeispiele,
kurze Darstellung der speziellen Verarbeitungsbedingungen,
Information über das Temperaturverhalten durch Schubmodul-Temperatur-Kurven,
übersichtliche Darstellung der Kunststoff-Kennwerte in Bereichsdiagrammen,
eine praxisnahe Methode zur schnellen Erkennung der Kunststoffart.

Da die ermittelten Kennwerte von der Prüfung abhängen, wurde jeweils das Prüfverfahren so umfassend beschrieben, daß die wichtigsten Prüfbedingungen und die Auswirkungen auf die Kennwerte erfaßt sind.

Bei der gestrafften Darstellung der Kunststoffeigenschaften und der Prüfverfahren konnten jedoch nicht alle Variationsmöglichkeiten berücksichtigt werden. Zur weiteren Information, insbesondere über Handelsnamen und Hersteller, wird auf *Saechtling/Zebrowski*: Kunststoff-Taschenbuch, Carl Hanser Verlag München verwiesen. Weitere Angaben über die Abhängigkeit der Kunststoffeigenschaften von der Temperatur und von anderen Bedingungen können aus *Oberbach*: Kunststoff-Kennwerte für Konstrukteure, und *Schreyer*: Konstruieren mit Kunststoffen, beide Carl Hanser Verlag München entnommen werden. Außerdem wird auf Firmenveröffentlichungen über die einzelnen Kunststoffe verwiesen, die uns in dankenswerter Weise zur Verfügung gestellt wurden.

Genaue Angaben über die speziellen Prüfverfahren sind aus den jeweils aufgeführten DIN-Blättern ersichtlich. Eine wertvolle Ergänzung bietet *Haenle/Gnauck/Harsch*: Praktikum der Kunststofftechnik, Carl Hanser Verlag München, in dem Grundlagen und Durchführung der Verarbeitung und Prüfung von Kunststoffen ausführlich dargestellt sind.

Durch die hier verwendete methodische Darstellung der Kunststoffe als technische Werkstoffe hinsichtlich Eigenschaften und Prüfung haben wir in der Ingenieurausbildung seit Jahren erreichen können, daß die Studenten einen schnellen und trotzdem gründlichen Überblick über die Kunststoffe

Vorwort

bekommen und dadurch nur eine kurze Einarbeitungszeit in das Gebiet der Kunststofftechnik benötigen.

Nach diesen Erfahrungen erwarten wir, daß dieses Buch auch dem Praktiker seine Arbeit mit den Kunststoffen wesentlich erleichtern wird.

Wegen der schnellen Entwicklung auf dem Kunststoffgebiet wurden besondere Leerräume in den Tabellen und teilweise im Text zur laufenden Ergänzung vorgesehen.

Im August 1975   Die Verfasser

Inhaltsverzeichnis

I Aufbau und Verhalten von Kunststoffen ... 1

1 Grundlagen ... 1
1.1 Ausgangsstoffe, Kennzeichnung und Einteilung ... 1
1.2 Besonderheiten des Kohlenstoffatoms ... 2
1.3 Strukturen von Makromolekülen ... 4

2 Bildung von Makromolekülen ... 7
2.1 Bildungsreaktionen ... 7
2.2 Innere Kräfte in Molekülsystemen ... 12
2.3 Polymerisationsgrad, Vernetzungsgrad ... 13

3 Strukturen von thermoplastischen Kunststoffen ... 15
3.1 Orientierung von Makromolekülen ... 15
3.2 Kristallinität ... 15
3.3 Überstrukturen ... 17

4 Polymerkombinationen ... 19
4.1 Copolymerisation, Pfropfpolymerisation ... 19
4.2 Polymerblends, Polymerlegierungen, Kunststoffmischungen ... 20

5 Zusatzstoffe ... 22
5.1 Füllstoffe und Verstärkungsstoffe ... 22
5.2 Stabilisatoren ... 23
5.3 Farbmittel ... 24
5.4 Weichmacher und Flexibilisatoren ... 25
5.5 Flammschutzmittel (siehe auch Kap. 9.1) ... 26
5.6 Leitfähige Zusatzstoffe ... 26
5.7 Treibmittel ... 27

6 Verhalten von Kunststoffen ... 28
6.1 Mechanisches Verhalten ... 29
6.2 Thermisches Verhalten ... 31
6.3 Elektrisches Verhalten ... 34
6.4 Verhalten gegen Umwelteinflüsse ... 34
6.5 Wasseraufnahme ... 35
6.6 Permeation ... 36
6.7 Reibung und Verschleiß ... 36

7 Verarbeiten von Kunststoffen ... 37
7.1 Urformen ... 37
7.1.1 Urformen von Thermoplasten ... 37
7.1.2 Urformen von Duroplasten ... 41
7.1.3 Urformen von Elastomeren ... 42

7.2 Umformen von Thermoplasten	42
7.3 Nachbehandlungen	44
7.4 Fügen	45
7.5 Oberflächenbehandlungen	46
7.6 Spangebende Bearbeitung	46
7.7 Schäumen	47

8 Umweltprobleme – Recycling 48
   8.1 Umweltprobleme 48
   8.2 Wiederverwendung und Wiederverwertung von Kunststoffabfällen 51
      8.2.1 Stoffliche Wiederverwertung von Kunststoffabfällen 51
      8.2.2 Chemische und thermische Wiederverwertung von Kunststoffabfällen 54
   8.3 Definitionen bei der stofflichen Wiederverwertung von Kunststoffen 55

II Kunststoffe als Werkstoffe 57

9 Kennzeichnung und Normung von Kunststoffen 57
   9.1 Allgemeine Kennzeichnung von Kunststoffen 57
   9.2 Aufbau einer Normbezeichnung für thermoplastische Formmassen 63
   9.3 Normung von Duroplasten 68
   9.4 Kennzeichnung und Normung von Elastomeren 73

10 Thermoplaste 75
   10.1 Polyolefine 75
      10.1.1 Polyethylen PE 75
      10.1.2 Polypropylen PP 83
      10.1.3 Spezielle Polyolefine 88
         10.1.3.1 Polybuten PB 89
         10.1.3.2 Polymethylpenten PMP 90
   10.2 Vinylchlorid-Polymerisate 91
      10.2.1 Polyvinylchlorid PVC 92
      10.2.2 Weichmacherfreies Polyvinylchlorid PVC-U (Hart-PVC) 93
      10.2.3 Polyvinylchlorid mit Weichmacher PVC-P (Weich-PVC) 96
   10.3 Styrol-Polymerisate 99
      10.3.1 Polystyrol PS 100
      10.3.2 Schlagzäh modifiziertes Polystyrol PS-I (Styrol-Butadien SB) 103
      10.3.3 Styrol-Acrylnitril-Copolymerisat SAN 106
      10.3.4 Acrylnitril-Butadien-Styrol-Polymerisate ABS 108
      10.3.5 Schlagzähe Acrylnitril-Styrol-Formmassen ASA, AES, ACS 111
   10.4 Celluloseester CA, CP, CAB 114
   10.5 Polymethylmethacrylat PMMA 117
   10.6 Polyamide PA 122
   10.7 Polyoxymethylene (Polyacetale) POM 132

Inhaltsverzeichnis

10.8 Lineare Polyester (Polyalkylenterephthalate) PET, PBT 136
10.9 Polycarbonate PC 141
10.10 Modifizierte Polyphenylenether PPE 146
10.11 Aliphatische Polyketone (PK) 148

11 Spezielle Kunststoffe zum Einsatz bei höheren Temperaturen (Hochleistungskunststoffe) 151
11.1 Polyarylsulfone PSU, PES 152
11.2 Polyphenylensulfid PPS 155
11.3 Polyimide PI, (PMI), PEI, PAI 157
11.4 Polyaryletherketone PAEK (PEK, PEEK) 161
11.5 Polyphtalamid (PPA) 162
11.6 Fluorhaltige Polymerisate 164
    11.6.1 Polytetrafluorethylen PTFE 165
    11.6.2 Fluorhaltige Thermoplaste 168

12 Duroplaste 171
12.1 Phenoplaste PF 171
12.2 Aminoplaste MF, MP, UF 177
12.3 Ungesättigte Polyesterharze UP 182
12.4 Epoxidharze EP 187
12.5 Sonderharze 192
    12.5.1 Silikonharzmassen SI 192
    12.5.2 Diallylphthalat DAP/Polydiallylphthalat PDAP 193
    12.5.3 Poly-DCPD-Harze 193
    12.5.4 Vinylesterharze (VE-Harze) 193
    12.5.5 PUR-Gießharze 193

13 Verbundsysteme 195
13.1 Faser-Verbundsysteme 195
    13.1.1 Faserwerkstoffe, Faserprodukte 196
    13.1.2 Besonderheiten bei Faser-Verbundsystemen 197
    13.1.3 Verarbeitungstechniken für Reaktionsharzmassen mit Faserverstärkungen 199
    13.1.4 Thermoplast-Faserverbundsysteme 201
13.2 Polymerblends (siehe auch Kap. 4.2). 203

14 Elastomere 205
14.1 Vernetzte Elastomere (Gummiwerkstoffe) 205
14.2 Thermoplastische Elastomere TPE 210
    14.2.1 Polyurethan-Elastomere PUR 211
    14.2.2 Polyetheramide (TPE-A) 216
    14.2.3 Polyesterelastomere (TPE-E) 217
    14.2.4 Elastomere auf Polyolefinbasis (siehe auch Kap. 10.1) .. 218
        14.2.4.1 Ethylen-Vinylacetat-Copolymere EVAC 218
        14.2.4.2 Olefin-Elastomere (TPE-O bzw. TPE-V) 220
    14.2.5 Styrolcopolymere (TPE-S) 221

Inhaltsverzeichnis

15 Schaumstoffe, geschäumte Kunststoffe 222
   15.1 Harte Schaumstoffe; harte Struktur- bzw. Integral-Schaumstoffe 225
   15.2 Weichelastische Schaumstoffe; weichelastische Struktur- bzw. Integral-Schaumstoffe 227

16 Sonderpolymere 229
   16.1 LC-Polymere 229
   16.2 Elektrisch leitfähige Polymere 231

III Prüfung von Kunststoffen, Kennwerte 233

17 Auswertung von Prüfergebnissen 233

18 Einfache Methoden zur Erkennung der Kunststoffart 237

19 Physikalische Untersuchungsmethoden zum Erkennen der Kunststoffart 241
   19.1 Dichtebestimmung 241
      19.1.1 Bestimmung der Dichte nach der Auftriebsmethode (Verfahren A) 242
      19.1.2 Bestimmung der Dichte durch Eingrenzen in Prüfflüssigkeiten (Verfahren C) 242
      19.1.3 Bestimmung der Dichte von Schaumstoffen aus Kautschuk und Kunststoffen 243
      19.1.4 Bestimmung des Gehalts an anorganischen Füllstoffen .. 243
      19.1.5 Ermittlung des Glasfasergehalts und des Gehalts anderer mineralischer Füllstoffe aus den Dichtewerten .. 245
   19.2 Thermische Analysenverfahren 248
   19.3 Infrarot-Spektroskopie 254
   19.4 Gel-Permeations-Chromatographie GPC 255

20 Datenkatalog für Prüfungen, Herstellungsbedingungen für Probekörper, Prüfverfahren zur Ermittlung von Werkstoffkennwerten .. 257

21 Mechanische Prüfungen 270
   21.1 Zugversuch 270
   21.2 Druckversuch 287
   21.3 Biegeversuch 295
   21.4 Torsionsschwingungsversuch 302
   21.5 Härteprüfung 311
      21.5.1 Härteprüfung durch Kugeleindruckversuch 313
      21.5.2 Härteprüfung nach Rockwell 316
      21.5.3 Härteprüfung nach Shore 318
   21.6 Schlagversuche 320
      21.6.1 Schlagbiegeversuch nach Charpy 322
         21.6.1.1 Schlagbiegeversuche nach DIN EN ISO 179 ... 322
         21.6.1.2 Instrumentierte Schlagzähigkeitsprüfung 327

21.6.2 Schlagbiegeversuch nach Izod 338
21.6.3 Schlagzugversuch 340
21.7 Zeitstandversuch 343
21.8 Zeitschwingversuch 354
21.9 Reibungs- und Verschleißverhalten 362

22 Thermische Prüfungen 366
22.1 Formbeständigkeit in der Wärme 367
    22.1.1 Bestimmung der Wärmeformbeständigkeitstemperatur T_f . 367
    22.1.2 Vicat-Erweichungstemperatur 371
22.2 Verhalten von Kunststoffen bei Temperatureinwirkung 375
22.3 Gebrauchstemperaturbereiche 379
22.4 Wärmeleitfähigkeit 383
22.5 Thermischer Längenausdehnungskoeffizient 387

23 Brennverhalten von Kunststoffen 391
23.1 Prüfung zur Ermittlung der Brandgefahr nach DIN EN 60695 .. 395
    23.1.1 Brandprüfung nach DIN EN 60695 Verfahren A – Horizontalbrennprüfung. 397
    23.1.2 Brandprüfung nach DIN EN 60695 Verfahren B – Vertikalbrennprüfung. 399
    23.1.3 Brandprüfung nach DIN EN 60695-11-20 400
    23.1.4 Anmerkung zur Ermittlung des Brennverhaltens 401
23.2 Brennbarkeitsprüfungen nach UL 403
23.3 Bestimmung des Brennverhaltens durch den Sauerstoff-Index .. 406

24 Elektrische Prüfungen 408
24.1 Elektrische Durchschlagspannung, elektrische Durchschlagfestigkeit 408
24.2 Spezifischer Oberflächenwiderstand 413
24.3 Spezifischer Durchgangswiderstand 418
24.4 Dielektrische Eigenschaftswerte 422
24.5 Kriechwegbildung (Kriechstromfestigkeit) 428

25 Optische Prüfungen 432
25.1 Brechzahl 432
25.2 Lichtdurchlässigkeit 433

26 Wasseraufnahme und Permeation 438
26.1 Wasserdampf- und Gasdurchlässigkeit (Permeation) 439
26.2 Bestimmung der Wasseraufnahme 440
26.3 Konditionieren 445

27 Schwindung, Schrumpfung 447
27.1 Schwindung 447
27.2 Schrumpfung 452

28 Chemische Beständigkeit von Kunststoffen 453

Inhaltsverzeichnis

29 Viskositätsmessungen 457
  29.1 Viskositätsmessungen an Thermoplasten 457
    29.1.1 Bestimmung von Schmelze-Massenfließrate und Schmelze-Volumenfließrate (früher Schmelzindex und Volumen-Fließindex) 457
    29.1.2 Bestimmung der Viskositätszahl von Thermoplasten in verdünnter Lösung 460
  29.2 Fließ-Härtungsverhalten von härtbaren Formmassen 463
    29.2.1 Bestimmung der Schließzeit von härtbaren Formmassen (PMC) 464
    29.2.2 Bestimmung des Fließ-Härtungsverhaltens von rieselfähigen duroplastischen Formmassen (PMC) 465
    29.2.3 Bestimmung des Härtungsverhaltens faserverstärkter härtbarer Kunststoffe 467
    29.2.4 Bestimmung der Fließfähigkeit, Reifung und Gebrauchsdauer faserverstärkter, härtbarer Kunststoffe 471

30 Materialeingangsprüfungen 475
  30.1 Bezeichnung von Formmassen 475
  30.2 Erkennen der Kunststoffart 475
  30.3 Viskositätsmessungen. 475
  30.4 Korngröße, Kornform 476
  30.5 Schüttdichte und Stopfdichte. 476
  30.6 Rieselfähigkeit 478
  30.7 Feuchtegehalt, Flüchte 478

31 Prüfung von Kunststoff-Formteilen 480
  31.1 Zusammenstellung von Formteilprüfungen 480
    31.1.1 Prüfung des Formstoffs im Formteil 480
    31.1.2 Prüfung des ganzen Formteils 481
    31.1.3 Gebrauchsprüfungen des Formteils 482
  31.2 Ermittlung von Eigenspannungen 483
    31.2.1 Warmlagerungsversuch 484
    31.2.2 Spannungsrißverhalten von Thermoplasten 486
      31.2.2.1 Beurteilung des Spannungsrißverhaltens durch Kugel- oder Stifteindrückverfahren 491
      31.2.2.2 Beurteilung des Spannungsrißverhaltens durch Zeitstandzugversuch 494
      31.2.2.3 Beurteilung des Spannungsrißverhaltens im Biegestreifenverfahren 495
      31.2.2.4 Bell-Telephone-Test. 499
  31.3 Mikroskopische Untersuchungen 499
    31.3.1 Präparation für Durchlichtuntersuchungen 499
      31.3.1.1 Herstellung von Dünnschnitten 500
      31.3.1.2 Herstellung von Dünnschliffen 501
    31.3.2 Präparation für Auflichtuntersuchungen 502

    31.3.3 Mikroskopierverfahren 502
            31.3.3.1 Beurteilung von teilkristallinen Thermoplasten . . 503
            31.3.3.2 Beurteilung der Füllstoffverteilung in Kunststoff-
                     Formteilen. 506
    31.3.4 Rasterelektronenmikroskopische Untersuchungen 507
31.4 Stoßversuche 507
    31.4.1 Nichtinstrumentierter Schlagversuch (Fallbolzenversuch) . 508
    31.4.2 Instrumentierter Durchstoßversuch 510
    31.4.3 Vergleich von Ergebnissen aus Fall- und Durchstoßversuchen 510
31.5 Farbbeurteilung 511
    31.5.1 Farbabmusterung nach DIN 6173 513
    31.5.2 Farbmessungen 514
31.6 Bewitterungsversuche 515
    31.6.1 Bewitterung in Naturversuchen (Freibewitterung) 517
    31.6.2 Bewitterung in Kurzprüfungen 517

IV Anhang 519

32 Größen, Einheiten, Umrechnungsmöglichkeiten 519

33 Literaturhinweise (Auswahl) 521

34 Anschriften von Verbänden 524

35 Hersteller und Lieferanten von Kunststoffen (Auswahl) 525

36 Sachverzeichnis mit Handelsnamen und Anwendungsbeispielen . . 528

I Aufbau und Verhalten von Kunststoffen

1 Grundlagen

1.1 Ausgangsstoffe, Kennzeichnung und Einteilung

Kunststoffe sind hochmolekulare Werkstoffe (Polymere), die heute fast ausschließlich synthetisch hergestellt werden.

Kunststoffe ist ein Sammel- oder Überbegriff für

- Thermoplaste und thermoplastische Elastomere
- Duroplaste
- Elastomere.

Ausgangsstoffe für Kunststofferzeugnisse sind Erdöl, Erdgas und Kohle als Träger von Kohlenstoff C, sowie Wasserstoff H, Sauerstoff O und Stoffe, die Stickstoff N, Chlor Cl, Schwefel S und Fluor F enthalten. Als Ausgangsstoff kommen heute teilweise auch schon Pyrolyseöle aus Recyclinganlagen zur Anwendung.

Vielfältige *Variationsmöglichkeiten* bei der Herstellung von Kunststoffen ergeben große Verschiedenartigkeit der entstehenden Kunststoffe als *Homopolymerisate, Copolymerisate, Pfropfpolymerisate, Polymergemische (Polymer-Legierungen, Polymerblends), vernetzte Systeme.*

Die Eigenschaften der Kunststoffe ergeben sich aus dem *chemischen Aufbau („Bausteine")* und der *physikalischen Struktur,* z. B. lineare oder verzweigte Kettenmoleküle, weit- oder engmaschig vernetzte Raummoleküle.

Kunststoffe bringen gegenüber anderen Werkstoffgruppen z. T. völlig neue Eigenschaften mit, die eine Verwirklichung bestimmter technischer Probleme erst ermöglichen, z. B. in Form von *Schnappverbindungen, Federelementen, Filmscharnieren, Strukturschäumen, speziellen Gleitelementen, schmierungsfreien Lagern* oder bei der *integralen Fertigung mehrfunktioneller Formteile.*

Die *Kennzeichnung* von Kunststoffen und ihre *Normung* ist wegen der großen Vielfalt, der besonderen Eigenschaften und Verarbeitungseinflüsse anders als bei Metallen:

- International verständliche Kurzzeichen nach DIN EN ISO 1043, DIN 16780, z. B. PE, PA, PC, PF, EP (vgl. Kap. 9)
- Neues Ordnungssystem für Kunststoffe, wie es in den Formmassennormen nach DIN EN ISO und z. T. noch nach DIN enthalten ist (vgl. Kap. 9).

1 Grundlagen

Gummiwerkstoffe (Elastomere) werden häufig nicht zu den Kunststoffen gezählt, obwohl sie überwiegend ebenfalls synthetisch hergestellt werden. Der Aufbau von Gummimischungen und die Verarbeitung unterscheiden sich wesentlich von der für Kunststoffe üblichen Technik (siehe Kap. 14.1).

Silikone sind ebenfalls hochmolekulare Verbindungen mit Siliziumketten und organischen Seitengruppen. Sie kommen vor als hochvernetzte Duroplaste (Kap. 12.5) oder Elastomere (Kap. 14.1).

1.2 Besonderheiten des Kohlenstoffatoms

Ein Kohlenstoffatom kann mit allen vier Wertigkeiten Bindungen eingehen (Elektronenpaarbindung), z. B. mit Wasserstoff H (Kohlenwasserstoffe), Chlor Cl und anderen Elementen, sowie organischen Molekülresten.

Kohlenstoff C ist vierwertig   Methan   Tetrachlorkohlenstoff

Kohlenstoff C kann mit sich selbst unter *Kettenbildung* Bindungen eingehen. Es entstehen dann *kettenförmige, aliphatische* Kohlenwasserstoffe C_nH_{2n+2} (Alkane). Solche *gesättigten* Kohlenwassserstoffe sind *reaktionsträge*.

Methan   Ethan   Propan usw.

Unter Normalbedingungen sind die gesättigten Kohlenwasserstoffe bis C_4H_{10} *gasförmig*, ab C_5H_{32} *flüssig* und ab $C_{16}H_{34}$ *fest* (Paraffine). Daraus erkennt man, daß die *Kettenlänge* entscheidend ist für das Verhalten der Moleküle. Allerdings kommt man erst bei sehr großen Kettenlängen zu technisch brauchbaren, festen Stoffen, den *Kunststoffen* als *technischen Werkstoffen*.

Kohlenstoffatome können mit sich selbst auch *Mehrfachbindungen* eingehen zu *ungesättigten, reaktionsfreudigen* Verbindungen mit *Doppelbindungen* (Alkene) oder *Dreifachbindungen* (Alkine).

1.2 Besonderheiten des Kohlenstoffatoms

Aromaten sind *ringförmige* Kohlenwasserstoffe, z. B. Benzol C_6H_6.

$$\begin{array}{cc} H & H \\ | & | \\ C=C \\ | & | \\ H & H \end{array} \qquad H-C\equiv C-H$$

Ethen (Ethylen)   Ethin (Acetylen)   Benzol

Bei den *Kohlenwasserstoffen* kann der Wasserstoff durch andere Elemente (Cl, F) oder organische Molekülreste ($-CH_3$, $-CN$ usw.) ersetzt (substituiert) werden.

Bei den Molekülen mit Doppelbindungen, die sehr *reaktionsfreudig* sind, werden Reaktionen möglich, die zu *Makromolekülen* führen (Kap. 2.1).

Monomeres $\xrightarrow{\text{Polymerisation}}$ Polymeres

(niedermolekular)   (hochmolekular)

○ C
● H

Durch die Vielfalt der Ausgangsmoleküle (Bausteine) sind sehr große *Variationsmöglichkeiten* bei der Bildung und beim Aufbau von Makromolekülen mit den unterschiedlichsten Eigenschaften gegeben. Das ergibt die Vielfalt der herzustellenden Kunststoffe als „Werkstoffe nach Maß".

Sind in einem Monomer mehr als eine Doppelbindung enthalten (Isopren, Butadien, ungesättigte Polyester UP), so ist eine *Vernetzung*, d. h. eine echte chemische Bindung zwischen den Makromolekülen möglich. Je nach Anzahl der Vernetzungspunkte ergeben sich weich- bis hartelastische Elastomere bzw. Duroplaste.

Wichtige Ausgangsstoffe (Monomere) für die Kunststofferzeugung sind (Auswahl):

$$\begin{array}{cc} H & H \\ | & | \\ C=C \\ | & | \\ H & H \end{array} \quad \text{Ethylen (Ethen)} \qquad \begin{array}{cc} H & H \\ | & | \\ C=C \\ | & | \\ H & Cl \end{array} \quad \text{Vinylchlorid}$$

1 Grundlagen

$$\begin{array}{c} H \quad H \\ | \quad | \\ C=C \\ | \\ H \end{array}$$ Vinylbenzol (Styrol) (mit Phenylring)

$$\begin{array}{c} H \quad H \\ | \quad | \\ C=C \\ | \quad | \\ H \quad CH_3 \end{array}$$ Propylen

$$\begin{array}{c} F \quad F \\ | \quad | \\ C=C \\ | \quad | \\ F \quad F \end{array}$$ Tetrafluorethylen

$$\begin{array}{c} H \\ | \\ C=O \\ | \\ H \end{array}$$ Formaldehyd

$$\begin{array}{c} H \quad H \\ | \quad | \\ C=C \\ | \quad | \\ H \quad O \\ \quad \quad | \\ \quad \quad C=O \\ \quad \quad | \\ \quad \quad CH_3 \end{array}$$ Vinylacetat

$$\begin{array}{c} H \quad CH_3 \\ | \quad | \\ C=C \\ | \quad | \\ H \quad C=O \\ \quad \quad | \\ \quad \quad O \\ \quad \quad | \\ \quad \quad CH_3 \end{array}$$ Methylmethacrylat

$$\begin{array}{c} H \quad H \quad H \quad H \\ | \quad | \quad | \quad | \\ C=C-C=C \\ | \quad \quad \quad \quad | \\ H \quad \quad \quad \quad H \end{array}$$ Butadien

$$\begin{array}{c} H \quad CH_3 \quad H \quad H \\ | \quad | \quad \quad | \quad | \\ C=C-C=C \\ | \quad \quad \quad \quad \quad | \\ H \quad \quad \quad \quad \quad H \end{array}$$ Isopren

1.3 Strukturen von Makromolekülen

Hochmolekulare Stoffe enthalten bei den *Thermoplasten* Kettenmoleküle mit bis zu 10^6 Atomen. Bei eng *vernetzten Duroplasten* und *lose vernetzten Elastomeren* kann man nur noch von einem einzigen „Riesenmolekül" sprechen.

Amorphe Thermoplaste (Bild 1.1) bestehen aus langen Kettenmolekülen, die sich bei ihrer Bildung ineinander verschlingen und verfilzen. Die „gestreckte", mittlere Kettenlänge beträgt ca. 10^{-10} mm bis 10^{-3} mm bei einer „Dicke der Kette" von ca. $0{,}3 \cdot 10^{-6}$ mm.

Amorphe Thermoplaste kristallisieren wegen ihres unsymmetrischen Aufbaus bzw. großen Seitengruppen nicht, sie sind daher i. a. glasklar, wenn sie nicht modifiziert sind. Sie haben deshalb meist gute optische Eigenschaften und weisen geringe Verarbeitungsschwindung auf. Die *Einsatztemperatur-*

1.3 Strukturen von Makromolekülen

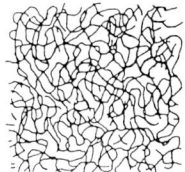

Bild 1.1   Molekülanordnung in amorphen Thermoplasten (schematisch)

bereiche von amorphen Thermoplasten liegen unterhalb der *Glasübergangstemperatur* T_g (Einfriertemperatur), vgl. Kapitel 6.2 und 21.4. Weil Fadenmoleküle ohne chemische Bindungen untereinander vorliegen, können amorphe Thermoplaste nach allen „thermoplastischen" Verarbeitungsverfahren wie Spritzgießen, Extrudieren, Warmumformen und Schweißen ver- bzw. bearbeitet werden. Ausnahmen sind sehr hochmolekulare Kunststoffe wie z. B. formpolymerisiertes („gegossenes") PMMA.

Teilkristalline Kunststoffe (Bild 1.2) haben teilweise besonders geordnete Molekülbereiche, die als *kristalline* Bereiche bezeichnet werden. Solche Ordnungszustände sind möglich z. B. bei symmetrischem und weitgehend linearem Molekülaufbau wie z. B. bei PE-HD (Bild 1.2). Durch die Kristallisation sind teilkristalline Thermoplaste i. a. opak. Mit zunehmender Kristallinität nimmt die Transparenz ab. Die Verarbeitungsschwindung ist höher als bei amorphen Thermoplasten. Die *Einsatztemperaturbereiche* liegen zwischen der Glasübergangstemperatur T_g und der Kristallitschmelztemperatur T_m. Verarbeitungsmöglichkeiten wie bei amorphen Thermoplasten; jedoch haben die Abkühlungsbedingungen (z. B. die Werkzeugtemperatur) großen Einfluß auf die Eigenschaften wegen unterschiedlicher Kristallinität und Nachkristallisation.

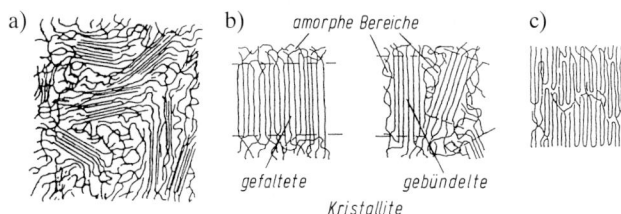

Bild 1.2   a) Molekülanordnung in teilkristallinen Thermoplasten (schematisch)
           b) gefaltete und gebündelte Kristallite
           c) gerichtete Kristallitstruktur nach dem Verstrecken

1 Grundlagen

Die Eigenschaften von Thermoplasten sind abhängig vom *chemischen Aufbau der Grundbausteine*, von der *Kettenlänge*, der *Kristallinität*, und den *Kräften zwischen den Molekülketten (ZMK: Zwischenmolekulare Kräfte, Nebenvalenzen)*, siehe Kap. 2.2.

Elastomere (Bild 1.3) bestehen meist aus weitmaschig vernetzten Kettenmolekülen (Hauptvalenzbindungen). Die Anzahl der Verknüpfungspunkte ist abhängig von der Anzahl an mehrfunktionellen Gruppen in den Ausgangsmonomeren und beeinflußt die Elastizität. Die weitmaschige Vernetzung erfolgt bei der Formgebung; ein Warmumformen und Schweißen ist nachträglich nicht mehr möglich. *Thermoplastische Elastomere TPE* (Kap. 14.2) sind *physikalisch vernetzt* und deshalb wie Thermoplaste zu verarbeiten.

Bild 1.3   *Molekülanordnung in weitmaschig vernetzten Elastomeren (schematisch)*

Duroplaste (Bild 1.4) bestehen aus engmaschig, räumlich vernetzten Molekülstrukturen. Die Vernetzung erfolgt bei der Formgebung; diese Werkstoffe sind dann nach der Formgebung nicht mehr schmelzbar und daher nicht schweißbar und nur noch spanend bearbeitbar. Duroplaste werden meist durch Gießen, Laminieren, Pressen und Spritzgießen verarbeitet. Die *Einsatztemperaturbereiche* sind wegen der Vernetzung höher als bei Thermoplasten.

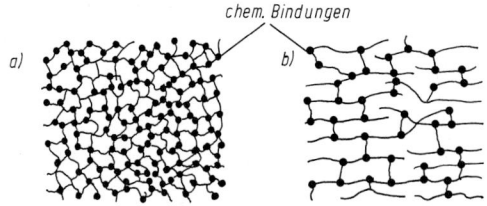

Bild 1.4   *Molekülanordnung in eng vernetzten Duroplasten (schematisch)*
             a) Vernetzung von „Einzelbausteinen" bei duroplastischen Formmassen
             b) Quervernetzung von Ketten bei UP-Gießharzen

2 Bildung von Makromolekülen

2.1 Bildungsreaktionen

Polymerisation (nach IUPAC: Additionspolymerisation als Kettenreaktion APK) ist die Verkoppelung von reaktionsfreudigen Monomeren durch Aufbrechen der Doppelbindungen und damit ein „Aneinanderhängen" von Einzelbausteinen zu Ketten *ohne* Abspaltung von Nebenprodukten.

Die Polymerisation wird eingeleitet durch Temperatur, Druck und Katalysatoren. Bei exothermen Reaktionen muß Wärme abgeführt werden. Das entstehende Polymerisat enthält die Bausteine des Monomeren ohne Doppelbindungen bei einer höheren molaren Masse (Molekulargewicht).

Homo- oder *Unipolymerisate*, z. B. PE, PP, PS, PMMA, POM, PTFE bestehen aus gleichen Monomerbausteinen:

$$\underset{\substack{\text{Monomeres: Ethylen}\\ \text{(Ethen)}}}{\overset{H\ \ H}{\underset{H\ \ H}{C=C}} + \overset{H\ \ H}{\underset{H\ \ H}{C=C}} + \overset{H\ \ H}{\underset{H\ \ H}{C=C}} + \cdots} \xrightarrow{\text{Polymerisation}} \underset{\substack{\text{Polymeres:}\\ \text{Polyethylen (PE)}\\ \text{(Polyethen)}}}{\left[\overset{H\ \ H}{\underset{H\ \ H}{-C-C-}}\right]_n \cdots}$$

Bei *Copolymerisaten*, z. B. SAN, ABS, UP sind zur Veränderung der Eigenschaften unterschiedliche Monomere am Aufbau der Kette beteiligt:

Styrol Acrylnitril → Styrol-Acrylnitril SAN

Entstehen bei der Copolymerisation lineare Makromoleküle, so sind die entstandenen Copolymerisate *Thermoplaste* (z. B. SAN, ABS).

Bei der Copolymerisation von mehrfunktionellen Monomeren oder Monomeren mit reaktionsfähigen Gruppen entstehen durch räumliche Vernetzung *duroplastische* Copolymerisate. So erfolgt bei UP bei der Verarbeitung

2 Bildung von Makromolekülen

durch Copolymerisation von ungesättigtem Polyester mit Styrol eine räumliche Vernetzung und dadurch die Aushärtung (*katalytische Härtung*); als Reaktionsmittel dienen organische Peroxide und Beschleuniger, die aber nicht Bestandteil der vernetzten Struktur sind:

ungesättigter Polyester	Styrol	UP, räumlich vernetzt

„Styrolbrücke"

Polykondensation (nach IUPAC: Kondensationspolymerisation KP) ist eine Reaktion zwischen reaktionsfähigen Gruppen unterschiedlicher Ausgangsstoffe. Allgemein sind mindestens *zweifunktionelle* (bifunktionelle) Ausgangsstoffe notwendig. Meist erfolgt die Reaktion zwischen Wasserstoff und Hydroxylgruppen (−OH) unter Bildung von Wasser (Polykondensation).

$$\cdots\!-\!R_1 \;+\; \overset{O}{\underset{\parallel}{R_2}} \;+\; R_1\!-\!\cdots \;\xrightarrow{\text{Polykondensation}}\; \cdots\!-\!R_1\!-\!R_2\!-\!R_1\!-\!\cdots \;+\; H_2O$$

Die Polykondensation läuft schrittweise ab und kann an beliebigen Stellen unterbrochen werden. Das ist wichtig für die Herstellung, Lagerung und Verarbeitung von härtbaren Polykondensaten (Kap. 12.1).

Bei der Polykondensation entstehen *Thermoplaste*, wenn lineare Ketten gebildet werden, z. B. bei bifunktionellen Ausgangsmonomeren. So ergibt Hexamethylendiamin mit Adipinsäure das thermoplastische Polyamid PA 66 und mit Sebazinsäure das thermoplastische Polyamid PA 610:

$$\underset{\underset{H}{|}}{\overset{\overset{H}{|}}{N}}\!-\!(CH_2)_6\!-\!\underset{\underset{H}{|}}{\overset{\overset{H}{|}}{N}} \;+\; \underset{\underset{OH}{|}}{\overset{\overset{O}{\parallel}}{C}}\!-\!(CH_2)_4\!-\!\underset{\underset{OH}{|}}{\overset{\overset{O}{\parallel}}{C}} \;+\; \cdots \;\longrightarrow$$

2.1 Bildungsreaktionen

$$\xrightarrow{\text{Poly-}\atop\text{kondensation}} {+}{\left[{\text{N}\atop\text{H}}{-}(CH_2)_6{-}{\text{N}\atop\text{H}}{-}\overset{O}{\overset{\|}{C}}{-}(CH_2)_4{-}\overset{O}{\overset{\|}{C}}\right]}{+} + H_2O$$

PA 66

$$\begin{matrix}H\\|\\\text{N}\\|\\H\end{matrix}{-}(CH_2)_6{-}\begin{matrix}H\\|\\\text{N}\\|\\H\end{matrix} + \begin{matrix}O\\\|\\C\\|\\OH\end{matrix}{-}(CH_2)_8{-}\begin{matrix}O\\\|\\C\\|\\OH\end{matrix} + \cdots$$

$$\xrightarrow{\text{Poly-}\atop\text{kondensation}} {+}{\left[{\text{N}\atop\text{H}}{-}(CH_2)_6{-}{\text{N}\atop\text{H}}{-}\overset{O}{\overset{\|}{C}}{-}(CH_2)_8{-}\overset{O}{\overset{\|}{C}}\right]}{+} + H_2O$$

PA 610

Bei der Polykondensation entstehen *Duroplaste* (z. B. bei trifunktionellen Ausgangsstoffen), wenn die Kondensationsreaktion an mehr als zwei Stellen ablaufen kann und somit eine räumliche Vernetzung möglich ist. Aus Phenol und Formaldehyd entsteht so (bei der Formgebung) das *duroplastische* Phenolformaldehyd PF:

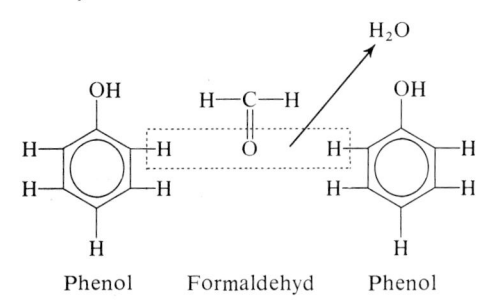

Phenol   Formaldehyd   Phenol

$$\xrightarrow{\text{Poly-}\atop\text{kondensation}}$$

Phenolformaldehyd PF,
im Endzustand räumlich vernetzt.

2 Bildung von Makromolekülen

Polyaddition (nach IUPAC: Additionspolymerisation als Stufenreaktion APS) ist die Verknüpfung unterschiedlicher Komponenten infolge Umlagerung von Wasserstoffatomen. Die Ausgangsmonomere müssen mindestens bifunktionell sein. Ausgangsmonomere können auch schon aus größeren Molekülen bestehen, die dann aber noch reaktionsfähige Gruppen enthalten müssen; auch ringförmige Ausgangsmonomere sind geeignet. Bei der Polyaddition entstehen *keine* Nebenprodukte. Bei den *Polyurethanen* lagern (Di- bzw. Poly-)Isocyanate Reaktionspartner mit jeglicher Art von „aktivem" Wasserstoff H (meist Polyole) additiv an. Es sind mindestens zweiwertige Substanzen notwendig.

$$HO-R'-OH \; + \; \underset{O}{\overset{\|}{C}}=N-R-N=\underset{O}{\overset{\|}{C}} \; + \; HO-R'-OH$$

Glykol $\qquad$ Diisocyanat $\qquad$ Glykol

$$\longrightarrow \; -\!\!\left[\underset{O}{\overset{\|}{C}}-\overset{H}{\underset{}{N}}-R-\overset{H}{\underset{}{N}}-\underset{O}{\overset{\|}{C}}-O-R'-O\right]\!\!-$$

lineares Polyurethan (PUR)

Durch geeignete Wahl der Ausgangskomponenten ist eine große Vielfalt der entstehenden Polyurethane möglich (Polyurethanchemie).

Aus Diisocyanaten und zweiwertigen Alkoholen, z. B. Ethylenglykol entstehen *Thermoplaste*. Aus Diisocyananten und zweiwertigen Alkoholen mit wenigen dreiwertigen Alkoholen entstehen *weitmaschig vernetzte Elastomere*. *Duroplaste* entstehen mit Diisocyanaten und überwiegend dreiwertigen Alkoholen. Elastomere und duroplastische Polyurethane gibt es auch als Schäume.

Bei *Epoxidharzen* erfolgt die Reaktion zwischen Epoxid- und meist Aminogruppen.

Die Vielfalt der Epoxidharzchemie beruht darauf, daß die Epoxidgruppe mit unterschiedlichen Reaktionsmitteln (Härtern) Verbindungen eingehen kann. Die Härter müssen mehrere reaktionsfähige Wasserstoffatome enthalten. Die Härter werden, im Gegensatz zu den ungesättigten Polyesterharzen UP, in das entstehende Produkt eingebaut; die Komponenten müssen daher beim Anmischen sehr genau abgewogen werden. Bei Verwendung von dreifunktionellen Triaminen ist eine *räumliche* Vernetzung möglich. Epoxid-

2.1 Bildungsreaktionen

harze und aliphatische Amine ermöglichen *Kalthärtung* meist bei Raumtemperatur. Epoxidharze und Dicarbonsäureanhydride werden bei der *Warmhärtung* oberhalb 80 °C eingesetzt. Je nach Harz-/Härtersystem ergeben sich vernetzte Produkte von *sprödhart* bis *weichelastisch*.

$$\text{Epoxidgruppen} \quad\quad \text{Diethylentriamin} \quad\quad \text{Epoxidgruppen}$$

$$\xrightarrow{\text{Polyaddition}}$$

Epoxidharz EP, räumlich vernetzt (schematisch)

2.2 Innere Kräfte in Molekülsystemen

Kräfte *innerhalb* der Kettenmoleküle sind Hauptvalenzbindungen (Elektronenpaarbindungen).

Kräfte *zwischen* den Kettenmolekülen sind Nebenvalenzbindungen (ZMK: Zwischenmolekulare Kräfte), wie z. B. *Van der Waalssche Kräfte, polare Kräfte, Wasserstoffbrückenbindungen.* „Mechanische Verschlingungen" durch *Verknäuelung* bewirken ebenfalls einen Zusammenhalt der Makromoleküle.

Bei *Thermoplasten* sind für die Eigenschaften bestimmend:

- Van der Waalssche Kräfte; maßgebend bei unpolaren Kunststoffen, ggf. erhöht in teilkristallinen Bereichen
- Polare Kräfte, z. B. bei PVC, PA, PMMA
- Wasserstoffbrückenbindungen, z. B. bei PA6
- Länge der Makromoleküle (Verknäuelung)

Bei *Elastomeren* sind für die Eigenschaften bestimmend:

- Hauptvalenzbindungen ⎱ Die Anteile der beiden Bindungsarten
- Nebenvalenzbindungen ⎰ beeinflussen die Elastizität

Bei *Duroplasten* sind für die Eigenschaften bestimmend:

- fast ausschließlich Hauptvalenzbindungen (alles vernetzt).

Hauptvalenzbindungen tragen am meisten zur Festigkeit der Kunststoffe bei. Sie wirken sich am stärksten bei Duroplasten aus.

Bei allen thermoplastischen Verarbeitungsprozessen bleiben die Hauptvalenzbindungen innerhalb der Makromoleküle erhalten, wenn keine (thermische) Schädigung auftritt. Hauptvalenzbindungen werden erst dann zerstört, wenn die Zersetzung der Kunststoffe beginnt.

Van der Waalssche Bindungen wirken zwischen allen Atomen und Molekülen infolge zeitlich unterschiedlicher Aufenthalte der Elektronen in der Atomhülle, wodurch sich im Mittel eine kleine Anziehungskraft ergibt. Solche Kräfte wirken auch z. B. in Flüssigkeiten aus niedermolekularen, unpolaren Molekülen. Bei Duroplasten spielen diese Kräfte nur eine untergeordnete Rolle, da die Hauptvalenzbindungen überwiegen. Die Van der Waalsschen Kräfte sind um eine Größenordnung kleiner als die Hauptvalenzkräfte und stark von der Temperatur abhängig, da mit zunehmender Temperatur die Molekülabstände größer werden. Bei Thermoplasten werden sie dabei soweit verringert, daß eine „gummiähnliche" Flexibilität der untereinander verknäuelten Kettenmoleküle eintritt (thermoelastischer Zustand, Erweichung). Bei Duroplasten ist dieser Effekt bei Temperaturerhöhung wegen der Vernetzung so gering, daß auch bei hohen Temperaturen keine Erweichung eintritt. Bei teilkristallinen Thermoplasten sind in den kristallinen Bereichen wegen der Ordnung und dichteren Packung von Molekülabschnitten die Van der Waalsschen Kräfte erhöht; dieser Effekt geht verloren, wenn die Kristallitschmelztemperatur T_m erreicht ist.

Polare Kräfte (Dipoleffekt) wirken z. B. bei PVC durch die stark negative Ladung des Chlors, d. h. die Ladungsschwerpunkte sind verschoben (Dipole). Dipole ziehen sich gegenseitig an; ihre Wirkung nimmt mit steigender Temperatur stark ab (Erweichung von PVC).

```
  Cl  H   Cl  H   H   H   Cl  H
  |   |   |   |   |   |   |   |
— C — C — C — C — C — C — C — C —
  |   |   |   |   |   |   |   |
  H   H   H   H   Cl  H   H   H
```

Atomgruppen mit Dipolmomenten sind:
- Hydroxylgruppe (−OH)
- Chloridgruppe (−Cl)
- Fluoridgruppe (−F)
- Nitrilgruppe (−CN)
- Estergruppe (−COOR).

Zu den polaren Bindungen gehört auch die *Wasserstoffbrückenbindung* mit lokalisierter starker Dipolanziehung zwischen OH- und NH-Gruppen einerseits und O-Atomen anderer Ketten. Sie sind maßgebend für die Wasseraufnahme bei Cellulosederivaten und Polyamiden und haben damit Auswirkungen auf die Festigkeit und Steifigkeit.

2.3 Polymerisationsgrad, Vernetzungsgrad

Der *Polymerisationsgrad* P (engl.: DP = Degree of polymerization) ist eine kennzeichnende Größe für *thermoplastische* Kunststoffe. Man versteht darunter die Anzahl der Grundbausteine in den Kettenmolekülen. Kunststoffe bestehen i. a. nicht aus einem System von gleich langen Kettenmolekülen, sondern aus Ketten verschiedener Länge, entsprechend einer Gaußschen Verteilungskurve. Der Polymerisationsgrad kann bei der Herstellung der Kunststoffe beeinflußt werden. Der *mittlere Polymerisationsgrad* gibt den Durchschnittswert der mehr oder weniger breiten Verteilungskurve an. Zum Erzielen guter Fließeigenschaften wird oft eine möglichst „enge" Verteilungsfunktion (CR = Controlled Rheology) angestrebt (Bild 2.1), was eine größere Gleichmäßigkeit der Kunststoffeigenschaften ergibt, z. B. einen sehr engen Schmelz- bzw. Erweichungsbereich. Der mittlere Polymerisa-

2 Bildung von Makromolekülen

tionsgrad kann als Zahlenmittelwert M_n, als Gewichtsmittelwert M_w oder als Viskositätsmittelwert M_v angegeben werden. Eine weitere wichtige Kenngröße ist das *mittlere Molekulargewicht* MW (molecular weight) oder die *mittlere molare Masse* MM (molar mass). Das Molekulargewicht ist die Summe der Massen aller Atome eines Makromoleküls. Für Polyethylen ergibt sich bei einem mittleren Polymerisationsgrad von 10000 ein Molekulargewicht von $10000 \cdot (2 \cdot 12 + 4 \cdot 1) = 280000$ (für C = 12 und H = 1).

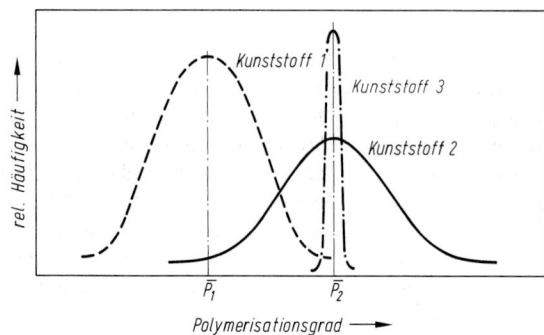

Bild 2.1 Verteilungskurven für das Molekulargewicht (schematisch)
 a) Kunststoff 1: niedriger Polymerisationsgrad, geringe Viskosität
 b) Kunststoff 2: höherer Polymerisationsgrad, höhere Viskosität
 c) Kunststoff 3: enge Molekulargewichtsverteilung CR
 (controlled rheology), gute Fließfähigkeit, z. B. für dünnwandige Verpackungsbecher aus PP

Mit *zunehmendem* Polymerisationsgrad P *nehmen zu:*

Schmelzviskosität, Zugfestigkeit, Einreißfestigkeit, Härte, Bruchdehnung und Schlagzähigkeit.

Mit *zunehmendem* Polymerisationsgrad P *nehmen ab:*

Fließfähigkeit, Kristallisationsneigung, Quellung und Spannungsrißbildung.

Der *Vernetzungsgrad* ist eine kennzeichnende Größe für *Elastomere* und *Duroplaste*. Man versteht darunter den Anteil der Vernetzungspunkte im Gesamtsystem nach der Verarbeitung.

Mit *zunehmendem* Vernetzungsgrad *steigen:*

Festigkeit, Steifigkeit und Wärmeformbeständigkeit.

Das *elastische Verhalten* von Elastomeren ist durch die Variation des Vernetzungsgrades in weiten Bereichen einstellbar.

3 Strukturen von thermoplastischen Kunststoffen

3.1 Orientierung von Makromolekülen

Im normalen Zustand liegen die Ketten- oder Makromoleküle von *amorphen* Thermoplasten im ungeordneten, verknäuelten Zustand (Bild 1.1) vor, z. B. bei PS, PMMA, PC.

Bei der *Verarbeitung* der Thermoplaste kann durch hohe Scherbeanspruchung in einer zähflüssigen Schmelze eine Ausrichtung der Makromoleküle erfolgen. Dies spielt eine Rolle beim Extrudieren mit nachfolgendem Abkühlen und ggf. mechanischem Verstrecken. Beim Spritzgießen sind die *Orientierungen* abhängig von *Massetemperatur, Einspritzgeschwindigkeit* und *Werkzeugtemperatur*; sie sind unterschiedlich groß über den Querschnitt der Wanddicke eines Formteils. Besonders hoch sind die Orientierungen am Anguß und in der Außenschicht von Spritzgußteilen, weil an der kälteren Werkzeugwand eine höhere Scherbeanspruchung und damit stärkere Orientierungen der Makromoleküle erfolgt, die dort dann auch schneller eingefroren werden. Orientierungen wirken sich aus durch richtungsabhängige Eigenschaften (Anisotropie), z. B. höhere Zugfestigkeit und Schlagzähigkeit in Orientierungsrichtung. Orientierungen können nachgewiesen werden durch die *Schrumpfung* nach Warmlagerung oder bei glasklaren Formteilen durch Betrachtung im polarisierten Licht (Kap. 31.2).

Bei zähen Thermoplasten kann durch starke mechanische Verformung eine gewisse Orientierung der Makromoleküle erreicht werden, z. B. biaxiales Recken von Folien oder *Verstrecken* von Fasern und Bändern aus PE, PP, PA und linearen Polyestern.

3.2 Kristallinität

Je nach Aufbau der Makromoleküle ist eine mehr oder weniger starke, parallele Ausrichtung (kristalline Bereiche) der Makromoleküle möglich, daneben liegen aber auch noch ungeordnete (amorphe) Bereiche vor; auch eine Faltungskristallisation kann auftreten (Bilder 3.1 und 1.2c).

Maßgebend für die Kristallisation ist neben dem *Aufbau* und der *Länge* der Makromoleküle auch die *Kristallkeimbildungs-* und *Kristallwachstumsgeschwindigkeit*.

Die Kristallinität wird *erhöht* durch:

- langsame Abkühlung der Schmelze (z. B. hohe Werkzeugtemperatur beim Spritzgießen)

3 Strukturen von thermoplastischen Kunststoffen

- Zugabe von Keimbildnern (Nukleierungsmittel)
- symmetrischen oder isotaktischen Bau der Makromoleküle
- niedrige molare Masse (kurze Ketten)
- mechanisches Verstrecken.

Niedrige Kristallinität ergibt sich durch:

- schnelle Abkühlung der Schmelze (durchsichtige Flaschen aus PET)
- unsymmetrischen Aufbau der Makromoleküle (verzweigte Makromoleküle oder ataktischer Aufbau der Makromoleküle, große Seitenketten)
- hohe molare Masse (Verschlingung infolge langer Ketten)
- Vernetzung.

Durch *Erhöhung* der Kristallinität

nehmen zu:	*nehmen ab:*
Dichte	Verformungsvermögen
Festigkeit	Transparenz
Steifigkeit.	

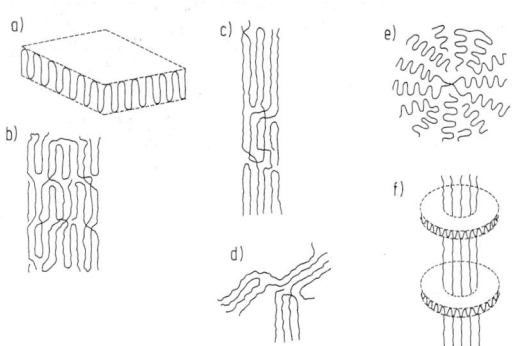

Bild 3.1   Kristallstrukturen in Polymeren (schematisch)
  a) Einkristall
  b) Kristallamellen
  c) Fibrillen
  d) Fransenmizellen
  e) Sphärolithe
  f) Shish-Kebab-Struktur

Bei teilkristallinen Kunststoffen sind die kristallinen Bereiche *steif*, die amorphen dagegen *beweglicher* („amorphe Gelenke"). Beim Erwärmen schmelzen die Kristallite bei Erreichen des *Kristallitschmelzpunktes* T_m auf.

Bei der Verarbeitung von teilkristallinen Thermoplasten werden je nach Verarbeitungsbedingungen unterschiedliche *Kristallinitätsgrade* erreicht.

Tabelle 3.1 zeigt maximal erreichbare Kristallinitätsgrade; man kann dabei die Auswirkungen des unterschiedlichen Aufbaus von Makromolekülen (linear, verzweigt, isotaktisch usw.) erkennen.

Tab. 3.1   Kristallinitätsgrade verschiedener teilkristalliner Thermoplaste

Kunststoff		erreichbarer Kristallinitätsgrad in %
lineares Polyethylen	PE-HD	70 bis 80
verzweigtes Polyethylen	PE-LD	45 bis 55
isotaktisches Polypropylen	PP	60 bis 70
Polyamide	PA	bis 60
Polybutylenterephthalat	PBT	bis 50
Polyacetalharz	POM	bis 70

Kristallisation tritt hauptsächlich bei (teilkristallinen) Thermoplasten auf, kann aber auch bei weitmaschig vernetzten Elastomeren zwischen den Vernetzungspunkten vorkommen, was aber i. a. nicht erwünscht ist (Versprödung von Gummi bei tiefen Temperaturen). Engmaschig vernetzte Duroplaste weisen keine Kristallinität auf.

Bei *flüssigkristallinen LC-Polymeren* (Kap. 16.1) ist eine Verknäuelung der Makromoleküle wegen stäbchenförmigem Molekülaufbau nicht möglich, so daß eine starke molekulare Orientierung vorliegt, z. B. bei Aramidfasern. Solche Kunststoffe haben sehr hohe Festigkeits- und Steifigkeitseigenschaften sowie hohe Einsatztemperaturbereiche.

3.3 Überstrukturen

Bei teilkristallinen Kunststoffen gibt es zwei Ordnungsstufen (vgl. auch Bild 3.1):

- Ordnung von Makromolekülen zu kristallinen Bereichen
- Übermolekulare Ordnungen, d. h. sog. Überstrukturen oder Sphärolithe.

Sphärolithe entstehen in der Schmelze aus Kristallkeimen bei langsamer Abkühlung. Die Größe der Sphärolithe beträgt 5 µm bis 100 µm, abhängig von den *thermischen Bedingungen* der Schmelze, wie Massetemperatur und Abkühlungsgeschwindigkeit, sowie von der *Keimzahl* (Verunreinigungen oder Nukleierungsmittel als Keimbildner).

3 Strukturen von thermoplastischen Kunststoffen

Während man die kristallinen Bereiche lichtmikroskopisch nicht erkennen kann, stellen sich die *Sphärolithe* durch Betrachten von *Dünnschnitten* mit einer Dicke von etwa 10 µm im Lichtmikroskop unter polarisiertem Licht dar; dabei sind z. B. bei nicht nukleiertem PA sog. *Sphärolithenkreuze* erkennbar. Darstellung der Präparations- und Auswertetechnik für lichtmikroskopische Untersuchungen an teilkristallinen Thermoplasten siehe Kapitel 31. 3.

Das Gefüge von Spritzgußteilen aus teilkristallinen Kunststoffen ist meist nicht einheitlich wegen ungleicher Abkühlung. Am Rand treten meist, je nach Abkühlbedingungen, *keine* bis *sehr kleine* Sphärolithe auf; gegen den Kern werden die Sphärolithe größer. Grobe Sphärolithe ergeben spröderes Gefüge aber ggf. höheren Verschleißwiderstand. Bei einem Bruch verlaufen die Risse dann entlang der Sphärolithgrenzen oder aber längs der Sphärolithradien.

PA 6 zeigt typische Sphärolithenkreuze; POM dagegen „fasrige" Sphärolithe (Dendriten), teilweise senkrecht zum Rand ausgerichtet (Kap. 31.3). Bei PE-HD und PBT lassen sich ebenfalls Sphärolithstrukturen nachweisen.

4 Polymerkombinationen

Bei vielen Kunststoffen erfolgt der Aufbau aus nur einer Monomerart, man spricht dann von einem *Homopolymerisat*, z. B. PE und PS.

Zur gezielten Beeinflussung von Kunststoffeigenschaften (Modifizierung) in eine bestimmte Richtung oder zur Kombination verschiedener Eigenschaften von Grundkunststoffen, stehen mehrere Verfahren zur Verfügung, die erst die große Vielfalt der Kunststoffe als „Werkstoffe nach Maß" ermöglichen.

4.1 Copolymerisation, Pfropfpolymerisation

Der Aufbau von *Co-* und *Pfropfpolymerisaten* erfolgt aus zwei oder mehr Monomerarten. Je nach Mengenanteil der einzelnen Monomere können die physikalischen, chemischen und Verarbeitungseigenschaften beeinflußt werden.

Bei der *inneren Weichmachung* werden „elastische" Bausteine, z. B. durch Copolymerisation, in Molekülketten eingebaut, wo sie wie „elastische Gelenke" wirken und insbesondere die Schlagzähigkeit verbessern, z. B. SB als Copolymerisat. Die *äußere Weichmachung* wird in 4.2 und 5.4 behandelt.

Bei der *Copolymerisation* erfolgt eine „Vermischung" der Ausgangsstoffe (Monomere) bei der Synthese *innerhalb* der Molekülketten, wie z. B. bei SAN.

Je nach Anordnung der Einzelkomponenten (Einzelmonomere) im Molekülverband ergibt sich ein unterschiedlicher Aufbau der Polymere (Bild 4.1) mit ggf. variierenden Eigenschaften:

- Statistisches oder Random-Copolymer, mit geringer Kristallisationsneigung, z. B. durchsichtiges Random-PP mit Ethylenanteilen

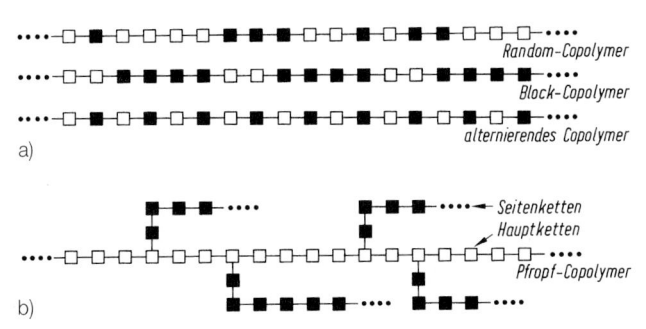

Bild 4.1 *Aufbauschema von thermoplastischen Makromolekülen*
  a) lineare Verkettungen
  b) Kettenverzweigungen

4 Polymerkombinationen

- Block- oder Sequenzpolymere bei thermoplastischen Elastomeren
- alternierende Copolymere
- Pfropf-Copolymere, z. B. bei der Schlagzähmodifizierung von PS durch Polybutadien.

Bei den aufgeführten Co- oder Pfropfpolymeren handelt es sich um *Thermoplaste*, weil keine Vernetzung vorliegt.

Auch bei *Duroplasten* sind Kombinationen von Harzen möglich und üblich, z. B. bei den Melamin-Phenol-Formaldehyd-Formmassen MPF und UP-Harzen (Kap. 12.2 und 12.3).

4.2 Polymerblends, Polymerlegierungen, Kunststoffmischungen

Durch Vermischen fertiger aber unterschiedlicher, fertiger Polymer-Rohstoffe werden *Polymerblends* oder *Polymerlegierungen* (Alloys) hergestellt, die ebenfalls in Form verarbeitungsfähiger Granulate vorliegen (vgl. DIN 16780). Es können dadurch optimierte Eigenschaftsprofile von Kunststoffen für Spezialanwendungen, z. B. für Stoßfängersysteme eingestellt werden, indem die unterschiedlichen Eigenschaften der Ausgangskunststoffe kombiniert werden, z. B. PP+EPDM. Wichtige Kunststofflegierungen sind: PE+PP, unterschiedliche Blends auf Basis PC, PPE, PBT, ASA und PA. Einzelheiten sind bei den Basiskunststoffen in Teil II zu finden. Die Mischungen werden so gewählt, daß bestimmte spezielle Eigenschaften gezielt erreicht werden. Es gibt darunter eine Reihe von Hochleistungskunststoffen (siehe Kap. 13.3).

Bei *PS-Modifikationen* werden auch feinverteilte Partikel eines elastomeren Stoffes in den thermoplastischen Kunststoff (Matrix) eingearbeitet, z. B. PS-I (SB) als „Legierung" (Bild 4.2)

Einen Sonderfall stellt die *Weichmachung* von PVC zu PVC-P (Weich-PVC) dar. Dabei werden *Weichmachermoleküle* bei höherer Temperatur in das PVC eingearbeitet, so daß sie sich zwischen die Kettenmoleküle legen und dabei ein „gummielastisches" Verhalten bewirken. Ein so weichgemachtes PVC kann den Weichmacher durch *Ausschwitzen* oder *Weichmacherwanderung* an die Umgebung abgeben und so wieder „verhärten". Derart weichgemachte Kunststoffe dürfen i. a. im Lebensmittelbereich nicht eingesetzt werden, ggf. bei lebensmittelrechtlich unbedenklichen, zugelassenen Weichmachern.

Bei den *thermoplastisch verarbeitbaren Elastomeren TPE* (14.2) handelt es sich um Copolymerisate oder Blends mit überwiegenden „Weichanteilen"

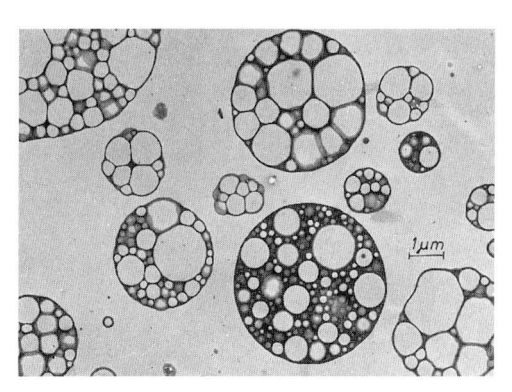

4.2 Polymerblends, Polymerlegierungen, Kunststoffmischungen

Bild 4.2 Elektronenmikroskopische Aufnahme eines schlagzähen Polystyrol (PS-HI) mit aufgepfropftem Butadienkautschuk
hell: Polystyrol dunkel: Butadien-Kautschuk

im gummielastischen Zustand, eingebunden in eine amorphe oder teilkristalline Grundmasse (Matrix). Oberhalb einer werkstoffspezifischen Grenztemperatur wird der „Hartanteil" thermoplastisch und somit thermoplastisch verarbeitbar, z. B. EVAC, Polyesterelastomere, thermoplastische Polyurethane (Kap. 14.2).

Bei der *stofflichen Wiederverwertung* (Recycling) von unterschiedlichen Thermoplastabfällen müssen beim *Compoundieren* ggf. durch geeignete Zusätze (Verträglichkeitsmodifikatoren) die Eigenschaften verbessert werden.

5 Zusatzstoffe

In Kunststoffen sind bereits von der Herstellung her Stoffe, wie z. B. Emulgatoren und Katalysatoren in kleinen Mengen enthalten. Bei der Konfektionierung (Compoundierung) der Kunststoffe zu verarbeitungsfähigen *Formmassen* und *Granulaten* werden üblicherweise *Zusatzstoffe* in bestimmten Mengen als *Verarbeitungshilfen* und zur *Eigenschaftsänderung* zugegeben:

- *Füll- und Verstärkungsstoffe* zur gezielten Eigenschaftsverbesserung
- *Stabilisatoren* gegen thermische Schädigungen bei der Verarbeitung und als Alterungs- und UV-Schutz im Gebrauch
- *Gleitmittel* als Verarbeitungshilfen bei Thermo- und Duroplasten
- *Farbmittel* zur Einfärbung
- *Nukleierungsmittel* zur Verbesserung der Kristallisation bei teilkristallinen Thermoplasten und dadurch zur Verkürzung der Zykluszeit
- *Weichmacher* und *Flexibilisatoren* zur Erhöhung der Schlagzähigkeit
- *Flammschutzmittel* zur Reduzierung der Entflammbarkeit
- *leitfähige Zusatzstoffe*, z. B. Ruße zur Verminderung der Widerstandswerte
- *Antistatika* gegen elektrostatische Aufladung
- *Festschmierstoffe* zur Verbesserung der Gleiteigenschaften
- *Treibmittel* zur Schaumstoffherstellung.

5.1 Füllstoffe und Verstärkungsstoffe

Normen:

DIN 55625	Füllstoffe für Kunststoffe
DIN EN 12971	Verstärkungen – Spezifikationen für geschnittene Textilglasgarne
DIN EN 13002	Kohlenstofffasern
DIN EN 13003	Para-Aramid-Filamentgarne
DIN EN 13677	Verstärkte Thermoplast-Formmassen
DIN EN ISO 10618	Kohlenstofffasern

Füllstoffe sind kleine Partikel, kurze Fasern oder Kugeln aus *organischen* (Zellulose, Holzmehl, Sisal- und Kokosfasern) oder *anorganischen* (Gesteins- und Mineralmehle, Kreide, Talkum, Glaskugeln) Stoffen (siehe auch DIN 55625). Sie dienen bei *Duroplasten* als Streckmittel zur Harzeinsparung, zur Verbesserung der Oberflächengüte, zur Verminderung der Sprödigkeit und zur Erhöhung der Steifigkeit. Bei *Thermoplasten* dienen sie ebenfalls zur Streckung, besonders zur Fließverbesserung, zur Veränderung der mechanischen Eigenschaften und zur Reduktion der Schwindung. Grafit, MoS_2 und PTFE dienen bei Thermoplasten zur Verbesserung des *Gleit-*

verhaltens. Je nach Gehalt der Füllstoffe und in Abhängigkeit vom Verarbeitungsverfahren kann in Formteilen ungleichmäßige Verteilung und damit *Anisotropie* auftreten. Bei *Elastomeren* sind Füllstoffe wie Gasruß, Kreide, Kaolin zur Verbesserung der Eigenschaften erforderlich (Kap. 14.1).

Verstärkungsstoffe sind längere Fasern oder Faserprodukte in Form von Geweben, Matten, Vliesen oder Rovings (siehe Kap. 13). Tabelle 13.1 zeigt mechanische Eigenschaften einiger wichtiger Verstärkungsfasern.

Bei *Duroplasten* werden den Formmassen kurze Fasern (Glas, Textil) sowie Gewebeschnitzel zugegeben. Sie dienen der Erhöhung von Festigkeit, Steifigkeit und Wärmestandfestigkeit. Spezielle Formmassen bestehen aus Reaktionsharzen (UP, EP) mit Glasfaser-, Kohlenstofffaser- und Aramidfaserprodukten unterschiedlicher Form als SMC- bzw. BMC-Formmassen in teigiger oder rieselfähiger Form (siehe auch Kap. 12.3 und 12.4). Bei *Laminaten* kann „gezielt" verstärkt werden; die Verstärkungsstoffgehalte können sehr unterschiedlich sein.

Bei *Thermoplasten* werden kurze Fasern mit ca. 1 mm Länge oder auch längere Fasern in das Granulat beim Compoundieren eingearbeitet. Handelsüblich sind Formmassen mit unterschiedlichen Glasgehalten bis etwa 45 bis 50 Gewichtsprozent. Längere Fasern erfordern besondere Maßnahmen bei der Einarbeitung in die Thermoplaste und bei der Verarbeitung. Die Verstärkung mit Glas-, Kohlenstoff- und Aramidfasern (GF, CF, RF) bewirkt eine wesentliche Erhöhung der Steifigkeit (Elastizitätsmodul), Verringerung der Schwindung und der (Schlag-)Zähigkeit. Je nach Konstruktion und Herstellung der Formteile ist mit Anisotropien durch die faserigen Füllstoffe zu rechnen. Glaskugeln (GB) und Mineralpulver (MD) bewirken keine Anisotropie, jedoch ist auch der Verstärkungseffekt geringer.

Bei *glasmattenverstärkten Thermoplasten GMT* werden flächige Faserverstärkungen mit dem aufgeschmolzenen Thermoplasten, meist PP, zu flächigen Halbzeugen verarbeitet.

Bei Formteilen aus (duroplastischen) Kunststoffen mit Verstärkungsmitteln wird fast immer die äußere Oberfläche aus reinem Kunststoff gebildet; bei spanender Bearbeitung werden die Verstärkungsstoffe freigelegt, was eine oft schnelle Schädigung der Formteile, vor allem bei Außenanwendungen bewirkt.

5.2 Stabilisatoren

Stabilisatoren unterschiedlichen chemischen Aufbaus sind notwendig, um z. B. *Schädigungen* sowohl bei der Verarbeitung durch Wärme, als auch im Gebrauch durch Wärme-, Licht- oder UV-Einfluß zu vermeiden oder min-

5 Zusatzstoffe

destens zu reduzieren. Durch UV-Strahlung und Wärmeeinfluß ergeben sich z. B. eine Reduzierung der mechanischen Eigenschaften, Verfärbungen an der Oberfläche und Glanzverlust. Manche Kunststoffe sind ohne entsprechende Stabilisatoren überhaupt nicht zu Formteilen zu verarbeiten. Die vielfältigen Stabilisatorensysteme müssen in ihrer Zusammensetzung und ihren Anteilen abgestimmt sein auf den verwendeten Kunststoff und auf die Anforderungen während des Gebrauchs der Formteile. So können bei Außenanwendungen in sonnenreichen Gegenden andere Stabilisatorensysteme in anderen Dosierungen notwendig sein, als in sonnenärmeren mit geringerer UV-Einstrahlung. Besonders wichtig ist die Stabilisierung für die Verarbeitung und den Gebrauch bei PVC. *Ruß* ist ein hervorragender UV-Stabilisator, läßt sich jedoch nur für schwarze Einfärbungen einsetzen. Für hellfarbige Kunststoffe gibt es unterschiedliche Stabilsatorensysteme. Bekannt sind, vor allem für Polyolefine, die sterisch gehinderten Amine (HALS), auch in Kombination mit anderen Systemen.

Da sich Stabilisatoren verbrauchen, auch beim *Recycling*, sind bei der Aufbereitung (Compoundierung) von Kunststoffabfällen zusätzliche Stabilisatorzugaben notwendig (vgl. auch Kap. 8).

Zur Lösung des Müllproblems bei Verpackungen wurde versucht, Systeme in die Kunststoffe einzubauen, die anders als die Stabilisatoren wirken und nach bestimmter Zeit zu einem *gezielten Abbau* führen (biochemischer oder photochemischer Abbau, siehe auch Kap. 8.1).

5.3 Farbmittel

Man unterscheidet im Kunststoff unlösliche, organische oder anorganische Farbstoffe, sog. Pigmente und im Kunststoff lösliche Farbstoffe; Anteile rd. 0,5% bis 2%.

Pigmente ergeben bei normaler Teilchengröße eine gedeckte *Durchfärbung* des Kunststoffs, während lösliche Farbstoffe bei glasklaren Kunststoffen (PMMA, PS, PC) besondere Bedeutung haben für *farbig transparente* Formteile oder Halbzeuge. Hierzu zählen auch *lichtsammelnde* und *fluoreszierende* Farbstoffe. Rußzusätze ergeben Schwarzfärbung und gleichzeitig eine Verbesserung anderer Eigenschaften, z. B. *Verminderung der statischen Aufladung* und *Erhöhung der UV-Stabilität* (siehe auch Kap. 5.2). Durch Farbstoffzusätze treten bei kleinen Anteilen i. a. keine wesentlichen Änderungen mechanischer oder sonstiger Eigenschaften auf. Es ist aber zu beachten, dass Farbstoffe die Eigenschaften z. B. Festigkeit der Kunststoffe verändern können, wenn z. B. die Pigmente nicht gleichmäßig verteilt sind. Pigmentanhäufungen können durch lichtmikroskopische Untersuchungen nachgewiesen werden (Kap. 31.3).

Farbstoffe sind dem verarbeitungsfähigen Granulat i. a. bereits bei der Compoundierung beigemischt. Sie können jedoch auch als Pulver mit dem naturfarbenen Granulat gemischt und bei der Verarbeitung auf Schneckenmaschinen gleichmäßig verteilt werden. Eine andere Möglichkeit der Einfärbung ist die Zugabe von *Masterbatches*, d. h. Granulat mit sehr hoher Farbkonzentration zum naturfarbenen Granulat und dadurch staubfreie Verarbeitung auf Schneckenmaschinen.

5.4 Weichmacher und Flexibilisatoren

Zusätze von *Weichmachern* (DIN EN ISO 1043-3) bewirken schon bei *kleinen* Mengen eine Erhöhung der Flexibilität und damit auch der Schlagzähigkeit, z. B. bei Rezepturen von PVC-Systemen. Bei der Herstellung von weichgemachtem PVC-P (Kap. 10. 2.3) werden größere Anteile von 20 % bis 50 % an Weichmachern heiß bei der Aufbereitung eingemischt; man spricht von der *äußeren Weichmachung* (Bild 5.1) im Gegensatz zur *inneren Weichmachung* (Kap. 4).

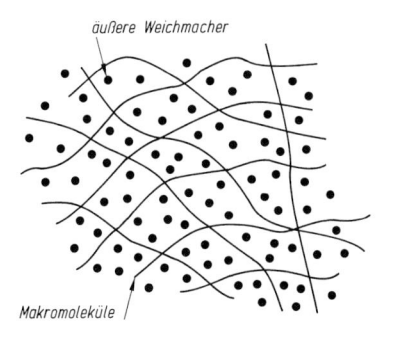

Bild 5.1   PVC-Moleküle mit eingefügten Weichmachermolekülen (schematisch)

Weichmacher sind meist niedermolekulare Produkte in zähflüssiger bis teigiger Konsistenz, die sich beim „Gelieren" des PVC zwischen die Kettenmoleküle einfügen und dadurch die Beweglichkeit der Ketten verbessern, was sich u. a. in einer höheren Schlagzähigkeit auswirkt. Je nach Art und Anteil der Weichmacher können die verschiedensten Eigenschaftskombinationen erreicht werden. Es ist aber zu beachten, daß im Gebrauch solche *äußeren Weichmacher* zum Verdampfen oder Auswandern („Weichmacherwanderung") neigen können, wodurch sich die Flexibilität irreversibel vermindert.

5 Zusatzstoffe

Bei *Polyamiden* wirkt die *Aufnahme von Wassermolekülen* ebenfalls im Sinne einer Weichmachung; die Eigenschaften sind somit bei den Polyamiden vom Feuchtegehalt abhängig (Kap. 6.6 und 26).

Flexibilisatoren sind Zusätze, die vor allem die Schlagzähigkeit von Thermoplasten (POM-HI oder PBT-HI) erhöhen; EPDM erhöht die Schlagzähigkeit von PP.

5.5 Flammschutzmittel (siehe auch Kap. 9.1)

Flammschutzmittel dienen der Herabsetzung der Entflamm- und Brennbarkeit von Kunststoffen. Sie greifen in den Brennmechanismus entweder *physikalisch* durch Kühlen, Beschichten oder Verdünnen ein oder *chemisch* durch Reaktion in der Gasphase (Beseitigung energiereicher Radikale) oder festen Phase (Ausbildung einer schützenden Ascheschicht), vgl. auch Kap. 23. Zur Anwendung kommen z. B. Aluminiumhydroxid Al(OH)$_3$, halogenabspaltende oder phosphorhaltige Produkte. Aus *Umweltschutzgründen* sind die halogenhaltigen Flammschutzmittel durch neuere, allerdings z. T. weniger wirksame halogenfreie Brandschutzmittel ersetzt, die dann aber in höheren Mengenanteilen zugegeben werden müssen.

Beachte: Durch die Zersetzung entsprechender Brandschutzmittel können sich ätzende Stoffe abspalten; bei PVC-Bränden sind Sekundärschäden durch Salzsäurebildung möglich.

Anorganische Füll- und Verstärkungsstoffe beeinflussen das Brennverhalten durch Verringerung des brennbaren Kunststoffanteils.

Kunststoffe mit Flammschutzmitteln auf der Basis von polybromierten Diphenylethern PBDE dürfen *nicht* recycliert werden.

5.6 Leitfähige Zusatzstoffe

Antistatika dienen zur Verminderung des Oberflächenwiderstands von Kunststoffen, so daß Staubanziehung durch elektrische Aufladung verhindert wird.

Leitfähige Zusatzstoffe, z. B. Spezialruße und Grafit, Kohlenstoff-Fasern und eingearbeitete metallische Pulver, Flocken oder Fasern erniedrigen den spezifischen Widerstand der Kunststoffe je nach Art und Anteil. Anwendung hauptsächlich für Bauteile der Elektrotechnik (z. B. EMI-Abschirmungen), siehe auch Kap. 16.2.

5.7 Treibmittel

Außer dem Einbringen von Gasen unter Druck in aufzuschäumende Vorprodukte oder Freiwerden von Treibmitteln aus chemischen Reaktionen bei der Formteilherstellung, können Kunststoffen auch Treibmittel zugesetzt werden, die durch Wärmezufuhr verdampfen und dadurch den Kunststoff aufschäumen, z. B. Herstellung von PS-E (früher PS-E) nach dem „Styropor-Verfahren" und bei der Herstellung von Thermoplastschaumguß TSG (siehe auch Kap. 15).

Zu einem besonderen Problem sind, wegen der Umweltschädigung, die für das Schäumen von Polyurethanen verwendeten Fluorchlorkohlenwasserstoffe FCKW geworden. Insbesondere das Trichlorfluormethan R11 wurde bei Kühlgeräten für die Wärmeisolierung in PUR-Schäumen eingesetzt. Die Industrie entwickelt Ersatzprodukte oder verwendet halogenfreie Treibmittel (CO_2, aliphatische Kohlenwasserstoffe wie Propan, Butan) um eine Umweltschädigung bei ausgedienten Schaumstoffen und Kühlgeräten zu vermeiden.

6 Verhalten von Kunststoffen

Die grundlegenden Eigenschaften der Kunststoffe können aus ihrem inneren Aufbau hergeleitet werden. So leiten die Kunststoffe elektrische und Wärmeenergie schlecht, d. h. sie sind *Isolatoren*, da sie infolge der Elektronenpaarbindungen keine freien Elektronen besitzen. Die *Dichte* der Kunststoffe ist gegenüber anderen Werkstoffen verhältnismäßig niedrig infolge eines relativ „lockeren" Aufbaus. Die *thermische Beständigkeit* ist eingeschränkt, da bei diesen organischen Werkstoffen schon bei verhältnismäßig niedrigen Temperaturen Erweichung bzw. Zersetzung eintritt. Die *chemische Widerstandsfähigkeit* der Kunststoffe ist i. a. sehr gut, d. h. sie brauchen keinen besonderen Oberflächenschutz; sie haben aber eine unterschiedliche Empfindlichkeit bei Einwirkung bestimmter Chemikalien, Lösemittel, UV- und energiereicher Strahlung (s. Kapitel 6.6 und 28). Es kann aber auch *Alterung* (Abbau der Makromoleküle) oder *Spannungsrißbildung* (Kap. 31.2.2) auftreten.

Duroplastische Kunststoffe sind infolge der räumlichen Vernetzung hart und spröde und benötigen meist Füll- oder Verstärkungsstoffe. Sie haben durch die Vernetzung höhere Wärmeformbeständigkeit. Sie werden i. a. mit Pigmenten gedeckt eingefärbt.

Thermoplastische Kunststoffe sind je nach Aufbau amorph oder teilkristallin und unterscheiden sich dadurch stark in ihren Eigenschaften. *Amorphe Thermoplaste* sind meist glasklar und transparent einfärbbar; *teilkristalline Thermoplaste* sind wegen der kristallinen Bereiche milchglasartig trüb (opak, transluzent oder transparent) und deshalb nur gedeckt einfärbbar. Amorphe und teilkristalline Thermoplaste können durch Füll- und Verstärkungsstoffe in ihrem Eigenschaftsbild wesentlich beeinflußt werden.

Besondere Vorteile für den Einsatz von Kunststoffen sind:

- geringe Dichte
- leichte Formgebung bei relativ niedrigen Temperaturen
- komplizierte Formen wirtschaftlich in einem Arbeitsgang herstellbar („integrale Fertigung")
- Eignung für Massenproduktion
- gute Eignung als Isolatoren
- gute Geräuschdämpfung
- Durchfärbbarkeit
- besondere Verbindungstechniken, z. B. Schnappverbindungen und Filmscharniere
- günstige Gleiteigenschaften, z. T. auch ohne Schmiermittel.

In den nachfolgenden Kapiteln sind auch Besonderheiten im Verhalten der Kunststoffe im Gegensatz zum Verhalten anderer Werkstoffe aufgeführt.

6.1 Mechanisches Verhalten

Der besondere Aufbau der Kunststoffe und die Art der Bindungskräfte gegenüber den Metallen erklärt die weniger kompakte Struktur der Kunststoffe im Vergleich zu der dichteren Atompackung im Metallkristall.

Daraus ergeben sich für die Kunststoffe:
- relativ niedrige Festigkeit
- niedriger Elastizitätsmodul (geringe Steifigkeit)
- Zeitabhängigkeit der mechanischen Eigenschaften und damit Kriechen und Entspannen bereits bei Raumtemperatur, insbesondere bei Thermoplasten (Kap. 21.7)
- relativ starke Temperaturabhängigkeit der Eigenschaften von Thermoplasten schon bei wenig erhöhten Temperaturen (Kap. 21.4)
- Schlag- und Kerbschlagempfindlichkeit, bei Thermoplasten sehr kunststoffspezifisch von *spröde* bei PS, PMMA bis *zäh* bei PC, PA feucht.

Das *Verformungsverhalten* der Kunststoffe unter mechanischer Beanspruchung muß auch im Zusammenwirken mit den thermischen Zuständen (Kap. 6.2) betrachtet werden.

Thermoplastische Kunststoffe unterscheiden sich in ihrem Verformungsverhalten grundlegend von dem der Metalle. Metallische Werkstoffe haben infolge ihres *atomaren* Aufbaus bei hohem Elastizitätsmodul ein verhältnismäßig steifes Verhalten und grundsätzlich ein inneres Gleitvermögen durch Verschiebung der Metallatome gegeneinander, ohne daß dabei eine Trennung auftritt (plastisches Verhalten), siehe Bild 6.1. Thermoplastische Kunststoffe zeigen aufgrund ihres *molekularen* Aufbaus und der unterschiedlichen inneren Kraftwirkungen ein anderes Verhalten.

elastisch *elastisch-plastisch (Gleitung)* *bleibende Deformation*

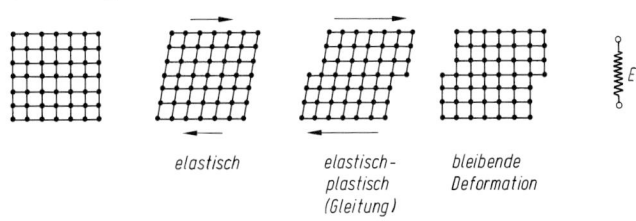

Bild 6.1   Formänderungen des Metallgitters (schematisch)
Elastisches Verhalten gekennzeichnet durch eine Feder („Elastizitätsmodul")

6 Verhalten von Kunststoffen

Man erkennt dabei das

- reine *energie-elastische* Verformungsverhalten (Bild 6.2a) mit kleinem „Elastizitätsmodul"
- *entropie-elastische* Verformungsverhalten (Bild 6.2b) im *thermoelastischen* Bereich, in dem die zwischenmolekularen Kräfte weitgehend gelockert sind und der „Elastizitätsmodul" um mehrere Größenordnungen abgenommen hat. Diese Art der Verformung ist zeitabhängig und ermöglicht große Formänderung bei kleinen Kräften. Die Verformungen werden bei der *Warmumformung* unter Aufrechterhaltung der Formungskraft „eingefroren"; bei der Wiedererwärmung erfolgt weitgehende *Rückdeformation*, die bei warmumgeformten Teilen unerwünscht ist, bei *Schrumpfsystemen* (Schrumpffolien, Schrumpfschläuchen) jedoch technisch ausgenutzt wird.
- Oberhalb der Glasübergangstemperatur T_g oder der Kristallitschmelztemperatur T_m überwiegt das *quasi-viskose* Verhalten, bei dem Kettengleitungen und Lösungen der mechanischen Verschlingungen erfolgen, insbesondere durch Scherbeanspruchungen beim *Urformen*, wie Spritzgießen und Extrudieren (Bild 6.2c). Die hohe Viskosität der Schmelze tritt auf infolge Behinderung der Kettenbeweglichkeit der Makromoleküle.

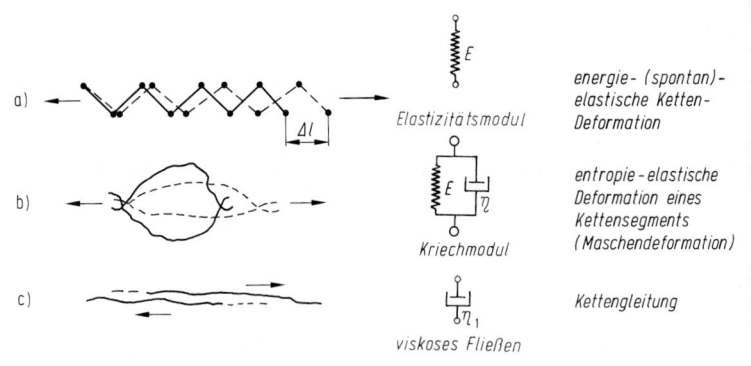

Bild 6.2 Formänderungen bei thermoplastischen Kunststoffen
  a) energie-elastische Kettendeformation bei Gebrauchstemperatur Verformungsverhalten gekennzeichnet durch Feder („Elastizitätsmodul")
  b) entropie-elastische Kettendeformation im thermoelastischen Bereich Verformungsverhalten gekennzeichnet durch Feder/Dämpfer-System („Kriechmodul")
  c) Kettengleitungen im thermoplastischen Bereich, Lösen der mechanischen Verschlingungen (viskoses Verhalten), Verformungsverhalten gekennzeichnet durch Dämpfer

Einzelne thermoplastische Kunststoffe (PP, PA, PE, lineare Polyester) lassen sich *verstrecken*, wobei sich die Kettenmoleküle bzw. Kristallitbereiche in Beanspruchungsrichtung orientieren. Dabei wirkt sich die hohe Bindungsfestigkeit der Hauptvalenzen aus, was zu einer sehr hohen *Verfestigung* in Beanspruchungsrichtung führt und bei der Herstellung von Fasern und Bändern ausgenutzt wird.

Duroplaste sind durch fehlende innere Gleitmöglichkeiten wegen der räumlichen, chemischen Vernetzung grundsätzlich spröder als Thermoplaste. Bei erhöhter Temperatur tritt nur eine geringe Reduzierung des Elastizitätsmoduls auf, aber kein thermoelastischer und kein thermoplastischer Zustand.

Das innere Federungs- und Verformungsverhalten verleiht den Kunststoffen eine hohe Dämpfung, führt dadurch aber auch zu einer Erwärmung bei hohen Belastungsgeschwindigkeiten und hohen Beanspruchungsfrequenzen.

Bei *verstärkten Kunststoffen* ändert sich das mechanische Verhalten entsprechend Menge und Art der Füll- und Verstärkungsstoffe.

Die genannten Besonderheiten der Kunststoffeigenschaften gegenüber anderen Werkstoffen und Werkstoffgruppen sind in Teil III, Prüfung von Kunststoffen, Kennwerte ausführlich behandelt.

6.2 Thermisches Verhalten

Um die Besonderheiten des thermischen Verhaltens von Kunststoffen zu verstehen, ist es zweckmäßig, verschiedene thermische Zustände und deren Grenztemperaturen in *Bereichsdiagrammen* (Bild 6.3) gegenüber zu stellen. Man erkennt bei Wasser den eindeutigen Übergang fest/flüssig und flüssig/dampfförmig. Bei *amorphen Thermoplasten* (PS, PC, PVC-U, PVC-P) zeigen sich *Glasübergangstemperatur* T_g, bzw. ein Glasübergangstemperaturbereich und der Übergang vom thermoelastischen in den thermoplastischen Bereich (Bild 6.4). Bei *teilkristallinen Thermoplasten* (POM) erkennt man die *Glasübergangstemperatur* T_g der amorphen Anteile und die *Kristallitschmelztemperatur* T_m der kristallinen Bereiche als Übergang zum thermoplastischen Zustand (Bild 6.5). *Duroplaste* lassen das Bestehen des festen Zustands bis zur *Zersetzungstemperatur* erkennen (Bild 6.6). Zur Bestimmung der *Temperaturgrenzen* siehe Kapitel 21.4 und DIN 7724.

Alle Kunststoffe haben *Zersetzungstemperaturen* (T_Z), die nicht nur temperatur- und zeitabhängig sind sondern auch von den Umgebungsbedingungen (Sauerstoffeinwirkung oder Luftabschluß) abhängen.

Thermoplaste verspröden bei tiefen Temperaturen bei kunststoffspezifischen Temperaturen. Bei steigenden Temperaturen tritt zunächst ein stetiger Abfall des Elastizitätsmoduls mit Abnahme der Steifigkeit auf. Bei *amorphen*

6 Verhalten von Kunststoffen

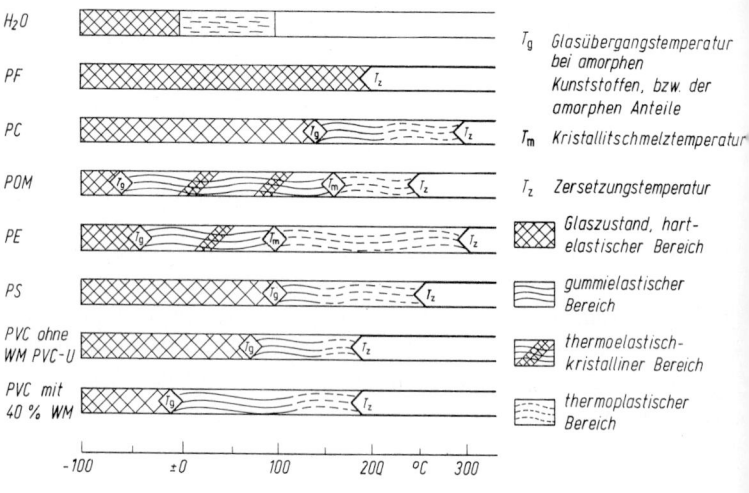

Bild 6.3 Beispiele für Zustandsbereiche verschiedener Stoffe

T_g Glasübergangstemperatur bei amorphen Kunststoffen, bzw. der amorphen Anteile

T_m Kristallitschmelztemperatur

T_z Zersetzungstemperatur

- Glaszustand, hartelastischer Bereich
- gummielastischer Bereich
- thermoelastisch-kristalliner Bereich
- thermoplastischer Bereich

Thermoplasten folgt dann in einem Temperaturbereich die sog. Erweichung, d. h. der Übergang in den *thermoelastischen*, quasi-gummielastischen Bereich. In diesem können mit kleinen Umformkräften große Formänderungen vorgenommen und durch Abkühlen eingefroren werden (Warmumformung). Bei weiterer Erwärmung wird die thermische Beweglichkeit der Kettenmoleküle so groß, daß im *thermoplastischen* Zustand die Ketten gegeneinander abgleiten können; in diesem Bereich erfolgen *Urformung* und *Schweißen*. Dieser Bereich wird durch die *Zersetzungstemperatur* T_Z begrenzt (Bild 6.4). Bei *teilkristallinen* Thermoplasten liegen im Gebrauchsbereich erweichte, amorphe und steife, kristalline Bereiche vor. Bei steigender Temperatur ist eine Umformung erst dann möglich, wenn die kristallinen Bereiche in einem engen Temperaturbereich (Bild 6.5) bei Erreichen der *Kristallitschmelztemperatur* T_m aufzuschmelzen beginnen. Kurz darauf ist der *thermoplastische Zustand* zum *Urformen* und *Schweißen* erreicht. Er ist gekennzeichnet durch Transparentwerden des vorher opaken Kunststoffs. Dieser Bereich wird auch bei den teilkristallinen Thermoplasten durch die *Zersetzungstemperatur* T_Z begrenzt.

Duroplaste sind in ihrem gesamten Temperaturbereich spröde; sie erweichen nicht und schmelzen nicht; sie sind daher auch nicht *umform-* und *schweißbar*. Kurz unter der *Zersetzungstemperatur* T_Z tritt nur eine geringfügige Verminderung der Steifigkeit auf (Bild 6.6).

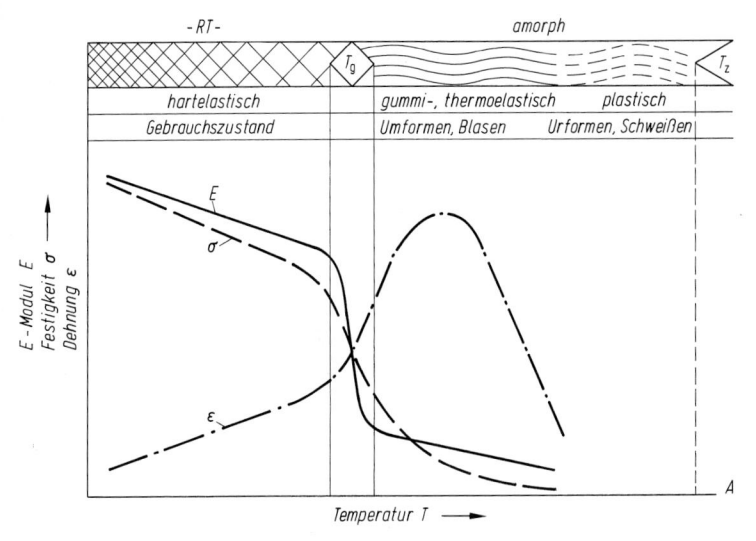

Bild 6.4   Zustandsbereiche für amorphe Thermoplaste

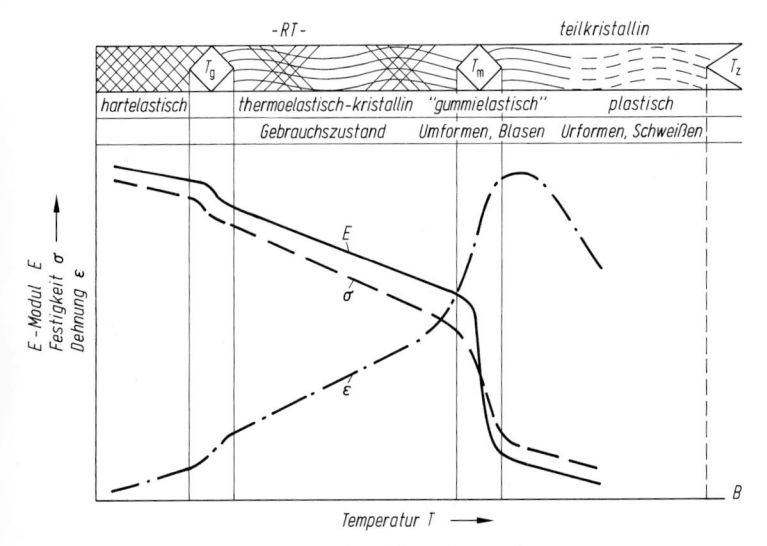

Bild 6.5   Zustandsbereiche für teilkristalline Thermoplaste

6 Verhalten von Kunststoffen

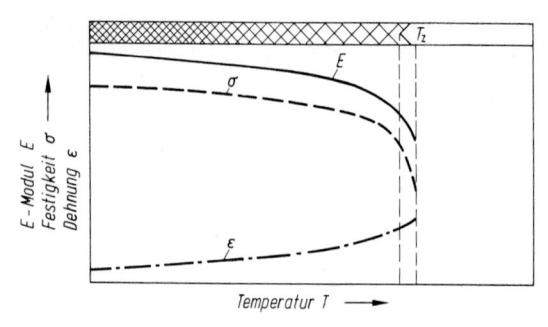

Bild 6.6   Zustandsbereiche für Duroplaste

Die Kunststoffe erleiden strukturbedingt bei Temperaturerhöhung eine verhältnismäßig große Volumenausdehnung, was sich auch in einer entsprechenden *linearen Wärmeausdehnung* (Kapitel 22.5) zeigt. Bei verstärkten Kunststoffen reduziert sich die Wärmeausdehnung je nach Art und Anteil der Füll- und Verstärkungsstoffe. Wegen der in Kunststoffen fehlenden freien Elektronen haben Kunststoffe eine *niedrigere Wärmeleitung* und sind daher als thermisches Isoliermaterial geeignet. Besonders ausgeprägt ist die thermische Isolierwirkung bei Schaumstoffen wegen der zusätzlich vorhandenen Luft- oder Gaseinschlüsse.

6.3   Elektrisches Verhalten

Da die Kunststoffe wegen fehlender freier Elektronen ein günstiges elektrisches Isolierverhalten aufweisen, werden sie vielfach in der Elektrotechnik und Elektronik eingesetzt, z. B. als isolierende Gehäuse, Steckverbindungen, Substrate, Ummantelungen von integrierten Schaltkreisen. Nachstehende elektrischen Eigenschaften sind von großer Bedeutung:

- Durchschlagfestigkeit (Kap. 24.1)
- Oberflächenwiderstand (Kap. 24.2)
- Durchgangswiderstand (Kap. 24.3)
- dielelektrische Eigenschaftswerte (Kap. 24.4)
- Kriechwegbildung (Kap. 24.5)

6.4   Verhalten gegen Umwelteinflüsse

Die meisten Kunststoffe, insbesondere Duroplaste, zeigen gute chemische Beständigkeit. Ein besonderes Problem stellt die Alterung von Thermoplasten und Elastomeren dar. Es handelt sich dabei um komplexe Vorgänge physikalischer und chemischer Art im Molekulargefüge in Abhängigkeit insbesondere von der Zeit, bei Einwirkung von Luftsauerstoff.

Die Widerstandsfähigkeit von Kunststoffen gegen Umwelteinflüsse kann betrachtet werden unter dem Gesichtspunkt der Einwirkung von gasförmigen, flüssigen oder festen chemischen Agenzien (Kap. 28). Ferner spielen das *Lösungs- und Quellverhalten,* die *Wasseraufnahme* (Kap. 26) und das *Verhalten gegenüber Strahlung* (Wärme-, UV- und energiereiche Strahlung, siehe Kap. 31.5) eine wichtige Rolle.

Ein besonderes Problem ist dabei das gleichzeitige Zusammenwirken verschiedener Einflüsse zusammen mit vorhandenen Spannungen als Eigen- und/oder Betriebsspannungen, was zur *Spannungsrißbildung* ESC (Kap. 31.2.2) führen kann.

Das Verhalten der Kunststoffe gegen diese Einflüsse hängt vom Aufbau des Kunststoffs und vom Medium ab. Besonders auffallend ist die starke Wirkung bestimmter organischer Lösemittel auf gewisse Kunststoffe; dabei gilt „Ähnliches löst Ähnliches", z. B. chlorhaltige Lösemittel bei PVC oder Benzol bei PS. Allerdings kann dieses Löseverhalten auch zum Kleben mit *Lösemittelklebstoffen* verwendet werden (aber: ggf. Gefahr der Spannungsrißbildung beachten!).

In der Praxis spielt besonders das *Technoklima* (Temperatur, Feuchte, Medium, Luftverunreinigungen wie NO_x, SO_x usw.) die ausschlaggebende Rolle. Bei den Beschreibungen der einzelnen Kunststoffe im Teil II sind jeweils besondere Angaben zur Beständigkeit gemacht, allgemeinere Angaben in Kapitel 28.

6.5 Wasseraufnahme

Die Aufnahme von Feuchte aus der umgebenden Luft oder bei Wasserlagerung (*Konditionieren*) ist bei den einzelnen Kunststoffen sehr unterschiedlich. Sehr wenig Feuchte nehmen z. B. *unpolare* Kunststoffe wie PE, PP, PS, PTFE auf, etwas mehr *polare* Kunststoffe wie PUR, Celluloseester und in hohem Maße die Polyamide PA (Kap. 10.6 und 26). Bei den Polyamiden ist es üblich, Formteile nach der Herstellung durch *Konditionieren* (Kap. 26.3) auf einen bestimmten Feuchtegehalt einzustellen. Bei den Polyamiden werden die Eigenschaften und das Volumen durch den Feuchtegehalt reversibel beeinflußt. Es ist zu empfehlen, vor der Verarbeitung das Granulat zu trocknen, um Dampfbildung bei der Verarbeitung zu vermeiden. Bei duroplastischen Kunststoffen mit organischen Füllstoffen, die zur Feuchteaufnahme neigen, kann nach spangebender Bearbeitung Feuchte in die Formteile eindringen, was Auswirkungen besonders auf die elektrischen Eigenschaften hat.

6 Verhalten von Kunststoffen

6.6 Permeation

Für die Verwendung von Kunststoffen in der Verpackungsindustrie, z. B. als Folien und Flaschen, ist die Durchlässigkeit gegenüber Gasen und Wasserdampf von großer Bedeutung. Sie ist außer vom Kunststoff auch abhängig von der Dicke der Folie und der Temperatur (siehe auch Kap. 26). Oft müssen Verbundsysteme eingesetzt werden.

6.7 Reibung und Verschleiß

Das Reibungsverhalten von Kunststoffen ist sehr komplex und ist gekennzeichnet durch das Zusammenwirken von *Werkstoffpaarung* (Gleitpartner), *Oberflächenbeschaffenheit, Schmiermittel, spezifischer Belastung* (Flächenpressung) und *Gleitgeschwindigkeit*. Von überwiegender Bedeutung bei Lagern ist die Werkstoffpaarung (Kunststoff/gehärteter Stahl oder Kunststoff/Kunststoff), wobei dann die Wärmeabfuhr, z. B. durch den metallischen Partner eine wesentliche Rolle spielt. *Reibungskoeffizienten* gelten immer nur für ganz bestimmte, übliche und bewährte Werkstoffpaarungen unter ganz bestimmten Lauf- und Schmierbedingungen (Kap. 21.9). Dasselbe gilt entsprechend auch für das *Verschleißverhalten*.

7 Verarbeiten von Kunststoffen

Bei Kunststoffen sind Fertigungsverfahren möglich, die besonders für die Herstellung von *Massenteilen* bzw. *Endlosprofilen* geeignet sind. Eine Nacharbeit ist meist nicht erforderlich (siehe Kapitel 7.1). Zur Verarbeitung von Kunststoffen werden spezielle Verarbeitungsmaschinen verwendet.

Je nach Anforderungen an die Enderzeugnisse gibt es nach der Formgebung noch eine Vielzahl von *Nach-* und *Weiterbearbeitungsverfahren* (Kap. 7.2 bis 7.6).

Die möglichen Ver- und Bearbeitungsverfahren richten sich nach der Kunststoffgruppe, d. h. ob es sich um Thermoplaste, Duroplaste oder Elastomere handelt. Besondere Bedingungen gelten für Faserverbundwerkstoffe (Kap. 13).

Neben den im folgenden aufgeführten, üblichen Verarbeitungsverfahren für Kunststoffe gibt es noch spezielle Verfahren in verschiedenen technischen Bereichen, so z. B. zur Modellherstellung durch *Stereolithografie* oder *Rapid Prototyping*; in der Elektrotechnik zur *Drahtummantelung* und in der Elektronik z. B. *zum Aufbau von Widerständen*.

7.1 Urformen

Unter *Urformen* versteht man die erstmalige Formgebung von Formteilen und Halbzeugen aus *pulverförmigen, granulatförmigen, flüssigen* oder *besonders aufbereiteten Vorprodukten* (z. B. Prepregs, GMT).

7.1.1 Urformen von Thermoplasten

Bei den Urformverfahren für Thermoplaste handelt es sich um *reversible physikalische* Formgebungsprozesse. Dabei wird die Formmasse *aufgeschmolzen, geformt* und dann in den festen Zustand *abgekühlt*.

Formteile werden i. a. aus Granulaten durch *Spritzgießen* auf Schneckenspritzgießmaschinen (Bild 7.1) hergestellt. Im Zylinder der Schneckenspritzgießmaschine wird das thermoplastische Granulat aufgeschmolzen, die Schmelze homogenisiert und in das *Werkzeug* eingespritzt. Die *Werkzeugtemperatur* liegt bei *amorphen* Thermoplasten unterhalb der Glasübergangstemperatur T_g (siehe Kap. 6.2), damit nach dem Abkühlen ein formstabiles *Formteil* aus dem Werkzeug entnommen werden kann. Bei *teilkristallinen* Thermoplasten liegen die Werkzeugtemperaturen oberhalb der Glasübergangstemperatur T_g und unterhalb der Kristallitschmelztemperatur T_m (siehe Kap. 6.2); die Werkzeugtemperatur beeinflußt die Gefügeausbildung im Formteil. Nähere Angaben für Verarbeitungsbedingungen

7 Verarbeiten von Kunststoffen

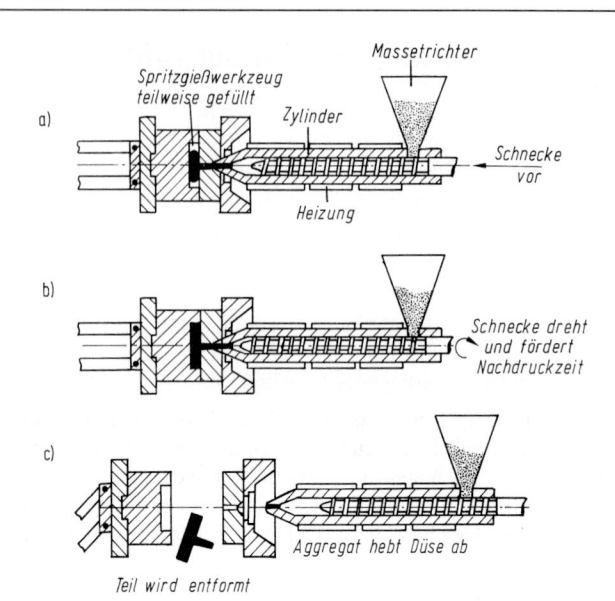

Bild 7.1 *Arbeitsweise der Schneckenspritzgießmaschine*
  a) Einspritzen (axiale Schneckenbewegung)
  b) Werkzeug gefüllt, Formteil kühlt ab, Schnecke rotiert, Plastifizierung beginnt
  c) „Erkaltetes" Formteil wird entformt, vor der Schnecke steht neue Schmelze für nächstes Formteil bereit

beim Spritzgießen finden sich bei den entsprechenden Kunststoffen im Teil II. Zur Herstellung einwandfreier Formteile empfiehlt sich die *Prozeßüberwachung*; dabei werden die *Prozeßparameter*, die die *Qualität der Spritzgußteile* besonders beeinflussen (Massetemperatur, Werkzeugtemperatur, Druckverlauf im Werkzeug), laufend überwacht. Als Sonderverfahren des Spritzgießens sind noch zu erwähnen: *Zweikomponentenspritzgießen* (z. B. zur Kombination von harten und weichen Kunststoffen), *Kernausschmelzverfahren* (zur Herstellung von Formteilen mit komplizierten Innenkonturen), *Gasinnendrucktechnik GIT*, *Hinterspritztechnik* (von Textilien und Folien im Austausch gegen die Kaschiertechnik) und das *Thermoplastschaumspritzgießen* TSG (Kap. 15).

Halbzeuge werden auf *Extrudern* (Schneckenmaschinen Bild 7.2) hergestellt. Dabei wird die homogene Schmelze kontinuierlich durch eine Profildüse ausgedrückt und das entstehende Profil nachfolgend kalibriert und ab-

7.1 Urformen

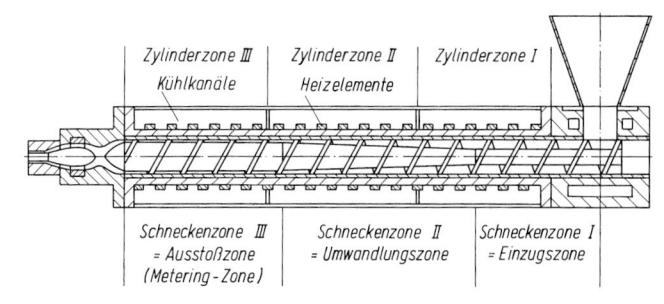

Bild 7.2 Extruder (Schneckenmaschine)

gekühlt. Ergänzende Verfahren beim Extrudieren sind das *Hohlkörperblasen* (Bild 7.3) zur Herstellung von Hohlkörpern ohne Kern und das *Schlauchfolienblasen* (Bild 7.4) zur Herstellung von dünnen Folien. Durch *Coextrusion* werden *Verbundfolien* oder *Verbundhohlkörper* mit mehreren Kunststoffschichten für Sonderzwecke hergestellt. Zum Recycling von Hohlkörpern aus dem Verpackungssektor können durch *Coextrusion* mehrschichtige Behälter geblasen oder mehrschichtige Rohre coextrudiert werden, wobei die *Rezyklatschicht* in der Mitte der Wandung zwischen Neumaterial zu liegen kommt. Beim *Spritzblasen* (Bild 7.5) wird zunächst ein *Vorformling* durch Spritzgießen hergestellt und dieser danach in einem zweiten Werkzeug zum Hohlkörper aufgeblasen.

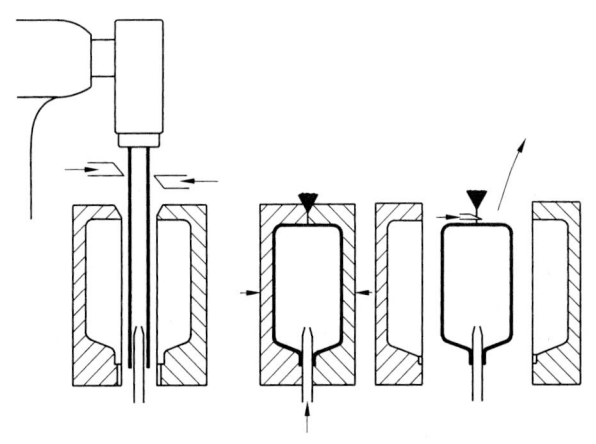

Bild 7.3 Hohlkörperblasen (Extrusionsblasformen)

7 Verarbeiten von Kunststoffen

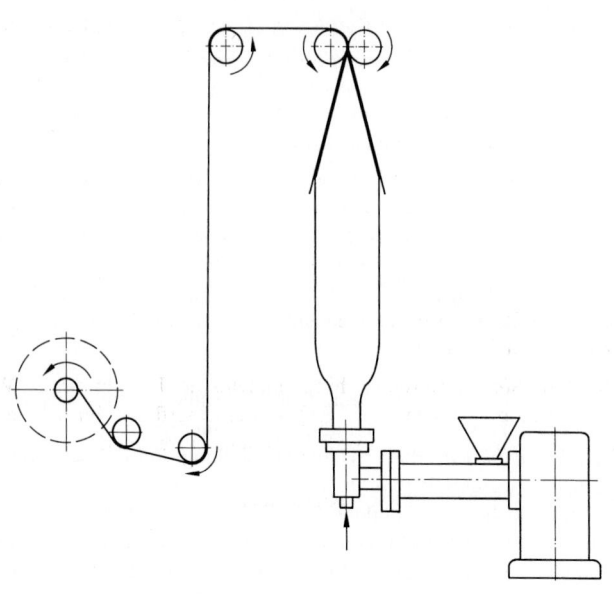

Bild 7.4   Schlauchfolienblasen

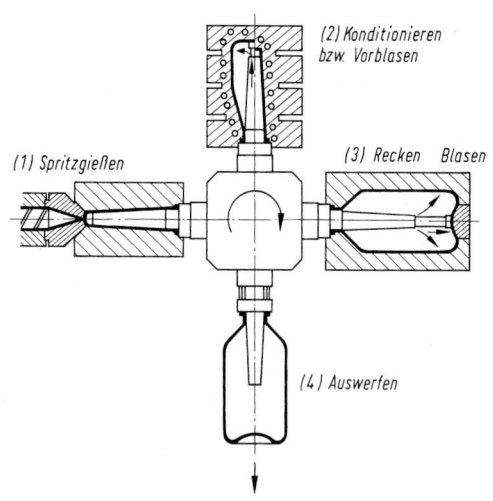

Bild 7.5   Spritzblasen

Beim *Kalandrieren* werden Kunststoffmischungen auf Kalandern (Walzwerken) zu Folien verarbeitet. Kalandrieren eignet sich besonders zur Herstellung von Folien mit engen Dickentoleranzen (Video- und Audiobänder aus Polyesterfolien) und zum dekorativen Prägen. In speziellen Anordnungen können auch Gewebe mit Kunststoffen beschichtet werden.

Beim *Rotationsformen* wird pulverförmiges, thermoplastisches Ausgangsmaterial in einem heiz- und kühlbaren Hohlwerkzeug zunächst aufgeschmolzen, durch taumelartige Bewegung des Werkzeugs an der Innenwand gleichmäßig verteilt und dann in den formstabilen, weitgehend spannungsfreien Zustand abgekühlt (*Rotationsschmelzen*). Auch monomere Ausgangsprodukte wie z. B. ε-Caprolactam eignen sich zum Rotationsformen (Formpolymerisieren von PA 6).

Beim *Wirbelsintern* werden erhitzte metallische Teile in einem Wirbelbett eines Thermoplastpulvers (PE, PA) an der Oberfläche im Schmelzfluß beschichtet; es sind nur bestimmte Schichtdicken erreichbar.

7.1.2 Urformen von Duroplasten

Beim Urformen von Duroplasten handelt es sich um *irreversible* Formgebungsprozesse bei gleichzeitiger chemischer Reaktion. Der duroplastische Zustand ist also erst *nach* der Formgebung erreicht. Die Produkte sind danach nicht mehr schmelzbar und daher nicht schweiß- und umformbar.

Duroplastische Formteile werden aus härtbaren Formmassen (PMC, BMC, SMC) durch *Pressen, Spritzpressen* oder *Spritzgießen* hergestellt. Beim *Pressen* wird die reaktionsfähige Formmasse in das *geöffnete, beheizte* Werkzeug eingebracht. Die Härtungsreaktion erfolgt nach dem Schließen des Werkzeugs unter Einwirkung von Wärmeenergie und Druck in bestimmter Zeit. Die Formteile werden nach der Härtungsreaktion *heiß* ausgeformt und sind formstabil. Unterschiede im Härtungsvorgang bestehen zwischen *Kondensationsharzen PF, UF, MF* und *Reaktionsharzen UP* und *EP*, die ohne Abspaltung von Nebenprodukten härten. Wegen Gratbildung infolge anfänglich dünnflüssiger Schmelzen ist meist aufwendigere Nacharbeit notwendig. Eine Abwandlung des Pressens ist das *Spritzpressen* (Transfermoulding), bei dem die vorplastifizierte, fließfähige Formmasse in ein *geschlossenes* Werkzeug eingespritzt wird, wo dann die endgültige Vernetzung erfolgt. Die Toleranzen bei Spritzpreßteilen sind daher gegenüber Preßteilen enger zu halten. Das *Spritzgießen* von duroplastischen Formmassen zu Formteilen hat heute größte Bedeutung. Die Auslegung und Ausstattung von Spritzzylinder mit Schnecke sowie Werkzeug ist auf das Fließ-Härtungsverhalten (Kap. 29.2) abzustimmen. Im Gegensatz zum

7 Verarbeiten von Kunststoffen

Thermoplastspritzgießen wird im Spritzzylinder die duroplastische Formmasse bei niedrigen Temperaturen, unterhalb der Vernetzungstemperatur, vorplastifiziert und dann in das beheizte Werkzeug (Temperatur oberhalb der Vernetzungstemperatur) eingespritzt, wo die Aushärtung zum Formstoff erfolgt.

Die Verarbeitung der *härtbaren Gießharze* UP und EP ist *ohne* oder *mit* Verstärkungsmaterialien möglich (Kap. 13). Beim *Gießen* wird das reaktionsfähige, flüssige Harzgemisch in Formen eingegossen und dort *kalt* oder *warm* ausgehärtet (Kap. 12.3 und 12.4). Beim *Laminieren* (Kap. 13. 1.3) wird das Formteil in einem einteiligen Positiv- oder Negativwerkzeug in Schichten aufgebaut. Fasermatten und -gewebe werden mit dem reaktionsfähigen, flüssigen Harzgemisch getränkt und das Formteil *kalt* oder *warm* ausgehärtet. *Flächenförmige Produkte* und Schichtpreßstoffe werden durch Verpressen von mit Harzen getränkten Bahnen aus Papier, Geweben oder Matten und Aushärten unter Druck hergestellt. *Prepregs* sind mit Harzen getränkte, flächige Gewebe oder Matten aus Glas-, Kohlenstoff- oder Aramidfasern; sie werden verarbeitungsfertig zwischen Trennfolien angeliefert (SMC, vgl. auch Kap. 13. 1.3), zugeschnitten und *warm* zu Formteilen verpreßt. *Teigige Formmassen* (BMC) aus Glasfaserprodukten mit Harztränkung (Harzmatten, Premix) werden durch Pressen oder Spritzgießen zu Formteilen verarbeitet; beim Spritzgießen sind spezielle Stopfvorrichtungen zum Einzug in die Schnecke notwendig.

7.1.3 Urformen von Elastomeren

Thermoplastisch verarbeitbare Elastomere TPE (Kap. 14.2) können nach den üblichen Verarbeitungsverfahren für Thermoplaste verarbeitet werden.

Alle anderen Elastomere (Gummi) werden nach Verfahren der *Kautschukverarbeitung* (Kap. 14.1), z. B. *Preßvulkanisation, Spritzgießen* oder *Tauchen* verarbeitet.

7.2 Umformen von Thermoplasten

Umformbar sind nur thermoplastische Kunststoffe. *Kaltumformen* ist selten wegen der zeitabhängigen Rückdeformation.

Warmumformen (Thermoformen) von thermoplastischem Halbzeug erfolgt bei erhöhten Temperaturen im *thermoelastischen* (gummielastischen) Temperaturbereich (Kap. 6.2). Die Abkühlung („Einfrieren") der umgeformten Formteile muß dann unter Formzwang erfolgen.

Wichtige Umformverfahren sind das *Biegen* von Profilen, Rohren und Tafeln, das *Rohraufweiten* für Muffenverbindungen und das *Streckformen* mit

7.1 Urformen

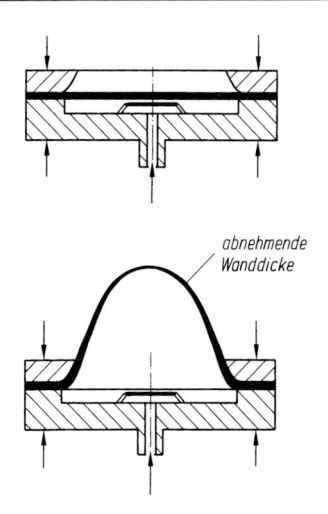

Bild 7.6   Streckformen mit Druckluft ohne Werkzeug

Vakuum oder Druck im Negativ- oder Positivwerkzeug mit mechanischer oder pneumatischer Vorstreckung je nach Formteilgestalt und Kunststoff. Beim *Streckformen* wird die umzuformende Platte meist fest eingespannt; die Verformung erfolgt dann aus der Wanddicke heraus, im Gegensatz zum Nachfließen des nicht eingespannten Blechzuschnitts beim Tiefziehen von Metallen. Es ist eine Reihe von Umformverfahren im Gebrauch mit unterschiedlicher, pneumatischer und/oder mechanischer Vorstreckung. Die Wahl des geeigneten Verfahrens richtet sich nach der erforderlichen *Umformkraft* (mechanisch, Vakuum oder Druckluft), nach dem *umzuformenden Kunststoff*, nach der *Gestalt des Formteils* und nach der notwendigen *Wanddickenverteilung* (Bilder 7.6 bis 7.9). *Blister-* und *Skinverpackungen* werden ebenfalls durch Warmumformung hergestellt.

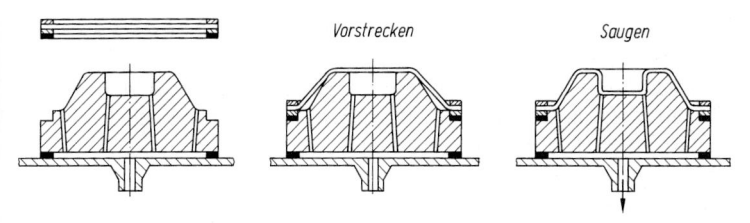

Bild 7.7   Positiv-Saugen mit mechanischem Vorstrecken

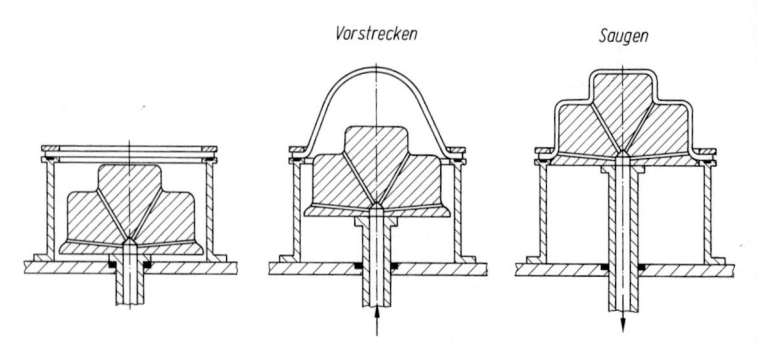

Bild 7.8   Positiv-Saugen mit Vorstrecken durch Druckluft

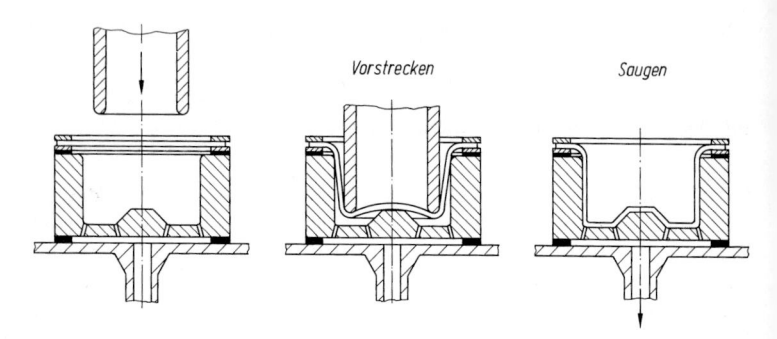

Bild 7.9   Negativ-Saugen mit mechanischem Vorstrecken

7.3   Nachbehandlungen

Zur Beeinflussung der Eigenschaften des Kunststoffs im fertigen Formteil können verschiedene Nachbehandlungsverfahren angewandt werden.

Nachkristallisation kann erforderlich sein, wenn der Kristallisationsvorgang bei der Formgebung aus unterschiedlichen Gründen nicht in der gewünschten Weise stattgefunden hat. Sie erfolgt durch Lagerung der Formteile bei erhöhten Temperaturen und ist i. a. mit einer *Nachschwindung* (Maßänderung) und *Verzug* verbunden. Die Nachschwindung kann reduziert werden, wenn in das Kunststoffgranulat *Nukleierungsmittel* eingearbeitet sind, die die Kristallisation im Werkzeug beim Spritzgießen beschleunigen.

Beim *Tempern* erfolgt ein Eigenspannungsabbau durch Lagerung der Formteile bei erhöhter Temperatur, wobei allerdings mit Verzug der Formteile zu rechnen ist.

Nachhärten bei erhöhten Temperaturen wird bei duroplastischen Formteilen angewandt, um nicht vollständig abgelaufenen Härtungsprozesse zum Abschluß zu bringen; dabei ist Nachschwindung und Verzug zu beachten.

Konditionieren ist der zeitlich beschleunigte Vorgang zur Einstellung des Feuchtegehalts von stark wasseraufnehmenden Kunststoffen, vor allem Polyamiden PA. Nach den Empfehlungen der Rohstoffhersteller kommen verschiedene Methoden dafür in Frage, so z. B. Lagerung bei erhöhter Temperatur in Wasser oder feuchtem Klima oder in speziellen Klimazellen (vgl. auch Kap. 26). *Beachte:* Durch Wasseraufnahme erfolgt eine Gewichtszunahme und Maßvergrößerung!

7.4 Fügen

Duroplastische Formteile können nur durch *Verschrauben* oder *Kleben* nachträglich gefügt werden.

Thermoplastische Formteile können nach mehreren Verfahren gefügt werden. Außer Verschrauben und Verkleben wie bei Duroplasten sind noch *Schweißen, Nieten* oder *Schnappen* möglich. Beim *Schweißen* (DIN 1910 T3) können nur artgleiche Kunststoffe oder Kunststoffe mit gleichem Erweichungsbereich, z. B. PMMA und ABS, miteinander verbunden werden. Dazu sind die Fügeteile und Zusatzstoffe aufzuschmelzen, zu fügen und unter Druck abzukühlen. Je nach Schweißverfahren ist eine besondere *Nahtvorbereitung* notwendig; bzw. eine spezielle *Fügeflächengestalt* am Formteil vorzusehen (Energierichtungsgeber ERG beim Ultraschallschweißen). Beim Schweißen wird unterschieden in *Warmgasschweißen* W, *Heizelementschweißen* H, *Reib-, Vibrations- oder Rotationsschweißen* FR, *Ultraschallschweißen* US *und Hochfrequenzschweißen* HF (besonders beim polaren PVC). Weitere spezielle Schweißverfahren für Sonderzwecke sind in Anwendung.

Duroplaste, Thermoplaste und *Elastomere* kann man mit *geeigneten* Klebstoffen *untereinander* und mit *anderen* Werkstoffen *verkleben*. Es gibt eine Vielzahl unterschiedlicher Klebstoffsysteme: *Lösemittelklebstoffe, Kontaktklebstoffe, Haftklebstoffe, Heißsiegelklebstoffe, Schmelzklebstoffe* (Hotmelt), *Einkomponenten- und Zweikomponentenklebstoffe* mit *unterschiedlichen* Festigkeitseigenschaften der Klebeverbindungen. Unpolare Kunststoffe (PE, PTFE, POM) können wegen ihres „Antihafteffekts" nur nach aufwendigen Oberflächenvorbehandlungen einigermaßen brauchbar verklebt werden. Leicht anlösbare Kunststoffe wie z. B. PS können mit *Lösemittelklebstoffen* verklebt werden. Allgemeine Angaben siehe VDI 3821 und DVS 2204.

7 Verarbeiten von Kunststoffen

Die Möglichkeiten und Anwendungen der einzelnen Fügeverfahren sind bei den jeweiligen Kunststoffen in Teil II angegeben; beim Kleben sind dort auch geeignete Klebstoffgruppen aufgeführt.

7.5 Oberflächenbehandlungen

Aus *dekorativen* oder *technischen* Gründen kann eine nachträgliche Oberflächenbehandlung von Formteilen notwendig werden. Zur gezielten Veränderung der Oberfläche oder Oberflächenstruktur oder zu Werbezwecken sind *Lackieren, Bedrucken, Laserbeschriftung, Heißprägen, Galvanisieren, Bedampfen* und *Beflocken* im Gebrauch. Bei fast allen Verfahren ergeben sich ggf. Haftprobleme wie beim Kleben. Durch sehr unterschiedliche Vorbehandlungen müssen die Oberflächen ggf. entsprechend vorbereitet werden.

7.6 Spangebende Bearbeitung

Grundsätzlich können alle spangebenden Verfahren auch für Kunststoffe angewandt werden, wenn die vom Kunststoff vorgegebenen Bedingungen bzgl. *Werkzeuggeometrie* und in den *Schnittbedingungen* berücksichtigt werden. Spangebende Bearbeitung ist dann erforderlich, wenn Formteile mit inneren Hinterschnitten nicht spritzgegossen werden können, zur Herstellung kleiner Serien und für Prototypen.

Bei *Thermoplasten* sind Rückfederungseffekte, Erweichung und Wärmedehnung sowie Aufschmelzvorgänge zu beachten. Die Werkzeuge sind so zu gestalten, daß i. a. der Spanwinkel um 0° gewählt wird, damit der Kunststoff vorwiegend „schabend" abgetragen wird. In Sonderfällen, z. B. bei PA, ist beim Drehen die Werkzeuggeometrie so zu wählen, daß ein Fließspan entsteht und dadurch die Wärme sehr schnell abgeführt wird. Die *Zahnteilung* beim Fräsen oder Sägen soll um so größer sein, je weicher der zu bearbeitende Kunststoff ist. Hartmetallwerkzeuge sind zu empfehlen; Kühlung erfolgt meist mit Preßluft.

Beim *Schleifen* entspricht der großen Zahnteilung am Werkzeug bei weichen Kunststoffen eine grobe Körnung des Schleifmittels. *Polieren* erfolgt mit Polierpasten oder naß mit Filzscheiben und Poliermitteln, vor allem bei PMMA.

Duroplaste werden mit Hartmetallwerkzeugen oder diamantbestückten Werkzeugen bearbeitet, wobei das Trennen mit *Trennscheiben* große Bedeutung hat. Beim Spanen von Duroplasten entstehen feine Stäube mit Zersetzungsprodukten und ggf. Verstärkungs- und Füllstoffanteilen (Glas!). Kühlung mit Wasser ist zweckmäßig. Günstig ist das *Wasserstrahlschneiden* für GFK.

PTFE kann nur spanend zu Formteilen verarbeitet werden. Wegen möglichen Maßänderungen ist die bei +19 °C auftretende Volumenänderung zu beachten. PTFE-Folien werden durch *Schälen* hergestellt.

7.7 Schäumen

Theoretisch können alle Kunststoffe geschäumt werden; in der Praxis werden aber nur wenige verwendet. Spritzgegossene *Thermoplastschäume* werden als TSG bezeichnet, *duroplastische Reaktionsschäume* als RSG, RIM (Reaction Injection Moulding) oder verstärkt als RRIM (Reinforced Reaction Injection Moulding).

Beim Schäumen haben besondere Bedeutung *Zellstruktur* und *Dichte* sowie der *Basiskunststoff*. Davon hängen dann die technischen Eigenschaften des Schaumes ab, wie *Härte, Zähigkeit, Steifigkeit, Temperaturbeständigkeit* und *Isoliervermögen*. Weitere Angaben siehe Kapitel 15.

8 Umweltprobleme – Recycling

8.1 Umweltprobleme

Bei der *Herstellung* und *Verarbeitung* von Kunststoffen können unter ungünstigen Bedingungen Belästigungen und gesundheitliche Schäden durch Dämpfe, Stäube und Zersetzungsprodukte auftreten. Es sind die gesetzlichen Vorschriften zu beachten, z. B. maximale Arbeitsplatzkonzentrationen (MAK-Werte) oder Technische Richtlinien für Gefahrstoffe (TRGS).

Für Kunststoffe, die mit Lebensmitteln in Berührung kommen, gelten besondere Bestimmungen (Lebensmittelgesetz). Es ist die *physiologische* Unbedenklichkeit zu gewährleisten; Probleme treten hier besonders bei Kunststoffen mit Weichmachern auf.

Obwohl nur etwa 5 % des eingeführten Erdöls zu Kunststoffen verarbeitet wird, muß der Wiederverwertung und Entsorgung von Kunststoffen bzw. Kunststoffabfällen heute größte Beachtung geschenkt werden. Die *Wiederverwertung* wäre der *Beseitigung* auf jeden Fall vorzuziehen, was bei verschmutzten, gebrauchten Kunststoff-Formteilen vor allem aber bei Kunststoffteilen aus dem Hausmüll problematisch ist. Die Möglichkeit der Wiederverwertung von Kunststoffabfällen ist auch deshalb zu beachten, weil Deponieraum immer knapper und teurer wird. Bei der nachfolgend aufgelisteten Rangfolge spielen natürlich auch wirtschaftliche und ökologische Gesichtspunkte eine Rolle:

- Wiederverwendung
- stoffliche Wiederverwertung (Rezyklate)
- chemische Wiederverwertung
- chemisch/thermische Wiederverwertung
- Deponie nicht verwertbarer Rückstände.

In der Öffentlichkeit haben hauptsächlich die in einer Müllverbrennungsanlage anfallenden Zersetzungsprodukte sehr große Beachtung erlangt. Es handelt sich dabei ggf. um *halogen-* und *schwefelhaltige* Produkte und bei nicht korrekter Verbrennungsführung gebildete giftige Verbindungen wie *Dioxine* und *Furane*. Bei moderner Ausstattung von Müllverbrennungsanlagen werden durch gezielte Temperaturverhältnisse und Maßnahmen bei der Abgasreinigung solche schädlichen Nebenprodukte weitgehend vermieden, abgetrennt und der Wiederverwertung (Gips) oder in kleinen Restmengen einer Deponierung zugeführt. Hier muß aber beachtet werden, daß die heute in Müllverbrennungsanlagen gelangenden Kunststoffabfälle im Haus- und Gewerbemüll einen verhältnismäßig kleinen Anteil gegenüber der gesamten Menge an Kunststoffabfällen ausmachen. Die im Hausmüll anfal-

7.7 Schäumen

lende Kunststoffmenge beträgt etwa nur 7 % der Gesamtmüllmenge, heute hauptsächlich Polyolefine PE und PP, Styrolpolymere und PET, aber immer weniger PVC.

Durch das *getrennte Sammeln* und *Aussortieren* von vorwiegend *Verpackungskunststoffen* entstehen nicht nur *sehr hohe Kosten* und *hygienische Probleme*, sondern dem zur Verbrennung vorgesehenen Hausmüll fehlt damit auch der notwendige *Heizwert* der aussortierten Kunststoffe; er muß durch Schwerölzusatz ersetzt werden! In diesem Zusammenhang wird auf die neuerdings erhobene Forderung nach *Gesamtwirtschaftlichkeit* und *Gesamtökologie* hingewiesen. Werden die Kunststoffe einer thermischen Energiegewinnung entzogen, so müssen dafür wertvolle fossile Brennstoffe wie Erdgas, Erdöl, Kohle oder Braunkohle zugesetzt werden. Andere thermische Verfahren (Kap. 8.2) verwerten wenigstens teilweise den Energieinhalt der Kunststoffe, wobei allerdings ein erheblicher Anteil für die nachfolgenden chemischen Prozesse verwendet wird.

Tabelle 8.1 zeigt den zur Herstellung verschiedener Werkstoffe notwendigen Energieaufwand und den Heizwert (verwertbaren Energieinhalt) der entsprechenden Werkstoffe. Deutlich ist zu erkennen, daß gerade die wichtigsten Verpackungskunststoffe einen sehr hohen Heizwert besitzen.

Tab. 8.1   Energiebedarf zur Herstellung von Werkstoffen und enthaltener Heizwert

Werkstoff	Energiebedarf Herstellung MJ/kg	Heizwert MJ/kg
Polyethylen PE	70 bis 85	43
Polystyrol PS	80 bis 90	40
Papier	18	45 bis 57
Glas	10	–
Stahl	20 bis 25	–
Aluminium	115 bis 140	–

Für Verpackungszwecke wäre der Einsatz von *biologisch abbaubaren* Kunststoffen (BAW = Biologisch abbaubare Werkstoffe) ein großer Vorteil. Solche Kunststoffe müssen z. B. als Thermoplaste einen chemischen Aufbau haben, der durch Mikroben unter Kompostierbedingungen aufgebrochen wird, wobei in einem überschaubaren Zeitraum der enthaltene Kohlenstoff in die Bio-

8 Umweltprobleme – Recycling

sphäre zurückgeführt wird; Abbauprodukte sind hauptsächlich Kohlendioxid CO_2, Wasser H_2O und Humus (Biomasse). Verschiedene organische und synthetische Stoffe können hierfür geeignet sein, wenn Sie chemisch in entsprechende Verbindungen umgewandelt werden können. Entwicklungen in dieser Richtung laufen; ihr Erfolg hätte eine große Bedeutung für die ökologisch sinnvolle Beseitigung des Verpackungsmülls. Die Ermittlung der Kompostierbarkeit erfolgt nach DIN 54900 V (Prüfung der Kompostierbarkeit von polymeren Werkstoffen). Es stehen biologisch abbaubare, auch aus Erdölprodukten hergestellte Kunststoffe (z. B. Polyesteramid *BAK 1095* von Bayer) und biologisch abbaubare Copolyester und Blends aus solchen Copolyestern mit natürlicher Stärke (z. B. BASF) zur Verfügung, siehe auch Tabelle 8.2.

Tab. 8.2   Biologisch abbaubare Kunststoffe (nach J. Schroeter, Rosenheim, Kunststoffe 1/2000, S. 64)

Biologisch abbaubarer Werkstoff (BAW)	Hersteller	Handelsname
a) Basis nachwachsende Rohstoffe		
Polyhydroxybutyrat PHB	Biomer	Biomer
Stärke und Stärkeblends	Biotec Novamat	Bioplast MasterBi
Zellglas	UCB-Films	Cellophane
Cellulosenitrat CN	–	–
Celluloseacetat CA	Mazzucchelli	Bioceta
Polyactid PLA	Cargill Dow Polymers Mitsui Chemical	EcoPLA Lacea
Thermoplastische Verbundwerkstoffe aus Holzmehl und Stärke	IFA Tulln	Fasal
b) Basis Petrochemie		
Polycaprolacton	Union Carbide Solvay	Tone Polymer CAPA
Polybutylensuccinat	Showa Highpolymer	Bionolle
Polyesteramid	Bayer	BAK
Copolyester	BASF Eastman Chemical	Ecoflex Eastar Bio

8.1 Umweltprobleme

Die für die Umwelt problemlose Deponierung von Kunststoffabfällen scheitert heute eigentlich nur an fehlendem oder zu teurem Deponieraum. Allerdings wäre mit der Deponierung der hohe Energieinhalt der Kunststoffe verloren, was nicht zu verantworten wäre.

Es ist nicht abzusehen, wie weit einzelne Verfahren der Aufarbeitung von Kunststoffen zur *Energiegewinnung* oder *Gewinnung von verwertbaren chemischen Rohstoffen* unter Beachtung der *Energiebilanz*, *Kosten* und *ökologischer Auswirkungen* sich in Zukunft durchsetzen werden. Ein besonderes Problem stellen *gesetzliche Vorschriften* dar, die ursprünglich den Sinn hatten, die anfallenden Kunststoffabfälle zu reduzieren und nicht der Deponie zuzuführen.

8.2 Wiederverwendung und Wiederverwertung von Kunststoffabfällen

Wiederverwendung ist die wiederholte Verwendung eines Produkts für *denselben* Verwendungszweck, z. B. Pfandflasche aus Glas, Polycarbonat PC oder Polyester PET. Bei *technischen* Kunststoff-Formteilen ist eine Wiederverwendung nur in besonderen Fällen möglich, meist im Ersatzteilgeschäft (Stoßfänger, Radblenden usw.).

Stoffliche Wiederverwertung ist der Einsatz von Kunststoffabfällen *nach entsprechender Aufbereitung* zu neuen Formmassen (Rezyklate, siehe 8.3) und ihre Verarbeitung zu *neuen Formteilen*. Manche Kunststoffe mit Flammschutzausrüstung (FR), die bestimmte Flammschutzmittel wie z. B. polybromierte Diphenylether PBDE enthalten, dürfen nicht wiederverwertet werden.

Thermische Wiederverwertung ist die Ausnutzung des *Energieinhalts* von Kunststoffabfällen und Kunststoff-Formteilen *nach* dem Gebrauch zur *reinen Energiegewinnung* durch Verbrennen oder andere Verfahren, bei denen *neue Ausgangsstoffe* (Pyrolyseöle, Monomere) oder andere chemisch verwertbare Produkte bei nur sehr geringen Rückständen gewonnen werden. Nachstehend sind einige Möglichkeiten der *Wiederverwertung* von Kunststoffabfällen kurz beschrieben.

8.2.1 Stoffliche Wiederverwertung von Kunststoffabfällen

Die *Rückführung* von Kunststoffabfällen in der kunststoffverarbeitenden Industrie ist seit langem, z. B. durch *Angußrückführung* oder Zugabe von Mahlgut zum Neugranulat üblich und Stand der Technik. Nicht direkt wiederverwertbare Abfälle, z. B. „Spritzkuchen" fließen hauptsächlich in die *thermische Verwertung* oder gehen auf die *Deponie*. Ein Sammeln von Gra-

8 Umweltprobleme – Recycling

nulatresten, insbesondere in unterschiedlichen Farbstellungen oder mit verschiedenen Zusätzen und deren Wiederverwertung zu Kunststoff-Formteilen mit niedrigen Qualitätsansprüchen sollte vermieden werden, da darunter meist das Ansehen der Kunststoffe leidet. *Gemischte* und *verunreinigte Kunststoffabfälle* können nur begrenzt zur Herstellung von Formteilen ohne große Qualitätsanforderungen (Blumenkästen, Parkbänke, Schallschutzwände!) verarbeitet werden. In manchen Industriebereichen ist eine weitgehende Wiederaufarbeitung von Kunststoff-Formteilen möglich (Batteriekästen aus PP, Stoßfängersysteme), jedoch fehlt es noch häufig an genügenden Mengen geeigneten Rücklaufmaterials.

Heute sind noch bei sehr vielen technischen Geräten eine verhältnismäßig große Anzahl verschiedener Kunststoffe eingesetzt, z. B. in Haushaltsgeräten und Automobilteilen. Die systematische Wiederverwertung solcher Kunststoffteile ist erst in Einzelfällen gelöst.

Die stoffliche Wiederverwertung setzt voraus, daß

- die Kunststoffvielfalt reduziert wird
- die verwendeten Kunststoffe möglichst genau gekennzeichnet werden nach DIN EN ISO 11469 oder VDA 260 ggf. mit *Recyclingzeichen* (siehe Bild 8.1)
- spezielle *Kunststoffmarker* wie Fluoreszenzfarben oder ähnliches enthalten sind, damit sie einfach, schnell und exakt aussortiert werden können
- unterschiedliche Kunststoffe leicht getrennt und sortiert werden können
- wenn nicht trennbar konstruiert wird, müssen verträgliche Kunststoffe eingesetzt werden, z. B. PC und ABS
- recyclinggerecht konstruiert wird (VDI 2243: Konstruieren recyclinggerechter technischer Produkte)

Bild 8.1 *Recyclingzeichen nach DIN EN ISO 11469 bzw. VDA 260 mit Darstellung der Werkstoffangaben*
  a) Recyclingzeichen mit Angabe des Kunststoffs >PS< zwischen ">" und "<" oder gekennzeichnet durch eine Ziffer (z. B. "6") im Recyclingzeichen. Dabei bedeuten:
  1: PET 2: PE-HD 3: PVC 4: PE-LD 5: PP 6: PS 7: Sonstige
  b) PA 66 mit 30 % Glasfasern
  c) Phenol-Formaldehyd PF Typ 31 mit 50 % Holzmehl (Wood Dust)

8.2 Wiederverwendung und Wiederverwertung von Kunststoffabfällen

- Lackierungen möglichst vermieden werden
- ein genaues Anforderungsprofil für das Rezyklat bekannt ist, das auch eingehalten werden kann (es muß immer genügend einwandfreies Rücklaufmaterial zu Verfügung stehen, was heute noch nicht in ausreichendem Umfang gewährleistet ist).

Bei allem muß aber die *Kostenfrage* beachtet werden für Sammeln, Transport, Zerlegen, Sortieren und Aufbereiten der Kunststoffe. Diese Kosten sollten in einem vernünftigen Verhältnis zur Neuware stehen. Es gibt heute *Spezialbetriebe*, die Kunststoffabfälle und gebrauchte Kunststoff-Formteile abnehmen, aufbereiten, ggf. compoundieren und dann Rezyklate mit definiertem Eigenschaftsbild, ggf. sogar zertifiziert, anbieten.

Anmerkung
Kunststoffteile aus dem Hausmüll, vor allem Verpackungsabfälle mit i. a. größeren Verschmutzungen und Problemen bei der getrennten Erfassung, lassen sich nur schwer stofflich wiederverwerten, da durch die Kosten der Aussortierung, Reinigung und Aufbereitung solcher Abfälle der Neupreis entsprechender Primärkunststoffe überschritten wird. Die Herstellung von Parkbänken, Lärmschutzzäunen usw. hilft auch hier nicht wesentlich zur Reduzierung der entsprechenden Abfallmengen. Derzeit dürfte die Verbrennung solcher Abfälle unter *Energienutzung* die ökonomisch und ökologisch vernünftigste Lösung sein.

Die stoffliche Wiederverwertung von Kunststoffen ist größtenteils ein Marketingproblem. Es sind Anwendungsfälle zu finden, für die der Einsatz von Rezyklaten mit definierten Eigenschaften ausreichend ist. Wegen der Produzentenhaftung wird vielfach aus Sicherheitsgründen Neuware vorgeschrieben, ohne daß dies unbedingt erforderlich wäre, wobei Rezyklate mit Zertifikat, d. h. definierten Eigenschaften den Anforderungen ohne weiteres genügen würden. Es ist noch große Aufklärungsarbeit zu leisten, Formteilhersteller, Abnehmer und die öffentliche Hand zu überzeugen, daß Formteile aus Rezyklaten ein bestimmtes Anforderungsprofil erfüllen können. Damit aus Rezyklaten Formteile mit gewährleisteten Eigenschaften hergestellt werden können, ist es notwendig, daß *vorher* das Eigenschaftsprofil für das Formteil und die dazu notwendigen Prüfungen festgelegt werden. Mögliche Prüfungen für Rezyklate unterscheiden sich nicht von denen für Neuware; aus Qualitätsgründen können jedoch weitergehende Prüfungen notwendig sein.

Die *Deutsche Gesellschaft für Kunststoffrecycling (DKR)* hat ein neues Verfahren für das Recycling von Verpackungen erarbeitet, das Rezyklate ermöglicht, deren Eigenschaften mit Neuware vergleichbar sind. Das *PRL-Verfahren* (Polymer-Recycling durch Lösung) beruht darauf, dass Polyolefine aus Mischfraktionen (PE-HD, PE-LD, PP) entsprechend aufbereitet, von Störkunststoffen wie PET und Styrolpolymeren getrennt und dann in einem geeigneten Lösemittel gelöst und über eine Phasentrennung separiert werden. Anschließend erfolgt die Aufbereitung und Granulierung, so dass am Ende saubere PP- und PE-Blends mit definitiver Zusammensetzung und konstanten technischen Eigenschaften vorliegen (95% Reinheit). Die Kostenstruktur soll sehr günstig sein. Ähnlich arbeitet das *KSF-Verfahren* (Kunststofftrennung durch selektive Fällung) der Berliner Firma PPTec. Nach diesem Verfahren können, noch in einer Pilotanlage, PE und PP mit einer Reinheit von 90% gewonnen werden.

8.2.2 Chemische und thermische Wiederverwertung von Kunststoffabfällen

Bei *chemischen* Verfahren werden z. B. bei der *Hydrolyse* durch gezielten Abbau der makromolekularen Kunststoffe wieder monomere Ausgangsstoffe gewonnen.

Bei *chemisch-thermischen* Verfahren werden mit dem Schwerpunkt der Gewinnung chemischer Grundstoffe für nachfolgende Synthesen in chemischen Betrieben unter teilweiser Ausnutzung des Energieinhalts die Kunststoffabfälle verarbeitet. Als Beispiele, die allerdings meist erst in kleinem Maßstab realisiert sind, sind zu nennen:

- Pyrolyse als thermische Zerlegung von Kunststoffabfällen unter Luftabschluß zur Spaltung der Makromoleküle
- Hydrierung zur Spaltung der Makromoleküle und Anlagerung von Wasserstoffatomen zur Gewinnung von gesättigten Kohlenwasserstoffen aus Kunststoffabfällen. Derzeit können in einer modernen Anlage aus 1 t vermischtem Kunststoffmüll 800 kg Recyclingöl hergestellt werden. Die Kosten sind allerdings wesentlich höher als beim Verbrennen bzw. gegenüber Rohöl.
- eine Vielzahl neuer Verfahren arbeiten im Prinzip nach dem Pyrolyseverfahren mit der Abstufung einzelner Temperaturbereiche und damit reichhaltiger Möglichkeiten zur Gewinnung von chemischen Produkten verschiedenster Art und/oder Energie, je nach Bedarf.

Thermische Verfahren (Verbrennen, energetisches Recycling) dienen zur ausschließlichen Rückgewinnung der in den Kunststoffabfällen steckenden hohen Energie, da bis zu 60 % der zur Herstellung erforderlichen Energie wieder zurückgewonnen werden kann (Tabelle 8.1). Neuerdings werden Kunststoffabfälle und Gummireifen anstelle von Schweröl in Hochöfen eingesetzt; der Ruß im Gummi dient gleichzeitig als Reduktionspartner (CO).

8.3 Definitionen bei der stofflichen Wiederverwertung von Kunststoffen

Bei der stofflichen Wiederverwertung von Kunststoffen werden gleiche Begriffe unterschiedlich verwendet, deshalb hat der Umweltausschuß des GKV bereits vor einigen Jahren versucht, Ordnung in die Sprachenvielfalt zu bringen, indem er ein sog. *Recyclingschema* (Bild 8.2) erstellt und mit Erläuterungen versehen hat.

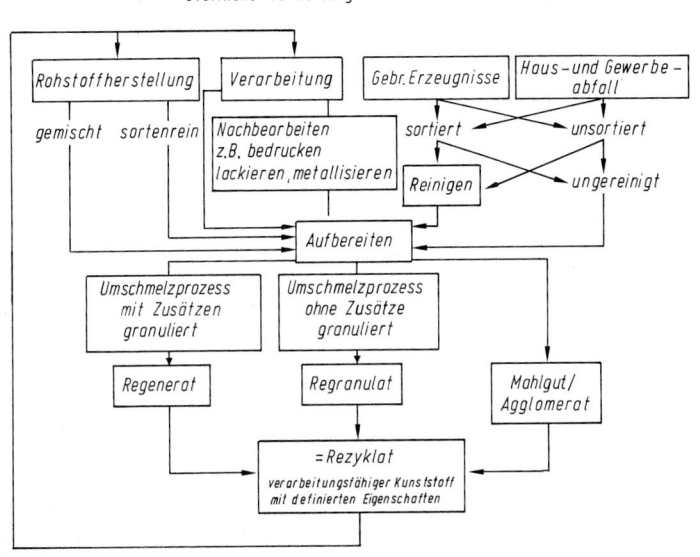

Bild 8.2   Recyclingschema des GKV

- *Rezyklat* ist eine Formmasse bzw. ein aufbereiteter Kunststoff mit *definierten* Eigenschaften und kann als *Oberbegriff* für *Mahlgut, Agglomerat, Regranulat* und *Regenerat* verstanden werden. In vielen Fällen wird das Rezyklat mit Neuware abgemischt. Ein Rezyklat hat in seinem Werdegang i. a. bereits einen Verarbeitungsprozeß hinter sich. Ein *Masterbatch* oder ein *Blend*, das aus mehreren Kunststoffen durch Aufbereiten, also durch einen Verarbeitungsprozeß hergestellt wurden, gelten nicht als Rezyklate.
- *Mahlgut* wird durch Mahlen von Kunststoff gewonnen. Mahlgut hat unterschiedliche und unregelmäßige Teilchengrößen und kann Staubanteile enthalten.

8 Umweltprobleme – Recycling

- *Agglomerat* wird durch Zerkleinern und Teilplastifizieren von Kunststoff gewonnen. Agglomerat hat unterschiedliche Korngrößen, aber keinen Staubanteil.
- *Regranulat* wird über einen Schmelzprozeß aus Mahlgut oder Agglomerat als Granulat gewonnen. Regranulat hat gleichmäßige Korngröße und keinen Staubanteil.
- *Regenerat* wird über einen Schmelzprozeß (Compoundieren) unter Zugabe von Zusätzen (Additiven) zur Eigenschaftsverbesserung aus Mahlgut, Agglomerat oder Regranulat gewonnen. Regenerat hat gleichmäßige Korngröße und keinen Staubanteil.

Ein weiterer wichtiger Begriff beim Recycling ist die *Reinheit* und *Verträglichkeit* der Ausgangsmaterialien:

- *typenrein* bedeutet, daß nur *ein* Kunststoff *eines* Rohstoffherstellers mit *derselben Typbezeichnung* aufgearbeitet wird
- *sortenrein* bedeutet, daß Kunststoffe mit *gleicher* Kennzeichnung nach DIN EN ISO 11469 bzw. VDA 260, ggf. verschiedener Rohstoffhersteller aufbereitet werden
- *sortenähnlich* bedeutet, daß die aufzubereitenden Kunststoffe zwar in ihren Grundpolymeren übereinstimmen, aber in besonderen Eigenschaften, z. B. flammhemmende Zusätze voneinander abweichen
- *vermischt* bedeutet, daß unterschiedliche Kunststoffe mit chemischer Verträglichkeit aufbereitet werden (ABS und PC). Kunststoffe sind dann *verträglich,* wenn sie in der Schmelze untereinander mischbar sind und zu einem Formstoff mit befriedigenden mechanischen Eigenschaften und akzeptierbarer Oberfläche verarbeitet werden können.
- *verunreinigt* bedeutet, daß die aufzubereitenden Kunststoffe aus dem vorausgegangenen Gebrauch noch Stoffe enthalten, die die Eigenschaften eines daraus herzustellenden Formteils beeinträchtigen.

II Kunststoffe als Werkstoffe

9 Kennzeichnung und Normung von Kunststoffen

Normen:

DIN EN ISO 1043-1	Kunststoffe – Kennbuchstaben und Kurzzeichen – T1: Basis-Polymere und ihre besonderen Eigenschaften
DIN ISO 1043-2	Kunststoffe – Kurzzeichen – Füll- und Verstärkungsstoffe
DIN EN ISO 1043-3	Kunststoffe – Kennbuchstaben und Kurzzeichen – T3: Weichmacher
DIN EN ISO 1043-4	Kunststoffe – Kennbuchstaben und Kurzzeichen – T4: Flammschutzmittel
DIN EN ISO 11469	Kunststoffe – Sortenspezifische Identifizierung und Kennzeichnung von Kunststoff-Formteilen (ausgenommen Packmittel), siehe auch VDA 260
DIN 6120	Kennzeichnung von Packstoffen und Packmitteln zu deren Verwertung – Packstoffe und Packmittel aus Kunststoff T1: Bildzeichen – T2: Zusatzbezeichnung
DIN ISO 1629	Kautschuk und Latices – Einteilung, Kurzzeichen
VDA 260	Kraftfahrzeuge – Kennzeichnung von Bauteilen aus polymeren Werkstoffen
VDA 67	Elastomere
DIN 16780 T1	Einteilung und Bezeichnung von thermoplastischen Formmassen aus Polymergemischen
DIN 7725	Kennzeichnung von Lebensmittelbedarfsgegenständen
ISO 472	Plastics – Vocabulary
ASTM D 1600-94a	Standard Terminology for Abreviated Terms to Plastics
DIN 55625	Füllstoffe für Kunststoffe

9.1 Allgemeine Kennzeichnung von Kunststoffen

Im vorliegenden Werkstoff-Führer Kunststoffe wurde bei der Angabe von Kurzzeichen für Kunststoffe auf DIN EN ISO 1043 und bei Polymergemischen auf DIN 16780 zurückgegriffen. Im Inhaltsverzeichnis sind die im

9 Kennzeichnung und Normung von Kunststoffen

Werkstoff-Führer Kunststoffe behandelten Kunststoffe aufgeführt. Von den einzelnen Kunststoffen gibt es zahlreiche *Modifikationen* als *Copolymerisate, Polymerisatmischungen, Polyblends, Legierungen* usw. mit unterschiedlichen Abwandlungen der Grundeigenschaften. In Tabelle 9.1 sind die wichtigsten Kunststoffe aufgeführt.

Den Kurzzeichen aus Tabelle 9.1 können zu weiterer Unterscheidung noch *zusätzliche Kennbuchstaben* für besondere Eigenschaften oder *Zahlen* (z. B. bei Polyamiden, vgl. Kapitel 10.6) angehängt werden (Tabelle 9.2). Es ist in der

Tab. 9.1   Symbole für wichtige Kunststoffe

Symbol	Kunststoff
ABS	Acrylnitril-Butadien-Styrol
AMMA	Acrylnitril-Methylmethacrylat
ASA	Acrylnitril-Styrol-Acrylat
CA	Celluloseacetat
CAB	Celluloseacetatbutyrat
CAP	Celluloseacetatpropionat
CF	Kresol-Formaldehyd
CN	Cellulosenitrat
CP	Cellulosepropionat
E/P	Ethylen/Propylen
ECTFE	Ethylen-Chlortrifluorethylen
ETFE	Ethylen-Tetrafluorethylen
EVAC	Ethylen-Vinylacetat
EP	Epoxid
LCP	Flüssigkristall-Polymer
MABS	Methacrylat-Acrylnitril-Butadien-Styrol
MBS	Methacrylat-Butadien-Styrol
MF	Melamin-Formaldehyd
MPF	Melamin-Phenol-Formaldehyd
PA	Polyamid
PAI	Polyamidimid
PAN	Polyacrylnitril
PB	Polybuten
PBT	Polybutylenterephthalat
PC	Polycarbonat
PCTFE	Polychlortrifluorethylen
PDAP	Polydiallylphthalat
PE	Polyethylen (Polyethen)

9.1 Allgemeine Kennzeichnung von Kunststoffen

Symbol	Kunststoff
PEBA	Polyether-block-Amid
PEEK	Polyetheretherketon
PEI	Polyetherimid
PEK	Polyetherketon
PEKEEK	Polyetherketonetheretherketon
PESU	Polyethersulfon
PET	Polyethylenterephthalat
PF	Phenol-Formaldehyd
PI	Polyimid
PIB	Polyisobutylen
PMI	Polymethacrylimid
PMMA	Polymethylmethacrylat
PMP	Poly-4-methylpenten-(1)
POM	Polyoxymethylen (Polyformaldehyd, Polyacetal)
PP	Polypropylen
PPA	Polyphthalamid
PPE	Polyphenylenether
PPS	Polyphenylensulfid
PPSU	Polyphenylensulfon
PS	Polystyrol
PSU	Polysulfon
PTFE	Polytetrafluorethylen
PUR	Polyurethan
PVC	Polyvinylchlorid
PVDC	Polyvinylidenchlorid
PVDF	Polyvinylidenfluorid
SB	Styrol-Butadien
SMS	Styrol-α-Methylstyrol
SAN	Styrol-Acrylnitril
SI	Silikon
UF	Urea-Formaldehyd (Harnstoff-Formaldehyd)
UP	Ungesättigter Polyester
VCE	Vinylchlorid-Ethylen
VCEVAC	Vinylchlorid-Ethylen-Vinylacetat

Anmerkung: Nach IUPAC müßten Namensteile zwischen Klammern gesetzt werden, wenn nach „Poly" mehr als *ein* Namensteil folgt; meist werden diese Klammern aber weggelassen, was der Normenausschuß Kunststoffe (FNK) inzwischen beschlossen hat.

9 Kennzeichnung und Normung von Kunststoffen

Tab. 9.2   Kennbuchstaben für besondere Eigenschaften

Zeichen	Bedeutung	Zeichen	Bedeutung
B	bromiert, block	O	orientiert
C	chloriert	P	weichmacherhaltig
D	Dichte	R	erhöht, Resol
E	verschäumt, schäumbar (expandiert, expandierbar)	S	gesättigt, sulfoniert
F	flexibel, flüssig	T	Temperatur(beständig), thermoplastisch, zäh modifiziert
H	hoch	U	ultra, weichmacherfrei, ungesättigt
I	schlagzäh	V	sehr
L	niedrig, linear	W	Gewicht
M	mittel, molekular	X	vernetzt, vernetzbar
N	normal, nukleirt, Novolak		

Norm eindeutig festgelegt, daß keine Kennbuchstaben *vor* dem Kurzzeichen angeordnet werden dürfen, sondern nur dahinter; somit muß es z. B. heißen PS-E, statt EPS oder PE-X, statt VPE. Noch keine Norm besteht für die Angabe *syndiotaktisch*; die heute übliche Schreibweise für syndiotaktisches Polystyrol sPS ist nach Norm nicht möglich (wahrscheinliche Bezeichnung PS-S). Festlegungen für Polymere, die mit Metallocenkatalysatoren hergestellt werden, gibt es ebenfalls noch nicht, evt. wird M oder MC (PP-MC) angehängt.

Beispiele:

PVC-C	chloriertes Polyvinylchlorid
PVC-U	weichmacherfreies PVC
PVC-P	weichmacherhaltiges PVC
PE-X	vernetztes Polyethylen
PS-(H)I	schlagzähes Polystyrol
PE- UHMW	ultrahochmolekulares Polyethylen
PE-LLD	lineares Polyethylen niedriger Dichte
PA 6	Polyamid aus ε-Caprolactam
PA 66	Polyamid aus Hexamethylendiamin und Adipinsäure

9.1 Allgemeine Kennzeichnung von Kunststoffen

Bei *Copolymerisaten* enthält das Kurzzeichen Angaben über die *monomeren* Komponenten, die in der Regel in der Reihenfolge der absteigenden Massegehalte (Massenprozente) erscheinen. Bisher wurden die Monomere durch einen Schrägstrich getrennt (S/AN), der nach neuester Norm wieder entfällt (SAN).

Polymermischungen *(Polyblends, Polymerlegierungen)* werden nach DIN 16780 so gekennzeichnet, daß die Einzelkomponenten (Tabelle 9.1) mit einem Pluszeichen verbunden werden, die seither übliche Klammer entfällt wieder (zwischen den Polymeren und dem Pluszeichen sollen keine Leerzeichen stehen), z. B.

PBT+PC	Polymermischung aus Polybutylenterephthalat und Polycarbonat
PC+ABS	Polymermischung aus Polycarbonat und Acrylnitril/Butadien/Styrol
PPE+SB	Polymermischung aus Polyphenylenether und Styrol/Butadien
POM+PUR	Polymermischung aus Polyoxymethylen und Polyurethan
PP+EPDM	Polymermischung aus Polypropylen und Ethylen/Propylen-Dien-Kautschuk
PMMA+ABS	Polymermischung aus Polymethylmethacrylat und Acrylnitril/Butadien/Styrol

Kennzeichnung von Zusätzen

Zur Verbesserung bestimmter Eigenschaften werden Kunststoffe mit Zusätzen (vgl. Kapitel 5) versehen. *Additive* werden i. a. nur in den genauen Normbezeichnungen angegeben. *Flammschutzmittelzusatz* wird mit *FR* gekennzeichnet, z. B. ABS-FR. In Klammer kann dahinter das verwendete Flammschutzmittel angegeben werden, z. B. ...-FR(XX). Bei XX handelt es sich um eine zweistellige Code-Nummer; für die derzeit gilt:

10 bis 25	Halogenverbindungen
30	Stickstoffverbindung
40 bis 42	Organische Phosphorverbindungen
50 bis 52	Anorganische Phosphorverbindungen
60 bis 64	Metalloxide, Metallhydroxide, Metallsalze
70 bis 73	Bor- und Zinkverbindungen
75 bis 76	Siliziumverbindungen
80	Graphit

9 Kennzeichnung und Normung von Kunststoffen

Ein schlagzäh modifiziertes Polyamid 6 mit 30 % Glasfaser und dem Flammschutzmittel roter Phosphor wird wie folgt gekennzeichnet: PA 6–GF30–FR(52).

Bei *weichmacherhaltigen* Polymeren kann außer dem Weichmacher auch der Weichmacheranteil in Prozent angegeben werden, der *vor* das Weichmacherkurzzeichen nach DIN EN ISO 1043-3 gesetzt wird, z. B. PVC-P(20DOP) für ein weichmacherhaltiges PVC mit 20 % Dioctylphthalat (DOP).

Bei *verstärkten bzw. gefüllten Kunststoffen* wird zuerst die *Kunststoffart* nach DIN EN ISO 1043-1 angegeben, gefolgt von einem waagrechten Strich mit dem *angehängten Kurzzeichen* für *Art* und *Form* des Verstärkungs- bzw. Füllstoffs und dessen *Anteil in Masseprozent* (Tabelle 9.7) nach DIN EN ISO 1043-2, z. B.:

UP-GF	glasfaserverstärkter, ungesättigter Polyester
PP-MD20	Polypropylen mir 20 % Mineralstoffpulver
POM-GB30	Polyacetalharz mit 30 % Glaskugeln.

Nach DIN EN ISO 11469 kann bei Kunststoffen mit einem Gemisch aus mehreren *Verstärkungsstoffen* unterschiedlich gekennzeichnet werden:

PA 66-(GF25 + MD15) für ein Polyamid 66 mit einem Gemisch aus 25 % Glasfasern und 15 % Mineralstoffpulver oder PA 66-(GF+MD)40, wenn nur die Gesamtmenge von 40 % angegeben wird.

Thermoplastische Elastomere erhalten Kennzeichnung TE, gefolgt von den Kennzeichen der Bestandteile in Klammer, z. B.

TE-(PEEST)	thermoplastischer Polyetherester (TPE)
TE-(PEBA 6)	thermoplastische Polyetherblockamide
TE-(EPDM+PP)	thermoplastische Mischung aus Ethylen/Propylen-Dien-Kautschuk und Polypropylen (TPE-O)

Kennzeichnung von Formteilen nach DIN EN ISO 11469

Damit beim Recycling die Formteile einfach sortengerecht sortiert werden können, müssen sie entsprechend gekennzeichnet werden; das geschieht, wenn genügend Platz auf dem Formteil vorhanden, immer zwischen „>" und „<" wie folgt (Beispiele):

PVC mit Weichmacher DBP	>PVC-P(DBP)<
PA66 mit Füllstoffen und Flammschutzmittel	>PA66-(GF25+MD15) FR(52)<
Verbundprodukt mit sichtbarer Deckschicht aus PVC auf PUR mit einem Kern aus ABS (Hauptanteil)	>PVC,PUR,ABS<

9.2 Aufbau einer Normbezeichnung für thermoplastische Formmassen

In heutigen Kunststoffnormen für *Thermoplaste* sind Bezeichnungen nach internationalen ISO-Normen festgelegt. Es handelt sich um eine neue Systematik für Kunststoffbenennungen. Alle Formmassenormen für Thermoplaste nach ISO sind nach demselben Prinzip aufgebaut und in ihrem technischen Inhalt aufeinander abgestimmt. Solche Bezeichnungen sind sehr lang und unübersichtlich, erlauben aber eine ziemlich exakte Beschreibung der thermoplastischen Formmassen. Da noch nicht alle Formmassenormen von DIN auf (DIN EN) ISO umgestellt sind, liegen auch noch Formmassenormen nach DIN vor, die aber sukzessive umgestellt werden. Formmassenormen nach DIN und DIN EN ISO unterscheiden sich etwas in den *kennzeichnenden Eigenschaften* und z. T. auch in den Herstellbedingungen für die Probekörper. In DIN 16780 T1 ist die Kennzeichnung von Polymergemischen nach dieser Systematik beschrieben und erklärt.

Die Bezeichnung erfolgt in einem *Blocksystem*, das aus einem *Benennungsblock* und einem *Identifizierungsblock* besteht. Der Identifizierungsblock enthält die ISO-Norm und die *Merkmale-Datenblöcke*. Aus den Bildern 9.1 und 9.2 ist ersichtlich, welche Merkmale in den einzelnen Datenblöcken erfaßt werden.

Daten-Block 1 enthält den *chemischen Aufbau* des Kunststoffs mit Kurzzeichen nach ISO 1043-1 (Tabelle 9.1), Zusatzbezeichnungen und Sondereigenschaften können Tabellen 9.2 und 9.3 entnommen werden. Spezielle (zusammengesetzte) Sondereigenschaften können ebenfalls angegeben werden, z. B.

R	reduced (reduziert) bzw. resistant (widerstandsfähig)
AR	verschleiß- und/oder reibwiderstandvermindert
CHR	besonders chemikalienbeständig
EMI	geeignet für elektromagnetische Abschirmung
FR	verringerte Brennbarkeit durch Brandschutzausrüstung
HI	hochschlagzäh
HR	besonders wärmealterungsbeständig
LR	besonders licht- und/oder witterungsbeständig
RM	verringerte Wasseraufnahme
T	erhöht transparent
WR	besonders hydrolyse- oder waschlaugenbeständig

9 Kennzeichnung und Normung von Kunststoffen

Benen- nungs- Block	Norm-Bezeichnung					
	Identifizierungs-Block					
	ISO- Norm	Merkmale-Block				
		Daten-Block 1	Daten-Block 2	Daten-Block 3	Daten-Block 4	Daten-Block 5

Bild 9.1   Benennungs- und Identifizierungsblock mit Normnummer und Merkmaldatenblöcken

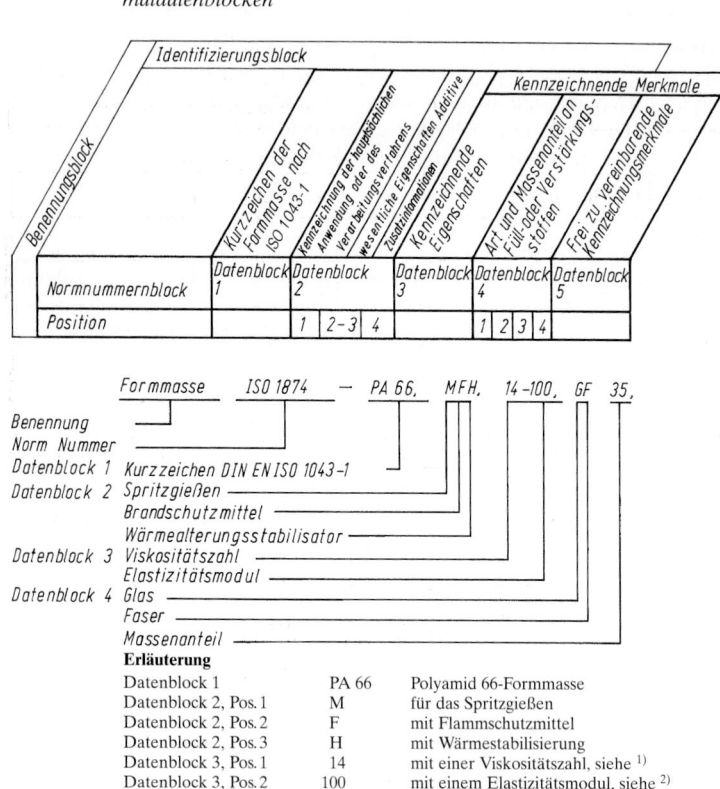

		Identifizierungsblock			Kennzeichnende Merkmale	
		Kurzzeichen der Formmasse nach ISO 1043-1	Kennzeichnung der hauptsächlichen Anwendung oder des Verarbeitungsverfahrens	wesentliche Eigenschaften Zusatzinformationen	Kennzeichnende Eigenschaften	Art und Massenanteil an Füll- oder Verstärkungs- stoffen	Frei zu vereinbarende Kennzeichnungsmerkmale
Normnummernblock	Datenblock 1	Datenblock 2		Datenblock 3	Datenblock 4	Datenblock 5
Position		1 2-3 4			1 2 3 4	

```
              Formmasse    ISO 1874  —  PA 66,  MFH,  14-100,  GF 35,
Benennung     ⌐────────┘
Norm Nummer   ─────────────┘
Datenblock 1  Kurzzeichen DIN EN ISO 1043-1  ─┘
Datenblock 2  Spritzgießen ─────────────────────┘
              Brandschutzmittel ──────────────────┘
              Wärmealterungsstabilisator ──────────┘
Datenblock 3  Viskositätszahl ─────────────────────────┘
              Elastizitätsmodul ─────────────────────────┘
Datenblock 4  Glas ────────────────────────────────────────┘
              Faser ───────────────────────────────────────┘
              Massenanteil ──────────────────────────────────┘
```

Erläuterung

Datenblock 1	PA 66	Polyamid 66-Formmasse
Datenblock 2, Pos. 1	M	für das Spritzgießen
Datenblock 2, Pos. 2	F	mit Flammschutzmittel
Datenblock 2, Pos. 3	H	mit Wärmestabilisierung
Datenblock 3, Pos. 1	14	mit einer Viskositätszahl, siehe [1]
Datenblock 3, Pos. 2	100	mit einem Elastizitätsmodul, siehe [2]
Datenblock 4, Pos. 1 und 2	GF	mit Glas-Fasern
Datenblock 4, Pos. 3	35	mit einem Massenanteil von 35 % [3]

Mit der Kurzbezeichnung ergeben sich für die kennzeichnenden Merkmale folgende Wertebereiche:
[1]   14: $J = 130\ cm^3/g$ bis $160\ cm^3/g$
[2]   100: $E = 9500\ MPa$ bis $10\,500\ MPa$
[3]   35:   GF-Gehalt 32,5 % bis 37,5 %

Bild 9.2   Kennzeichnung einer PA 66-Formmasse

9.2 Aufbau einer Normbezeichnung für thermoplastische Formmassen

Tab. 9.3   Datenblock 1 mit Zusatzkennzeichnungen

Zeichen	Bedeutung	Zeichen	Bedeutung
A	–	N	–
B	Blockcopolymerisat	P	weichmacherhaltig
C	chloriert	Q	Mischung von Modifikationen gleicher Grundpolymere
D	–	R	Statistisches Copolymerisat, Resol
E	Emulsionspolymerisat	S	Suspensionspolymerisat
F	–	T	–
G	Gießharz	U	weichmacherfrei
H	Homopolymerisat	V	–
J	Prepolymer	W	–
K	–	X	ohne Angabe (vernetzt nach ISO)
L	Pfropfpolymerisat	Y	–
M	Massepolymerisat	Z	–

Daten-Block 2 enthält bis zu 4 *qualitative Merkmale*, wie z. B. die Möglichkeiten der Verarbeitung und Zusätze (Tabelle 9.4).

Daten-Block 3 enthält *quantitative Eigenschaftsangaben*, die beispielhaft in den Tabellen 9.5 und 9.6 aufgeführt sind. Welche Eigenschaften hier festgelegt werden, richtet sich nach den Anforderungen an den Kunststoff und ist i. a. in der jeweiligen Formmassenorm festgelegt oder kann vereinbart werden. Die Kennwerte für die Eigenschaften werden dabei in *Bereiche* eingeteilt und durch entsprechende Ziffern *verschlüsselt* gekennzeichnet.

Daten-Block 4 enthält Angaben über *Art* und *Form* von *Füll- und Verstärkungsstoffen* und ihren Massengehalt (Tabelle 9.7).

Daten-Block 5 ist gedacht für die Aufstellung von Spezifikationen, die zwischen Lieferant und Abnehmer vereinbart werden, z. B. für die Herstellung von Formteilen mit definierten Anforderungen. Hier können z. B. auch die Bereiche aus Datenblock 3 eingeengt oder durch Grenzwerte ergänzt wer-

9 Kennzeichnung und Normung von Kunststoffen

Tab. 9.4   Datenblock 2 mit bis zu 4 qualitativen Merkmalen (Verarbeitungsmöglichkeiten, Zusätze)

Zeichen	Position 1	Zeichen	Position 2 bis 4
A	Klebstoff	A	Verarbeitungsstabilisator
B	Blasformen	B	Antiblockmittel
C	Kalandrieren	C	Farbmittel
D	für Schall- und Bildplatten	D	Pulver (Dryblend)
E	Extrusion von Rohren, Profilen, Platten	E	Treibmittel
F	Extrusion von Folien	F	Brandschutzmittel
G	allgemeine Anwendung	G	Granulat
H	Beschichtung	H	Wärmealterungsstabilisator
J	–	J	–
K	Kabel- und Drahtummantelung	K	Metall-Desaktivator
L	Monofilextrusion	L	Licht- und/oder Witterungsstabilisator
M	Spritzgießen	M	–
N	–	N	ohne Farbzusatz (naturfarben)
O	–	O	keine Angabe
P	Pastenherstellung	P	schlagzäh modifiziert
Q	Pressen	Q	–
R	Rotationsformen	R	Entformungshilfsmittel
S	Pulversintern	S	Gleit-, Schmiermittel
T	Bandherstellung	T	erhöhte Transparenz
U	–	U	–
V	Warm(um)formen	V	–
W	-	W	Hydrolysestabilisator
X	keine Angabe	X	vernetzbar
Y	Faserherstellung	Y	verbessert elektrisch leitend
Z	–	Z	Antistatikum

9.2 Aufbau einer Normbezeichnung für thermoplastische Formmassen

Tab. 9.5 Datenblock 3, Beispiel für die Angabe der Viskositätszahl für Polycarbonat

Zeichen	Viskositätszahl in ml/g (cm/g)
46	bis 46
49	über 46 bis 52
55	über 52 bis 58
61	über 58 bis 64
67	über 64 bis 70
70	über 70

Tab. 9.6 Datenblock 3, Beispiel für die Angabe der Schmelze-Massenfließrate für Polycarbonat

Zeichen	Schmelze-Massenfließrate MFR 300/1,2 in g/10 min
03	bis 3
05	über 3 bis 6
09	über 6 bis 12
18	über 12 bis 24
24	über 24

den. An dieser Stelle können auch zusätzliche Anforderungen, wie z. B. zum *Brandverhalten,* zur *Kriechstromfestigkeit,* zum *Wärmestandverhalten* usw. aufgenommen werden.

Beispiel für die Angabe einer PC-Formmasse:
Thermoplast ISO 7391 – PC, MFR, 49–09-3, GF20

dabei bedeuten M Spritzgießen, F Flammschutzmittel, R Entformungshilfsmittel, 49 Viskositätszahl 51 ml/g (Tabelle 9.5), 09 Schmelze-Massenfließrate MFR 300/1,2 von 10 g/10 min (Tabelle 9.6) und 3 (noch) Izod-Kerbschlagzähigkeit von 35 kJ/m^2, GF20 mit 20 Gewichtsprozent Kurzglasfasern (Izod-Kerbschlagzähigkeit nach DIN EN ISO 180 wird bei Neuausgabe durch Charpy-Kerbschlagzähigkeit DIN EN ISO 179 ersetzt).

9 Kennzeichnung und Normung von Kunststoffen

Tab. 9.7 Datenblock 4, Kennzeichnung von Art und Menge der Zusatzstoffe

Position 1		Position 2		Position 3	
Zeichen	Material	Zeichen	Form/Struktur	Zeichen	Massenanteil in%
A	(Asbest)	A	–		
B	Bor	B	Kugeln, Perlen, Bällchen		
C	Kohlenstoff	C	Schnitzel, Chips		
D	–	D	Pulver, Mehl	05	bis 7,5
E	Ton	E	–	10	über 7,5 bis 12,5
F	–	F	Faser, Flocken	15	über 12,5 bis 17,5
G	Glas	G	Fasermahlgut	20	über 17,5 bis 22,5
H	Hybrid	H	Whiskers	25	über 22,5 bis 27,5
J	–	J	–	30	über 27,5 bis 32,5
K	Calciumcarbonat	K	Wirkwaren	35	über 32,5 bis 37,5
L	Zellulose	L	Lagen, Schicht, Gelege	40	über 37,5 bis 42,5
M	Mineral, Metall	M	Matte (dick)	45	über 42,5 bis 47,5
N	–	N	Faservlies (dünn)	50	über 47,5 bis 52,5
P	Glimmer	P	Papier, Folie	55	über 52,5 bis 57,5
Q	silikatische Füllstoffe	Q	–	60	über 57,5 bis 62,5
R	Aramid	R	Roving	65	über 62,5 bis 67,5
S	synthetische Stoffe organische Stoffe	S	Schalen, Flocken, Blättchen	70	über 67,5 bis 72,5
T	Talkum	T	Cord, Schnur	75	über 72,5 bis 77,5
U	–	U	–	89	über 77,5 bis 82,5
V	–	V	Vlies, Furnier	85	über 82,5 bis 87,5
W	Holz	W	Gewebe	90	über 87,5
X	nicht spezifiziert	X	nicht spezifiziert		
Y	–	Y	Garn		
Z	andere	Z	andere		

9.3 Normung von Duroplasten

Duroplaste werden in sehr unterschiedlichen Formen angeboten, als *Harze* (R), *rieselfähige Formmassen* (PMC), *Prepregs* in Form von *SMC* (Sheet moulding compounds), *BMC* (Bulk moulding compounds) und *DMC* (Dough moulding compounds).

9.2 Aufbau einer Normbezeichnung für thermoplastische Formmassen

Normen:

ISO 800	Plastics – Phenolic moulding materials – Specification
ISO 2112	Plastics – Aminoplastic moulding materials – Specification
ISO 3672-1	Plastics – Unsaturated polyester resins – 1: Designation
ISO 3673-1	Plastics – Epoxy resins – 1: Specification
ISO 8604	Plastics – Prepregs – Definition of terms and symbols for designation
ISO 8605	Textile glass reinforced plastics – Sheet moulding compound (SMC) – Basis for a specification
ISO 8606	Plastics – Prepregs – Bulk moulding compound (BMC) and dough moulding compound (DMC) – Basis for a specification

Durch Übernahme der ISO-Normen als DIN EN ISO-Normen haben sich die Bezeichnungen von *rieselfähigen* duroplastischen Formmassen (PMC) wesentlich geändert bzw. wurden neu festgelegt. DIN 7708 wurde ersetzt durch die DIN EN ISO-Normen 14526 (PF), 14527 (UF), 14528 (MF), 14529 (MP), 14530 (UP) und 15252 (EP). Diese Normen bestehen aus jeweils 3 eigenständigen Teilen:

- T1: Bezeichnungssystem und Basis für Spezifikationen
- T2: Herstellung von Probekörpern und Bestimmung von Eigenschaften
- T3: Anforderungen an ausgewählte Formmassen.

In den Normen sind Tabellen enthalten, die einen Vergleich der rieselfähigen duroplastischen Formmassen PMC nach ISO mit den alten Bezeichnungen nach DIN erlauben; ausserdem auch den Vergleich der Bezeichnungen in nationalen und internationalen Normen (siehe Kapitel 12.1 bis 12.4).

Bezeichnungssystem für PMC nach DIN EN ISO

Abkürzung für rieselfähige Formmassen ist PMC (Powder Moulding Compound), analog zu *Feuchtpressmassen BMC* und *Harzmatten SMC*.

Die Bezeichnung erfolgt wie bei Thermoplasten in einem *Daten-Blocksystem* (Bild 9.1) mit unterschiedlichen Angaben in den einzelnen Daten-Blöcken. Die verschiedenen Typen werden unterschieden durch die Angabe des Basis-Polymers, über Art und Menge des Füll-/Verstärkungsstoffs, vorgesehene Verarbeitungs- und/oder Herstellungsverfahren sowie Angaben zu besonderen *kennzeichnenden* Eigenschaften.

Für das Bezeichnungssystem ergibt sich

Benennungs-Block, z. B. PMC
Identifizierungs-Block für die Nummer der internationalen Norm, z. B. ISO 14526
Merkmale-Daten-Block mit 5 *Daten-Blöcken*.

Daten-Block 1 enthält als Merkmal 1 die *Kennzeichnung des Basiskunststoffs* nach (DIN EN) ISO 1043-1 (Tabelle 9.1), als Merkmal 2 *Art* des *Füll-/Verstärkungsstoffs,* als Merkmal 3 die *Form* der verwendeten *Füll-/Verstärkungsstoffe* nach DIN ISO 1043-2 und als Merkmal 4 ihren *Massengehalt* (Tabelle 9.7). Gegenüber Tabelle 9.7 sind für Duroplaste weitere Arten und Formen von Füll- und Verstärkungsstoffen vorgesehen (Tabelle 9.8); die *Massengehalte* werden wie in Tabelle 9.7 angegeben.

Tab. 9.8   Zusätzliche Kennzeichnung von Füll- und Verstärkungsstoffen für Duroplaste, Datenblock 1, Ergänzung zu Tabelle 9.7

Art des Füllstoffs		Form/Struktur des Füllstoffs	
A	Aramide	F	Faser
D	Aluminiumtrioxid	F1	Stapelfasern
L1	Zellulose	F2	geschnittene Fasern
L2	Baumwolle	M1	Matte, fortlaufende Stränge, mechanisch gebunden
R	Rezyklat (Recycling-Material)	M2	Matte, fortlaufende Stränge, chemisch gebunden
		M3	Matte, geschnittene Stränge, mechanisch gebunden
		M4	Matte, geschnittene Stränge, chemisch gebunden
		U	unidirektional fortlaufend

Daten-Block 2 enthält Angaben über mögliche *Verarbeitungsverfahren* (Tabelle 9.9).

Daten-Block 3 enthält als Merkmal 1 Angaben über *besondere Eigenschaften* (Tabelle 9.10) und als Merkmal 2 die *kennzeichnende Eigenschaft 1* und als Merkmal 3 die *kennzeichnende Eigenschaft 2* (Tabelle 9.11).

Daten-Block 4 kann Hinweise auf weitere nationale, internationale oder Firmennormen enthalten.

Daten-Block 5 ist freigestellt für weitere Spezifikationen, die zwischen Lieferant und Abnehmer vereinbart werden können.

Die Daten-Blöcke müssen untereinander durch Kommata getrennt werden. Wird ein Daten-Block nicht belegt, muss das durch „X" (= keine Angabe) gekennzeichnet werden, jedoch nur dann, wenn ein weiterer Block folgt.

9.3 Normung von Duroplasten

Tab. 9.9 Verarbeitungsverfahren bzw. Anwendung für Duroplaste[1], Daten-Block 2

\	Verarbeitungsverfahren bzw. Anwendung für Duroplaste		
A	Bindemittel A1 Klebstoffe A2 Kitte A3 Partikel (Fasern, Sand) A4 gewickelte Verstärkung A5 Kunstharzbeton	N	Drucklose Verarbeitung N1 Gießen N2 kontinuierliche Imprägnierung N3 Handlaminieren N4 Einbetten N5 Laminieren N6 Faserspritzen N7 Wickeln
C	Beschichtungen C1 Pulverbeschichtung C2 Gelcoatschichten C3 Papierbeschichtung	P	Pultrusion
F	Schäumen	Q	Pressen Q1 mit Fließen Q2 ohne Fließen
G	Allgemeine Verwendung	R	Rotationsformen R1 langsam R2 schleudern
H	verdichtet	T	Spritzpressen, Tranferpressen
K	nicht verdichtet	W	Naßverarbeitung
L	Schmelzimprägnierung	X	keine Kennzeichnung
M	Spritzgießen M1 Spritzprägen	Z	andere

[1] Bezeichnungen werden laufend dem technischen Fortschritt angepaßt

Beispiele für die vorgesehene Kennzeichnung von Duroplasten nach (DIN EN) ISO

Rieselfähige Spritzgießmasse auf der Basis Phenolformaldehydharz (nach DIN 7708: etwa Typ 31.5):

PMC ISO 14526 – PF (WD30+MD20), M,E

Dabei bedeuten: PMC rieselfähige duroplastische Formmasse (Powder Moulding Compound); ISO 14526 die ISO-Norm, PF Phenol-Formaldehyd (Tabelle 9.1); WD30 (27,5 bis 32,5) Massenprozent Holzmehl; MD20 (17,5

9 Kennzeichnung und Normung von Kunststoffen

Tab. 9.10 Besondere Eigenschaften[1] für Duroplaste, Daten-Block 3, Merkmal 1

Charakteristische Eigenschaften			
A	ammoniakfrei	O	Optische Eigenschaften O1 transluzent O2 opak O3 Eigenfarbe
C	Chemische Eigenschaften C1 Chemische Widerstandsfähigkeit C1 Hydrolysebeständigkeit C3 Vernetzung bei niedriger Temperatur C4 Vernetzung bei niedrigen Drücken C5 vorbeschleunigte Produkte	P	Verfahrensaspekte P1 Thixotropie P2 geringe flüchtige Bestandteile P3 lösemittelhaltig
D	Dichte	N	Lebensmittelechtheit (Berührung mit Lebensmitteln)
E	Elektrische Eigenschaften E1 Oberflächenwiderstand E2 Dielektrischer Verlustfaktor E3 Volumenwiderstand E4 antistatische Eigenschaften E5 Kriechstromfestigkeit	S	Oberflächeneigenschaften S1 allgemeine Anwendung S2 geringe Schwindung S3 (sehr) schwindungsarm S4 „Nullschwindung" S5 verschleißfest S6 selbstschmierend
F	Brennverhalten F1 selbstverlöschend F2 flammhemmend	T	Thermische Eigenschaften
H	stabilisiert gegen Wärmealterung	W	Wasserabsorption
I	Undurchlässigkeit I1 gegen Wasser I2 gegen Gase	X	keine Angaben
L	Licht- und Witterungsstabilisierung	Z	andere
M	Mechanische Eigenschaften M1 Schlagbeanspruchung M2 Biegefestigkeit		

[1] Bezeichnungen werden laufend dem technischen Fortschritt angepaßt

bis 22,5) Massenprozent Mineralmehl (Tabelle 9.7 und 9.8); M Spritzgießen (Tabellen 9.4 und 9.9); E besondere elektrische Eigenschaften (Tabelle 9.10).

SMC auf der Basis UP-Harz:

SMC (ISO 14530) – UP (GF+MD)60, Q,T

Dabei bedeuten: SMC Harzmatten (Sheet Moulding Compound); ISO 14530 die ISO-Norm; UP ungesättigtes Polyesterharz (Tabelle 9.1); (GF+MD)60 (57,5 bis 62,5) Massenprozent Glasfasern und Mineralmehl (Tabellen 9.7 und 9.8); Q Pressen (Tabellen 9.4 und 9.9); T Wärmebeständigkeit (Tabelle 9.10).

Laminierharz auf der Basis UP:

R ISO 3672 – UP,N5,C2

Dabei bedeuten: R Harz; ISO 3672 die ISO-Norm; UP ungesättigtes Polyesterharz (Tabelle 9.1); N5 Laminieren (Tabelle 9.9); C2 spezielle Hydrolysebeständigkeit (Tabelle 9.10).

Tab. 9.11   Kennzeichnende Eigenschaften von Duroplasten, Daten-Block 3, Merkmale 2 und 3

Kennzeichnende Eigenschaft 1 (Merkmal 2)	
PMC	Charpy-Schlagzähigkeit (DIN EN ISO 179-1)
SMC/BMC/DMC	Elastizitätsmodul aus Biegeversuch E_f
Harze	Reaktivität
Kennzeichnende Eigenschaft 2 (Merkmal 3)	
PMC	Formbeständigkeitstemperatur (DIN EN ISO 75-2)
SMC/BMC/DMC	thermische Stabilität
Harze	Viskosität

9.4 Kennzeichnung von Elastomeren

Norm:

DIN ISO 1629 Kautschuk und Latices

Dem Klassifizierungssystem nach DIN ISO 1629 liegt bei der Kennzeichnung die chemische Zusammensetzung der Polymerkette zugrunde; es gilt sowohl für die festen Kautschuke, als auch für die Latices (wäßrige Dispersionen). Die Kurzzeichen bestehen aus 2 bis 5 Buchstaben. Der *letzte* Buchstabe kennzeichnet die *chemische Zusammensetzung* der Polymerkette und gilt als *Gruppenkennzeichen*. Die vorangestellten Buchstaben (also links vom Gruppenkennzeichen) kennzeichnen die Monomere, auf denen der Kautschuk aufgebaut ist. Je weiter links ein Kennbuchstabe steht, desto geringer ist sein Anteil. Weitere Buchstaben geben Hinweise auf Besonderheiten des Kautschuks.

Thermoplastische Elastomere siehe Kapitel 14.2.

Einige wichtige Kautschukgruppen
R-Gruppe (R steht für Rubber)**:** Kautschuke mit einer ungesättigten Kohlenstoffkette:

NR   Isopren-Kautschuk, Naturkautschuk
SBR Styrol-Butadien-Kautschuk

9 Kennzeichnung und Normung von Kunststoffen

NBR	Acrylnitril-Butadien-Kautschuk „Nitrilkautschuk")
C	Chloroprenkautschuk
IIR	Isobuten-Isopren-Kautschuk („Butylkautschuk")

M-Gruppe: Kautschuke mit einer gesättigten Polymethylen-Kette:

ACM	Copolymer aus Acrylaten mit geringem Anteil eines Monomers, das die Vulkanisation ermöglicht („Acrylatkautschuk")
EPM	Ethylen-Propylen-Copolymer
EPDM	Terpolymer aus Ethylen, Propylen und einem Dien mit dem ungesättigten Teil in der Seitenkette
CSM	chlorsulfoniertes Polyethylen
FKM	Kautschuk mit Fluor und Fluoralkyl- oder Fluoralkoxy-Gruppen an der Polymerkette

Q-Gruppe: Kautschuke mit Siloxangruppen in der Polymerkette:

MFQ	Silikonkautschuk mit Methyl- und Fluor-Gruppen an der Polymerkette
MVQ	Silikonkautschuk mit Methyl- und Vinyl-Gruppen an der Polymerkette

U-Gruppe: Kautschuke mit Kohlenstoff, Sauerstoff und Stickstoff in der Polymerkette („Polyurethane")

AU	Polyetherurethan
EU	Polyesterurethan

Die *thermoplastischen Elastomere TPE* (siehe Kap. 14.2) werden teilweise ebenfalls nach DIN ISO 1629 gekennzeichnet, jedoch werden dort nicht alle Gruppen erfaßt; dem Kennbuchstaben **Y** folgt die weitere Kennzeichnung, z. B. YSBR für ein Block-Copolymer aus Styrol und Butadien. Diese Kennzeichnung gilt nur für Werkstoffe, die aus Polymeren bestehen, die eine Block-, Pfropf-, Segment- oder andere Struktur haben, die dem Werkstoff bei Raumtemperatur im *unvulkanisierten* Zustand *gummiähnliches Verhalten* verleihen.

Die thermoplastischen Elastomere erhalten die Kennzeichnung TE, gefolgt von den Kennzeichen der Bestandteile in Klammer, z. B.

TE-(PEEST)	thermoplastischer Poly(etherester)
TE-(PEBA 6)	thermoplastische Poly(etherblockamide)
TE-(EPDM+PP)	thermoplastische Mischung aus Ethylen/Propylen-Dien-Kautschuk und Polypropylen

Die TPE sollen in Zukunft eine eigene Norm erhalten.

10 Thermoplaste [1]

10.1 Polyolefine

Polyolefine sind teilkristalline Thermoplaste, die sich durch eine gute chemische Beständigkeit und gute elektrische Isoliereigenschaften auszeichnen. Da sie sich nach fast allen üblichen Verfahren leicht verarbeiten lassen und preiswert sind, finden sie eine so breite Anwendung, daß sie heute zur wichtigsten Kunststoffgruppe geworden sind.

Hauptsächlich eingesetzt werden *Polyethylen (10.1.1)* und *Polypropylen (10.1.2)*. Für besondere Anforderungen werden *spezielle Polyolefine (10.1.3)* verwendet. Neue Katalysatoren (*Metallocene*) führen bei den Polyolefinen zu speziellen Produkten, die, vor allem mit enger Molmassenverteilung, völlig neue Eigenschaftsprofile aufweisen und daher zunehmend andere Kunststoffe (vor allem solche mit ökologisch ungünstigerem Eigenschaftsprofil) ersetzen können (siehe auch Kap. 10.1.1 und 10.1.2). Homo- und Copolymere auf Ethylen(Ethen)-Basis zeigen eine große Bandbreite in ihren Eigenschaften von steif (PE-UHMW) bis sehr flexibel (EVAC).

10.1.1 Polyethylen PE

Aufbau:

$$\left[\begin{array}{cc} H & H \\ | & | \\ -C - C - \\ | & | \\ H & H \end{array} \right]_n$$

Handelsnamen (Beispiele): Dowlex, Elite (Dow); Eltex (Solvay); Eraclene, Flexirene (Atofina); Fortiflex (Solvay); Escorene (Exxon); Hostalen (Elenac); Lacqtene (Atofina); Ladene (Sabic); Lupolen, Luflexen (Basell); Marlex (Phillips); Novex, Rigidex (BP-Amoco); Sclair (Nova); Stamylan, Stamylex, Teamex, Vestolen A (DSM).

Normung: DIN EN ISO 1872; DIN EN ISO 4613 (EVAC, siehe auch 14.2.4); DIN EN ISO 11542 (PE-UHMW); VDI/VDE 2474 Blatt 1

In DIN EN ISO 1872 werden die Polyethylen (PE-)Formmassen unterschieden durch (verschlüsselte) Wertebereiche der kennzeichnenden Eigenschaf-

---

[1] Die Normung von Kunststoff-Formmassen erfolgt noch nicht ausschließlich nach DIN EN ISO, sondern z. T. noch nach (alten) DIN-Normen, die aber laufend umgestellt werden.

ten *Dichte* ϱ, *Schmelze-Massenfließrate* MFR 190/0,325 (E), MFR 190/2,16 (D), MFR 190/5 (T) oder MFR 190/21,6 (G) und Informationen über die *vorgesehene Anwendung* und/oder *Verarbeitungsverfahren, wichtige Eigenschaften, Additive, Farbstoffe, Füll- und Verstärkungsstoffe.* (MFR wird bei Überarbeitung der Normen durch MVR ersetzt).

Beispiel für die Angabe einer PE-Formmasse:

Thermoplast ISO 1872 – PE, FBN, 18 – D045, es bedeuten F Folienextrusion, B Antiblockiermittel, N naturfarben, 18 Wert für Dichte 0,918 g/cm^3 und D045 Schmelze-Massenfließrate MFR 190/2,16 (D) von 3,5 g/10 min.

Beispiel für die Angabe einer PE-UHMW-Formmasse:

Thermoplast ISO 11542 – PE-UHMW, QD, 2-2-1, (, ISO 5834-1), es bedeuten Q Pressen, D Pulver, 2 Viskositätszahl von 2400 ml/g, 2 Dehnspannung von 0,25 MPa und 1 Charpy-Kerbschlagzähigkeit (mit spezieller Doppel-V-Kerbe) von 150 kJ/m^2 (ISO 5834-1 in Datenblock 5 bedeutet, dass dieses Material für chirurgische Implantate verwendet werden kann).

Anmerkung: Bei der hier erwähnten *Dehnspannung* handelt es sich um die Zugspannung, die erforderlich ist, um die Meßlänge des Probekörpers bei 150 °C in einer Zeitspanne von 10 Minuten um 600 % zu dehnen. Die hier erwähnte *Charpy-Kerbschlagzähigkeit* wird an einer gepreßten Probe 120 mm × 15 mm × 10 mm vorgenommen; die spezielle Doppel-V-Kerbe wird mit einer Rasierklinge mit einem Kerbwinkel von (14 ± 2)° eingebracht und hat eine beidseitige Tiefe von 3 mm, so dass eine Restbreite von 4 mm bestehen bleibt (siehe DIN EN ISO 11542-2).

■ Eigenschaften

Dichte: PE-LD (Low Density) verzweigt 0,914 g/cm^3 bis 0,94 g/cm^3; PE-LLD (Linear Low Density) 0,918 g/cm^3 bis 0,943 g/cm^3; PE-HD (High Density) linear 0,94 g/cm^3 bis 0,96 g/cm^3. PE-HD und PE-LD sind mischbar.

Gefüge: Unpolare, teilkristalline Thermoplaste mit unterschiedlichem Verzweigungsgrad und davon abhängiger Kristallinität von 40 % bis 55 % bei PE-LD und 60 % bis 80 % bei PE-HD. Praktisch keine Wasseraufnahme.

Verstärkungsstoff: Bei PE-HD zum Teil Glasfasern.

Farbe: Ungefärbt milchig weiß, opak; nur bei sehr dünnen Folien fast glasklar. In allen Farben gedeckt einfärbbar.

Mechanische Eigenschaften: Mechanische und chemische Eigenschaften abhängig von Kristallinität (gekennzeichnet durch Dichte) und von Polymerisationsgrad (gekennzeichnet durch Schmelze-Massenfließrate MFR). Daher kann ein PE-Typ weitgehend auf die verlangten Anforderungen eingestellt werden.

10.1 Polyolefine

Je nach Kristallinität weich bis steif. Kriechneigung vor allem bei PE-LD. Festigkeit, Zähigkeit, Elastizitätsmodul, Schlagzähigkeit sind abhängig von der Kristallinität (Dichte), siehe Tabelle 10.1.

Tab. 10.1 Einfluß von Dichte und Schmelze-Massenfließrate auf die Eigenschaften von Polyethylen PE

Eigenschaft	Erhöhung der Dichte PE-LD ⇒ PE-HD	Verringerung der Schmelze-Massenfließrate MFR
Streckspannung	steigt stark	steigt
Elastizitätsmodul	steigt stark	steigt
Kugeldruckhärte	steigt	steigt etwas
Kristallit-Schmelztemperatur	steigt	keine wesentliche Änderung
Obere Gebrauchstemperatur	steigt	steigt etwas
Versprödungstemperatur	nimmt ab	nimmt stark ab
Schlagzähigkeit	steigt	steigt stark
Quellbarkeit	nimmt stark ab	nimmt etwas ab
Permeabilität	nimmt ab	nimmt etwas ab
Spannungsrißbildung	nimmt zu	nimmt ab
Transparenz	nimmt ab	keine Änderung
Fließfähigkeit	nimmt ab	nimmt stark ab

Elektrische Eigenschaften: Ausgezeichnete elektrische Isoliereigenschaften. Dielektrische Eigenschaften fast unabhängig von Dichte, Schmelze-Massenfließrate, sowie Temperatur und Frequenz. Keine HF-Erwärmung möglich. Meist starke elektrostatische Aufladung und daher Verstauben. Deshalb vielfach antistatische Ausrüstung durch Zusätze. Erhöhung der Leitfähigkeit durch 25 % bis 30 % Ruß.

Thermische Eigenschaften: Obere Gebrauchstemperatur von PE-LD bei 60 °C bis 75 °C, von PE-HD bis 95 °C, kurzzeitig höher. In der Kälte Versprödung bei etwa −50 °C, bei höherer molarer Masse noch tiefer.

Kristallitschmelzpunkt T_m: PE-LD 105 °C bis 115 °C, PE-HD 125 °C bis 140 °C. Oxidationsstabilität von PE-LD besser als von PE-HD.

Brennt mit bläulicher Flamme, tropft brennend ab!

10 Thermoplaste

Beständig gegen (Auswahl): Verdünnte Säuren, Laugen, Salzlösungen; Wasser, Alkohol, Ester, Öle, bei PE-HD auch Benzin. Unterhalb von 60 °C in fast allen organischen Lösungsmitteln praktisch unlöslich.

Nicht beständig gegen (Auswahl): Starke Oxidationsmittel, insbesondere in der Wärme. Quellung in aliphatischen und aromatischen Kohlenwasserstoffen bei PE-LD. *Gasdurchlässigkeit* für Sauerstoff und viele Geruchs- und Aromastoffe größer als bei vielen anderen Kunststoffen.

Sehr geringe Wasserdampfdurchlässigkeit.

Bei direkter Sonnenbestrahlung Versprödung; Verhinderung durch Beimischung von 2 % bis 2,5 % Ruß; wichtig für Verwendung von PE im Freien.

Physiologisches Verhalten: Geruchlos, geschmacksfrei und physiologisch indifferent. Für Kontakte mit Lebensmitteln meist zugelassen.

Spannungsrißbildung: Spannungsrißbildung tritt auf insbesondere mit oberflächenaktiven Substanzen (Waschmittel, Emulgatoren). Gefahr nimmt ab mit abnehmender Dichte und abnehmender Schmelze-Massenfließrate (zunehmender Molekülkettenlänge). Spannungsrißbeständige Typen enthalten Zusätze von Polyisobutylen.

■ Verarbeitung

Spritzgießen: Zum Spritzgießen werden Formmassen mit gutem Fließvermögen (hohe Schmelze-Massenfließrate MFR) verwendet. Das Verhältnis der amorphen zu den kristallinen Anteilen im Endgefüge wird durch die Abkühlung der Schmelze (Werkzeugtemperatur) stark beeinflußt, was sich auf Schwindung und Nachschwindung auswirkt.

Massetemperaturen je nach Type und Formteil 160 °C (PE-LD) bis 300 °C (PE-HD); Werkzeugtemperaturen 10 °C bis 80 °C, obere Grenze für höhere Kristallisationsanteile und besseren Oberflächenglanz.

Verarbeitungsschwindung je nach Verarbeitungsparametern bei PE-LD 1,5 % bis 3,5 %, bei PE-HD bis 5 %.

Spritzdrucke für PE-LD 400 bar bis 800 bar, für PE-HD 600 bar bis 1200 bar, Spezialtypen aus PE-UHMW erfordern sehr hohe Spritzdrucke.

Extrudieren: Im allgemeinen werden höhermolekulare Typen verwendet mit niedriger Schmelze-Massenfließrate MFR zwischen 0,2 g/10 min bis 4 g/10 min. Massetemperaturen je nach Sorte 190 °C bis 250 °C; bei Drahtummantelungen und für die Herstellung von Monofilen bis 300 °C.

Extrusionsbeschichtung im Verpackungssektor für Pappe, Papier und Aluminium.

10.1 Polyolefine

Extrusionsblasen: Höhermolekulare Typen besonders gut geeignet. Massetemperaturen 140 °C bis 220 °C je nach Type; Werkzeugtemperatur 5 °C bis 40 °C. Bei PE-LD ermöglichen hohe Massetemperaturen und schnelle Abkühlung die Herstellung von hochtransparenten Hohlkörpern.

Warmumformen: Bei Temperaturen von 130 °C bis 150 °C (PE-LD) bzw. 170 °C bis 180 °C (PE-HD) meist im Negativverfahren; Werkzeugtemperaturen 40 °C bis 90 °C. Platten aus PE-LD hängen infolge niedriger Warmfestigkeit stark durch, daher Stützluft erforderlich.

Kleben: Da PE unpolar, keine hohe Klebfestigkeit möglich. Zweckmäßig ist Vorbehandlung der Klebflächen durch Abflammen, Tauchen in Chromschwefelsäurebad oder Einwirken elektrischer Oberflächenentladungen. Kleben mit Haftklebstoff, Schmelzklebstoff, Kontaktklebstoff (PUR, synthetischer Kautschuk), Zweikomponentenklebstoff (EP, PUR).

Schweißen: Schweißen ergibt beste Verbindungen mit Reibungs-, Warmgas- und Heizelementschweißen. Wärmeimpulsschweißen für Folien. Ultraschallschweißen nur in Sonderfällen. HF-Schweißen wegen zu geringer dielektrischer Verluste nicht möglich.

Spanen: Spanende Bearbeitung selten; ultrahochmolekulares PE-Halbzeug kann nur spanend bearbeitet werden. Spezielle Werkzeuge für Kunststoffbearbeitung zweckmäßig.

Oberflächenbehandlung: Vorbehandlung der Oberfläche durch Abflammen oder elektrische Oberflächenentladung in Vakuumkammer notwendig; anschließend sofortige Weiterverarbeitung zweckmäßig. *Bedrucken* im Siebdruck oder indirekten Buchdruck. *Lackieren* mit Zweikomponentenlacken in üblichen Auftragsverfahren. *Heißprägen* bei 110 °C bis 130 °C, für kleinere Schriften ohne Vorbehandlung der Formteile. *Metallisieren* im Hochvakuum nach Vorbehandlung durch elektrische Oberflächenentladung und anschließender Grundierung.

Wirbelsintern: Heißschmelzverfahren bei rd. 220 °C im Wirbelsintergerät mit PE-LD-Pulver. Anwendung zum Beschichten von Stahlrohren, Kühlschrankgittern, Stühlen usw. Nur begrenzte Schichtdicken möglich.

Preßverfahren: Pressen mit Vorverdichten bei 200 °C und 20 bar bis 50 bar; langsames Abkühlen. Vorwiegend mit höchstmolekularem PE mit MFR von 0,01 g/10 min, einem in weitem Temperaturbereich sehr schlagzähen Kunststoff; nicht spannungsrißanfällig; mit guten Reibungs- und Gleiteigenschaften für Zahnräder, Dichtungen, Filterplatten.

Rotationsformen insbesondere zur Herstellung von nahtlosen, spannungsarmen Großbehältern mit speziellen PE-Pulvern, z. B. PE-LLD. Nur begrenzte Wanddicken herstellbar.

10 Thermoplaste

■ Anwendungsbeispiele

Maschinen- und Fahrzeugbau: Handgriffe, Verschlußstopfen, Dichtungen, Gleitelemente, Korrosionsschutzüberzüge, Beschichtungen, Faltenbälge, Batteriekästen, Kunststoff-Kraftstoffbehälter (KKB), Wasserbehälter, Textilspulen, Innenverkleidungen, Innenverkleidungen.

Elektrotechnik: Isolierung von Fernmelde- und Hochspannungskabeln, Installationsrohre, Verteilerdosen, Spulenkörper, Kabelbinder, Lüfterhauben für Elektromotoren.

Bauwesen: Trinkwasser-, Abwasserrohrleitungen, Druckrohre; Heizungsrohre, Fittinge; Griffe; Eimer, Abdeckfolien, Abdichtfolien, Heizöltanks, Kunstrasen.

Transportwesen, Verpackungstechnik: Transportbehälter, Flaschenkästen, Fässer, Kanister, Verpackungsfolien, Schrumpffolien, Flaschen, Tuben, Dosen, Verschlüsse und Verschlußstopfen; Abfallbehälter, Mülltonnen, Folien, Folien für Tragetaschen, Verbund- und Verpackungsfolien, z. B. für Milch und Fruchtsäfte; Beschichtungen für Stahlrohre.

Sonstiges: Spielzeug aller Art, Behälter im Haushalt, Siebe; Gleitbeläge für Skier, Surfbretter, Monofile für Gewebe und Seile; Sektkorken; Tintenpatronen; Kolben für Einmalspritzen.

■ Polyethylen-Spezialsorten

Pulverförmiges PE
PE mit besonders definierten Korngrößen wird eingesetzt z. B. für das *Rotationsschmelzen*, Wirbelsintern und für Beschichtungen.

Anwendungen: Rotationsgeformte Hohlkörper; elektrostatische oder wirbelgesinterte Beschichtungen.

PE-LLD (linear low density)
PE-LLD hat höhere Steifigkeit und Festigkeit bei gleicher Dichte als PE-LD und ist besonders geeignet für dünne, rund 5 µm dicke Blas- und Verbundfolien im Verpackungsbereich (auch Mischungen mit PE-LD); für Rotationsgieß-Formteile (große Hohlkörper wie Container, Surfbretter).

(Ultra)Hochmolekulares PE-(U)HMW
In DIN EN ISO 11542 werden PE-UHMW-Formmassen unterschieden durch (verschlüsselte) Wertebereiche der kennzeichnenden Eigenschaften *Viskositätszahl, Dehnspannung* und *Charpy-(Kerb)schlagzähigkeit* und Informationen über die *vorgesehene Anwendung* und/oder *Verarbeitungsverfahren, wichtige Eigenschaften, Additive* und *Farbstoffe. Beispiel* für die Angabe einer PE-UHMW-Formmasse siehe unter Normung.

10.1 Polyolefine

Hochmolekulares PE-HD-HMW [z. B. Hostalen GUR (Ticona), Lupolen UHM (Elenac) sowie ultrahochmolekulares PE-HD-UHMW werden eingesetzt für *Spezialzwecke* (z. B. Prothesen, Implantate), Lager, Zahnräder, Dichtungen, Manschetten, Gleitbeläge, Laufrollen, verschleißfeste Auskleidungen. Sie zeichnen sich aus durch ungewöhnlich hohe Schlag- und Kerbschlagzähigkeit, sowie sehr günstiges Reibungs- und Verschleißverhalten.

Verarbeitung des pulverförmigen Ausgangsmaterials durch Pressen zu Halbzeug, das nur spanend weiterverarbeitet werden kann.

Vernetztes Polyethylen PE-X

PE-HD kann nach dem Spritzgießen durch Peroxid im Werkzeug bei 200 °C bis 230 °C oder durch energiereiche Strahlung vernetzt werden.

Eigenschaften: Durch Vernetzung Erhöhung von Zeitstandfestigkeit, Schlagzähigkeit in der Kälte und Spannungsrißbeständigkeit. Kurzzeitige Gebrauchstemperaturen bis 200°C. Bei hohen Temperaturen wegen der Vernetzung nur gummielastisches Erweichen. *Anwendung:* Formteile im Apparate- und Automobilbau, Elektrotechnik; Rohre für Warmwasser- und Fußbodenheizungen, Medizintechnik.

PE-LD kann nach dem Extrudieren kontinuierlich durch energiereiche Strahlung vernetzt werden. *Anwendung:* Heißwasserleitungen, Leitungen für Fußbodenheizungen, Ummantelungen für Hochspannungskabel. Schrumpfelemente.

Abbaubares PE

Compounds auf der Basis PE mit ca. 6 % abbaubaren Polymeren (z. B. Stärke, Polysaccharide) sind biologisch abbaubar.

Ethylen-Vinylacetat Formmassen EVAC

EVAC-Formmassen sind genormt in DIN EN ISO 4613 (siehe auch 14.2.4). Eigenschaftsänderung erfolgt durch Copolymerisation von Ethylen (E) mit Vinylacetat (VAC). Mit zunehmendem VAC-Gehalt werden die Formstoffe flexibler bis sogar ausgeprägte Kautschukeigenschaften vorliegen. Mit zunehmendem VA-Gehalt *steigen* Zähigkeit in der Kälte, Temperaturschockfestigkeit, Flexibilität, Spannungsrißbeständigkeit, Transparenz, Witterungsbeständigkeit und Klebrigkeit; *es nehmen dagegen ab* Härte, Steifigkeit, Schmelzpunkt, Beständigkeit, Streckspannung und Formbeständigkeit in der Wärme.

Handelsnamen: Baylon V (Bayer), Elvax (DuPont), Lupolen V (BASF).

Anwendungsbeispiele:

EVAC mit VAC-Gehalt 1 % bis 10 %: Beutel, Tiefkühlverpackungen, Verbundfolien.

EVAC mit VAC-Gehalt 10 % bis 30 %: ähnlich wie Weich-PVC (PCV-P), z. B. Dichtungen, rußgefüllte Kabelummantelungen.

EVAC mit VAC-Gehalt 30 % bis 40 %: Klebstoffe und Beschichtungen.

EVAC mit VAC-Gehalt 40 % bis 50 %: Kabelummantelungen, Formteile und Folien höherer Zähigkeit; Schmelzklebstoffe; Zugabe für hochschlagzähes PVC (PVC-HI).

Tab. 10.2 Eigenschaften von COC-Polymeren Topas nach Ticona

Eigenschaft	Prüfnorm	Einheit	Kennwertbereich
Dichte	ISO 1183	g/cm^3	1,02
Zugfestigkeit σ_M	DIN EN ISO 527	MPa	66
Dehnung bei Zugfestigkeit ε_M	DIN EN ISO 527	%	3...10
E-Modul E_t	DIN EN ISO 527	MPa	2600...3200
Charpyschlagzähigkeit a_{cU}	DIN EN ISO 179/1eU	kJ/m^2	13...15
Charpy-Kerbschlagzähigkeit a_{cN}	DIN EN ISO 179/1eA	kJ/m^2	1,7...2,6
Kugeldruckhärte H961/30	DIN ISO 2039-1	N/mm^2	130...190
Wärmeformbeständigkeitstemperatur T_f	DIN EN ISO 75	°C	75...170
Thermischer Längenausdehnungskoeffizient α	DIN 53752	K^{-1}	$(0,6...0,7) \cdot 10^{-4}$
Dielektrizitätszahl 1...10 kHz	IEC 60250	–	2,35
Spezifischer Durchgangswiderstand	IEC 60093	Ωcm	$<10^{16}$
Kriechwegbildung CTI	IEC 60112	–	<600
Wasseraufnahme (24 h/Wasser 23 °C)	DIN EN ISO 62	%	<0,01
Wasserdampfdurchlässigkeit	DIN 53122	g/(m^2·d)	0,023...0,045
Verarbeitungsschwindung	DIN EN ISO 294-4	%	0,6...0,7

PE, hergestellt mit Metallocenkatalysatoren (PE-MC)

Copolymere des Ethylens mit α-Olefinen ergeben Polymere (z. B. Luflexen von BASF) mit sehr enger Molmassenverteilung und dabei sehr günstigen optischen Eigenschaften bei hoher Zähigkeit und geringer Dichte zwischen 0,903 und 0,917 g/cm^3. Durch geringe extrahierbare Bestandteile eignen sich solche Kunststoffe für den Einsatz im Lebensmittel- und medizinischen Bereich. Weitere *Anwendungen* als gut schweiß- und siegelbare, zähe und glasklare Ein- oder Mehrschichtfolien im Verpackungsbereich im Austausch zu Ionomeren; außerdem für Formteile und Behälter in der Medizintechnik (Ampullen, Katheder). Vernetzte Sorten finden Einsatz für Kabelummantelungen.

Cycloolefin-Copolymere (COC) mit Ethen sind sehr lösemittel- und chemikalienbeständig und weisen hohe Einsatztemperaturen auf (Wärmeformbeständigkeitstemperaturen bis 170 °C). Bei Cycloolefingehalten von über 10 % gehen diese Produkte vom teilkristallinen in den amorphen, glasklaren Zustand über. Der neue Kunststoff Topas (Thermoplastic Olefin Polymer of Amorphous Structure) von Ticona/Mitsui kann z. B. für die Herstellung von CDs und CD-ROMs eingesetzt werden; bei geringerer Dichte gegenüber Polycarbonat PC lassen sich mehr Daten bei geringerem Signalrauschen speichern, weil eine extrem niedrige optische Doppelbrechung vorliegt. Weitere Anwendungsgebiete sind optische Linsen, Brillen, transparente Sichtscheiben; Teile für die Medizintechnik, die durch Heißdampf und Gammastrahlen sterilisiert werden können; Folien für Verpackungszwecke; Bauteile für Haushaltsartikel, Elektrotechnik und Beleuchtung.

„Bimodales" PE-HD (Copolymere aus PE-HD und 1-Buten oder 1-Hexen) sind Produkte mit sehr hoher Steifigkeit und bisher noch nicht erreichter Zähigkeit. Die kurzkettigen, niedermolekularen Anteile ergeben die kristallinen, die langkettigen Anteile die amorphen Bereiche. Einsatz z. B. für Rohre mit geringer Rißanfälligkeit.

10.1.2 Polypropylen PP

Aufbau:

$$\left[\begin{array}{cc} H & H \\ | & | \\ -C & -C- \\ | & | \\ H & H-C-H \\ & | \\ & H \end{array} \right]_n$$

Handelsnamen (Beispiele):

Appryl (Appryl); Daplen (Borealis); Eltex P, Fertilene (Solvay); Inspire (Dow); Metocene, Moplen, Pro-Fax, Valtec, Novolen, Procom (Targor); Stamyroid, Stamylan P, Stamytec, Vestolen P (DSM).

10 Thermoplaste

Normung: DIN EN ISO 1873; VDI/VDE 2474 Blatt 2.

In DIN EN ISO 1873 werden die Polypropylen (PP-)Formmassen unterschieden durch (verschlüsselte) Wertebereiche der kennzeichnenden Eigenschaften, *Zug-E-Modul, Charpy-Kerbschlagzähigkeit, Schmelze-Massenfließrate* MFR 230/2,16 und Informationen über grundlegende *Polymer-Parameter,* die *vorgesehene Anwendung* und/oder *Verarbeitungsverfahren, wichtige Eigenschaften, Additive, Farbstoffe, Füll- und Verstärkungsstoffe.* (MFR wird bei Überarbeitung der Normen durch MVR ersetzt).

Zusätzliche Unterscheidung von PP-Formmassen:

H Homopolymerisate des Propylens
B Thermoplastisches, schlagzähes Polypropylen, bestehend aus zwei oder mehr Phasen aus einem Homopolymer H oder statistischem Copolymer R (Randomcopolymer) als Matrix und einer Kautschukphase, die sich aus Propylen und einem anderen Polyolefin (oder Olefinen) ohne funktionelle Gruppen zusammensetzt. Die Kautschukphase kann in situ erzeugt oder der Polypropylenmatrix physikalisch beigemischt werden (früher als „Block-Copolymer" bezeichnet)
R Thermoplastische, *statistische* Copolymerisate des Propylens mit einem oder mehreren aliphatischen Olefinen ohne funktionelle Gruppen, außer der olefinischen Gruppe

Beispiel für die Angabe einer (PP-)Formmasse:

Thermoplast ISO 1873 – PP-B, EC, 10-09-012, es bedeuten B schlagzäh, E Extrusion, C mit Farbmittel, 10 Zug-E-Modul von 1100 MPa, 09 Charpy-Schlagzähigkeit 7 kJ/m^2 und 012 MFR 230/2,16 von 0,9 g/10 min.

Metallocenkatalysatoren erlauben bei Polypropylen Sorten mit neuen Eigenschaftskombinationen (PP-M), die andere technische Kunststoffe substituieren können. Bei Fasern aus PP führen Metallocenkatalysatoren zu feineren Titern, höherer Faserfestigkeit, besserem Rückstellverhalten und besserer Anfärbbarkeit. Durch geeignete Nukleierungsmittel hergestelltes hochsteifes, ungefülltes PP (z. B. Stamytec von DSM) steht in Konkurrenz zu talkumgefülltem PP bei geringerer Dichte; weich-zähe Randomblockcopolymere konkurrieren mit TPO, TPU, EVAC, PVC-P und anderen. Im Verpackungssektor sind Produkte interessant, die hohe Steifigkeit mit erhöhter Zähigkeit kombinieren (hochkristalline Blockcopolymere); es lassen sich dadurch die Wanddicken von Verpackungsbechern reduzieren bei gleichzeitig verbesserter Zähigkeit in der Kälte. Speziell modifizierte PP-Typen kombinieren, gegenüber üblichen Randomcopolymeren, hohe Transparenz mit sehr hoher Steifigkeit und können für dünnwandige, transparente Verpackungsbecher eingesetzt werden.

10.1 Polyolefine

Eigenschaften
Dichte: 0,895 g/cm^3 bis 0,92 g/cm^3.

Gefüge: Teilkristalline, weitgehend unpolare Thermoplaste mit Kristallinität zwischen 60 % und 70 %, erzielt durch überwiegend *isotaktische* Anordnung der Methylgruppen. *Nukleierungsmittel* bewirken *feinkristalline* Struktur. Copolymerisate mit Ethylen oder EPDM haben eine höhere Schlagzähigkeit (auch bei tiefen Temperaturen) und höhere Witterungsbeständigkeit. *Hochkristalline* PP-Homopolymere (z. B. Novolen 1040 N von Targor) erreichen infolge hohem isotaktischen Anteil sehr hohe Steifigkeit.

Ataktische Anordnung führt zu annähernd durchsichtigen Formteilen (geringe Kristallinität) mit sehr guten Fließeigenschaften für dünnwandige Formteile.

Füll- und Verstärkungsstoffe: Talkum (besonders niedrige Schwindung), Holzmehl, Glasfasern, Glaskugeln, Glasmatten für großflächige Teile (GMT-PP: glasmattenverstärkte Thermoplaste-Polypropylen), Ruß. Speziell gecoatete Füllstoffe in Verbindung mit Additiven und mineralischen Füllstoffen erhöhen die Kratzfestigkeit von PP-Oberflächen.

Farbe: Ungefärbt schwach transparent bis opak; in vielen Farben gedeckt einfärbbar bei hohem Oberflächenglanz.

Mechanische Eigenschaften: Höhere Steifigkeit, Härte und Festigkeit, aber niedrigere Kerbschlagzähigkeit als PE. Nagelbar. Für hochbeanspruchte Konstruktionsteile Verstärkung durch Glasfasern und Mineralstoffe. Durch gezielte Verbesserung durch Modifikationen und/oder bei der Herstellung (Copolymerisation, Metallocen-Katalysatoren) lassen sich heute die vielfältigsten Eigenschaftskombinationen erreichen; steife und zähe oder durchsichtige und zähe Produkte.

Elektrische Eigenschaften: Elektrische Eigenschaften ähnlich wie bei PE. Günstige dielektrische Eigenschaften unabhängig von Frequenz, deshalb keine HF-Erwärmung möglich. Wegen hoher Isoliereigenschaften Neigung zu elektrostatischer Aufladung und Staubanziehung, deshalb vielfach antistatische Ausrüstung.

Thermische Eigenschaften: Bei hohen Temperaturen Neigung von reinem PP zu Oxidation; deshalb durchweg Stabilisierung der PP-Typen. Obere Gebrauchstemperatur an Luft bis 110 °C, bei stärker stabilisierten und verstärkten Typen noch höher. Versprödungstemperatur bei 0 °C, bei modifizierten Typen (z. B. mit EPDM) tiefer.

Kristallitschmelztemperatur T_m: 158 °C bis 168 °C (Random-Polymere 135 °C bis 155 °C). *Brennverhalten* ähnlich PE.

10 Thermoplaste

Beständig gegen (Auswahl): Wäßrige Lösungen von anorganischen Salzen, schwache anorganische Säuren und Laugen, Alkohol, einige Öle. Lösungen von üblichen Waschlaugen bis 100 °C.

Nicht beständig gegen (Auswahl): Starke Oxidationsmittel. Quellung in aliphatischen und aromatischen Kohlenwasserstoffen wie Benzin, Benzol, insbesondere bei erhöhten Temperaturen. Halogenkohlenwasserstoffe. Teilweise unbeständig bei Berührung mit Kupfer!

Physiologisches Verhalten: Geruchlos, geschmacksfrei, gut haut- und schleimhautverträglich. Für viele Anwendungen im Lebensmittelsektor und in der Pharmazie geeignet; physiologisch unbedenklich.

Spannungsrißbildung: Nur geringe Neigung zu Spannungsrißbildung.

■ Verarbeitung

Spritzgießen: PP gut für Spritzgießen geeignet. Plastifizierleistung der Spritzgießmaschine bei PP wegen niedriger Dichte nur 70 % von PS. Verschlußdüse zweckmäßig. Massetemperaturen 200 °C bis 300 °C, meist 270 °C bis 300 °C. Spritzdrucke bis 1200 bar. Werkzeugtemperaturen 20 °C bis 100 °C; hohe Temperatur ergibt besseren Oberflächenglanz. Durch Nukleierungsmittel wird die Kristallisationsgeschwindigkeit bedeutend erhöht (Verkürzung der Zykluszeit). Möglichst lange Nachdruckzeit. Schwindung 1,0 % bis 2,5 %.

Extrudieren: Möglichst Extruder mit Kurzkompressionsschnecke. Extrusionstemperaturen 230 °C bis 270 °C.

Extrusionsblasen: Ergibt Hohlkörper mit hoher Formbeständigkeit in der Wärme. Beim Streckblasen erhöhte Festigkeit durch biaxiales Recken.

Warmumformen: Streckformen, Biegen und Abkanten bei Temperaturen um die Kristallitschmelztemperatur T_m. Umformtemperaturen 145 °C bis 160 °C bei Druckluftformung; bis 200 °C bei Vakuumformung. Werkzeugtemperaturen von gekühlt bis 90 °C; niedrige Werkzeugtemperatur für höhere Transparenz, höhere für bessere Wärmeformbeständigkeit.

Kleben: Wegen hoher Chemikalienbeständigkeit und unpolarem Aufbau keine gute Klebfestigkeit möglich, aber besser als PE. Vorbehandlung und Klebstoffe wie bei PE.

Schweißen: Gute Schweißnahtfestigkeit durch Warmgas-, Reibungs- oder Heizelementschweißen. Ultraschallschweißen höchstens im Nahfeld. HF-Schweißen nicht möglich.

Spanen: Mit speziellen Werkzeugen für Kunststoffverarbeitung möglich; Kühlung meist nicht erforderlich.

Oberflächenbehandlung: Verbesserung der Haftung durch Vorbehandeln der Oberfläche (Abflammen oder elektrische Oberflächenentladungen).

Bedrucken und *Lackieren* möglich; *Heißprägen* von kleineren Schriften ohne Vorbehandlung. *Metallisieren* im Hochvakuum nach Vorbehandlung und Grundierung mit Primerfarben. Bei *galvanischem Metallisieren* sollte wegen der Kupferempfindlichkeit von PP anstelle der Kupferschicht eine Nickelschicht verwendet werden.

Anwendungsbeispiele

Die besonderen, variabel einstellbaren Eigenschaften der PP-Homo- und Copolymere erlauben einen sehr großen Einsatzbereich vom Verpackungsbecher und der Verpackungsfolie bis zu hochbeanspruchten technischen Formteilen.

Maschinen- und Fahrzeugbau: Heizungs- und Lüftungskanäle, Kühlwasserausgleichsbehälter, Faltenbälge, Lüfterflügel, Gaspedale (mit Filmscharnier), Pumpengehäuse, Batteriegehäuse; Spoiler; Verkleidungen; Stoßfänger, Instrumententafeln; Klimaanlagen, Scheinwerfergehäuse; Kotflügel für Nutzfahrzeuge; Abdeckplatten, Ventilatoren, Färbehülsen und -spulen.

Haushaltartikel: Küchengeräte und -geschirr, Kaffeefilter, kochfeste Folien, Gehäuse für Haushaltgeräte, Innenteile von Geschirrspülmaschinen, Waschmaschinentrommeln, Flaschen und -verschlüsse (mit Filmscharnieren). Einweggeschirr und -besteck; Dosen und Behälter. Durchsichtige Verpackungen, z. T. im Austausch gegen PS.

Elektrotechnik: Trafogehäuse, Draht- und Kabelummantelungen, Installationsteile wie Steckdosen und Schalter, Batteriegehäuse, Antennenzubehör.

Bauwesen: Ablaufarmaturen und Fittinge, Rohrleitungen für Fußbodenheizungen, Radiatoren, Heißwasserbehälter. Tischplatten. Regalsysteme.

Sonstiges: Kofferschalen, Koffer mit Filmscharnieren, Werkzeugbehälter, Transportkästen, Behälter mit Filmscharnieren; Verpackungsbecher. Verpackungsbänder, (schwimmende) Taue, Monofile, Bindegarne, Säcke, Verbundfolien, Vliese; Sommerskipisten; Schuhabsätze. Sterilisierbare medizinische Geräte, Gehäuse von Einmalspritzen, Infusionsbehälter. Bändchen für Säcke; künstlicher Rasen; Gartenmöbel; Schaumstoffe (PP-E).

Polypropylen-Spezialsorten
PP-Elastomer-Blends

Durch Einmischen von EPM- oder EPDM-Kautschuken in PP erhält man Formmassen PP+EP(D)M mit erhöhter Schlagzähigkeit und erhöhter Witterungsbeständigkeit bei guter Verarbeitbarkeit. Diese Formmassen sind besonders geeignet für Formteile im Automobilbau (Stoßfängersysteme, Spoiler, Abdeckungen, Radkastenauskleidungen usw.).

Polypropylen mit enger Molekülgrößenverteilung (controlled rheology)
Solche Werkstoffe werden eingesetzt für Formteile mit sehr geringen Wanddicken, vor allem im Verpackungsbereich für dünnwandige Becher.

Polypropylen mit definierter isotaktischer Sequenzlänge
Mit Hilfe einer veränderten Katalysatortechnik unter Anwendung von *Metallocenen* (metallorganische Verbindungen) entstehen spezielle Werkstoffe; bei *großer isotaktischer Sequenzlänge* werden Kristallitschmelzpunkt, Steifigkeit (E-Modul) und Härte erhöht, bei *kleinerer isotaktischer Sequenzlänge* ergeben sich Produkte hoher Transparenz und Schlagzähigkeit ähnlich wie bei Ethylen/Propylen-Copolymeren mit besseren mechanischen Eigenschaften.

Polypropylen PP-MC mit gezielt hergestelltem, definiertem Eigenschaftsprofil
Werden bei der Polymerisation von Propylen Metallocenkatalysatoren eingesetzt, so ergeben sich Polypropylensorten mit sehr günstigen Eigenschaftsprofilen, so daß sich das Anwendungsgebiet von Polypropylen PP für technische Anwendungen, im Medizinbereich und der Verpackungstechnik erweitert.

GMT (DIN EN 13677)
Glasmattenverstärktes Polypropylen wird eingesetzt für flächige Formteile z. B. im Automobilbau, wie z. B. kaschierte oder hinterspritzte Verkleidungen.

10.1.3 Spezielle Polyolefine

Basierend auf Polyethylen PE war bereits das Polypropylen mit seiner CH_3-Seitengruppe eine Weiterentwicklung mit dem Ziel, die Wärmestandfestigkeit durch Behinderung des Kriechens zu verbessern. Darauf aufbauend wurden das *Polybuten* und das *Polymethylpenten* entwickelt. Bei diesen Kunststoffen sind die Seitenglieder um 1 bzw. 2 C-Atome mit den entsprechenden H-Atomen verlängert worden. Diese Produkte werden wie das Polypropylen *isotaktisch* hergestellt und haben für einzelne Anwendungsbereiche besondere Bedeutung.

Ionomere
Ionomere (z. B. Surlyn A von DuPont, Lucalen von Elenac) sind Copolymerisate von Ethylen mit Acrylsäure, bei denen auch Ionenbindungen wirksam sind. Dadurch erhält man Kunststoffe mit sehr günstigen Eigenschaften.

Diese Materialien werden wegen fehlender Weichmacherwanderung vor allem dort eingesetzt, wo bisher Weich-PVC (PVC-P) eingesetzt war.

Folien aus Ionomeren haben z. B. hohe Durchstoß- und Abriebfestigkeit, gutes Tiefziehverhalten und haften ohne Vorbehandlung auf Al-Folien und Papier (Verbundfolien); außerdem haben sie gute Fett-, Öl- und Lösungsmittelbeständigkeit bei hoher Transparenz.

Einsatztemperaturbereich: –40 °C bis 40 °C.

Hauptanwendung als (Verbund-)Folien und Behälter für Lebensmittelverpackungen, vor allem fetthaltige Lebensmittel; durchsichtige Getränkeschläuche; Beschichtungen; Skin- und Blisterpackungen; Schuhsohlen, Sportschuhe.

10.1.3.1 Polybuten PB

Aufbau:

$$\left[\begin{array}{c} H \quad H \\ | \quad\ | \\ -C-C- \\ |\quad\ | \\ H \quad H-C-H \\ \quad\quad | \\ \quad\quad H-C-H \\ \quad\quad | \\ \quad\quad H \end{array}\right]_n$$

Handelsname: Polybutene (Montell)

Normung: DIN EN ISO 8986

In DIN EN ISO 8986 werden die Polybuten (PB-)Formmassen unterschieden durch (verschlüsselte) Wertebereiche der kennzeichnenden Eigenschaften *Dichte* ϱ, *Schmelze-Massenfließrate* MFR 190/2,16 (D) oder MFR 190/10 (F) und Informationen über *grundlegende Polymer-Parameter*, die *vorgesehene Anwendung* und/oder *Verarbeitungsverfahren, wichtige Eigenschaften, Additive, Farbstoffe, Füll- und Verstärkungsstoffe*. (MFR wird bei Überarbeitung der Normen durch MVR ersetzt).

Zusätzliche Unterscheidung von PB-Formmassen:

H   Homopolymerisate des Butens
B   Thermoplastische „*Block*"-Copolymerisate des Butens mit weniger als 50 % Massenanteil eines oder mehrerer Olefine ohne funktionelle Gruppen außer der olefinischen Gruppe
R   Thermoplastische, *statistische* Copolymerisate des Butens mit weniger als 50 % Massenanteil eines oder mehrerer Olefine ohne funktionellen Gruppen außer der olefinischen Gruppe
Q   *Mischungen* von Polymeren mit einem Mindest-Massenanteil an Polybuten der Gruppen H, B und/oder R (statistische Copolymerisate)

Beispiel für die Angabe einer PB-Formmasse:

Thermoplast ISO 8986 – PB-R, FBS, 08 – D012, es bedeuten R statistisches Copolymer, F Folienextrusion, B Antiblockmittel, S Gleitmittel, 08 Dichte 0,907 g/cm^3 (907 kg/m^3) und D012 Schmelze-Massenfließrate MFR 190/2,16 (D) von 1,0 g/10 min.

■ Eigenschaften

Dichte: 0,91 g/cm^3. Teilkristalline, weitgehend isotaktische, unpolare Thermoplaste mit hohem Molekulargewicht und Kristallinität von etwa 50 %. Die Kurzzeiteigenschaften bei Raumtemperatur liegen etwa zwischen PE und PP. Infolge des hohen Molekulargewichts sind Zeitstandfestigkeit und Spannungsrißbeständigkeit wesentlich höher, die Kriechneigung auch bei höheren Temperaturen wesentlich geringer. Elektrische Eigenschaften und chemische Beständigkeit ähnlich PE und PP. Einsetzbar zwischen 0 °C und 100 °C.

Kristallitschmelztemperatur T_m: 120 bis 130 °C.

■ Verarbeitung

PB ist oberhalb 190 °C gut fließfähig. Beim Abkühlen kristallisiert PB zu etwa 50 % in einer metastabilen, flexiblen Modifikation (Dichte rd. 0,89 g/cm^3), die sich nach etwa zwei Tagen unter Nachschrumpfen in eine stabile Modifikation (Dichte 0,915 g/cm^3) umwandelt.

Spritzgießen, Extrudieren, Extrusionsblasen, Pressen bei Massetemperaturen oberhalb 190 °C. Warmumformen schwierig; Formzwang bis zum Erreichen der stabilen Modifikation erforderlich. Schweißen gut möglich.

■ Anwendungsbeispiele

Behälterauskleidungen; Rohre, auch für Fußbodenheizungen, Warmwasserleitungen; Großrohre, Fittinge für Rohrleitungen; Ummantelungen für Hochspannungskabel; Verpackungen für heiße Füllgüter; Schmelzklebstoffe.

10.1.3.2 Polymethylpenten PMP

Aufbau:

$$\left[\begin{array}{c} \text{H} \quad \text{H} \\ | \quad\quad | \\ -\text{C} — \text{C} — \\ | \quad\quad | \\ \text{H} \quad \text{H}-\text{C}-\text{H} \\ \quad\quad\quad | \\ \quad\quad\quad \text{C}-\text{H} \\ \quad\quad / \; \backslash \\ \text{CH}_3 \; \text{CH}_3 \end{array} \right]_n$$

Handelsname: TPX-Polymers (Mitsui)

Eigenschaften

Dichte: 0,83 g/cm^3 (Thermoplast mit niedrigster Dichte). Teilkristalliner, weitgehend isotaktischer Thermoplast. Glasklar bis leicht milchig trüb. Hohe Steifigkeit und sehr gutes Zeitstandverhalten. Keine hohe Dehnung und nur geringe Kerbschlagzähigkeit. Sehr gute elektrische Isoliereigenschaften, auch im HF-Bereich. Nicht witterungsbeständig; Neigung zur Spannungsrißbildung bei bestimmten Agenzien. Beständigkeit gegen verschiedene organische Lösungsmittel ungünstiger als bei PE und PP. Einsetzbar zwischen 0 °C und 120 °C.

Kristallitschmelzpunkt T_m: 230 °C bis 240 °C.

Verarbeitung

Vor allem durch Spritzgießen bei Massetemperaturen von 260 °C bis 320 °C und Werkzeugtemperaturen von 60 °C. Extrusion möglich, Extrusionsblasen schwieriger. Warmumformen bei rd. 240 °C. Schweißbar, jedoch nicht mit HF. Klebungen nur nach Oberflächenvorbehandlung möglich.

Anwendungsbeispiele

Sterilisierbare, durchsichtige Geräte in der Medizin und im Labor; Sichtgläser, Innenraumleuchten; Geschirr und Folien für aufwärmbare Tiefkühlkost; durchsichtige Gehäuse; Wassertanks für Kaffeemaschinen und Bügeleisen.

10.2 Vinychlorid-Polymerisate

Die Vinychlorid-Polymerisate sind vorwiegend amorphe Thermoplaste und besitzen sehr gute chemische Beständigkeit und nach entsprechender Stabilisierung gute Licht- und Wetterbeständigkeit. Durch *Co-* bzw. *Pfropfpolymerisation* oder durch *Abmischen* mit weichelastischen Kunststoffen können die Eigenschaften verändert, z. B. die Schlagzähigkeit wesentlich verbessert werden (PVC-HI). PVC läßt sich durch Weichmacher in weiten Bereichen in der Flexibilität beeinflussen.

Durch günstige Eigenschaften und vielfältige Verarbeitungsmöglichkeiten besitzen die Vinylchlorid-Polymerisate einen weiten Anwendungsbereich vom Kunstleder bis zum harten Spritzgußteil oder Extrusionsprofil.

Wegen des hohen Chloranteils von 56 % ist der Anteil an Erdöl- bzw. Erdgasprodukten bei PVC sehr gering. Bei ganzheitlichen Ökobilanzen zeigt PVC, vor allem im Energieverbrauch, große Vorteile; PVC hat daher, vielen Prognosen zum Trotz, gute Zukunftsaussichten.

10.2.1 Polyvinylchlorid PVC

Aufbau:

$$-\left[\begin{array}{c} H \;\; H \\ | \;\;\;\; | \\ C - C \\ | \;\;\;\; | \\ H \;\; Cl \end{array}\right]_n-$$

Handelsnamen (Beispiele): Solvin, Induvil, Siamvic, Vinodur, Vinoflex (Solvin); Evipol, Evicom (EVC); Lacovyl (Atofina); Marvylan (LVM); Vestolit (Vestolit); Vinnolit (Vinnolit).

Normung: DIN EN ISO 1060, DIN EN ISO 1163 (PVC-U), DIN EN ISO 2898 (PVC-P), DIN 7749

In DIN EN ISO 1060 werden die Homo- und Copolymere des Vinylchlorid unterschieden durch (verschlüsselte) Wertebereiche der kennzeichnenden Eigenschaften *reduzierte Viskosität* (siehe Kap. 29.1.2), *Schüttdichte, Siebrückstand auf Drahtsiebboden 63 µm lichter Maschenweite, Weichmacheraufnahme bei Raumtemperatur (*bei Pasten *Viskosität und rheologische Charakteristik)* und Informationen über *grundlegende Polymer-Parameter,* das *Polymerisationsverfahren* und die *vorgesehene Anwendung.*

Beispiel für die Angabe eines VC-Homopolymers:

Thermoplast ISO 1060 – PVC – M, G, 120 – 55 – 88 – 15, es bedeuten M Massepolymerisation, G allgemeine Anwendung, 120 reduzierte Viskosität 120 ml/g, 55 Schüttdichte 0,55 g/ml, 88 Siebrückstand 92 % und 15 Weichmacherabsorption von 16 %.

Unterscheidung von PVC-Sorten nach Art der Polymerisation:

S	Suspensions-Polymerisate
E	Emulsions-Polymerisate
M	Masse-Polymerisate
X	von S, E und M abweichender oder Mischprozeß, einschl. Mikrosuspension

PVC-Arten: Durch unterschiedliche Herstellungsverfahren entstehen verschiedene PVC-Polymerisate mit besonderen Eigenschaften:

PVC-E (Emulsions-PVC) enthält bis 2,5 % Emulgator und rd. 0,7 % mineralische Beimengungen. Emulgatoren verbessern die Gleitwirkung bei der Verarbeitung, beeinträchtigen aber Transparenz und elektrische Isoliereigenschaften und bewirken hydrophiles Verhalten. Entsprechend des Trocknungsverfahrens liegen die Korngrößen zwischen 15 µm und 25 µm für PVC-Pasten und 60 µm bis 300 µm für rieselfähige PVC-Typen.

10.2 Vinychlorid-Polymerisate

PVC-S (Suspensions-PVC, Perlpolymerisate) enthält weniger als 0,1 % Sulfatasche. Geeignet für glasklare und elektrisch hochwertige PVC-Sorten; thermisch stabil; geringere Wasseraufnahme als PVC-E. Korngröße 60 µm bis 250 µm.

PVC-M (Masse-PVC) wird hergestellt durch Fällungspolymerisation und enthält weniger als 0,01 % Sulfatasche. Es handelt sich um besonders reine, hochwertige Produkte mit hoher Transparenz. Korngröße um 150 µm.

Allgemeine Eigenschaften: Vorwiegend amorphe, polare Thermoplaste. Eigenschaften abhängig vom mittleren Polymerisationsgrad (gemessen als K-Wert DIN 53 726, vgl. Kap. 29.1.2). Mit steigendem K-Wert *Zunahme* von Zähigkeit, Formbeständigkeit in der Wärme, Zeitstandfestigkeit aber *Abnahme* der Verarbeitbarkeit.

Schwer entflammbar, stark rußend, selbstverlöschend.

Verbesserung der Verarbeitbarkeit und Eigenschaften von PVC durch *Compoundieren*, d. h. Einmischen von Zusätzen, wie Stabilisatoren, Gleitmitteln, Farbstoffen usw.

10.2.2 Weichmacherfreies Polyvinylchlorid PVC-U (Hart-PVC)

Einteilung (Auswahl)

VC-Polymerisate sind pulverförmig. Es handelt sich um *Homopolymerisate* aus *Vinylchlorid, Pfropfpolymere* oder *Copolymerisate*, bei denen der (Massen-)Anteil an Vinylchlorid überwiegt. Sie enthalten noch geringe Anteile von Hilfsstoffen aus der Polymerisation, wie z. B. Wasser, Emulgatoren usw.

1. Polyvinylchlorid-Homopolymerisate PVC
2. Vinylchlorid/Ethylen-Copolymerisate VC/E
3. Vinylchlorid-Copolymerisate mit 5 % bis 20 % Vinylacetat (VC/VAC) oder Methacrylat (VC/MA) für höhere Zähigkeit und leichtere Verarbeitbarkeit, aber geringerer Formbeständigkeit in der Wärme.
4. Vinylchlorid-Copolymerisate mit Vinylidenchlorid (VC/VDC) für höhere Formbeständigkeit in der Wärme.
5. Chloriertes PVC-C mit rd. 65 % Chlor für höhere Wärmeformbeständigkeit und bessere chemische Beständigkeit bei allerdings schwierigerer Verarbeitbarkeit.
6. Vinylchlorid-Copolymerisate mit MMA (VC/MMA) als glasklare Produkte.
7. Mischungen (Legierungen) von PVC mit anderen Polymeren zur wesentlichen Erhöhung der Schlagzähigkeit und zur Verbesserung des Alterungsverhaltens, z. B. (PVC+PE-C), (PVC+NBR).

10 Thermoplaste

Normung: DIN EN ISO 1060, DIN EN ISO 1163

In DIN EN ISO 1163 werden die weichmacherfreien Polyvinylchlorid (PVC-U)-Formmassen unterschieden durch (verschlüsselte) Wertebereiche der kennzeichnenden Eigenschaften *Vicaterweichungstemperatur, Charpy-Kerbschlagzähigkeit* und *Zug-E-Modul* und Informationen über *grundlegende Polymerparameter*, die *vorgesehene Anwendung* und/oder *Verarbeitungsverfahren, wichtige Eigenschaften, Additive, Farbstoffe, Füll- und Verstärkungsstoffe.*

Beispiel für die Angabe einer PVC-U-Formmasse:

Thermoplast ISO 1163 – PVC-U, B,D,T, 074 – 25 – T28, dabei bedeuten B Blasformen, D Dryblend, T transparent, 0,74 Vicaterweichungstemperatur 74 °C, 25 Charpy-Kerbschlagzähigkeit 25 kJ/m^2 und T28 Zug-E-Modul 2670 MPa.

■ Eigenschaften

Dichte: 1,37 g/cm^3 bis 1,44 g/cm^3; chloriert 1,55 g/cm^3.

Gefüge: Vorwiegend amorphe, polare Thermoplaste. Geringe Wasseraufnahme, bei PVC-E höher als bei PVC-S und PVC-M.

Farbe: PVC-S und PVC-M glasklar herstellbar, in allen Farben transparent und gedeckt einfärbbar. PVC-E und PVC+NBR opak und nur gedeckt einfärbbar.

Mechanische Eigenschaften: Hohe mechanische Festigkeit, Steifigkeit und Härte. Kerbempfindlich, schlagfeste PVC-Typen (PVC-HI) weniger kerbempfindlich.

Elektrische Eigenschaften: Meist ausreichende Isoliereigenschaften (weniger bei PVC-E), aber keine besonders gute Kriechstromfestigkeit. Wegen hoher dielektrischer Verluste nicht für Hochfrequenzanwendungen.

Optische Eigenschaften: Glasklares PVC für untergeordnete „optische" Anwendungen im Freien, besonders Typen auf Basis PVC-M.

Thermische Eigenschaften: PVC-U einsetzbar bis rd. +60 °C, Copolymere bis +80 °C; PVC-C bis 90 °C. Versprödung bei −5 °, schlagzähe Typen bis −40 °C.

Brennt rußend mit gelber Flamme, aber selbstverlöschend.

Beständig gegen (Auswahl): Salzlösungen, verdünnte, teilweise auch konzentrierte Säuren; verdünnte und konzentrierte Laugen. Unpolare Lösungsmittel, Benzin, Mineralöle, Fette, Alkohol. Verhältnismäßig gut beständig gegen energiereiche Strahlung. Gut beständig gegen Licht und Witterung, wenn ausreichend stabilisiert.

10.2 Vinychlorid-Polymerisate

Nicht beständig gegen (Auswahl): Polare Lösemittel, z. B. Ester, Chlorkohlenwasserstoffe, Ketone, aromatische Kohlenwasserstoffe, Benzol. Flüssige Halogene, oleumhaltige Schwefelsäure, konzentrierte Salpetersäure.

Lösemittel: Tetrahydrofuran, Cyclohexanon.

Physiologisches Verhalten: Physiologisch indifferent (bei einigen Stabilisatoren auch für Verpackung von Lebensmitteln zugelassen (heute im Lebensmittelbereich meist z. B. durch PET ersetzt); monomerer VC-Anteil auf < 1 ppm begrenzt).

Spannungsrißbildung: Geringe Neigung zu Spannungsrißbildung wegen guter chemischer Beständigkeit.

Verarbeitung

PVC-U-Mischungen werden in Mischern hergestellt, in Knetern oder auf Walzwerken geliert und dann weiterverarbeitet oder als *compoundierte,* granulierte Formmasse fertig vom Rohstoffhersteller bezogen. Für die thermoplastische Verarbeitung ist eine Hitzestabilisierung notwendig wegen Zersetzung und HCl-Abspaltung. Für Werkzeuge und Maschinen sind korrosionsbeständige Stähle notwendig. Wegen zähflüssiger Schmelzen sind keine hohen Fließgeschwindigkeiten möglich.

Spritzgießen: Vorwiegend PVC-Typen auf der Basis PVC-S mit niedrigem K-Wert. Massetemperaturen 170 °C bis 210 °C je nach Type, bei möglichst kurzer Verweilzeit im Zylinder. Werkzeugtemperaturen 30 °C bis 60 °C. Spritzdrucke 1000 bar bis 1800 bar. Schwindung rd. 0,5 %.

Extrudieren: Pulvermischungen und Granulat auf Ein- und Doppelschnekkenextrudem gut verarbeitbar. PVC-E vortrocknen oder mit Entgasungsschnecken verarbeiten; Massetemperaturen 170 °C bis 190 °C. Hohlkörperblasen gut möglich. Streckblasen mit biaxialer Verstreckung zur Festigkeitserhöhung.

Warmumformen: Umformtemperaturen 110 °C bis 180 °C, dabei schlechte Verformbarkeit im Bereich 140 °C bis 165 °C beachten. Höhere Formbeständigkeit in der Wärme erreichbar durch Umformtemperaturen zwischen 160 °C und 180 °C. Werkzeugtemperaturen von gekühlt (Verpackungen) bis 50 °C (technische Teile).

Kleben: Kleben mit Lösungen von chloriertem PVC-C, PUR-Klebstoffen oder speziellem EP-Klebstoff. Teilweise auch UP-Harze als Haftvermittler. Angaben über Kleben siehe DIN 16928, DIN 16970, DVS 2204, VDI 3821.

Schweißen: Schweißen nach praktisch allen Verfahren gut möglich wie Warmgas-, Heizelement-, Reibungs-, Ultraschall- und besonders Hochfrequenzschweißen HF.

10 Thermoplaste

Spanen: Mit üblichen Werkzeugen für Kunststoffbearbeitung hohe Arbeitsgeschwindigkeit bei ausreichender Kühlung möglich.

■ **Anwendungsbeispiele**

Maschinen- und Apparatebau: Druckleitungsrohre, Rohrverbinder, Fittinge, Lüfter, Lüftungskanäle, Armaturen, Pumpen, Behälter für chemische Industrie, Auskleidungen, Prägefolien.

Bauwesen: Abwasserrohrleitungen, Dachrinnen, Regenfallrohre, Gasrohre, Rohrpostleitungen, Drainagerohre, Rolladenstäbe; Fensterprofile, auch schwermetallfrei stabilisiert; Lichtkuppeln, Wellplatten, Fassadenelemente, Lüftungsschächte, Blendschutzzäune, Hohlkammerprofile, Schaumstoffplatten.

Elektrotechnik: Isolierrohre, transparente Abdeckungen für Verteilerkästen, Gehäuse, Kabelführungskanäle, Schallplatten.

Verpackungsindustrie: Diffusionsdichte Öl- und Getränkeflaschen, Verpackungsbecher, Blister- und Skinverpackungen (in der Verpackungsindustrie wird PVC aus Umweltgründen heute meist ersetzt durch PET).

10.2.3 Polyvinylchlorid mit Weichmacher PVC-P (Weich-PVC)

Aufbau: PVC mit Weichmacheranteilen von 20 % bis 50 %. Die Kennzeichnung erfolgt durch die Angabe der Shore-A- oder Shore-D-Härte

Wichtige Weichmacher (siehe auch DIN EN ISO 1043-3):

1. Ester mehrbasischer Säuren mit einwertigen Alkoholen, z. B. Standardweichmacher DOP (Dioctylphthalat).
2. Polymere Weichmacher, meist für Pasten.

Die Mischungen aus PVC, Weichmacher, Stabilisatoren, Gleitmitteln, Füllstoffen und Pigmenten werden im Mischer geliert und dann über Walzwerke oder Extruder zu Halbzeugen oder Formmassen verarbeitet.

Normung: DIN EN ISO 2898

In DIN EN ISO 2898 werden die weichmacherhaltigen (PVC-P)-Formmassen unterschieden durch (verschlüsselte) Wertebereiche der kennzeichnenden Eigenschaften *Shore-Härte* A oder D, *Dichte* ϱ und *Temperatur für die Torsionssteifigkeit* 300 MPa (TST = 300) und Informationen über die *physikalische Form, vorgesehene Anwendung* und/oder *Verarbeitungsverfahren, wichtige Eigenschaften, Additive* und *Farbstoffe.*

Beispiel für die Angabe einer weichmacherhaltigen (PVC-P)-Formmasse: Thermoplast ISO 2898 – PVC – P, KGN, A82 – 25 – 30, es bedeuten K Kabel- und Drahtisolation, G Granulat, N naturfarben, A82 Shore-A-Härte

82, 25 Dichte von 1,24 g/cm³ und 30 Temperatur für die Torsionssteifheit 300 MPa –31 °C.

Eigenschaften
Dichte: 1,20 g/cm³ bis 1,35 g/cm³.

Gefüge: Wie PVC-U, jedoch mit zwischen den Polymerketten eingelagerten Weichmachermolekülen (sog. äußere Weichmachung); amorph.

Füllstoffe: Kreide, Kaolin, Quarzmehl, Ruß. Bei Fußbodenbelägen bis zu 50 % Füllstoffe.

Farbe: Glasklare Einstellungen möglich, sonst transparent und in allen Farben gedeckt einfärbbar.

Mechanische Eigenschaften: Die Eigenschaften werden wesentlich von Art und Anteil des Weichmachers und des Füllstoffs beeinflußt. Unterscheidung i. a. durch Shore-A-Härte. Verwendung im „gummielastischen" Bereich, d. h. oberhalb der Glasübergangstemperatur T_g.

Flexibel, weich; bessere Schwingungsdämpfung aber erhöhte Kriechneigung gegenüber Weichgummi. Rückverformung nach Entlasten langsamer als bei Weichgummi. Niedrige Einreißfestigkeit; gute Abriebfestigkeit.

Elektrische Eigenschaften: Elektrische Isoliereigenschaften meist schlechter als bei PVC-U; nur mittlerer Oberflächenwiderstand und mittlere Durchschlagfestigkeit. Hohe dielektrische Verluste. Geringe Neigung zu elektrostatischer Aufladung. Für Kabelisolationen gilt VDE 0208.

Thermische Eigenschaften: Mit steigender Temperatur starke Abnahme von Festigkeit und Härte. Bei niedriger Beanspruchung bis etwa +60 °C einsetzbar, bei speziellen Weichmachern teilweise bis +105 °C. Versprödung je nach Weichmacheranteil im Bereich zwischen –10 °C und –50 °C.

Infolge Weichmacheranteil meist brennbar.

Beständigkeit: PVC-P ist i. a. chemisch weniger beständig als PVC-U.

Beständig gegen (Auswahl): Bei mittlerem Anteil von hochwertigen Weichmachern gegen Salzlösungen, anorganische Säuren bei mittlerer Konzentration; teilweise gegen Benzin, Öl, Alkohol. Bedingt beständig gegen Laugen. Gute Licht- und Alterungsbeständigkeit; ggf. Veränderungen durch Weichmacherausschwitzen.

Nicht beständig gegen (Auswahl): Organische Lösemittel und wäßrige Lösungen wegen Herauslösen des Weichmachers (Versprödung). Benzol. Schon bei Normaltemperatur vielfach Ausschwitzen des Weichmachers oder Abwandern in andere Kunststoffteile oder Substanzen (Polymerweichmacher vorteilhafter).

10 Thermoplaste

Physiologisches **Verhalten:** Bei Kontakten mit Lebensmitteln, für Kinderspielzeug und Bekleidung nur bestimmte Weichmacher zugelassen (Lebensmittelgesetz).

Spannungsrißbildung: Wegen hohen Verformungsvermögens keine Gefahr für Spannungsrißbildung, aber Versprödungsgefahr durch Ausschwitzen des Weichmachers.

■ **Verarbeitung**

Spritzgießen: Nur Formmassen auf der Basis PVC-S und PVC-M. Massetemperaturen 170 °C bis 200 °C. Werkzeugtemperaturen 20 °C bis 60 °C. Niedrige Spritzdrucke ab 300 bar. Schwindung 1 % bis 2,5 %, abhängig von Angußlage und Weichmacheranteil.

Extrudieren: Massetemperaturen 150 °C bis 200 °C; Massedrucke 60 bar bis 250 bar.

Kalandrieren: Herstellung von PVC-P-Folien (Weich-PVC-Folien) in Breiten bis über 2 m auf Vier- oder Fünfwalzenkalandern; anschließend Prägen oder Bedrucken möglich.

Warmumformen: Warmumformen von PVC-P-Folien meist zum Überziehen (Kaschieren) von Formteilen und zum Skinnen bei 100 °C bis 110 °C.

Kleben: Kleben mit speziellen PVC-Klebstoffen (Lösemittelklebstoff); jedoch besonders zu beachten, daß Weichmacher nicht in Klebstoff abwandert und Klebefuge erweicht.

Schweißen: Meist Hochfrequenzschweißen HF üblich, jedoch auch Warmgas- oder Heizelementschweißen möglich.

Besondere Verfahren: Bedrucken und Prägen von Folien und Formteilen möglich.

Spezielle Methoden zur Verarbeitung von PVC-P-Pasten, z. B. durch *Streichen*. *Plastisoltechnologie* durch Heiß- oder Kalt-Tauchen und *Gießen* (Schalengieß- oder Rotationsgießverfahren zur Herstellung nahtloser Hohlkörper) und für Handschuhe.

Wirbelsintern zum Beschichten mit PVC-P-Pulvern.

■ **Anwendungsbeispiele**

Apparatebau: Beschichtungen, Auskleidungen, Schläuche, Rohre, Dichtungen, Behälter, Griffe.

Bauwesen: Dichtungen für Fenster und Türen; Fußbodenbeläge, Randleisten; Gartenschläuche, Bautenschutzfolien, Schwimmbeckenauskleidungen, Dachfolien, Falttüren, transparente Pendeltüren; Drahtummantelungen.

Elektrotechnik: Kabelisolierungen für Niederfrequenz, Kabelummantelungen, Tüllen, Kabelstecker, Schrumpfschläuche, Isolierbänder.

Landwirtschaft: Silofolien, Abdeckfolien, Schläuche.

Möbelindustrie: Kunstlederbezüge, Umleimer, Zierprofile, Dekorfolien.

Spielzeugindustrie: Puppen, Schwimmtiere, Schlauchboote, Bälle.

Lebensmitteltechnik: Förderbänder, transparente Getränkeschläuche.

Sonstiges: Schuhsohlen, Sandalen, Badeschuhe, Überschuhe, Stiefel; Schutzhandschuhe; Koffer, Handtaschen; Regenmäntel; Vorhänge, Tischdecken; flexible Fenster; Transportbehälter; Bucheinbände, Büroartikel; Gewebebeschichtungen, Selbstklebefolien; Saugfüße. Dämpfungselemente; Schutzanzüge; Schaumstoffe.

Unterbodenschutz im Automobilbau.

10.3 Styrol-Polymerisate

Die Styrol-Polymerisate gehören neben den Polyolefinen und den Polyvinylchloriden zu den Massenkunststoffen. Durch das vielfältige Zusammenwirken der verschiedenen, am Aufbau beteiligten Komponenten Styrol, Butadien, Acrylnitril u. a. sind Kunststoffe mit weit gestreuten und auf die unterschiedlichen Verwendungszwecke abgestimmten Eigenschaften herzustellen. Insbesondere kommt man so vom spröden Polystyrol PS zu Kunststoffen mit günstigerem Festigkeits-, Steifigkeits-, Zähigkeits- und Schlagzähigkeitsverhalten (vgl. auch Bild 21.1.4). Daneben spielen auch die wirtschaftliche Verarbeitbarkeit und gute Oberflächeneigenschaften eine ausschlaggebende Rolle für den vielfältigen Einsatz der Styrol-Polymerisate.

Eine besondere Bedeutung haben die ABS-Kunststoffe, vor allem als Gehäusewerkstoffe mit den verschiedensten speziellen Eigenschaften. Sie sind auch die wichtigste Kunststoffgruppe für galvanische Oberflächenbehandlungen.

Einteilung der Styrolpolymerisate

PS: *Homopolymerisat* aus Monostyrol.

PS-I (SB): Kautschukmodifiziertes, schlagzähes Polystyrol als *Copolymerisat* (SB) von Styrol mit Butadien oder *Polymerisatmischung* (Blend) aus Polystyrol und Polybutadien oder anderen Elastomeren.

SAN: Polystyrolmodifikation für hohe Festigkeit, Steifigkeit und Wärmeschockbeständigkeit. *Copolymerisat* von Styrol und Acrylnitril (SAN).

ABS: Polystyrolmodifikationen von Styrol, Acrylnitril und Butadien für gute Festigkeiten und hohe Zähigkeiten. *Copolymerisate* von Styrol, Acrylnitril und Butadien (ABS) nach verschiedenen Methoden, wie z. B. *Pfropfpolymerisation*. *Polymerisatmischungen (Blends)*, z. B. aus SAN und Butadien-Acrylnitril-Kautschuk.

Infolge der sehr unterschiedlichen chemischen und physikalischen Variationsmöglichkeiten, findet man eine sehr große Zahl unterschiedlicher Produkte mit steuerbaren speziellen Eigenschaften.

ASA: Formmasse auf der Basis von Styrol-Acrylnitril mit einer dispersen Phase aus Acrylester. Eigenschaften wie bei ABS, jedoch sehr gute Alterungs- und Witterungsbeständigkeit. Weitere Modifikationen von Acrylnitril-Styrol mit anderen Elastomeren sind z. B. AES- und ACS-Formmassen.

PS-S: Neues Styrolpolymer ist mit speziellen Metallocen-Katalysatoren hergestelltes syndiotaktisches Polystyrol als teilkristalliner Kunststoff mit einem Kristallitschmelzpunkt $T_m = 270\,°C$ und damit sehr hoher Wärmeformbeständigkeit. Da auch die elektrischen Eigenschaften sehr günstig sind, kann es für Anwendungen im Automobilbau und in der Elektrotechnik in Konkurrenz zu den technischen Kunststoffen PA, PBT, PPS und LCP treten.

SB- bzw. SBS-Blockcopolymere: Es handelt sich um Zwei- bzw. Dreiblockcopolymere, bei denen die Polystyrol-Kettenabschnitte die harten, die Polybutadien-Kettenabschnitte die flexiblen Bereiche darstellen. *Hauptanwendungen* sind vor allem transparente Lebensmittelverpackungen. Das neue SBS-Blockcopolymer *Styroflex* (BASF) erreicht bei 70 Gewichts-% Styrol und 30 Gewichts-% Butadien Eigenschaften wie ein TPE bei hoher Transparenz, sehr guter Zähigkeit, hohem Rückstellvermögen, leichter Bedruckbarkeit und hoher thermischer Stabilität. Es lassen sich auch gut Hart-Weich-Verbindungen mit PS und ABS herstellen.

10.3.1 Polystyrol PS

Aufbau:

$$\left[\begin{array}{c} H \quad H \\ | \quad\quad | \\ -C-C- \\ | \quad\quad | \\ H \quad\; \phi \end{array} \right]_n$$

Handelsnamen (Beispiele): Edistir (Enichem); *Empera* (BP-Amoco); Lacqrene (Atofina); Polystyrol (BASF); Styron (Dow).

Normung: DIN EN ISO 1622; VDI/VDE 2471

In DIN EN ISO 1622 werden Polystyrol (PS)-Formmassen unterschieden durch (verschlüsselte) Wertebereiche der kennzeichnenden Eigenschaften

10.3 Styrol-Polymerisate

Vicat-Erweichungstemperatur VST/B/50 und die *Schmelze-Massenfließrate* MFR 200/5 und Informationen über die *vorgesehene Anwendung* und/oder *Verarbeitungsverfahren, wichtige Eigenschaften, Additive, Farbstoffe, Füll- und Verstärkungsstoffe.* (MFR wird bei Überarbeitung der Normen durch MVR ersetzt).

Beispiel für die Angabe einer PS-Formmasse:

Thermoplast ISO 1622 – PS, MLN, 085 – 12, es bedeuten M Spritzgießen, L Licht-/Wetterstabilisator, N naturfarben, 085 Vicaterweichungstemperatur VST/B50 von 84 °C und 12 Schmelze-Massenfließrate MFR 200/5 von 9,0 g/10 min.

Eigenschaften

Dichte: 1,05 g/cm^3

Gefüge: Amorphe Thermoplaste mit geringer Feuchteaufnahme. Geschäumtes Polystyrol PS-E siehe „15. Geschäumte Kunststoffe".

Verstärkungsstoff: Glasfasern (selten).

Farbe: Glasklar mit hohem Oberflächenglanz; in allen Farben durchsichtig und gedeckt einfärbbar, auch in Perlmutteffekt.

Mechanische Eigenschaften: Steif, hart, spröde, sehr schlag- und kerbempfindlich. Geringe Kriechneigung. Durch veränderte Molekulargewichtsverteilung ergeben sich glasklare Produkte mit fast verdoppelter Schlagzähigkeit gegenüber den „klassischen" Polystyrolen.

Elektrische Eigenschaften: Gute elektrische Widerstandswerte, fast unabhängig vom Feuchtegehalt; Feuchte an der Oberfläche beeinflußt jedoch elektrische Eigenschaften. Sehr gute dielektrische Eigenschaften, fast frequenzunabhängig. Elektrostatische Aufladung, deshalb oft antistatische Zusätze.

Optische Eigenschaften: Für untergeordnete optische Zwecke in Innenräumen geeignet. Bei Außenanwendung Verminderung des Oberflächenglanzes und Vergilbung.

Thermische Eigenschaften: Bis 70 °C einsetzbar, wärmebeständige Typen bis 80 °C.

Brennt gut mit stark rußender Flamme ohne abzutropfen.

Beständig gegen (Auswahl): Konzentrierte und verdünnte Mineralsäuren (Ausnahme oxidierende Säuren), Laugen, Alkohole (außer höheren Alkoholen), Wasser; ziemlich alterungsbeständig.

Nicht beständig gegen (Auswahl): Organische Lösemittel wie Benzin, Ketone (Aceton); aromatische (Benzol), chlorierte Kohlenwasserstoffe; etherische Öle; UV-empfindlich (deshalb teilweise UV-stabilisierte Typen).

10 Thermoplaste

Physiologisches Verhalten: Physiologisch unbedenklich.

Spannungsrißbildung: Starke Spannungsrißbildung, bereits an Luft.

■ **Verarbeitung**

Spritzgießen: Spritzgießen sehr gut möglich und gebräuchlichstes Verarbeitungsverfahren. Massetemperaturen 180 °C bis 250 °C; Werkzeugtemperaturen 30 °C bis 60 °C. Spritzdrucke zwischen 600 bar und 1800 bar. Verarbeitungsschwindung 0,4 % bis 0,7 %, praktisch keine Nachschwindung.

Besonderheiten: Um hohe Durchsichtigkeit und hohen Oberflächenglanz zu erreichen empfiehlt sich ein Vortrocknen des Granulats 1 h bis 2 h bei 70 °C bis 80 °C.

Extrudieren: Extrudieren von Produkten mit hoher Vicat-Erweichungstemperatur möglich. Extrusionstemperaturen 180 °C bis 220 °C. Für Verpakkungszwecke werden PS-Folien biaxial gereckt (PS-O).

Warmumformen: Warmumformen wenig gebräuchlich, da beim Umformen im Formteil entstehende Spannungen zu starker Spannungsrißbildung führen. Meist nur PS-O. Umformtemperaturen 110 °C bis 150 °C beim Vakuumformen mit pneumatischer oder mechanischer Vorstreckung. Werkzeuge von gekühlt (Verpackung) bis 80 °C bei technischen Formteilen. Umformtemperatur bei PS-O 105 °C bis 115 °C, maximal 120 °C.

Kleben: Kleben gebräuchlichstes Verbindungsverfahren (vgl. auch VDI 3821). Meist Lösemittelklebstoffe auf Basis Toluol, Dichlormethan, Butylacetat, wobei bis zu 20 % Polystyrol gelöst sein kann. Verkleben mit anderen Werkstoffen mit Haft- oder Zweikomponentenklebstoffen.

Schweißen: Schweißen durch Heizelement-, Wärmeimpuls- und Ultraschallschweißverfahren. Hochfrequenzschweißen wegen geringer dielektrischer Verluste nicht möglich.

Spanen: Spanen gut möglich; Kühlung der Schnittstelle mit Luft oder Wasser vorteilhaft. Übliche Werkzeuge für Kunststoffverarbeitung.

Besondere Verfahren: Spritzblasen von kleineren Verpackungsbehältern. Dekorative Nachbehandlung von Formteilen durch *Bedrucken*, *Metallisieren im Vakuum* und *Heißprägen.*

■ **Anwendungsbeispiele**

Verpackungsindustrie: Verpackungen mit hohem Oberflächenglanz und Durchsichtigkeit, z. B. für Kosmetika, Konsumartikel, Bastlerbedarf, Schreibwaren. Einwegverpackungen für Lebensmittel.

Beleuchtungstechnik: Leuchten aller Art (mit Kristallglaseffekt), aber nur für Innenanwendung.

Feinwerktechnik/Mechatronic, Elektrotechnik: Schaugläser, Tonband- und Filmspulen, Isolierfolien, Relaisteile, Spulenkörper, Diarähmchen.

Sonstiges: Ordnungskästen für Haushalt, Werkstatt und Hobby; Etuis; Einmalspritzen; einfaches Spielzeug. Einmalgeschirr und -besteck. Modeschmuck. Kämme, Zahnbürsten; Haushaltgegenstände wie Schüsseln, Becher, Tortenhauben, Eierschneider.

PS-E-Folien für Verpackungen und als thermische Isolierfolien.

Polystyrol-Spezialsorten

Blends aus Polystyrol und Polyolefinen werden vor allem im Verpackungsbereich eingesetzt. Gegenüber schlagzähem Polystyrol haben diese Werkstoffe eine geringere Steifigkeit und eine schlechtere Haftung für Farben; gegenüber den Polyolefinen bieten sie den Vorteil, daß sie auf denselben Extrudern und Warmformanlagen wie für Polystyrol verarbeitet werden können. Als wesentliche Vorteile gegenüber reinem Polystyrol sind die geringere Wasserdampfdurchlässigkeit und eine deutlich verbesserte Spannungsrißbeständigkeit bei erhöhter Wärmeformbeständigkeit zu nennen.

Syndiotaktisches Polystyrol PS-S (mit Metallocenkatalysatoren gewonnen) ist *teilkristallin* ($T_m = 270\,°C$), bringt ein völlig neues Eigenschaftsprofil mit und wird in Zukunft mit technischen Konstruktionskunststoffen konkurrieren.

Blend aus Polystyrol und Polyethylen (Styroblend von BASF) mit sehr geringer Wasserdampfdurchlässigkeit, z. B. zur Mehrschicht-Coextrusion mit PS-HI zu Platten für die Kühlschrankherstellung.

10.3.2 Schlagzäh modifiziertes Polystyrol PS-I (Styrol-Butadien SB)

Aufbau:

Handelsnamen (Beispiele): Empera (BP-Amoco); Lacqrene (Atofina); Polystyrol (BASF).

Glasklares SB: K-Resin (Phillips); *Styrolux* (BASF).

Normung: DIN EN ISO 2897; VDI/VDE 2471

In DIN EN ISO 2897 werden schlagzähe Polystyrol (PS-I)-Formmassen unterschieden durch (verschlüsselte) Wertebereiche der kennzeichnenden

10 Thermoplaste

Eigenschaften *Vicat-Erweichungstemperatur* VST/B/50 und die *Schmelze-Massenfließrate* MFR 200/5 und Informationen über die *vorgesehene Anwendung* und/oder *Verarbeitungsverfahren, wichtige Eigenschaften, Additive, Farbstoffe, Füll- und Verstärkungsstoffe.* (MFR wird bei Überarbeitung der Normen durch MVR ersetzt).

Beispiel für die Angabe einer schlagzähen PS-I-Formmasse:

Thermoplast ISO 2897 – PS-I, MLN, 085 – 12, es bedeuten M Spritzgießen, L Licht-/Wetterstabilisator, N naturfarben, 085 Vicaterweichungstemperatur VST/B50 von 84 °C und 12 Schmelze-Massenfließrate MFR 200/5 von 9,0 g/10 min.

■ Eigenschaften
Dichte: 1,04 g/cm^3

Gefüge: Amorphe Thermoplaste, gegenüber PS erhöhte Feuchteaufnahme. Schlagfestes Polystyrol kann als Copolymerisat von Styrol und Butadien (SB) oder als Polymerisatgemisch von Polystyrol und Butadienkautschuk vorliegen.

Glasklare SB-Polymere als Alternativkunststoff für PVC für glasklare, brillante Verpackungen, jedoch eingeschränkte Barriereeigenschaften.

Farbe: Wegen Butadienkomponente nicht mehr glasklar, sondern trüb bis opak; deshalb nur gedeckt einfärbbar in allen Farben. Bei Modifikationen mit speziellen Elastomeren sind glasklare SB-Typen herstellbar.

Mechanische Eigenschaften: Schlagzäh und stoßfest, zäh, wenig kerbempfindlich, daher auch für Einbettung von Metallteilen verwendbar; auch hochschlagfestes und spannungsrißbeständiges PS-HI im Angebot.

Elektrische Eigenschaften: Gute elektrische Eigenschaften; dielektrische Verluste gering, z. T. jedoch etwas höher als bei PS.

Starke elektrostatische Aufladung, deshalb oft auch antistatische Zusätze.

Thermische Eigenschaften: Bis 75 °C einsetzbar; durch Kautschukkomponente bei tiefen Temperaturen bis –40 °C.

Brennt mit stark rußender Flamme ohne abzutropfen.

Beständig gegen (Auswahl): Weniger beständig als PS; gegen Säuren und Laugen nur bedingt beständig. Wegen Butadienkomponente alterungsempfindlicher als PS.

Nicht beständig gegen (Auswahl): Ähnlich PS; UV-Strahlung vermeiden.

Physiologisches Verhalten: In bestimmten Einstellungen physiologisch unbedenklich.

10.3 Styrol-Polymerisate

Spannungsrißbildung: Neigung zu Spannungsrißbildung an Luft meist geringer als bei PS. Spezielle spannungsrißbeständige Typen, z. B. für Kühlschrankbehälter lieferbar.

Verarbeitung

Spritzgießen: Spritzgießen gut möglich, gegenüber PS etwas schlechtere Fließeigenschaften. Massetemperaturen 180 °C bis 250 °C. Werkzeugtemperaturen 10 °C bis 70 °C; 80 °C für hohen Oberflächenglanz. Spritzdrucke zwischen 600 bar und 1500 bar. Verarbeitungsschwindung 0,4 % bis 0,7 %.

Extrudieren: Extrudieren sehr gut möglich, vor allem zu Folien, Tafeln, Profilen und Rohren; auch Extrusionsblasformen anwendbar.

Extrusionstemperaturen 180 °C bis 220 °C. Vorstrecken nach dem Extrudieren möglich.

Warmumformen: Sehr weitverbreitetes Umformverfahren; hauptsächlich Vakuumformung mit mechanischer und pneumatischer Vorstreckung. Umformtemperaturen 130 °C bis 150 °C, bei höher wärmeformbeständigen Typen bis 190 °C. Werkzeugtemperaturen bis 75 °C. Auftretende Orientierungsspannungen erhöhen Anfälligkeit gegen Spannungsrißbildung.

Kleben, Schweißen: Wie bei Standard-Polystyrol PS.

Spanen: Wie bei Standard-Polystyrol PS.

Besondere Verfahren: Spritzblasen von kleinen Verpackungsteilen. *Dekorative Nachbehandlung* wie bei Standard-Polystyrol PS.

Anwendungsbeispiele

Technische Formteile mit guter Zähigkeit und gutem Oberflächenglanz.

Feinwerktechnik/Mechatronic, Elektrotechnik: Gehäuseteile für Rundfunk-, Fernseh-, Tonband-, Video-, Foto- und Filmgeräte, vor allem Einstellungen mit zusätzlich sehr guter Fließfähigkeit. Spulenkörper; Film- und Videokassetten.

Haushaltgeräte: Gehäuse für elektrische Haushaltgeräte; Kühlschrankinnenbehälter, -türverkleidungen, -klappen; Einweggeschirr und -besteck; Trinkbecher; Toilettenartikel; Schubkästen, Kleinmöbel, Kleiderbügel.

Sonstiges: Spielwaren; Verpackungen jeder Art, Stapelkasten; Diarähmchen; Absätze, Schuhleisten; Folien für Tiefziehverpackungen.

10.3.3 Styrol-Acrylnitril-Copolymerisat SAN

Aufbau:

$$\left[\begin{array}{c} H \quad H \\ | \quad | \\ -C-C- \\ | \quad | \\ H \quad \phenyl \end{array} \right]_{n_1} + \left[\begin{array}{c} H \quad H \\ | \quad | \\ -C-C- \\ | \quad | \\ H \quad C \\ \quad \| \| \\ \quad N \end{array} \right]_{n_2}$$

Styrol rd. 25 bis 30% Acrylnitril

Handelsnamen (Beispiele): Luran (BASF); Lustran SAN (Bayer); Kibisan (Chi Mei); Kostil (Enichem); Tyril (Dow).

Normung: DIN EN ISO 4894.

IN DIN EN ISO 4894 werden SAN-Formmassen unterschieden durch (verschlüsselte) Wertebereiche der kennzeichnenden Eigenschaften *Vicat-Erweichungstemperatur* VST/B/50 und die *Schmelze-Massenfließrate* MFR 220/10 und Informationen über *grundlegende Polymer-Parameter, vorgesehene Anwendung* und/oder *Verarbeitungsverfahren, wichtige Eigenschaften, Additive, Farbstoffe, Füll- und Verstärkungsstoffe.* (MFR wird bei Überarbeitung der Normen durch MVR ersetzt).

Beispiel für die Angabe einer SAN-Formmasse:

Thermoplast ISO 4894 – SAN2, MLN, 105–08, es bedeuten SAN2 25 % Massenanteil Acrylnitril, M Spritzgießen, N naturfarben, L Licht- und/oder Witterungsstabilisator, 105 Vicat-Erweichungstemperatur VST/B50 von 101 °C und 08 Schmelze-Massenfließrate MFR 220/10 von 6 g/10 min.

■ **Eigenschaften**

Dichte: 1,08 g/cm^3

Gefüge: Amorphe Thermoplaste, gegenüber PS erhöhte Feuchteaufnahme. Meist 24 % Acrylnitril, für Sonderzwecke zwischen 10 % und 45 %.

Verstärkungsstoff: Glasfasern, teilweise Glaskugeln.

Farbe: Glasklar mit hohem Oberflächenglanz; in allen Farben durchsichtig und gedeckt einfärbbar.

Mechanische Eigenschaften: Steif; erhöhte Schlagzähigkeit gegenüber PS, aber niedriger als bei SB. Höchster Elastizitätsmodul aller Styrol-Polymersiate. Verbesserte Kratzfestigkeit, hohe Oberflächenhärte. Gute Zeitstandfestigkeit. Wesentliche Erhöhung der Festigkeit und des Elastizitätsmoduls durch Glasfasern.

10.3 Styrol-Polymerisate

Elektrische Eigenschaften: Sehr gute elektrische Eigenschaften; etwas höhere dielektrische Verluste als PS, aber wenig abhängig von Frequenz und Temperatur.

Optische Eigenschaften: Ähnlich Standard-Polystyrol PS.

Thermische Eigenschaften: Bis 95 °C einsetzbar. Gute Temperaturwechselbeständigkeit.

Brennt mit stark rußender Flamme ohne abzutropfen.

Beständig gegen (Auswahl): Besser beständig als Standard-Polystyrol PS, vor allem gegen unpolare Medien wie Benzin, Öl und Aromastoffe. Mit zunehmendem Acrylnitrilgehalt steigende Verbesserung der Beständigkeit.

Nicht beständig gegen (Auswahl): Ähnlich Standard-Polystyrol; UV-Bestrahlung vermeiden.

Physiologisches Verhalten: Physiologisch unbedenklich.

Spannungsrißbildung: Spannungsrißbildung wesentlich geringer als bei Standard-Polystyrol PS.

Verarbeitung

Spritzgießen: Vortrocknen bei 70 °C bis 80 °C empfehlenswert. Spritzgießen bei Massetemperaturen von 200 °C bis 260 °C und Werkzeugtemperaturen von 40 °C bis 80 °C. Verarbeitungsschwindung 0,4 % bis 0,6 %, bei glasfaserverstärkten Typen weniger.

Extrudieren: Extrudieren vorwiegend für Folien. Extrusionsblasformen ebenfalls möglich. Extrusionstemperaturen 180 °C bis 230 °C. Biaxiales Recken gibt günstige mechanische Eigenschaften bei Blasfolien.

Warmumformen: Warmumformen möglich bei Umformtemperaturen von rd. 130 °C.

Kleben: Kleben günstigstes Fügeverfahren. Wegen höherer Beständigkeit gegen Lösemittel aber etwas schwieriger zu kleben als Standard-Polystyrol PS. Handelsübliche Lösemittelklebstoffe oder Toluol und Dichlormethan.

Schweißen: Schweißen durch Warmgas-, Heizelement-, Wärmeimpuls-, Reib- und Ultraschallschweißen möglich. Schweißen im Hochfrequenzfeld nur bei SAN mit hohem Acrylnitrilgehalt.

Spanen: Wie bei Standard-Polystyrol PS.

Besondere Verfahren: Dekorative Nachbehandlung wie bei Standard-Polystyrol PS.

Anwendungsbeispiele

Hochwertige technische Formteile mit hoher Steifigkeit und Dimensionsstabilität, wenn u. a. auch Durchsichtigkeit verlangt ist.

10 Thermoplaste

Feinwerktechnik/Mechatronic, Elektrotechnik: Gehäuseteile für Filmapparate, Videogeräte und Büromaschinen; Bedienungsknöpfe; Skalenscheiben; Schaugläser, Sichtscheiben; Gehäuse für Batterien; Tonband- und Filmspulen; Telefonapparate; Zählerrollen.

Haushaltgeräte: Gehäuseteile für Haushaltmaschinen, Skalenscheiben, Bedienungsknöpfe; Geschirrteile.

Sonstiges: Glasklare Verpackungen für Lebensmittel, Pharmazeutika, Kosmetika; Medizintechnik; Badezimmergarnituren; Scheinwerfergehäuse, Leuchtenabdeckungen, Warndreiecke.

■ Sonderwerkstoff

Acrylnitril-Copolymere mit hohem Acrylnitrilanteil und Acrylat oder Styrol sind undurchlässig für Gase, Aroma- und Geschmackstoffe. Sie eignen sich daher als *Barrierestoff* (z. B. Barex von BP) für durchsichtige Verpackungen.

10.3.4 Acrylnitril-Butadien-Styrol-Polymerisate ABS

Aufbau:

$$\left[\begin{array}{c} H \quad H \\ | \quad | \\ -C-C- \\ | \quad | \\ H \quad \bigcirc \end{array} \right]_{n_1} + \left[\begin{array}{c} H \quad H \quad H \quad H \\ | \quad | \quad | \quad | \\ -C-C=C-C- \\ | \quad \quad \quad \quad | \\ H \quad \quad \quad \quad H \end{array} \right]_{n_2} + \left[\begin{array}{c} H \quad H \\ | \quad | \\ -C-C- \\ | \quad | \\ H \quad C \\ \quad \quad ||| \\ \quad \quad N \end{array} \right]_{n_3}$$

Styrol   Butadien   Acrylnitril

Handelsnamen (Beispiele): Cycolac (GEP); Lustran, Novodur (Bayer); Magnum (Dow); Polylac (Chi Mei); Sinkral (Enichem); Terluran (BASF).

Normung: DIN EN ISO 2580.

In DIN EN ISO 2580 werden ABS-Formmassen unterschieden durch (verschlüsselte) Wertebereiche der kennzeichnenden Eigenschaften *Vicat-Erweichungstemperatur* VST/B/50, *Schmelze-Massenfließrate* MFR 220/10, *Charpy-Kerbschlagzähigkeit* (z.Zt. noch Izod-Kerbschlagzähigkeit) und den *Biege-E-Modul* und Informationen über *grundlegende Polymer-Parameter, vorgesehene Anwendung* und/oder *Verarbeitungsverfahren, wichtige Eigenschaften, Additive, Farbstoffe, Füll- und Verstärkungsstoffe*. (MFR wird bei Überarbeitung der Normen durch MVR ersetzt).

Beispiel für die Angabe einer ABS-Formmasse:

Thermoplast ISO 2580 – ABS1, FCZ, 095 – 04 – 16 – 25, es bedeuten ABS1 25 % Massenanteil Acrylnitril, F Folienextrusion, C Farbmittel,

10.3 Styrol-Polymerisate

Z Antistatikum, 095 Vicat-Erweichungstemperatur VST/B50 von 95 °C, 04 Schmelze-Massenfließrate MFR 220/10 von ≤ 5 g/10 min, 16 (noch) Izod-Schlagzähigkeit von 16 kJ/m^2 und 25 Biege-E-Modul von 2500 MPa.

Eigenschaften
Dichte: 1,03 g/cm^3 bis 1,07 g/cm^3

Gefüge: Amorphe Thermoplaste mit großen Variationsmöglichkeiten im Aufbau.

Man unterscheidet:

Polymerisatgemische (Blends) aus z. B. fein und gleichmäßig verteiltem Butadienkautschuk in einer SAN-Grundmasse.

Copolymerisate als *Pfropf-* oder *Terpolymerisate*, z. B. SAN mit Butadien- oder Butadien-Acrylester-Kautschuk. Die Elastomerkomponente ist an das SAN-Makromolekül chemisch gebunden. Geringe Feuchteaufnahme.

Außer reinen ABS-Polymerisaten sind auch *Polyblends* ABS+PVC (Ronfaloy von DSM), ABS+PC (Bayblend von Bayer, Cycoloy von GEP) oder ABS+PA (Triax von Bayer) lieferbar, wobei die Eigenschaften der neuen Werkstoffe von dem Mischungsverhältnis der Ausgangskomponenten abhängen.

Transparente Kunststoffe auf der Basis ABS sind, mit entsprechenden Kautschukkomponenten, ebenfalls auf dem Markt.

Styrol-Maleinsäureanhydrid-Terpolymere (SMA) sind zwischen hochwärmebeständigen ABS-Typen und Polycarbonat angesiedelt (z. B. Cadon von Bayer). Diese Kunststoffe zeichnen sich vor allem durch eine gute Wärmebeständigkeit und gute Schlagzähigkeit aus. In DIN EN ISO 10366 sind MABS-Formmassen (Methylmethacrylat/Acrylnitril/Butadien/Styrol) festgelegt.

Verstärkungsstoffe: Glasfasern, Glaskugeln

Farbe: Wegen Kautschukkomponente i. a. nicht mehr durchsichtig, sondern gelblich-weiß opak; nur gedeckt einfärbbar in allen Farben. Sehr hoher Oberflächenglanz bei Pfropfpolymerisaten, mattere Oberfläche bei Polymerisatgemischen. Glasklare Sondertypen vorhanden.

Mechanische Eigenschaften: Steif; zäh, auch bei tiefen Temperaturen bis –45 °C. Hohe Härte bei guter Kratzfestigkeit. Hohe Schlag- und Kerbschlagzähigkeit. Gute Schalldämpfung durch hohe mechanische Dämpfung. Wegen guter Zähigkeit für Einbettung von Metalleinlegeteilen geeignet. Erhöhung der Festigkeit und des E-Moduls durch Glasfasern möglich, wobei allerdings die Zähigkeit herabgesetzt wird.

10 Thermoplaste

Elektrische Eigenschaften: Hoher Oberflächen- und Durchgangswiderstand bei nur sehr geringfügiger elektrostatischer Aufladung. Größere dielektrische Verluste als bei Standard-Polystyrol PS.

Thermische Eigenschaften: Gut wärmebeständig, einsetzbar von etwa –45 °C bis +85 °C, z. T. bis 100 °C, bei Sondertypen auch noch darüber.

Brennt mit rußender Flamme ohne abzutropfen, auch Typen in flammwidriger Einstellung lieferbar.

Beständig gegen (Auswahl): Ähnlich SAN, je nach Anteilen der drei Komponenten Styrol, Acrylnitril und Butadien ergeben sich Abweichungen.

Wasser, wäßrige Salzlösungen, verdünnte Säuren und Laugen; gesättigte Kohlenwasserstoffe (Benzin), Mineralöle; tierische und pflanzliche Fette. Alterungsbeständigkeit bei rußhaltigen Einstellungen ausreichend.

Nicht beständig gegen (Auswahl): Konzentrierte Mineralsäuren; aromatische (Benzol) und chlorierte Kohlenwasserstoffe, Ester, Ether und Ketone.

Physiologisches Verhalten: Physiologisch unbedenklich.

Spannungsrißverhalten: Spannungsrißbildung an Luft gering.

■ Verarbeitung

Vortrocknen: Vor dem Spritzgießen und Extrudieren ist Vortrocknen des Granulats 2 Stunden bei 80 °C bis 90 °C im Umluftofen empfehlenswert.

Spritzgießen: Spritzgießen sehr gut möglich bei Massetemperaturen von 200 °C bis 240 °C, bei wärmebeständigen Typen bis 280 °C; über 240 °C u. U. Verfärbungen durch beginnende Kunststoffzersetzung. Werkzeugtemperaturen 40 °C bis 85 °C. Spritzdrucke 800 bar bis 1800 bar. Verarbeitungsschwindung 0,4 % bis 0,8 %.

Extrudieren: Extrudieren sehr gut möglich, auch Extrusionsblasformen. Extrusionstemperaturen 180 °C bis 230 °C. Bei Herstellung von Blaskörpern Extrusionstemperaturen 180 °C bis 220 °C. Bei Rohrextrusion als Stützmedium nur Stickstoff verwenden.

Warmumformung: Warmumformung sehr gut möglich; bei Platten über 2,5 mm Dicke beidseitig erwärmen. Umformtemperaturen 130 °C bis 220 °C. Werkzeugtemperaturen von gekühlt (Verpackungen) bis 90 °C (technische Formteile). Plattenmaterial muß an der Oberfläche trocken sein, sonst Bläschenbildung. Lagerung von Plattenmaterial bei 20 °C und 30 % rel. Luftfeuchte, sonst Platten 2 h bis 4 h trocknen bei 85 °C bis 90 °C, je nach Plattendicke.

Kleben: Kleben gut möglich mit Lösemitteln, z. B. Methylethylketon, Dichlorethylen, wobei bis zu 20 % ABS gelöst sein kann. Für bessere Verkle-

10.3 Styrol-Polymerisate

bungen und Verklebungen mit anderen Werkstoffen Zweikomponentenklebstoffe verwenden.

Schweißen: Schweißen im Warmgas-, Heizelement-, Reibungs- und Ultraschallschweißverfahren; ABS-Typen mit höheren dielektrischen Verlusten auch durch HF-Schweißen. Zu verschweißende Teile müssen trocken sein (Bläschenbildung!). *Besonderheit:* ABS ist mit PMMA verschweißbar (Rückleuchten im Fahrzeugbau).

Verschrauben: Verschrauben mit gewindeformenden Schrauben anwendbar.

Spanen: Spanen sehr gut möglich mit üblichen Werkzeugen für die Kunststoffbearbeitung.

Besondere Verfahren: Kaltumformen von Platten und Folien bedingt möglich. *Dekorative Nachbehandlungen* wie bei Standard-Polystyrol PS. *Laserbeschriftung* von Tasten als neues Verfahren. *Galvanisieren* von Spezialtypen nach spezieller, aufwendiger Vorbehandlung bei hoher Haftfestigkeit.

Anwendungsbeispiele

Feinwerktechnik/Mechatronic, Elektrotechnik: Gehäuse und Bedienungsteile für Rundfunk-, Fernseh-, Phono- und Videogeräte, Film- und Fotoapparate, Telefone, Büromaschinen, Uhren, Lampen. Chipkarten.

Fahrzeugbau: Karosserieteile, Armaturentafeln, verchromte Zierleisten, Verbandkästen, Batteriekästen, Lenksäulenverkleidungen, Mittelkonsolen, Handschuhkästen, Armlehnen, Sitzschalen, Kühlerblenden, Spoiler.

Möbelindustrie: Stühle, Sitzschalen, Hocker, Kinderstühle, Schrankelemente, Beschläge.

Haushaltgeräte: Gehäuseteile für Staubsauger, Küchenmaschinen, Bedienungselemente, WC-Spülkästen.

Labor- und Medizintechnik (in verträglichen Qualitäten)

Sonstiges: Technisches Spielzeug, Spielzeugbausteine; Kofferschalen, Schuhabsätze; Bootskörper, Surfbretter; Sanitärinstallationsmaterial wie Rohre und Fittinge; Schutzhelme; Transportbehälter; Kugelschreiber.

10.3.5 Schlagzähe Acrylnitril-Styrol-Formmassen ASA, AES, ACS

Neben den ASA-Formmassen gibt es auch noch AES- und ACS-Formmassen als schlagzähe Modifikationen von Acrylnitril-Styrol.

Aufbau: Schlagzähe Modifikation von Acrylnitril-Styrol mit einer dispersen Phase aus Acrylester bei ASA. Bei AES-Formmassen besteht die disperse

10 Thermoplaste

Phase aus Ethylen-Propylen-Dien (EPDM)-Kautschuk und bei ACS-Formmassen aus chloriertem Polyethylen.

Handelsnamen: *ASA:* Centrex (Bayer); Geloy (GEP); Luran S (BASF), *AES:* Novodur AES (Bayer)

Normung: DIN EN ISO 6402.

In DIN EN ISO 6402 werden schlagzähe ASA-, AES- und ACS-Formmassen (außer Butadien-modifizierten Materialien) unterschieden durch (verschlüsselte) Wertebereiche der kennzeichnenden Eigenschaften *Vicat-Erweichungstemperatur* VST/B/50 und die *Schmelze-Massenfließrate* MFR 220/10, z.Zt. noch *Izod-Kerbschlagzähigkeit* (wird ersetzt durch die Charpy-Schlag- und Kerbschlagzähigkeit 1eU und 1eA) und den *Biege-E-Modul* und Informationen über *grundlegende Polymerparameter, vorgesehene Anwendung* und/oder *Verarbeitungsverfahren, wichtige Eigenschaften, Additive, Farbstoffe, Füll- und Verstärkungsstoffe.* (MFR wird bei Überarbeitung der Normen durch MVR ersetzt).

Beispiel für die Angabe einer schlagzähen ASA-Formmasse:

Thermoplast ISO 6402 – ASA1, MC, 095 – 08 – 09 – 25, es bedeuten 1 Acrylnitril-Massenanteil 23 %, M Spritzgießen, C Farbmittel, 095 Vicat-Erweichungstemperatur VST/B50 von 97 °C, 08 Schmelze-Massenfließrate MFR 220/10 von 7 g/10 min, 09 (noch) Izod-Kerbschlagzähigkeit von 11 kJ/m^2 und 25 Biege-E-Modul von 2600 MPa.

■ Eigenschaften

Dichte: 1,07 g/cm^3

Gefüge: Amorphe Thermoplaste als Polymergemische (Polyblends). Geringe Feuchteaufnahme. *Blend* aus PC+ASA, z. B. Terblend A von BASF.

Farbe: Wegen eingebetteten Elastomeren nicht durchsichtig, sondern opak. In allen Farben gedeckt einfärbbar bei ausgezeichneter Lichtechtheit und hohem Oberflächenglanz.

Mechanische Eigenschaften: Festigkeit, Elastizitätsmodul und Härte ähnlich SB und ABS, aber geringer als bei PS und SAN. Sehr schlagzäh, auch in der Kälte, wesentlich besser als SB und ABS. Gute Kratzfestigkeit, besser als bei SAN und ABS.

Elektrische Eigenschaften: Hoher Oberflächen- und Durchgangswiderstand bei sehr geringer elektrostatischer Aufladung. Höhere dielektrische Verluste als bei PS und SB.

Thermische Eigenschaften: Ähnlich SAN, von –45 °C bis 95 °C einsetzbar. Gute Temperaturwechselfestigkeit.

10.3 Styrol-Polymerisate

Beständig gegen (Auswahl): Gesättigte Kohlenwasserstoffe. Mineralöle und Fette. Wäßrige Salzlösungen; verdünnte Säuren und Laugen. Hervorragende Alterungs- und Witterungsbeständigkeit gegen Licht, Wärme und Sauerstoff, besonders bei dunklen Einfärbungen.

Nicht beständig gegen (Auswahl): Organische Lösemittel, aromatische und chlorierte Kohlenwasserstoffe, konzentrierte Säuren.

Physiologisches Verhalten: Physiologisch unbedenklich.

Spannungsrißbildung: Spannungsrißbildung an Luft gering.

Verarbeitung

Spritzgießen: Vortrocknen 2 h bei 85 °C. Spritzgießen sehr gut möglich bei Massetemperaturen 220 °C bis 280 °C und Werkzeugtemperaturen von 40 °C bis 80 °C. Bei Verarbeitungstemperaturen über 250 °C auf mögliche Farbänderungen achten. Höhere Verarbeitungstemperaturen und geringe Formfüllungsgeschwindigkeiten erhöhen die Zähigkeit der Formteile. Verarbeitungsschwindung 0,4 % bis 0,7 %.

Extrudieren: Extrudieren sehr gut möglich, auch Extrusionsblasformen. Extrusionstemperaturen rd. 230 °C.

Warmumformen: Warmumformen gut möglich bei Umformtemperaturen von 140 °C bis 170 °C, Werkzeugtemperaturen 40 °C bis 80 °C.

Kleben: Kleben mit Lösemitteln wie Methylethylketon, Dichlorethylen, Cyclohexanon. Verkleben mit Haft- und Zweikomponenten-Klebstoffen gibt höhere Festigkeiten und ermöglicht auch Verbindungen mit anderen Werkstoffen.

Schweißen: Schweißen im Heizelement, Reibungs- und Ultraschallschweißverfahren. Wegen hoher dielektrischer Verluste auch HF-Schweißen.

Spanen: Spanen gut möglich.

Besondere Verfahren: Folien und Platten lassen sich durch Kaltumformen (Tiefziehen) bearbeiten.

Dekorative Nachbehandlung wie Standard-Polystyrol.

Anwendungsbeispiele

Ähnliche Einsatzgebiete wie ABS, jedoch bei hohen Anforderungen an Licht- und Witterungsbeständigkeit, d. h. besonders bei Außenanwendungen.

Feinwerktechnik/Mechatronic: Gehäuse für Elektrogeräte, Büromaschinen, Telefone.

Haushaltgeräte: Gehäuse aller Art, Dampfbügeleisen.

Fahrzeugindustrie: Wohnwagenverkleidungen, Verblendungen, Außenspiegel, Verkleidungen landwirtschaftlicher Maschinen, z. B. Rasenmähergehäuse; Bootsschalen.

Möbelindustrie: Sitz- und Liegemöbel, Tischelemente, Gartenmöbel, Pflanzschalen

Sonstiges: Verkehrs- und Hinweisschilder, Signalampelgehäuse, Werbeschilder; Rohre, Fittinge, Bewässerungsarmaturen; Koffer; Sanitärgegenstände; Briefkästen.

10.4 Celluloseester CA, CP, CAB

Celluloseester auf der Basis von Celluloseacetat CA, Cellulosepropionat CP und Celluloseacetobutyrat CAB sind amorphe thermoplastische Kunststoffe, die spezielle Weichmacher enthalten oder mit anderen Polymeren modifiziert sind. Sie zeichnen sich aus durch hohe Zähigkeit, besonders schöne Farbgebung und kein Staubanziehen; nachteilig ist vielfach die Wasseraufnahme und ggf. die Weichmacherabgabe. Diese abgewandelten Naturstoffe verlieren immer mehr an Bedeutung.

Aufbau:

$$\left[\begin{array}{c} \text{Strukturformel} \end{array} \right]_n$$

R ist bei Celluloseacetat: $-CO-CH_3$
   bei Cellulosepropionat: $-CO-CH_2-CH_3$
   bei Celluloseacetobutyrat: $-CO-CH_2-CH_2-CH_3$.

Handelsnamen (Beispiele):

Celluloseacetat CA: Tenite Acetat (Eastman).

Cellulosepropionat: Cellidor CP (Albis); Tenite Propionate (Eastman)

Celluloseacetobutyrat: Cellidor B (Albis); Tenite Butyrate (Eastman)

Normung: DIN 7742

In DIN 7742 sind die Bezeichnungen von Celluloseester-Formmassen nach dem *chemischen Aufbau* (CA, CP, CAB*)*, der *hauptsächlichen Anwendung*, den *wesentlichen Additiven* und den kennzeichnenden Eigenschaften *Vicat-Erweichungstemperatur* VST/B/50, dem *Masseverlust* (DIN 53738) bei 80 °C sowie nach *Art und Gestalt der Füllstoffe* festgelegt.

10.4 Celluloseester CA, CP, CAB

Eigenschaften

Die Eigenschaften werden wesentlich durch den Aufbau des Celluloseesters, sowie durch Art und Anteil des Weichmachers oder der polymeren (elastifizierenden) Komponente beeinflußt.

Dichte: *CA:* 1,26 g/cm^3 bis 1,29 g/cm^3; *CP:* 1,19 g/cm^3 bis 1,23 g/cm^3; *CAB:* 1,17 g/cm^3 bis 1,23 g/cm^3.

Gefüge: Amorphe Thermoplaste mit unterschiedlichen Weichmachergehalten oder elastifizierenden Komponenten. Große Wasseraufnahme; Wassergehalt nach 24 Stunden Wasserlagerung (DIN 53495/ISO 62) bei CA 3,0 % bis 4,5 %; bei CP 1,8 % bis 2,8 %; bei CAB 1,5 % bis 2,8 %.

Verstärkungsstoff: Glasfasern (selten)

Farbe: Glasklar mit brillantem Oberflächenglanz; in allen Farben transparent und gedeckt einfärbbar.

Mechanische Eigenschaften: Gute Festigkeit; hohe Zähigkeit, daher besonders geeignet zum Einbetten von Metallteilen. Gute Schlagzähigkeit. Neigt zum Kriechen. Gute Kratzfestigkeit mit Selbstpoliereffekt. Gute Griffigkeit. Hohes Schalldämmvermögen. Erhöhung der Festigkeit durch Gasfasern möglich.

Elektrische Eigenschaften: Geringe elektrostatische Aufladung durch extrem niedrige Halbwertzeit, daher staubfreie Oberflächen. Gute Isolation. Hohe Kriechstromfestigkeit.

Optische Eigenschaften: Glasklar mit hohem Oberflächenglanz; hohe Lichtdurchlässigkeit von rd. 90 %.

Thermische Eigenschaften: Dauergebrauchstemperatur ohne Belastung je nach Typ 70 °C bis 110 °C, in der Kälte 0 °C (CA) bis –50 °C (CP/CAB).

Brennen gelbgrün sprühend und tropfen ab; Flammschutzmittelzugabe empfehlenswert.

Beständig gegen (Auswahl): Wasser, Benzin, Mineralöle und Mineralfette; schwache Schwefelsäure. CA gegen Tetrachlorkohlenstoff und Benzol. CP gut gegen Handschweiß. CP und CAB witterungsbeständig.

Nicht beständig gegen (Auswahl): Alkohole; starke Säuren z. B. Salzsäure; Laugen.

Lösemittel: Aceton, Dichlormethan.

Physiologisches Verhalten: Wegen Auswanderungstendenz von niedermolekularen Weichmachern sind diese Kunststoffe für Berührung mit Lebensmitteln meist nicht zugelassen, einige Sondertypen nur mit Einschränkungen; polymermodifizierte Typen (Blends) zeigen keine Auswanderung.

10 Thermoplaste

Spannungsrißbildung: Wegen hoher Zähigkeit praktisch keine Spannungsrißempfindlichkeit an Luft.

■ Verarbeitung

Vortrocknen: Formmassen trocken lagern um hohe Wasseraufnahme des Granulats zu vermeiden. Bei Wassergehalten über 0,2 % Material im Umluftofen 3 h bei 80 °C trocknen.

Spritzgießen: Massetemperaturen 180 °C bis 230 °C; Festigkeit und Schlagzähigkeit steigen mit der Massetemperatur. Spritzdrucke 800 bar bis 1200 bar. Werkzeugtemperaturen 40 °C bis 70 °C. Möglichst hohe Einspritzgeschwindigkeit. Verarbeitungsschwindung 0,4 % bis 0,7 %, bei geringen Wanddicken rd. 0,2 %. Nachschwindung vernachlässigbar.

Konditionieren: Durch Lagern 24 h bei Normalklima werden gute Gebrauchseigenschaften erreicht. Tempern ist nicht üblich, da die Formteile nur geringe Spannungen enthalten.

Extrudieren: Sondertypen verwenden. Wassergehalt der Formmassen muß niedriger sein als beim Spritzgießen. Vorteilhaft Extruder mit Entgasungszone. Extrusionstemperaturen je nach Typ 155 °C bis 225 °C.

Extrusionsblasformen häufig angewandt.

Warmumformen: Vorwiegend CAB. Umformtemperaturen 180 °C bis 200 °C. Bei Druckluftformen Vorwärmen der Tafeln auf 80 °C günstig.

Kleben: Kleben mit speziellen Klebelösungen, z. B. für CA: 100 g Methylglykolacetat, 5 g CA, 1 g Diethylphthalat; für CP/CAB: 50 g Methylglykolacetat, 50 g Ethylacetat, 5 g CP oder CAB, 1,5 g Dibutyladipinat.

Vorsicht, daß Fügeteile nicht zu stark angelöst werden. Verklebung mit anderen Kunststoffen und untereinander mit Zweikomponentenklebstoffen, bei niedrigen Beanspruchungen auch mit Haftklebstoffen.

Schweißen: Grundsätzlich nach allen üblichen Schweißverfahren möglich, insbesondere Ultraschallschweißen. Schweißen aber seltener als Kleben.

Spanen mit üblichen Werkzeugen für Kunststoffverarbeitung. Vorsicht wegen örtlicher Überhitzung. Gut polierbar.

Oberflächenbehandlungen: Veredeln der Oberflächen durch *Bedrucken, Lackieren, Heißprägen* möglich, auch *Metallisieren* im Vakuum, jedoch Schutzlack erforderlich. *Oberflächenfärben* durch wasserlösliche Farbstoffe. Erhöhen der Kratzfestigkeit durch Aufbringen eines hauchdünnen Siliconfilmes.

Wirbelsintern mit speziellen Wirbelsinterpulvern zum Korrosionsschutz. Oberflächen der Metallteile müssen sauber, rostfrei und möglichst aufgerauht sein; Teile auf 300 °C bis 400 °C erhitzen und tauchen in das Wirbelbett; abkühlen an Luft. Schichtdicke der Überzüge rd. 0,3 mm bis 0,5 mm. Max. Gebrauchstemperatur 100 °C, jedoch nicht kochfest; gut witterungsbeständig.

Rotationsformen von speziell aufbereiteten CP-Formmassen unter Schutzgas zu großen Behältern mit gleichmäßigen Wanddicken.

Anwendungsbeispiele

Fahrzeugindustrie: Leuchten, durchsichtige Abdeckungen, Schaltknöpfe, Zierleisten, Helmvisiere, Hinweis- und Reklameschilder.

Werkzeuge: Werkzeuggriffe, Hammerköpfe, Ölkannen, Gehörschutz.

Bau- und Möbelindustrie: Zierleisten, Lichtkuppeln, Armaturengriffe, Badewannen, Stuhlsitzflächen, Sessel, Tischgestelle, Lampenschirme, Leuchtenabdeckungen, Sinterüberzüge für Metallbeschläge.

Optik: Schutz-, Ski- und Taucherbrillen, Brillengestelle, Blitzlichtreflektoren Leuchtenabdeckungen, transparente und farbige Werbeschilder.

Büroteile: Kugelschreiber, Drehbleistifte, Füllfederhalter, Schreibmaschinentasten., Telefongehäuse, Zeichenschablonen.

Spielwaren: Modellspielwaren, Schienenkörper, Wagenaufbauten. Wegen Weichmacherwanderung nicht für Kleinkinderspielzeug.

Sonstiges: Bürstengriffe, Zahnbürstenkörper, Kämme, Besteckgriffe, Taschenmesserabdeckungen, Toilettenartikel, Schuhabsätze, glasklare Verpackungsfolien; Geräte und Gehäuse in der Medizintechnik.

10.5 Polymethylmethacrylat PMMA

Als Polymethylmethacrylate sind das *meist höher molekulare, gegossene PMMA* (Formpolymerisat als Halbzeug) und die *meist niedriger molekularen, spritzgieß- und extrudierbaren, homopolymeren Formmassen PMMA* im Handel, ferner Copolymere mit mindestens 80 % Methylmethacrylat (MMA). Copolymere mit bis zu 50 % Acrylnitril (AMMA) haben bessere chemische Beständigkeit und günstigere mechanische Eigenschaften, vor allem höhere Zähigkeit; sie sind aber nur als Halbzeuge erhältlich. Weitere Copolymere werden hergestellt aus MMA, Acrylnitril, Butadien und Styrol (MABS-und MBS-Formmassen), die sich durch hohe Schlagzähigkeit und hohe Transparenz auszeichnen, siehe auch DIN EN ISO 10366).

Acrylestermodifizierte Formstoffe haben gute Witterungsbeständigkeit.

Auch Blends z. B. PMMA+PC und PMMA+PVC mit günstigerem Spannungsrißverhalten, erhöhter Schlagzähigkeit und geringerer Kerbempfindlichkeit sind im Handel.

10 Thermoplaste

Aufbau:

$$\left[\begin{array}{cc} H & CH_3 \\ | & | \\ -C - & C- \\ | & | \\ H & C=O \\ & | \\ & O \\ & | \\ & CH_3 \end{array} \right]_n \quad PMMA$$

Handelsnamen (Beispiele):

Halbzeug: Altuglas (Atoglas); Deglas, Paraglas, Plexiglas (Röhm); Lucryl (BASF); Perspex (Ineos Acrylics).

Formmassen: Altuglas, Oroglas (Atoglas); Degalan (Röhm); Diakon, Elvacite, Lucite (Ineos Acrylics); Plexiglas (Röhm).

Normung: DIN 7745; ISO 8257; DIN EN ISO 7823-1 (gegossene Tafeln); DIN EN ISO 10366 (MABS-Formmassen); VDI/VDE 2476

In DIN 7745 sind die Bezeichnungen von PMMA-Formmassen nach dem *chemischen Aufbau*, der *hauptsächlichen Anwendung*, den *wesentlichen Additiven* und den kennzeichnenden *Eigenschaften Vicat-Erweichungstemperatur* VST/B/50, *Schmelzindex* MFR 230/3,8 *und Viskositätszahl* J festgelegt.

In DIN EN ISO 10366 werden die Methylmethacrylat/Acrylnitril/Butadien/ Styrol (MABS)-Formmassen unterschieden durch (verschlüsselte) Wertebereiche der kennzeichnenden Eigenschaften *Vicat-Erweichungstemperatur, Schmelze-Massenfließrate* MFR 220/10, (noch) *Izod-Schlagzähigkeit* (wird ersetzt durch Charpy) und den *Biege-E-Modul* und Informationen über die *Zusammensetzung*, die *vorgesehene Anwendung* und/oder *Verarbeitungsverfahren, wichtige Eigenschaften, Additive, Farbstoffe, Füll- und Verstärkungsstoffe*. (MFR wird bei Überarbeitung der Normen durch MVR ersetzt).

Zusammensetzung:

Typ A: AN-Massenanteil <30 % und MMA-Anteil >10 % aber ≤50 %
Typ B: AN-Massenanteil <30 % und MMA-Anteil >50 % aber ≤80 %
Typ C: AN-Massenanteil ≥30 % und MMA-Anteil >10 % aber ≤50 %
Typ D: AN-Massenanteil ≥30 % und MMA-Anteil >50 %

Beispiel für Angabe einer (MABS)-Formmasse:

Thermoplast ISO 10366 – MABS-A, MHLN, 095 – 04 – 09 – 25, es bedeuten A MABS-Typ A, M Spritzgießen, H Wärmestabilsator, L Licht- und/ oder Witterungsstabilsator, N naturfarben, 095 Vicat-Erweichungstempera-

10.5 Polymethylmethacrylat PMMA

tur 95 °C, 04 Schmelze-Massenfließrate MFR 220/10 von 0,5 g/10 min; 09 (noch) Izod-Schlagzähigkeit 10 kJ/m² und 25 Biege-E-Modul 2400 MPa.

Eigenschaften
Dichte: PMMA 1,19 g/cm³; AMMA 1,17 g/cm³; MBS 1,11 g/cm³.

Gefüge: Amorphe Thermoplaste mit geringer Feuchte- und Wasseraufnahme. Formpolymerisierte Produkte als Halbzeuge besonders schlierenfrei und hochwertig.

Farbe: Glasklar mit hohem Oberflächenglanz, hoher Brillanz und kristallklarer Durchsicht; in allen Farben transparent und gedeckt einfärbbar. AMMA hat etwas gelbliche Eigenfarbe.

Mechanische Eigenschaften: Hart und steif, aber spröde. Gute Zug-, Druck- und Biegefestigkeit bei nur geringer Verformungsfähigkeit (außer bei Druck). Weitgehend kratzfest, durch spezielle Lacke weitere Verbesserung der Kratzfestigkeit, z. B. für Brillengläser. AMMA schlagzäher und MABS auch bei tiefen Temperaturen sehr schlagzäh.

Elektrische Eigenschaften: Guter Oberflächenwiderstand, gute elektrische Kriechstromfestigkeit. Elektrostatische Aufladung.

Optische Eigenschaften: Optisch hochwertig (organisches Glas), keine Eigenfarbe bei PMMA; hohe Lichtdurchlässigkeit bis 92 %; Brechungszahl 1,492 bei PMMA, 1,508 bei AMMA mit leicht gelblicher Eigenfarbe. Schnittflächen polierbar.

Durch Einlagerung kugelförmiger Polymerpartikel ergibt sich bei Leuchtenabdeckungen eine sehr gleichmäßige diffuse Lichtverteilung.

Thermische Eigenschaften: Maximale Gebrauchstemperatur von –40 bis +70 °C, bei wärmebeständigen Typen bis 100 °C. Gute Temperaturwechselfestigkeit, auch bei tiefen Temperaturen.

Brennt knisternd und leuchtend, praktisch rückstandslos ohne abzutropfen.

Beständig gegen (Auswahl): Aliphatische Kohlenwasserstoffe, unpolare Lösemittel, wäßrige Säuren und Laugen; Fette; Alkohol bis 30 %. Gut licht-, alterungs- und witterungsbeständig. AMMA auch gegen Chlorkohlenwasserstoffe.

Nicht beständig gegen (Auswahl): Polare Lösemittel wie Chlorkohlenwasserstoffe, Alkohol über 30 %, benzolhaltiges Benzin, Spiritus, Nitrolacke und Nitroverdünnung; konzentrierte Säuren; bestimmte Weichmacher.

Physiologisches Verhalten: Physiologisch unbedenklich.

Spannungsrißbildung: Spannungsrißbildung möglich, z. B. in Spülmitteln; AMMA weniger gefährdet als PMMA.

10 Thermoplaste

■ Verarbeitung

Vortrocknen: PMMA-Formmassen müssen einwandfrei trocken sein, daher Vortrocknung notwendig, vor allem bei Herstellung dickwandiger Formteile und nach längerer Lagerung des Granulats. Trocknung rd. 4 bis 6 Stunden bei 70 °C bis 100 °C je nach Type.

Spritzgießen: Spritzgießen von Formmassen gut möglich. Massetemperaturen 200 °C bis 250 °C. Spritzdrucke 400 bar bis 1200 bar. Werkzeugtemperaturen 50 °C bis 70 °C, für höher wärmeformbeständige Typen bis 90 °C. Schwindung 0,3 % bis 0,8 %.

Besonderheiten: Bei glasklarem PMMA mit optischen Anforderungen auf größte Sauberkeit von Zylinder und Schnecke achten. Nachträgliches Tempern der Spritzgußteile vorteilhaft, vor allem wenn sie mit rißauslösenden Medien in Berührung kommen, bzw. nachträglich geklebt oder lackiert werden. Temperatur für Tempern etwa 5 K unter der Temperatur, bei der Verformung des Formteils auftritt (rd. 60 °C bis 90 °C), langsame Abkühlung.

Extrudieren: Extrudieren zu Platten und Profilen gut möglich, vor allem mit höhermolekularen Einstellungen. Entgasungseinrichtungen vorteilhaft. Extrusionstemperaturen 180°C bis 230°C. Biaxiales Recken von Halbzeugen durchführbar zur Verbesserung der mechanischen Eigenschaften. Extrudierte Platten werden für die verschiedensten Zwecke in vielfältigen Mustern nachträglich geprägt.

Warmumformen: Warmumformen von extrudiertem Halbzeug nach allen gängigen Verfahren möglich. Umformtemperaturen 150 °C bis 180 °C bei Werkzeugtemperaturen von 80 °C bis 90 °C. Formpolymerisiertes, hochmolekulares (gegossenes) Halbzeug erfordert hohe Umformkräfte, ggf. in zweiteiligen Preßwerkzeugen und höherer Umformtemperatur von 170 °C bis 200 °C bei Werkzeugtemperaturen von 80 °C bis 95 °C.

Besonderheiten: Umgeformte Teile zum Spannungsabbau 2 bis 3 Stunden bei 60 °C bis 80 °C tempern, ggf. unter Formzwang (DIN 29640).

Kleben: Kleben mit Dichlormethan; auch Polymerisations-, Epoxidharz-, Kontakt- und Haftklebstoffe möglich. Spezieller Klebstoff *(Acrifix* von Röhm) im Handel.

Beachte: Formteile oder Halbzeuge müssen spannungsfrei sein, d. h. vor dem Kleben tempern bei 60 °C bis 90 °C.

Schweißen: Warmgasschweißen mit niedermolekularem PMMA-Rundmaterial als Zusatzwerkstoff; auch PVC-Zusatzstäbe verwendbar, z. B. für farbig abgesetzte Schweißnähte. Ultraschall-, Reibungs- und HF-Schweißen möglich. AMMA ist nicht schweißbar. *Besonderheit:* PMMA kann mit ABS verschweißt werden.

10.5 Polymethylmethacrylat PMMA

Spanen: Spanen sehr gut möglich mit 0° Spanwinkel, Kühlung mit Luft oder Bohrölemulsion vorteilhaft. Hohe Schnittgeschwindigkeiten. Beim Bohren möglichst 60° bis 90° Spitzenwinkel. Übliche Werkzeuge für die Kunststoffbearbeitung harter Kunststoffe. Trennen am besten mit Diamantscheibe und Wasserkühlung. Schleifen und Polieren möglich, d. h. „Durchsichtigmachen" von Bearbeitungsflächen und matten Stellen.

Besondere Verfahren: Nachträgliche Oberflächenbehandlung durch *Bedrukken, Lackieren, Heißprägen* und *Metallisieren im Hochvakuum*.

Anwendungsbeispiele

Optik: Brillengläser (leichter als Glas wegen niedriger Dichte und geringer Splittergefahr), Uhrgläser, Lupen, Linsen, Prismen, Streuscheiben, Lichtleitfasern; Photovoltaik-Elemente.

Haushaltgeräte: Schüsseln, Becher, Bestecke, Gehäuse.

Elektrotechnik und Elektronik: Schalterteile, Bedienungsknöpfe, Abdeckungen, Skalen, Leuchtenabdeckungen, Leuchtwannen, Lichtbänder. Optische Speicher (CD-ROM), Compact Disk (CD), DVD mit besonders hoher Speicherdichte. Plattenelemente in der Photovoltaik.

Fahrzeugindustrie: Rückleuchten, Blinkleuchten, Tachometerabdeckscheiben, Prismenscheiben für Rückstrahler und Warndreiecke. Fahrzeug- und Flugzeugverglasungen.

Bürogeräte: Schreib- und Zeichengeräte, Füllfederhalter.

Bauwesen: Dachverglasungen, Oberlichter, Stegdoppel- und Stegdreifachplatten für Gewächshaus- und Wintergartenbau. Sanitäre Installationsteile wie Bade- und Duschwannen, Waschbecken, Duschkabinen; Sanitärzellen. Armaturenknöpfe. Möbel und Möbelteile. Durchsichtige Rohrleitungen. Lichtdurchlässige, infrarotreflektierende Verglasungen als spezielles Coextrudat.

Modellbau und Werbetechnik: Demonstrationsmodelle, Lichtwerbe- und Reklameartikel, Leuchtbuchstaben, Werbetransparente; Verkehrs- und Hinweisschilder; Modeschmuck; Einbettmaterial für Schaustücke.

Sonstiges: Sicherheitsabdeckungen an Maschinen, Geräten und Schaltschränken. Orthopädische Anwendungen, Zahnersatz. Lichtleitfasern. MABS: medizinische Einweggeräte, Armaturen.

Verpackungstechnik: AMMA für feste und flüssige Lebensmittel (Mehrschichtverpackungen), kosmetische Produkte und Fahrzeugpflegemittel. MABS für Kosmetika, Sprüh- und Reinigungsmittel.

10.6 Polyamide PA

Polyamide besitzen gute Festigkeitseigenschaften bei hoher Zähigkeit und Schlagzähigkeit; sie haben gute Gleiteigenschaften und guten Verschleißwiderstand. Deshalb sind sie als Konstruktionskunststoffe für viele technische Anwendungsfälle, insbesondere für Maschinenelemente besonders geeignet. Die leicht fließende Schmelze ermöglicht die Herstellung komplizierter technischer Formteile. Bei Polyamiden ist allerdings zu beachten, daß sie Feuchte reversibel aufnehmen und abgeben, wodurch sich ihre Eigenschaften verändern.

Man unterscheidet die teilkristallinen *Polyamid-Homopolymer-Formmassen:* PA 46, PA 6, PA 66, PA 69, PA 610, PA 612, PA 11, PA 12, PA 1212, PA MXD6 und die *Polyamid-Copolymer-Formmassen* unterschiedlicher Zusammensetzung: PA 66/610, PA 6/12, PA 6 T/6I, PA 6/66/PACM 6, PA 12/IPDI, PA 66/6 (90/10), die amorph oder teilkristallin sein können.

Durch Erhöhung der Amidgruppen und den Einbau aromatischer Monomere (teilaromatische Polyamide) kann die Schmelztemperatur erhöht werden, z. B. PA 6T/6I und Polyphthalamide PPA (siehe Kap. 11.5).

Aufbau: Polyamide können aus *einem* Ausgangsstoff (Baustein) aufgebaut sein, z. B. aus ε-Caprolactam bei PA 6. Sie werden dann mit *einer* Zahl gekennzeichnet, die der Anzahl der C-Atome im Baustein entspricht. Diese aliphatischen Polyamide haben die allgemeine Formel:

$$\left[-N(H)-(CH_2)_x-C(=O)- \right]_{n_1}$$

Dazu gehören PA 6 ($x = 5$), PA 11 ($x = 10$) und PA 12 ($x = 11$).

Andere Polyamide sind aus *zwei* verschiedenen Ausgangsstoffen (Bausteinen) aufgebaut, die dann durch Polykondensation eine Baugruppe bilden. Sie werden nach der Anzahl der C-Atome in den *beiden* Bausteinen gekennzeichnet; zuerst immer das *Diamin* mit 4 oder 6 C-Atomen, dann die C-Atome der Säurekomponente. Diese aliphatischen Polyamide haben die allgemeine Formel:

$$\left[-N(H)-(CH_2)_x-N(H)-C(=O)-(CH_2)_y-C(=O)- \right]_{n_2}$$

10.6 Polyamide PA

Dazu gehören z. B. PA 66 (x = 6, y = 4), PA 610 (x = 6, y = 8), PA 612 (x = 6, y = 10), PA 46 (x = 4, y = 4) und PA 1212 (x = 12, y = 10).

Tabelle 10.3a zeigt u. a. eine Zusammenstellung der Strukturformeln für Polyamidhomopolymere, Tabelle 10.3b die Kennzeichnung nicht-linearer aliphatischer Monomereinheiten bei Copolyamiden. Monomere für Polyamid-Homo- und Copolymere sind nicht nur lineare aliphatische Verbindungen, sondern auch verzweigte aliphatische, aliphatisch-aromatische, cycloaliphatische und aromatische Verbindungen. Ausgangsstoffe für Polyamid-Homo- und Copolymere siehe Tabelle 10.3c.

Handelsnamen (Beispiele):

PA 6: Akulon (DSM); Bergamid B (Bergmann); Durethan B (Bayer); Grilon (Ems); Radilon S (Radici); Technyl C (Rhodia); Ultramid B (BASF); Vydyne (Dow).

PA 46: Stanyl (DSM).

PA 66: Akulon (DSM); Bergamid A (Bergmann); Celanese Nylon (Ticona); Durethan A (Bayer); Grilon T (Ems); Radilon A (Radici); Technyl A (Rhodia); Ultramid A (BASF); Zytel, Minlon (DuPont).

PA 610: Ultramid S (BASF); Zytel (DuPont).

PA 612: Vestamid (Degussa); Zytel (DuPont).

PA 11: Rilsan B (Atofina).

PA 12: Grilamid (Ems); Rilsan A (Atofina); Vestamid (Degussa).

Sonderwerkstoffe, Copolyamide:

Grivory (PA 6I/XT von Ems); Technyl B (PA 66/PA 6 von Rhodia); Ultramid C (PA 6/PA 66-Copolyamide von BASF), Ultramid T (teilkristalline PA 6/6T-Copolyamide von BASF); Zytel HTN (DuPont).

Durethan T (teilaromatisches, transparentes PA von Bayer); Durethan C (Copolyamid von Bayer); Grilamid TR (PA 12-Copolyamid von Ems); Trogamid T (PA 6/6-T von Creanova); Ultramid KR 4601 (Copolyamid von BASF).

Normung: DIN EN ISO 1874; VDI/VDE 2479.

In DIN EN ISO 1874 werden Polyamid (PA)-Formmassen mit Hilfe eines Einteilungssystems voneinander unterschieden durch (verschlüsselte) Wertebereiche der kennzeichnenden Eigenschaften *Viskositätszahl, Zug-E-Modul; Anwesenheit von Nukleierungsmitteln* und Informationen über die *chemische Struktur, vorgesehene Anwendung, und/oder Verarbeitungsverfahren, wichtige Eigenschaften, Additive, Farbstoffe, Füll-* und *Verstärkungsstoffe.*

10 Thermoplaste

Tab. 10.3a Strukturformeln, Dichte und Kristallitschmelzpunkte von Polyamidhomo- und Copolymeren (Auswahl)

PA-Sorte	Strukturformel	Dichte ϱ g/cm³	Kristallitschmelztemperatur T_m °C
PA 6	$[-NH-(CH_2)_5-CO-]$	1,12 bis 1,15	215 bis 225
PA 46	$[-NH-(CH_2)_4-NH-CO-(CH_2)_4-CO-]$	1,18	295
PA 66	$[-NH-(CH_2)_6-NH-CO-(CH_2)_4-CO-]$	1,12 bis 1,14	250 bis 265
PA 610	$[-NH-(CH_2)_6-NH-CO-(CH_2)_8-CO-]$	1,06 bis 1,08	210 bis 225
PA 11	$[-NH-(CH_2)_{10}-CO-]$	1,03 bis 1,04	180 bis 190
PA 12	$[-NH-(CH_2)_{11}-CO-]$	1,01 bis 1,02	175 bis 185
PA NDT/INDT (alt: PA 6-3-T)	–	1,06 bis 1,12	
PA 6/6T	–	1,18	295–300
PA 6T/6I	–		330

Tab. 10.3b Kennzeichnung nichtlinearer aliphatischer Monomereinheiten bei Copolyamiden (Auswahl)

Zeichen der Monomereinheit	Monomereinheit abgeleitet von
T	Terephthalsäure
I	Isophthalsäure
N	2,6-Naphthalindicarbonsäure
PAPC	2,2-Bis(p-aminocyclohexyl)propan
MACM	3,3-Dimethyl-4,4-diaminodicyclohexylmethan
PACM	Bis(p-aminocyclohexyl)methan
IPD	Isophorandiamin
ND	1,6-Diamino-2,2,4-trimethylhexan
IND	1,6-Diamino-2,4,4-trimethylhexan
PPGD	Polypropylenglykoldiamin
PBGD	Polybutylenglykoldiamin
MXD	m-Xylillendiamin
PTD	p-Toluylendiamin
MTD	m-Toluylendiamin
PABM	Diphenylmethan-4,4-diamin
MC	1,3-Bis(aminomethyl)cyclohexan
X	keine Angabe

10.6 Polyamide PA

Tab. 10.3c Kennzeichen und Aufbau von Polyamid-Homo- und Copolymeren (Auswahl)

Zeichen	chemische Struktur
PA 6	Homopolymer auf Basis ε-Caprolactam
PA 66	Homopolykondensat auf Basis Hexamethylendiamin und Adipinsäure
PA 69	Homopolykondensat auf Basis Hexamethylendiamin und Azelainsäure
PA 610	Homopolykondensat auf Basis Hexamethylendiamin und Sebazinsäure
PA 612	Homopolykondensat auf Basis Hexamethylendiamin und Dodecandisäure
PA 11	Homopolymer auf Basis 11-Aminoundecansäure
PA 12	Homopolymer auf Basis ω-Aminodecansäure (Laurinlactam)
PA MXD6	Homopolykondensat auf Basis m-Xylylendiamin und Adipinsäure
PA 46	Homopolymer auf Basis Tetramethylendiamin und Adipinsäure
PA 1212	Homopolymer auf Basis Dodecandisäure
PA 66/610	Polyamid-Copolymer auf Basis Hexamethylendiamin, Adipin- und Sebacinsäure
PA 6/12	Polyamid-Copolymer auf Basis ε-Caprolactam und Laurinlactam
PA 6T/6I	Polyamid-Copolymer auf Basis Hexamethylendiamin, Terephthalsäure und Isophthalsäure
PA 6/66/PACM6	Ternäre Polyamid-Copolymere von ε-Caprolactam, Hexamethylendiamin, Adipinsäure, bis(p-aminocyclohexyl)Methan und Adipinsäure
PA 12/IPDI	Polyamid-Copolymer von Laurinlactam, Iso-phorandiamin und Isophthalsäure
PA 66/6 (90/10)	Polyamid-Copolymer auf Basis 90 % (Masseanteile) Hexamethylendiamin und Adipinsäure und 10 % (Masseanteile) ε-Caprolactam

Beispiele für die Angabe von PA-Formmassen:

Thermoplast ISO 1874 – PA 6, M R, 14 – 030N, es bedeuten PA 6 thermoplastische Polyamid 6-Formmasse, M Spritzgießen, R Entformungshilfsmittel, 14 Viskositätszahl 150 ml/g, 030 Zug-E-Modul 2700 MPa, N Nukleierungsmittel.

Thermoplast ISO 1874 – PA 66, MFH, 14 –100, GF35, es bedeuten PA 66 thermoplastische Polyamid 66-Formmasse, M Spritzgießen, F Brandschutzmittel, H Wärmealterungsstabilisator, 14 Viskositätszahl 140 ml/g, 100 Zug-E-Modul 10200 MPa, GF 35 Glasfaseranteil von 35 %.

10 Thermoplaste

Thermoplast ISO 1874 − PA 12-P, EHL, 22 − 003, es bedeuten PA 12-P thermoplastische Polyamid 12-Formmasse mit Weichmacher, E Extrusion, H Wärmealterungsstabilisator, L Licht- und/oder Witterungsstabilisator, 22 Viskositätszahl 210 ml/g, 003 Zug-E-Modul 280 MPa.

■ Eigenschaften

Dichte: Siehe Tabelle 10.3a.

Gefüge: Teilkristalline Thermoplaste mit bis zu 60 % Kristallinität; durch *Nukleierungsmittel* verbesserte Kristallisation mit feinsphärolithischem Gefüge. Je nach Typ (besonders PA 6 und PA 66) starke Wasseraufnahme; in den amorphen Bereichen mehr als in den kristallinen Bereichen. Copolyamide mit großem Eigenschaftbereich, vor allem höherem Schmelzbereich und geringerer Wasseraufnahme und günstigen Barriereeigenschaften (PA MXD6). Bei entsprechendem Aufbau sind Copolyamide amorph (PA 6-3-T, nach DIN EN ISO 1874 PA NDT/INDT).

Zur Verbesserung bestimmter Eigenschaften werden *Polyamid-Blends* hergestellt, z. B. PA+PE, PA+PTFE.

Polyamide enthalten z. T. Weichmacher (z. B. PA 11 und PA 12).

Füll- und Verstärkungsstoffe: Glasfasern, auch Langglasfasern; Kohlenstofffasern, Glaskugeln, Mineralstoffe, Kreide, Gleitmittel wie MoS_2 und Grafit.

Farbe: Ungefärbt milchig opak; in allen Farben gedeckt einfärbbar. Amorphe Polyamide fast glasklar.

Mechanische Eigenschaften: Eigenschaften abhängig vom PA-Typ, von Kristallinität und Wassergehalt. Bei hoher Kristallinität steif und hart; nach Wasseraufnahme sehr zäh (Tabellen 10.4 und 10.5). Durch Verstrecken höhere Festigkeit (Seile, Bänder). Hohe Ermüdungsfestigkeit, gute Schlag- und Kerbschlagzähigkeit. Abriebfest; gute Gleiteigenschaften, verbessert durch MoS_2, PTFE und Grafit. Erhöhung der Festigkeit und des E-Moduls durch Glas- und Kohlenstoff-Fasern, dadurch auch Verringerung der Schwindung und Verbesserung der Wärmeformbeständigkeit. Modifizierte Copolyamide mit sehr hoher Schlag- und Kerbschlagzähigkeit.

Elektrische Eigenschaften: Elektrische Eigenschaften abhängig vom Wassergehalt. Günstiger Oberflächenwiderstand verhindert weitgehend statische Aufladungen. Für Isolierungen im HF-Bereich nicht geeignet wegen hoher dielektrischer Verluste infolge Polarität; Einsatz im Niederfrequenzbereich möglich. Gute Kriechstromfestigkeit.

Thermische Eigenschaften: Obere Gebrauchstemperatur je nach Typ 80 °C bis 120 °C, kurzzeitig bis 140 °C, glasfaserverstärkte Typen höher, ebenso

10.6 Polyamide PA

Tab. 10.4 Gewichtszunahme von spannungsfreien, hoch- und niederkristallinen Polyamiden bei unterschiedlichen Lagerbedingungen

	Gewichtszunahme in % bei Lagerung in			
	Wasser von 20 °C		Normalklima 23/50	
Kristallinität	hoch	niedrig	hoch	niedrig
Polyamid 46	13		3,5	
Polyamid 6	8,5	11	2,8	3,2
Polyamid 66	7,5	10	2,5	2,7
Polyamid 610	3	4	1,2	1,4
Polyamid 11	1,8	2,2	0,8	1,2
Polyamid 12	1,5	1,8	0,7	1,1
Polyamid NDT/INDT (Polyamid 6-3-T)	6,5		3	

Tab. 10.5 Einfluß von Wassergehalt und Kristallinität auf Eigenschaften von Polyamiden

Eigenschaft	bei zunehmendem Wassergehalt	bei zunehmender Kristallinität
Elastizitätsmodul	nimmt ab	nimmt zu
Streckspannung	nimmt ab	nimmt zu
Schlagzähigkeit	nimmt zu	nimmt ab
Bruchdehnung	nimmt zu	nimmt ab
elektrische Isoliereigenschaften	nimmt ab	–
Dielektrizitätszahl	nimmt zu	nimmt ab
Neigung zu Wasseraufnahme	–	nimmt ab
chemische Beständigkeit	–	nimmt zu
Lichtdurchlässigkeit	–	nimmt ab

10 Thermoplaste

PA 46 langzeitig bis 130 °C. Meist kochfest und sterilisierbar. Schmaler Erweichungsbereich bei Homopolyamiden. Untere Einsatztemperatur bis −40 °C, z. T. bis −70 °C.

Kristallitschmelztemperatur: siehe Tabelle 10.3

Polyamide brennen bläulich mit gelbem Rand, tropfen knisternd ab, fadenziehend. Teilweise selbstverlöschend; weitere Verbesserung durch flammwidrige Ausrüstung. Verbesserung der Wärmeformbeständigkeit durch Hitzestabilisatoren.

Beständig gegen (Auswahl): Aliphatische und aromatische Kohlenwasserstoffe, Benzin, Öle, Fette; einige Alkohole, Ester, Ketone, Ether, viele chlorierte Kohlenwasserstoffe; schwache Laugen. Hoch kristalline Typen sind widerstandsfähiger. Entsprechend stabilisierte Typen sind alterungs- und witterungsbeständig, wichtig bei dünnwandigen Formteilen.

Nicht beständig gegen (Auswahl): Mineralsäuren, starke Laugen, Lösungen von Oxidationsmitteln; Ameisensäure; Phenole, Kresole, Glykole; Chloroform. PA amorph nicht beständig gegen Ethylalkohol, Aceton, Dichlormethan.

Physiologisches Verhalten: Bei längerer Hitzeeinwirkung Kontakt mit wasserhaltigen Lebensmitteln bedenklich (nicht bei PA 11 und PA 12). Typen mit Weichmacherzusatz nicht geeignet für Anwendung im Lebensmittelbereich.

Spannungsrißbildung: Bei ausreichender Zähigkeit im allgemeinen geringe Neigung zu Spannungsrißbildung. Vorsicht bei Zinkchloridlösungen.

Wasseraufnahme: Die Wasseraufnahme verläuft bei Normalklima sehr langsam. Nach 4 Monaten erreichen Flachstäbe aus PA 6 bei Lagerung in Normalklima 23/50 einen Wassergehalt von 2,3 % (noch keine Sättigung). Bei trockenen Spritzgußteilen wird der im Betriebszustand zu erwartende Wassergehalt vielfach durch *Konditionieren* (s. Kap. 26.3), z. B. Wasserlagerung eingestellt, wobei der Gewichtsunterschied zwischen trockenem und wasserhaltigem Zustand gemessen wird. Einfluß von Wassergehalt und Kristallinität siehe Tabelle 10.4.

■ Verarbeitung

Vortrocknen: Feuchtes Granulat vortrocknen, am besten im Vakuumtrockenschrank einige Stunden bei 80 °C.

Spritzgießen: Wegen guter Fließfähigkeit, hoher Erstarrungsgeschwindigkeit und hervorragender Entformbarkeit sehr gut spritzgießbar. Wegen dünnflüssiger Schmelzen Verschlußdüsen und Rückstromsperren empfehlenswert. Massetemperaturen und Werkzeugtemperaturen siehe Tabelle 10.6. Hohe

10.6 Polyamide PA

Tab. 10.6 Masse- und Werkzeugtemperaturen beim Spritzgießen von Polyamiden

	Massetemperatur °C	Werkzeugtemperatur °C
PA 6	230 bis 280	80 bis 120
PA 46	bis 320	80 bis 120 (bis 150)
PA 66	260 bis 320	80 bis 120
PA 610	230 bis 280	80 bis 120
PA 11	210 bis 250	40 bis 80
PA 12	210 bis 250	40 bis 80
PA 6T/61	340 bis 350	140 bis 160

Werkzeugtemperaturen für hohe Kristallinität. Spritzdrucke 700 bar bis 1200 bar. Verarbeitungsschwindung 1 % bis 2 % je nach PA-Typ und Formteil, bei glasfaserverstärkten Typen weniger. Wasseraufnahme gleicht die Schwindung teilweise aus (nicht zur Einstellung von geforderten Maßen anwenden!).

Tempern von Spritzgußteilen nach der Herstellung zum Abbau von Eigenspannungen bei 130 °C bis 160 °C, dabei aber Maßänderungen durch Nachkristallisation (Nachschwindung).

Konditionieren: Einstellen eines bestimmten Wassergehalts durch Wasserlagerung oder in Konditionierzellen; Ausgleich durch Lagerung bei vereinbarten Bedingungen (vgl. auch Kap. 26.3).

Extrudieren: Extrudieren von höher molekularen PA-Typen bei Extrusionstemperaturen von 230 °C bis 290 °C. Erhöhung der Festigkeit durch Verstrecken möglich (Fasern, Bänder).

Extrusionsblasformen von Hohlkörpern unter ähnlichen Bedingungen.

Warmumformen: Warmumformen wenig gebräuchlich. Umformtemperaturen rd. 200 °C, Werkzeugtemperaturen bis 110 °C; Halbzeug vortrocknen.

Kleben: Kleben von PA mit niedriger Kristallinität besser möglich. Als Lösemittelklebstoffe Resorcinlösungen und konzentrierte Ameisensäure; außerdem Isocyanat- und Haftklebstoffe.

Schweißen: Schweißen nach allen Verfahren, am besten im trockenen Zustand durch Reibungs-, Heizelement-, Warmgas-, Ultraschallschweißen, seltener Heizelementschweißen. HF- und Wärmeimpulsschweißen hauptsächlich für dünne Folien.

Verschrauben: Verschrauben mit gewindeformenden Schrauben.

Spanen: Spanen gut möglich mit üblichen Werkzeugen für die Kunststoffbearbeitung. Für Bearbeitung auf Drehautomaten Stangenmaterial in Automatenqualität im Handel.

Besondere Verfahren: Bedrucken und *Lackieren* von Formteilen. *Metallisieren* im Hochvakuum nach vorherigem Grundieren. Einfaches *Färben* in wäßrigen oder alkoholischen Farblösungen möglich. *Wirbelsintern, Flammspritzen* oder *elektrostatisches Beschichten* zur Herstellung von korrosionsfesten Metallüberzügen, vor allem aus PA 11.

Rapid Prototyping zur Herstellung von 3D-CAD-Funktionsmustern über einen Laser-Sinter-Prozeß in Designqualität mit PA 12-Pulvern. Das *Prototypformteil* wird schichtweise (0,1 mm bis 0,2 mm) aus PA 12-Pulver aufgebaut; das Pulver wird durch einen Laserstrahl aufgeschmolzen. Das spezielle PA 12-Pulver hat einen niedrigen Kristallitschmelzpunkt und geringe Wasseraufnahme. Die Prototyp-Qualität ist oft so gut, dass die Teile sogar als funktionsgerechte und gebrauchsfertige Teile verwendet werden können.

■ Anwendungsbeispiele

Maschinenbau, Feinwerktechnik/Mechatronic: Zahnräder, Riemenscheiben, Kupplungselemente, Steuer- und Nockenscheiben, Laufrollen, Wälzlagerkäfige, Gleitlager, Schrauben, Transportketten, Dichtungen, Beschichtungen.

Fahrzeugbau: Lüfterräder, Ölfilter, Antriebsritzel; Ansaugrohre, Ladeluftrohre; Ölwannen, Düsen für Scheibenwaschanlagen, Airbaggehäuse, Hydraulikzylinder, Druckleitungen, Lagerbuchsen, Gleitelemente; Autoelektrikgehäuse, Gehäuse für Sensoren, Kabelschächte, Kabelbinder; Fahrzeugaußenteile wie z. B. Spiegelgehäuse, Radzierblenden, Kühlergrill, Schloßteile; Schiffsschrauben; Rohrleitungen; Motorradhelme. Teilaromatische Polyamide einsetzbar im Kühlwasserkreislauf wegen guter Hydrolysebeständigkeit.

Elektrotechnik: Spulenkörper, Steckverbinder, Taster, Verteilerkästen, Motorengehäuse, Lagerschilde, Kabelbinder, Gehäuse für Leitungsschutz- und Fehlerstromschutzschalter; Gehäuse für Elektrowerkzeuge, Staubsauger, Handleuchten; abriebfeste Kabelüberzüge.

Sanitärtechnik: Pumpengehäuse, Wasserhähne, Mischbatterien.

10.6 Polyamide PA

Bau- und Möbelindustrie: Türbeschläge, Möbelscharniere, Türbänder; Sitzschalen und Rückenlehnen, auch für Außeneinsatz; Absperrketten; beschichtete Gartenmöbel; Mauerdübel, Beschichtungen; Wärmedämmstege für Aluminiumfenster; atemaktive aber staubdichte Sperrfolien für Dächer.

Sonstiges: Bausteine für Lehrspielzeug; chirurgische Instrumente und Nahtmaterialien; Angelschnüre; Verpackungsfolien auch als Mehrschichtfolien PA/PE-Folien mit entsprechenden Haftvermittlern (PA als Barriereschicht), Wursthüllen; Fasern, Seile, Borsten, Bänder; Rohrposthülsen; Skibindungsteile; Trennfolie für SMC-Matten.

Polyamid-Sondertypen

Gußpolyamid

Durch *Reaktionsformgießen* werden Halbzeuge, dickwandige Formteile und Hohlkörper hergestellt. *(Rotationsformen).* Ein Reaktionsgemisch aus ε-Caprolactam und Katalysator wird in beheizte Form eingebracht und innerhalb weniger Minuten bei Temperaturen unterhalb des Kristallitschmelzpunktes auspolymerisiert zu PA6-G; bei anderen Ausgangsmaterialien erhält man PA12-G. *Beachte:* Neigung zur Lunkerbildung. Weiterbearbeitung nur durch Spanen.

Große Heizöltanks aus PA6-G werden z. B. durch Rotationsformen hergestellt.

Copolyamide

Wasserlösliche Copolyamide sind zur Herstellung von Folien und zur Drahtlackierung geeignet. Es gibt eine Vielzahl von Copolyamiden mit speziellen Eigenschaften für unterschiedliche Anwendungen, auch als thermoplastische Elastomere TPE (vgl. Kap. 14.3.1).

Schlagzäh modifizierte Polyamide

Kombinationen (Blends) von PA 6 und PA 66 oder als Copolyamide haben hohe Temperaturbeständigkeit, gutes Verhalten bei Witterungseinfluß, gute Schlagzähigkeit im trockenen Zustand und extreme Tieftemperaturzähigkeit.

Hochwärmebeständige Polyamide

Bei günstigem Preis-Leistungs-Verhältnis schließen diese Polyamide die Lücke zwischen den technischen Kunststoffen und den hochpreisigen Spezialthermoplasten. Sie werden, auch glasfaserverstärkt, für höhere Temperaturanwendungen, z. B. im Motorraum von Kraftfahrzeugen und für die Elektrotechnik eingesetzt. Durch den hohen Kristallitschmelzpunkt

10 Thermoplaste

$T_m = 300\,°C$ sind höhere Gebrauchstemperaturen, kurzzeitig bis knapp unter $300\,°C$ möglich. Die Glasübergangstemperatur ist gegenüber PA 66 auf $T_g \approx 130\,°C$ angehoben, so daß sich die mechanischen Eigenschaften in diesem Bereich wenig ändern; auch das Kriechverhalten ist verbessert. Die geringere Feuchteaufnahme ergibt mit der höheren Gebrauchstemperatur eine sehr hohe Dimensionsstabilität. Eine besondere Gruppe stellen die teilaromatischen Polyamide (z. B. Polyphtalamide PPA, siehe Kap. 11.5). Anwendung für elektrische und elektronische Bauteile wie Transformatorenteile (z. B. Polyphtalamide PPA, siehe Kap. 11.5). Anwendung für elektrische und elektronische Bauteile wie Transformatorenteile, Spulenkörper, Stecker- und Sensorgehäuse- und Sensorgehäuse, SMT-Teile.

Polyarylamid (Ixef von Solvay)
Diese Kunststoffgruppe hat verbesserte Wärmebeständigkeit und erhöhte mechanische Eigenschaften, vor allem höhere Dauerschwingfestigkeit, auch gegenüber GF-verstärkten Polyamiden.

Polyamidimid PAI (*Torlon* von DSM, siehe auch 11.3)
Dieser Kunststoff weist sehr hohe Festigkeiten auf von $-190\,°C$ bis $+260\,°C$ bei ebenfalls sehr guter chemischer Widerstandsfähigkeit, hat hohe Maßbeständigkeit, zeigt geringen Einfluß von energiereicher Strahlung und ist flammwidrig und oxidationsbeständig. Die Verarbeitung erfordert hohe Einspritzdrucke und -geschwindigkeiten bei sehr hohen Werkzeugtemperaturen von $200\,°C$ bis $260\,°C$; außerdem müssen die Formteile in der Wärme nachbehandelt werden.

PA-Legierungen (Blends)
PA-Legierungen ermöglichen Kunststoffe mit gezielten Eigenschaften. Die Legierung aus PA 6 und ABS (Triax von Bayer) bietet Eigenschaften, die diejenigen ihrer beiden Ausgangs-Kunststoffe übertreffen, so z. B. in der Schlagzähigkeit. Polyamide mit Olefin- oder Butadienelastomeren werden eingesetzt für *zähe* Formteile, wie z. B. *Radkappen*.

10.7 Polyoxymethylen (Polyacetale) POM

Polyacetale zählen zu den technischen Kunststoffen. Durch ihr günstiges Eigenschaftsbild – gute Maßhaltigkeit, hohe Härte, Steifigkeit und Festigkeit bei guter Zähigkeit und Chemikalienbeständigkeit, sowie günstigem Gleit- und Abriebverhalten – können sie in vielen Fällen an die Stelle metallischer Werkstoffe treten. Neuere Entwicklungen führen zu besonders schlagzähen Polyacetalen (POM-Hl).

10.7 Polyoxymethylen (Polyacetale) POM

Aufbau:

$$\left[\begin{array}{c} H \\ | \\ -C-O- \\ | \\ H \end{array} \right]_n \qquad \left\{ \left[\begin{array}{c} H \\ | \\ -C-O- \\ | \\ H \end{array} \right]_{n_1} Y \right\}_{n_2}$$

Homopolymerisat　　　　Copolymerisat (Y = Comonomer)

Handelsnamen (Beispiele):

Homopolymerisat: Delrin (DuPont).

Copolymerisate: Delrin (DuPont); Hostaform (Ticona); Sniatal (Rhodia); Ultraform (BASF).

Normung: DIN 16781; ISO 9988; VDI/VDE 2477

In DIN 16781 sind die Bezeichnungen von POM-Formmassen nach ihrem *chemischen Aufbau,* der *hauptsächlichen Anwendung,* den *wesentlichen Additiven* und den kennzeichnenden Eigenschaften *Schmelzevolumenfließrate* MVR 190/2,16, *Streckspannung* σ_S (σ_Y) bzw. *Zugfestigkeit* σ_M und *Elastizitätsmodul* E aus dem Zugversuch festgelegt.

Eigenschaften

Dichte: 1,41 g/cm^3 bis 1,43 g/cm^3

Gefüge: Hochkristalline Thermoplaste; bei linearen, unverzweigten Ketten bis 75 % Kristallinität. Praktisch keine Wasseraufnahme.

Legierungen (Polyblends) aus (POM+PUR) sind *als hochschlagzähe Werkstoffe* (POM-Hl) auf dem Markt.

Füll- und Verstärkungsstoffe: Glasfasern; Kohlenstoff- und Mineralfasern; Stahlfasern (elektrisch leitfähig); Mineralpulver, PTFE, MoS$_2$, Ruß.

Eigenfarbe: Wegen hoher Kristallinität nur opak weiß, aber in allen Farben gedeckt einfärbbar. Guter Oberflächenglanz.

Mechanische Eigenschaften: Hohe Festigkeit und Steifigkeit bei guter Zähigkeit, auch bei tiefen Temperaturen. Acetalhomopolymerisate besitzen wegen etwas höherer Kristallinität höhere Dichte, Härte und E-Modul und besseren Abriebwiderstand als Acetalcopolymerisate, dafür aber etwas geringere Verformungsfähigkeit und Schlagzähigkeit. Höher schlagzäh sind Legierungen (POM+PUR), sog. POM-Hl. Günstiges Zeitstand- und Dauerschwingverhalten. Gutes Federungsvermögen infolge günstiger elastischer Eigenschaften, deshalb ausgezeichnet für *Schnappverbindungen* geeignet. Gute Verschleißfestigkeit und niedriger Gleitreibungskoeffizient, verbessert durch Zusätze von MoS$_2$ und PTFE. Durch Zugabe von Glasfasern Erhöhung von Festigkeit, E-Modul und Formbeständigkeit in der Wärme.

10 Thermoplaste

Elektrische Eigenschaften: Gute elektrische Isoliereigenschaften und hohe Durchschlagfestigkeit, praktisch unabhängig von der Luftfeuchte. Günstiges dielektrisches Verhalten.

Thermische Eigenschaften: Einsetzbar von −40 °C bis 90 °C (100 °C), kurzzeitig bis 150 °C.

Kristallitschmelzpunkt: 165 °C bis 168 °C (Copolymerisate); 175 °C (Homopolymerisate).

Brennen mit bläulicher Flamme und riechen stechend nach Formaldehyd.

Beständig gegen (Auswahl): Sehr viele organische Medien, wie z. B. Alkohole, Aldehyde, Ester, Ether, Glykole; Benzin, Mineralöle; schwache Laugen, z. B. Waschlaugen; schwache Säuren. Gute Hydrolysebeständigkeit.

Nicht beständig gegen (Auswahl): Oxidierend wirkende Chemikalien und starke Säuren (pH >4). Bei Homopolymerisaten langzeitiger Einsatz in Wasser ab 65 °C ungünstig. Schädigung durch UV-Strahlung, daher Stabilisatoren z. B. Ruß zweckmäßig; UV-beständige Typen für Außenanwendungen vorhanden.

Physiologisches Verhalten: Physiologisch unbedenklich.

Spannungsrißbildung: An Luft praktisch nicht auftretend, in einigen Medien bei höheren inneren Spannungen möglich.

■ Verarbeitung

Spritzgießen: Spritzgießen sehr gut auf Schneckenspritzgießmaschinen möglich bei Massetemperaturen 180 °C bis 220 °C; bei Homopolymerisaten 210 °C bis 220 °C. Spritzdrucke 800 bar bis 1700 bar; Werkzeugtemperaturen 50 °C bis 120 °C, z. T. bis 140 °C. Schwindung 1 % bis 3,5 %, abhängig von den Verarbeitungsbedingungen; glasfaserverstärkte Typen geringer. Kleiner Verzug, da geringe Schwindungsdifferenz in und senkrecht zur Fließrichtung. Gefahr von Lunker- und Porenbildung.

Vorsicht: Bei Überhitzung und/oder langer Verweilzeit im Spritzzylinder Gefahr von Gasbildung (Gasblasen von Formaldehyd). Massetemperaturen über 230 °C und lange Verweilzeiten im Spritzzylinder vermeiden. Lunkerbildung beachten.

Besonderheiten: Für Formteile mit hoher Maßgenauigkeit zur Vorwegnahme der Nachschwindung nachträgliche Wärmebehandlung bei 110 °C bis 140 °C.

Extrudieren: Extrudieren und Extrusionsblasformen möglich. Extrusionstemperaturen 180 °C bis 220 °C.

Warmumformen: Nach allen Verfahren möglich, aber wenig gebräuchlich. Umformtemperaturen 160 °C bis 170 °C.

10.7 Polyoxymethylen (Polyacetale) POM

Kleben: Kleben schwierig wegen guter Chemikalienbeständigkeit, Werkstofffestigkeit nicht erreichbar. Meist Haft-, Reaktions- oder Polyisocyanatklebstoffe. Zu verklebende Flächen sind mechanisch oder chemisch vorzubehandeln.

Schweißen: Schweißen sehr gut möglich durch Warmgas-, Heizelement-, Ultraschall-, Reibungs- und Vibrationsschweißen.

Nieten: Nieten von angespritzten Zapfen durch Warm- oder Kaltstauchen oder durch Ultraschall.

Verschrauben: Verschrauben mit gewindeformenden Schrauben möglich.

Schnappverbindungen: Schnappverbindungen als hochbelastbare Verbindungen weit verbreitet wegen hohem elastischem Rückstellverhalten und guter Zähigkeit.

Spanen: Spanen sehr gut möglich mit üblichen Werkzeugen für die Kunststoffbearbeitung; Kühlung nicht erforderlich. Für Automatenbearbeitung Stangenmaterial in Automatenqualität im Handel.

Besondere Verfahren: Veredeln der Oberflächen durch *Bedrucken, Lackieren, Beflocken, Metallisieren im Hochvakuum, Galvanisieren* und *Heißprägen;* einzelne Verfahren erfordern besondere Oberflächenvorbehandlungen. Dauerhafte, farbige *Laserbeschriftung* bei Typen mit geeigneten Pigmenten.

Anwendungsbeispiele

POM ist besonders gut geeignet für kleine dünnwandige (0,15 mm!) Präzisionsteile mit engen Toleranzen, bei gutem Gleit- und Verschleißverhalten.

Feinwerktechnik/Mechatronic: Zahnräder, Zählwerksteile, Büromaschinenteile, Steuerscheiben und -nocken, Funktionsteile für Video- und Fotoapparate, Schnapp- und Federelemente, Tasten- und Schieberführungen. Kleinstgetriebe, Kupplungsteile. Bauelemente in „Outsert-Technik".

Maschinenbau, Fahrzeugindustrie: Zahnräder, Steuerscheiben; Laufräder, Lager, Gleitelemente; Federelemente, auch als integrale Bestandteile; Pumpenteile, Lüfterräder, Ventilkörper; Gehäuse, Schrauben; Schnappelemente wie Clipse; Spulenkörper, Wälzlagerkäfige; pneumatische Bauelemente; Befestigungselemente; Kupplungsteile. Bauteile für Kraftstoffsysteme und im Motorraum.

Haushaltgeräte: Getriebeteile, Lager, Rollen. Pumpenelemente z. B. für Geschirrspül- und Waschmaschinen.

Bau- und Möbelindustrie: Scharniere, Beschläge, Tür- und Fenstergriffe; Installationsteile wie Fittinge und Ventilelemente.

10 Thermoplaste

Sonstiges: Gasampullen, Feuerzeugtanks, Aerolsoldosen für hohen Innendruck; Reißverschlüsse, Skibindungsteile; leitfähige Formteile bei entsprechender Füllung.

■ **POM-Sondertypen**

Elastomermodifizierte Legierungen (POM + PUR) als besonders schlagzähe POM-Typen (POM-Hl).

Besonders *leichtfließende* Typen für kleinste Wanddicken (0,15 mm) und verzugsarme Formteile.

Spezialtypen mit erhöhter chemischer und Temperaturbeständigkeit für Bauteile in Kraftstoffsystemen und im Motorraum von Kfz.

Speziell gleitmodifizierte POM-Typen zur Vermeidung von Lauf- und Quietschgeräuschen bei Zahnrädern und Lagern.

Für *Außenanwendungen* speziell gegen UV-Strahlung modifizierte, schwarze und farbige POM-Typen.

10.8 Lineare Polyester (Polyalkylenterephthalate) PET, PBT

Lineare, gesättigte Polyester sind Thermoplaste und können nach den dafür üblichen Verfahren verarbeitet werden. Sie zählen zu den Konstruktionskunststoffen und werden vor allem dort eingesetzt, wo gute Maßhaltigkeit und hohe Zeitstandfestigkeit gefordert sind; besonders günstig sind das gute Gleit- und Verschleißverhalten und die günstigen thermischen Eigenschaften.

In Anwendung sind vor allem *Polyethylenterephthalat PET und Polybutylenterephthalat PBT* mit besonders guten thermischen Eigenschaften.

PET ist für Verpackungsflaschen der am meisten eingesetzte Kunststoff.

Aufbau:

$$-\left[\overset{O}{\underset{\|}{C}}-\bigcirc-\overset{O}{\underset{\|}{C}}-O-(CH_2)_2-O\right]_n-\quad PET$$

$$-\left[\overset{O}{\underset{\|}{C}}-\bigcirc-\overset{O}{\underset{\|}{C}}-O-(CH_2)_4-O\right]_n-\quad PBT$$

Handelsnamen (Beispiele):

PET: Arnite A (DSM); Rynite (DuPont), Grilpet (Ems); Impet (Ticona); Melinar, Melinex (ICI); Petlon (Bayer).

10.8 Lineare Polyester (Polyalkylenterephthalate) PET, PBT

PBT: Arnite T (DSM); Arylef (Solvay); Bergadur (Bergmann); Crastin (DuPont); Grilpet (Ems); Celanex, Vandar (Ticona); Pibiter (Enichem); Pocan (Bayer); Raditer B (Radici); Tenite (Eastman); Ultradur (BASF); Valox (GEP); Vestodur (Degussa).

Folien: Cronar, Mylar (DuPont); Hostaphan (Hoechst); Melinex (ICI); Vivifilm (Enichem).

Normung: DIN 16779, ISO 7792

In DIN 16779 sind die Bezeichnungen von PET- und PBT-Formmassen (Polyalkylenterephthalat-Formmassen) nach ihrem *chemischen Aufbau,* der *hauptsächlichen Anwendung,* den *wesentlichen Additiven* und den kennzeichnenden Eigenschaften *Viskositätszahl* J und *Elastizitätsmodul* E aus Zugversuch festgelegt.

Eigenschaften
Dichte: PET kristallin 1,38 g/cm^3, *PET* amorph 1,33 g/cm^3; *PBT* 1,30 g/cm^3.

Gefüge: PET kann wegen geringer Kristallisationsgeschwindigkeit je nach Verarbeitungsbedingungen und Werkstofftyp im amorph-transparenten oder teilkristallinen Zustand mit 30 % bis 40 % Kristallinität vorliegen. Bei Werkzeugtemperaturen bis max. 40 °C tritt amorphe Struktur, bei höheren Werkzeugtemperaturen bis 140 °C teilkristallines Gefüge auf. Der Kristallisationsgrad kann durch *Nukleierungsmittel* erhöht werden.

PBT ist ein teilkristalliner, thermoplastischer Kunststoff. PET und PBT haben sehr geringe Feuchteaufnahme.

Neuerdings gibt es auch sehr *schlagzähe Polyblends* aus PBT und Butadienkautschuk. Durch geänderten, aber ähnlichen Aufbau werden *thermoplastische Polyesterelastomere* hergestellt, die ohne Vulkanisation weitgehend gummiähnliche Eigenschaften aufweisen, z. B. *Arnitel* (DSM) und *Hytrel* (Du Pont), siehe auch Kap. 14.3.3.

Füll- und Verstärkungsstoffe für PET und PBT: Glasfasern, Glaskugeln, Mineralmehle, Talkum, Kohlenstoff- und Aramidfasern; Glasmatten für die Herstellung von glasmattenverstärkten Thermoplasten (GMT).

Farbe: PET im amorphen Zustand transparent, im teilkristallinen Zustand opak weiß; PBT wegen hoher Kristallinität immer opak weiß. Guter Oberflächenglanz, in allen Farben gedeckt einfärbbar. Folien aus PET und PBT transparent.

Mechanische Eigenschaften: PET *teilkristallin* hat hohe Härte, Steifigkeit und Festigkeit bei guter Zähigkeit auch bis –30 °C. Günstiges Zeitstandverhalten (besser als POM). Sehr geringer Abrieb bei günstigen Gleiteigenschaften. *PET amorph* verhält sich ähnlich wie PET teilkristallin bei geringerer Härte und Steifigkeit. PBT hat nicht ganz so günstige Eigenschaften wie PET, jedoch wesentlich leichtere Verarbeitbarkeit. Sehr gute Zähigkeit auch bei tiefen Temperaturen. PET und PBT werden zur Verbesserung der Eigenschaften mit Glasfasern verstärkt. Gleiteigenschaften werden dadurch nur wenig beeinflußt.

Elektrische Eigenschaften: Günstige elektrische Isoliereigenschaften, hohe Durchschlagfestigkeit, kaum beeinflußt durch die Luftfeuchte. Günstiges dielektrisches Verhalten.

Thermische Eigenschaften: PET teilkristallin sehr gut wärmebeständig, einsetzbar von –30 °C bis 110 °C, kurzzeitig auch darüber; im amorphen Zustand Formbeständigkeit in der Wärme geringer. Bei hohen Temperaturen kann bei amorphem PET Trübung durch einsetzende Kristallisation auftreten.

PBT gut wärmeformbeständig, einsetzbar von –50 °C bis 120 °C; bei glasfaserverstärkten Typen z. T. bis 200 °C. Neigt nicht zum Vergilben. Sehr niedrige thermische Längenausdehnung.

Kristallitschmelztemperatur T_m: PET kristallin 255 °C bis 258 °C; PBT 220 °C bis 225 °C.

PET und PBT brennen mit stark rußender Flamme und tropfen ab.

Beständig gegen (Auswahl): Aliphatische und aromatische Kohlenwasserstoffe (PBT z. T. nicht.); Öle, Fette, Treibstoffe. Höhere aliphatische Ester, wäßrige Lösungen von Salzen, Basen und Säuren.

Nicht beständig gegen (Auswahl): Heißes Wasser und heißen Dampf; Aceton; Halogenkohlenwasserstoffe, wie Chloroform, Dichlormethan; konzentrierte Säuren und Laugen.

Physiologisches Verhalten: Meist physiologisch unbedenklich.

Spannungsrißbildung: Spannungsrißbildung an Luft bis heute nicht beobachtet.

■ **Verarbeitung**

Vortrocknen: Granulat vor der Verarbeitung 3 h bis 4 h bei 75 °C bis 90 °C vortrocknen.

Spritzgießen: Spritzgießen sehr gut möglich, Rückstromsperre empfehlenswert. Möglichst kurze Verweilzeiten im Zylinder, Überhitzung vermeiden wegen thermischer Schädigung. Massetemperaturen PET 260 °C bis 290 °C; PBT 230 °C bis 270 °C. Spritzdrucke 1000 bar bis 1700 bar wegen Gefahr von Lunkerbildung, daher langer Nachdruck; günstigere Bedingungen bei glasfaserverstärkten Typen. Werkzeugtemperaturen 30 °C bis 140 °C; amor-

10.8 Lineare Polyester (Polyalkylenterephthalate) PET, PBT

phe Typen bei niedrigen, teilkristalline Typen bei hohen Werkzeugtemperaturen. Verarbeitungsschwindung 1 % bis 2 %, GF-Typen niedriger.

Besonderheiten: PBT ist wegen besserem Fließverhalten (ähnlich PA) meist wesentlich leichter zu verarbeiten als unverstärktes PET. Lineare Polyester benötigen große Angußquerschnitte. PBT erfordert wegen des günstigeren Kristallisationsverhaltens i. a. niedrigere Werkzeugtemperaturen von 30 °C bis 60 °C. Mit zunehmender Werkzeugtemperatur bis 140 °C wird bei Präzisionsteilen die Nachschwindung vernachlässigbar klein.

Extrudieren: PET und PBT können durch Extrudieren zu Halbzeug und Folien verarbeitet werden. Extrusionstemperaturen rd. 250 °C, dabei aber 290 °C im Zylinder nicht überschreiten. Biaxiales Vorstrecken von Folien möglich. Extrusionsblasformen (PET) für Getränkeflaschen, auch im Mehrschichtblasverfahren.

Warmumformen: Warmumformen von PET bei 95 °C bis 120 °C in Werkzeugen von 30 °C bis 40 °C für *amorphe* Formteile. Bei 140 °C bis 155 °C wird PET umgeformt in „Kristallisationswerkzeug" von 170 °C (2 s bis 4 s) und dann in „Kühlwerkzeug" von 60 °C abgekühlt; PET kristallisiert dann (z. B. für Menueschalen für Mikrowelle und konventionelle Herde).

Kleben: Klebstoffe auf der Basis Epoxidharz, Polyurethan, Cyanacrylat ergeben harte Klebfilme. Flexiblere Klebfilme mit Polychloroprenklebstoffen.

Schweißen: Schweißen durch Heizelement-, Ultraschall- und Reibungsschweißen; auch Nieten von angespritzten Zapfen durch Wärme und Ultraschall möglich.

Spanen: Spanen möglich mit üblichen Werkzeugen für die Kunststoffverarbeitung.

Besonderes Verfahren: PET und PBT lassen sich bis zum Hochglanz polieren.

Anwendungsbeispiele

Maßhaltige technische Funktionsteile mit guten Gleiteigenschaften bei geringem Verschleiß und günstigem Temperaturverhalten. PET ist einer der wichtigsten Kunststoffe für Verpackungen.

Feinwerktechnik/Mechatronic, Elektrotechnik: Gleitelemente, Kurven- und Steuerscheiben, Zahnräder; Spulenkörper, Steckerleisten, Schalter- und Tastenteile, Potentiometerteile, Verteilergehäuse; Gehäuse für Armbanduhren; Lampensockel.

Maschinenbau: Gleitlager, Führungen, Zahnräder, Kupplungen.

Haushaltgeräte: Gehäuse und Griffe für Bügeleisen, Grillgeräte, Waffeleisen, Infrarotgeräte, Toaster, Fonduegeräte, Küchenspülen aus kratzfestem PBT; Pumpenteile, Ventile, Installationsteile.

10 Thermoplaste

Fahrzeugbau: Leuchtengehäuse, Lampensockel, Spiegelteile; lackierbare Stoßfängersysteme (vor allem aus elastomermodifiziertem PBT).

Sonstiges: Scharniere, Rollen, Beschläge, Laufschienen, Hebel, Griffe; Sportartikel; Folien für pasteurisierbare und heißabfüllbare Verpackungen, Menueschalen. Glasklare Mehrweg-Getränkeflaschen aus PET. bzw. PET/PEN-Kombinationen (siehe Sonderkunststoffe).

PET-Folien: Video- und Audiobänder, Magnetkarten, Floppy-Disk; Heißprägefolien; Reflexionsfolien; bedampfte Kondensatorfolien, Trennfolien, (Mehrschicht-)Verpackungsfolien.

■ **Polyesterelastomere** (siehe auch 14.2.3)
Polyester-Elastomere: Für Anwendungen, wo hohe Widerstandsfähigkeit gegen Abrieb, Weiterreißen, mechanische Belastungen oder hohe Dauerschwingfestigkeit verlangt wird, z. B. Schläuche und Rohre, Laufräder und Laufrollen, Keilriemen, flexible Verbindungen; Kettenteile für Fahrzeuge.

■ **Sonderkunststoff PEN**
Polyethylennaphthalat PEN (z. B. *Cleartuf* von Goodyear) ist ein neuer Kunststoff mit vor allem höherer *Dichtigkeit* und höherer *Wärmebeständigkeit.* PEN wird sowohl als Homopolymer eingesetzt, als auch für Copolymere (P)ET/(P)EN und Polymerblends (PET + PEN) in verschiedenen Kombinationsverhältnissen. Wird PET bis 20 % PEN zugesetzt, dann sind die Copolymere *teilkristallin*, ebenso bei Zugabe von 80 % bis 100 % PEN, aber im Bereich zwischen 20 % und 80 % PEN ergeben sich *amorphe* Copolymere.

PEN hat gegenüber PET eine höhere Kristallitschmelztemperatur T_m von ca. 270 °C (PET 255 °C) und Glasübergangstemperatur T_g von 120 °C (PET ca. 78 °C) und eignet sich daher vor allem für heiß abfüllbare Lebensmittel, auch unter sterilen Bedingungen; die höhere Gasdichtigkeit ist von Vorteil bei der Abfüllung von kohlesäurehaltigen Getränken. Da auch die Festigkeit ca. 35 % und Biege-Elastizitätsmodul ca. 50 % höher sind als bei PET, eignen sich Behälter aus PEN und Copolymeren auch als Verpackungen, die längere Zeit unter höherem Druck stehen. PEN-Behälter können ohne Schrumpfung bei 85 °C gewaschen werden (PET nur ca. 60 °C); sie eignen sich somit besonders für wiederbefüllbare Behälter. PEN-Verpackungen stehen damit in Konkurrenz zu Glas- und Polycarbonatflaschen. Ein weiterer Kostenvorteil gegenüber PET ist die kürzere Zykluszeit bei der Herstellung von dickwandigeren spritzgegossenen Vorformlingen.

10.9 Polycarbonat PC

Polycarbonat vereinigt viele gute Eigenschaften von Metallen, Glas und Kunststoffen, wie Steifigkeit, Schlagzähigkeit, Transparenz, Dimensionsstabilität, gute Isoliereigenschaften und gute Wärmebeständigkeit. Verbunden mit den vielfältigen Verarbeitungsmöglichkeiten wird es als hochwertiger technischer Kunststoff eingesetzt, auch mit Glasfaserverstärkung. Zur Veränderung der Eigenschaften werden *Blends* mit anderen Kunststoffen hergestellt und *Copolymerisate* (siehe bei Polycarbonat-Spezialsorten).

Aufbau:

$$\left[\begin{array}{c} \end{array} \right]_n$$

Handelsnamen (Beispiele): Makrolon (Bayer); Calibre (Dow); Lexan (GEP); Xantar (DSM).

Folien: Europlex-Folien PC (Röhm); Lexan-Film (GEP); Makrofol (Bayer).

Normung: DIN EN ISO 7391; VDI/VDE 2475

In DIN EN ISO 7391 werden die Polycarbonat (PC)-Formmassen unterschieden durch (verschlüsselte) Wertebereiche der kennzeichnenden Eigenschaften *Viskositätszahl, Schmelze-Massenfließrate* MFR 300/1,2, *Charpy-Schlagzähigkeit ungekerbt* und Informationen über die *vorgesehene Anwendung* und/oder *Verarbeitungsverfahren, wichtige Eigenschaften, Additive, Farbstoffe, Füll- und Verstärkungsstoffe*. (MFR wird bei Überarbeitung der Normen durch MVR ersetzt).

Beispiel für die Angabe einer PC-Formmasse:

Thermoplast ISO 1872 – PC, MLR, 61 – 09 -93, es bedeuten M Spritzgießen, L Licht- und/oder Witterungsstabilisator, R Formtrennmittel, 61 Viskositätszahl 59 g/ml, 09 Schmelze-Massenfließrate MFR 300/1,2 von 9,5 g/10 min und 93 (noch) Izodkerbschlagzähigkeit von 90 kJ/m^2.

PC-Formmassen werden unterschieden nach *Homopolycarbonaten, Copolycarbonaten* oder *Mischungen (Blends)* mit anderen Kunststoffen.

Eigenschaften
Dichte: 1,20 g/cm^3 bis 1,24 g/cm^3

10 Thermoplaste

Gefüge: Weitgehend amorphe, unverzweigte Thermoplaste mit geringer Kristallisationsneigung. Sehr geringe Wasseraufnahme, bei Lagerung in Wasser unter 0,5 Gew.%.

Es sind auch *(Poly)Blends* PC+ABS, PC+ASA, PC+PET und PC + PBT im Handel.

Farbe: Glasklar, in allen Farben transparent und gedeckt einfärbbar. Hoher Oberflächenglanz.

Füll- und Verstärkungsstoffe: Glasfasern, Glaskugeln, Mineralien, z. T. Kohlenstoff-Fasern; neuerdings wird PC als Blend mit LCP „verstärkt" PC+LCP.

Optische Eigenschaften: Hohe Brechungszahl (1,584); Lichtdurchlässigkeit im sichtbaren Bereich bis 89 %. Spezielle „lichtsammelnde" Polycarbonate.

Mechanische Eigenschaften: Hohe Festigkeit und Härte bei guter Zähigkeit; sehr gute Formsteifigkeit bei geringer Temperaturabhängigkeit bis 130 °C. Hohe Schlagzähigkeit, Homopolymere aber sehr kerbempfindlich. Günstiges Zeitstandverhalten auch bei höheren Temperaturen. Meist zufriedenstellendes Abriebverhalten bei niedrigen Belastungen. Günstige Arbeitsaufnahme bei stoßartigen Beanspruchungen.

Durch Zusatz von Glas- und vor allem Kohlenstoff-Fasern Erhöhung von Festigkeit, Zeitstandfestigkeit und Steifigkeit (E-Modul), aber Abnahme der Zähigkeit. Erhöhung der Kratzfestigkeit durch Oberflächenbeschichtung. Blends aus PC und LCP ergeben Kunststoffe mit hoher Festigkeit und Steifigkeit bei sehr geringen Wanddicken (<0,8 mm).

Elektrische Eigenschaften: Gute elektrische Isoliereigenschaften, von Feuchtegehalt und Umgebungstemperatur fast unabhängig. Bei Verwendung im Hochfrequenzfeld beachten, daß Verlustfaktor bei Frequenzen über 10^3 Hz um eine Zehnerpotenz ansteigt. Elektrostatische Aufladung kann durch Antistatika für eine gewisse Gebrauchszeit beseitigt werden. Kohlenstofffaserverstärkte Typen sind antistatisch.

Thermische Eigenschaften: Hohe Formbeständigkeit in der Wärme bis 130 °C, bei glasfaserverstärkten Typen bis 145 °C. Versprödung erst unter –150 °C. Niedriger thermischer Längenausdehnungskoeffizient, insbesondere bei Glasfaserverstärkung.

Brennt leuchtend, rußend; blasig; selbstverlöschend, weiter verbessert durch Flammschutzmittel.

Beständig gegen (Auswahl): Verdünnte Mineralsäuren, gesättigte aliphatische Kohlenwasserstoffe, Benzin, Fette, Öle, Wasser (unterhalb 60 °C), Alkohole (Ausnahme Methylalkohol). Spezielle lipidresistente und Gammastrahlen-sterilisierbare Polycarbonattypen sind auf dem Markt.

10.9 Polycarbonat PC

Nicht beständig gegen (Auswahl): Laugen, Aceton, Ammoniak, aromatische Kohlenwasserstoffe, Benzol, Amine, Ozon. Meist ausreichend witterungsbeständig; bei intensiver UV-Bestrahlung UV-stabilisierte Typen verwenden oder Rußeinfärbungen oder nachträgliche Oberflächenbehandlung. Chemischer Abbau durch Wasser mit Temperatur >60 °C oder Wasserdampf.

Lösemittel: Dichlormethan.

Physiologisches Verhalten: Geruchs- und geschmacksfrei, keine Reizwirkung. Spezielle Typen für Gebrauch mit Lebensmittel zugelassen.

Spannungsrißbildung: Bei Kontakt mit bestimmten Chemikalien, z. B. Tetrachlorkohlenstoff, treten häufig Spannungsrisse auf, insbesondere bei Spritzgußteilen, vgl. auch TnP-Test (s. Kap. 31.2.2). Durch Tempern Abbau von Eigenspannungen und dadurch verbesserte Beständigkeit gegen Spannungsrißbildung.

Verarbeitung

Vorbehandlung: Trocknen von feuchtem Granulat je nach Typ mind. 4 h bei 120 °C bis 130 °C; Schütthöhe unterhalb 2 cm. Vorteilhaft bei Verarbeitungsmaschinen Trichter mit Deckelheizung (Vorbehandlungen können ggf. entfallen bei Verwendung von Entgasungs-Zylindern).

Spritzgießen: Spritzgießmaschinen z. T. mit Entgasungszylinder; Verschlußdüse vorteilhaft. Spritzdruck mind. 800 bar. Massetemperaturen 280 °C bis 320 °C. Werkzeugtemperaturen 85 °C bis 120 °C. Formtrennmittel kaum notwendig. Schnelle Einspritzgeschwindigkeit und hohe Werkzeugtemperatur für besondere Oberflächengüte, besonders bei GF-Typen. Verarbeitungsschwindung in allen Richtungen 0,7 % bis 0,8 %, bei GF-Typen 0,2 % bis 0,5 % (ggf. richtungsabhängig). Bei Arbeitsunterbrechung Zylindertemperaturen auf 160 °C bis 180 °C absenken.

Extrudieren: Höherviskose Typen verwenden. Trocknung muß noch besser sein als beim Spritzgießen. Temperaturführung vom Trichter bis zum Werkzeug fallend von 290 °C bis 240 °C. Massetemperaturen am Düsenaustritt 230 °C bis 260 °C. Auch Extrusionsblasformen möglich.

Warmumformen: Nur mit völlig trockenen Platten und Folien, sonst Blasenbildung; vortrocknen bei rd. 150 °C. Verformungstemperaturen 180 °C bis 220 °C; zweckmäßig Metallwerkzeuge mit Temperaturen 30 °C bis 150°C.

Spanen gut möglich, nur geringe Schmierneigung. Kühlung mit Luft oder Wasser, keine Ölemulsionen. Polieren auf Hochglanz mit alkalifreien Polierpasten.

Kleben: Vor dem Kleben reinigen mit Petrolether oder Testbenzin. Verklebung mit Reaktionsklebstoffen (EP, PUR), Klebelacken oder Lösemittelklebstoffen (z. B. Ethylenchlorid oder Dichlormethan); *Vorsicht* wegen Spannungsrißbildung. Anschließend tempern z. B. 6 h bei 90 °C.

Schweißen: Zweckmäßig Teile vorher trocknen. Nach Warmgasschweißen tempern. Heizelement-, Reibungs- und Ultraschallschweißen günstig.

Tempern: Tempern von Spritzgußteilen und Halbzeug zum Abbau von Spannungen 30 min bei 120 °C in Öl oder Luft.

Oberflächenbehandlung: Lackieren (z. B. für höhere Kratzfestigkeit) mit speziellen Lacken, die PC nicht angreifen und keine Spannungsrisse auslösen, z. B. durch *Hardcoating* mit Acrylat- und Siloxanlacken, sowie Lacken auf Polyurethanbasis. Beschichtungen für glasähnliche Oberflächen bei Automobilscheiben.

Bedrucken und *Heißprägen* nach den üblichen Verfahren. *Metallisieren* durch Bedampfen im Hochvakuum, anschließend lackieren zweckmäßig.

■ Anwendungsbeispiele

Elektrotechnik: Spulenkörper, Kontaktleisten, Röhrenfassungen, Schutzschalter, Verteilerkästen, Akkudeckel; Abdeckungen für Leuchten, Sicherungskästen und Alarmanlagen; Computergehäuse, LED-Ummantelungen, optische Datenspeicher, Compact-Disc; CD-ROM, DVD und DVD-ROM.

Optik: Mikroskopteile, Linsen, unzerbrechliche Brillengläser (mit Oberflächenvergütung, Hardcoating); kratzfest beschichtete Kfz-Scheinwerferscheiben. Gehäuse für Ferngläser, Kameras, Diaprojektoren; Diakassetten. Lichtleitende und lichtsammelnde Bauelemente; optische Datenspeicher. Kfz-Verscheibungen.

Apparatebau, Feinwerktechnik/Mechatronic: Bauelemente für pneumatische Steuerungen, Kaltwasserpumpen, Schaugläser, Ventile, Lüfterräder, Nähmaschinenteile, Rohrposthülsen, Filtertassen. Medizinische Geräte wie Dialysatoren, Infusionseinheiten, Prüfgefäße in der Labortechnik.

Haushaltartikel: Geschirr, Babyflaschen, Feuerzeuge, Küchenmaschinenteile, Kaffeefilter, Rasierapparategehäuse; Gehäuse für Staubsauger, Haartrockner, Kaffeemaschinen. Mehrwegpfandflaschen für Getränke.

Sonstiges: Schutzabdeckungen, Visiere, Schutzhelme, Schutzbrillen, splittersichere Sicherheitsverglasungen; Angelgeräte; Kugelschreibergehäuse, Lineale, Schriftschablonen. Schlagfeste Leuchtenabdeckungen und Scheiben, Schutzschilde. Extrusionsgeblasene dünnwandige Getränkemehrwegflaschen; großvolumige Flaschen für die Trinkwasserversorgung in Gebieten mit schlechter Trinkwasserversorgung.

10.9 Polycarbonat PC

Folien: Für Skalen, bedruckte Geräteblenden, Anzeige- und Armaturentafeln (glasfasergefüllt für gute Lichtstreuung). Für Schokoladeformen.

Polycarbonat-Spezialsorten
PC-Copolymere
Sondertypen für erhöhte Flammwidrigkeit; Formteile sind z. T. nicht mehr glasklar.

Sondertypen für erhöhte Wärmeformbeständigkeit sind z. B. aromatische Polyestercocarbonate (*Apec HT* von Bayer; *Ardel* von BP-Amoco; *Lexan PPC* von GEP). Außerdem haben diese Werkstoffe höhere Kerbschlagzähigkeiten bei tiefen Temperaturen. Mit zunehmendem Esteranteil steigt die Wärmeformbeständigkeit, aber die Zähigkeit und die Fließfähigkeit nehmen ab. *Anwendungen:* Thermisch hochbelastete Bauteile der Elektrotechnik, hochwärmebeanspruchte Leuchten.

PC-Formmassen für optische Datenspeicher
Diese Formmassen haben eine weiter reduzierte Doppelbrechung verbunden mit sehr guten Fließeigenschaften für verbesserte Pit-Abformung bei erhöhter Informationsdichte.

PC-Blends
Für höhere Formbeständigkeit in der Wärme und hohe Schlagzähigkeit in der Kälte werden (PC+ABS)-Blends (Bayblend T von Bayer) eingesetzt, vor allem für Kfz-Innenteile (dünnwandige und steife, leichte Instrumententafelträger).

Für höhere Steifigkeit und bessere Chemikalien- und Kraftstoffbeständigkeit sind (PC+PBT)-Blends (Makroblend PR von Bayer und Xenoy von GEP) im Handel. Anwendung vor allem für großflächige Teile im Kfz-Außenbereich. (ASA+PC)-Blend (Bayblend A von Bayer) weist verbesserte Witterungsbeständigkeit auf.

Mit LCP verstärktes Polycarbonat hat als (PC+LCP)-Blend anwendungs- und verarbeitungstechnische Vorteile im Vergleich zu glasfaserverstärkten Kunststoffen, weil sich die wesentlichen Eigenschaften der LCP (siehe Kap. 16.1) in den Blends wiederfinden. Die Festigkeitskennwerte steigen mit abnehmender Wanddicke an; auch Schlagzähigkeiten und Kerbschlagzähigkeiten liegen sehr günstig: (PC+LCP)-Blends zeichnen sich auch durch eine hohe Wärmeformbeständigkeit aus (T_f (Af): 124 °C bis 137 °C). *Anwendungsgebiete:* Bauteile in der Daten- und Kommunikationstechnik mit geringen Wanddicken bei hohen Festigkeitsanforderungen.

10.10 Modifizierte Polyphenylenether PPE

Reines PPE hat sehr gute thermische und elektrische Eigenschaften, bei sehr guter Kriechfestigkeit und Dimensionsstabilität und Hydrolysebeständigkeit, neigt aber bei Temperaturen über 100 °C zu oxidativem Abbau. Hergestellt werden *Blends* mit PS, SB oder PA, die sich besser verarbeiten lassen und höhere Oxidationsstabilität aufweisen. Teilweise wird auch Styrol aufgepfropft. Bei der Herstellung von Blends lassen sich, wegen der beliebigen Mischbarkeit der Komponenten, gezielte Eigenschaftsprofile für unterschiedliche Anwendungsgebiete erzielen. PPE wird mit PS-HI modifiziert (PPE mod.) und entspricht einem *Polyblend* (PPE + PS-HI) im Verhältnis 1:1. Dieses Blend wird dann weiter modifiziert, z. B. mit PA.

Aufbau:

$$\left[\begin{array}{c} CH_3 \\ \\ \\ CH_3 \end{array} O \right]_n$$

Polyphenylenether, modifiziert mit PS, PA oder PS-I (SB) u. a.

Handelsnamen:

(PPE+PS): Luranyl (BASF); Noryl (GEP), Vestoran (Creanova)
([PPE+PS]+PA): Noryl GTX (GEP)

■ **Eigenschaften**

Dichte: 1,04 g/cm^3 bis 1,1 g/cm^3; gefüllt bis 1,36 g/cm^3

Gefüge: Amorphe Thermoplaste.

Verstärkungsstoffe: Glasfasern, Glasmatten (GMT), Kohlenstoff-Fasern.

Farbe: Nicht transparent, beige Eigenfarbe, opak; in allen Farben gedeckt einfärbbar. Spezielle Blends auch glasklar.

Mechanische Eigenschaften: Hart, steif, schlagzäh (auch bei niederen Temperaturen), sehr dimensionsstabil; sehr geringe Kriechneigung, auch bei höheren Temperaturen; guter Abriebwiderstand und gute Kratzfestigkeit. Weitere Verbesserung der mechanischen Eigenschaften und Steifigkeit durch Glasfaserzusatz; für besonders hohen E-Modul Zugabe von Kohlenstoff-Fasern. Grundwerkstoff kann als Blend so modifiziert werden, daß ganz bestimmte Eigenschaften vorliegen, zugeschnitten für entsprechende Anwendungszwecke.

Elektrische Eigenschaften: Sehr gute elektrische Isoliereigenschaften; gute dielektrische Eigenschaften, fast unabhängig von der Frequenz; gute Kriechstromfestigkeit.

10.10 Modifizierte Polyphenylenether PPE

Thermische Eigenschaften: Ausgezeichnete Temperaturbeständigkeit, hohe Formbeständigkeit in der Wärme; sehr geringe Wärmeausdehnung. Einsatztemperaturen je nach Type von –40 °C bis +120 °C, kurzzeitig auch höher. Sterilisierbar.

Selbstverlöschend und nichttropfend.

Beständig gegen (Auswahl): Verdünnte Mineralsäuren, Laugen, Alkohol. Hydrolysebeständig in heißem und kaltem Wasser, vor allem GF-Typen. Fette und Öle je nach Zusätzen. Gut alterungs- und witterungsbeständig. Spezielle Blends (PPE mod.+PA) für hohe Chemikalienbeständigkeit.

Nicht beständig gegen (Auswahl): Aromatische und chlorhaltige Kohlenwasserstoffe, Benzin, Öle und Fette je nach Zusätzen.

Physiologisches Verhalten: Physiologisch unbedenklich; Vorsicht bei bestimmten Pigmenten.

Spannungsrißbildung: Spannungsrißbildung bei bestimmten Kohlenwasserstoffen möglich.

Verarbeitung

Vortrocknen: Vortrocknen des Granulats i. a. nur bei hohen Anforderungen an die Oberflächenbeschaffenheit; 2 Stunden bei 80 °C bis 120 C je nach Type.

Spritzgießen: Spritzgießen wegen gutem Fließverhalten sehr günstig, am besten mit kurzen, offenen Düsen. Massetemperaturen 280 °C bis 340 °C bei modifiziertem PPE. Spritzdrucke 1000 bar bis 1400 bar. Werkzeugtemperaturen 70 °C bis 90 °C. Schwindung unverstärkt 0,5 % bis 0,7 %; glasfaserverstärkt 0,1 % bis 0,4 % (keine Nachschwindung).

Extrudieren: Extrudieren von Rohren, Stäben, Profilen, Tafeln und Folien möglich, auch Blasformen. Extrusionstemperaturen 220 °C bis 280 °C. Bei Entgasungsschnecken kann auf Vortrocknung verzichtet werden.

Warmumformen: Warmumformen möglich, allerdings bei relativ hohen Temperaturen wegen guter Wärmeformbeständigkeit.

Kleben mit Lösemittelklebstoffen (Dichlorethylen, Chloroform oder Gemisch aus Trichlorethylen und Dichlormethan). Zum Verkleben mit anderen Werkstoffen Epoxid-, Silicon- oder PUR-Klebstoffe.

Schweißen: Für günstige Festigkeitseigenschaften Reibungs-, Vibrations- und Ultraschallschweißen; auch Heizelement-Stumpfschweißen bei rd. 260 °C bis 290 °C.

Verschrauben: Verschrauben mit gewindeschneidenden Schrauben mit Schneidkerbe.

10 Thermoplaste

Spanen: Spanen nach allen Verfahren mit üblichen Werkzeugen für die Kunststoffverarbeitung; keine Kühlung notwendig.

Besondere Verfahren: Oberflächenbehandlung durch *Lackieren, Bedrucken, Heißprägen* und *Metallisieren* im Vakuum. In Sondereinstellungen auch *galvanisierbar.*

Schäumen (TSG), unverstärkt und GF-verstärkt.

■ **Anwendungsbeispiele**

Dimensionsstabile, wärmestandfeste, selbstverlöschende Teile, meist im Austausch gegen Metalle. Spezielle Blends für Außenteile und Motorinnenraum bei Kraftfahrzeugen.

Feinwerktechnik/Mechatronic: Bauteile und Gehäuse für Radio-, Fernseh-, Film- und Projektionsgeräte, Büro- und Datenverarbeitungsgeräte, Zeitschaltgeräte, Zähler, Sterilisiergeräte. Größere Gehäuse und Abdeckungen meist geschäumt.

Fahrzeugindustrie: Warmluftverteiler, Teile für Klimaanlagen, Armaturen, Leuchtengehäuse, Lampenhalterungen, Radblenden, Verkleidungen, Armaturentafeln, Spoiler. Spiegelgehäuse, Stoßfängersysteme, Seitenschutzprofile, Handschuhfachklappen, Lautsprechergehäuse, Lenksäulenverkleidungen. Motorhauben, Kotflügel. Wegen hoher Energieaufnahme Anwendung von Schaumstoffblends (PPE + PS-E) für Formteile mit hoher Energieaufnahme wie Kopfstützen.

Haushaltgeräte: Behälter, Armaturen, Ventile, Antriebsteile für Wasch- und Spülmaschinen, Sprüharme. Gehäuse für Kaffeemaschinen, Staubsauger, Lüfter, Pumpen. Pumpenlaufräder, Thermostatventile.

Elektrotechnik: Bauteile für Fernseh- und Radiogehäuse, Schalter, Schaltkasten, Spulenkörper, Steckverbinder, Kontaktträger, Zeitschaltgeräte, Kondensatorbecher, Stromverteilerkasten, Lichtschalter, Kabelkanäle, Sicherungsgehäuse.

Sonstiges: Medizinische Instrumente. Großteile für Wasseraufbereitung und Rauchgasentschwefelung. Dach- und Verkleidungsplatten. Tennisschläger aus (PPE mod.+PA)-GF.

10.11 Aliphatische Polyketone (PK)

Bei dem aliphatischen Polyketon *Carilon* handelt es sich um eine neue Kunststoffentwicklung. Diese *teilkristallinen* Thermoplaste haben eine exakt alternierende Olefin-Kohlenmonoxid-Kette und zeichnen sich aus durch (siehe auch Tabelle 10.7, Seite 150):

10.11 Aliphatische Polyketone (PK)

- günstige mechanische Eigenschaften mit geringer Relaxation
- hohe Wärmeformbeständigkeit
- gute Gleiteigenschaften bei geringem Verschleiß
- gute Dämpfungseigenschaften
- sehr gute chemische Beständigkeit
- keine Hydrolyse, beständig gegen heißes Wasser
- gute Diffusionsdichtigkeit gegen Kraftstoffe
- kurze Zyluszeiten beim Spritzgießen
- minimale Schwindungsunterschiede längs und quer bei unverstärkten Typen
- sehr geringe Nachschwindung
- keine Konditionierung erforderlich.

Aufbau:

$$\left[\begin{array}{ccc} H & H & O \\ | & | & \| \\ -C & -C & -C- \\ | & | & \\ H & R & \end{array} \right]_n$$

R kann sein: –H
  –CH_3

Verarbeitung durch Spritzgießen bei Schmelzetemperatur von 240 °C bis 280 °C und Spritzdrucken bis 1400 bar; feuchtes Granulat muß 4 Stunden bei 60 °C vorgetrocknet werden. Werkzeugtemperaturen zwischen 20 °C und 120 °C.

Anwendung für technische Formteile im Automobilbau und der Elektrotechnik/Elektronik. Spezielle Compounds auf Basis von PK für Förderbandteile und Elektrotechnik.

10 Thermoplaste

Tab. 10.7   Eigenschaften des Polyketons Carilon[1)]

		Carilon DP P1000	Carilon DP R1130 (30 % GF)
Dichte	g/cm³	1,24	1,46
Streckspannung σ_Y	MPa	60	–
Streckdehnung ε_Y	%	30	–
Bruchspannung σ_B	MPa	55	120
Bruchdehnung ε_B	%	350	3
Elastizitätsmodul E_t	MPa	1400	7300
Schlagzähigkeit a_{cU}	kJ/m²	NB	40
Wärmeformbeständigkeitstemperatur T_f Methode Af	°C	100	215
Vicat-Erweichungstemperatur VST/B50	°C	205	215
Kristallitschmelzpunkt T_m	°C	220	220
Glasübergangstemperatur der amorphen Phase T_g	°C	ca. 15	
Relative Dielektrizitätszahl ε_r 50 Hz/1 kHz/1 MHz	–	6,6/6,2/5,6	6,6/5,7/5,3
Dielektrischer Verlustfaktor tan δ 50 Hz/1 kHz/1 MHz	–	0,025/0,01/0,06	0,05/0,01/0,04
Oberflächenwiderstand R_{OG}	Ω	10^{14}	10^{14}
Durchschlagfestigkeit E_d	kV/mm	18	24
Vergleichszahl der Kriechwegbildung CTI	V	600	600
Schrumpfung	%	1,8 bis 2,2	0,3

[1)] Wird z. Zt. nicht hergestellt.

11 Spezielle Kunststoffe zum Einsatz bei höheren Temperaturen (Hochleistungskunststoffe)

Üblicherweise wird bei thermoplastischen Kunststoffen durch den Einbau von Benzolringen in die Molekülkette eine Wärmebeständigkeit bis rd. 130 °C erreicht, z. B. bei PC, PET/PBT. Die Grenztemperaturen für den Einsatz von duroplastischen Kunststoffen liegen bei rd. 150 °C. Fluorhaltige Kunststoffe können zwar bei viel höheren Temperaturen beansprucht werden, eignen sich jedoch wegen der niedrigen Festigkeit und Steifigkeit und des starken Kriechens unter Belastung nicht als Konstruktionskunststoffe. Eine weitere Erhöhung der Temperatureinsatzgrenzen von Kunststoffen wird erreicht durch enge Verknüpfung von Benzolringen über Sauerstoffatome, Sulfongruppen oder Schwefelatome.

Grundbausteine solcher Systeme:

Diphenylether-Gruppe   Diphenylsulfon-Gruppe

Diphenylsulfid-Gruppe

Beispiele dazu siehe bei Polyarylsulfonen PSU/PES (Kap. 11.1) und Polyphenylensulfid PPS (s. Kap. 11.2). Bei den *Polyimiden* (s. Kap. 11.3) wird eine weitere Steigerung der Wärmeformbeständigkeit erreicht durch eng verknüpfte Strukturen von Benzolringen und stickstoffhaltigen Ringsystemen. Derartige Strukturen bewirken eine Versteifung der Ketten, wodurch die Schmelzbereiche dieser Kunststoffe stark erhöht und dadurch die Verarbeitbarkeit erschwert wird. Nach diesem Prinzip können auch vernetzte, duroplastische Kunststoffe (Polyimide) hergestellt werden.

Eine neuere Entwicklung stellen *Cycloolefin-Copolymerisate* dar; es werden dabei *cyclische* (ringförmige) und offenkettige Olefine mit Hilfe von Metallocenen (metallorganische Katalysatoren) copolymerisiert. Man erhält (transparente) Kunststoffe mit hoher Festigkeit und hoher Gebrauchstemperatur mit breitem Anwendungsspektrum, siehe auch Kapitel 10.1 und Tabelle 10.2.

11 Spezielle Kunststoffe zum Einsatz bei höheren Temperaturen

Zusätzlich kann auch bei diesen Kunststoffen die Wärmeformbeständigkeit durch Zugabe von Glas-, Kohlenstoff- oder Aramidfasern weiter verbessert werden (siehe auch Kapitel 13). Eine extrem hohe Temperaturbeanspruchbarkeit erreichen die *Aramide,* die aber vorwiegend als Fasern oder Gewebe zu *Verstärkungszwecken,* für *Feuerschutzbekleidung* im Austausch zu Asbest und für *schußsichere Bekleidung* verwendet werden. Diese Aramidfasern *(Kevlar* von DuPont, *Twaron* von Nippon Aramid) schmelzen nicht, sondern verkohlen nur in der Flamme.

Bei *Polycarbonaten* besteht die Möglichkeit, durch teilweisen Ersatz der Kohlensäure durch Terephthalsäure die Wärmeformbeständigkeit weiter zu erhöhen (aromatische Copolyester APE), z. B. *Apec* von Bayer (siehe auch Kap. 10.9 Polycarbonat-Spezialsorten).

11.1 Polyarylsulfone PSU, PES

Aufbau: Polysulfon PSU

Polyethersulfon PES

Handelsnamen (Beispiele):

PSU: Udel (BP-Amoco); Ultrason S (BASF)

PES: Radel (BP-Amoco); Ultrason E (BASF)

■ Eigenschaften

Dichte: *PSU* 1,24 g/cm^3; *PES 1,37* g/cm^3.

Gefüge: Amorphe, polare Thermoplaste; teilweise Neigung zur Wasseraufnahme.

Verstärkungsstoffe: Glas- und Kohlenstoff-Fasern; Graphit und Fluorpolymere für verbesserte Gleiteigenschaften.

11.1 Polyarylsulfone PSU, PES

Farbe: Durchsichtig, z. T. glasklar; in verschiedenen Farben gedeckt und transparent einfärbbar.

Mechanische Eigenschaften: Hohe Festigkeit, gute Steifigkeit; geringe Kriechneigung auch bei höheren Temperaturen bis 180 °C, verstärkt bis 220 °C. Gute Zähigkeit, auch bei tiefen Temperaturen bis –100 °C; teilweise kerbempfindlich. Verbesserung der mechanischen Eigenschaften durch Faserverstärkung. Hohe Dimensionsstabilität und geringe Kriechneigung.

Elektrische Eigenschaften: Für polare Kunststoffe gute elektrische Isoliereigenschaften und geringe dielektrische Verluste, auch bei höheren Temperaturen und höherer Feuchtigkeit; dielektrische Eigenschaften wenig verändert bis 200 °C.

Thermische Eigenschaften (siehe Tabelle 11.1): Ausgezeichnete thermische Stabilität. Kleiner linearer Längenausdehnungskoeffizient.

Schwer entflammbar, teilweise selbstverlöschend, geringe Rauchentwicklung. PES ohne Brandschutzausrüstung schwer entflammbar.

Tab. 11.1 Einsatztemperaturbereiche für Polyarylsulfone

	untere Einsatztemperatur °C	Dauergebrauchstemperatur °C	kurzzeitig bis °C
PSU	–70 bis –100	150 bis 170	200
PES	–70 bis –100	200	260

Beständig gegen (Auswahl): Verdünnte Säuren, Laugen; Benzin, Öle, Fette; Alkohole; PSU gegen heißes Wasser und Dampf. Gute Beständigkeit gegen energiereiche Strahlung und Infrarotstrahlen.

Nicht beständig gegen (Auswahl): Polare organische Lösemittel, Ester, Ketone, aromatische und chlorhaltige Kohlenwasserstoffe; Benzol. PES ohne Stabilisierung nicht UV- und witterungsbeständig.

Physiologisches Verhalten: Physiologisch unbedenklich.

Spannungsrißbildung: Spannungsrißbildung in einigen Medien möglich.

Verarbeitung

Vortrocknen: 3 h bis 4 h bei 135 °C bis 150 °C, vor allem bei PES.

Spritzgießen: Spritzgießen von trockenem Granulat auf Schneckenspritzgießmaschinen. *Verarbeitungstemperaturen* siehe Tabelle 11.2. Bei PES starke Scherung vermeiden, daher niedrige Schneckendrehzahl und nicht zu hohe Einspritzgeschwindigkeit.

11 Spezielle Kunststoffe zum Einsatz bei höheren Temperaturen

Tab. 11.2   Verarbeitungsbedingungen für Polyarylsulfone

	Masse- temperatur °C	Werkzeug- temperatur °C	Spritzdruck bar	Verarbeitungs- schwindung %
PSU	310 bis 390	95 bis 115	bis 1500	0,7 bis 0,8
PES	340 bis 390	120 bis 160	bis 1500	0,6

Besonderheiten: Trennmittel vermeiden. Zum Spannungsabbau und zur Erzielung bester mechanischer und chemischer Eigenschaften nachträglich tempern bei 165 °C (5 min im Glyzerinbad, 5 h in Luft). Angußkanäle so kurz und groß wie möglich.

Extrudieren: Extrudieren von Tafeln, Folien, Rohren, Profilen und Drahtummantelungen mit höherviskosen PSU-Typen; auch Extrusionsblasformen von Hohlkörpern.

Warmumformen: Warmumformen nach allen gebräuchlichen Verfahren möglich. Temperaturen liegen wegen hoher Wärmeformbeständigkeit zwischen 200 °C und 250 °C.

Kleben: *PSU:* Mit Lösemitteln, z. B. Dichlormethan mit 5 % Polysulfonzusatz. *PES:* Mit Lösemitteln, z. B. Dichlormethan oder N-Methyl-2-Pyrollidon (NMP), ggf. mit Zusatz bis zu 15 % PES. Für beide Kunststoffe auch verkleben untereinander und Metallen möglich mit Epoxidharz- und Silicon-Klebstoffen.

Schweißen: Ultraschallschweißen günstigstes Schweißverfahren; auch Einbetten von Metallteilen durch Ultraschall.

Verschrauben: Verbinden mit gewindeformenden Schrauben.

Spanen: Spanen mit üblichen Werkzeugen für die Kunststoffbearbeitung, bei PSU ohne Schmierung und Kühlung. Polieren gut möglich.

Besondere Verfahren: Oberflächenbehandlungen durch *Bedrucken, Metallisieren* im Vakuum. *Galvanisieren* nach entsprechender Vorbehandlung durchführbar.

■ Anwendungsbeispiele

Für mechanisch, thermisch und elektrisch hochbeanspruchte Konstruktionsteile, vor allem, wenn auch Durchsichtigkeit verlangt ist.

Feinwerktechnik/Mechatronic, Elektrotechnik: Schalterteile, Relaisteile, Spulenkörper, elektronische Bauteile für SMD-Technik, gedruckte Schaltungen, Draht- und Kabelisolierungen; farbige Kontroll-Leuchten, Steckverbinder,

Kondensatorfolien (PES). Gehäuse. Zahnräder und Gleitelemente in hydrolisierender und aggressiver Umgebung bei hoher Maßhaltigkeit.

Fahrzeugindustrie: Bauteile im Motorraum, für Fahrzeugheizungen; Getriebeteile; Lampenfassungen, Gehäuse. Verkleidungen und Innenausstattungen im Flugzeugbau wegen geringer Rauchgasentwicklung.

Haushaltgeräte: Teile für Bügeleisen, Haartrockner, Heizgebläse, Kaffeemaschinen, Heißwasserbehälter, Eierkocher; Armaturen; Mikrowellengeschirr. Beleuchtungszubehörteile.

Sonstiges: PSU für Folien für Tageslichtprojektoren; Spiegelelemente für Lampen, Reflektoren für Diaprojektoren; durchsichtige Teile für medizinische Geräte, Pinzetten; Laborgeräte; Schnappverbindungen. GMT-Platten für Raumfahrzeuge. Membranen in der Medizin- und Lebensmitteltechnik sowie in der Wasseraufbereitung.

Sondertypen
Copolymerisate aus PSU und PES mit gegenüber PSU erhöhter Wärmeformbeständigkeit und gegenüber PES verminderter Wasseraufnahme.

11.2 Polyphenylensulfid PPS

Aufbau:

$$\left[\!\!\!\bigcirc\!\!\! - S \right]_n$$

Handelsnamen: Fortron (Ticona); Primef (Solvay); Ryton (Phillips), Supec (GEP); Tedur (Albis)

Eigenschaften
Dichte: 1,34 g/cm^3; gefüllt bis 1,90 g/cm^3.

Gefüge: Teilkristalliner, unpolarer Kunststoff mit sehr geringer Wasseraufnahme.

Verstärkungsstoffe: PPS wird praktisch nur verstärkt eingesetzt, außer zur Umhüllung von Halbleiterbauelementen und für biaxial gereckte Folien. Glas-, Kohlenstoff- und Aramidfasern (bis zu 70 Vol.-% Fasergehalt); mineralische Pulver; Glasmatten (GMT).

Farbe: Dunkelbraun; für Beschichtungen stehen auch Pulver mit hellbeiger Eigenfarbe zur Verfügung.

Mechanische Eigenschaften: PPS wird nur verstärkt eingesetzt und erhält dann sehr hohe Festigkeit und Steifigkeit, auch bei hohen Temperaturen bei allerdings geringer Zähigkeit. Sehr geringe Kriechneigung. Gute Abriebfestigkeit. Die Festigkeit fällt oberhalb rd. 90 °C (Glasübergangstemperatur) deutlich ab, hat aber trotzdem über 90 °C wegen der Faserverstärkung noch ein sehr hohes Niveau. PPS-Formteile „klirren" beim Fallen wie Metallkonstruktionen.

Elektrische Eigenschaften: Sehr gute Isoliereigenschaften, sehr geringe dielektrische Verluste.

Thermische Eigenschaften: Einsatztemperaturen bis +240 °C, kurzzeitig bis 300 °C.

PPS ist schwer brennbar, selbstverlöschend und tropft nicht ab.

Kristallitschmelztemperatur T_m: 280 °C bis 288 °C.

Beständig gegen (Auswahl): Besonders hohe Beständigkeit gegen Chemikalien; bis 200 °C kein Lösemittel bekannt. Konz. Natronlauge, konz. Salz- und Schwefelsäure, verdünnte Salpetersäure. Gute Hydrolysebeständigkeit.

Nicht beständig gegen (Auswahl): Konz. Salpetersäure. Nicht UV-beständig an der Oberfläche, jedoch kaum Festigkeitseinbuße.

Physiologisches Verhalten: Physiologisch unbedenklich.

■ **Verarbeitung**

Vortrocknen zweckmäßig mit Umluft bei 150 °C bis 170 °C.

Spritzgießen: Spritzgießen auf Schneckenspritzgießmaschinen mit Verschlußdüse. Massetemperaturen 300 °C bis 360 °C, meist 315 °C bis 385 °C. Werkzeugtemperaturen möglichst über 130 °C; bei 140 °C ergibt sich höchste Wärmeformbeständigkeit. Spritzdrucke 750 bar bis 1500 bar. Verarbeitungsschwindung GF-verstärkt 0,15 % bis 0,3 %.

Formpressen von GMT nach der SMC-Technik möglich bei Temperaturen 20 K über der Schmelztemperatur von 285 °C mit schnellem Schließen des Werkzeugs (Werkzeugtemperaturen 130 °C).

Kleben mit Acrylat- und Epoxidharzklebstoffen gibt gute Festigkeiten.

Schweißen am besten mit Ultraschall.

Spanen gut möglich, bei glasfaserverstärkten Typen mit Hartmetallwerkzeugen. Schnittbedingungen ähnlich wie bei Metallen. Schleifen und Polieren möglich.

Besonderes Verfahren: Beschichtung mit PPS durch *Wirbelsintern* und *Aufspritzen* von Pulvern oder Dispersionen auf kalte oder heiße Oberflächen (370 °C bis 400 °C). Nachheizen bei 370 °C für glänzende Oberflächen notwendig.

Anwendungsbeispiele

Mechanisch, thermisch, elektrisch und chemisch sehr hoch beanspruchte Formteile mit hoher Formgenauigkeit im chemischen und allgemeinen *Apparatebau*, in der *Elektrotechnik* und *Elektronik*, auch bei sehr kleinen Wanddicken von 0,25 mm. Häufig als Ersatz für Leichtmetalle, Duroplaste und Keramik.

Elektrotechnik, Elektronik, Feinwerktechnik/Mechatronic: Isolationsteile, Kohlebürstenhalter, Gehäuse, Steckverbinder, Sockel, Chipträger, Fassungen, Spulenkörper, gedruckte Schaltungen, Kontaktumhüllungen (hält Schwallbadlötungen bis 260 °C stand); unverstärkt als Einbettmassen für Halbleiterbauelemente und IC, da sehr dünnflüssig. Lichtschächte für Projektoren, Platinen für elektronische Uhren; Reflektoren in der Beleuchtungsindustrie.

Apparatebau: Heißwasserzählerteile, Pumpenteile, Dichtelemente, Installationsteile und Ventile für besondere chemische Anforderungen, z. T. im Austausch zu Metallen. Bauteile für Wärmeaustauscher und Naßwascher. Sterilisiergeräte im medizinischen Bereich.

Fahrzeugbau: Technische Teile mit hoher Formstabilität im Motorraum bei hohen Temperaturen und Anwesenheit von Öl, Benzin, Hydrauliköl und Kühlflüssigkeit; Kraftstoffeinspritzanlagen, Pumpenanlagen, Vergaserteile; Lampenfassungen, Gehäuse, Scheinwerfer-Reflektoren.

Haushaltgeräte: Griffleisten für Herde und Geräte mit hoher Wärmeentwicklung; Antihaftbeschichtungen aus niedermolekularem PPS.

Sonstiges: Biaxial gereckte und thermofixierte Folien, z. B. als hochwärmebeständige Kondensatorfolien; flexible Leiterbahnen und Bänder für Datenspeicher. Durch einen Spinnprozeß erzeugte Fasern für Filter und Siebe.

11.3 Polyimide PI, (PMI), PEI, PAI

Aufbau:

Polyarylimid PI:

11 Spezielle Kunststoffe zum Einsatz bei höheren Temperaturen

Polybismaleinimid (PMI):

Polyetherimid PEI:

Polyamidimid PAI:

Handelsnamen (Auswahl):

Polyetherimid PEI: Ultem (GEP)

Polybismaleinimid (PMI): Kerimid, Matrimid, Rhodeftal (Vantico)

Polyamidimid PAI: Torlon (DSM)

PI-Folie: Kapton (DuPont)

PI-Halbzeug: Vespel (DuPont)

Normung:

DIN 65498 Halbzeuge und Formteile aus PEI

■ Eigenschaften

Dichte: PI: 1,43 g/cm^3; (PMI): 1,4 g/cm^3; PEI: 1,27 g/cm^3; PAI: 1,38 g/cm^3; gefüllt liegen die Dichten zwischen 1,33 g/cm^3 und 1,9 g/cm^3.

Gefüge: Je nach Aufbau vernetzt oder linear, amorph. Geringe Wasseraufnahme.

11.3 Polyimide PI, (PMI), PEI, PAI

Verstärkungsstoffe: Glas-, Kohlenstoff- und Metallfasern (Whisker); Grafit, Molybdändisulfid, PTFE, Bronzepulver.

Farbe: Meist dunkel gedeckt; PEI auch bernsteinfarbig transparent; PI-Folie durchsichtig gelbbraun. PEI/Polyester-Blend lichtdurchlässig und farbig einfärbbar.

Mechanische Eigenschaften: Hohe Festigkeit, Steifigkeit und Härte bei allerdings geringer Zähigkeit. Gute dynamische Festigkeit und sehr gutes Zeitstandverhalten. Günstige Abrieb- und Reibungseigenschaften auch bei höheren Temperaturen. Weitere Verbesserung der mechanischen Eigenschaften durch Glas-, Kohlenstoff- und Metallfaserverstärkungen. Verbesserung der Gleiteigenschaften durch Grafit-, Molybdändisulfid- und Bronzefüllungen.

Elektrische Eigenschaften: Ausgezeichnete elektrische Widerstandswerte auch bei hohen Temperaturen. Sehr geringe dielektrische Verluste.

Thermische Eigenschaften: Sehr weiter Einsatztemperaturbereich; *PI* von –240 °C bis +260°C, kurzzeitig bis 400°C; *PEI, PAI* je nach Type bis 260 °C, kurzzeitig bis +350°C. Sehr geringe Wärmeausdehnung, z. T. in der Größenordnung von Metallen, vor allem bei gefüllten Typen.

Flammwidrig und teilweise nicht schmelzbar, geringe Rauchgasentwicklung.

Beständig gegen (Auswahl): Aliphatische und aromatische Lösemittel, Ether, Ester, Alkohole; Hydraulikflüssigkeiten, Kerosin; verdünnte Säuren. Energiereiche Strahlung beeinflußt die mechanischen und elektrischen Eigenschaften sehr wenig.

Nicht beständig gegen (Auswahl): Starke Säuren und Laugen, wäßrige Ammoniaklösungen. *PI* nicht beständig gegen heißes Wasser und schlechte Witterungsbeständigkeit.

Verarbeitung

Bei PI (Vespel) ist die Verarbeitung zu Formteilen nur vom Rohstoffhersteller durchführbar oder es muß spanend aus Halbzeug gefertigt werden.

Spritzgießen bevorzugt durchgeführt für *PEI*: Zunächst vortrocknen 4 Stunden bei 150 °C. Massetemperatur 340 °C bis 425 °C, optimal bei 360 °C. Spritzdrucke 800 bar bis 2000 bar. Werkzeugtemperatur 65 °C bis 175 °C. Verarbeitungsschwindung 0,5 % bis 0,7 %, gefüllt 0,2 % bis 0,4 %.

PAI: Vortrocknen 16 h bei 150 °C oder 8 Stunden bei 180 °C. Massetemperatur 340 °C bis 360 °C, Werkzeugtemperatur rd. 230 °C. *Polybismaleinimid* wird mit Werkzeugtemperaturen von rd. 220 °C bis 240 °C spritzgegossen oder gepreßt.

11 Spezielle Kunststoffe zum Einsatz bei höheren Temperaturen

Pressen von Formmassen aus *PI* bei Werkzeugtemperaturen 220 °C bis 260 °C. Preßdrucke 100 bar bis 300 bar. Preßzeit 2 bis 4 min je mm Wanddicke. Schwindung glasfaserverstärkt 0,1 % bis 0,2 %.

Pressen von Prepregs: Verarbeiten von PI-Prepregs durch Pressen nach bestimmtem Zeit-Temperatur-Plan.

Nachbehandlung von spritzgegossenen und gepreßten Formteilen zum Erreichen höchster Wärmeformbeständigkeit 24 h bei 250 °C.

Preßsintern von kalten PI-Formmassen bei sehr hohen Drucken zu Formteilen oder Halbzeugen mit anschließendem Nachhärten nach einem bestimmten Zeit-Temperatur-Programm.

Kleben von Polyimidteilen untereinander und mit anderen Kunststoffen, Metallen und Elastomeren möglich mit Phenolharz- und Epoxidharzklebstoffen.

Aufrauhen und reinigen der Oberflächen notwendig. Für Einsatztemperaturen über 250 °C sind spezielle Polyimidklebstoffe notwendig.

Spanen möglich, bei manchen Typen die einzige Möglichkeit Formteile aus Halbzeugen herzustellen.

■ Anwendungsbeispiele

Formteile, bei denen gleitende Reibung ohne Schmierung auch bei höheren Temperaturen auftritt und bei denen *gleichzeitig* gute mechanische, thermische und elektrische Eigenschaften verlangt sind; z. B. *Zahnräder, hochbeanspruchte Gleitelemente* in der *Raumfahrt* (Strahlungsbeständigkeit!), *Datenverarbeitung, Elektro-* und *Elektronikindustrie* (Bauteile für hohe Einsatztemperaturen), sowie in *Kernanlagen* (Strahlungsbeständigkeit) und in der *Hochvakuumtechnik* wegen geringer Gasabgabe für Dichtelemente, Verschlußplatten, Lagerbuchsen usw.

Einrichtungs- und Innenteile in Flugzeugen; Bauteile im Motorraum von Kraftfahrzeugen.

PEI/Polyesterblend im Lebensmittelbereich für transparentes Mikrowellengeschirr und im Mikrowellenbereich eingesetzte Leiterplatten.

In *Folienform* beste Isolation für Elektromotoren, Kondensatoren, Transformatoren und gedruckte Schaltungen.

11.4 Polyaryletherketone PAEK (PEK, PEEK)

Aufbau:

$$\left[\!\!-\!\!\bigcirc\!\!-\!\!O\!\!-\!\!\bigcirc\!\!-\!\!\overset{O}{\underset{\|}{C}}\!\!-\!\!\right]_n \quad \text{PEK}$$

$$\left[\!\!-\!\!\bigcirc\!\!-\!\!O\!\!-\!\!\bigcirc\!\!-\!\!O\!\!-\!\!\bigcirc\!\!-\!\!\overset{O}{\underset{\|}{C}}\!\!-\!\!\right]_n \quad \text{PEEK}$$

Handelsnamen:
PEK: Victrex PEK (Victrex)
PEEK: Victrex PEEK (Victrex)

Eigenschaften von PEEK

Dichte: PEEK *amorph:* 1,265 g/cm^3; *teilkristallin* 1,32 g/cm^3; gefüllt bis 1,49 g/cm^3.

Gefüge: amorph oder teilkristallin. Geringe Wasseraufnahme.

Verstärkungsstoffe: Glas- und Kohlenstoff-Fasern.

Farbe: Amorph, als Folie hochtransparent, sonst meist gedeckt eingefärbt.

Mechanische Eigenschaften: Hohe Zug- und Biegefestigkeit, fast unverändert bis Glasübergangstemperatur T_g = +143 °C, hohe Steifigkeit. Hohe Schlagzähigkeit und hohe dynamische Beanspruchbarkeit. Zäh und abriebfest bis 250 °C. Gute Maßhaltigkeit.

Elektrische Eigenschaften: Gute elektrische Isoliereigenschaften, auch bei höheren Temperaturen. Geringe dielektrische Verluste, fast unabhängig von der Frequenz.

Thermische Eigenschaften: Einsetzbar bis 250 °C, kurzeitig bis 300 °C.

Kristallitschmelztemperatur T_m: 334 °C bzw. 381 °C.

Schwer entflammbar; geringste Rauchentwicklung aller Thermoplaste im Brandfall.

Beständig gegen (Auswahl) fast alle organischen und anorganischen Chemikalien. Hydrolysebeständig bis 280 °C. Hohe Beständigkeit gegen energiereiche Strahlung, besonders bei glasfaserverstärkten Typen.

Nicht beständig gegen (Auswahl): Konz. Salpetersäure, einige Halogenkohlenwasserstoffe.

Lösemittel: Konzentrierte Schwefelsäure.

Nicht UV-beständig (Verbesserung durch Ruß oder Lackieren).

Spannungsrißbildung: Hohe Spannungsrißbeständigkeit außer gegen Aceton.

11 Spezielle Kunststoffe zum Einsatz bei höheren Temperaturen

■ Verarbeitung

Spritzgießen: Vortrocknen 4 h bei 160 °C. Massetemperatur unverstärkt 350 °C bis 380 °C, verstärkt 370 °C bis 400 °C. Werkzeugtemperatur 150 °C bis 180 °C. Verarbeitungsschwindung unverstärkt 1 %, verstärkt 0,1 % bis 0,4 %.

Kleben nach mechanischem oder chemischem Aufrauhen mit Epoxidharz- und Cyanacrylat-Klebstoffen gut möglich.

Schweißen wegen hoher Schmelztemperatur von 334 °C meist nur mit Ultraschall- und Reibungsschweißen, dabei hohe Anpreßdrucke erforderlich.

Spanen von verstärktem und unverstärktem Halbzeug üblich. *Schälfolien* herstellbar.

Besondere Verfahren: Wirbelsintern, elektrostatisches Pulverbeschichten für zähe und hochwertige, korrosions- und abriebfeste Oberflächen auf Metall- und Keramikteilen, z. B. im chemischen Apparatebau. *Rotationsgießen, Lackieren, Metallisieren* im *Hochvakuum*.

■ Anwendungsbeispiele

Durch außergewöhnliche *mechanische, thermische* und *chemische* Eigenschaften Einsatz vor allem in *Luft-* und *Raumfahrt,* Elektronik- und *Automobilindustrie* vielfach als Ersatz für Metallteile.

Draht- und Kabelummantelungen, Steckverbinder, Leiterplatten; Teile für Heißwasserzähler, Pumpenlaufräder; Gleitlager; Hitzeschutzschilde; Küchenherdteile; Filamente zur Herstellung chemisch und thermisch widerstandsfähiger Filter- und Transportgewebe. Medizinische Instrumente und analytische Geräte wegen guter Sterilisierbarkeit, Strahlen- und Hydrolysebeständigkeit.

11.5 Polyphtalamid (PPA)

Polyphthalamide sind eine neue Kunststoffgruppe; es handelt sich um teilkristalline Superpolyamide auf der Basis Terephthal- und/oder Isophthalsäure. Diese Kunststoffe werden praktisch nur gefüllt/verstärkt eingesetzt; sie schließen im Preis/Leistungsverhältnis die Lücke zwischen den bekannten technischen Kunststoffen PA, PC, PET/PBT, POM einerseits und den teureren Hochleistungskunststoffen PPS, PEI und LCP andererseits.

Aufbau: Hauptbestandteile sind Hexamethylendiamin HMDA, Terephthalsäure und/oder Isophthalsäure.

Handelsname: Amodel (BP-Amoco)

11.5 Polyphtalamid (PPA)

Eigenschaften
Dichte: GF-gefüllt: 1,46 g/cm^3 (33 % GF) bis 1,56 g/cm^3 (45 % GF); GF/MD-gefüllt bis 1,78 g/cm^3 (65 %).

Gefüge: Teilkristalliner Thermoplast mit geringer und langsamer Feuchteaufnahme; wenig Einfluß des Feuchtegehalts auf die mechanischen Eigenschaften. Auch schlagzäh modifizierte Typen erhältlich.

Verstärkungsstoffe: PPA wird praktisch nur verstärkt eingesetzt (Glasfasern und Mineralmehle bis zu 65 %).

Farbe: beliebig einfärbbar.

Mechanische Eigenschaften: PPA wird nur verstärkt eingesetzt und erhält dann sehr hohe Festigkeit und Steifigkeit, auch bei hohen Temperaturen, bei allerdings geringer Zähigkeit. Sehr geringe Kriechneigung. Hervorragende Ermüdungsfestigkeit. Sehr gutes Verschleißverhalten.

Elektrische Eigenschaften: Sehr gute Isoliereigenschaften, geringe dielektrische Verluste. Kriechstromfestigkeit >500 V.

Thermische Eigenschaften: Einsatztemperaturen bis +185 °C, kurzzeitig höher; Dauereinsatztemperatur bis 140 °C; dampfphasen- und infrarotlötbar. Hohe Dimensionsstabilität. Sehr gute Temperaturwechselfestigkeit.

PPA-Standardtypen haben UL94HB, FR-Typen erreichen bei 0,8 mm UL94 V-0.

Kristallitschmelztemperatur T_m: 310 °C; *Glasübergangstemperatur* T_g: 127 °C.

Beständig gegen (Auswahl): Sehr gute chemische Beständigkeit, besser als die Polyamide PA 6, PA 66 und PA 46, aber schlechter als die vollaromatischen Polyamide wie z. B. Kevlar. Beständig gegen die meisten organischen Lösemittel und Kraftfahrzeugflüssigkeiten.

Nicht beständig gegen (Auswahl): Phenole und sehr starke Säuren.

Physiologisches Verhalten: geeignet für Trinkwasseranwendungen; zugelassen nach *NSF Standard 14* – Plastics, Piping components and related materials und ANSI/NSF Standard 61 Health effects requirements.

Verarbeitung
Vortrocknen 4 Stunden bei 120 °C, wenn notwendig.

Spritzgießen auf normalen Schneckenspritzgießmaschinen. Massetemperaturen 320 °C bis 345 °C. Werkzeugtemperaturen mindestens 135 °C für höchste Kristallinität und Dimensionsstabilität, ca. 145 °C für optimale Oberflächenqualität. Verarbeitungsschwindung verstärkt/gefüllt bis 0,8 %. *Tempern* ca. 2 Stunden bei 160 °C möglich.

Kleben möglich. Hersteller bietet Auswahl an getesteten Klebstoffen an.

11 Spezielle Kunststoffe zum Einsatz bei höheren Temperaturen

Schweißen gut möglich nach den üblichen Verfahren, z. B. Reibungs- oder Ultraschallschweißen.

Spanen gut möglich, am besten mit Hartmetallwerkzeugen. Schnittbedingungen ähnlich wie bei Aluminium.

■ Anwendungsbeispiele

PPA wird eingesetzt im Austausch gegen die teureren Hochleistungskunststoffe wie z. B. PPS oder PEI, wenn aber technische Kunststoffe wie PA 66 in ihrem Eigenschaftsbild nicht ausreichen.

Elektrotechnik, Elektronik, Feinwerktechnik/Mechatronic: Elektrische und elektronische Bauteile, wie Relaisgehäuse, Steckverbinder, Sensoren, IC-Gehäuse, Spulenkörper, DIP-Schalter; Bürstenhalter, Elektromotorenteile.

Apparatebau: Sicherheitsteile im Austausch gegen Metallteile.

Fahrzeugbau: Bauteile im Motorenraum, Ölwannenentlüftungen, Meßfühlerhalterungen, Bauteile im Kühlwasserkreislauf, Filter für Öl und Kraftstoff, Pumpenteile, Ladeluftkühler, Scheinwerfergehäuse, Ventildeckel, Befestigungselemente

Haushaltgeräte: Elektromotorenteile, Sicherheitsteile.

Sonstiges: verchromte Sanitärteile, Freizeit- und Sportartikel.

11.6 Fluorhaltige Polymerisate

Polymere mit hohem Fluoranteil besitzen eine außerordentlich hohe chemische Beständigkeit, sowie sehr gute elektrische Isolier- und dielektrische Eigenschaften. Sie sind unbrennbar, besonders witterungsbeständig und haben sehr niedrige Reibungsbeiwerte. Sie sind kaum *benetzbar* und daher *antiadhäsiv*. Fluorpolymerisate können in einem weiten Temperaturbereich eingesetzt werden; wegen der schwierigen Verarbeitung und der hohen Herstell- und Verarbeitungskosten sind die Verwendungsmöglichkeiten eingeschränkt.

Man unterscheidet

- das *reine* PTFE, einen sog. *Thermoelast*[1] mit eingeschränkten und aufwendigen Verarbeitungsmethoden, aber sehr günstiger Kombination spezieller Eigenschaften und

---

[1] Unter einem Thermoelast versteht man hier einen aus Kettenmolkülen aufgebauten Kunststoff, der bei Erwärmung zwar in einen thermoelastischen Bereich übergeht, der aber nach dem Aufschmelzen der kristallinen Bereiche nicht genügend fließfähig wird und dadurch nicht thermoplastisch verarbeitbar ist.

- die *schmelzbaren fluorhaltigen Thermoplaste* mit dem Vorteil der Verarbeitungsmöglichkeit durch Spritzgießen und Extrudieren. Sie erreichen aber je nach chemischem Aufbau nicht die extrem günstigen Eigenschaften des reinen PTFE.

11.6.1 Polytetrafluorethylen PTFE

Aufbau:

$$\left[\begin{array}{c} F \quad F \\ | \quad | \\ -C-C- \\ | \quad | \\ F \quad F \end{array} \right]_n$$

Handelsnamen (Beispiele): Algoflon (Ausimont); Hostaflon (Dyneon); Teflon (DuPont)

amorphes PTFE: Teflon AF (DuPont)

Normung: DIN 16782, VDI/VDE 2480; ISO 12086

DIN EN ISO 13000 Kunststoffe – Polytetrafluorethylen (PTFE)-Halbzeuge
T1: Anforderung und Bezeichnung
T2: Herstellung von Probekörpern und Bestimmung von Eigenschaften

Eigenschaften

Dichte: 2,14 g/cm³ bis 2,20 g/cm³

Gefüge: Teilkristalline, unpolare, lineare Thermoelaste mit hoher Kristallinität (53 % bis 70 %); keine Wasseraufnahme. Phasenumwandlung bei +19 °C mit rd. 1 % Volumenvergrößerung beim Erwärmen.

Füll- und Verstärkungsstoffe: Glasfasern, Kohlenstoff in verschiedenen Modifikationen, Metallpulver, MoS₂, Metallgewebe für Lager (Metaloplast von Norton).

Farbe: Ungefärbt kristallin weiß; in dünnen Schichten bläulich durchscheinend. Gedeckt einfärbbar.

Mechanische Eigenschaften: Mechanische Eigenschaften stark abhängig von den Verarbeitungsbedingungen (Kristallinität) und Zusatzstoffen. Flexibel, hornartig zäh, niedrige Festigkeit und Härte. Starke Kriechneigung (daher z. B. Verbund mit Metallen); wenig kerbempfindlich. Paraffinartig, schwer benetzbar; sehr niedriger Reibungskoeffizient, statisch und dynamisch gleich, daher keine *Stick-Slip-Bewegung*, weitere Verbesserung durch geeignete Zusätze. Kein besonders gutes Verschleißverhalten, starker Abrieb. Festigkeitserhöhung durch Glasfaserzusatz.

11 Spezielle Kunststoffe zum Einsatz bei höheren Temperaturen

Elektrische Eigenschaften: Sehr gutes elektrisches Isoliervermögen, auch bei hoher Luftfeuchtigkeit. Sehr niedrige dielektrische Verluste, unabhängig von Frequenz und Temperatur. Hohe Kriechstromfestigkeit.

Thermische Eigenschaften: Besonders weiter Temperatureinsatzbereich von −270 °C bis +260 °C. Unbrennbar.

Kristallitschmelzpunkt T_m: 327 °C.

Beständig gegen fast alle aggressiven Stoffe mit wenigen Ausnahmen. Hervorragend witterungs- und lichtbeständig.

Nicht beständig gegen: Geschmolzene oder gelöste Alkalimetalle, z. B. Natrium. Leichte Quellung in fluorhaltigen Kohlenwasserstoffen. Bei ionisierender Strahlung Kettenabbau möglich.

Physiologisches Verhalten: Bis +260 °C physiologisch unbedenklich. Keine Bedenken bei Kontakt mit Lebensmitteln und Verwendung im medizinischen Bereich.

Beachte: In Flammen oder Zigarettenglut zersetzt sich PTFE-Pulver unter Freiwerden von atomarem Fluor, das sehr gesundheitsschädlich ist.

Spannungsrißbildung: Keine Spannungsrißbildung wegen guter Zähigkeit und hoher chemischer Beständigkeit.

■ Verarbeitung

Auch oberhalb Kristallitschmelzpunkt sehr hohe Viskosität, d. h. keine Schmelze wie bei Thermoplasten; außerdem hohe Scherempfindlichkeit. Aus diesen Gründen Spritzgießen, Extrudieren, Schweißen und Warmumformen *nicht* möglich.

Preßsintern: PTFE-Pulver bei Raumtemperatur pressen mit Preßdrucken 200 bar bis 350 bar auf Dichte 2,1 g/cm³ bis 2,2 g/cm³; Verdichtungsverhältnis je nach Sorte 2,7:1 bis 7:1. Anschließend *sintern* bei 370 °C bis 380 °C. Verweilzeit 5 min bis 10 min je mm Schichtdicke. Langsam abkühlen bis 320 °C für hohe Kristallinität. Beim Sintern unter Druck erhält man porenfreie Formlinge.

Schlagpressen: Gesinterte Rohlinge im Gelzustand (≥327 °C) in kalte Werkzeug einlegen. Schnelle Verformung bei Drucken 150 bar bis 300 bar. Entformen nach Abkühlen auf unterhalb 100 °C; bei Kleinteilen in aufgeheizten Werkzeugen bei 300 °C bis 320 °C.

Heißprägen: Gepreßter und gesinterter Vorformling wird im Gelzustand in heißen Werkzeug bei 250 °C bis 320 °C verformt bei Drucken von 150 bar bis 300 bar. Rasche Abkühlung ergibt flexible Formteile mit allerdings begrenzter Formbeständigkeit in der Wärme von nur 150 °C bis 200 °C.

11.6 Fluorhaltige Polymerisate

Ramextrusion: Kontinuierlicher Preß- und Sintervorgang auf automatischer Kolbenstrangpresse zur Herstellung von Halbzeug. Maximale Ausstoßgeschwindigkeit abhängig von Profilform, bei 9 mm Durchmesser bis 6 m/h.

Folienherstellung: Schälen von gesintertem Halbzeug und nachfolgendes Vergüten durch Walzen. Gießfolien hergestellt aus wässrigen Dispersionen mit anschließendem Trocknen und Sintern der Schichten.

Beschichten: PTFE-Pulver oder wässrige Dispersionen werden auf Metalle, Glas und Keramik als Beschichtungen nach unterschiedlichen Verfahren aufgebracht und dann aufgesintert. Man erhält ausgezeichneten Antihaftefekt. Beschichtungen im Lebensmittelbereich oder für technische Zwecke; allerdings nur bei Porenfreiheit befriedigender Korrosionsschutz.

Kleben: Wegen Antihafteffekt ist Kleben sehr problematisch. Nach Aktivieren der PTFE-Oberfläche mit besonderen Ätzlösungen ist Kleben mit Spezialklebstoffen bedingt möglich, führt aber zu mechanisch nicht beanspruchbaren Klebverbindungen.

Schweißen: Schweißen praktisch nicht möglich, da kein Aufschmelzen der Fügeflächen. Schweißen von dünnen Schälfolien bis 0,2 mm überlappt bei 380 °C bis 390 °C mit 2 bar bis 3 bar Druck. Dickere Folien oder Profile verschweißen mit Zwischenlagen aus ETFE- oder FEP-Band bei Drucken von 50 bar bis 200 bar.

Spanen: Für enge Herstellungstoleranzen ist vorheriges Tempern des Halbzeugs zweckmäßig, am besten 50 K über der späteren Anwendungstemperatur, jedoch unter 327 °C. Bearbeitungstemperaturen über +23 °C, da bei +19 °C Umwandlungstemperatur. Bei engen Maßtoleranzen müssen Verarbeitungs- und Meßtemperatur vereinbart werden. Scharf geschliffene Werkzeuge, möglichst Hartmetallwerkzeuge notwendig. Werkzeugverschleiß wie beim Bearbeiten von rostfreiem Stahl. Wegen schlechter Wärmeableitung bei hohen Bearbeitungsgeschwindigkeiten Kühlung durch handelsübliche Bohrölemulsionen.

Beachte: Rauchverbot in Bearbeitungsräumen, da sich Späne und Pulver in der Zigarettenglut zersetzen und dann atomares Fluor eingeatmet würde.

Anwendungsbeispiele

Chemische Industrie: Rohre, Schläuche, Dichtungen, Packungen, Faltenbälge, Ventile, Pumpenteile; Auskleidungen, Überzüge; Laborgeräte, Filterkörper, Membranen; Wärmetauscher.

Maschinenbau, Feinwerktechnik/Mechatronik: Gleitlager, Mehrschicht-Verbundlager; Dichtungen, Kolbenringe, plattenförmige Auflager; Trockenschmiermittel; Gewindedichtungsbänder.

11 Spezielle Kunststoffe zum Einsatz bei höheren Temperaturen

Elektrotechnik: Draht- und Kabelisolierungen, Isolierschläuche; Isolationen in Starkstrom- und HF-Technik; Röhrensockel, Hochspannungsdurchführungen; Trägermaterial für gedruckte Schaltungen.

Elektronik: Amorphes Fluorpolymer (Teflon AF) für Ummantelungen von Lichtwellenleitern; dünne Beschichtungen aus der Lösung, z. B. als Dielektrikum für integrierte Schaltkreise.

Bauwesen: Brückengleitlager

Antiadhäsive Beschichtungen:

In Haushalt und *Lebensmittelbereich*: Pfannen, Töpfe, Bügeleisensohlen, Walzen, Teigroller, Backformen, Kneter

In der Industrie: Werkzeuge, Schweißbacken, Klebemaschinen, Gleitwalzen, Kneter, Latexbehälter; Spezialverbundfolien, z. B. PTFE mit Glasgewebe für Heizelementschweißgeräte.

Im Flugzeugbau: Verkleidung von Kanten und Gleitkufen zum Schutz gegen Vereisung.

11.6.2 Fluorhaltige Thermoplaste

Durch Änderung des chemischen Aufbaus, ausgehend von PTFE, können eine Reihe von Modifikationen hergestellt werden, wobei die eine oder andere spezielle Eigenschaft besonders berücksichtigt werden kann. Dies kann erfolgen durch *Einbau* von H-Atomen, Cl-Atomen oder CF_3-Gruppen an stelle von einzelnen Fluoratomen oder durch *Copolymerisation* des Tetrafluorethylens mit modifizierten Bausteinen. Die entstehenen Produkte sind teilkristallin, schmelzbar und somit thermoplastisch verarbeitbar, allerdings bei hohen Masse und Werkzeugtemperaturen; außerdem sind korrosionsbeständige Werkzeuge erforderlich.

Im einzelnen unterscheidet man (vgl. auch Tabelle 11.3, Seite 170):

Tetrafluorethylen/Hexafluorpropylen-Copolymerisat FEP

Handelsnamen: Hostaflon FEP (Dyneon), Neoflon (Daikin), Teflon FEP (DuPont)

Perfluoralkoxy-Copolymerisat PFA

Handelsnamen: Hostaflon PFA (Dyneon); Hyflon (Ausimont); Neoflon PFA (Daikin), Teflon PFA (DuPont)

Ethylen-Tetrafluorethylen-Copolymerisat ETFE

Handelsnamen: Aflon (Asahi); Hostaflon ET (Dyneon), Tefzel (DuPont)

Polychlortrifluorethylen PCTFE

Handelsnamen: Kel-F (Dyneon); Voltalef (Atofina)

11.6 Fluorhaltige Polymerisate

Ethylen-Chlortrifluorethylen-Copolymerisat ECTFE
Handelsname: Halar (Ausimont)

Tetrafluorethylen/Hexafluorpropylen/Vinylidenfluorid-Copolymerisat (TFB)
Handelsname: Hostaflon TFB (Dyneon)

Polyvinylidenfluorid PVDF
Handelsnamen: Dyflor 2000 (Creanova), Hylar (Ausimont); Kynar (Atofina); Solef (Solvay)

Polyvinylfluorid PVF (nur als Folie und für Beschichtungen)
Handelsname: Tedlar (DuPont)

Copolymerisate als Ausgangswerkstoffe für *Elastomere* FKM zur nachträglichen Vernetzung wie bei der Gummiverarbeitung (vgl. auch Kap. 14.2).

Handelsnamen: Fluorel (3M), Daiel (Daikin), Tecnoflon (Ausimont), Viton (DuPont)

Anwendungsbeispiele für fluorhaltige Thermoplaste

Ähnliche Einsatzgebiete wie PTFE, jedoch günstigere, *thermoplastische* Verarbeitungsmöglichkeiten.

Allgemeine Anwendungen: Draht- und Kabelummantelungen, Isolierteile, Isolierschläuche, Steckerleisten, Spulenkörper, Röhrensockel, Schalterteile; Dichtungen, Membranen, Faltenbälge; Lager, Auskleidungen, Pumpenteile, Fittinge; Laborgeräte, medizinische und pharmazeutische Verpackungen; Folien, auch Verbundfolien.

Spezielle Anwendungen für

FEP: Beschichtungen, Auskleidungen; Verpackungsfolien, Schmelzklebstoffe

PFA: Beschichtungspulver, Folien für flexible gedruckte Schaltungen

ETFE: Beschichtungssysteme für Korrosionsschutz, auch bei Freibewitterung; glasklare Folien

PCTFE: Gasdichte Spezialverpackungsfolien

ECTFE: Flachkabelisolierungen, Folien für flexible gedruckte Schaltungen.

PVDF: Korrosionsbeständige Rohre und Schläuche, Auskleidungen; Verpackungsfolien; Flaschen; Schrumpfschläuche

PVF: Witterungsbeständige Folien, z. B. für Dächer, Gewächshäuser; Trennfolien

TFB: Fast glasklare Folien mit hoher Witterungsbeständigkeit und hoher Transmission, z. B. zum Einbetten von Solarzellen, zum Ummanteln von Lichtwellenleitern.

11 Spezielle Kunststoffe zum Einsatz bei höheren Temperaturen

Tab. 11.3 Zusammenstellung von Eigenschaftswerten fluorhaltiger Kunststoffe

	PTFE (unpolar)	FEP (unpolar)	PFA (unpolar)	ETFE (unpolar)	PVDF (polar)	PCTFE (polar)	ECTFE (polar)
Dichte g/cm³	2,15 bis 2,2	2,1 bis 2,2	2,1 bis 2,2	1,7 bis 1,77	1,75 bis 1,78	2,1 bis 2,12	1,68 bis 1,70
E-Modul (Zug) MPa	350 bis 750	350 bis 500	600 bis 700	900 bis 1000	1000 bis 3000	1000 bis 1500	1400
Shorehärte D	50 bis 60	55 bis 58	60 bis 64	67 bis 75	80	78	
obere Gebrauchstemperatur °C	250	205	260	155 bis 180	150	170 bis 180	150 bis 170
Versprödung unter ... °C	−200	−200	−200	−180	−60	−40	−100
Kristallitschmelztemperatur °C	327	285 bis 295	300 bis 310	265 bis 275	170 bis 180	180 bis 220	240
Wärmeleitfähigkeit W/m · K	0,24	0,23	0,26	0,24	0,15	0,26	0,14
Längenausdehnungskoeffizient 1/K (1/°C)	$16 \cdot 10^{-5}$	$12 \cdot 10^{-5}$	$13 \cdot 10^{-5}$	$13 \cdot 10^{-5}$	$10 \cdot 10^{-5}$	$6 \cdot 10^{-5}$	$8 \cdot 10^{-5}$
Brennbarkeit	brennt nicht	brennt nicht	brennt nicht	brennt nicht	selbstverlöschend	brennt nicht	brennt nicht
Dielektrizitätszahl bei 50/10⁶ Hz	2,1/2,1	2,1/2,1	2,1/2,1	2,6/2,6	9/8	2,7/2,4	2,3/2,3
Dielektrischer Verlustfaktor bei 50/10⁶ Hz	$(0,5/0,7) \cdot 10^{-4}$	$(1,0/2,2) \cdot 10^{-4}$	$(0,9/1,1) \cdot 10^{-4}$	$(6/50) \cdot 10^{-4}$	$(5/20) \cdot 10^{-2}$	$(1/10) \cdot 10^{-3}$	$(5/15) \cdot 10^{-4}$
Massetemperatur beim Spritzgießen °C	–	330 bis 420	350 bis 420	280 bis 330	220 bis 300	260 bis 320	260 bis 300
Verarbeitungsschwindung %	–	3 bis 6	4	3 bis 4	3	1 bis 1,5	2 bis 2,5

12 Duroplaste[1]

Duroplaste werden in sehr unterschiedlichen Formen angeboten, als *Harze* R, *rieselfähige Formmassen* PMC, *Prepregs* in Form von SMC (Sheet moulding compounds), BMC (Bulk moulding compounds) und DMC (Dough moulding compounds).

Normung (allgemein):

Rieselfähige Formmassen PMC, siehe in den folgenden Kapiteln 12.1 bis 12.4.

ISO 800	Plastics – Phenolic moulding materials – Specification
ISO 2112	Plastics – Aminoplastic moulding materials – Specification
ISO 3672-1	Plastics – Unsaturated polyester resins – 1: Designation
ISO 3673-1	Plastics – Epoxy resins – 1: Specification
ISO 8604	Plastics – Prepregs – Definition of terms and symbols for designation
ISO 8605	Textile glass reinforced plastics – Sheet moulding compound (SMC) – Basis for a specification
ISO 8606	Plastics – Prepregs – Bulk moulding compound (BMC) and dough moulding compound (DMC) – Basis for a specification

12.1 Phenoplaste PF

Phenoplaste sind duroplastische, räumlich eng vernetzte *Formstoffe*. Die Vernetzungspunkte sind chemische Bindungen (Hauptvalenzbindungen); daher haben Duroplaste im Gegensatz zu Thermoplasten höhere Festigkeit, höheren E-Modul, höhere Härte und höhere thermische Stabilität. Infolge dieses Aufbaus bestehen keine inneren Gleitmöglichkeiten, so daß die Formstoffe spröde sind und deshalb i. a. gefüllt und verstärkt werden. Im ausgehärteten Zustand sind sie unlöslich und unschmelzbar.

Phenoplaste sind Polykondensate von Phenolen (z. T. auch Kresolen) und Formaldehyd, sie sind preiswert und werden trotz der dunklen Eigenfarbe und Nachdunkeln vor allem für technische Formteile eingesetzt.

Im Handel sind auch *Blends*, d. h. Mehrkomponentenwerkstoffe, die durch Mischen unterschiedlicher Harze (PF, UF, MF, EP) oder durch Mischen von Harzen mit Thermoplasten und Elastomeren hergestellt werden. Dadurch werden die Eigenschaften gegenüber den reinen Phenolharzsystemen gezielt verbessert.

---

[1] Die Normung duroplastischer Kunststoff-Formmassen erfolgt noch nicht ausschließlich nach DIN EN ISO, sondern z.T. noch nach (alten) DIN-Normen, die aber laufend umgestellt werden.

12 Duroplaste

Vernetzte PF-Struktur (schematisch)

PF-Formmassen bestehen aus härtbarem PF-Harz mit eingearbeiteten Füll-, Verstärkungs- und Zusatzstoffen; sie werden nach verschiedenen Verarbeitungsverfahren unter Formgebung in der Wärme zu vernetzten Formstoffen (Formteilen) verarbeitet.

Handelsnamen (Beispiele):

Formmassen: Bakelite (Bakelite); Resinol (Raschig); Sigrafil Prepreg (Sigri); Supraplast (SWC); Vyncolite (Vynckier).

Schichtpreßstoffe: Ferrozell (Ferrozell)

Sonderwerkstoff: Ridurid (SGL)

Normung: DIN EN ISO 14526 (alt: DIN 7708 T2), VDI/VDE 2478.

DIN EN 438-1 Platten auf Basis härtbarer Harze (HPL) (ähnlich ISO 4586)

In DIN EN ISO 14526 werden die verschiedenen rieselfähigen PF-Formmassen (PF-PMC) voneinander unterschieden durch Angaben über *Art* und *Menge des Füll-/Verstärkungsstoffs*, vorgesehene *Verarbeitungs- und/oder Herstellungsverfahren*, Angaben zu *besonderen Eigenschaften* (siehe Tabellen 9.7 und 9.8) und den *kennzeichnenden Eigenschaften* Charpy-Schlagzähigkeit und Formbeständigkeitstemperatur (Tabelle 9.11). In DIN EN ISO 14526-1 ist anhand einer Tabelle ein Vergleich der Bezeichnung von rieselfähigen PF-PMC mit DIN 7708 möglich (siehe Tabelle 12.1). In DIN EN ISO

12.1 Phenoplaste PF

14526-3 sind Forderungen an die Eigenschaften von PF-PMC festgelegt, außerdem können Bezeichnungen von PF-PMC in nationalen und internationalen Normen verglichen werden.

Beispiele für die Angabe rieselfähiger PF-Formmassen (PF-PMC):

PMC ISO 14526 – PF (WD30+MD20),Q, es bedeuten PF Phenolharz, WD30 (27,5 bis 32,5) Massenprozent Holzmehl, MD20 (17,5 bis 22,5) Massenprozent Mineralmehl; Q Formpressen als empfohlenes Verarbeitungsverfahren.

Tab. 12.1 Vergleich der Bezeichnungen von rieselfähigen Phenol-Formmassen PF-PMC nach DIN EN ISO 14526 und DIN 7708-2 (Beispiele), Details über Füllstoffe siehe Kapitel 9.3

rieselfähige Formmasse PF-PMC nach DIN EN ISO 14526-1 PMC ISO 14526-PF (...)	PF-Formmassetyp nach DIN 7708-2 (alt)	Anwendungsbeispiele
(GF20 + GG30) bis (GF30 + GG20)	12	erhöhte Formbeständigkeit in der Wärme
PF40 bis PF60 (P = Glimmer)	13	verbesserte elektrische Eigenschaften
(WD30 + MD20) bis (WD40 + MD10)	31	allgemeine Anwendung
(WD30 + MD20),X,E bis (WD40 – MD10),X,E	31.5	verbesserte elektrische Eigenschaften
(WD30 + MD20),X,A bis (WD40 + MD10),X,A	31.9	ammoniakfreie Teile
(LF20 + MD25) bis (LF30 + MD15)	51	erhöhte Kerbschlagzähigkeit
SS40 bis SS50	74	erhöhte Kerbschlagzähigkeit
(LF20 + MD25) bis (LF40 + MD05)	83	erhöhte Kerbschlagzähigkeit
(SC20 + LF15) bis (SC30 + LF05)	84	erhöhte Kerbschlagzähigkeit
(GF30 + MD20) bis (GF40 + MD10)	–	hohe temperaturunabhängige Festigkeit von –40 °C bis +150 °C

12 Duroplaste

PMC ISO 14526 – PF (WD20+GB20),M,R, es bedeuten PF Phenolharz, WD20 (17,5 bis 22,5) Massenprozent Holzmehl, GB20 (17,5 bis 22,5) Massenprozent Glaskugeln, M Spritzgießen als empfohlenes Verarbeitungsverfahren, R enthält Recyclingmaterial.

■ Eigenschaften von PF-Formstoffen

Die hier aufgeführten Eigenschaften beziehen sich auf den fertig verarbeiteten Zustand nach der Formgebung und Aushärtung.

Die Eigenschaften sind stark abhängig von Füllstoffart und Harzanteil (60 % bis 25 %), Formteilgestalt und Verarbeitungsbedingungen.

Dichte: 1,3 g/cm^3; je nach Füllstoffart bis 2,0 g/cm^3.

Gefüge: Polare, vernetzte Kunststoffe, meist gefüllt mit organischen (z. B. Holzmehl, Zellstoff, Graphit, Kohlenstoff-, Aramid-, Polyester-, Polyacrylnitril- und Polyamidfasern) oder anorganischen Füllstoffen (z. B. Glasfasern, Gesteinsmehl, Glimmer). Wasseraufnahme stark abhängig vom Füllstoff; Sättigungsfeuchte bei anorganischen Füllstoffen bis 2 %, bei organischen Füllstoffen bis 12 %.

Farbe: Hellgelb bis braune Eigenfarbe, die nachdunkelt; deshalb nur in dunklen Farben einfärbbar.

Mechanische Eigenschaften: Steif (hoher E-Modul), hart spröde. Festigkeit und Bruchempfindlichkeit stark abhängig von Art der Harzmischung (Blend), Füllstoffart und Füllstoffanteil.

Elektrische Eigenschaften: Befriedigende elektrische Isoliereigenschaften, abhängig von Füllstoffart; Abnahme durch Feuchtegehalt beachten. Bei Modifikation mit EP-Harzen Verbesserung der elektrischen Eigenschaften und bessere Haftung an Glasfasern.

Thermische Eigenschaften: Gute Wärmeformbeständigkeit auch unter mechanischer Belastung. Maximale Gebrauchstemperatur bei anorganischen Füllstoffen +130 °C bis +170 °C, bei organischen Füllstoffen +100 °C bis +120 °C; bei Sondermassen kurzzeitig bis +280 °C. Nur geringfügige Erweichung, kein Schmelzen.

Schwer entflammbar.

Beständig gegen (Auswahl): Organische Lösemittel, Öle, Fette; Benzin, Benzol, Alkohol; Wasser.

Nicht beständig gegen (Auswahl): Starke Säuren und Laugen.

Physiologisches Verhalten: Für Kontakt mit Lebensmitteln nicht zugelassen.

Spannungsrißbildung nur bei Sorten mit größerer Nachschwindung möglich.

12.1 Phenoplaste PF

Verarbeitung von PF-Formmassen

PF-Formmassen vernetzen durch *Polykondensation*, d. h. unter Abspaltung von Wasserdampf, deshalb sind hohe Preßdrucke erforderlich. Bei der Vernetzung von *Phenol-Novolak-Formmassen* durch *Hexamethylentetramin* als Härter erfolgt Abspaltung von Formaldehyd und Ammoniak, was z. B. ungünstig ist für Messingeinlegeteile. *Phenol-Resol-Formmassen* benötigen als sog. selbsthärtende Harze keine Härter und sind deshalb ammoniakfrei.

Lagerfähigkeit: Bei Normaltemperatur von 23 °C ist die Lagerzeit von (selbsthärtenden) Resol-Formmassen maximal 6 Monate, von Novolak-Formmassen mehr als 2 Jahre. Der Feuchtegehalt ist zu überwachen.

Fließverhalten: Fließeigenschaften der Formmassen werden vom Rohstoffhersteller eingestellt auf weich – mittel – hart. Die Fließfähigkeit wird über die *Becherschließzeit* nach DIN 53465 (Kap. 29.2.1), den *Meßkneter-Test* DIN 53764 (Kap. 29.2.2) und/oder durch den *Plattentest* oder den *Orifice-Flow-Test OFT* nach ISO 7808 ermittelt. Das aufgeschmolzene Harz ist zunächst dünnflüssig, daher Gratbildung möglich.

Pressen, Spritzpressen: Meist HF-Vorwärmen der tablettierten Formmassen auf rd. 110 °C. Preßtemperaturen 150 °C bis 190 °C. Preßdrucke 150 bar bis 400 bar, Spritzpreßdrucke höher. Härtezeit für vorgewärmte Formmassen 20 bis 40 Sekunden je mm Wanddicke. Verarbeitungsschwindung 0,1 % bis 0,8 % je nach Füllstoff; Nachschwindung bis 0,4 %. Orientierungen der Füllstoffe beachten.

Spritzgießen: Verwendung von weichen, speziell eingestellten Formmassen auf Schneckenspritzgießmaschinen mit spezieller Plastifiziereinheit. Orientierung der Füllstoffe beachten. Massetemperaturen im Spritzzylinder 90 °C bis 110 °C. Spritzdrucke 800 bar bis 2500 bar (Forminnendruck >150 bar). Werkzeugtemperaturen 160 °C bis 190 °C. Härtezeit 10 bis 20 Sekunden je mm Wanddicke. Verarbeitungsschwindung stark abhängig von Angußlage und Füllstoff, in Fließrichtung 0,3 % bis 1,5 %, senkrecht dazu 0,2 % bis 1,4 %.

Schichtpressen: Papier-, Baumwollgewebe- oder Glasfasergewebebahnen werden in gelösten PF-Harzen oder Harzmischungen getränkt, getrocknet und dann in mehreren Lagen aufeinander heiß gepreßt (DIN 40802).

Kleben: Nach Aufrauhen der Fügeflächen mit Klebelacken oder Reaktionsklebstoffen hohe Festigkeit bis zu 100 °C (120 °C) erreichbar.

Spanen: Nach der Verarbeitung entgraten erforderlich, z. T. auf automatischen Entgratungsanlagen. Spanende Bearbeitung mit üblichen Werkzeugen für die Kunststoffverarbeitung, möglichst mit Hartmetall- oder Diamantbestückung. Spanen wegen Entfernung der Preßhaut oft nicht vorteilhaft.

Veredelung von Formteilen durch *Lackieren, Beflocken, Heißprägen, Bedrucken* und *Metallisieren* möglich.

■ Anwendungsbeispiele

Formstoffe, Formteile

Elektrotechnik: Steckdosen, Schaltergehäuse, Schaltschütze, Stecker, Kontaktleisten, Kollektorisolationen, Isolierkappen, Spulenträger. Lampenfassungen, Leuchtengehäuse; LS-/FI-Schaltergehäuse.

Maschinenbau: Lager, Pumpenteile, Griffe. Handräder, Gehäuse.

Fahrzeugindustrie: Bauteile für Bremssysteme; Kollektorisolierungen; Zündanlagen; Wandlerräder; Aschenbecher. Wabengewebe.

Haushaltgeräte: Topf- und Pfannengriffe, Teile für Toaster und Grillgeräte, Gehäuse, Bügeleisengriffe.

Schichtpreßstoffe

Bauwesen: Isolierplatten, Wandverkleidungen, Fassaden- und Türverkleidungen, Tischplatten, Stuhlsitze.

Elektrotechnik: Trägermaterial für gedruckte Schaltungen, Profile.

Maschinenbau: Zahnräder, Lagerschalen.

Harze

Lackharze, Klebstoffe; Bindemittel für Reibbeläge, Bremsbeläge, Schleifmittel; Kitte, Sockelkitte; Schaumstoffe; Tränkharze für Filterpapiere; Bindemittel für Waben (Honey-comb); Wickelharze, Harze für Prepregs. Bindemittel für Formsande.

■ Hochleistungskunststoff Ridurid (SGL)

Es handelt sich um graphitgefüllte Hochleistungskunststoffe (PF-CD) mit sehr günstigem Eigenschaftsbild. Ridurid zeichnet sich aus durch ausgezeichnete Gleiteigenschaften, auch im Trockenlauf; gute Wärmeleitfähigkeit und elektrische Leitfähigkeit (antistatisch); gute chemische Beständigkeit; geringe Wärmeausdehnung. Einsatztemperaturbereich von $-40\,°C$ bis $200\,°C$. Ridurid ist gut spritzgieß- und preßbar ohne Einfallstellen und damit sind auch unterschiedliche Wanddicken in einem Formteil möglich.

Einsatzbereiche: Pumpenteile für Zentralverriegelungen, Gasanalyse, Pipettierung, Zerstäubung; Pumpen für Benzin, Öl und sonstige Flüssigkeiten; Gleitringdichtungen, Gleitlager; Anlaufscheiben, Steuerungen, Schmierelemente; Elektroden für Elektrophorese, wäßrige und organische Synthese.

12.2 Aminoplaste MF, MP, UF

Aminoplaste (Melaminharze, Melamin-Phenol-Harze MP, Harnstoffharze UF) sind duroplastische, räumlich eng vernetzte *Formstoffe*. Die Vernetzungspunkte sind chemische Bindungen, daher haben Duroplaste im Gegensatz zu Thermoplasten höhere Festigkeit, höheren E-Modul, höhere Härte und höhere thermische Stabilität. Infolge dieses Aufbaus bestehen keine inneren Gleitmöglichkeiten, so daß die Formstoffe spröde sind und deshalb i. a. gefüllt und verstärkt werden. Im ausgehärteten Zustand sind sie unlöslich und unschmelzbar.

Aminoplaste sind Polykondensate, bei Melaminharzen aus Melamin und Formaldehyd, bei Harnstoffharzen aus Harnstoff und Formaldehyd, bei MP-Harzen aus Melamin und Phenol und Formaldehyd (Abspaltung von Wasserdampf!). Aminoplaste verfärben sich, im Gegensatz zu Phenoplasten, nicht im Sonnenlicht; deshalb sind diese Harze besonders geeignet für lichtechte, hellfarbige Formstoffe.

Im Handel sind auch *Blends*, d. h. Mehrkomponentenwerkstoffe, die durch Mischen unterschiedlicher Harze (PF, UF, MF, EP) oder durch Mischen von Harzen mit Thermoplasten und Elastomeren hergestellt werden. Dadurch werden die Eigenschaften gegenüber reinen Harzen gezielt verbessert. Blends aus Melamin- und Harnstoffharzen ergeben preiswerte, lichtechte Formmassen. Bei Kombinationen von Melamin- und UP-Harzen werden Schwindung und Nachschwindung gegenüber den Melaminharzsystemen herabgesetzt und die Oberflächenhärte gegenüber den UP-Harzsystemen verbessert.

Aufbau:

Melamin-Formaldehyd-Harz   Harnstoff-Formaldehyd-Harz

MF-, MP-, UF-, und (MF+UF)-Formmassen bestehen aus den entsprechenden härtbaren Harzen mit eingearbeiteten Füll- und Verstärkungsstoffen (vorwiegend auf Zellulosebasis). Sie werden nach verschiedenen Verarbeitungsverfahren unter Formgebung in der Wärme zu *Formstoffen* (Formteilen) verarbeitet.

Handelsnamen für Formmassen (Beispiele):

MF: Bakelite MF(Bakelite); Melbrite (Montell); Supraplast (SWC).

12 Duroplaste

MP (MPF): Bakelite MP (Bakelite); Melopas (Vantico); Supraplast (SWC).

UF: Bakelite UF (Bakelite); Gabrite (Montell); Skanopal (Bakelite).

Handelsnamen für Schichtpreßstoffe (Beispiele): Resopal (Rethmann), Hornit (Hornitex).

Normung: DIN EN ISO 14527 (UF), DIN EN ISO 14528 (MF), DIN EN ISO 14529 (MP), ISO 4896

DIN EN 438-1 Platten auf Basis härtbarer Harze (HPL) (ähnlich ISO 4586)

In DIN EN ISO 14527 (UF-UF/MF-PMC), DIN EN ISO 14528 (MF-PMC), DIN EN ISO 14529 (MP-PMC) werden die verschiedenen rieselfähigen Duroplast-Formmassen (PMC) voneinander unterschieden durch Angaben über die Harzart, *Art* und *Menge des Füll-/Verstärkungsstoffs*, vorgesehene *Verarbeitungs- und/oder Herstellungsverfahren*, Angaben zu *besonderen Eigenschaften* (siehe Tabellen 9.7 und 9.8) und den *kennzeichnenden Eigenschaften* Charpy-Schlagzähigkeit und Formbeständigkeitstemperatur (Tabelle 9.11). In den Teilen 1 ist anhand einer Tabelle ein Vergleich der Bezeichnung von rieselfähigen Aminoplast-PMC mit DIN 7708 möglich (siehe auch Tabelle 12.2). In den Teilen 3 sind Forderungen an die Eigenschaften von PMC festgelegt, außerdem können Bezeichnungen von PMC in nationalen und internationalen Normen verglichen werden.

Beispiele für die Angabe rieselfähiger Aminoplast-Formmassen:

PMC ISO 14527 – UF (LD20+MD20),M,E es bedeuten UF Harnstoff-Formaldehyd-Harz, WD20 (17,5 bis 22,5) Massenprozent Holzmehl, MD20 (17,5 bis 22,5) Massenprozent Mineralmehl; M Spritzgießen als empfohlenes Verarbeitungsverfahren, E besondere elektrische Eigenschaften.

PMC ISO 14528 – MF (GF20+MD20), es bedeuten MF Melamin-Formaldehyd-Harz, GF20 (17,5 bis 22,5) Massenprozent Glasfaser, MD20 (17,5 bis 22,5) Massenprozent Mineralmehl, kein empfohlenes Verarbeitungsverfahren.

PMC ISO 14529 – MP (WD30 + MD15), es bedeuten MP Melamin/Phenol-Formaldehyd-Harz, WD30 (27,5 bis 32,5) Massenprozent Holzmehl, MD15 (12,5 bis 17,5) Massenprozent Mineralmehl, kein Verarbeitungsverfahren festgelegt.

■ Eigenschaften von Aminoplast-Formstoffen

Die hier aufgeführten Eigenschaften beziehen sich auf den fertig verarbeiteten Zustand nach der Formgebung und Aushärtung. Die Eigenschaften sind stark abhängig von der Füllstoffart und dem Harzanteil (60 % bis 50 %), Formteilgestalt und Verarbeitungsbedingungen.

Dichte: 1,45 g/cm^3, je nach Füllstoffart bis 2,0 g/cm^3.

12.2 Aminoplaste MF, MP, UF

Tab. 12.2 Vergleich der Bezeichnungen von rieselfähigen Harnstoff- und Melamin-Formmassen UF-, UF/MF-, MF- und MP-PMC nach DIN EN ISO 14527 bis 14529 und DIN 7708-3, -9 und -10 (Beispiele), Details über Füllstoffe siehe Kapitel 9.3

rieselfähige Formmassen UF-, UF/MF-, MF- und MP-PMC nach DIN EN ISO 14527 bis 14529	UF-, MF- und MP-Formmassetyp nach DIN 7708-3, -9, -10 (alt)	Anwendungsbeispiele
PMC ISO 14527 – UF (LD10 + MD30) bis (LD20 + MD10)	131	allgemeine Anwendung
PMC ISO 14527 – UF (LD10 + MD30),X,E bis (LD20 + MD10),X,E	131.5	verbesserte elektrische Eigenschaften
PMC ISO 14528 – MF (LD25 + MD20) bis (LD35 + MD10)	152	allgemeine Anwendung
PMC ISO 14528 – MF (LD25 + MD20),X,N bis (LD35 + MD10),X,N	152.7	Lebensmittelechtheit (nach Lebensmittelrecht zugelassen)
PMC ISO 14528 – MF (SS30 + MD15) bis (SS40 + MD05)	154	allgemeine Anwendung
PMC ISO 14529 – MP LD35 bis LD45	181	allgemeine Anwendung
PMC ISO 14529 – MP (LD30 + MD15),X,E bis (LD40 + MD05),X,E	181.5	verbesserte elektrische Eigenschaften
PMC ISO 14529 – MP (WD35 + MD15) bis (WD45 + MD05)	182	allgemeine Anwendung
PMC ISO 14529 – MP (LD20 + MD30) bis (LD30 + MD20)	183	allgemeine Anwendung

12 Duroplaste

Gefüge: Vernetzte, polare Kunststoffe, meist gefüllt mit organischen Füllstoffen (Zellstoff, Holzmehl, Polymerfasern); auch mit anorganischen Füllstoffen (Glasfasern, Gesteinsmehl). Wasseraufnahme stark abhängig vom Füllstoff.

Farbe: Farblose Harze, deshalb hellfarbige Formstoffe möglich. MP ebenfalls hellfarbig, jedoch nicht so farbstabil wie MF und UF.

Mechanische Eigenschaften: Steif, hart, spröde. MF mit höherer Festigkeit als UF. Mechanische Eigenschaften stark abhängig von Füllstoffart und Füllstoffanteil und Art der Harzmischungen (Blends). Bei Zugabe von Thermoplasten verbessert sich die Schlagzähigkeit der Aminoplaste.

Elektrische Eigenschaften: Befriedigende elektrische Isoliereigenschaften, abhängig von Füllstoffart und Feuchte. MF hat gute Kriechstromfestigkeit; MP verhält sich etwas ungünstiger.

Thermische Eigenschaften: Maximale Dauergebrauchstemperatur bei UF bis +80 °C, bei MF mit anorganischen Füllstoffen bis +160 °C, bei Sondermassen kurzzeitig bis 250 °C. MF hat höhere Wärmeformbeständigkeit als UF und ist kochfest.

Kaum entzündbar, selbstverlöschend.

Beständig gegen (Auswahl): Wasser, organische Lösungsmittel; Öle, Fette; Benzin, Benzol, Alkohol. MF beständiger als UF, insbesondere gegen heißes Wasser.

Nicht beständig gegen (Auswahl): starke Säuren und starke Laugen. UF nicht für Heißwasseranwendungen.

Physiologisches Verhalten: UF für direkten Kontakt mit Lebensmitteln nicht zugelassen. MF Typ 152.7 zugelassen nach Lebensmittelgesetz.

Spannungsrißbildung: Infolge starker Nachschwindung Neigung zu Spannungsrissen, insbesondere bei höheren Temperaturen. Bei MP geringere Nachschwindung, deshalb kaum Rißbildung.

■ Verarbeitung von Aminoplast-Formmassen

Aminoplast-Formmassen vernetzen durch Polykondensation, d. h. es erfolgt Abspaltung von Wasserdampf, deshalb hohe Preßdrucke erforderlich.

Lagerfähigkeit bei Raumtemperatur rd. 6 Monate.

Fließverhalten: Fließeigenschaften der Formmassen werden eingestellt auf *weich – mittel – hart*. Prüfung der Fließfähigkeit z. B. durch Ermittlung der *Schließzeit* nach DIN 53465 (vgl. Kap. 29.2.1), im *Meßkneter-Test* DIN 53764 (Kap. 29.2.2) und/oder durch den *Plattentest* oder den *Orifice-Flow-Test OFT* nach ISO 7808. Das aufgeschmolzene Harz ist zunächst sehr dünnflüssig, daher Gratbildung.

12.2 Aminoplaste MF, MP, UF

***Pressen*, *Spritzpressen*:** HF-Vorwärmen von Tabletten auf etwa 100 °C, Preßtemperaturen 150 °C bis 175 °C bei Preßdrucken von 150 bar bis 400 bar; Spritzpreßdrucke höher. Härtezeit für vorgewärmte Formmassen 10 bis 40 Sekunden je mm Wanddicke. Verarbeitungsschwindung 0,1 % bis 0,7 % je nach Füllstoff; Nachschwindung 0,3 % bis 1,6 % je nach Füllstoff.

***Spritzgießen*:** Spezielle Formmassen werden auf Schneckenspritzgießmaschinen mit spezieller Plastifiziereinheit verarbeitet. Orientierung der Füllstoffe stärker als beim Pressen. Massetemperaturen im Spritzzylinder 95 °C bis 110 °C; Spritzdrucke 1500 bar bis 2500 bar; Nachdrucke 800 bar bis 1200 bar. Werkzeugtemperaturen bei *MF*: 160 °C bis 180 °C, bei UF: 150 °C bis 160 °C. Härtezeit 10 bis 30 Sekunden je mm Wanddicke. Verarbeitungsschwindung in Fließrichtung 0,7 % bis 1,2 %, quer zur Fließrichtung 0,8 % bis 1,3 %, stark abhängig von der Art der Anspritzung. Bei Kombinationen von MF- und UP-Harzen wird Verarbeitungsschwindung deutlich herabgesetzt.

***Schichtpressen*:** Papier- und Gewebebahnen werden mit gelösten MF-Harzen getränkt, getrocknet und dann in mehreren Lagen heiß gepreßt. Für *dekorative Hochdruck-Schichtstoffplatten (HPL)* nach DIN 16926 bzw. DIN EN 438 T1 werden bedruckte oder gefärbte Papierbahnen als Deckschicht mit gelöstem MF getränkt und dann mit Kernlagen aus PF-getränkten Papierbahnen zusammen verpreßt. *Kontinuierliche* Herstellung von *dekorativen Endlos-Laminaten (CPL)* nach DIN EN 1331 durch Härten von harzgetränkten Faserstoffbahnen unter hohem Druck und Temperatur.

Kleben nach Aufrauhen der Fügeflächen mit Reaktionsklebstoff (EP) oder Polychloropren-Kontaktklebstoffen.

***Spanen*:** Nach der Verarbeitung ist Entgraten der Formteile erforderlich, z. T. auf automatischen Entgratungsanlagen. Spanende Bearbeitung mit üblichen Werkzeugen der Kunststoffverarbeitung, möglichst Hartmetall. Wegen Entfernung der Preßhaut ist spanende Bearbeitung oft nicht vorteilhaft.

Veredelung von Formteilen durch *Lackieren, Beflocken, Heißprägen, Bedrucken* und *Metallisieren* möglich.

Anwendungsbeispiele

Formstoffe, Formteile

MF: Hellfarbige Elektroisolierteile wie Stecker, Schalter, Leuchtensockel, Klemmen, Schaltelemente, Zählergrundplatten; Eß- und Trinkgeschirr; Griffe für Kochgeräte, Bügeleisen, Grills, Waffeleisen, Bestecke.

MP: Gehäuse für Haus- und Küchengeräte, hellfarbige Isolierteile, hellfarbige Sanitär- und Toilettengegenstände. Kommutatoren, Kontaktleisten, LS-/FI-Schaltergehäuse; Schraubkappen.

UF: Elektroinstallationsmaterial; hellfarbige Verschraubungen für die Kosmetik; Sanitärgegenstände.

Schichtpreßstoffe
Dekorative Hochdruck-Schichtstoffplatten (HPL) für Möbel aller Art z. B. Küchenmöbel; Tür- und Wandbeläge; Fassadenplatten.

12.3 Ungesättigte Polyesterharze UP

Ungesättigte Polyesterharze stehen als Gießharze (Reaktionsharze), Formmassen (Reaktionsharzmassen) oder in Form von Prepregs zur Verfügung. Die Vernetzung erfolgt durch Copolymerisation, dabei erfolgt keine Abspaltung von Reaktionsprodukten. Im verarbeiteten Zustand spricht man von *Reaktionsharzformstoffen.* Die Eigenschaften der Fertigteile hängen von der *Art der Verstärkung* (Matten, Gewebe, Rovings, Stapelfasern), *Menge* der Verstärkungsstoffe (z B. Glasgehalt), sowie den *Verarbeitungsbedingungen* (Handlaminieren, Faserspritzen, Preß- oder Wickelverfahren usw.) ab. Je nach Herstellungsverfahren sind die Eigenschaften mehr oder weniger richtungsabhängig durch die Orientierung der Verstärkungsstoffe.

Außer den Standard-UP-Harzen gibt es eine Kombination UP-DCPD-Harzen. Bei Dicyclopentadien (DCPD) handelt es sich um eine organische Verbindung, die auf verschiedenen chemischen Wegen in die UP-Harze eingebaut wird. Die Kombinationen UP/DCPD sind in großen Breiten variabel mit speziellen Eigenschaften einstellbar. Allgemein ergeben sich gegenüber den UP-Harzen bessere Faserbenetzung, weniger Oberflächenklebrigkeit, höhere Wärmeformbeständigkeit, niedrigerer Styrolgehalt, höhere Füllgrade, weniger Abzeichnungen auf der Oberfläche und verbesserte Flammwidrigkeit.

Zu den ungesättigten Polyestern rechnet man auch die Diallylphthalatharze DAP (siehe auch Kap. 12.5).

Aufbau (von UP-Harz):

mit Styrol vernetzter ungesättigter Polyester (schematisch)

R: organischer Rest

12.3 Ungesättigte Polyesterharze UP

Handelsnamen (Beispiele):
Gießharze: Palatal (DSM Resins); Polylite (Reichhold); Rütapal (Bakelite).

Formmassen, Prepregs, BMC, SMC: Ampal (Raschig); Bakelite UP, Keripol (Bakelite); Menzolit (Menzolit); Palapreg (DSM Resins); Plastopreg (Reichold); Resipol (Raschig); Supraplast (SWC).

Diallylphthalat: Bakelite (Bakelite); Supraplast (SWC)

Normung: DIN EN ISO 14530, ISO 3672 (Harze), VDI 2010 T2

In DIN EN ISO 14530 werden verschiedene rieselfähige UP-Formmassen (UP-PMC) voneinander unterschieden durch Angaben über *Art* und *Menge des Füll-/Verstärkungsstoffs*, vorgesehene *Verarbeitungs- und/oder Herstellungsverfahren*, Angaben zu *besonderen Eigenschaften* (siehe Tabellen 9.7 und 9.8) und den *kennzeichnenden Eigenschaften* Charpy-Schlagzähigkeit und Formbeständigkeitstemperatur (Tabelle 9.11). In DIN EN ISO 14530-1 ist anhand einer Tabelle ein Vergleich der Bezeichnung von rieselfähigen UP-PMC mit DIN 16911 (alt) möglich (siehe auch Tabelle 12.3). In DIN EN ISO 14526-3 sind Forderungen an die Eigenschaften von UP-PMC festgelegt, außerdem können Bezeichnungen von UP-PMC in nationalen und internationalen Normen verglichen werden.

Beispiel für die Angabe einer rieselfähigen UP-Formmasse (UP-PMC):

PMC ISO 14530 – UP (GF10+MD65),X,FR, es bedeuten UP ungesättigtes Polyesterharz, GF10 (7,5 bis 12,5) Massenprozent Glasfaser, MD65 (62,5 bis 67,5) Massenprozent Mineralmehl; X kein empfohlenes Verarbeitungsverfahren, FR flammbeständig.

Tab. 12.3 Vergleich der Bezeichnungen von rieselfähigen ungesättigte Polyester-Formmassen UP-PMC nach DIN EN ISO 14530 und DIN 16911 (Beispiele), Details über Füllstoffe siehe Kapitel 9.3

rieselfähige Formmasse UP-PMC nach DIN EN ISO 14530-1 PMC ISO 14530-UP (...)	UP-Formmassetyp nach DIN 16911 (alt)
(GF10 + MD60) bis (GF20 + MD50)	802
(GF10 + MD65),X,F bis (GF20 + MD55),X,F	804

Eigenschaften

Die hier aufgeführten Eigenschaften beziehen sich auf den fertig verarbeiteten Zustand nach der Formgebung und Aushärtung. Die Eigenschaften sind stark abhängig vom Aufbau des Polyesters, vom Vernetzungsgrad, von Art und Menge der Verstärkungsstoffe und vom Verarbeitungsverfahren.

Dichte: Harze 1,17 g/cm^3 bis 1,26 g/cm^3; glasfaserverstärkt je nach Glasgehalt 1,6 g/cm^3 bis 2,2 g/cm^3.

Gefüge: Vernetzte Kunststoffe mit geringer Feuchteaufnahme, die überwiegend mit Verstärkungsstoffen wie Glasfasern (GFK, UP-GF) eingesetzt werden. UP-Harze werden mit Verstärkungsstoffen zu *Laminaten* verarbeitet oder als *Formmassen* (BMC, SMC) zu Formteilen.

Farbe: Ungefärbt ohne Füll- und Verstärkungsstoffe fast glasklar bis gelblich. In vielen Farben transparent und gedeckt einfärbbar. DAP mit hohem Oberflächenglanz.

Mechanische Eigenschaften: Unverstärkt sind vernetzte Harze je nach Aufbau mehr oder weniger steif, spröde bis zäh, mehr oder weniger schlagempfindlich. Durch Glasfaserverstärkungen wie *Rovings*, *Matten* und *Gewebe* erreicht man wesentliche Erhöhung von Festigkeit, E-Modul und Schlagzähigkeit. Festigkeiten liegen dann in der Größenordnung von unlegierten Stählen, bei allerdings noch wesentlich niedrigerem E-Modul. Bei Faserverstärkungen spielt der Haftvermittler zwischen Matrix (Harz) und Faser wichtige Rolle. Schrumpfung und Kriechneigung werden durch Glasfasern herabgesetzt.

Elektrische Eigenschaften: Gute elektrische Isoliereigenschaften und günstiges dielektrisches Verhalten. Sehr gute Kriechstromfestigkeit.

Optische Eigenschaften: Lichtdurchlässigkeit geringer als bei anorganischem Glas. Nichteingefärbte, glasfaserverstärkte Platten oder Bauteile ergeben diffuses, weiches Licht.

Thermische Eigenschaften: Glasfaserverstärkte UP-Harze auch bei tiefen Temperaturen einsetzbar, da keine Versprödung auftritt. Gute Wärmeformbeständigkeit auch unter Belastung. Obere Anwendungsgrenze je nach Type 100 °C bis 185 °C; bei Sonderharzen und Sondermassen kurzzeitig bis 230 °C. DAP hat hohe Formbeständigkeit bis 230 °C.

Üblicherweise nicht selbstverlöschend; selbstverlöschende Typen lieferbar.

Beständigkeit: Für Beständigkeit sind nicht nur Harzsystem, sondern auch Aufbau und Herstellung des Laminats von Einfluß. Wichtig ist immer eine geschlossene Harzschicht an der Oberfläche.

Beständig gegen (Auswahl): Wasser, wäßrige Salzlösungen, verdünnte Säuren außer Schwefelsäure; teilweise verdünnte Laugen; Ester, Ether; Mineralöl, Benzin, Fette; alkoholische Getränke. Gut witterungsbeständig bei geschlossener Harzoberfläche.

Nicht beständig gegen (Auswahl): Konzentrierte Säuren und Laugen, Chlorkohlenwasserstoffe, Alkohol, organische Lösemittel; Benzol, Aceton; heißes Wasser (außer bei Spezialtypen).

12.3 Ungesättigte Polyesterharze UP

Physiologisches Verhalten: Bei bestimmten Harz-Härter-Systemen physiologisch unbedenklich und für Lebensmittelzwecke zugelassen.

Spannungsrißbildung: Wegen geringer Verformungsfähigkeit unter bestimmten Voraussetzungen möglich. Bei Formmassen wegen geringer Nachschwindung wenig Neigung zu Rißbildung.

Verarbeitung von Gießharzen

Harzansatz (Reaktionsharzmassen): Anlieferung der zähflüssigen Reaktionsharze in Styrol gelöst. Lagerzeit bei Luft- und Lichtabschluß (kühl) je nach Type auf rd. 6 Monate begrenzt. Nach Herstellervorschrift werden Härter (meist Peroxide) mit den Reaktionsharzen und ggf. Beschleunigern zu Reaktionsharzmassen gemischt. Die Mischungen sind nur begrenzte Zeit verarbeitbar (Verarbeitungszeit, „Topfzeit").

Beachte: Härter und Beschleuniger dürfen wegen Explosionsgefahr nie unmittelbar miteinander vermischt werden; Räume sind gut zu belüften; Handschuhe und Schutzbrillen notwendig.

Kalthärtung (bei Raumtemperatur): Lineare Polyester und Styrol gelieren nach Ablauf der Verarbeitungszeit und härten aus, d. h. vernetzen durch Copolymerisation unter Wärmeentwicklung und Schrumpfung. Nachhärten 4 bis 5 Stunden bei 80 °C oder 1 bis 2 Wochen bei Raumtemperatur.

Warmhärtung: Bei Temperaturen von 80 °C bis 120 °C erfolgt schnellere gleichmäßigere Vernetzung der Harzmischung, daher i. a. keine Nachhärtung notwendig.

Lichthärtende UP-Harze, z. B. Palapreg LHZ (DSM Resins), vernetzen ohne Härter im Licht von UV-Strahlung (Leuchtstoffröhren, Speziallampen). Vorteile sind außerdem die praktisch unbegrenzten Verarbeitungszeiten (ohne UV-Einfluß); keine Misch- und Dosierfehler; abtropfende Harzmengen können wiederwendet werden.

Gießen: Verwendung der unverstärkten Reaktionsharzmassen zur Herstellung von Gußteilen, meist unter gleichzeitigem Einbetten von Präparaten.

Verarbeitung von Reaktionsharzen mit (Glas-)Fasern

Verfahren siehe Kap. 13.1.3, z. B. *Handverfahren, Laminiertechnik, Faserspritzverfahren, Wickelverfahren.*

Sonderverfahren: Roving-Spannverfahren für hochbeanspruchte Bauteile. *Schleuderverfahren* zur Herstellung von Rotationskörpern. *Strangzieh-* oder *Profilzieh-Verfahren* (Pultrudieren) zur Herstellung von Halbzeug mit sehr hohem Glasfasergehalt.

Kleben möglich mit UP-Harzen entsprechend den zu verklebenden UP-Teilen. Beste Haftung mit EP-Harzen. Vorheriges Aufrauhen unbedingt erforderlich. Zur Verbesserung der Beanspruchbarkeit bei geklebten Laminaten empfiehlt sich Überlaminieren mit Glasmatten oder Geweben.

Schrauben: Nach *Einlaminieren* von speziellen *Einbettmuttern* oder sternförmigen *Krafteinleitungselementen* können Schraubverbindungen hergestellt werden. Beim einfachen Zusammenschrauben sollten möglichst großflächige Unterlegscheiben zur Verminderung der Flächenbelastung vorgesehen werden.

Spanen gut möglich. Wegen Standzeit möglichst hartmetall- oder diamantbestückte Werkzeuge verwenden bzw. Trenn- oder Schleifscheiben auf Korundbasis. Bei Trennscheiben mindestens 80 m/s Umfangsgeschwindigkeit bei geringem Vorschub. Wasserkühlung ist zweckmäßig, auch wegen Staubentwicklung. Bohren nur senkrecht zum Laminataufbau.

■ Verarbeitung von Formmassen

UP-Formmassen bestehen aus festen oder flüssigen UP-Harzen mit Härtern, anderen Zusatzstoffen, sowie Füll- und Verstärkungsstoffen. Sie werden als *rieselfähige Granulate* (PMC), als *teigige*, styrolhaltige Formmassen oder *Premix* geliefert; man spricht von BMC (Bulk Moulding Compounds). *Flächige Prepregs* werden als SMC (Sheet Moulding Compounds) bezeichnet. Da die Formmassen schon alle zur Verarbeitung notwendigen Komponenten enthalten, sind sie nur begrenzt lagerfähig.

Pressen (Q) erfolgt bei Werkzeugtemperaturen von 160 °C bis 190 °C je nach Art des eingesetzten Härters. Preßdrucke 50 bar bis 150 bar; Preßzeiten 10 s bis 30 s je mm Wanddicke. Schwindung bis 1 %, praktisch keine Nachschwindung.

Spritzgießen (M) lassen sich speziell eingestellte Formmassen auf Schneckenspritzgießmaschinen; bei langfaserverstärkten, teigigen Formmassen sind aber *Stopfeinrichtungen* notwendig. Zylindertemperaturen 60 °C bis 80 °C. Düsentemperatur bis 110 °C; Spritzdrucke 300 bar bis 2000 bar; Werkzeugtemperaturen 160 °C bis 190 °C. Härtezeit 10 bis 30 Sekunden je mm Wanddicke. Verarbeitungsschwindung je nach Formmasse 0,1 % bis 1,3 %.

Verbinden: Wie bei Laminaten. Zum Verschrauben können Einlegeteile (Einbettmuttern) eingepreßt werden; bei Harzmatten ist das schwieriger.

Spanen: Wie bei Laminaten, aber nur in Sonderfällen notwendig.

■ Anwendungsbeispiele

Unverstärkte Gießharze
Zum Einbetten elektrischer und elektronischer Bauelemente; zur Herstellung von Knöpfen und Modellen; zum Einbetten beliebiger Gegenstände.

Laminate

Fahrzeugindustrie: Autokarosserien, LKW-Aufbauten, Wohnwagen, Tankaufbauten; Segel- und Motorflugzeuge; Bootskörper; Schienenfahrzeuge; Container, Paletten; Stoßfängersysteme; gewickelte Lenkradkränze.

Behälterindustrie: Transportbehälter aller Art; Getränkebehälter; Heizöltanks; Großrohre.

Bauwesen: Lichtkuppeln, Well- und Profilplatten, Gewächshausplatten, Balkonprofile, Fassadenplatten; Schwimmbäder; Dachkonstruktionen; Schalungen; Großrohre.

Möbelindustrie: Sitz- und Liegemöbel, auch für Außenanwendungen; Tische, Bänke.

Werkzeugbau: Kopierwerkzeuge, Kunststoffverarbeitungswerkzeuge.

Formmassen

Elektrotechnik, Feinwerktechnik/Mechatronic: Technische Formteile mit guten Isoliereigenschaften bei guten mechanischen und thermischen Eigenschaften wie Spulenkörper, Steckerleisten, Verteilerkästen, Kontaktleisten, Schaltergehäuse, Lampensockel; Teile für Zündanlagen im KFZ-Motorenbau; Verkleidungen, dekorative und steife Gehäuse für Haushaltgeräte; Mikrowellengeräte, Parabolspiegelantennen.

Sonderformmassen

UP-DCPD-Formmassen für Polymerbeton, Kunststeine; als *Laminate* für LKW-Aufbauten, Pipeline-Rohre (siehe auch Kap. 12.5).

DAP-Formmassen zum Ummanteln von Metallteilen; für Formteile der Elektrotechnik. In der Automobil-, Flugzeug- und Raumfahrttechnik, wenn hohe Ansprüche an die Temperaturbeständigkeit, die mechanischen und elektrischen Eigenschaften, sowie die Chemikalienbeständigkeit gestellt werden.

12.4 Epoxidharze EP

Epoxidharze werden als Gießharze (Reaktionsharze), Formmassen (Reaktionsharzmassen) oder als Prepregs verarbeitet. Die Vernetzung erfolgt durch *Polyaddition*, daher keine Abspaltung von Reaktionsprodukten. Epoxidharz-Formstoffe zeichnen sich aus durch gute elektrische Isoliereigenschaften, sehr hohe Haftfestigkeit und niedrige Schwindung. Die Eigenschaften können durch den *Verstärkungsstoff* (Glas-, Kohlenstoff- und Aramidfasern) und durch den *Mengenanteil* der Verstärkungsstoffe stark beeinflußt werden. Die Eigenschaften sind infolge Orientierung der Verstärkungsstoffe vielfach richtungsabhängig.

12 Duroplaste

Aufbau:

$$\text{----OCH}_2-\text{CH}-\text{O}-\overset{\overset{\text{O}}{\|}}{\text{C}}-\text{R}-\overset{\overset{\text{O}}{\|}}{\text{C}}-\text{OCH}_2-\text{CH}-\text{CH}_2\text{O}\text{----}$$

mit Substituenten: $-\text{O}-\text{CH}_2-\text{CH}-\text{CH}_2$ (links unten) und $-\text{OH}$ (rechts unten)

R organischer Rest

Epoxidharze sind meist Umsetzungsprodukte von mehrfunktionellen Hydroxylverbindungen, z. B. Bisphenol A mit Epichlorhydrin. Die Vernetzung erfolgt über Epoxidgruppen mit Polycarbonsäureanhydriden oder Polyaminen.

Handelsnamen (Beispiele):

Gießharze: Araldit (Vantico); Epikote (Shell); Grilonit (Ems); Lekutherm (Bayer); Rütapox (Bakelite).

Formmassen: Araldit-Preßmasse, Melopas, Neonit (Vantico); Bakelite (Bakelite); Supraplast (SWC).

Prepregs: Elitrex (AEG); Sigrafil (Sigri).

Normung: DIN EN ISO 3673 (Harze), DIN EN ISO 15252; VDI 2010 T3

In DIN EN ISO 12252 werden verschiedene rieselfähige EP-Formmassen (EP-PMC) voneinander unterschieden durch Angaben über *Art* und *Menge des Füll-/Verstärkungsstoffs*, vorgesehene *Verarbeitungs- und/oder Herstellungsverfahren*, Angaben zu *besonderen Eigenschaften* (siehe Tabellen 9.7 und 9.8) und den *kennzeichnenden Eigenschaften* Charpy-Schlagzähigkeit und Formbeständigkeitstemperatur (Tabelle 9.11). In DIN EN ISO 15252-3 sind Forderungen an die Eigenschaften von EP-PMC festgelegt.

Beispiel für die Angabe einer rieselfähigen EP-Formmasse (EP-PMC):

PMC ISO 15252 – EP (GF25+GG25), es bedeuten EP Epoxidharz, GF25 (22,5 bis 27,5) Massenprozent Glasfaser, GG25 (22,5 bis 27,5) Massenprozent Glasmahlgut.

■ Eigenschaften

Die hier aufgeführten Eigenschaften beziehen sich auf den fertig verarbeiteten Zustand nach der Formgebung durch Aushärtung. Die Eigenschaften sind sehr stark abhängig vom Aufbau des Epoxidharzes, vom Vernetzungsgrad, von Art und Menge des Verstärkungsstoffs und vom Verarbeitungsverfahren.

Dichte: Harze 1,17 g/cm^3 bis 1,25 g/cm^3; gefüllt je nach Füllstoffgehalt 1,7 g/cm^3 bis 2,1 g/cm^3.

12.4 Epoxidharze EP

Gefüge: Durch Polyaddition vernetzte Duroplaste mit geringerer Feuchteaufnahme als UP. Meist verstärkt durch mineralische Füllstoffe, sowie Glas-, Kohlenstoff- und Aramid-Fasern.

Farbe: Ungefärbt ohne Füllstoffe klar; meist aber nicht lichtecht, daher nur wenige Einfärbungen möglich; vielfach nicht hellfarbig.

Mechanische Eigenschaften: Eigenschaften der vernetzten, unverstärkten Harze abhängig vom Aufbau: Hohe Festigkeit, mehr oder weniger steif, zäh bis sehr zäh; auch elastisch einstellbar; wenig schlagempfindlich; gute Härte und Abriebfestigkeit; sehr hohe Haftfestigkeit; hohe Maßgenauigkeit. Durch Faserverstärkungen, z. B. Rovings, Matten und Gewebe wesentliche Erhöhung von Festigkeit, bis zur Festigkeit von Stählen; wesentliche Erhöhung der Steifigkeit (E-Modul) durch Kohlenstoff-Fasern. Für Textilglasfasern kein Haftvermittler notwendig, jedoch für Kohlenstoff-Fasern.

Elektrische Eigenschaften: Sehr gute elektrische Isoliereigenschaften in weitem Temperaturbereich. Gute Kriechstromfestigkeit; auch für Freiluftisolationen geeignet.

Thermische Eigenschaften: Gute Wärmeformbeständigkeit. Maximale Dauergebrauchstemperatur für kaltgehärtete Formteile bis +80 °C, für heißgehärtete Formteile +170 °C bis 200 °C, für Spezialsorten bis 250 °C.

EP schwer entzündbar, brennt weiter; Spezialtypen selbstverlöschend.

Beständigkeit: Für die chemische Beständigkeit sind neben dem Harzsystem der Härtertyp, sowie der Aufbau des Werkstoffs und die Füllstoffe maßgebend. Wichtig ist eine geschlossene Harzschicht an der Oberfläche.

Beständig gegen (Auswahl): Verdünnte Säuren und Laugen; Chlorkohlenwasserstoffe; Toluol; Alkohol; Benzin, Benzol, Mineralöle, Fette. Bei cycloaliphatischen Harzen gute Witterungs- und UV-Beständigkeit. Bedingt beständig gegen heißes Wasser. *Formmassen* beständig gegen: Kochwasser, starke Laugen, Alkohol, Ester, Ether, Toluol, Benzin, Benzol, Mineralöl, Fette.

Nicht beständig gegen (Auswahl): Konzentrierte Säuren und Laugen, Ammoniak; Ester, Ketone, Aceton. *Formmassen* nicht beständig gegen konzentrierte Laugen.

Physiologisches Verhalten: Im vernetzten Zustand weitgehend unbedenklich. Durch Einwirken von EP-Gießharzen und Härter (vor allem Amine) auf die Haut können Entzündungen und Ausschläge verursacht werden. Deshalb Hautkontakt vermeiden und Handschuhe und Schutzbrille bei der Verarbeitung tragen.

Spannungsrißbildung: Nur geringe Neigung zur Rißbildung, insbesondere bei zäh eingestellten EP-Formstoffen.

12 Duroplaste

■ Verarbeitung von Gießharzen

Harzansatz (Reaktionsharzmassen): Anlieferung der zähflüssigen Reaktionsharze und Härter getrennt in Gebinden. Lagerzeit bei Luft- und Lichtabschluß (kühl) je nach Typ auf rd. 6 Monate, teilweise 12 Monate begrenzt. Nach Herstellervorschrift Reaktionsharze und Härter, z. B. Amine, evt. auch Beschleuniger und Füllstoffe mischen. Mischung ist nur begrenzte Zeit verarbeitbar (Verarbeitungszeit, „Topfzeit").

Beachte: Zur Vermeidung von Schäden Handschuhe und Schutzbrille bei der Verarbeitung tragen. Raum gut belüften.

Kalthärtung (bei Raumtemperatur): Harzmischung geliert nach Ablauf der Verarbeitungszeit und härtet dann aus durch Polyaddition unter Wärmeentwicklung. Minimale Entformungzeit bei +25 °C je nach Harztype 1 h bis 30 h, bei +60 °C nur 15 min bis 90 min.

Warmhärtung: Ergibt gleichmäßige Vernetzung bei Temperaturen über +80 °C; z. B. 10 min Härtezeit bei 130 °C.

Verarbeitungsverfahren: Unverstärkte Gießharze zum *Eingießen von Bauteilen*, z. B. von Elementen in der Elektronikindustrie oder zur Herstellung von Formstoff-Isolierteilen nach dem *Reaktions-Spritzgießverfahren*.

■ Verarbeitung von Reaktionsharzen mit (Glas-)Fasern

Verfahren siehe Kap. 13.1.3, z. B. *Handverfahren, Laminiertechnik, Faserspritzverfahren, Wickelverfahren*.

Sonderverfahren: Roving-Spannverfahren für hochbeanspruchte Bauteile. *Schleuderverfahren* zur Herstellung von Rotationskörpern. *Strangzieh-* oder *Profilzieh-Verfahren* (Pultrudieren) zur Herstellung von Halbzeug mit sehr hohem Glasfasergehalt. Wegen geringerer Schwindung der EP-Harze ist die Vorbehandlung der Werkzeuge mit Formtrennmitteln, z. B. Wachsemulsionen, unbedingt erforderlich. Bei EP-Harzen längere Härtezeit als bei UP-Harzen. Kohlenstoff-Fasern (CF) sind schwieriger zu verarbeiten als Glasfasern (GF). Es werden auch Faserkombinationen verwendet.

Kleben: EP-Harze sind besonders günstige Reaktionsklebstoffe, auch für EP-Formteile. Vorheriges Aufrauhen und gründliches Entfetten der Fügeflächen erforderlich. Je nach Einstellung der EP-Harze und der Härter wird eine starre oder flexible Klebefuge erreicht. Zugscherfestigkeiten in der Klebfuge bis zu 40 N/mm^2.

Spanen möglich, ähnlich UP.

■ Verarbeitung von Formmassen

Formmassen bestehen aus festen Harzsystemen, Füll- und Verstärkungsstoffen, sowie speziellen, auf ausreichende Lagerzeit abgestimmten Härtern.

12.4 Epoxidharze EP

Formmassen werden als *rieselfähige* (PMC) oder *langfaserige Massen* (BMC) oder als flächige *Prepregs* (SMC) geliefert.

Pressen: Nur begrenzte Lagerzeit, bei 23 °C max. 3 Wochen, jedoch mehrere Monate unterhalb 5 °C; spezielle Formmassen bis 1 Jahr bei 23 °C. Lagerung in Kühlkammer zweckmäßig. Preßtemperaturen 170 °C bis 200 °C, Preßdrucke bis 200 bar; Preßzeiten 30 s bis 60 s je mm Wanddicke. Verarbeitungsschwindung 0,1 % bis 0,2 %; praktisch keine Nachschwindung.

Spritzgießen von speziell eingestellten Formmassen auf Schneckenspritzgießmaschinen. Zylindertemperaturen 60 °C bis 80 °C; Spritzdrucke bis 1200 bar, Nachdrucke bis 800 bar. Werkzeugtemperaturen 170 °C bis 200 °C. Härtezeit 15 bis 25 Sekunden je mm Wanddicke. Verarbeitungsschwindung 0,5 % bis 0,8 %.

Glasseidenprepregs: Trockener Verbund von Glasseidengewebe mit EP-Harze (40 % bis 60 % Glasgehalt). Lagerfähigkeit bei +23 °C je nach Harztype 10 Tage bis 2 Monate. Preßtemperaturen 120 °C bis 150 °C, Preßdrucke 0,5 bar bis 10 bar. Eingesetzt für Formteile mit höchster Festigkeit.

Spanen wie bei Laminaten, jedoch selten angewandt.

Veredelung von Formteilen durch *Lackieren, Beflocken, Heißprägen, Bedrucken* und *Metallisieren* möglich.

Anwendungsbeispiele

Gießharze

Elektrotechnik: Herstellen von Bauteilen für Elektromotoren; Hochspannungsdurchführungen, Isolatoren, Kondensatoren, gefüllte und ungefüllte Formteile nach dem Gieß- und Reaktionsspritzgießverfahren.

Bauwesen: Lacke für Oberflächenschutz und Beschichtungen; Verklebung von Betonbauelementen; hochfeste, chemikalienbeständige Beläge.

Klebstoffe für Metalle und Kunststoffe z. B. auch in der Luft- und Raumfahrt.

Werkzeugbau: Kontrollehren, Kopiermodelle, Tiefziehwerkzeuge für Warmumformen; Führungen für Stanzwerkzeuge; Gießereimodelle; Schäumwerkzeuge.

Laminate

Luftfahrt- und Fahrzeugindustrie: Verkleidungen und Bauelemente von Flugzeugen; Rotorblätter für Hubschrauber; hochfeste Decklagen bei Sandwichkonstruktionen; Bootskörper; Leitwerke für Verkehrsflugzeuge; gewickelte Kardan- und Gelenkwellen.

12 Duroplaste

Elektroindustrie: Basismaterial für gedruckte Schaltungen, Leiterplatten; Glashartgewebe mit hoher Festigkeit.

Chemische Industrie: Hochfeste Rohrleitungen, Behälter.

Sonstiges: Skier, Hockeyschläger, Tennisschläger, Angelruten, Hochsprungstäbe.

Formmassen

Elektrotechnik: Ummanteln von empfindlichen elektrotechnischen und elektronischen Bauteilen wie Kondensatoren, Kollektoren, Widerständen, Anker. Kontaktträger; Sockel, Steckverbinder. Teile für Autoelektrik, Zündanlagen; Kommutatoren.

Feinwerktechnik/Mechatronic: Technische Präzisionsteile, insbesondere mit Metalleinlagen. Keramikaustausch.

Chemische Industrie: Pumpen für aggressive Medien.

Sonstiges: Hochleistungssportgeräte.

12.5 Sonderharze

Für spezielle Anwendungen mit besonderen Eigenschaften kommen eine Reihe von härtbaren Systemen auf unterschiedlicher Basis zum Einsatz.

12.5.1 Silikonharzmassen SI

(elastische Silikone siehe Kapitel 14.1)

Dichte: 1,86 g/cm^3 bis 1,88 g/cm^3.

Gefüge: Hochvernetzte, meist mit Glasfasern, Glimmer und Kieselsäure gefüllte, duroplastische Kunststoffe mit sehr geringer Feuchteaufnahme.

Farbe: Schwarz oder dunkelgrau.

Mechanische Eigenschaften: Hohe Oberflächenhärte; spröde.

Elektrische Eigenschaften: Hervorragende elektrische Isoliereigenschaften bis zu +300 °C. Niedrige Dielektrizitätszahl und geringe dielektrische Verluste über einen weiten Frequenzbereich.

Thermische Eigenschaften: Hohe Wärmeformbeständigkeit, je nach Type Einsatztemperaturen 200 °C bis 250 °C, z. T. bis 300 °C, dabei kaum Änderung physikalischer und mechanischer Eigenschaften.

Silikonharze brennen nicht.

Beständig gegen (Auswahl): Verdünnte Mineralsäuren und Laugen; Methanol; Glykol.

12.5 Sonderharze

Nicht beständig gegen (Auswahl): Alkalien; konzentrierte Säuren; organische Lösemittel, aromatische Kohlenwasserstoffe.

Verarbeitung: vorwiegend durch Spritzpressen, aber lange Aushärtezeiten.

Anwendung: Vorwiegend für rationelle und sichere Einbettungen von empfindlichen Halbleiter- und Elektronikbauteilen; Schichtpreßstofftafeln für hochbeanspruchte Elektronikbauteile.

12.5.2 Diallylphthalat DAP/Polydiallylphthalat PDAP

Handelsnamen: Bakelite (Bakelite), Neonit (Vantico), Supraplast (SWC).

Diallylphthalat wird meist verstärkt mit Glas- oder synthetischen Fasern.

Die Verarbeitung erfolgt wie bei den klassischen duroplastischen Formmassen (PF, UF, MF) durch Pressen oder Spritzgießen. DAP/PDAP zeichnet sich aus durch hohe Dimensionsstabilität, hohe Temperaturbeanspruchbarkeit bis über 200 °C; DAP/PDAP ist sehr witterungs- und lichtbeständig und hat besonders gute elektrische Isoliereigenschaften, auch unter extremen Umweltbedingungen.

Einsatzgebiete: für elektronische Bauelemente, vor allem in der Raumfahrt.

12.5.3 Poly-DCPD-Harze

Es handelt sich um Zweikomponentensysteme für lange Fließwege, die im RIM-Verfahren verarbeitbar sind. Es ist leichte Ausformung möglich. Gut geeignet für großflächige LKW-Aufbauten und Karosserieteile. Harze werden auch mit UP-Harzen gemischt.

12.5.4 Vinylesterharze (VE-Harze)

Vinylesterharze liegen in den Eigenschaften zwischen den UP- und EP-Harzen, werden aber meistens zu den UP-Harzen gezählt. In Kombination mit UP-Harzen haben sie eine besondere Bedeutung für großflächige Karosserieteile, die nach den SMC- und BMC-Verarbeitungstechniken hergestellt werden. Neueres Einsatzgebiet ist die *Umwelttechnik* (Abgasreinigungssysteme in Kraftwerken, Klärbecken usw.).

12.5.5 PUR-Gießharze

Die durch Polyaddition in der PUR-Chemie dargestellten, vernetzten Werkstoffe ergeben durch die Vielfalt der Ausgangsstoffe und der einstellbaren Strukturen große Möglichkeiten der Differenzierung im Eigenschaftsbild (siehe auch Kap. 2.1).

12 Duroplaste

Die zunehmende Bedeutung der PUR-Werkstoffe beruht vor allem auf der Herstellung von Schaumstoffprodukten (s. Kap. 15.1).

Aus dem Bereich der *kompakten* PUR-Werkstoffe haben harte und hochelastische Gießharze Bedeutung.

Harte PUR-Harze (Verkapselungsharze) finden Anwendung als *Vergußmassen*, für hochbeanspruchte Teile der Elektrotechnik wie Kabelendverschlüsse, Zündspulen, Transformatoren oder für gegossene Hochspannungsisolatoren. Sie besitzen hohe Festigkeit und Härte oder hohe Flexibilität und sind bis +130 °C, bei Sondertypen bis 200 °C einsetzbar. Bemerkenswert ist der geringe Abrieb. PUR-Gießharze werden auch z. B. mit Metallpulvern gefüllt und finden dann Anwendung im Werkzeugbau, z. B. für die Herstellung von Thermoformwerkzeugen.

Hochelastische PUR-Harze (Elastomer-Gießharze) werden nach einer speziellen Verarbeitungstechnik, dem sog. „Vulkollan-Verfahren" in Form gebracht (siehe auch Kapitel 14.2.1). Rohdichte 1,20 g/cm^3 bis 1,21 g/cm^3. Vorteilhaft sind bei diesen Werkstoffen der extreme Verschleißwiderstand, hohe mechanische Dämpfung, sowie die Beständigkeit gegen Schmiermittel, viele Lösemittel und Bewitterung. Gebrauchstemperaturen bis 80 °C, kurzzeitig bis +130 °C. *Anwendungsbereiche* sind Rollen, Kupplungselemente, schalldämpfende Elemente, Maschinenbettungen, Dämpfungselemente im Fahrzeugbau (Verbundfedern), Dichtungen. Ungünstig ist die Unbeständigkeit gegen heißes Wasser und heiße, feuchte Luft.

Hartschäume werden z. B. für Sandwichsysteme eingesetzt. Integralschäume ergeben ebenfalls feste, steife und leichte Bauteile, siehe auch Kap. 15.1.

13 Verbundsysteme

Zur Verbesserung der Eigenschaften von Kunststoffen gibt es eine Vielzahl von Kunststoff-Verbundsystemen. Große Bedeutung haben, wegen der erhöhten Festigkeitseigenschaften und Steifigkeiten, die *Faser-Verbundsysteme* mit duroplastischer Matrix (GFK), und die Verstärkung thermoplastischer Kunststoffe mit unterschiedlichen Fasern (-GF, -CF) und Pulvern (-MD). Durch die *Blendtechnik* lassen sich die thermoplastischen Kunststoffe in einem weiten Bereich in ihren Eigenschaften beeinflussen. Möglich ist dabei z. B. eine Verbesserung der Verarbeitbarkeit, der Lackier- und Galvanisierbarkeit; Erhöhung der Schlagzähigkeit auch bei tiefen Temperaturen, Erhöhung der Wärmeformbeständigkeit, Verringerung der Spannungsrißbildung und Brennbarkeit.

Außer Faser-Verbundsystemen und Blends gibt es auch thermoplastische *Mehrschichtenverbundsysteme*. Durch Coextrusion werden z. B. Mehrschichten-Flaschen, -rohre und -schläuche hergestellt mit ganz speziellen Permeationseigenschaften. Im Verpackungswesen werden *Mehrschichtenfolienverbunde* eingesetzt. *Zweischichtwerkstoffe* dienen zur Herstellung z. B. für Schuhsohlen. Auch steife und sehr leichte S*andwichkonstruktionen* zählen zu den Verbundsystemen. *Mehrkomponenten-* und *Hinterspritztechniken*, sowie *Insert-* und *Outserttechnik* ermöglichen die Herstellung von Verbundsystemen auch mit anderen Werkstoffen, wie Elastomeren, Metallen usw.

13.1 Faser-Verbundsysteme

In der Leichtbautechnik, z. B. im Flugzeugbau, in der Raumfahrt, für Spezialkarosserien und Sportgeräte spielen Verbundsysteme aus härtbaren Harzen und Thermoplasten als *Matrix* und *Fasersysteme* als Träger für hohe Festigkeit und Steifigkeit eine außerordentlich wichtige Rolle. Häufig werden in der *Sandwichbauweise* die tragenden Deckflächen aus diesen hochfesten und biegesteifen Verbundwerkstoffen kombiniert mit einem Stützkern in verschiedenem Aufbau und unterschiedlichen Werkstoffen (Kunststoffschäume, Waben aus Metallen und Kunststoffen).

Als duroplastische Matrix kommen vorwiegend die *Gießharze* UP, EP, PUR und PI zum Einsatz, als thermoplastische Matrix für GMT vor allem Polypropylen PP, aber auch andere Thermoplaste wie Polysulfon PSU, z. B. im Flugzeugbau.

Als *Fasern* werden verwendet Glasfasern GF, Kohlenstoff-Fasern CF (*Celion*, *Sigrafil*, *Sigratex*; *Sofita*) und Aramidfasern RF (*Kevlar*, *Twaron*); PE-Fasern (*Dyneema*) oder Kombinationen dieser Fasern (Werte siehe Tabelle 13.1).

13 Verbundsysteme

Tab. 13.1 Eigenschaften verschiedener Fasern, die Bruchdehnung aller Fasern beträgt nur wenige Prozent

Faser	Dichte g/cm^3	Zugfestigkeit MPa	Elastizitätsmodul GPa
E-Glasfaser	2,52	2500	70
R-Glasfaser	2,54	3600	85
S-Glasfaser	2,49	4500	86
C-Faser HT-Typ	1,77	2700 bis 3500	220 bis 240
C-Faser HM-Typ	1,90	2000 bis 3200	350 bis 490
Aramidfaser Kevlar 29	1,44	2800 bis 3000	58 bis 80
Aramidfaser Kevlar 49	1,45	2700 bis 3000	130 bis 132
PE-Faser (Dyneema SK60 von DSM)	0,97	2600 bis 3300	87

Im Hinblick auf die Verarbeitung und den Einsatz von Faserverstärkungen sind zahlreiche Lieferformen handelsüblich: *Rovings, geschnittene Fasern* für *Vliese* und *Matten, Gewebe* in verschiedensten Webarten; *Kurz-* und z. T. *Langglasfasern* für thermoplastische Formmassen.

13.1.1 Faserwerkstoffe, Faserprodukte

Bei faserverstärkten Kunststoffen ist besonders wichtig die *Haftung* der Fasern an der Matrix, damit optimale Verstärkung gewährleistet ist.

Zur Verstärkung von Kunststoffen werden Fasern unterschiedlicher Herkunft verwendet (siehe auch Tabelle 13.1):

- Organische Naturfasern und deren abgewandelten Produkte: Holz, Zellstoff, Cellulose, Papier, Baumwolle, Sisal, Jute, Flachs, Hanf, Kokosfaser
- Kunststoff-Fasern auf der Basis PE, PP, PVC, AN, PA, PUR, PET, PBT, Aramidfasern, Kohlenstofffasern
- Anorganische Fasern aus Aluminium, Aluminiumoxid, Bor, Borcarbid, Bornitrid, Glas, Stahl, Wolfram, Zirkonoxid.

In der Anwendung kann man unterscheiden:

- *Verstärkungen für Preßmassen* werden als Glas-Kurzfasern oder Langfasern („Sauerkrautmassen") oder als Baumwoll-Gewebeschnitzel für unterschiedliche Zwecke eingemischt, z. B. zur Erhöhung der Festigkeit, Steifigkeit, Temperaturbeständigkeit und Bruchsicherheit (siehe auch Kap. 12).

- *Verstärkungen für Schichtpreßstoffe* in Form von Papier, Baumwoll-, Glas- oder Mineralfasergewebe.
- *Fasern für thermoplastische Kunststoffe* überwiegend in Form von Kurzglasfasern (langglasfaserverstärkte Thermoplaste sind ebenfalls auf dem Markt, benötigen aber spezielle Verarbeitungstechniken), bei technischen Kunststoffen auch Kohlenstofffasern möglich, z. B. zur Erhöhung von Festigkeit, Steifigkeit und Temperaturbeständigkeit. Bei glasmattenverstärkten Thermoplasten (GMT) handelt es sich um Halbzeuge, bei denen Glasmatten und/oder Glasvliese in eine Matrix aus (vorwiegend) PP, aber auch anderen technischen Thermoplasten eingearbeitet sind.
- *Verstärkungen für Verbundwerkstoffe* sind bei UP-Harzen vorwiegend Glasfasern, Glasgewebe unterschiedlicher Webart und Glasvliese und bei EP-Harzen Glasfasern, Kohlenstoff- und Aramidfasern und Gewebe unterschiedlicher Webart, sowie Kombinationen (Hybride).

Aus Kunststoffen selbst werden Fasern für die unterschiedlichsten Anwendungszwecke hergestellt:

PE, PP: Seile, Taue, Netze, Bänder

PS: Isolierumspinnungen in der Fernsehtechnik

PVC-Copolymerisate: Chemietechnik, Säureschutzkleidung

Polyfluorcarbone: unbrennbare Arbeitsschutzkleidung

Acrylnitril-Copolymerisate: Textil- und Teppichindustrie

Polyamide: Textilindustrie, Reifencord, Schnüre, Borsten, Bänder, Seile

Aramidfasern: Feuerschutzkleidung, schußsichere Ausrüstungen

PUR-Elastomere: Stützgewebe

PET und *PBT:* Textiltechnik, Cordgewebe, Einlagen in Förderbänder und Treibriemen, Bautechnik, Zeltstoffe

Cellulose (Viskose): Textiltechnik.

13.1.2 Besonderheiten bei Faser-Verbundsystemen

Auf die Festigkeit eines Faser-Verbundes wirken sich folgende wichtige Einflußfaktoren aus: *Harzsystem, Fasersystem, Fasergehalt, Haftung* der Faser an der Matrix (Harz oder Thermoplast), *Verarbeitungsbedingungen* und *Beanspruchungsart*. Die hohe Festigkeit der Verstärkungsfasern kann nur dann voll ausgenutzt werden, wenn die Bruchdehnung der Matrix größer ist als die Bruchdehnung der Faser (Bild 13.1).

Bei Gewebe- und Mattenverstärkungen sind die Verbundprobleme noch wesentlich komplizierter. Die *Haftung* des Harzes an der Faser ist von be-

13 Verbundsysteme

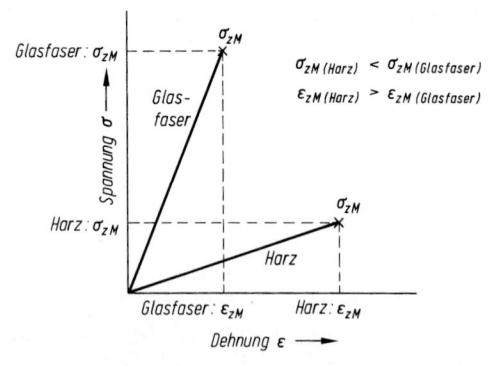

Bild 13.1 Spannungs-Dehnungs-Verhalten und Bruchverhalten von Harz und Glasfaser (schematisch)

sonderer Bedeutung, da sonst bei Biegebeanspruchung vorzeitig Ablösungen auftreten. Außerdem kann eine starke Schwindung des Harzes Hohlräume an der Faseroberfläche verursachen, die zu ungenügender Haftung des Harzes an der Faser führen können. Die *Richtung* der Fasern im Gewebelaminat ergibt eine richtungsabhängige Elastizität und Festigkeit des Laminats (Anisotropie). Bei Glasfasermatten ist ein gleichmäßiges Festigkeitsverhalten (Isotropie) zu erwarten, siehe auch Bild 13.2.

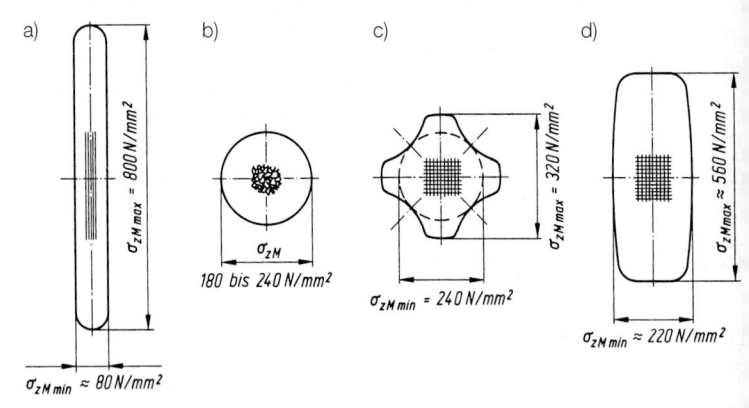

Bild 13.2 Richtungsabhängige Festigkeitsverteilung verschiedener Verstärkungsarten
a) Rovings
b) Glasseidenmatte
c) Gewebe in Leinenbindung
d) kettverstärktes Gewebe

13.1 Faser-Verbundsysteme

Der *Fasergehalt* in einem FK-Laminat ist von der Art der Verstärkung und den Verarbeitungsbedingungen abhängig. Die Festigkeit nimmt mit dem Fasergehalt zu bis zu einem Optimalwert. Bei höheren Fasergehalten sinkt die Festigkeit, weil dann die Haftung zwischen Faser und Harz infolge zu niedrigen Harzgehalts ungenügend wird und durch die hohen Preßdrucke Fasern geschädigt werden.

Die *Prüfung* von faserverstärkten Formstoffen kann nach den für Kunststoffen üblichen Prüfverfahren erfolgen, jedoch sind teilweise besondere Bedingungen für die Prüfkörper und die Prüfung notwendig. Wichtig ist dabei vor allem die *sog. interlaminare Scherbeanspruchung*, die als Querkraftwirkung bei Biegung auftritt und zu vorzeitigen *Scherbrüchen* führen kann, ehe die volle Festigkeit ausgenützt ist. Die Prüfung der interlaminaren Scherfestigkeit erfolgt nach DIN 65148 und DIN EN 2377; weitere Prüfnormen für faserverstärkte Kunststoffe siehe Luft- und Raumfahrtnormen DIN 65XXX.

Die besonderen Verhältnisse der Faser-Verbundwerkstoffe erfordern auch die Beachtung bestimmter Konstruktionsprinzipien. Bei faserverstärkten Laminaten kann die Verstärkung durch geeignete Wahl der Faserprodukte gezielt erreicht werden. Bei thermoplastischen, faserverstärkten Formmassen sind Anisotropien zu beachten, die von der Konstruktion, der Lage des Anspritzpunktes, sowie der Art des Angusses abhängig sind.

Eine *neuere Entwicklung* stellt *CFC* dar, d. h. kohlenstofffaserverstärkter Kohlenstoff (*Sigrabond*). Dabei sind die Kohlenstoff-Faserverstärkungen in eine Matrix aus Kohlenstoff eingebettet, der durch eine spezielle Wärmebehandlung von hochkohlenstoffhaltigen, teerartigen Produkten erzeugt wird. *Anwendungsbeispiele*: Hochtemperaturbeanspruchte Formteile und physiologisch besonders unempfindliche Teile für medizinische Implantate.

Bei *GMT* werden Glasfaserprodukte in eine thermoplastische Matrix, meist Polypropylen PP, eingebettet. Die Halbzeuge lassen sich umformen; die gesamte Verarbeitung ist aber aufwendiger als bei SMC-Materialien.

13.1.3 Verarbeitungstechniken für Reaktionsharzmassen mit Faserverstärkungen

Die Art und Gestalt der verstärkenden Fasersysteme bestimmen weitgehend das Verarbeitungsverfahren.

Handverfahren (Laminiertechnik)

Handverfahren sind geeignet für die Herstellung sehr großflächiger Teile in geringen Stückzahlen bei niedrigen Investitionskosten, aber hohem Arbeitsaufwand. Formteile sind nur einseitig glatt; Wanddicken ab 1 mm. Auf ein

13 Verbundsysteme

entsprechendes Werkzeug aus Holz, Gips oder GFK wird zunächst ein *Trennmittel* und dann eine harzreiche *Feinschicht* (Gelcoat) aufgebracht. Auf diese angelierte Feinschicht werden dann lagenweise Glasfaserprodukte (Matten, Gewebe) und Reaktionsharz auflaminiert. Die einzelnen Verstärkungsschichten sind gut mit Harz zu tränken und dann mit Pinsel oder Rolle zu verdichten, wobei möglichst alle Luftbläschen von der Mitte nach außen zu verdrängen sind. Erreichbare Glasgehalte liegen zwischen 25 % und 35 % (Gewichtsprozent) bei Glasmatten und 45 % bis 50 % bei Geweben. Die Volumenschwindung nimmt mit zunehmendem Glasgehalt ab.

Faserspritzverfahren

Zur Herabsetzung der Herstellungskosten und zur schnellen Herstellung von großflächigen oder stark gekrümmten Formteilen werden gleichzeitig Reaktionsharz und geschnittene Glasfasern auf ein Werkzeug aufgespritzt. Das Verfahren wird auch eingesetzt zum nachträglichen Versteifen von großflächigen Teilen aus anderen Werkstoffen (z. B. warmumgeformte Badewannen aus PMMA) und zum Auskleiden. Glasfasergehalte liegen zwischen 20 % und 30 %. Formteile sind nur einseitig glatt. Investitionskosten wegen Faserspritzanlage höher als beim Handlaminieren.

Preßverfahren

Preßverfahren ermöglichen höhere Glasfasergehalte als Handlaminieren und Faserspritzverfahren bei guter Maßhaltigkeit und beidseitig glatten Oberflächen. Preßverfahren geeignet für mittlere bis hohe Stückzahlen. Man unterscheidet *Naßpressen* und das *Verpressen von Harzmattenzuschnitten* (Prepregs, SMC). Beim Naßpressen wird unterschieden in *Kaltpressen* und *Warmpressen*. Harzmatten werden nur warm verarbeitet.

Kaltpressen erfolgt in Werkzeugen, auch Kunststoffwerkzeugen, bei Raumtemperatur. Preßdrucke bis 10 bar; Preßzeiten 5 min bis 20 min je nach Formteilgröße.

Warmpressen wird in beheizten Stahlwerkzeugen bei Temperaturen von 80 °C bis 150 °C durchgeführt. Preßdrucke bis 50 bar; Preßzeiten rd. 1 min je mm Wanddicke. BMC-Formmassen (Bulk Moulding Compounds) werden warm verpreßt.

SMC-Verfahren (Sheet-Moulding-Compound)

Mit UP-Harzen vorimprägnierte, flächige Fasersysteme, geliefert in Rollen werden im Warmpreßverfahren zu großflächigen Formteilen verarbeitet *Anwendungsbeispiele*: Karosserieteile, Fahrerhäuser; Innenausstattungsgroß teile in Schiffs- und Flugzeugbau; Sitzschalen.

13.1 Faser-Verbundsysteme

In ähnlicher Weise können flächige Fasersysteme kombiniert mit thermoplastischen Formmassen, vor allem PP, zu *glasmattenverstärkten Thermoplasten* GMT warm verpreßt werden.

Für besonders hoch beanspruchte Konstruktionsteile, vorwiegend bei dynamischer Beanspruchung, werden aus EP-Harzen, Rovings, Matten oder Geweben sog. „Prepregs" hergestellt, als Kohlenstoff-, Aramid- u. Glasfaser-Prepreg-Systeme. Die entsprechenden Zuschnitte dieser Prepregs werden zu flächigen Teilen warm verpreßt. *Anwendungsbeispiele*: Flugzeugbauteile, Blattfedern im Fahrzeugbau.

Wickel-und Spanntechnik

Mit dieser Technik können Harze mit den Verstärkungskomponenten *Rovings* (Stränge aus Glas-, Kohlenstoff- oder Aramidfasern) in speziellen, computergesteuerten Wickelanlagen zu hochbeanspruchten, leichten und steifen Formteilen verarbeitet werden. Die harzgetränkten Fasersysteme, z. B. *Einzelfäden, Rovings, Bänder* werden entsprechend der Hauptspannungsrichtungen auf *verlorene Kerne* oder *Stützkerne* gewickelt und anschließend z. B. bei UP in Autoklaven warm ausgehärtet. Aushärtung ist abhängig vom Harzsystem. *Anwendungsbeispiele*: Behälter, Hohlkörper, Rohre, Gelenkwellen, Rotorblätter, Konstruktionsteile im Flugzeugbau.

Strangziehverfahren

Anwendung zur Herstellung von Halbzeugen, Profilen, Rohren mit hohen Fasergehalten, siehe bei UP-Harzen (Kap. 12.3) und EP-Harzen (Kap. 12.4).

13.1.4 Thermoplast-Faserverbundsysteme

Thermoplastische Formmassen werden mit *Kurzfasern* (-GF) verstärkt und im Spritzgieß- und Extrusionsverfahren verarbeitet; sie sind bei den jeweiligen thermoplastischen Kunststoffen im Teil II aufgeführt.

Glasmattenverstärkte Thermoplaste (GMT) nach DIN EN 13677 werden als Halbzeuge für (groß-)flächige Formteile eingesetzt, z. B. mit PP als Matrix.

Unter *thermoplastischen Hochleistungs-Verbundwerkstoffen* versteht man gewebe- oder faserverstärkte Thermoplaste als Kombination von Verstärkung und hochwertigen Thermoplasten (z. B. PA, PPE, PPS, PEEK, Fluorpolymere) mit über 50 % Fasergehalt. Die Ausgangsprodukte liegen zunächst als Prepregs vor. Die Herstellung erfolgt nach einem neuen, wirtschaftlichen Verfahren (*Sulzer-Pulverimprägnierverfahren*), bei dem eine vollständige Benetzung der Fasern mit den aufgeschmolzenen thermoplastischen Kunststoffen erreicht wird. Die Weiterverarbeitung der Prepregs erfolgt z. B.

durch Aufwickeln von Bändern zu Scheiben (Rollen) oder durch Aufschichten zu Platten. Die Formteilherstellung ist verbunden mit dem Aufschmelzen der Thermoplastmatrix, Verpressen und Abkühlen. In Tabelle 13.2 sind einige Kombinationen von Thermoplasten und Fasern, sowie der Lieferformen und Verarbeitungsverfahren zusammengestellt. Ein besonderes Verarbeitungsverfahren stellt das *Thermoplastic Fiber Placement* (TFP) nach *Sulzer* dar, mit dem thermoplastische Prepregs zunächst erhitzt und dann mit einem Legekopf unter Druck abgelegt und abgekühlt werden; es lassen sich flächige, gekrümmte und rohrähnliche Formteile herstellen.

Tab. 13.2 Materialkombinationen und Lieferformen von thermoplastischen Hochleistungscomposites (nach Sulzer)

Produkt	Lieferform	Verarbeitung
Thermoplastisches Prepreg bestehend aus: *Fasern:* Kohlenstoff-Fasern CF Aramid-Fasern AR Stahl (Glas)-Fasern **Matrix:** Polyamid (PA 12, PA 6) Polyphenylensulfid PPS Thermoplastisches Polyimid (TPI) Polyetheretherketon PEEK Fluorpolymere (PFA, PVDF) in verschiedenen Mischungen und in Faservolumengehalten von 35 % bis 65 %	UD-Band Dicke: 0,15 mm bis 0,5 mm Breite: 5 mm bis 305 mm	Pultrusion Bandablegeverfahren (TFP) Wickeln Rolltrusion Preßformen
	UD-Profil Dicke: >0,5 mm Breite: 5 mm bis 50 mm	Kleben Schweißen
	0/90°-Gewebe in verschiedenen Bindungen Dicke: 0,3 mm Breite: 1000 mm bis 1500 mm	Preßformen Schweißen Kleben

Vorteile dieser thermoplastischen Hochleistungswerkstoffe (gegenüber duroplastischen) sind *Wegfall der Harzhärtung, unbegrenzte Lagerfähigkeit der Prepregs, höhere Zähigkeit* und *Energieabsorption, geringe Arbeitsplatzbelastung* und *große Variationsmöglichkeit* im Eigenschaftsbild der Formteile je nach eingesetztem Thermoplast, sowie Faserart und Aufbau der Faserverstärkung (Tabelle 13.3). Besonders lassen sich z. B. Festigkeit, E-Modul, Lösungsmittelbeständigkeit gezielt beeinflussen. Die Produkte sind *schweiß* und *klebbar. Anwendungsbeispiele:* Grundplatten für Maschinen, Karosserieteile, Laufräder, Hülsen, Lagerringe, Bandräder.

Tab. 13.3 Mechanische Eigenschaften eines thermoplastischen Hochleistungscomposites PEEK-CF (nach Sulzer)

Unidirektional-Verstärkung					
Faservolumengehalt %	40	50	55	60	65
Minimale Zugfestigkeit (23 °C) MPa	1590	1960	2150	2400	2600
Zug-(E)-Modul (23 °C) GPa	78	98	107	120–130	150–160
Bruchdehnung %	1,8–2,0	1,8–2,0	1,8–2,0	1,8–2,0	1,8–2,0
Dichte g/cm^3	1,51	1,56	1,58	1,61	1,63
Quasiisotrope Verstärkung (Gewebe verpreßt: 0°/90°/±45°, Faservolumengehalt 60 %; Dichte ϱ = 1,6 g/cm)					
Zugfestigkeit MPa 23 °C 150 °C 200 °C				1100 1050 700	

13.2 Polymerblends (siehe auch Kap. 4.2)

Die Blend-Technologie wird dazu benützt, um aus verschiedenen Basis-Kunststoffen hochleistungsfähige Werkstoffe mit speziellen Eigenschaften gezielt herzustellen. Die Gemische bestehen aus zwei oder mehreren Basis-Kunststoffen, die molekular verteilt oder mikroskopisch dispergiert sind. Man unterscheidet drei Systeme:

- Blends mit voller Verträglichkeit der Komponenten (einphasige Matrix). Beispiele sind PE-LD+PE-HD, SMA+SAN, PPE+PS-HI.
- Teilverträgliche Blends bilden eine zweiphasige Matrix mit guter physikalischer Wechselwirkung zwischen den Phasen. Beispiele sind PC+ABS und PC+PBT.
- Blends mit Unverträglichkeit zwischen den Polymeren. Zu ihrer Kombination sind bestimmte Copolymere als Phasenvermittler erforderlich. Beispiele sind PA+ABS, PPE+PA.

Der Vorteil der Blendtechnologie liegt darin, aus den Einzeleigenschaften der Basiskunststoffe einzelne gewünschte Eigenschaften besonders herauszuheben. Es ist z. B. bei PC+ABS möglich, Eigenschaften zu erreichen, die keiner der beiden Ausgangskunststoffe aufweist. Das (PC+ABS)-Blend hat besonders hohe Kaltschlagzähigkeit bis −30 °C und Wärmeformbeständigkeit sowie gute Spannungsrißbeständigkeit und gute Verarbeitbarkeit, besser als die Einzelkomponenten.

Zusammenstellung verschiedener technischer Blendtypen

PC-Blends: PC+ABS, PC+ASA von Bayer, GEP, Dow. Im Kfz-Innenausbau können PC+ABS-Blends und ABS-Teile gemeinsam entsorgt werden, wenn Additive vermieden werden, die PC schädigen. In der Elektronik eignen sich mit einem organischen Phosphat flammwidrig ausgerüstete (PC+ABS)-FR-Blends für Gehäuse in der Elektronik (keine Cl- oder Br-Verbindungen erforderlich).

PPE-Blends: PPE+PS, PPE+PA von BASF, GEP, Shell, Mitsubishi, Sumitomo. PPE+PA-Blends verfügen über eine Wärmeformbeständigkeit bis 170 °C und sind deshalb für Kfz-Außenteile für die Online-Lackierung sehr gut geeignet. PPE-Blends werden wegen ihrer guten Hydrolysebeständigkeit, der geringen Wasseraufnahme und hohen Dimensionsstabilität z. B. für Pumpengehäuse und Wärmetauscher eingesetzt.

PBT-Blends: PBT+PET, PBT+PC von BASF, Bayer, GEP, DuPont. Einsatz von (PBT+PC)-Blends für Karosserieaußenteile; die Teile lassen sich gegenüber Metallteilen durchfärben und die Herstellkosten und das Fahrzeuggewicht verringern, auch sind dem Design geringere Grenzen gesetzt.

PA-Blends: PA+ABS, PA+SMA, PA+PP von BASF, Bayer, GEP. *PP-E(P)DM-Blends* sind eine der wichtigsten thermoplastischen Blendgruppen mit erhöhter Schlagzähigkeit für Automobilaußenanwendungen. *Anwendung* für Karosserieteile, Instrumententafeln, Gehäuse für und in der Elektronik, Verpackungsindustrie.

TPU+ABS-Blends weisen ausgezeichnete Zähigkeitswerte auf und werden z. B. für Skischuhe verwendet.

Bei den einzelnen Kunststoffen in Teil II sind die Blendprodukte ebenfalls erwähnt.

14 Elastomere

Elastomere sind natürliche oder synthetische Stoffe mit hoher *Elastizität, niedrigem Elastizitätsmodul* und *hoher Dehnbarkeit*. Das viskoelastische Verhalten folgt teilweise dem Hookeschen Gesetz idealer fester Körper als auch dem Newtonschen Gesetz idealer Flüssigkeiten. Die *Gummielastizität* (Entropieelastizität) wird bei den *klassischen Elastomeren* durch eine mehr oder weniger *weitmaschige Vernetzung* der Makromoleküle erreicht, bei den *thermoplastischen Elastomeren* durch den entsprechenden molekularen Aufbau. Die *Glasübergangstemperaturen* T_g der Elastomere liegen meist weit unterhalb 0 °C.

Bei den Polyurethanelastomeren gibt es *vernetzte* und *thermoplastisch verarbeitbare* Systeme, die gemeinsam in Kapitel 14.2.1 behandelt sind.

14.1 Vernetzte Elastomere (Gummiwerkstoffe)

Vernetzte Elastomere (Gummi) entstehen durch *Vulkanisation* einer *Gummimischung*, wobei Kautschukmoleküle durch Schwefel oder Peroxide unter Druck- und Wärmeeinwirkung *weitmaschig* vernetzt werden. Der *Vulkanisationsgrad* (Anzahl der Vernetzungspunkte) hängt ab von der *Gummimischung* und den *Vulkanisationsbedingungen* bei der Verarbeitung.

Gummimischungen

Eine Gummimischung besteht i. a. aus

- Kautschuk, der maßgebend ist für die *mechanischen Eigenschaften* des Gummis, für das *Quellverhalten* in Medien (Öle, Treibstoffe, Lösemittel, Wasser), das *Alterungsverhalten*, sowie den *Einsatztemperaturbereich*.
- Vernetzungs-/Vulkanisationsmittel bewirken die *Vernetzung* („Brückenbildung") zwischen den Kautschukmolekülen. Meist werden *Schwefel* (bis 2 %) oder Schwefel abspaltende Stoffe verwendet, für spezielle Kautschuke *Peroxide, Amine* u. a. Mit sehr hohen Schwefelmengen wird *Hartgummi* hergestellt.
- Beschleuniger (Thiazole, Thiurame, Amine usw.) erhöhen die *Reaktionsgeschwindigkeit* bei der Vernetzung und werden in Abhängigkeit vom Verarbeitungsverfahren ausgewählt.
- Aktivatoren (Zinkoxid, Stearinsäure) steigern die Wirkung der Beschleuniger.
- Füllstoffe sind meist pulverförmig und können *aktiv* oder *inaktiv* sein.

14 Elastomere

- Aktive (verstärkende) Füllstoffe sind sehr fein (bis 100 nm) und verbessern durch die großen Oberflächen die mechanischen Eigenschaften *Festigkeit* und *Abriebwiderstand*, meist auch den *Elastizitätsmodul*. Für schwarze Gummimischungen werden Gasruß, für helle Gummimischungen z. B. Kieselsäure verwendet.
- Inaktive Füllstoffe (z. B. grobe Ruße, Kaolin) sind grobkörnig, beeinflussen die mechanischen Eigenschaften unwesentlich, verbessern jedoch die *elektrischen Isoliereigenschaften* und werden meist zur Verbilligung der Gummisorte eingesetzt.
- Weichmacher verbessern in kleinen Mengen durch Erniedrigung der Viskosität die *Verarbeitbarkeit* der Gummimischung und die Einarbeitung der Füllstoffe. Bei größeren Mengen wird die Härte herabgesetzt und die Stoßelastizität und die Kältefestigkeit verbessert. Durch Verdampfen des Weichmachers (Ausschwitzen) kann der Elastomer versproden. Beispiele für Weichmacher: Mineralöle, Fettsäuren.
- Alterungsschutzmittel schützen gegen *Alterung* durch Ozon, Sauerstoff, Wärme und UV-Strahlung. Wegen Verfärbung können sie in hellfarbigen Gummimischungen kaum eingesetzt werden. Meist verwendet man *Phenole* oder spezielle *Amine*. Schutz gegen Sonnenlicht bieten ausschwitzende Wachskörper, z. B. Paraffin.
- Farbmittel (Eisenoxid, Zinkweiß u. a.) dienen zum Einfärben von rußfreien Mischungen. Farbänderungen durch „Vergilben" sind möglich.
- Regenerat wird hergestellt aus Altgummi, der gemahlen und durch Depolymerisation teilweise wieder verarbeitungs- und polymerisierbar gemacht wird. Regenerat verbilligt die Gummimischung, verbessert die Verarbeitbarkeit, verschlechtert allerdings die mechanische Festigkeit und Elastizität.
- Sonstige Zusatzstoffe: *Treibmittel* zur Herstellung von Schaumstoffen oder *Parfümierungsmittel* für spezielle Anwendungen.

■ Herstellung und Verarbeitung von Gummimischungen

Die nach Gummirezeptur zusammengestellten Bestandteile werden beim Verarbeiter auf Mischwalzwerken oder Innenmischern homogen gemischt und auf einem Walzwerk zu einem „Fell" oder zu „Streifen" verarbeitet, je nach vorgesehener Weiterverarbeitung. Vor der Verarbeitung werden aus der Mischung Prüfplatten gepreßt, die auf die geforderten Eigenschaften (Festigkeit, Dehnungswerte, Shorehärte, Stoßelastizität, Dichte usw.) geprüft werden. Entspricht die Mischung den Anforderungen, so wird sie zur Verarbeitung freigegeben.

Die Verarbeitung von Gummimischungen zu Formteilen oder Halbzeugen erfolgt durch

14.2 Thermoplastische Elastomere TPE

Pressen, Spritzpressen (Transferpressen) oder *Spritzgießen* zu Formteilen. Die Formgebung erfolgt unter Druck und Temperatur bei *gleichzeitiger Vulkanisation.*

Extrusion von Schläuchen, Profilen und Rohren. Die Vulkanisation erfolgt z. B. in Autoklaven *nach* der Formgebung.

Kalandrieren zur Herstellung von Gummitüchern bzw. gummiertem Gewebe. Die Vulkanisation erfolgt *nach* der Formgebung.

Tauchen zur Herstellung von Handschuhen usw.

Auswahl von Elastomertypen (Gummisorten) mit Anwendungsbeispielen

Elastomere auf Basis von Naturkautschuk NR (z. B. *SMR-Kautschuk, Crepe*)
Ausgangsmaterial ist Latex (Milchsaft von Gummibäumen – Hevea brasiliensis).

Eigenschaften: Hohe Elastizität, Reißfestigkeit, dynamische Festigkeit, Stoßelastizität, Abriebfestigkeit; geringes plastisches Fließen. Schlechte Witterungsbeständigkeit, starke Quellung in Mineralölen, Treibstoffen, Fetten.

Härtebereich: (25 bis 100) Shore A   *Stoßelastizität:* (50 bis 80) %

Einsatztemperaturen: -40 °C bis +80 °C.

Anwendungsbeispiele: LKW-Reifen, Gummifedern, Motorlager, Membranen, Scheibenwischergummi.

Elastomere auf Basis Styrol-Butadien-Kautschuk SBR
(z. B. *Buna EM, Polysar S*)
Eigenschaften: Abriebwiderstand und Alterungsverhalten besser als bei NR; elastisches Verhalten, Kerbfestigkeit schlechter als bei NR. Starke Erwärmung bei Walkbeanspruchung (dynamischer Beanspruchung). Starke Quellung (wie NR) in Mineralölen, Treibstoffen, Schmierfetten.

Härtebereich: (40 bis 100) Shore A   *Stoßelastizität:* (40 bis 50) %

Einsatztemperaturen: –50 °C bis +100 °C

Anwendungsbeispiele: PKW-Reifen, abriebfeste Gummielemente, Schläuche, Förderbänder, Faltenbälge, Kabelisolationen.

Elastomere auf Basis Acrylnitril-Butadien-Styrol-Kautschuk NBR
(z. B. *Hycar, Perbunan N*)
Eigenschaften: Sehr gute Beständigkeit gegen Öle, Schmierfette, Treibstoffe aber nicht gegen aromatische Kohlenwasserstoffe und Bremsflüssigkeiten. Gute Alterungsbeständigkeit, gute Abriebfestigkeit, geringes plastisches Fließen. Niedrige Kältebeständigkeit, geringe Elastizität.

Härtebereich: (25 bis 95) Shore A   *Stoßelastizität:* (10 bis 40) %

14 Elastomere

Einsatztemperaturen: Einsatztemperaturen: –30 °C bis +100 °C.

Anwendungsbeispiele: Ölbeständige Dichtungen und Formteile, Membranen, Wellendichtringe, Kraftstoffschläuche.

Elastomere auf Basis Chlor-Butadien-Kautschuk CR
(z. B. *Baypren, Neoprene*)
Eigenschaften: Gute Witterungs- und Ozonbeständigkeit, flammwidrig durch Cl. Mittlere Ölbeständigkeit; empfindlich gegen Heißwasser. Elastizität und Kältebeständigkeit geringer als bei NR. Bei niedrigen Temperaturen Verhärtung durch Kristallisation möglich.

Härtebereich: (30 bis 90) Shore A   *Stoßelastizität:* (40 bis 50) %
Einsatztemperaturen: –30 °C bis +100 °C.

Anwendungsbeispiele: Bautendichtungen, Auskleidungen, Förderbänder, Gewebebeschichtungen, Kabelummantelungen, Manschetten, Faltenbälge.

Elastomere auf Basis Isobutylen-Isopren-Kautschuk IIR
(z. B. *Enjay-Butyl, Hycar-Butyl*)
Eigenschaften: Sehr geringe Luft- und Gasdurchlässigkeit, sehr gute elektrische Isoliereigenschaften, gute Alterungsbeständigkeit. Niedrige Elastizität, Neigung zu bleibender Verformung, hohe innere Dämpfung. Nicht beständig gegen Mineralöle, Treibstoffe, Fette, aber beständig gegen Bremsflüssigkeiten, Säuren, Laugen, Aceton, Heißdampf.

Härtebereich: (40 bis 85) Shore A   *Stoßelastizität:* (5 bis 10) %
Einsatztemperaturen: –40 °C bis +100 °C.

Anwendungsbeispiele: Luftschläuche für Reifen, Innenlage für schlauchlose Reifen, Membranen in Heizungssystemen, Kabelmäntel, Heißwasserschläuche.

Elastomer auf Basis Acrylatkautschuk ACM (z. B. *Hycar 4000, Europrene*)
Eigenschaften: Sehr gute Wärmebeständigkeit, auch gegen heiße aggressive Schmiermittel, aber nicht gegen Wasser, Dampf und Kraftstoffe. Geringe Kältebeständigkeit, schwierige Verarbeitbarkeit.

Härtebereich: (55 bis 90) Shore A   *Stoßelastizität:* (5 bis 8) %
Einsatztemperaturen: –25 °C bis +140 °C.

Anwendungsbeispiele: Wellendichtringe, O-Ringe.

Elastomere auf Basis Ethylen-Propylen-Kautschuk EPM, bzw. auf Basis Ethylen-Propylen-Dien-Kautschuk EPDM (z. B. *Buna AP, Keltan, Nordel, Polysar*)
Vernetzung erfolgt bei EPM mit Peroxiden, bei EPDM mit Schwefel.
Eigenschaften: Gute Witterungs-, Alterungs- und Ozonbeständigkeit; beständig gegen heißes Wasser, Waschlauge und Kühlwasser. Quellverhalten in

14.2 Thermoplastische Elastomere TPE

Ölen wie NR. Gute elektrische Isoliereigenschaften. Elastisches Verhalten wie SBR.

Härtebereich: (25 bis 90) Shore A *Stoßelastizität:* (30 bis 40) %

Einsatztemperaturen: –50 °C bis +120 °C.

Anwendungsbeispiele: Dichtungen und Schläuche für Wasch- und Geschirrspülmaschinen, KFZ-Schläuche für Kühlwasser und Heizung; Kabelmäntel, Fensterdichtungen. „Weichmacher" für Polypropylen.

Elastomere auf Basis chlorsulfoniertes Polyethylen CSM (z. B. *Hypalon*)
Eigenschaften: Ausgezeichnete Oxidations- und Alterungsbeständigkeit, auch gegen Ozon. Gute Farbstabilität. Quellverhalten ähnlich CR. Gute elektrische Isoliereigenschaften.

Härtebereich: (50 bis 90) Shore A *Stoßelastizität:* (20 bis 30) %

Einsatztemperaturen: -40 °C bis +130 °C.

Anwendungsbeispiele: Hellfarbige technische Formteile für Außenanwendungen. Textilgummierungen für Zelte, Kabelisolierungen, Dachfolien, Auskleidungen.

Elastomere auf Basis Fluorkautschuk FKM (z. B. *Fluorel, Tecnoflon, Viton*)
Eigenschaften: Sehr hohe Temperaturbeständigkeit auch in Öl, Treibstoff, Lösemitteln (nicht bei polaren Lösemitteln wie Aceton), Säuren und Laugen. Ungünstiges Kälteverhalten.

Härtebereich: (60 bis 95) Shore A *Stoßelastizität:* (5 bis 8) %

Einsatztemperaturen: –25 °C bis +200 °C.

Anwendungsbeispiele: Dichtungen für hohe Temperaturen in Ölen und Kraftstoffen.

Elastomere auf Basis Methyl-Vinyl- bzw. Fluor-Silikon-Kautschuken MVQ/ MFQ (z. B. *Silastic, Silopren*)
Vernetzung erfolgt mit Peroxiden.

Eigenschaften: Ausgezeichnete Ozon- und Lichtbeständigkeit. Hervorragende Wärme- und Kältebeständigkeit. Geringe Gasdurchdurchlässigkeit; gute elektrische Isoliereigenschaften. Quellbeständigkeit in Ölen und Fetten ähnlich CR. Flammwidrig, antiadhäsiv, physiologisch unbedenklich.

Härtebereich: (25 bis 85) Shore A *Stoßelastizität:* (10 bis 15) % für MFQ
 (30 bis 50) % für MVQ

Einsatztemperaturen: –100 °C bis +200 °C.

Anwendungsbeispiele: Dichtelemente bei hoher thermischer und/oder elektrischer Beanspruchung, Kabelisolationen (Zündkabel); Förderbänder mit

Antihafteffekt; Bluttransfusionsschläuche, künstliche Herzklappen und Adern; Membranen für künstliche Nieren.

Elastomere auf Basis Polyester/Polyether-Urethan-Kautschuken EU/AU (PUR) (z. B. *Adiprene, Urepan*)
Eigenschaften: Hohe Verschleißfestigkeit, gute Stoßelastizität. Niedrige Wärmebeständigkeit. Beständig gegen Treibstoffe und Öle bei niedrigen Temperaturen, unbeständig bei Temperaturen über 70 °C, auch in Wasser. Starke Quellung in Aceton und Aromaten.

Härtebereich: (50 bis 100) Shore A   *Stoßelastizität:* (15 bis 50) %

Einsatztemperaturen: –30 °C bis +80 °C.

Anwendungsbeispiele: Verschleißfeste Vollreifen und Laufrollen (Rollschuhe usw.), Membranen, Dichtungen; Schaumstoffe.

14.2 Thermoplastische Elastomere TPE

Die Gruppe der *thermoplastischen Elastomere* verbindet die besonderen Eigenschaften der Elastomere mit den Verarbeitungsmöglichkeiten der Thermoplaste. Die hochelastischen Eigenschaften werden bei diesen Kunststoffen erreicht durch *lose physikalische* Vernetzung oder *weitmaschige chemische* Vernetzung. Dadurch ergibt sich ein Übergangsbereich von den steifen Thermoplasten über hochelastisch eingestellte Thermoplaste im quasigummielastischen Zustand bis hin zur Gruppe der Elastomere (nach DIN 7724), bei denen eine *Vernetzungsreaktion* (Vulkanisation) stattfindet. Zur letzteren Gruppe zählen die Gummiwerkstoffe auf der Basis von *Natur-* und *Synthesekautschuk*. Die *Gummiwerkstoffe* werden i. a. nicht zu den Kunststoffen gezählt, da sie sich in *Aufbau* und *Verarbeitungstechnologie* wesentlich von diesen unterscheiden.

Nicht nur die thermoplastische Verarbeitbarkeit ist ein großer Vorteil der TPE, ganz besonders interessant ist die Verwendung von thermoplastischen Elastomeren beim Zweikomponentenspritzgießen für *Hart-Weich-Kombinationen*.

■ Einteilung von thermoplastischen Elastomeren
Polymerblends bestehen aus einer „harten" thermoplastischen Kunststoffmatrix, in die unvernetzte oder vernetzte Elastomerpartikel eingebracht werden. Dazu gehören z. B. die thermoplastischen Polyolefinelastomere TPE-O mit unvernetztem Kautschuk, z. B. TE-(EPDM+PP) und TPE-V mit vernetztem Kautschuk, z. B. TE-EPDM-X+PP. In Polypropylen PP wird bis zu 65 % Ethylen-Propylen-(Dien)-Kautschuk EP(D)M eingearbeitet.

14.2 Thermoplastische Elastomere TPE

Pfropf- oder Copolymere enthalten *thermoplastische* (A) und *elastomere* (B) Sequenzen. Bei dem Styrol-Block-Copolymer TPE-S wechseln in der Polymerkette Blöcke von (hartem) Polystyrol und weichem (Poly-)Butadien ab. Die harten A-Sequenzen befinden sich im Gebrauchstemperaturbereich bei amorphen Polymeren unterhalb der Glasübergangstemperatur T_g und bei teilkristallinen Polymeren unterhalb der Kristallitschmelztemperatur T_m. Die weichen B-Sequenzen befinden sich dagegen im Gebrauchstemperaturbereich oberhalb der Glasübergangstemperatur T_g. Bei Erwärmen über T_g bzw. T_m der harten A-Sequenz können diese Stoffe dann thermoplastisch verarbeitet werden.

Die *thermoplastischen Elastomere* werden nach DIN ISO 1629 gekennzeichnet (siehe Kap. 9.4), sollen aber in Zukunft eine eigene Norm erhalten. Thermoplastische Elastomere sind nach DIN 7724 eine eigene Werkstoffgruppe. Aufgrund ihres Eigenschaftsbildes fallen sie praktisch nicht unter den Begriff „Kautschuk und Elastomere". Es handelt sich um Stoffe, die im *unvulkanisierten* Zustand *gummiähnliche* Eigenschaften haben.

Elastomere Werkstoffe, die ihre gummiähnliche Eigenschaften im unvulkanisierten Zustand durch „Legieren" (Blends) erhalten, werden anders gekennzeichnet; es müssen die Einzelbestandteile aufgeführt werden (vgl. Kapitel 9 „Polymerlegierungen").

Wichtige thermoplastische Elastomergruppen sind:

TPE-A: Polyetherester-Blockamide [TE-(BEBA 6), TE-(BEBA 12)]
TPE-E: Copolyester [TE-(PESTEST), TE-(PEEST)]
TPE-O: Olefine mit unvernetztem Kautschuk [TE-(EPDM+PP)]
TPE-V: Olefine mit vernetztem Kautschuk [TE-(EPDM-X+PP)]
TPE-S: Styrolcopolymere [SB, SBS, TE-(SBS+PP)]
TPE-U: Polyurethan [TE-(PEUR), TE-(PESTUR), TE-(PEESTUR)]

In Bild 14.1 sind Shore-Härtebereiche verschiedener Elastomere eingetragen.

14.2.1 Polyurethan-Elastomere PUR

Man unterscheidet Polyurethanelastomere, die bei der Verarbeitung gummielastisch vernetzen und solche mit thermoplastischer Verarbeitungsmöglichkeit. Polyurethane als massive gummielastische Werkstoffe können bei *festen* Ausgangskomponenten durch Spritzgießen und Extrudieren oder durch Pressen (ähnlich Gummiverarbeitung) zu Formteilen verarbeitet werden, bei *flüssigen* Ausgangskomponenten durch Gießen. Die Eigenschaften der Formteile aus PUR-Elastomeren hängen wenig von der Verarbeitung, mehr von der Rezeptur ab, jedoch sind bei thermischer Beanspruchung die Spritzgußtypen wegen ihres *thermoplastischen* Verhaltens ungünstiger als die *vernetzten* Guß- und Preßtypen. PUR-Elastomere sind immer weichmacherfrei.

14 Elastomere

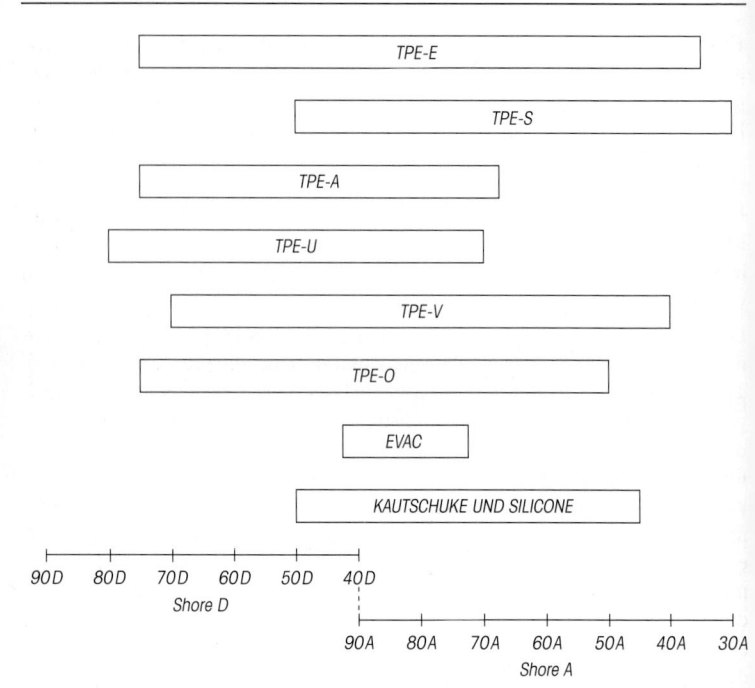

Bild 14.1 Shorehärtebereiche verschiedener Elastomere im Vergleich

Die Auswahl des Werkstoffs und damit das Verarbeitungsverfahren richten sich nach der Stückzahl, der Formteilgestalt und Formteilgröße; kleine, komplizierte Formteile werden meist durch Spritzgießen oder Pressen hergestellt, große, einfache Formteile meist durch Gießen.

Aufbau

Es handelt sich um Polyaddukte aus Polyisocyanaten und hydroxylgruppenhaltigen Polyestern oder Polyethern, wobei je nach PUR-System auch noch Vernetzungsmittel notwendig sein können.

Thermoplastisches PUR:

$$-\left[(R-\overset{H}{\underset{}{N}}-\underset{\underset{O}{\|}}{C}-O-\text{Polyol}-O-\underset{\underset{O}{\|}}{C}-\overset{H}{\underset{}{N}})_n\right]-$$

R = Grundgerüst des Diisocyanats
Polyol = kurzkettiges Glykol oder langkettiges Polyol wie Polyester oder Polyether

14.2 Thermoplastische Elastomere TPE

Vernetztes PUR:

Bei vernetzten PUR-Elastomeren sind dreiwertige Alkohole am Aufbau der Ketten beteiligt, so daß noch eine Verknüpfung der Ketten möglich ist. Die Härte dieser PUR-Elastomere ist über die Anteile von zwei- und dreiwertigen Alkoholen einstellbar.

Handelsnamen (Beispiele):

Thermoplastische PUR-Elastomere: Desmopan (Bayer), Elastollan C (BASF)

Vernetzte, gieß- und preßbare PUR-Elastomere (auch als zellige Produkte): Adiprene (DuPont); Elastopal (BASF); Urepan, Vulkollan (Bayer)

Eigenschaften
Dichte: 1,14 g/cm^3 bis 1,26 g/cm^3.

Gefüge thermoplastisch: Bei den thermoplastischen PUR-Elastomeren ergeben *kurzkettige* Glykole nach der Reaktion mit dem Diisocyanat *steife, harte Molekülsegmente* (Hartsegmente), während langkettige Polyester oder Polyether mit dem Diisocyanat *weiche, elastische Molekülsegmente* (Weichsegmente) ergeben. Durch das Verhältnis von Hart- und Weichsegmenten in der langen Molekülkette erhält man unterschiedlich harte, aber dennoch elastische Werkstoffe. Im wesentlichen beeinflussen Struktur und Anzahl der Weichsegmente die Elastizität und das Tieftemperaturverhalten, während Struktur und Anzahl der Hartsegmente vor allem die Härte und das Verhalten bei höheren Temperaturen beeinflussen.

Geringe Feuchte- und Wasseraufnahme.

Gefüge vernetzt: Die gieß- und preßbaren PUR-Elastomere haben wenig bis stark vernetztes Gefüge.

Geringe Feuchte- und Wasseraufnahme.

Farbe: Transluzent, meist bräunlich; Neigung zum Vergilben, deshalb nur in kräftigen Farben einfärbbar.

Mechanische Eigenschaften: Die PUR-Elastomere haben hohe Zugfestigkeit bei großer Bruchdehnung, sowie hohen Elastizitätsmodul im Vergleich zu konventionellen Gummiwerkstoffen. Härtebereich von 98 Shore A bis 75 Shore A, entsprechend 65 Shore D bis 30 Shore D. Sehr guter Verschleißwiderstand; weitere Verbesserung der Verschleißfestigkeit durch Schmierung. Hohe Weiterreißfestigkeit, gutes Rückverformungsverhalten, hohe Flexibilität und gutes Dämpfungsvermögen (Erwärmung beachten). Gute Haftfestigkeit auf Metallen.

14 Elastomere

Elektrische Eigenschaften: Als Isolierwerkstoff im Hochspannungsbereich nicht einsetzbar, da nur relativ niedrige Widerstandswerte und ungünstiges dielektrisches Verhalten.

Thermisches Verhalten: Einsatzbereich –40 °C bis 80 °C, ggf. bis 110 °C. Durch hohe mechanische Dämpfung bei dynamischer Beanspruchung evt. hoher Temperaturanstieg. Durch den molekularen Aufbau bedingt ist die Temperaturabhängigkeit der Eigenschaften bei den *vernetzten* PUR-Elastomeren geringer als bei *thermoplastischen* PUR-Elastomeren.

Brennen z. T. unter Tropfenbildung außerhalb der Flamme weiter, z. T. auch selbstverlöschend.

Beständig gegen (Auswahl): Alkoholfreie Benzine, Benzol; unlegierte Fette und Öle; kaltes Wasser (dauernder Kontakt mit kaltem Wasser ergibt jedoch im Laufe der Zeit eine Verschlechterung der mechanischen Eigenschaften), Sauerstoff.

Nicht beständig gegen (Auswahl): Heißes Wasser, Sattdampf, heiße und feuchte Luft; technische, d. h. legierte Öle und Fette; konzentrierte Säuren und Laugen; Alkohol; Chlorkohlenwasserstoff, Schwefeldioxid, Ammoniak. Quellung in aromatischen Lösemitteln, meist aber geringer als andere Elastomere. Vergilbt und versprödet durch UV-Bestrahlung.

■ Verarbeitung der thermoplastischen PUR-Elastomere

Vortrocknen: Feuchtes Granulat vortrocknen rd. 2 h bei 100 °C bis 110 °C; vor dem Extrudieren unbedingt vortrocknen. Granulattrichter immer geschlossen halten.

Spritzgießen infolge thermoplastischen Verhaltens sehr gut möglich. Massetemperaturen 190 °C bis 220 °C, bei einigen härteren Qualitäten bis 240 °C; Temperaturprofile im Spritzzylinder sind nach Rohstoffherstellerangaben zu beachten. Spritzdrucke 400 bar bis 1000 bar. Werkzeugtemperaturen zwischen 20 °C und 30 °C, für Entformung kann Kühlung günstig sein. Schwindung 0,2 % bis 2 % je nach Shorehärte, Wanddicke und Verarbeitungsbedingungen.

Besonderheiten: Bei PUR-Elastomeren lassen sich je nach Shorehärte bestimmte Hinterschneidungen ohne zusätzlichen Werkzeugaufwand entformen.

Für optimale Eigenschaften sind die Spritzgußteile rd. 20 h bei 80 °C bis 120 °C zu tempern oder vor dem Gebrauch 4 bis 6 Wochen bei mindestens 20 °C zu lagern.

Extrudieren möglich zur Herstellung von Halbzeugen, Folienschläuchen, Flachfolien, Beschichtungen und Ummantelungen. Extrusionstemperaturen

14.2 Thermoplastische Elastomere TPE

170 °C bis 220 °C. Auch nach dem Extrudieren ist tempern für optimale Eigenschaften vorteilhaft. „Endlose" Extrudate vor dem Gebrauch mehrere Wochen bei Raumtemperatur lagern.

Kleben wegen guter Beständigkeit von PUR nur mit speziellen artähnlichen Klebstoffen (ergibt flexible Klebfuge). Epoxidharzklebstoffe vor allem bei der Paarung PUR-Elastomere mit Metallen oder harten Kunststoffen.

Schweißen im Warmgas-, Heizelement-, Wärmeimpuls-, Hochfrequenz- und Reibungsschweißverfahren.

Schnappverbindungen wegen günstigem elastischem Verhalten und gutem Rückstellbestreben sehr gut möglich.

Spanen vor allem bei härteren Typen möglich. Auf scharfe Schneiden der Bearbeitungswerkzeuge achten. Schleifen im Naß- und Trockenschliff mit Schleifscheiben aus Korund und Edelkorund mit keramischer Bindung.

Verarbeitung der gieß- und preßbaren PUR-Elastomere

Gießverfahren: Die flüssigen Rohstoffkomponenten (Diisocyanate und Polyole und Vernetzer) werden gemischt und in flüssiger Form in Werkzeuge gegossen, wo sie drucklos vernetzen. Nachträgliches Tempern bei 80 °C bis 140 °C ergibt optimale Eigenschaften.

Preßverfahren ist ähnlich der Kautschukverarbeitung (Kap. 14.1). In die festen Stoffe wird auf Mischwalzwerken der Vernetzer eingearbeitet; aus den Walzfellen werden Rohlinge entnommen, die in beheizten Werkzeugen zum Formteil vernetzen (ähnlich Vulkanisation von Kautschuk zu Gummi). Bei diesem Verfahren können auch Füllstoffe verschiedener Art zugegeben werden.

Spanen wie bei den thermoplastischen PUR-Elastomeren.

Anwendungsbeispiele

Fahrzeugbau: Lager, Buchsen, Dichtungen, Faltenbälge, Staubkappen, Türschloßkeile, Dämpfungselemente, Hydraulikschläuche, Zahnriemen, Federelemente.

Elektrotechnik: ölfeste, verschleißfeste, zähe und bei tiefer Temperatur noch flexible Kabelummantelungen; schwingungsdämpfende und vibrationsmindernde Elemente.

Feinwerktechnik/Mechatronic, Haushaltgeräte: Verschleißteile, Dichtungen, Manschetten, Puffer, Abstreifer, Kupplungselemente, Zahnriemen, Zahnräder, vibrationsmindernde Bauelemente.

Transportgeräte: Rollen und Laufrollenbeläge.

14 Elastomere

Werkzeuge: Hammerköpfe, flexible Schleifteller.

Sportartikel: Komplette Skischuhe; Skateboard-, Inlineskater- und Rollschuhrollen; Absätze, Stollen und Sohlen für Sportschuhe (gute mechanische Eigenschaften bei geringem Biegewiderstand in großem Temperaturbereich); Hochleistungssportbahnbeläge.

14.2.2 Polyetheramide (TPE-A)

Durch chemisches Einfügen von Polyethergruppen in Polyamide (Blockcopolymerisate) können alle teilkristallinen Polyamide durch unterschiedliche Polyetheranteile in ihren elastischen Eigenschaften wesentlich verändert werden, so daß sie sich ähnlich verhalten wie Elastomere.

Aufbau: Copolymerisate aus Polyether- und Polyamidsegmenten mit unterschiedlichen Anteilen nach Art und Länge der Polyamid- bzw. Polyetherblöcke.

Handelsnamen: Pebax (Atofina); Grilamid (Ems); Zytel FN (DuPont).

■ Eigenschaften

Dichte: 1,02 g/cm^3 bis 1,14 g/cm^3

Gefüge: Thermoplaste; Wasseraufnahme abhängig von der Länge der Polyetherblöcke.

Eigenschaften sind weitgehend abhängig von den Polyetheranteilen in der jeweiligen Kunststofftype, wie Bild 14.2 zu entnehmen ist. Typisch sind hohe Zähigkeit und Schlagzähigkeit auch bei tiefen Temperaturen, gutes Rück-

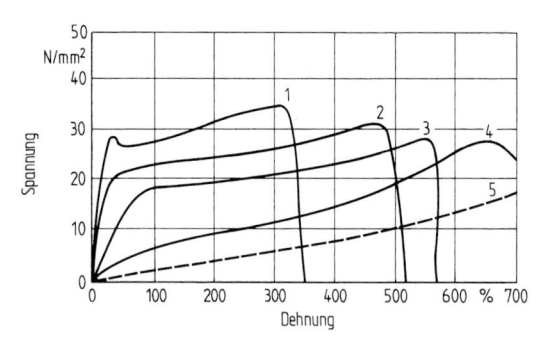

Bild 14.2 Spannungs-Dehnungs-Diagramme von Polyetheramid-Blockcopolymeren mit unterschiedlichem Gehalt an Polyethersegmenten zu reinen Polyamiden bzw. Gummi
1: Polyamid; 2 bis 4: Polyetheramid-Blockcopolymere mit 30 % (2), 50 % (3) bzw. 80 % (4) Polyetheranteil; 5: Gummi

14.2 Thermoplastische Elastomere TPE

stellvermögen auch bei schlagartiger Beanspruchung. Shorehärte zwischen rd. 70 Shore D und 65 Shore A beeinflußbar durch Zugabe von mineralischen Füllstoffen. Gleit- und Abriebverhalten verbessert durch Zugabe von Molybdändisulfid oder PTFE.

Infolge Feuchteaufnahme niedriger Oberflächenwiderstand, keine Neigung zu statischer Aufladung.

Ausgeprägte Schmelzpunkte zwischen 160 °C und 195 °C. Geringe Temperaturabhängigkeit der Flexibilität im Bereich von –40 °C bis +80 °C.

Beständig gegen (Auswahl): Schwache Säuren und Laugen. Physiologisch unbedenklich.

Nicht beständig gegen (Auswahl): Alkohole, Benzol, Aceton, Chlorkohlenwasserstoffe.

Verarbeitung
Granulat ist sorgfältig vorzutrocknen, ähnlich wie bei PA.

Spritzgießen auf Schneckenspritzgießmaschinen mit Massetemperaturen 200 °C bis 260 °C; Werkzeugtemperaturen 20 °C bis 50 °C; Spritzdrucke 300 bar bis 600 bar. Verarbeitungsschwindung rd. 0,5 %.

Extrudieren ähnlich wie bei Polyamiden; auch *Extrusionsblasformen* möglich.

Warmumformen und *Rotationsgießen* können ebenfalls angewendet werden.

Anwendungsbeispiele
Fahrzeug- und *Maschinenbau*: Faltenbälge für Gelenk- und Kardanwellen, Scheibenwischerblätter, flexible Zahnräder; Pumpenmembranen; Rohre, Schläuche.

Sonstiges: Sportschuhe, Schuhsohlen, Bälle; medizinische Katheder.

14.2.3 Polyesterelastomere (TPE-E)

Diese Werkstoffgruppe hat ähnlichen chemischen Aufbau wie die linearen Polyester; es handelt sich um sog. elastomere Polyester-Blockpolymere.

Handelsnamen (Auswahl): Arnitel (DSM); Hytrel (DuPont); Lomod (GEP); Pibiflex (Atofina); Riteflex (Ticona).

Eigenschaften
Dichte: 1,17 g/cm^3 bis 1,23 g/cm^3

Thermoplaste mit geringer Wasseraufnahme, gut einfärbbar.

Eigenschaften je nach Typ in großen Bereichen variabel. Typisch sind hohe Zähigkeit und Schlagzähigkeit bis –40 °C; hohe Weiterreißfestigkeit; gute Abriebfestigkeit; gute Maßhaltigkeit.

Ausgeprägte Schmelzpunkte von 200 °C bis 215 °C. Einsatzbereiche je nach Type von –55 °C bis +150 °C.

Beständig gegen (Auswahl): Schwache Säuren und Laugen; bei entsprechender Stabilisierung auch gegen heißes Wasser und UV-Bestrahlung, oxidationsbeständig; Öle, Hydraulikflüssigkeiten; Kraftstoffe.

Nicht beständig gegen (Auswahl): Konz. Schwefelsäure, Dichlormethan, chlorierte Kohlenwasserstoffe, Phenole.

■ Verarbeitung

Vortrocknen 10 h bei 100 °C bis 120 °C im Vakuum ist empfehlenswert.

Spritzgießen bei Massetemperaturen von 200 °C bis 250 °C und Werkzeugtemperaturen von 20 °C bis 50 °C; Spritzdrucke 800 bar bis 1200 bar. Verarbeitungschwindung 1,1 bis 1,5 %.

Extrudieren ähnlich wie bei Polyamiden; Massetemperaturen 200 °C bis 250 °C.

Extrusionsblasen, Rotationsformen sowie *Wirbelsintern* zur Herstellung von Überzügen möglich.

■ Anwendungsbeispiele

Reifen für Fahrzeuge mit niedrigen Geschwindigkeiten, Industrieräder, Laufrollen; Ketten für Schneemobile und andere Kettenfahrzeuge; Schläuche, Rohre; Membranen, Dichtungen, O-Ringe; Keilriemen, Zahnräder.

14.2.4 Elastomere auf Polyolefinbasis (siehe auch Kap. 10.1)

14.2.4.1 Ethylen-Vinylacetat-Copolymere EVAC

Es handelt sich um Copolymerisate von Ethylen mit Vinylacetat (EVAC) mit verhältnismäßig starken Verzweigungen und geringen kristallinen Anteilen.

Handelsnamen (Auswahl): Affinity (Dow); Dutral (Enichem); Lupolen V (BASF); Nordel (DuPont); Orevac (Atofina); Santoprene (AES).

Normung: DIN EN ISO 4613

In DIN EN ISO 4613 werden die (EVAC-)Formmassen unterschieden durch (verschlüsselte) Wertebereiche der kennzeichnenden Eigenschaften *Vinylacetat-Gehalt* und die *Schmelze-Massenfließrate MFR 190/2,16 (D), MFR 150/2,16 (B) oder MFR 125/0,325 (Z)* und Informationen über die *vorgesehene Anwendung* und/oder *Verarbeitungsverfahren, wichtige Eigenschaften, Additive, Farbstoffe, Füll- und Verstärkungsstoffe.* (MFR wird bei Überarbeitung der Normen durch MVR ersetzt).

Beispiel für die Angabe einer (EVAC)-Formmasse:

Thermoplast (DIN EN) ISO 4613 – E(/)VAC 0,3, FS, D022, es bedeuten 0,3 Vinylacetat-Massenanteil von 4 %, F Folienextrusion, S Gleitmittel, D022 Schmelze-Massenfließrate MFR 190/2,16 von 2 g/10 min.

In DIN 16778 waren die Bezeichnungen von EVAC-Formmassen nach dem *Massengehalt* an Vinylacetat, der hauptsächlichen *Anwendung*, der kennzeichnenden Eigenschaft *Schmelzindex* MFI 190/2,16 und den *Zusätzen* festgelegt.

Eigenschaften

Dichte: 0,92 g/cm^3 bis 0,96 g/cm^3, steigend mit zunehmendem Vinylacetatgehalt.

Gefüge: Thermoplaste mit geringer Kristallinität.

Eigenschaften: Gegenüber reinem PE *nehmen ab* mit zunehmendem Vinylacetatgehalt: Steifigkeit und Härte, Formbeständigkeit in der Wärme, elektrische Isolierwerte, Chemikalienbeständigkeit und elektrostatische Aufladung. Dagegen *nehmen zu:* Reiß- und Stoßfestigkeit, Lichtdurchlässigkeit und Glanz, Spannungsriß- und Witterungsbeständigkeit. Die Einsatztemperaturen liegen je nach Type zwischen –60 °C und +60 °C.

Hohes Aufnahmevermögen für Füllstoffe (Ruß, Glimmer, Kreide, Schwerspat).

Schmelzbereich je nach Type 60 °C bis 110 °C.

Brennen mit schwach leuchtender Flamme außerhalb der Flamme weiter und tropfen brennend ab.

Beständig gegen (Auswahl): Laugen, nicht oxidierende Säuren, Salzlösungen, Methanol. Die Beständigkeit nimmt mit steigender Dichte ab.

Nicht beständig gegen (Auswahl): Benzin, Benzol; aromatische und aliphatische Kohlenwasserstoffe; Ether, Ester, Öle, oxidierende Säuren.

Verarbeitung

Spritzgießen bei Massetemperaturen von 110 °C bis 180 °C, Werkzeugtemperaturen 15 °C bis 40 °C, Spritzdrucke 300 bar bis 1000 bar.

Extrudieren und *Extrusionsblasformen* möglich.

Schweißen nach den üblichen Verfahren für Polyolefine; ab 12 % Vinylacetat wegen Polarität auch HF-schweißbar.

Klebbarkeit verbessert sich mit zunehmendem Vinylacetatgehalt.

14 Elastomere

■ Anwendungsbeispiele

Schläuche, flexible Profile, Rohre, Folien, Faltenbälge, Kabelummantelungen; Dichtungen, Verschlüsse, Tuben; Verpackungsfolien, aufblasbare Spielzeuge; Eiswürfelbehälter; Skistockteller, Badesandalen.

Bei hohen Vinylacetatgehalten werden EVAC als *Schmelzklebstoffe* und für *Papierbeschichtungen* verwendet.

14.2.4.2 Olefin-Elastomere (TPE-O bzw. TPE-V)

Diese Polymerblends bestehen aus einer „harten" thermoplastischen Kunststoffmatrix, in die unvernetzte oder vernetzte Elastomerpartikel eingebracht werden. Bei den thermoplastischen Polyolefinelastomere TPE-O wird unvernetzter Kautschuk eingemischt, z. B. TE-(EPDM+PP) und bei TPE-V vernetzter Kautschuk, z. B. TE-EPDM-X + PP. In Polypropylen PP wird bis zu 65 % Ethylen-Propylen-(Dien)-Kautschuk EP(D)M eingearbeitet. Die Eigenschaften dieser Polymerblends hängt sehr stark von der Zusammensetzung ab. Mit 90 % PP ergibt sich gegenüber reinem PP eine verringerte Steifigkeit und Erweichungstemperatur, aber eine erhöhte Schlagzähigkeit bis −40 °C. Bei PP-Anteilen kleiner als 50 %, handelt es sich um typische thermoplastische Elastomere. Neben dem Mischungsverhältnis spielen die Kristallinität, die Molmasse und die Molmassenverteilung eine Rolle, ebenso ob PP als Homo- oder Copolymer, als statistisches oder sequentielles PP vorliegt.

Bei *Nordel* (DuPont) handelt es sich um ein dynamisch vernetztes Polyolefinelastomer [TPE-V, TE-(EPDM-X+PP)], das thermoplastisch verarbeitet werden kann und günstige Eigenschaften aufweist. Es besteht aus EPDM als Basis in Verbindung mit Polypropylen.

Dichte: 0,89 g/cm^3 bis 0,97 g/cm^3.

Härtebereich: 60 Shore A bis 95 Shore A.

Sehr günstige Isolationswerte.

Einsatztemperaturbereich von −40 °C bis +120 °C, kurzzeitig bis +140 °C. Zwischen −20 °C und +100 °C nur geringfügige Steifigkeitsabnahme, d. h. weitgehend konstante Flexibilität.

Sehr gut beständig gegen Witterungseinflüsse, bei hellen Einfärbungen z. T. leichte Verfärbungen. Kaum Beeinflussung durch heiße Luft. Gute Beständigkeit gegen heißes Wasser, Seifen, Wasch-, Spül- und Putzmittel. Teilweise, je nach Type, Quellung in Ölen, Fetten und Treibstoffen.

Verarbeitung durch Spritzgießen, Extrudieren und Extrusionsblasformen.

Verschweißen am besten durch Heizelementschweißen.

14.2 Thermoplastische Elastomere TPE

Anwendungsbeispiele: Dichtprofile bei Außenanwendungen im Fahrzeugbau; Skistockgriffe, Surfboardschlaufen; flexible und schwingungsdämpfende Elemente, rutschfeste Unterlagen ohne Abfärbungen. Flexible Kabelisolierungen und Kabelummantelungen, auch Wendelleitungen.

Bei *Santoprene* (AES) handelt es sich um einen thermoplastisch verarbeitbaren Kautschuk (vollvulkanisiertes polyolefinisches Material, verteilt in einer thermoplastischen Matrix). Santoprene ist erhältlich im Härtebereich 55 Shore A bis 50 Shore D. Die Chemikalienbeständigkeit entspricht der von Chloropren-Kautschukmischungen; die Beständigkeit gegen Umwelteinflüsse ist mit der von EPDM-Kautschuk zu vergleichen.

Anwendungsbeispiele: Dämpfungselemente im Motorraum, Schläuche, Faltenbälge, Zünd- und Gerätekabel; Griffe für Sportgeräte. Tauchausrüstungen; Tür- und Fensterdichtungen; Kabelummantelungen; Folien für Innenauskleidungen im Automobilbau im Austausch für PVC-P.

14.2.5 Styrolcopolymere (TPE-S)

Durch eine entsprechende Polymerisation lassen sich Blockcoplymere auf der Basis Styrol/Butadien (SB), Styrol/Butadien/Styrol (SBS), Styrol/Ethenbuten/Styrol (SBES) oder Styrol/Isopren/Styrol (SIS) mit unterschiedlichem Eigenschaftsbild herstellen. Als weitere Produkte sind zu nennen Styrol/Butadien/Styrol/Propylen [TE-(SBS+PP)], Styrol/Ethylen-Butylen/Styrol/Propylen [TE-(PEBS+PP)].

Anwendungsbeispiele: Schläuche, Profile, medizinische Artikel, Kabel-Isoliermassen, Schallschutzelemente in Kfz, Faltenbälge, angespritzte Schuhsohlen; Weichkomponenten bei Hart-Weich-Kombinationen bei guter Haftung an PE, PP, PS, ABS, PA, PPE, PBT.

15 Schaumstoffe, geschäumte Kunststoffe [1]

Allgemein versteht man unter Schaumstoffen nach DIN 7726 „Werkstoffe mit über die gesamte Masse verteilten Zellen (offen, geschlossen oder beides) und einer Rohdichte (DIN 53420), die niedriger ist, als die Dichte der Gerüstsubstanz". Schaumstoffe werden aus Thermoplasten, Duroplasten und Elastomeren hergestellt. Theoretisch können alle Kunststoffe geschäumt werden, in der Praxis werden aber nur wenige Kunststoffe in geschäumter Form, d. h. mit zelligem Aufbau eingesetzt.

Schaumstoffe auf der Basis Natur- und Synthesekautschuk werden hier nicht behandelt.

Zellenstruktur

Schaumstoffe können *offenzellig* (Viskoseschwämme), *geschlossenzellig* (PS-E[2]-Schaum) oder *gemischtzellig* (spezielle PUR-Schäume) sein. Offen- oder gemischtzellige Schaumstoffe können auch eine *geschlossene* Außenhaut besitzen; Schaumstoffe mit dichter Außenhaut und zum Kern hin abnehmender Dichte bezeichnet man als *Integral-* oder *Struktur-Schaumstoffe* (vor allem bei RSG- und TSG-Schäumen, s. u.).

Die Zellenstruktur hat wesentlichem Einfluß auf die Wärme- und Schalldämpfung, sowie auf das Saugvermögen. Die anteilige Größe und Anzahl der Zellen eines Schaumes kann bei gleichmäßiger Zellstruktur z. B. als Zellenanzahl pro Längeneinheit dargestellt werden (ppi = pores per inch).

■ Eigenschaften

Die *Rohdichte* wird bei Schaumstoffen in der Praxis meist als *Raumgewicht RG* bezeichnet und in kg/m^3 angegeben.

Mechanisches Verhalten: *Harte Schaumstoffe* zeigen bei Druckbeanspruchung hohen Verformungswiderstand und nur geringe (elastische) Verformung. Man unterscheidet dabei *spröd-harte* Schaumstoffe, deren Zellgefüge bei Überlastung zusammenbricht, z. B. PF-Schäume und *zäh-harte* Schaumstoffe, die einen fortschreitenden Lastanstieg zulassen und sich dabei deutlich bleibend verformen, z. B. PVC-U-Schaum (Hart-PVC-Schaum) und PS-E-Schaum (Styropor). *Weichelastische Schaumstoffe* sind sehr stark und

---

[1] Dieses Kapitel kann im Rahmen dieses Buches nur einen Überblick geben, da es sich bei geschäumten Kunststoffen um ein umfangreiches Spezialgebiet handelt.

[2] PS-E = expandierbares Polystyrol, früher EPS

überwiegend elastisch verformbar, z. B. PUR-Weichschaum und PVC-P-Schaum (Weich-PVC-Schaum).

Eine besondere Bedeutung haben die PUR-Schaumstoffe wegen ihres großen Variationsbereiches von *hart*, über *halbhart* bis *weichelastisch*. Das Verhalten bei *Langzeitbeanspruchung* und höheren Temperaturen wird wesentlich vom Kunststoff und der Schaumstruktur bestimmt. Zum Verhalten unter verschiedenen Beanspruchungsbedingungen siehe DIN 53421 bis 53425, sowie DIN 53570 bis DIN 53575.

Der *Elastizitätsmodul* poriger, d. h. geschäumter Kunststoffe nimmt etwa proportional mit der Dichte ab, die Steifigkeit des Formteils aber mit der dritten Potenz der Wanddicke zu; geschäumte Kunststoff-Formteile sind daher bei *gleichem Gewicht* wesentlich steifer als kompakte (Bild 15.1). Bei höherer Druck- und Scherbeanspruchung von harten Schaumstoffen kann das gesamte Gefüge zusammenbrechen, was zu beachten ist bei *Schaumstoffstützkernen* bei der *Sandwichbauweise*.

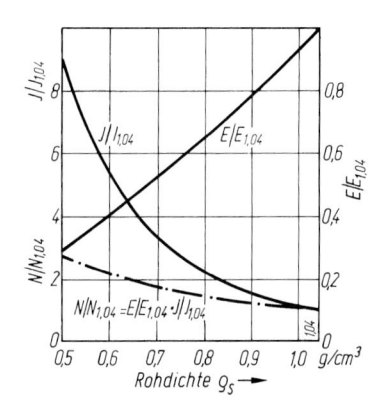

Bild 15.1 Trägheitsmoment I, Biegesteifigkeit N und Elastizitätsmodul E von Probestäben gleichen Gewichts aus geschäumtem schlagfesten Polystyrol (TSG) in Abhängigkeit von der Rohdichte ϱ_S bezogen auf den kompakten Kunststoff (Index 1,04) nach BASF

Die *Brennbarkeit* entspricht i. a. der Brennbarkeit des kompakten Kunststoffs und wird durch die Schaumstruktur noch etwas begünstigt. Hier sind besondere Bedingungen für das Bauwesen und den Fahrzeugbau zu beachten.

Die *Wärmeleitfähigkeit* (Bild 15.2) nimmt mit abnehmender Rohdichte (Raumgewicht) ab; sie ist weiter abhängig von der Kunststoffart, der Zellenstruktur und vom Zellgas.

15 Schaumstoffe, geschäumte Kunststoffe

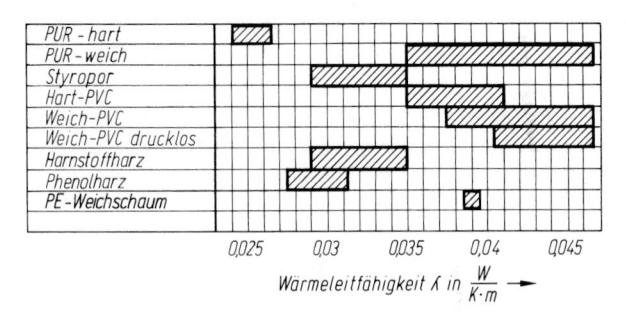

Bild 15.2 Wärmeleitfähigkeit λ von geschäumten Kunststoffen

Für Schaumstoffe gelten i. a. *besondere Prüfnormen*, z. B. DIN EN ISO 9054 Prüfverfahren für Integralschaumstoffe hoher Dichte.

■ **Verarbeitung**

Die zellige Struktur von Schaumstoffen wird erzeugt durch Treibmittel (siehe auch Kap. 5.7):

- Einmischen von Gasen in fließfähige oder reaktionsfähige Ausgangsprodukte, so z. B. Einrühren von CO_2 in PVC-Pasten unter Druck bei tieferer Temperatur. Erwärmung in den Erweichungsbereich von PVC führt dann zum Aufschäumen und Gelieren.
- Freimachen von bereits eingemischten oder zugesetzten Treibmitteln bei der Formgebung, vorwiegend durch Wärme. So führt Wärmezufuhr bei treibmittelhaltigem PS-Granulat (PS-E) zum Verdampfen des Treibmittels; die Schaumbläschen verschweißen im Erweichungsbereich; bei der Abkühlung wird dieser Zustand eingefroren. Auf dieselbe Art und Weise werden PE-E-Schaum und PP-E-Schaum auf der Basis Polyethylen PE und Polypropylen PP hergestellt. Bei PUR verdampft bei Wärmezufuhr oder durch Reaktionswärme das Treibmittel; die Schaumzellen erhärten durch eine chemische Vernetzungsreaktion.
- Freiwerden von Treibmitteln durch chemische Reaktionen von Substanzen, die bereits im Ausgangsprodukt enthalten sind bzw. durch Mischung mehrerer Komponenten entstehen. Bei PUR-Schaum wirkt z. B. CO_2 als Treibmittel, das aus einer Reaktion der Isocyanate mit Wasser entsteht, die Schaumzellen erhärten ebenfalls durch eine chemische Vernetzungsreaktion.

Schaumstoffe können nach ihrer *Zellstruktur*, nach dem *mechanischen Verhalten*, nach der *Art des Aufschäumens* (Gasbildung) und nach der *Kunststoffbasis* eingeteilt werden. Weiterhin kann man zwischen *gleichmäßig* geschäumten Kunststoffen (gleiche Dichte über den gesamten Querschnitt) und solchen mit *unterschiedlichem Dichteverlauf* über den Querschnitt (*Struktur-* oder *Integral-Schäume*) unterscheiden (Bild 15.3).

Vorwiegend gleichmäßig geschäumte Kunststoffe erhält man durch *freies Aufschäumen*, während Struktur- oder Integral-Schaumstoffe nur durch *formbegrenztes Schäumen* hergestellt werden.

Je nach Rohstoffbasis unterscheidet man z. B. *„Styropor"-Verfahren*, *Thermoplastschaumspritzguß TSG* und *Reaktionsschaumguß RSG*.

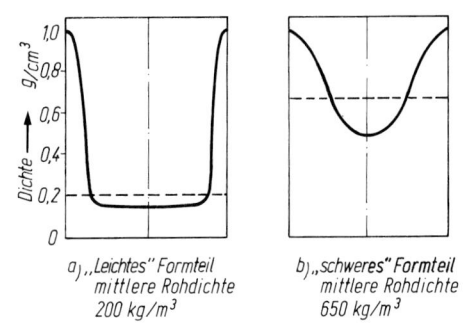

a) „Leichtes" Formteil
mittlere Rohdichte
200 kg/m³

b) „schweres" Formteil
mittlere Rohdichte
650 kg/m³

Bild 15.3 Dichteprofile von Strukturschaum-Formteilen (kompakter Rand, geschäumter Kern)

15.1 Harte Schaumstoffe; harte Struktur- bzw. Integral-Schaumstoffe

Handelsnamen (Beispiele): Airex, Forex, Termanto (Airex); Baydur (Bayer); Elastopor, Elastolit, Styropor, Styrodur (BASF); Rohacell (Röhm).

„Styropor"-Verfahren: Treibmittelhaltiges PS-Granulat wird bei rd. 100 °C mit Dampf oder Wasser vorgeschäumt, gelagert bis zum Druckausgleich und dann in Werkzeugen mit Dampf von 100 °C bis 120 °C zu Formteilen fertiggeschäumt. Man erhält geschlossenporige Schaumstoffe mit homogener Verteilung und je nach Verarbeitungsbedingungen (Vorschäumen) Raumgewichte von 13 kg/m³ bis 80 kg/m³, bei Folien bis 160 kg/m³. Geschäumte Blöcke werden *thermisch* mit Heißdrahtgeräten zu Platten geschnitten.

Extrusion von Platten und Folien möglich; extrudierte Folien können warmumgeformt werden.

Beachte: Diese Schaumstoffe sind nicht mit Lösemittelklebstoffen klebbar.

15 Schaumstoffe, geschäumte Kunststoffe

Thermoplastschaumguß TSG
Treibmittelhaltige thermoplastische Formmassen (vorwiegend ABS, SB, Polyolefine, PC, PPE mod.) werden auf Schneckenspritzgießmaschinen mit Verschlußdüse verarbeitet. Das Treibmittel soll erst im Werkzeug voll wirksam werden. Werkzeug wird nur 50 % bis 70 % gefüllt, die restliche Formfüllung erfolgt durch die Wirkung des Treibmittels. Es wirken nur geringe Werkzeugdrucke von 10 bar bis 20 bar. Durch niedrige Werkzeugtemperaturen erhält man Formteile mit kompakter Außenhaut und geschäumtem Kern (Struktur- oder Integralschaumstoff). Die Rohdichten betragen minimal etwa 50 % des kompakten Kunststoffs. Im *Sandwichspritzgußverfahren* („ICI"-Verfahren) können auch zwei unterschiedliche Kunststoffe in einem Werkzeug verspritzt werden.

Nach einem besonderen Verfahren wird *PVC-Hartschaum* und *PVC-Strukturschaum* hergestellt. Hauptsächliche Anwendung für *Stützkerne* und für *Leichtbau-Formteile*.

Reaktionsschaumguß RSG
Flüssige Ausgangskomponenten, meist auf der Basis PUR, werden entweder frei zu Blöcken aufgeschäumt und nachträglich zu Platten geschnitten oder das Aufschäumen erfolgt in Werkzeugen zu Formteilen.

Beim *RIM*-Verfahren (Reaction-Injection-Moulding) entstehen bei bestimmten Werkzeugtemperaturen Formteile mit kompakter Außenhaut und geschäumtem Kern. Solche *Struktur-* oder *Integralschaumstoffe* (siehe Bild 15.3) bestehen aus einer einzigen Kunststoffart und ergeben sehr rationell in einem einzigen Arbeitsgang große, dickwandige, leichte und doch sehr hochbeanspruchbare Formteile. Große und unterschiedliche Wanddicken sind möglich.

Werden den Ausgangskomponenten noch Glasfasern als Verstärkungsstoffe zugesetzt, so spricht man von *RRIM* (Reinforced-Reaction-lnjection-Moulding). Es ergeben sich Formteile mit verbesserten mechanischen Eigenschaften.

Die PUR-Systeme für das RIM-Verfahren können so abgestimmt sein, daß *harte*, *halbharte* oder *weichelastische* Schaumstoff-Formteile entstehen mit differenzierter Innenstruktur. Metall- und Kunststoffkonstruktionen können mit Schäumen auf der Basis PUR wegen guter Haftfestigkeit ausgeschäumt werden, was sowohl zum Versteifen als auch zum Isolieren und aus Gründen des Korrosionsschutzes vorteilhaft ist (z. B. Kühlschrankbau).

■ **Anwendungsbeispiele**

Gleichmäßig geschäumte Kunststoffe
Hartschaumstoffe auf der Basis PS-E, PF, UF und PUR für *thermische Isolierzwecke*. Besonders gut als *Stützkerne* für *biegesteife Leichtbauelemente in*

Verbindung mit dünnen Außenschichten hoher Festigkeit aus Metallen oder faserverstärkten Kunststoffen (*Sandwichkonstruktionen,* Bild 15.4). PUR-Schaumstoffe zum Versteifen durch Ausschäumen von Hohlkonstruktionen, z. B. im *Automobil-* und *Gefriermöbelbau* wegen der guten Haftung bei gleichzeitig guter Wärmedämmung.

Beachte: Bei mechanisch beanspruchten Konstruktionen ist eine großflächige Krafteinleitung erforderlich.

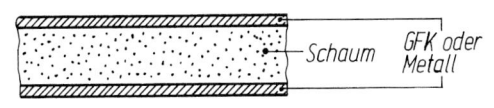

Bild 15.4 Sandwichstruktur

Struktur- oder Integral-Schaumstoffe

Reaktionsschaumguß RSG auf der Basis PUR als Integralhartschaumstoff bei mittleren Dichten von 0,5 g/cm^3 bis 1,1 g/cm^3 wird u. a. eingesetzt für *Konstruktionszwecke* (Möbelbau, Gehäuse für Büromaschinen, Meßgeräte, Funk- und Fernsehgeräte usw.), d. h. für großflächige, leichte und doch steife Formteile. Es ergibt sich ein durch die Verarbeitungsbedingungen einstellbarer *Dichteverlauf* über den Querschnitt (Bild 15.3).

Thermoplastschaumspritzguß TSG, vorwiegend auf der Basis SB, ABS, PPE modifiziert und PC wird eingesetzt im *Möbelbau* (Schrankkorpusse, Sesselschalen, Schubladen), für *tragende Konstruktionen* wie Gehäuse für Rundfunk-, Fernseh- und Haushaltsgeräte sowie Büromaschinen, ferner für *Sportgeräte* (Kinderskier, Tischtennisschläger).

15.2 Weichelastische Schaumstoffe; weichelastische Struktur- bzw. Integral-Schaumstoffe

Handelsnamen (Beispiele): Airex PE-NV (Airex); Bayflex, Bayfill, Bayfit, Moltopren (Bayer); Elastofoam, Elastoflex, Cellasto, Neopolen (BASF).

Besondere Eigenschaften

Weichelastische Schaumstoffe werden vor allem gekennzeichnet durch *Stauchhärte* und *Federkennlinie* bzw. *Hystereseschleife* im *Druckversuch* DIN 53577, *Eindrückhärte* DIN 53576 und *Druckverformungsrest* DIN 53572.

Diese Eigenschaften sind abhängig vom *Gerüstwerkstoff* und der *Rohdichte*, dem *Porenanteil* und von der *Zellstruktur* (offen, geschlossen).

15 Schaumstoffe, geschäumte Kunststoffe

Zum Beispiel zeigen PUR-Weichschaumstoffe auf Polyesterbasis bei der Federung eine starke Dämpfung, auf Polyetherbasis dagegen eine kleinere Dämpfung.

Thermische Eigenschaften: Tendenz wie bei Hartschaumstoffen.

■ Herstellung

Je nach Basiskunststoff ähnlich wie bei den harten Schaumstoffen (siehe Kap. 15.1) als *Formteile* oder *Blöcke*, aus denen Folien geschnitten werden. Auch als *Formteile mit kompakter Außenhaut* herstellbar; teilweise auch Extrusion möglich.

■ Anwendungsbeispiele

Weichelastische Schaumstoffe und weichelastische Strukturschaumstoffe auf Basis PUR bei mittleren Rohdichten von 100 kg/m^3 bis 800 kg/m^3 werden eingesetzt z. B. für *Polsterzwecke, Konstruktionsteile im Automobilbau* (Armaturentafeln, Stoßfängersysteme, umschäumte Lenkräder) und für *Schuhsohlen*, außerdem zum *Ausschäumen* von *Hohlräumen*.

Weichelastische PUR-Schaumstoffe mit kompakter Außenhaut werden im Bereich *Polstermöbel* und *Kfz-Sitze* eingesetzt.

PUR-Schaumstoffe in Folienform sind bei 110 °C bis 140 °C auch warmumformbar und werden schwerpunktmäßig eingesetzt im *Automobilbau* (Auskleidungen, Dichtungen, Bodengruppenisolierungen, Entdröhnung), *Bauwesen* (Isolierungen, Sandwichelemente mit Metallen, Rohrisolationen, Teppichunterlagen), *Verpackungssektor*.

Weichelastische Schaumstoffe auf der Basis PVC mit Rohdichten 70 kg/m^3 bis 100 kg/m^3 zum *Ausschäumen*, für *Polsterzwecke, Rohrisolationen, Auftriebskörper, Schwimmwesten, Kälteschutzanzüge*.

Weichelastische Schaumstoffe auf Basis PE mit Rohdichten 30 kg/m^3 bis 100 kg/m^3 als *Verpackungspolster* für empfindliche Güter, ferner als *Schwimmkörper*, zur *Wärmeisolation, Fugendichtungen, Entdröhnungselemente*. PE-Schaum ist warmumformbar und schweißbar.

16 Sonderpolymere

16.1 LC-Polymere

Es handelt sich um sog. **L**iquid-**C**rystal-**P**olymere LCP oder flüssig-kristalline Kunststoffe.

Ein neuer Weg, die Festigkeit von thermoplastischen Kunststoffen in spritzgegossenen Formteilen oder extrudierten Halbzeugen zu erhöhen, besteht in der Möglichkeit, kristalline Strukturen, die bereits im Kunststoff vorhanden sind, bei der Verarbeitung zu orientieren. Es handelt sich dabei um steife, stäbchenförmige Makromoleküle, die bei der Verarbeitung als feste Phase erhalten bleiben und gewissermaßen in einer geschmolzenen, amorphen Phase „schwimmen". Dadurch wird die gute Verarbeitbarkeit (Schmelze als flüssige Phase) gewährleistet und ein günstiges Fließverhalten im Werkzeug erreicht. Bei der Erstarrung werden die „Molekülstäbchen", insbesondere in den Randzonen stark orientiert und so eingefroren. Diese hochorientierten Bereiche wirken bei Zug- oder Biegebeanspruchung ähnlich wie Faserverstärkungen, jedoch mit wesentlich höherem Verstärkungseffekt.

Für die technische Anwendung in Formteilen spielen Konstruktion, Fließrichtung und Verarbeitungsbedingungen eine ausschlaggebende Rolle, damit in den Hauptbeanspruchungsrichtungen die Verstärkungswirkung voll zum Tragen kommt.

Es gibt eine Reihe von LCP-Compounds mit speziellen Eigenschaften, z. B. Metallisierbarkeit, Leitfähigkeit und guter Dimensionsstabilität bei hoher Steifigkeit und hoher Temperaturbeständigkeit und Isotropie der Eigenschaften.

Aufbau: Bei den hauptsächlich auf dem Markt befindlichen LCP-Typen handelt es sich um *aromatische Polyester* in einer speziellen räumlichen Gestalt, die zu der Ausbildung von Makromolekülen in Stäbchenform führt. Diese Stäbchen sind in der amorphen Grundmasse orientiert enthalten.

Handelsnamen (Auswahl): Vectra (Ticona), Xydar (BP-Amoco), Zenite (DuPont).

Eigenschaften

Mechanische Eigenschaften: Sehr hohe Festigkeit erreichbar in Orientierungsrichtung, abhängig von Formteilgestalt und Herstellungsbedingungen, daher keine allgemeinen Angaben möglich. Bemerkenswert ist die hohe Steifigkeit, gekennzeichnet durch einen hohen Elastizitätsmodul *unverstärkt* E = 10 000 N/mm^2 bis 20 000 N/mm^2, bzw. *verstärkt* mit Glas- und Kohlenstoff-Fasern bis rd. 40 000 N/mm^2. Zugabe von bis zu 50 % Talkum möglich.

Bei der Beurteilung des Werkstoffverhaltens im Formteil ist zu berücksichtigen, daß die Eigenschaften längs und quer zur Orientierung sehr unterschiedlich sind (Anisotropie), was sich auch auf die Schlagzähigkeit auswirkt. Bei hoher Druck- und Biegebeanspruchung besteht die Neigung zum *Aufspleißen*.

Sehr gute Maßhaltigkeit.

Elektrische Eigenschaften: Ausgezeichnete Isoliereigenschaften, jedoch geringe Kriechstromfestigkeit.

Thermische Eigenschaften: Hohe Wärmeformbeständigkeit. Dauergebrauchstemperaturen höher als 200 °C. Sehr kleiner, aber richtungsabhängiger thermischer Längenausdehnungskoeffizient, der durch die Verarbeitungsbedingungen zwischen annähernd Null und $25 \cdot 10^{-6}$ 1/K eingestellt werden kann und sich so an unterschiedliche Werkstoffe anpassen läßt.

Schwer entflammbar; geringe Rauchentwicklung im Brandfall bei geringer Giftigkeit der Rauchgase.

Chemische Beständigkeit sehr gut gegen Lösemittel, Treibstoffe und Chemikalien, außer gegen oxidierende Säuren und starke Alkalien. Beständig gegen Umwelteinflüsse und gegen energiereiche Strahlung. Praktisch keine Neigung zur *Spannungsrißbildung*.

■ Verarbeitung

LCP-Typen mit niedrigen Schmelztemperaturen (ca. 300 °C) und guter Fließfähigkeit (kleine Schmelzviskosität) lassen sich gut durch Spritzgießen und Extrudieren verarbeiten, auch zu dünnwandigen und komplizierten Formteilen mit langen Fließwegen. LCP-Typen mit höheren Schmelztemperaturen verlangen Massetemperaturen von über 400 °C und hohe Spritzdrucke. Kühl- und Zykluszeiten sind kurz.

Form und Lage des Angusses sind besonders zu beachten, wegen des Einflusses der Orientierungen auf die Eigenschaften. Schwachstellen können Fließ- und Bindenähte im Bauteil darstellen.

LCP sind auch *thermoformbar*, mit Ultraschall schweißbar und klebbar.

■ Anwendungsbeispiele

Mechanisch, thermisch und elektrisch hochbeanspruchte Bauteile in Fahrzeugbau, Luft- und Raumfahrt; Elektro- und Elektronikindustrie, Apparatebau und optische Industrie.

Miniaturisierung von Bauelementen der Elektronik; Ummantelungen für Elektronikbauelemente; Steckerleisten, Fassungen, Gehäuse für LED, Spulenkörper, steife Ummantelungen für Glasfaserkabel; Buchsen, Lager,

Dichtungen, Gleitelemente; Flugzeuginnenteile; Füllkörper für Destillationskolonnen als splittersicherer Keramikersatz; Mikrowellengeschirr.

LCP als Verstärkungsmaterial in PC
Für sehr steife, dünnwandige Formteile werden LCP als Verstärkung für PC verwendet, näheres siehe Kapitel 10.9 PC-Blends.

16.2 Elektrisch leitfähige Polymere

Im allgemeinen sind Kunststoffe, wegen ihres organischen Aufbaus, gute Isolierstoffe und neigen zur elektrostatischen Auflladung. Es gibt verschiedene Möglichkeiten, eine elektrische Leitfähigkeit der Kunststoffe zu erreichen:

- Durch *Oberflächenbehandlungen* wird durch *Antistatika*, auf der Oberfläche aufgebracht oder eingemischt, der Oberflächenwiderstand von >10^{15} Ω auf 10^{10} Ω herabgesetzt, so daß die reibungselektrische Aufladung verhindert wird. Die Wirkung von Antistatika ist zeitlich begrenzt.
- Durch *Einmischung* von *leitfähigen Zusatzstoffen*, z. B. Ruße, Kohlenstoff-Fasern, beschichtete Aluminiumflocken, Mikrostahlfasern, versilberte Glasfasern und -kugeln, sowie vernickelte, textile Flächengebilde (Baymetex). Die entscheidende Wirkung besteht darin, daß die eingemischten Zusatzstoffe möglichst häufig zur gegenseitigen Berührung kommen. *Leitfähigkeitsruße* vermindern den Durchgangswiderstand auf Werte von 10^2 Ω cm bis 5 Ω cm. Mit den metallischen Zusatzstoffen kann der Durchgangswiderstand bis auf <1 Ω cm vermindert werden. Für die Oberflächenleitfähigkeit und für Abschirmzwecke kommt *metallische Oberflächenbeschichtung* infrage in Form von *Vakuumbedampfung, Aufspritzen* von *niedrigschmelzenden Metallen* oder *galvanischen Metallüberzügen*.
- Durch *Änderungen* im *strukturellen Aufbau*. Um durch den *chemischen Aufbau* eine elektrische Leitfähigkeit zu erreichen, sind Strukturen notwendig, in denen frei bewegliche Elektronen vorhanden sind. Möglich dabei sind *Polypyrrole PPY* (BASF) und mit Jod dotierte *Polyacetylene PAC*. PPY oder PAC können in Thermoplasten als *Polyblends* schon in sehr kleinen Mengen antistatische oder Halbleitereigenschaften erzeugen.

Anwendung finden solche elektrisch leitfähigen Kunststoffe (meist in Pulverform lieferbar) z. B. für EMI-Abschirmungen, antistatische Lacke und Klebstoffe, antistatische Verpackungen. Für kleine Knopfbatterien werden z. B. Polypyrrole als positive Elektrode benutzt.

III Prüfung von Kunststoffen, Kennwerte

17   Auswertung von Prüfergebnissen

Normen:

DIN 53598	Statistische Auswertung von Stichproben mit Beispielen aus der Elastomer- und Kunststoffprüfung
DIN 53804 T1	Statistische Auswertung; Meßbare Merkmale
DIN 55302 T1, T2	Statistische Auswertungsverfahren
DIN 55303	Statistische Auswertung von Daten
DIN 53350	Begriffe der Qualitätssicherung und Statistik
DIN ISO 5725	Präzision von Prüfverfahren
ISO 2602	Statistical Interpretation of test results – Estimation of the mean – Confidence interval
DIN EN ISO 9001	Qualitätssicherungssysteme – Modell zur Darlegung der Qualitätssicherung in Design, Entwicklung, Produktion, Montage und Kundendienst
DIN EN ISO 9002	Qualitätssicherungssysteme – Modell zur Darlegung der Qualitätssicherung in Produktion und Montage
DIN EN ISO 9003	Qualitätssicherungssysteme – Modell zur Darlegung der Qualitätssicherung bei der Endprüfung
DIN EN ISO 9004	Qualitätsmanagement und Elemente eines Qualitätssicherungssystems

In *Prüfberichten* sollten bei statistischer Auswertung von Prüfergebnissen folgende Punkte enthalten sein:

- Hinweis auf die entsprechende Prüfnorm
- Angabe der Prüfbedingungen
- vollständige Kennzeichnung des geprüften Kunststoffs, einschl. Art, Herkunft, Produktbezeichnung des Herstellers, Güteklasse, Vorgeschichte usw.
- Probekörperform mit genauen Abmessungen
- Herstellungsbedingungen wie spritzgegossen, aus Formteil oder Halbzeug herausgearbeitet, dabei Lage im Formteil oder Halbzeug
- Prüfbedingungen
- Anzahl der Probekörper
- Art des Versagens
- die einzelnen Prüfergebnisse
- Standardabweichung und/oder Variationskoeffizient
- % Vertrauensbereich der Mittelwerte
- Datum der Prüfung

17 Auswertung von Prüfergebnissen

Auswertung von Stichproben

Prüfungen an Kunststoffen erfolgen an *Stichproben*, d. h. nur an einer kleinen Anzahl von Probekörpern (z. B. beim Zugversuch 5, bei Schlagprüfungen 10 Probekörper). Die Auswertung erfolgt daher nach *statistischen Methoden*. Es muß daher festgestellt werden, wie der *Vertrauensbereich* der Meßergebnisse liegt.

In DIN 53804 T1 bzw. ISO 2602 werden statistische Verfahren beschrieben, mit denen *meßbare Merkmale* aufbereitet und Parameter der Wahrscheinlichkeitsverteilung abgeschätzt oder geprüft werden können. Ein *Stichprobenumfang* n besteht aus der Anzahl der *Einzelwerte* x_i einer Stichprobe. Die Einzelwerte sind in der anfallenden Reihenfolge oft unübersichtlich. Werden sie nach aufsteigender Reihenfolge geordnet, dann entsteht eine *Folge* x_{ii}. *Häufigkeitsverteilungen* werden durch graphische Darstellungen anschaulicher wiedergegeben (Punktdiagramm, Summentreppe). Bei größerem Stichprobenumfang werden die Einzelwerte in *Klassen* zusammengefaßt und z. B. als *Histogramm* (Häufigkeitsverteilung) dargestellt. So kann anschaulich die *Verteilungsform* (Symmetrie, Ausreißer) festgestellt werden.

Arithmetischer Mittelwert $\bar{x}$ ist die Summe der Einzelwerte x_i der Stichprobe dividiert durch die Anzahl n:

$$\bar{x} = \frac{x_1 + x_2 + \ldots + x_n)}{n} = \frac{1}{n} \cdot \sum_{i=1}^{n} x_i$$

Varianz s^2 einer Stichprobe ist die Summe der Quadrate der Differenzen der Einzelwerte und dem arithmetischen Mittelwert, dividiert durch die Anzahl der Freiheitsgrade $f = n - 1$ und gilt als Kennwert der Streuung

$$s^2 = \frac{1}{n-1} \cdot \sum_{i=1}^{n} (x_i - \bar{x})^2$$

Standardabweichung s der Stichprobe ist die *positive* Wurzel der Varianz s^2, sie ist ein Maß für die Streuung der Einzelwerte x_i um den Mittelwert $\bar{x}$. Je kleiner die Standardabweichung, desto genauer die Messung, d. h. je enger liegen die Meßwerte um den Mittelwert.

$$s = \sqrt{s^2}$$

Variationskoeffizient v errechnet sich aus dem Mittelwert $\bar{x}$ und der Standardabweichung s

$$v = \frac{s}{\bar{x}} \cdot 100\,\%$$

Spannweite R_n ist die Differenz zwischen dem größten und kleinsten Einzelwert der Stichprobe.

$$R_n = x_{max} - x_{min}$$

In einem Wahrscheinlichkeitsnetz kann festgestellt werden, ob *Normalverteilung* vorliegt. Die Werte $\bar{x}$, s^2, s und v dienen als Schätzwerte für die Erwartungswerte *Mittelwert* μ und *Standardabweichung* σ der *Grundgesamtheit*. Da ein Schätzwert i. a. von dem zu schätzenden Parameter mehr oder weniger abweicht, wird außer dem Schätzwert noch der *Vertrauensbereich* für den Parameter angegeben, der mit Hilfe der Werte einer Stichprobe berechnet wird. Der *Vertrauensbereich* mit seiner oberen und unteren Vertrauensgrenze schließt den unbekannten Parameter mit einer vorgegebenen *Wahrscheinlichkeit*, dem *Vertrauensniveau* 1 − α ein. Bei Werkstoffprüfungen ist das *Vertrauensniveau* 1 − α = 0,95 üblich. Der Vertrauensbereich für den Erwartungswert μ wird bei unbekannter Standardabweichung σ aus dem Mittelwert $\bar{x}$ und der Standardabweichung s einer Stichprobe mit dem Umfang n berechnet. Bei *zweiseitiger* Abgrenzung gilt auf dem Vertrauensniveau 1 − α

$$\bar{x} - W \leq \mu \leq \bar{x} + W, \quad \text{wobei gilt } W = t_{f;\,1-\alpha/2} \cdot \frac{s}{\sqrt{n}}$$

W ist der Abstand der Vertrauensgrenzen vom Mittelwert der Stichprobe. Der Vertrauensbereich hat die *Weite* 2 · W. Der Zahlenfaktor $t_{f;\,1-\alpha/2}$ kann für das übliche Vertrauensniveau 1 − α = 0,95 der Tabelle 17.1 entnommen werden.

Tab. 17.1   t-Verteilung für das Vertrauensniveau 1 − α = 0,95

Freiheitsgrad f	zweiseitige Abgrenzung $t_{f;0,975}$	einseitige Abgrenzung $t_{f;0,95}$
2	4,30	2,92
3	3,18	2,35
4	2,78	2,13
5	2,57	2,02
6	2,45	1,94
7	2,36	1,89
8	2,31	1,86
9	2,26	1,83
10	2,23	1,81
12	2,18	1,78
14	2,14	1,76
17	2,12	1,75
18	2,10	1,73
20	2,09	1,72

17 Auswertung von Prüfergebnissen

Bei der Herstellung von Qualitätsspritzgußteilen werden z. T. noch *Regelkarten* geführt, in die Ergebnisse von Stichproben mit dem Stichprobenumfang n = 5 eingetragen werden. Man kann dann erkennen, ob eine Fertigung konstant bleibt oder ob durch Änderung der Fertigungsparameter ein „Weglaufen" der Fertigung von den optimierten Bedingungen eintritt. Heutige sensor- und meßtechnische Möglichkeiten erlauben jedoch beim Spritzgießen von hochpräzisen und dokumentationspflichtigen Formteilen, sog. *D-Teilen*, eine 100 %-Prüfung durch eine *Prozeßüberwachung*. Gemessen und überwacht werden i. a. die für einem optimierten Spritzgießprozeß notwendigen Prozeßparameter *Massetemperatur, Werkzeuginnendruck* und die *Werkzeugtemperaturen.* Rechnerprogramme erfassen die Daten von Schuß zu Schuß und beeinflussen je nach vorgegebenen Grenzwerten Ausfallweichen, die Formteile außerhalb der Grenzwerte aussortieren. *Expertensysteme* können zur Fehlersuche eingesetzt werden.

18 Einfache Methoden zur Erkennung der Kunststoffart

Bei den im folgenden beschriebenen einfachen Methoden zur Erkennung der Kunststoffart handelt es sich um eine Auswahl von Erkennungsmöglichkeiten, die ohne chemisches Laboratorium mit einfachen Mitteln durchgeführt werden können. Es muß jedoch auf die Grenzen der Verfahren hingewiesen werden: Bei *Copolymerisaten, Polymerisatmischungen* und bei *Kombinationen von Duroplasten* sind – wenn überhaupt – allenfalls die Komponenten, nicht aber deren mengenmäßige Anteile bestimmbar. Weichmacher, Stabilisatoren, Emulgatoren und andere Beimengungen können mit diesen einfachen Methoden nicht erkannt werden. Genaue Untersuchungen sind möglich u. a. durch *thermische Analysen* (DSC, TGA), *Infrarotspektroskopie* (FT-IR), Verfahren die in Kap. 19 beschrieben sind.

Allgemeine Gesichtspunkte

Tabelle 18.1 ist auf die *Beurteilung* des *Brennverhaltens,* das *Verhalten* im *Glührohr* sowie den *Geruch* und die *Reaktion* der *Schwaden* abgestimmt. Sie enthält die Kunststoffe in der Reihenfolge, wie sie im Teil II dieses Buches besprochen sind. Wegen ihrer Vielfalt werden für die Styrol-Polymerisate Unterscheidungsmerkmale in Tabelle 18.2 angegeben, soweit sie ohne chemische Untersuchungen möglich sind. Die Unterscheidung der Polyamide, linearen Polyester und Polyacetale kann über den Kristallitschmelzpunkt erfolgen (siehe Tabelle 19.4). *Füllstoffe* beeinflussen verschiedene Eigenschaften der Kunststoffe je nach Art und Anteil (vgl. Kapitel 19.1 Dichtebestimmung).

Prüfung auf Chlorgehalt *(Beilsteinprobe)*

Ein Kupferdraht wird in heißer Bunsenbrennerflamme zunächst ausgeglüht, bis sich keine Färbung mehr zeigt. Nach Betupfen des zu untersuchenden Kunststoffs mit dem heißen Draht, wird er, zusammen mit den Kunststoffspuren, in die Flamme gehalten. Bei *Grünfärbung* ist Chlor (oder Brom) im Kunststoff vorhanden. Grünfärbung tritt auf bei PVC einschl. Modifikationen, chloriertem PE, Chlorkautschuk und PCTFE, weniger bei Kunststoffen mit (noch) halogenhaltigen Flammschutzmitteln.

Beurteilung des Brennverhaltens (siehe Tabelle 18.1)

Zur Beurteilung des Brennverhaltens sollten die Kunststoffe nicht direkt in eine Flamme gehalten werden, sondern möglichst nur auf einem sorgfältig ausgeglühten Nickelspatel bei *kleiner* Flamme langsam erhitzt werden. Wenn die Probe brennt, Spatel langsam aus der Flamme nehmen und weiteres Brennverhalten beurteilen. *Vorsicht:* Brennproben wegen Möglichkeit des Abtropfens nur über Aluminiumfolie oder Waschbecken durchführen!

18 Einfache Methoden zur Erkennung der Kunststoffart

Es wird beobachtet:

- Kunststoff entzündet sich leicht oder schwer
- Kunststoff brennt, brennt nicht, rußt oder glüht
- Kunststoff brennt außerhalb der Flamme weiter oder verlischt
- Farbe der Flamme ist leuchtend oder rußend, Kunststoff ist dabei sprühend oder tropfend

Der *Geruch der Schwaden* wird besser beim Verhalten im Glührohr festgestellt (siehe nachstehend). *Rückstände* auf dem Spatel erkennt man, wenn man vollständig verascht (vgl. auch 19.1). Es können *anorganische Füllstoffe* wie Glasfasern, Glaskugeln oder Gesteinsmehle festgestellt werden. Geringe Beläge auf dem Spatel rühren von Farbpigmenten und anderen (geringen) Zusatzstoffen her.

Verhalten beim Erhitzen im Glührohr (siehe Tabelle 18.1)

Kleine Kunststoffproben werden in einem Glühröhrchen mit rd. 100 mm Länge und 10 mm Durchmesser bei kleiner Bunsenbrennerflamme vorsichtig erhitzt; so lange erhitzen, bis die entstehenden Schwaden den oberen Rand des Glühröhrchens erreichen, wo dann mit Hilfe eines angefeuchteten Indikatorpapiers die *Reaktion der Schwaden* festgestellt werden kann.

Beobachtet werden (Tabelle 18.1):

- Schmelzverhalten: Substanz schmilzt, schmilzt nicht, wird dünn- oder dickflüssig. Schmelze färbt sich dunkel; ggf. tritt Blasenbildung oder Zersetzung auf.
- Reaktion der Schwaden: Mit geeignetem Indikatorpapier (Lackmus- oder pH-Papier) kann neutrale, alkalische oder saure Reaktion festgestellt werden (vgl. Bild 18.1).
- Geruch der Schwaden: Die entstehenden Schwaden werden *vorsichtig* der Nase zugefächelt; Gerüche siehe Tabelle 18.1. (Es sind ggf. die Technischen Richtlinien Gefahrstoffe TRGS zu beachten!).

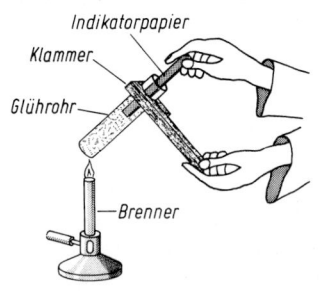

Bild 18.1 Erhitzen im Glührohr

18 Einfache Methoden zur Erkennung der Kunststoffart

Tab. 18.1 Brennverhalten, Geruch und Reaktion der Schwaden von Kunststoffen

Kunststoff	Beurteilung des Brennverhaltens		Verhalten beim Erhitzen im Glührohr		Geruch und Reaktion der Schwaden	
	1)	Art und Farbe der Flamme	2)			3)
PE PP PB	II II II	tropft brennend ab	gelb mit blauem Kern	s, z s, z s, z	wird klar, wenig sichtbare Dämpfe	schwach paraffinartig PP: schwach esterartig	n n n
PVC-U PVC-P	I I/II	rußend	gelb leuchtend	z z	erweicht, wird schwarzbraun	HCl, brenzlich HCl und Weichmacher	ss ss
PS SB SAN ABS ASA	II II II II II	stark rußend (Flocken)	gelb leuchtend und flackernd	s s, z s, z z s, z	vergast wird gelblich gelb schwarz schwarzer Rückstand	Styrol Styrol und Gummi Styrol und HCN Styrol und Zimt Styrol, schwach HCN	n n a n, a s
CA/CP/CAB	II/ III	tropft und sprüht	gelbgrün	s, z	schwarz	verbranntes Papier CA: Essigsäure CAB: Buttersäure	s
PMMA	II	knistert	leuchtend	z	erweicht, bläht auf	fruchtig	n
PA 6 PA 66 PA 11 PA 12 PA 46 PA amorph	II II II II II II	schwer anzündbar, knistert, tropft ab, zieht Fäden rußend	bläulich, gelber Rand leuchtend	s, z s, z s, z s, z s, z z	wird erst klar, dann braun weiße Dämpfe	stark nach verbranntem Horn verbranntem Horn schwach nach verbranntem Horn stark n. verbranntem Horn süßlich, kratzend	a a a a a a
POM	II	brennt	schwach blau	s, z	vergast	Formaldehyd	n
PET PBT	II II	rußend, tropft	leuchtend	s, z s, z	dunkelbraun	süßlich, kratzend	s s
PC	I	rußend	leuchtend	s	zäh, braun	Phenol	n, s
PPE mod.	II	schwer anzündbar, rußend	hell	s, z	schwarz	schwach Phenol u. Styrol	a
PSU/PES	II	schwer anzündbar, rußend	gelb	s	braun	schwach H_2S	ss
PPS	0/I	rußend, aufblähend	leuchtend	z	schwarz, weiße Dämpfe	schwach Styrol, S, H_2S	s
PI	0	glüht auf			schmilzt nicht, braun	schwach Phenol (HCN)	a
PTFE	0	verkohlt			schmilzt nicht, wird klar	stechend HF	ss
PVDF	0	verkohlt		s		stechend sauer	ss
PF	0/I	rußend	erlischt	z	springt	Phenol	a
MF MP UF	0/I 0/I 0/I	verkohlt, weiße Kanten	erlischt	z z z	springt springt aufblähend, dunkel	fischig, verbrannte Milch Phenol, verbrannte Milch fischig, widerlich	a a a
UP	II	rußend	leuchtend gelb	z	springt, dunkel	Styrol, scharf	n (s)
EP	II	rußend	gelb	z	dunkel	undefiniert, je nach Härter	n (a)
PUR	II	schäumt	leuchtend gelb	s, z	dunkel	Isocyanat	n, a, s
Aramid	0				schmilzt nicht	Nitrobenzol	(s)

1) 0: kaum anzündbar
I: brennt in der Flamme, erlischt außerhalb
II: brennt nach Anzünden weiter
III: brennt heftig oder verpufft

2) s: schmilzt
z: zersetzt sich

3) a: alkalisch
n: neutral
s: sauer
ss: stark sauer

18 Einfache Methoden zur Erkennung der Kunststoffart

Verhalten in organischen Lösemitteln siehe Kap. 28.

Einfache Unterscheidungsmöglichkeiten

Die *zahlreichen PS-Modifikationen* sind schwierig zu unterscheiden. Meist sind dazu chemische Untersuchungsmethoden notwendig. In Tabelle 18.2 werden Möglichkeiten gezeigt, wie man zur groben Orientierung feststellen kann, in welcher Richtung das PS modifiziert ist. Zunächst wird die genaue Dichte der Probe bestimmt (siehe Kapitel 19.1); weitere Untersuchungsmöglichkeiten gehen aus Tabelle 18.2 hervor.

Polyamide lassen sich u. a. durch die *Kristallitschmelztemperaturen* T_g unterscheiden (Tabelle 10.3).

Physikalische Untersuchungsmethoden, wie sie in Kap. 19 beschrieben sind, erlauben wesentlich genauere Bestimmung und Unterscheidung von Kunststoffen.

Tab. 18.2 Einfache Unterscheidungsmöglichkeiten innerhalb der Styrol-Polymerisate

Werkstoff	ϱ g/cm³	Oberfläche	Elastisches und plastisches Verhalten	Bruchverhalten	Geruch der Schwaden	Reaktion der Schwaden
PS	1,05	glänzend	steif, hart	Sprödbruch	Styrol, süßlich	neutral
PS-I (SB)	1,04 bis 1,05	matt	biegsam, verformungsfähig, je nach Butadiengehalt	Weißfärbung der Biegezone, Verformungsbruch	Styrol und Gummi	neutral
SAN	1,08	glänzend	steif, hart	Sprödbruch	Styrol, am Schluß Blausäure	alkalisch
ABS	1,03 bis 1,07	matt bis glänzend	biegsam, verformungsfähig	wie PS-I	wie PS-I, am Schluß im Röhrchen nach Blausäure	alkalisch oder neutral
ASA	1,07	matt bis glänzend	biegsam, härter als SB	Verformungsbruch	Styrol und pfefferartig	sauer

19 Physikalische Untersuchungsmethoden zum Erkennen der Kunststoffart

19.1 Dichtebestimmung

Normen:

DIN EN ISO 1183	Kunststoffe – Verfahren zur Bestimmung der Dichte von nicht verschäumten Kunststoffen T1: Eintauchverfahren, Verfahren mit Flüssigkeitspyknometern und Titrationsverfahren T2: Verfahren mit Dichtegradientensäule
ISO 2781	Rubber, vulcanized – Determination of Density
DIN EN ISO 845	Schaumstoffe aus Kautschuk und Kunststoffen – Bestimmung der Rohdichte
DIN 53479	Prüfung von Kunststoffen und Elastomeren – Bestimmung der Dichte (Es besteht ein Zusammenhang mit ISO 1183 und ISO 2781)

Kennwert

ϱ **Dichte**

In den Normen sind mehrere Verfahren zur Bestimmung der Dichte aufgeführt:

- Bestimmung der Dichte nach dem Auftriebsverfahren (Verfahren A) für Halbzeuge und Formteile
- Bestimmung der Dichte mit dem Pyknometer (Verfahren B) für Formmassen als Granulate und Pulver
- Bestimmung der Dichte nach dem Schwebeverfahren (Verfahren C) für Halbzeuge, Formteile und Granulate
- Bestimmung der Dichte nach dem Dichtegradientenverfahren (Verfahren D) für Halbzeuge, Formteile und Granulate.

Hier werden vor allem die *Auftriebsmethode* (Verfahren A) und die oft ausreichende Einstufung der Dichte nach dem *Schwebeverfahren* (Verfahren C) mit verschiedenen Prüflösungen besprochen. Die Einstufung der Dichte mit Lösungen bestimmter Dichte ist auch für das Trennen von Kunststoffen nach der *Sink-Schwimm-Methode* beim Recycling von Kunststoffen interessant.

Beachte: Hohlräume wie Lunker und Gasblasen verfälschen die Dichte, weshalb die Dichtebestimmung an Granulatkörnern, die meist Lunker enthalten, problematisch ist; Granulatkörner ggf. vorher aufschneiden. Bei gefüllten Kunststoffen wird die Dichte durch den Gehalt an Füllstoffen verändert, weshalb die Dichtebestimmung an gefüllten Kunststoffen nur sinnvoll ist, wenn der Füllstoffgehalt bekannt ist.

19.1.1 Bestimmung der Dichte nach der Auftriebsmethode (Verfahren A)

Die Prüfung erfolgt auf Analysenwaagen mit einer Meßgenauigkeit von 0,1 mg und einer Zusatzeinrichtung für die Dichtebestimmung von festen Probekörpern, eine sog. hydrostatische Waage. Weiter sind notwendig Aräometer zur genauen Ermittlung der Dichte der Prüfflüssigkeit, meist *destilliertes Wasser* und *Methanol* (für Gummi, PE und PP). Zunächst wird die Masse W_1 der Probe durch Wiegen in Luft bestimmt, dann die Masse W_2 der Probe durch Wiegen in der Prüfflüssigkeit. Die Dichte ϱ_F der Prüfflüssigkeit kann mittels Aräometer ermittelt werden; es darf zur Vermeidung von Luftbläschen bis 0,1 Massenprozent *Netzmittel* zugesetzt werden. Auf genaue, konstante Temperatur t der Prüfflüssigkeit ist zu achten. Probekörpermasse W_t sollte mindestens 2,5 g betragen. Es stehen auch automatische Wiegesysteme mit Rechnerauswertung zur Verfügung.

Die Dichte ϱ_t für die Temperatur t (20±2) °C; (23±2) °C oder (27±2) °C ergibt sich in g/cm³, kg/m³ oder g/ml nach folgender Formel, wobei die Angabe der ersten drei wertanzeigenden Ziffern genügt:

$$\text{Dichte } \varrho_t = \frac{W_1 \cdot \varrho_F}{W_1 - W_2}$$

Nach DIN EN ISO 1183 wird die Masse der Probe in Luft (W_1) mit $m_{S,A}$, die Masse der Probe in der Prüfflüssigkeit (W_2) mit $m_{S,IL}$ und die Dichte der Prüfflüssigkeit (ϱ_F) mit ϱ_{IL} bezeichnet. (S steht für specimen, A für air, IL für immersion liquid und t für die Temperatur, meist 23 °C).

Die Dichten von Gießharzen, Preßstoffen und gefüllten Thermoplasten werden stark durch den Füllstoff und dessen Anteil verändert. Daher ist für solche Formstoffe keine Aussage über die Dichte des Grundwerkstoffs möglich, es sei denn, daß nach einer Veraschung die Rückstände vollständig erfaßt sind (siehe weiter unten: Bestimmung des Gehalts an anorganischen Füllstoffen bzw. Kap. 19.2). Der Einfluß von *Farbstoffzusätzen* (rd. 0,5 bis 1,5 %) ist relativ gering und wirkt sich höchstens bis 0,01 g/cm³ als Erhöhung der Dichte aus.

19.1.2 Bestimmung der Dichte durch Eingrenzen in Prüfflüssigkeiten (Verfahren C)

Die Prüfung erfolgt in Standzylindern mit 250 bis 500 ml Nenninhalt für größere Formteile oder Weithalsflaschen mit Kugelschliff für kleinere Probekörper; ferner benötigt man ggf. Badthermostat, Thermometer mit Genauigkeit 0,1 K und Aräometerspindeln mit einer Genauigkeit von 0,0001 g/cm³. Das wichtigste sind aber Prüfflüssigkeiten verschiedener Dichten, die wieder bis zu 0,1 Masseprozent Netzmittel zur Luftbläschenvermeidung enthalten dürfen (siehe Tabelle 19.1). Die Probekörper oder Formteile werden nacheinander in die entsprechenden Prüflösungen eingelegt, beginnend mit der niedrigsten Dichte, bis die Probe in einer Prüflösung gerade schwimmt. Die Dichte des Probekörpers liegt dann zwischen den Dichten der beiden Prüflösungen, in denen er gerade noch untergeht und in der er schwimmt. Je kleiner die Dichteunterschiede werden, desto genauer kann die Dichte durch Eingrenzen bestimmt werden.

Tab. 19.1   Prüfflüssigkeiten zur Dichtebestimmung.

Dichte bzw. Dichtebereich in g/cm³	Zusammensetzung
0,79 bis 1,0	Ethanol – Wasser
1,0 bis 1,98	Zinkchlorid – Wasser
0,87 bis 1,59	Toluol – Tetrachlormethan
1,6 bis 2,89	Tetrachlormethan – Tribrommethan

Beim Arbeiten mit diesen Medien sind die Vorschriften der Technischen Richtlinien für Gefahrstoffe TRGS zu beachten.

19.1.3   Bestimmung der Dichte von Schaumstoffen aus Kautschuk und Kunststoffen

Nach DIN EN ISO 845 wird von einem Probekörper die Masse m in g und das Volumen V in mm³ bestimmt und daraus die Dichte errechnet zu

$$\varrho_a = \frac{m}{V} \cdot 10^6 \text{ kg/m}^3$$

19.1.4   Bestimmung des Gehalts an anorganischen Füllstoffen
(siehe auch 19.2 TGA)

DIN EN 60	Bestimmung des Glühverlustes
DIN EN ISO 1172	Textilglasverstärkte Kunststoffe – Prepregs, Formmassen und Laminate – Bestimmung des Textilglas- und Mineralfüllstoffgehaltes – Kalzinierungsverfahren
DIN EN ISO 3451	Kunststoffe – Bestimmung der Asche T1: Allgemeine Grundlagen

19 Physikalische Untersuchungsmethoden zum Erkennen der Kunststoffart

DIN EN ISO 11667   Faserverstärkte Kunststoffe – Formmassen und Prepregs – Bestimmung des Gehaltes an Harz, Verstärkungsfaser und Mineralfüllstoff – Auflösungsverfahren

DIN EN ISO 7822   Textilglasverstärkte Kunststoffe – Bestimmung der Menge vorhandener Lunker – Glühverlust, mechanische Zersetzung

Bei der *Veraschungsmethode* wird der organische Anteil verbrannt und der verbleibende anorganische Rest ausgewertet; auf diese Weise lassen sich somit nur *anorganische* Füll- und Verstärkungsstoffe ermitteln. Beim Auflösungsverfahren können mit geeigneten Lösemitteln auch organische Füll- und Verstärkungsstoffe bestimmt werden.

Zur **Prüfung** benötigt man eine Analysenwaage, einen Muffelofen bis 700 °C, Porzellantiegel mit ca. 20 ml Inhalt, Exsikkator mit $CaCl_2$-Füllung und Tiegelzangen.

Zuerst Tiegel reinigen und ausglühen und im Exsikkator erkalten lassen und dann wiegen. Von der zu veraschenden Substanz 0,3 bis 0,5 g in Tiegel einwiegen und Tiegel mit Probe in den auf rd. 650 °C vorgeheizten Muffelofen und bis zur Gewichtskonstanz (mindestens 1 h) glühen, so daß der gesamte organische Anteil vergast ist. Je nach Bedarf kann die Glühtemperatur ggf. etwas höher gewählt werden. Der Rückstand darf keine Dunkelfärbung von verkohlter Substanz aufweisen. Tiegel aus dem Ofen nehmen, im Exsikkator erkalten lassen und dann auswiegen.

Die **Auswertung** des Rückstands R bzw. des Glühverlustes P erfolgt rechnerisch; der Gewichtsverlust wird angegeben in Gewichtsprozent:

$$\text{Rückstand } R = \frac{m_3 - m_1}{m_2 - m_1} \cdot 100 \text{ in \% (Glühverlust } P = 100 - R)$$

dabei bedeuten: m_1 Tiegel leer; m_2 Tiegel mit Probe vor dem Veraschen; m_3 Tiegel mit Rückstand nach dem Veraschen.

Anmerkungen

Bei duroplastischen Kunststoffen enthält der Rückstand alle anorganischen Substanzen, also Gesteinsmehl, Glasfasern und auch mineralische Pigmente, aber keine organischen Substanzen, wie Zellulose, Baumwollgewebe usw.

Bei glasfaserverstärkten Gießharzen und bei glasfaserverstärkten Thermoplasten stimmt der Rückstand meist gut mit dem Gehalt an Glasfasern und anorganischen Pulvern überein. Man kann auch erkennen, ob pulverförmige Füllstoffe wie Gesteinsmehl oder Glaskugeln vorhanden sind.

Um die Länge von Glasfasern genau zu erkennen, ist es oft vorteilhaft, der Kunststoff mit einem geeigneten Lösemittel (vgl. Kap. 28) herauszulösen und abzufiltrieren, weil beim Veraschen evt. ein Verschmelzen bestimmter Glassorten auftreten kann.

Bei rußstabilisierten Kunststoffen wird bei 650 °C im Porzellantiegel mit Deckel verascht; Abluftkanal schließen (kein Luftzutritt).

19.1.5 Ermittlung des Glasfasergehalts und des Gehalts anderer mineralischer Füllstoffe aus den Dichtewerten

Sind die Dichten der Füll- oder Verstärkungsstoffe bekannt, so kann der Gehalt an diesen Zusatzstoffen mit nachfolgender Formel bestimmt werden:

$$\frac{G_F}{G_P} = \frac{\varrho_F \cdot (\varrho_P - \varrho)}{\varrho_P \cdot (\varrho_F - \varrho)}$$

Es bedeuten:
- G_P: Gewicht der Formteilprobe in g
- G_F: Gewicht des Faser- oder Füllstoffs in g
- ϱ: Dichte des ungefüllten Kunststoffs in g/cm^3
- ϱ_F: Dichte des Faser- oder Füllstoffs
- ϱ_P: Dichte des gefüllten Kunststoffs in g/cm^3

Tab. 19.2 Dichten von einigen Füll- und Verstärkungsstoffen (Anhaltswerte)

Stoff	Dichte in g/cm^3	Stoff	Dichte in g/cm^3
Glasfasern	2,5 bis 2,6	Aramid	1,44
Glaskugeln	2,5	Glimmer	2,85
Glaskugeln (hohl)	0,2 bis 1,1	Kreide (Calciumcarbonat)	2,7
C-Faser (A-Typ)	1,65	Ruß	1,8
C-Faser (HM-Typ)	1,95	Talkum	2,8
Aerosil	2,2		

Beispiel:

Von einem Formteil aus PA 6-GF ist bekannt:
- Gewicht des Formteils $G_P = 32,6$ g
- Dichte des Formteils $\varrho_P = 1,367$ g/cm^3
- Dichte von PA 6 $\varrho = 1,14$ g/cm^3
- Dichte der Glasfaser $\varrho_F = 2,55$ g/cm^3

Für den *Glasfasergehalt* ergibt sich damit

$$\frac{G_F}{G_P} = \frac{\varrho_F \cdot (\varrho_P - \varrho)}{\varrho_P \cdot (\varrho_F - \varrho)} = \frac{2,55 \cdot (1,367 - 1,14)}{1,367 \cdot (2,55 - 1,14)} = 0,30 \quad G_F = 0,30 \cdot G_P$$

Es liegt somit ein Glasfasergehalt von 30 % vor.

19 Physikalische Untersuchungsmethoden zum Erkennen der Kunststoffart

——— ungefüllt   ········ gefüllt/verstärkt

Dichte ρ bei 23 °C

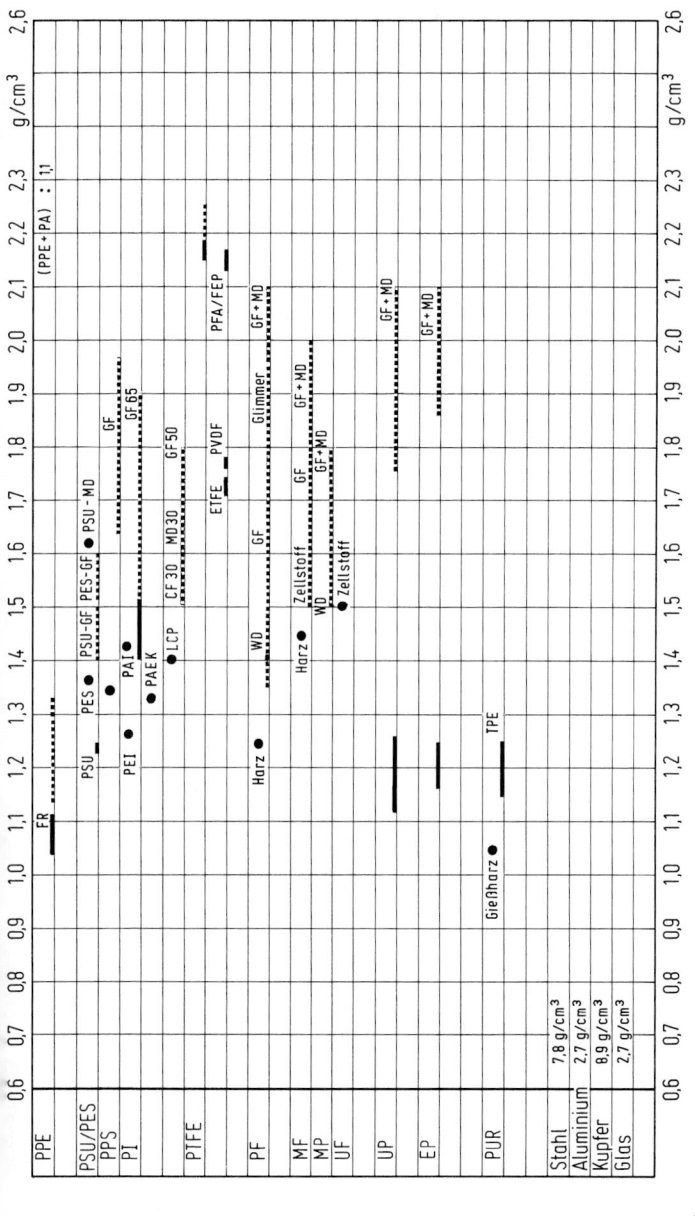

19.1 Dichtebestimmung

Material	Dichte
Stahl	7,8 g/cm³
Aluminium	2,7 g/cm³
Kupfer	8,9 g/cm³
Glas	2,7 g/cm³

Dichte ϱ bei 23 °C

19.2 Thermische Analysenverfahren

Normen:

DIN 51004	Thermische Analyse (TA) – Bestimmung der Schmelztemperaturen kristalliner Stoffe mit Differenz-Thermoanalyse (DTA)
DIN 51005	Thermische Analyse (TA) – Begriffe
DIN 51006	Thermogravimetrie – Grundlagen
DIN 51007	Thermische Analyse (TA) – Differenz-Thermoanalyse (DTA) – Grundlagen
DIN EN ISO 11357	Kunststoffe – Dynamische Differenz-Thermoanalyse (DSC) T1: Allgemeine Grundlagen
DIN EN 31357	Kunststoffe – Dynamische Differenz-Thermoanalyse (DSC), Grundlagen (vorgesehen als teilweiser Ersatz für DIN 53765)
DIN EN ISO 31358	Kunststoffe – Thermogravimetrie (TG) von Polymeren – Allgemeine Grundlagen
DIN 53765	Prüfung von Kunststoffen und Elastomeren – Thermische Analyse, Dynamische Differenzkalorimetrie (DDK)
DIN ISO 3146	Kunststoffe – Bestimmung des Schmelzverhaltens (Schmelztemperatur und Schmelzbereich) von teilkristallinen Polymeren
DIN 7724	Polymere Werkstoffe – Gruppierung polymerer Werkstoffe aufgrund ihres mechanischen Verhaltens
ISO 6721	Plastics – Determination of dynamic mechanical properties

Kennwerte

T_g	**Glasübergangstemperatur**
T_m	**Kristallitschmelztemperatur**
R	**Glührückstand (vgl. Kap. 19.1)**
P	**Glühverlust (vgl. Kap. 19.1)**
	Schmelzwärme
	Thermischer Abbau
	Aushärtungseffekte

Thermische Analysen erlauben, an meist sehr kleinen Probemengen, physikalische und chemische Eigenschaften als Funktion der Temperatur oder Zeit zu ermitteln. Die Proben werden dazu in speziellen Öfen mi definierter Gasatmosphäre (Luft, inerte Gase) einem bestimmten Temperaturprogramm unterzogen und dabei entsprechende *Aufheiz-* oder *Abkühlkurven* aufgenommenen. Solche Temperaturkurven zeigen werkstoffspezifische Kurvenverläufe (Bilder 19.1 bis 19.4), die heute meist mit Hilfe umfangreicher Software ausgewertet und dokumentiert werden können.

Die 3 wichtigsten thermischen Analysenverfahren sind:

- Dynamische Differenzkalorimetrie DDK bzw. DSC (englisch: Differential Scanning Calorimetrie) zur Ermittlung charakteristischer Temperaturen wie *Kristallitschmelztemperatur* T_m teilkristalliner Thermoplaste, *Glasübergangstemperaturen* T_g amorpher Thermoplaste und zur Bestimmung kalorischer Größen, wie *Wärmekapazität, spezifische Wärme, Kristallinität* und *Kristallinitätsgrad,* sowie *Temper-* und *Aushärtungsvorgänge*
- Thermogravimetrische Analyse TGA zur Ermittlung der *Oxidationsstabilität,* der *Wirksamkeit von Alterungsschutzmitteln,* des *Gehalts an anorganischen Füllstoffen,* von *Ausgasungen* und *Zersetzungen*
- Thermomechanische Analyse TMA zur Bestimmung der Volumen- oder Längenänderung von Kunststoffen.

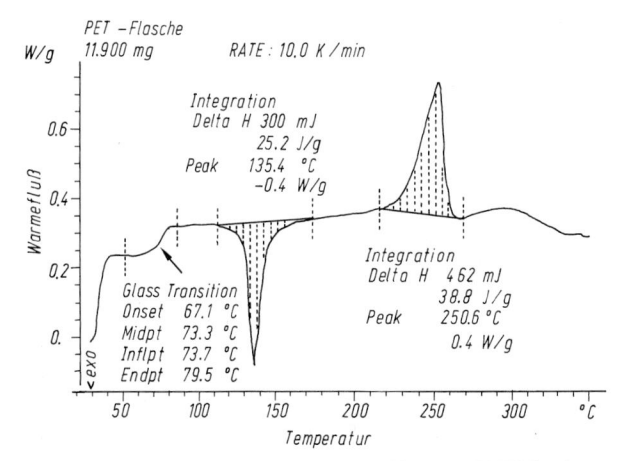

Bild 19.1   *DSC-Aufheizkurve einer glasklar spritzgeblasenen PET-Flasche.*
Glasübergangstemperatur T_g (Midpoint) 73,3 °C
Nachkristallisationstemperatur (Peaktemperatur) 135,4 °C
Schmelztemperatur (Peaktemperatur) 250,6 °C

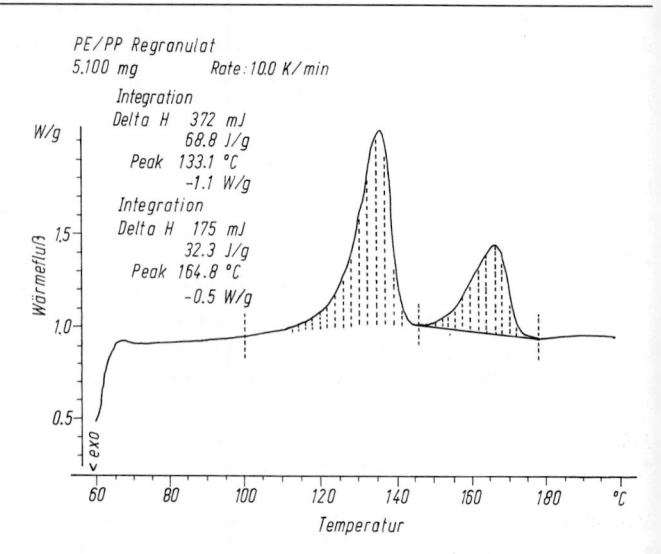

19 Physikalische Untersuchungsmethoden zum Erkennen der Kunststoffart

Bild 19.2 DSC-Aufheizkurve eines spritzgegossenen Rezyklats aus PE-HD und PP. Zwei getrennte Schmelzpeaks für PE-HD bei 133,1 °C und PP bei 164,8 °C

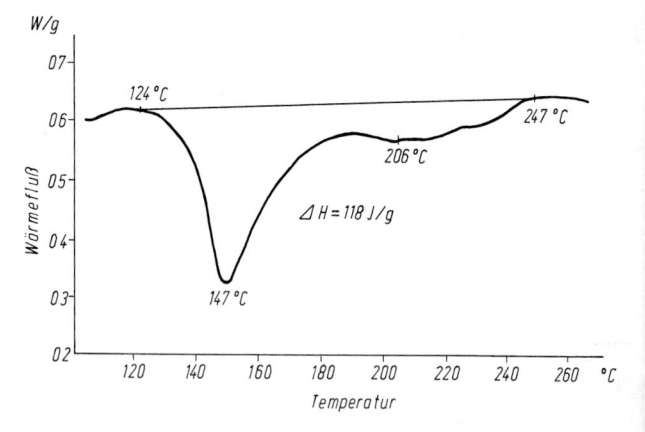

Bild 19.3 DSC-Aufheizkurve eines vernetzenden PF-Harzes mit großem exothermen Vernetzungspeak

250

19.2 Thermische Analysenverfahren

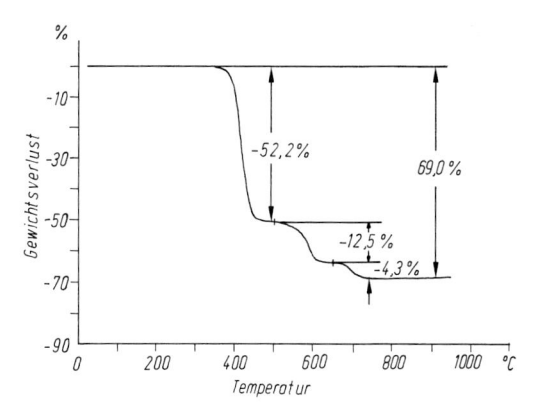

Bild 19.4 Thermogravimetrische Kurve von mit PTFE gefülltem PBT-GF 30, Ermittlung der Mengenanteile von PTFE (12,5 %) und GF (31 %).

Weiterhin finden Anwendung:

- Thermooptische Analyse TOA zur Bestimmung von Gefügeänderungen
- Dynamisch-mechanische Analyse DMA wie DDK/DSC, z. T. jedoch empfindlicher messend, mit periodisch wechselnder Beanspruchung (vgl. Torsionsschwingungsversuch 21.4)

Tabelle 19.3 zeigt die Anwendungsmöglichkeiten thermoanalytischer Methoden in der Kunststoffprüfung. Die Verfahren eignen sich für die Waren-

Tab. 19.3 Anwendungsmöglichkeiten thermischer Analyseverfahren

	DDK/DSC	TGA	TMA
Glasübergangstemperatur	X		X
Schmelzen/Kristallisieren	X		X
Nachkristallisation	X		X
Aushärtungseffekte	X		
Thermischer/oxidativer Abbau	X	X	X
Schmelzwärme	X		
Spezifische Wärme	X		
linearer Wärmeausdehnungskoeffizient			X
anorganischer Füllstoffgehalt		X	

19 Physikalische Untersuchungsmethoden zum Erkennen der Kunststoffart

eingangskontrolle (Kunststoffidentifikation*),* die *Qualitätssicherung* und die *Kunststoffentwicklung.*

Proben sind sehr klein und wiegen meist nur wenige Milligramm (meist bis maximal 20 mg, für Untersuchungen der spezifischen Wärmekapazität bis 40 mg); sie können von Formteilen oder Halbzeugen entnommen werden, außerdem lassen sich Granulat, Pulver, Folien usw. untersuchen. Die Menge richtet sich auch nach den thermischen Effekten, die untersucht werden sollen.

Prüfung erfolgt in speziellen Geräten. Die Proben werden in gerätespezifische Tiegel gebracht und ggf. luftdicht oder offen einer Aufheizung (meist 10 K/min) oder Abkühlung mit flüssigem Stickstoffe unterworfen und die Aufheiz- oder Abkühlkurven aufgenommen und dokumentiert.

Auswertung der Aufheiz- oder Abkühlkurven erfolgt mit entsprechender gerätespezifischer Software; siehe Normen und Gerätebeschreibungen. Glasübergangstemperaturen T_g und Kristallitschmelztemperaturen T_m einiger Thermoplaste sind Tabelle 19.4 zu entnehmen.

Einige charakteristische Kurven sollen beispielhaft die Möglichkeiten der thermischen Analysen zeigen.

Bild 19.1 zeigt die DSC-Aufheizkurve einer Probe, die aus einer spritzgeblasenen PET-Flasche entnommen wurde. Es ist die Glasübergangstemperatur T_g des amorphen PET bei 73,3 °C zu erkennen. Die exotherme Peaktemperatur von 135,4 °C zeigt die Nachkristallisation der durch schnelles Abkühlen nicht kristallisierten, glasklaren PET-Flasche; die endotherme Peaktemperatur von 250,6 °C (T_m) kennzeichnet das Aufschmelzen des PET.

Bild 19.2 zeigt die DSC-Kurve eines spritzgegossenen Rezyklats aus PE-HD und PP, man erkennt deutlich die getrennten Schmelzpeaks von PE-HD bei 133,1 °C und PP bei 164,8 °C; die beiden Kunststoffe sind nicht mischbar.

Bild 19.3 zeigt die exotherme Härtungsreaktion eines Phenol-Formaldehyd-Resolharzes mit Hexamethylentetramin als Härter; bei 147 °C erfolgt die Abspaltung von Wasser und bei 206 °C die Abspaltung von Ammoniak NH_3.

Bild 19.4 zeigt eine thermogravimetrische Kurve von PBT-GF 30, zusätzlich gefüllt mit PTFE zur Verbesserung der Gleiteigenschaften. Zunächst erfolgt bei 420 °C ein Gewichtsverlust von 52,2 % (PBT), dann bei 587 °C ein Gewichtsverlust von 12,5 % (PTFE), bei 650 °C verbrennt der Pyroluseruß mit 4,3 % und der Rest von 31 % entspricht einem Glasfaseranteil von 31 % (GF 30).

19.2 Thermische Analysenverfahren

Tab. 19.4 Glasübergangstemperaturen T_g und Kristallitschmelzpunkte T_m einiger Thermoplaste

Kunststoff	Glasübergangstemperatur T_g °C	Kristallitschmelztemperatur T_m °C
PE	–110 bis –20	105 bis 140
EVA		95 bis 106
PP	–25 bis –5	160 bis 170
PB	–25	125
PMP	18–40	240
PVC-U	70 bis 90	
PVC-P	<0 bis <70	
PS	90 bis 100	
SB	90 bis 95	
SAN	105	
ABS	105 bis 125	
PMMA	70 bis 120	
PA 6	40 bis 75[*]	215 bis 225
PA 66	35 bis 90[*]	250 bis 265
PA11	ca. 50	180 bis 190
PA12	ca. 40	175 bis 185
PA46		295
PA 6-3-T	150	
POM	–85 bis –50	Homopolymere: 175 Copolymere: 165 bis 168
PET	60 bis 90	255 bis 265
PBT	40 bis 60	220 bis 230
PC	145 bis 160	
PPE mod.	110 bis 150	
PSU	175 bis 190	
PES	210 bis 230	
PPS	85 bis 90	275 bis 290
PEI PAI	210 bis 220 275	
(PPA)	127	310
PAEK	140 bis 170	330 bis 380
PTFE PFA PVDF PCTFE	–150 bis –110 –40 bis –30 20 bis 60	327 bis 330 300 bis 310 165 bis 180 180 bis 220
LCP		280 bis 320

[*] abhängig vom Feuchtegehalt

19.3 Infrarot-Spektroskopie

Norm:

DIN 53742 Bestimmung des Vinylacetat-Gehalts von Copolymeren aus Vinylchlorid und Vinylacetat – Infrarotspektroskopisches Verfahren

Die Infrarotspektroskopie bietet eine Möglichkeit, Kunststoffe zu analysieren. Festgestellt werden können auch bestimmte *Bindungstypen*, *Taktizität*, *Orientierungen* und *Kristallinität*; *Weichmacher* und *Additive* können festgestellt werden und ggf. der *Abbau* von Polymeren.

Bei der Infrarot-Spektroskopie (meist FT-IR) handelt es sich um eine Absorptionsspektroskopie im Wellenlängenbereich zwischen etwa 1 µm und 25 µm. Die in den aufgenommenen Infrarotspektren auftretenden Absorptionsbanden können den Schwingungen bestimmter Valenzen der Polymerkette und bestimmten Atomgruppen zugeordnet werden. Umfangreiche „Infrarot-Bibliotheken" in Büchern oder auf elektronischen Speichermedien stehen für die Auswertung zur Verfügung.

Zur *Prüfung* müssen die zu untersuchenden Kunststoffe in sehr geringen Schichtdicken von wenigen Mikrometern vorliegen oder in Form von Lösungen. Die Präparationstechnik hängt ab von der Löslichkeit oder Schmelzbarkeit der zu untersuchenden Polymeren. In speziellen Küvetten

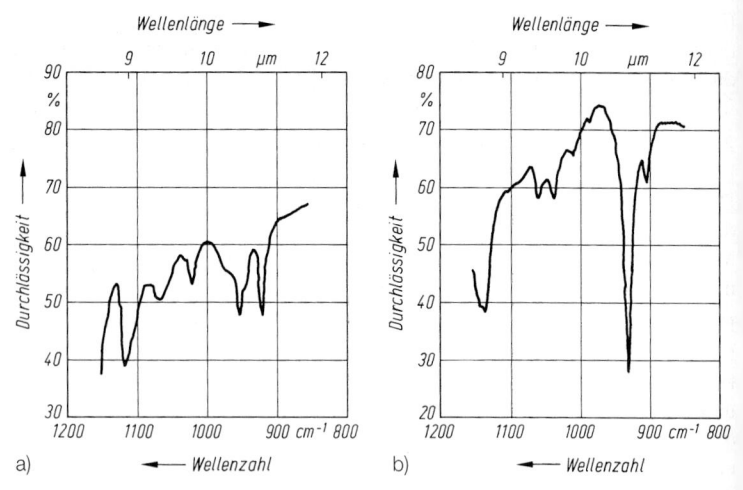

Bild 19.5   *a) IR-Vergleichsspektrum für PA 6*
               b) IR-Vergleichsspektrum für PA 66

(meist KBr) werden die präparierten Kunststoff-Filme in Infrarotspektrometern untersucht und die entsprechenden IR-Absorptionsspektren aufgenommen, entweder als Kurvenzug (Bild 19.5) oder heute meist in digitaler Form zur Auswertung mit EDV-Systemen.

Auswertung: Die Identifizierung der aufgenommenen IR-Spektren kann über entsprechende, bekannte Vergleichsspektren erfolgen; moderne Datenverarbeitungssysteme mit umfangreichen dokumentierten IR-Spektren ermöglichen eine schnelle Identifizierung und Dokumentation. Bild 19.5 zeigt wesentliche Unterschiede von PA 6 zu PA 66 im Wellenlängenbereich zwischen 800 cm^{-1} und 1000 cm^{-1} und damit die Möglichkeit, beide Kunststoffe zu unterscheiden.

19.4 Gel-Permeations-Chromatographie GPC

Norm:

DIN 55672   Gelpermeationschromatographie

Die Gel-Permeations-Chromatographie GPC (auch als Size Exclusion Chromatography SEC bezeichnet) ist ein Verfahren der High Performance Liquid Chromatography HPLC; mit ihrer Hilfe ist es möglich, Moleküle entsprechend ihres hydrodynamischen Volumens zu trennen. In der Kunststoffprüfung dient das Verfahren zur Ermittlung der mittleren molaren Masse M_W (Gewichtsmittel) und der Molmassenverteilung von Kunststoffen (Es kann auch das Zahlenmittel der Molmassenverteilung M_n ermittelt werden). Es ist ein wichtiges Verfahren, um z. B. den Abbau von Kunststoffen durch ungeeignete Verarbeitungsparameter, durch Alterung oder Recycling festzustellen.

Zur **Prüfung** müssen die Kunststoffe zunächst in einem kunststofftypischen Lösemittel (Eluent) gelöst werden. Diese Polymerlösung wird unter hohem Druck (Hochdruck-GPC) durch eine geeignete *GPC-Trennsäule* gedrückt; die Trennung der Moleküle erfolgt so, daß die größten Moleküle (größte Molmasse) zuerst die Trennsäule verlassen und die kürzesten (kleinste Molmasse) am längsten verbleiben.

Die **Auswertung** erfolgt in der GPC-Anlage über geeignete Detektoren. Die Meßwerte werden erfaßt und in Rechnern mit spezieller Software ausgewertet. Bei *geeichten* Säulen kann die *Molekülgrößenverteilung* direkt ermittelt und ausgedruckt werden. Bild 19.6 zeigt für Polybutylenterephthalat PBT drei Molmassenverteilungskurven in Abhängigkeit vom Verarbeitungsparameter *Verweilzeit* im Zylinder (z. B. durch Wahl der falschen Spritzzylindergröße). Es ist zu erkennen, daß sich durch zu lange Verweilzeit im Spritzzylinder die mittlere molare Masse deutlich erniedrigt, was sich z. B. auch in einer Reduzierung der mechanischen Eigenschaften auswirken kann. Dieselbe Auswirkung kann auch durch Ermittlung der Viskositätszahl VN (Kap. 29.1.2) festgestellt werden, wie Tabelle 19.5 zeigt.

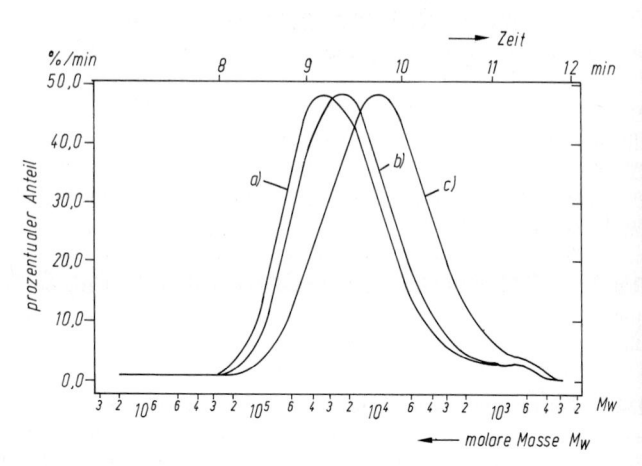

Bild 19.6 Erniedrigung der mittleren molaren Masse von PBT durch zu lange Verweilzeit im Spritzzylinder, Ermittlung der Verteilungskurven mittels GPC
a) Verweilzeit 80 s (optimal)
b) Verweilzeit 440 s
c) Verweilzeit 800 s

Tab. 19.5 Feststellung des Abbaus von PBT wegen zu langer Verweilzeit im Spritzzylinder durch Ermittlung der mittleren molaren Masse und der Viskositätszahl VN

Verweilzeit in s	mittlere molare Masse M_W (Gewichtsmittel)	mittlere Viskositätszahl VN
80 (optimal)	37600	97
440	31350	89
800	18800	82

20 Datenkatalog für Prüfungen, Herstellungsbedingungen für Probekörper Prüfverfahren zur Ermittlung von Werkstoffkennwerten

Bei der Ermittlung von Kunststoffdaten üben die Verarbeitungs- und Prüfbedingungen einen wesentlichen Einfluß auf die ermittelten Kennwerte aus. Daher war es notwendig, internationale Vereinbarungen zu treffen um die Prüfergebnisse vergleichbar zu machen und sie für die Aufnahme in Datenbanken (z. B. CAMPUS, FUNDUS) zur Verfügung zu stellen. Somit stehen heute einheitliche Bedingungen zur Herstellung der Probekörper und zu der Prüfung von Kunststoffen zur Verfügung (Tabellen 20.1 und 20.2). Es kann aber auch notwendig sein, bei der Prüfung von Kunststoffen weitere Prüfbedingungen wie z. B. Temperatur, Zeit, Medieneinfluß usw. zu variieren.

Tab. 20.1   Herstellung von Probekörpern

	Herstellung durch	Verarbeitungsparameter[1]
Thermoplaste	Spritzgießen nach DIN EN ISO 294	Schmelzetemperatur Werkzeugtemperatur Einspritzgeschwindigkeit Nachdruck
Thermoplaste	Pressen nach ISO 293	Werkzeugtemperatur Zeit im Werkzeug Abkühlgeschwindigkeit Entformungstemperatur
Duroplaste	Spritzgießen nach ISO 10724	Düsentemperatur Werkzeugtemperatur Einspritzgeschwindigkeit Nachdruck Nachhärtetemperatur Nachhärtezeit
Duroplaste	Pressen nach IDIN EN ISO 295	Werkzeugtemperatur Zeit im Werkzeug Nachhärtetemperatur Nachhärtezeit

[1] Die Verarbeitungsparameter sind den entsprechenden Formmassenormen Teil 2 zu entnehmen oder zu vereinbaren

20 Datenkatalog für Prüfungen, Herstellungsbedingungen für Probekörper

Tab. 20.2 Herstellbedingungen für spritzgegossene Probekörper nach DIN bzw. DIN EN ISO, soweit entsprechend genormt

Kunststoff	Massetemperatur °C	Werkzeug- temperatur °C (Formnest- temperatur)	Fließfront- geschwindigkeit mm/s
PE	MFR ≥ 1 g/10 min: 210	40	(200 ± 20)
EVA	Probekörper nur gepreßt	155 für VA-Gehalt ≤10 % 125 für VA-Gehalte >10 %	
PE-UHMW	Probekörper aus gepreßter Platte	Preßtemperatur 210	
PP	MFR < 1,5 g/10 min: 255 1,5 ≤ MFR < 7: 230 MFR > 7 g/10 min: 200	40	(200 ± 100)
PB	Probekörper nur gepreßt	200	
PVC-U	Preßplatten aus Walzfellen	Walzentemperatur: 90 K über VST/B	Preßtemperatur: 100 K über VST/B
PVC-P bis 80 Shore A 35 bis 50 Shore D über 50 Shore D	Preßplatten aus Walzfellen	Walzentemperatur: 130 bis 160 145 bis 170 160 bis 175	Preßwerkzeug- temperatur: 135 bis 165 145 bis 175 170 bis 180
PS	220	45	(200 ± 100)
PS-I (SB)	220	45	(200 ± 100)
SAN	240	60	(200 ± 100)
ABS	250	60	(200 ± 100)
MABS	245	60	(200 ± 100)
ASA	250	60	(200 ± 100)
CA, CP, CAB VST/B/50 < 65 °C VST/B/50 bis <85 °C VST/B/50 >85 °C	(180 ± 3) (200 ± 3) (220 ± 3)	(50 ± 3)	
PMMA	hängt ab von der Viskositätszahl (siehe Norm)	Hängt ab von der Viskositätszahl (siehe Norm)	
PA	abhängig vom Formmassetyp, Viskositätszahl VN,GF-/MD-Füllung und Weichmachergehalt, zwischen 250 °C und 315 °C	zwischen 80 °C und 130 °C	(200 ±100)
POM	(210 ± 10)	(90 ± 3)	(200 ± 100)

Kunststoff	Massetemperatur °C	Werkzeug-temperatur °C (Formnest-temperatur)	Fließfront-geschwindigkeit mm/s
PET amorph, ungefüllt PET teilkristallin, ungefüllt PET teilkristallin, gefüllt PBT teilkristallin, gefüllt/ungefüllt.	(285 ± 5) (275 ± 5) (285 ± 10) (255 ± 10)	(20 ± 5) (135 ± 5) (135 ± 5) (85 ± 5)	(200 ± 100)
PC	MFR > 15 g/10 min: 280 $10 \leq$ MFR ≤ 15: 290 $5 \leq$ MFR ≤ 10: 300 MFR ≤ 5 g/10 min: 310 mit Glasfaser GF: 300	80 80 80 90 110	(200 ± 100)
Polymergemische	nach Angabe der Form-masseherstelle	nach Angabe der Formmasse-hersteller	nach Angabe der Form-massehersteller
PTFE	Sintern oder Pressen von Platten		

Normen:

DIN EN ISO 10350   Kunststoffe – Ermittlung und Darstellung vergleichbarer Einpunktkennwerte
T1: Formmassen
T2: Langfaserverstärkte Kunststoffe

DIN EN ISO 10724   Kunststoffe – Spritzgießen von Probekörpern aus duroplastischen rieselfähigen Kunststoffen (PMC)
T1: Allgemeine Hinweise und Herstellung von Vielzweckprobekörpern
T2: Kleine Platten

DIN EN ISO 11403   Kunststoffe – Ermittlung und Darstellung vergleichbarer Vielpunkt-Kennwerte
T1: Mechanische Eigenschaften
T2: Thermische und Verarbeitungseigenschaften

DIN EN ISO 291   Kunststoffe – Normklimate für Konditionierung und Prüfung

ISO 293   Plastics – Compression moulding of test specimens of thermoplastic materials

DIN EN ISO 294   Kunststoffe – Spritzgießen von Probekörpern aus Thermoplasten
T1: Allgemeine Grundlagen, Vielzweckprobekörper (ISO-Werkzeugtyp A) und Stäbe (ISO-Werkzeugtyp B)
T2: Kleine Zugstäbe (ISO-Werkzeugtyp C)
T3: Kleine Platten (ISO-Werkzeugtypen D)
T4: Bestimmung der Verarbeitungsschwindung

20 Datenkatalog für Prüfungen, Herstellungsbedingungen für Probekörper

DIN EN ISO 295	Kunststoffe – Pressen von Probekörpern aus duroplastischen Werkstoffen
DIN EN ISO 2818	Kunststoffe – Herstellung von Probekörpern durch mechanische Bearbeitung
DIN EN ISO 3167	Kunststoffe – Vielzweckprobekörper
DIN EN 13421	Kunststoffe – Formmassen und Verstärkungsfasern – Herstellung von Probekörpern zur Bestimmung der Anisotropie der Eigenschaften von gepreßten Formmassen
CAMPUS	Datenkatalog von Rohstoffherstellern (in Anlehnung an DIN EN ISO 10350 und DIN EN ISO 11403)
FUNDUS	Datenkatalog für faserverstärkte Duroplaste (SMC, BMC) und glasmattenverstärkte Thermoplaste (GMT) von Rohstoffherstellern und Verarbeitern

Die für die einzelnen Prüfverfahren unterschiedlichen Probekörper können meist aus dem sog. „Vielzweckprobekörper" (Bild 20.1 und Tabelle 20.3) entnommen werden, wenn nicht, werden Platten nach DIN EN ISO 294-3 verwendet. Die Herstellung der Probekörper ist nach mehreren Methoden möglich, wie sie in Tabellen 20.1 und 20.2 zusammengestellt sind. Welche Abschnitte des Vielzweckprobekörpers bei den Prüfungen benützt werden, ist Tabelle 20.4 zu entnehmen.

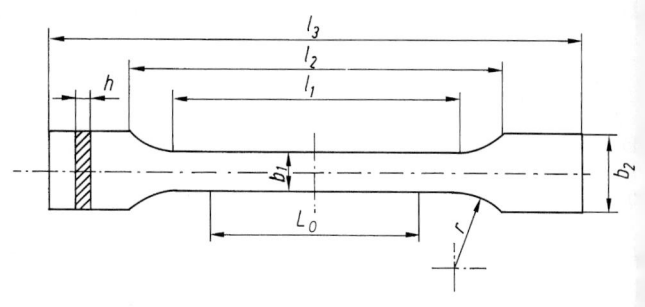

Bild 20.1 Vielzweckprobekörper DIN EN ISO 3167
Abmessungen siehe Tabelle 20.3

Die Prüfung der Probekörper erfolgt, wenn nichts anderes angegeben ist, nach Lagerung bei 23 °C ± 2 °C und 50 % ± 5 % relativer Luftfeuchte (DIN EN ISO 291); die Lagerungszeit richtet sich nach den entsprechenden Normen oder wird vereinbart. Die sonstigen Prüfbedingungen sind in Tabelle 20.5 (entsprechend DIN EN ISO 10350) zusammengestellt bzw. können den entsprechenden Prüfungen im Teil III oder den Prüfnormen entnommen werden. Der Datenkatalog für CAMPUS 4 zeigt kleine Unterschiede gegenüber der Zusammenstellung nach DIN EN ISO 10350 (Tabelle 20.5) und gilt für *Thermoplaste;* für *Duroplaste* gibt es einen ähnlichen Katalog (Tabelle 20.6). Für duroplastische, rieselfähige Formmassen (PMC) sind solche Zusammenstellungen in DIN EN ISO 12252 (EP), DIN EN ISO 14526 (PF), DIN EN ISO 14527 (UF), DIN EN ISO 14528 (MF), DIN EN ISO 14529 (MP) und DIN EN ISO 14530 (UP) aufgeführt. In diesen Normen sind noch zusätzliche, über Tabelle 20.6 hinausgehende Eigenschaften und Prüfbedingungen festgelegt.

Tab. 20.3 Abmessungen des Vielzweckprobekörpers nach DIN EN ISO 3167 (siehe Bild 20.1)

Probekörper	A	B
Gesamtlänge l_3	≥ 150	
Länge l_2	104 bis 113	106 bis 120
Länge l_1	80 ± 2	$60,0 \pm 0,5$
Meßlänge L_0	$50,0 \pm 0,5$	
Einspannlänge L	115 ± 1	≥ 30
Breite b_2	$20,0 \pm 0,2$	
Breite b_1	$10,0 \pm 0,2$	
(Vorzugs-)Dicke h	$4,0 \pm 0,2$	
Radius r	20 bis 25	≥ 60

Tab. 20.4 Prüfverfahren nach ISO (DIN EN ISO), IEC; Anwendung des Vielzweckprobekörpers bzw. von Teilen davon

Prüfung	Prüfnorm	Verwendeter Prüfkörper oder Prüfkörperabschnitt in mm
Zugversuch	DIN EN ISO 527	A oder B
Zug-Kriechversuch	DIN EN ISO 899	A oder B
Biegeversuch	DIN EN ISO 178	$80 \times 10 \times 4$
Biege-Kriechversuch	ISO 6602	$80 \times 10 \times 4$

Fortsetzung Seite 262

Tab. 20.4 (Fortsetzung)

Prüfung	Prüfnorm	Verwendeter Prüfkörper oder Prüfkörperabschnitt in mm
Druckversuch	DIN EN ISO 604	(10 bis 40) × 10 × 4
Charpy-Schlagzähigkeit	DIN EN ISO 179	80 × 10 × 4
Izod-Schlagzähigkeit	DIN EN ISO 180	80 × 10 × 4
Schlag-Zugversuch	DIN EN ISO 8256	80 × 10 × 4
Formbeständigkeitstemperatur	DIN EN ISO 75	(110 oder 80) × 10 × 4
Vicat-Erweichungstemperatur	DIN ISO 306	10 × 10 × 4
Kugeldruckhärte	DIN ISO 2039	($\geq$20) × 20 × 4
Spannungsrißbildung	DIN EN ISO 4599	A oder B oder 80 × 10 × 4
Spannungsrißbildung	DIN EN ISO 4600	A oder B oder 80 × 10 × 4
Dichte	DIN EN ISO 1183, Verfahren A	30 × 10 × 4
Sauerstoffindex	DIN EN ISO 4589	80 × 10 × 4
Kriechwegbildung (CTI)	IEC 60112	>15 × 15 × 4
Elektrolytische Korrosion	IEC 60426	30 × 10 × 4
Lineare Wärmeausdehnung	ISO 11359	>30 × 10 × 4

Anmerkung: Noch nicht alle ISO-Normen sind als DIN ISO- bzw. DIN EN ISO-Normen erschienen, IEC-Normen werden derzeit geändert.

20 Datenkatalog für Prüfungen, Herstellungsbedingungen für Probekörper

Tab. 20.5 Zusammenstellung von Prüfbedingungen nach DIN EN ISO 10350 für Thermoplaste

Eigenschaft	Norm[1]	Prüfkörper Abmessungen in mm	Einheit	Prüfbedingungen und zusätzliche Angaben
1 Rheologische Eigenschaften				
1.1 Schmelze-Massenfließrate MFR	DIN ISO 1133	Granulat	g/10 min	Prüftemperatur und Belastung siehe Formmassenormen
1.2 Schmelze-Volumenfließrate MVR	DIN ISO 1133	Granulat	cm^3/10 min	Prüftemperatur und Belastung siehe Formmassenormen
1.3 Verarbeitungsschwindung	DIN EN ISO 294-4		%	für Thermoplaste parallel (p) und senkrecht (n)
	ISO 2577		%	für Duroplaste
2 Mechanische Eigenschaften				
2.1 Zug-Elastizitätsmodul E_t	DIN EN ISO 527	DIN EN ISO 3167	MPa	Prüfgeschwindigkeit 1 mm/min
2.2 Streckspannung σ_Y	dto.	dto.	MPa	Prüfgeschwindigkeit 50 mm/min[1]
2.3 Dehnung bei Streckspannung ε_Y	dto.	dto.	%	Prüfgeschwindigkeit 50 mm/min[1]
2.4 Bruchdehnung ε_{tB}	dto.	dto.	%	Prüfgeschwindigkeit 50 mm/min[1]
2.5 Zugspannung bei 50 % Dehnung σ_{50}	dto.	dto.	MPa	Prüfgeschwindigkeit 50 mm/min[1]
2.6 Zugspannung beim Bruch σ_B	dto.	dto.	MPa	Prüfgeschwindigkeit 5 mm/min[1]
2.7 Dehnung beim Bruch ε_B	dto.	dto.	%	Prüfgeschwindigkeit 5 mm/min[1]
2.8 Kriechmodul für 1 Stunde	DIN EN ISO 899	dto.	MPa	Prüfzeit 1 Stunde, Dehnung < 0,5 %
2.9 Kriechmodul für 1000 Stunden	DIN EN ISO 899	dto.	MPa	Prüfzeit 1000 Stunden, Dehnung < 0,5 %
2.10 Biege-Elastizitätsmodul E_f	DIN EN ISO 178	80 × 10 × 4	MPa	Prüfgeschwindigkeit 2 mm/min
2.11 Biegefestigkeit	dto.	80 × 10 × 4	MPa	Prüfgeschwindigkeit 2 mm/min
2.12 Charpy-Schlagzähigkeit	DIN EN ISO 179	80 × 10 × 4	kJ/m^2	schmalseitiger Schlag „edgewise"
2.13 Charpy-Kerbschlagzähigkeit	dto.	80 × 10 × 4	kJ/m^2	schmalseitiger Schlag „edgewise" mit spanend hergestellter Kerbe r = 0,25
2.14 Schlagzugzähigkeit	DIN EN ISO 8256	80 × 10 × 4	kJ/m^2	spanend hergestellte Doppel-V-Kerbe r = 1, nur ermittelt, wenn in Charpyversuch mit Kerbe kein Bruch auftritt

Fußnotenhinweise siehe Seite 265

20 Datenkatalog für Prüfungen, Herstellungsbedingungen für Probekörper

Tab. 20.5 (Fortsetzung)

Eigenschaft	Norm[1]	Prüfkörper Abmessungen in mm	Einheit	Prüfbedingungen und zusätzliche Angaben
3 Thermische Eigenschaften				
3.1 Schmelztemperatur	ISO 3146	Granulat	°C	Methode C, (DSC oder DTA) Aufheizgeschwindigkeit 10 K/min
3.2 Glasübergangstemperatur	IEC 1006	Granulat	°C	Methode A, (DSC oder DTA) Aufheizgeschwindigkeit 10 K/min
3.3 3.4 Formbeständigkeitstemperatur 3.5	DIN EN ISO 75-2	110 × 10 × 4 80 × 10 × 4	°C	Biegespannung 1,8 MPa Biegespannung 0,45 MPa Biegespannung 8 MPa
3.6 Formbeständigkeitstemperatur	DIN EN ISO 75-3	variabel	°C	für hochfeste duroplastische Laminate und langglasfaserverstärkte Kunststoffe
3.7 Vicat-Erweichungstemperatur	DIN ISO 306	10 × 10 × 4	°C	Belastung 50 N Aufheizgeschwindigkeit 50 K/h
3.8 Linearer Wärmeausdehnungskoeffizient parallel	TMA	aus Vielzweckprobekörper DIN EN ISO 3167	K^{-1}	Sekantenwert über dem Temperaturbereich von 23 °C bis 55 °C
3.9 Linearer Wärmeausdehnungs- koeffizient senkrecht	TMA	aus Probekörper DIN EN ISO 3167	K^{-1}	Sekantenwert über dem Temperaturbereich von 23 °C bis 55 °C
3.10 Brennbarkeit	DIN EN 60965	125 × 13 × 3	mm/min	Methode A, horizontale Anordnung lineare Brennrate
3.11 Brennbarkeit	dito	Dicke < 3 mm	mm/min	wie 3.10, jedoch kleinere Probestabdicke
3.12 Brennbarkeit	dito	125 × 13 × 3	s	Methode B, vertikale Anordnung a) Nachbrennzeit
3.13 Brennbarkeit	dito	125 × 13 × 3	s	Methode B, vertikale Anordnung b) Nachglühzeit
3.14 Brennbarkeit	dito	Dicke < 3 mm	s	wie 3.12, jedoch kleinere Probendicke
3.15 Brennbarkeit	dito	Dicke < 3 mm	s	wie 3.13, jedoch kleinere Probendicke
3.16 Entzündbarkeit	DIN EN ISO 4589	80 × 10 × 4	%	Vorschrift A
4 Elektrische Eigenschaften [3]				
4.1 Relative Dielektrizitätszahl	IEC 60250	$\geq 80 \times \geq 80 \times 1$		Prüfung bei 100 Hz mit Schutzelektrode
4.2 Relative Dielektrizitätszahl	IEC 60250	$\geq 80 \times \geq 80 \times 1$		Prüfung bei 1 MHz mit Schutzelektrode

Tab. 20.5   (Fortsetzung)

Eigenschaft	Norm[1)]	Prüfkörper Abmessungen in mm	Einheit	Prüfbedingungen und zusätzliche Angaben
4.3 Dielektrischer Verlustfaktor	IEC 60250	$\geq 80 \times \geq 80 \times 1$		Prüfung bei 100 Hz mit Schutzelektrode
4.4 Dielektrischer Verlustfaktor	IEC 60250	$\geq 80 \times \geq 80 \times 1$		Prüfung bei 1 MHz mit Schutzelektrode
4.5 Volumenwiderstand	IEC 60093	$\geq 80 \times \geq 80 \times 1$	$\Omega \cdot m$	Prüfspannung 100 Volt
4.6 Oberflächenwiderstand	IEC 60093	$\geq 80 \times \geq 80 \times 1$	Ω	Prüfspannung 100 Volt
4.7 Durchschlagfestigkeit	IEC 60243	$\geq 80 \times \geq 80 \times 1$	kV/mm	Elektrodenanordnung 25 mm/ 75 mm koaxiale Zylinder in Transformatorenöl IEC 296, 20 Sekunden-Stufung
4.8 Durchschlagfestigkeit	IEC 60243	$\geq 80 \times \geq 80 \times 3$	kV/mm	wie 4.7, nur größere Probendicke
4.9 Kriechwegbildung	IEC 60112	$\geq 15 \times 15 \times 4$		Prüflösung A
5 Andere Eigenschaften				
5.1 Wasseraufnahme	DIN EN ISO 62	$\varnothing\ 50 \times 3$ oder $50 \times 50 \times 3$	%	24 Stunden Lagerung in Wasser bei 23 °C
5.2 Wasseraufnahme	DIN EN ISO 62	wie 5.1, jedoch Dicke ≥ 1	%	Sättigung in Wasser von 23 °C
5.3 Wasseraufnahme	DIN EN ISO 62	wie 5.2	%	Sättigung bei 23 °C und 50 % r.LF.
5.4 Dichte	DIN EN ISO 1183	Probe aus der Mitte des Vielzweckprobekörpers DIN EN 23167	kg/m^3	

[1)] Noch nicht alle ISO-Normen wurden zu DIN ISO- oder DIN EN- oder DIN EN ISO-Normen
[2)] Bei Verformungsbrüchen 50 mm/min, bei Sprödbrüchen 5 mm/min
[3)] Nach DIN EN ISO 294-3 (ISO-Werkzeugtypen D) werden Platten 60 mm × 60 mm × 1 mm (D1) oder 60 mm × 60 mm × 2 mm (D2) hergestellt, mit denen man die elektrischen Eigenschaften bei entsprechender Anpassung der Prüfbedingungen, z. B. der Elektrodengeometrie, ebenso wie mit den Platten 80 mm × 80 mm ermitteln kann.

Anmerkung: Der Datenkatalog für Campus 4 unterscheidet sich etwas von DIN EN ISO 10350. Die Brennbarkeit wird in Campus noch nach ISO 1210 und nicht nach DIN EN 60965-11-10; UL 94 und DIN EN 60965-11-10 sind nahezu identisch und entsprechen etwa ISO 1210. Die Ermittlung der Schwindung erfolgt nach DIN EN ISO 294-4 (siehe Kap. 27)

Tab. 20.6 Eigenschaften und Prüfbedingungen für Duroplaste

Eigenschaft	Prüfnorm	Probekörpertyp (Maße in mm)	Herstellung der Probekörper	Einheit	Prüfbedingungen und weitere Angaben
1 Rheologische und verarbeitungstechnische Eigenschaften					
1.1 Verarbeitungsschwindung S_{Mo}	ISO 2577	120 × 120 × 2, Typ E2 nach ISO 295	Q	%	Mittelwert von zwei Richtungen, senkrecht zueinander
1.2 Verarbeitungsschwindung S_{Mp}	neue Norm in Vorbereitung	60 × 60 × 2, Typ D2 nach ISO 10724-2	M		parallel zum Schmelzfluss
1.3 Verarbeitungsschwindung S_{Mn}					senkrecht zum Schmelzfluss
2 Mechanische Eigenschaften					
2.1 Zugmodul E_t	ISO 527-1 und ISO 527-2	ISO 3167 Typ A oder entnommen aus Platte Typ E4 nach ISO 295	Q/M	MPa	Prüfgeschwindigkeit 1 mm/min
2.2 Bruchspannung σ_B					Prüfgeschwindigkeit 5 mm/min
2.3 Bruchdehnung ε_B				%	
2.4 Zug-Kriechmodul $E_{tc}1$	ISO 899-1			MPa	1 Stunde; Dehnung $\leq 0{,}5$ %
2.5 Zug-Kriechmodul $E_{ct}10^3$					1000 Stunden; Dehnung $\leq 0{,}5$ %
2.6 Biegemodul E_f	ISO 178	80 × 10 × 4	Q/M	MPa	Prüfgeschwindigkeit 2 mm/min
2.7 Biegefestigkeit σ_{fM}					
2.8 Charpy-Schlagzähigkeit a_{cU}	ISO 179-1	80 × 10 × 4	Q/M	kJ/m	Schlag auf die Schmalseite (hochkant)
2.9 Charpy-Kerbschlagzähigkeit a_{cA}		80 × 10 × 4 V-Kerbe mit r = 1			
2.10 Schlagzugzähigkeit	ISO 8256	80 × 10 × 4 mit Doppel-V-Kerbe r = 1			Angabe, falls beim Charpy-Kerbschlagversuch kein Bruch erreicht wird

20 Datenkatalog für Prüfungen, Herstellungsbedingungen für Probekörper

2.11 Verhalten bei mehrachsigem Schlag – Kraft F_M	ISO 6603-2	$60 \times 60 \times 2$, hergestellt aus Platte Typ E2 nach ISO 295 oder ISO 10724-2, Typ D2	Q/M	N	Stoßflächengeschwindigkeit 4,4 m/s. Durchmesser der halbkugelförmigen Stoßfläche 20 mm. Stoßfläche schmieren. Stoßfläche ausreichend festklemmen, damit jegliche Bewegung ausserhalb der Ebene verhindert wird
2.12 Verhalten bei mehrachsigem Schlag – Energie W_P				J	
3 Thermische Eigenschaften					
3.1 Formbeständigkeitstemperatur $T_{1,8}$ 1,8	ISO 75-2	$80 \times 10 \times 4$	Q/M	°C	Maximale Biegespannung 1,8 MPa, flach belasten
3.2 Formbeständigkeitstemperatur $T_{1,8}$ 8,0					Maximale Biegespannung 8,0 MPa, flach belasten
3.3 Längenausdehnungskoeffizient α_0	ISO 11359-2	$60 \times 10 \times 2$, hergestellt aus Platte $120 \times 120 \times 2$, Typ E2 nach ISO 295	Q	$\frac{1}{°C}$	–	Sekantenwert über den Temperaturbereich von 23 °C bis 55 °C aufzeichnen
3.4 Längenausdehnungskoeffizient α_p		$60 \times 10 \times 4$, hergestellt aus Typ A, ISO 3167	M		parallel zum Schmelzfluss
3.5 Längenausdehnungskoeffizient α_p		$60 \times 10 \times 2$, hergestellt aus Platte $60 \times 60 \times 2$, Typ D2, ISO 10724-2			dto.
3.6 Längenausdehnungskoeffizient α_n					senkrecht zum Schmelzfluss
3.7 Brennverhalten $B_{50/3,0}$	IEC 60695-11-10 (entspricht DIN EN 60695-11-10)	$125 \times 13 \times 3$	Q	–	Eine der Einteilungen aufzeichnen: V-0; V-1; HB40 oder HB75 (V-2 auf Duroplaste nicht anwendbar)
3.8 Brennverhalten $B_{50/x}$		zusätzliche Probe mit abweichender Dicke x			

20 Datenkatalog für Prüfungen, Herstellungsbedingungen für Probekörper

Tab. 20.6 (Fortsetzung)

Eigenschaft	Prüfnorm	Probekörpertyp (Maße in mm)	Herstellung der Probekörper	Einheit	Prüfbedingungen und weitere Angaben
3.9 Brennverhalten $B_{500/3,0}$	IEC 60695-11-20 (entspricht DIN EN 60695-11-20)	$\geq 150 \times \geq 150 \times 3$	Q	–	Eine der Einteilungen aufzeichnen: 5VA; 5VB oder N
3.10 Brennverhalten B_{500x}		zusätzliche Probe von abweichender Dicke x			
3.11 Sauerstoff-Index O/23	DIN EN ISO 4589-2	$80 \times 10 \times 4$	Q/M	%	Verfahren A anwenden, Entzünden an der oberen Oberfläche
4 Elektrische Eigenschaften					
4.1 Relative Dielektrizitätszahl ε_r 100	IEC 60250	$\geq 60 \times \geq 60 \times 1$ oder $\geq 60 \times \geq 60 \times 2$	Q/M	–	100 Hz — Kompensation von Wirkungen des Elektroden-Randfeldes
4.2 Relative Dielektrizitätszahl ε_r 1M					1 MHz
4.3 Dielektrischer Verlustfaktor tan δ 100				–	100 Hz
4.4 Dielektrischer Verlustfaktor tan δ 1M					1 MHz — 1-Minuten-Wert
4.5 Spezifischer Durchgangswiderstand ϱ_e	IEC 60093	$\geq 60 \times \geq 60 \times 1$ oder $\geq 60 \times \geq 60 \times 2$	Q/M	$\Omega \times$ cm	1-Minuten-Wert Spannung 500 V
4.6 Spezifischer Oberflächenwiderstand σ_e				Ω	Kontaktelektroden 50 mm lang, 1 bis 2 mm breit mit 5 mm Abstand — 1-Minuten-Wert

4.7 Elektrische Durchschlagfestigkeit E_s1	IEC 60243-1	$\geq 60 \times \geq 60 \times 1$	Q/M	kV/mm	Kugelelektroden mit 20 mm Durchmesser verwenden. Prüfung in Transformatorenöl nach ISO 60296. Spannungsanstiegsrate: 2 kV/s
4.8 Elektrische Durchschlagfestigkeit E_s2		$\geq 60 \times \geq 60 \times 2$			
4.9 Vergleichszahl der Kriechwegbildung PTI	IEC 60112	$\geq 15 \times \geq 15 \times 4$, hergestellt aus Platte $\geq 120 \times \geq 120 \times 4$, Typ E4 nach ISO 295 oder Typ A nach ISO 3167	Q/M	–	Prüfflüssigkeit A verwenden
5 Sonstige Eigenschaften					
5.1 Wasseraufnahme W_w24	DIN EN ISO 62	$60 \times 60 \times 1$, hergestellt aus Platte $120 \times 120 \times 1$, Typ E1 nach ISO 295 oder $60 \times 60 \times 1$, Typ D1 nach ISO 10724	Q/M	mg	24 Stunden in Wasser bei 23 °C eintauchen
5.2 Wasseraufnahme W_w24				Massenprozent	
5.3 Dichte ϱ_M	DIN EN ISO 1183	$\geq 10 \times \geq 10 \times 4$, hergestellt aus Platte $\geq 120 \times \geq 120 \times 4$, Typ E4 nach ISO 295 oder Mittelstück des Probekörpers Typ A ISO 3167	Q/M	g/cm	Die vier in DIN EN ISO 1183 festgelegten Verfahren werden als gleichwertig angesehen

Q: Formpressen; M: Spritzgießen

Anmerkung
Über die in Tabelle 20.6 aufgeführten Eigenschaften und Prüfbedingungen können für PMC noch weitere angegeben werden. Rheologische und verarbeitungstechnische Eigenschaften: *Schüttdichte* ISO 60, *Füllfaktor* ISO 171, *Fließvermögen* nach DIN EN ISO 7808.
Mechanische Eigenschaften: *Kugeldruckhärte* DIN EN ISO 2039-1
Thermische Eigenschaften: *Brennbarkeit (Glühstab)* IEC 60707 (DIN EN 60707)
Elektrische Eigenschaften: *Isolationswiderstand* IEC 60167 (DIN EN 60167)
Sonstige Eigenschaften: *Freies Ammoniak* ISO 120, *flüchtige Stoffe* ISO 3671, *extrahierbares Formaldehyd*

21 Mechanische Prüfungen

21.1 Zugversuch

Normen:

DIN EN ISO 527	Kunststoffe – Bestimmung der Zugeigenschaften (einschl. Elastizitätsmodulbestimmung) T1: Allgemeine Grundsätze T2: Prüfbedingungen für Form- und Extrusionsmassen T3: Prüfbedingungen für Folien und Tafeln T4: Prüfbedingungen für isotrop und anisotrop faserverstärkte Kunststoffverbundwerkstoffe
DIN EN ISO 291	Kunststoffe – Normklimate für Konditionierung und Prüfung
ISO 293	Plastics – Compression moulding of test specimens of thermoplastic materials
DIN EN ISO 294	Kunststoffe – Spritzgießen von Probekörpern aus Thermoplasten T1: Allgemeine Grundlagen, Vielzweckprobekörper (ISO-Werkzeugtyp A) und Stäbe (ISO-Werkzeugtyp B) T2: Kleine Zugstäbe (ISO-Werkzeugtyp C) T3: Kleine Platten (ISO-Werkzeugtypen D) T4: Bestimmung der Verarbeitungsschwindung
DIN EN ISO 295	Kunststoffe – Pressen von Probekörpern aus duroplastischen Werkstoffen
DIN EN ISO 2818	Kunststoffe – Herstellung von Probekörpern durch mechanische Bearbeitung
DIN EN ISO 3167	Kunststoffe – Vielzweckprobekörper
ISO 2602	Statistische Auswertung von Prüfergebnissen – Mittelwert-Vertrauensbereich
DIN EN 61	Zugversuch an Laminaten
DIN EN ISO 12576	Kunststoffe – Faserverstärkte Verbundwerkstoffe – Herstellung von formgepreßten Prüfplatten aus SMC, BMC und DMC
DIN EN 12814	Prüfung von Schweißverbindungen aus thermoplastischen Halbzeugen T2: Zugversuch T7: Zugversuch an Probekörpern mit Rundkerbe
DIN 53397	Bestimmung der interlaminaren Zugfestigkeit

21.1 Zugversuch

DIN 53392	Zugfestigkeit, Dehnung und Elastizitätsmodul an unidirektional verstärkten Laminaten
DIN 65378	Zugversuch an unidirektional verstärkten Laminaten quer zur Faserrichtung
DIN 53430	Zugversuch an harten Schaumstoffen
DIN 53571	Zugversuch an weichelastischen Schaumstoffen
DIN 16770-4	T4: Herstellung von stabförmigen Probekörpern mit definierter Längsschrumpfung (entspricht **ISO 2557**)
DIN 53504	Prüfung von Kautschuk und Elastomeren – Bestimmung von Reißfestigkeit, Reißdehnung und Spannungswerten im Zugversuch (entspricht weitgehend **ISO 37**)
ISO 37	Rubber, vulcanized – Determination of tensile stress-strain properties
DIN ISO 4661-1	Elastomere oder thermoplastische Elastomere, Herstellung von Proben und Probekörpern, Teil 1: Physikalische Prüfungen

Kennwerte für Zugversuch an Kunststoffen nach DIN EN ISO 527, in Klammer „alte" Kennwerte nach DIN 53 455:

σ_Y	**Streckspannung** (yield stress)	(σ_S	Streckspannung)
ε_Y	**Streckdehnung** (yield strain)	(ε_S	Streckdehnung)
σ_M	**Zugfestigkeit** (tensile strength)	(σ_M	Zugfestigkeit)
ε_M	**Dehnung bei der Zugfestigkeit** (tensile strain at tensile strength)	(ε_M	Dehnung bei Maximalspannung)
σ_B	**Bruchspannung** (tensile stress at break)	(σ_R	Zugspannung beim Bruch, Reißfestigkeit)
ε_B	**Bruchdehnung** (tensile strain at break)	(ε_R	Dehnung beim Bruch, Reißdehnung)
σ_x	**Spannung bei x% Dehnung**	(σ_x	Zugspannung bei x% Dehnung)
x%	**x% Dehnung**		
E_t	**Elastizitätsmodul aus dem Zugversuch (Zugmodul)**	(E	Elastizitätsmodul)
μ	**Poissonzahl**	(μ	Querkontraktionszahl)

Die angegebenen Dehnungswerte werden mit einem Feindehnungsmeßgerät an der Meßlänge L_0 gemessen. *Bruchdehnung* ε_B und *Dehnung bei der Zugfestigkeit* ε_M werden ermittelt, wenn der Bruch *vor* Erreichen eines Streckpunktes oder *im* Streckpunkt erfolgt; es wird auf die Meßlänge L_0 bezogen. Treten *Zugfestigkeit* σ_M oder *Bruchspannung* σ_B nach dem Auftreten der *Streckspannung* σ_Y auf, so werden *nominelle Dehnungen* ε_t (z. B.

nominelle Bruchdehnung ε_{tB} oder *nominelle Dehnung bei der Zugfestigkeit* ε_{tM}) so bestimmt, daß als „Ausgangsmeßlänge" der Abstand zwischen den Einspannklemmen L (Bild 21.1 und 21.2) genommen wird.

Im Zugversuch werden die Werkstoffeigenschaften bei einachsiger Zugbeanspruchung ermittelt und anfangs gleichmäßiger Spannungsverteilung über den Querschnitt; bei verformungsfähigen Kunststoffen erfolgt später eine Einschnürung.

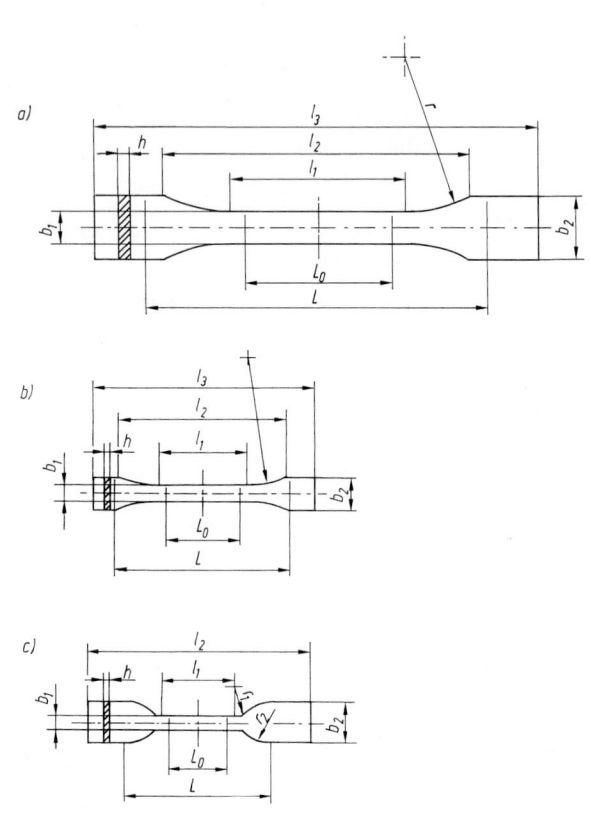

Bild 21.1 Zugproben nach DIN EN ISO 527
Abmessungen siehe Tabelle 21.1
a) Probekörper 1A (spritzgegossen) und 1B (spanend hergestellt)
b) kleine Probekörper 1BA und 1BB
c) kleine Probekörper 5A und 5B (entsprechen Probekörper 2 und 3 von ISO 37 für Elastomerprüfung)

21.1 Zugversuch

Die im Zugversuch ermittelten Kennwerte ergeben wichtige Einblicke in das Festigkeits- und Dehnungsverhalten der Kunststoffe. Die Kennwerte dienen zur *Kunststoffspezifikation* (Datenblätter der Rohstoffhersteller, Werkstoffdateien CAMPUS, FUNDUS), zur *Berechnung* kurzzeitig beanspruchter Formteile und zur *Qualitätskontrolle*. Zugversuche werden durchgeführt an Thermoplasten, Duroplasten, faserverstärkten Kunststoffen, Folien, Fasern und Verpackungsbändern aus verstreckten Thermoplasten.

Probekörper DIN EN ISO 3167 werden hergestellt durch Spritzgießen oder Pressen (DIN EN ISO 294, ISO 293) unter festgelegten Bedingungen (vgl. die jeweiligen Formmassenormen Teile 2 bzw. Tabelle 20.2) oder spanend durch Aussägen oder Fräsen aus Halbzeugen oder Formteilen (DIN EN ISO 2818) oder bei Folien durch Ausschneiden. Allgemein werden für Kunststoffe nach Bild 21.1 die Probekörper 1A (spritzgegossen) und 1B (spanend hergestellt) verwendet oder verkleinerte Probekörper 1BA und 1BB oder 5A und 5B, die für Gummiprüfung nach ISO 37 den Probekörpern 2 und 3 entsprechen. Genaue Abmessungen siehe Tabelle 21.1. Bei aus Formteilen oder Halbzeugen spanend entnommenen Probekörpern entspricht die Erzeugnisdicke der Probekörperdicke. Die Probekörper müssen frei von Beschädigungen, Einfallstellen und sonstigen Fehlstellen sein. Breite b und Dicke h der Probekörper müssen mit einem Mikrometer mit einer Ablesegenauigkeit von 0,02 mm vermessen werden.

Geprüft werden mindestens 5 Probekörper je Entnahmerichtung und zu bestimmender Eigenschaft (Streckspannung, Zugfestigkeit, Zugspannung beim Bruch oder Elastizitätsmodul). Die Proben werden entweder nach Formmas-

Tab. 21.1   Probekörperabmessungen für Zugversuche nach DIN EN ISO 527

Probekörper	1 A	1 B	1 BA	1 BB	5 A	5 B
Gesamtlänge l_3	≥ 150		≥ 75		≥ 30	
Länge l_2	104 bis 113	106 bis 120	58 ± 2	23 ± 2	≥ 75	≥ 35
Länge l_1	80 ± 2	$60,0 \pm 0,5$	$30 \pm 0,5$	$12 \pm 0,5$	25 ± 1	$12 \pm 0,5$
Meßlänge L_0	$50,0 \pm 0,5$		$25 \pm 0,5$	$10 \pm 0,2$	$20 \pm 0,5$	$10 \pm 0,2$
Einspannlänge L	115 ± 1	$l_2 + 5$	$l_2 + 2$	$l_2 + 1$	50 ± 2	20 ± 2
Breite b_2	$20,0 \pm 0,2$		$10 \pm 0,5$	$4 \pm 0,2$	$12,5 \pm 1$	$6 \pm 0,5$
Breite b_1	$10,0 \pm 0,2$		$5 \pm 0,5$	$2 \pm 0,2$	$4 \pm 0,1$	$2 \pm 0,1$
(Vorzugs-)Dicke h	$4,0 \pm 0,2$		≥ 2	≥ 2	≥ 2	≥ 1
Radius r	20 bis 25	≥ 60	≥ 30	≥ 12		
Radius r_1					$8 \pm 0,5$	$3 \pm 0,1$
Radius r_2					$12,5 \pm 0,5$	$3 \pm 0,1$

21 Mechanische Prüfungen

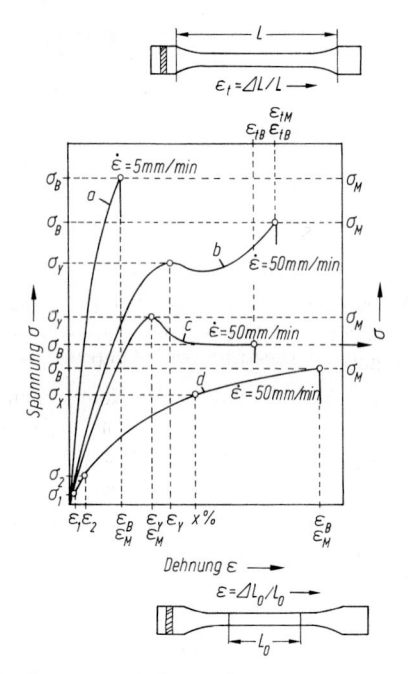

Bild 21.2 Spannungs-Dehnungsdiagramme mit eingetragenen Kennwerten
  a) spröder Kunststoff
  b) zäher Kunststoff mit Streckspannung σ_Y
  c) verstreckbarer Kunststoff
  d) weichgemachter Kunststoff

senorm oder Vereinbarungen konditioniert; bei Nichtvorliegen von Vereinbarungen erfolgt die Konditionierung im Normalklima 23/50 DIN EN ISO 291.

Prüfung erfolgt auf Zugprüfmaschinen mit einstellbarer Prüfgeschwindigkeit und einer Einrichtung zur Aufnahme der Spannungs-Dehnungs-Kurven (Bild 21.2). Zur genauen Dehnungsmessung direkt an der Probe, vor allem zur Bestimmung des Elastizitätsmoduls E_t, sind elektronische Ansetzdehnungsmesser oder berührungslose Dehnungsmesser notwendig. Die Vorspannung, verursacht z. B. durch die Einspannung (mechanisch, pneumatisch oder hydraulisch), darf nicht zu groß sein, vor allem bei der Bestimmung des Elastizitätsmoduls. Die Proben dürfen aber auch nicht in den Einspannklemmen rutschen. Bei sehr großen Verformungen oberhalb der Streckdehnung ε_Y werden die Dehnungen aus der Abstandsänderung der Einspannklemmen ermittelt.

21.1 Zugversuch

Beachte: Bei der Kunststoffprüfung werden die Dehnungen als *Gesamtdehnungen*, d. h. unter Last ermittelt, nicht wie bei Metallen als *bleibende* Dehnungen *nach* der Entlastung.

Die Prüfung erfolgt bei Normalklima 23/50 DIN EN ISO 291 oder vereinbarten Klimabedingungen.

Die *Prüfgeschwindigkeit* richtet sich nach Angaben in den entsprechenden Formmassenormen bzw. dem Datenkatalog (Tabelle 20.5). So beträgt die Prüfgeschwindigkeit zur Ermittlung des Elastizitätsmoduls v = 1 mm/min, zur Bestimmung der Kennwerte bei verformungsfähigen Kunststoffen (z. B. Streckspannung σ_y) v = 50 mm/min oder bei spröden Kunststoffen (z. B. Bruchspannung σ_B) v = 5 mm/min. Die Zugprüfmaschinen müssen folgende Geschwindigkeiten ermöglichen: v = 1/2/5/10/20/50/100/200/500 mm/min.

Zur besseren Charakterisierung und Beurteilung von Kunststoffen kann es vorteilhaft sein, die Zugprüfung bei unterschiedlichen Prüfbedingungen (Geschwindigkeit, Temperatur, Vorbehandlung usw.) zu ermitteln.

Auswertung erfolgt heute normalerweise über Rechnersysteme. Die Spannungs-Dehnungs-Diagramme werden auf Bildschirmen oder Plottern ausgegeben; Rechnersysteme ermitteln die entsprechenden Kennwerte und drukken ein Protokoll aus (CAT: Computer Aided Testing bzw. CAQ: Computer Aided Quality Control).

Kennwerte: Spannungen σ in MPa (N/mm^2)
Dehnungen ε bzw. ε_t, dimensionslos oder in %

Es gilt $\quad \sigma = F/A = F/(b_1 \cdot h) \quad \varepsilon = \Delta L_0/L_0 \quad \varepsilon_t = \Delta L/L$ (vgl. Bild 21.2)

ε ist die Dehnung, ermittelt am Probekörper als Zunahme der Meßlänge ΔL_0 bezogen auf die Ausgangslänge L_0 (siehe auch Bild 21.2).

ε_t ist die *nominelle Dehnung*, ermittelt als Verlängerung des Abstandes der Einspannklemmen ΔL bezogen auf den Anfangsabstand der Einspannklemmen L. Die nominelle Dehnung ε_t entspricht der *gesamten relativen Verlängerung* des Probekörpers in der freien Einspannlänge L.

Je nach Verhalten des Kunststoffs (verformungsfähig oder spröde) werden unterschiedliche Kennwerte ermittelt (siehe auch Formmassenormen); alte Bezeichnungen nach DIN 53455 in Klammern:

Verformungsfähige Kunststoffe

Hier werden i. a. ermittelt (siehe auch Bild 21.2); Angaben in Klammer „alte" Kennwerte nach DIN 53455:

Streckspannung σ_Y (σ_S) \qquad Streckdehnung ε_Y (ε_S)
Zugfestigkeit σ_M \qquad Dehnung bei der Zugfestigkeit ε_M
(Maximalspannung) \qquad (Dehnung bei Maximalspannung $\varepsilon(\sigma_M)$)

Bruchspannung σ_B Bruchdehnung ε_B
(Reißfestigkeit σ_R)   (Reißdehnung ε_R)

Die Streckspannung ist definiert als die Zugspannung, bei der die Steigung der Spannungs-Dehnungs-Kurve zum erstenmal „Null" wird (waagrechte Tangente).

x%-Dehnspannung σ_x wird ermittelt, wenn keine ausgeprägte Streckspannung auftritt (meist für x = 0,5 % oder 1,0 %).

Beachte:

Die Zugfestigkeit σ_M kann mit der Bruchspannung σ_B (Reißfestigkeit) identisch sein.

Bei stark verformungsfähigen (verstreckbaren) Thermoplasten, insbesondere nach starker Verstreckung, kann $\sigma_M = \sigma_Y$ sein oder $\sigma_M = \sigma_B$. In solchen Fällen ist nur die Angabe von σ_Y sinnvoll. σ_R ist abhängig von Einspannbedingungen, Oberflächenbeschaffenheit und Form der Probekörper und ist i. a. kein brauchbarer Kennwert; allenfalls kann die Bruchlast F_B unter Berücksichtigung des Bruchquerschnitts A_B zur Beurteilung der *Verfestigung* verwendet werden:

$$\text{Verfestigungsverhältnis} = \frac{F_B/A_B}{F_S/F_0}$$

Ist eine Streckspannung aufgetreten, dann werden Dehnungen, die größer sind als die Streckdehnung, als *nominelle* Dehnungen, z. B. ε_{tM} oder ε_{tB} angegeben. Die nominellen Dehnungen werden direkt an der Zugprüfmaschine aus der Abstandsänderung der Einspannklemmen ermittelt.

Spröde Kunststoffe, sowie verstreckte Folien und Bänder

Hier werden i. a. ermittelt (Bild 21.2):

Zugfestigkeit σ_M Dehnung bei der Zugfestigkeit ε_M

Bei Folien- und Bandprüfung kann auch die Bruchspannung σ_B (Reißfestigkeit σ_R) und die Bruchdehnung ε_B (Reißdehnung ε_R) angegeben werden, meist gilt dann aber $\sigma_M = \sigma_B(\sigma_R)$!

Der **Elastizitätsmodul E_t** wird aus meßtechnischen Gründen als *Sekantenmodul* für die Dehnungsdifferenz von 0,002 (= 0,2 %) ($\varepsilon_1 = 0,0005$ [0,05 %] und $\varepsilon_2 = 0,0025$ [0,25 %]) ermittelt (Bild 21.2 und 21.3):

$$E_t = \frac{\sigma_2 - \sigma_1}{\varepsilon_2 - \varepsilon_1}$$

Bei verstärkten und steifen Kunststoffen entspricht der „Sekantenmodul" der Steigung der Hookeschen Geraden.

21.1 Zugversuch

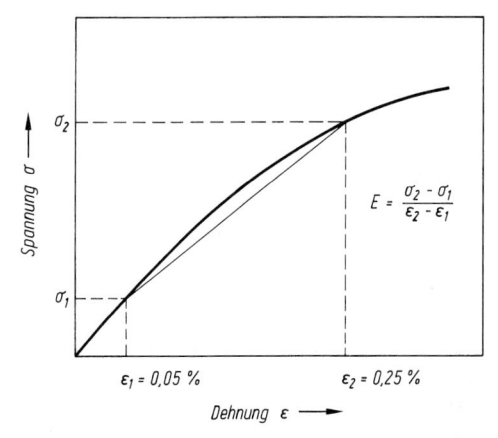

Bild 21.3 Ermittlung des Elastizitätsmoduls als „Sekantenmodul" für die Dehnungsdifferenz $\varepsilon_2 - \varepsilon_1 = 0{,}002$ (entsprechend 0,2%)

Nach der Prüfung werden die Probekörper bzgl. ihres Verformungsverhaltens wie *Einschnürung, Verstreckung, Aufspleisen* und nach dem *Bruchaussehen* beurteilt. Die Fläche unter der Spannungs-Dehnungs-Kurve ist ein Maß für das *Arbeitsaufnahmevermögen* eines Kunststoffs. Je größer die Arbeitsaufnahme, desto zäher ist der Kunststoff. Das ist vor allem wichtig bei verstreckbaren Kunststoffen, die z. B. für Fasern und Bänder eingesetzt werden.

Im Prüfbericht wird, neben vielen anderen Prüfbedingungen, angegeben mit welcher Probenform der Zugversuch durchgeführt wurde, z. B.

Zugversuch DIN EN ISO 527-2/1A/50, dabei bedeuten 1A die Probenform nach Bild 21.1 bzw. Tabelle 20.1 und 50 die Prüfgeschwindigkeit v = 50 mm/min.

Anmerkungen
In vergleichenden Tabellen für unterschiedliche Kunststoffe (vgl. z. B. Seite 278ff.) sollte immer angegeben sein, um welche Kennwerte es sich handelt (σ_Y, σ_M oder σ_B bzw. ε_Y, ε_M oder ε_B bzw. ε_{tM} oder ε_{tB}). Da sich Herstellung, Form und Vorbehandlung der Probekörper, sowie die Prüfgeschwindigkeit und Prüftemperatur stark auf die Kennwerte auswirken, sind die Vorschriften der Formmassenormen, bzw. des Datenkatalogs (Tabelle 20.5) sehr genau einzuhalten.

Bilder 21.4 bis 21.7 zeigen schematisch Auswirkungen von Zusätzen und Prüfbedingungen auf den Verlauf von Spannungs-Dehnungs-Diagrammen.

21 Mechanische Prüfungen

Streckspannung σ_Y/Zugfestigkeit σ_M/Bruchspannung σ_B bei 23 °C

21.1 Zugversuch

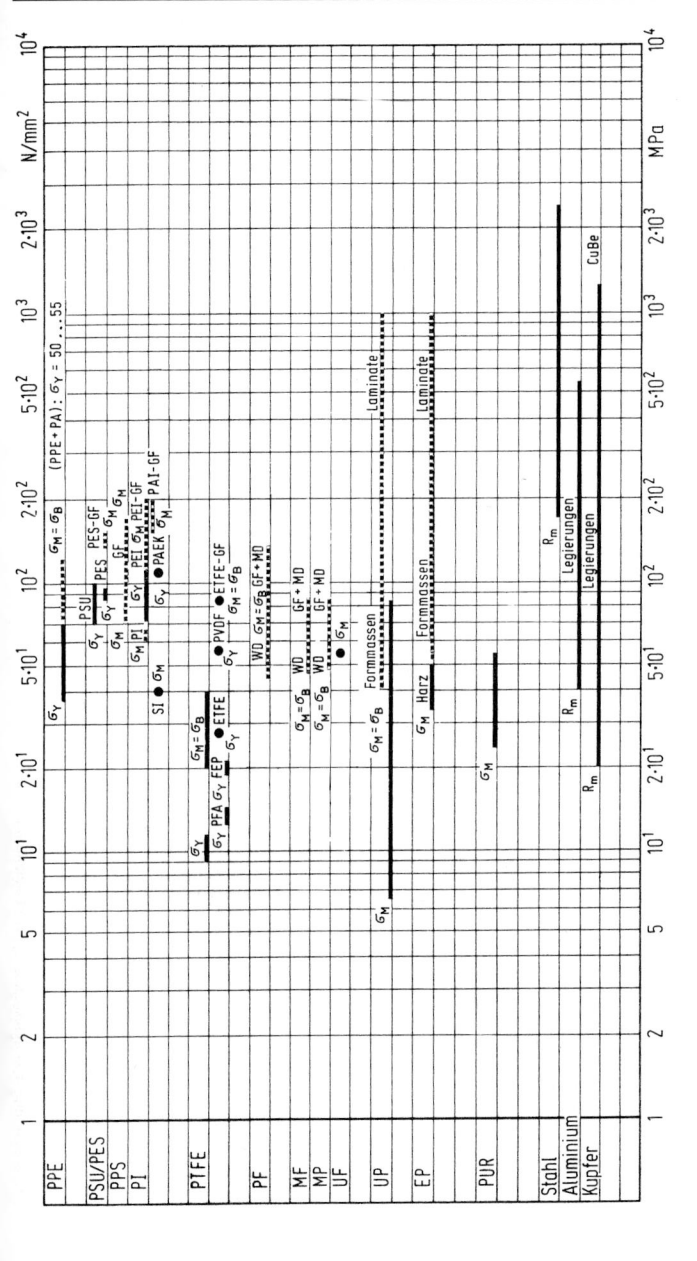

Streckspannung σ_Y/Zugfestigkeit σ_W/Bruchspannung σ_B bei 23 °C

21 Mechanische Prüfungen

—— ungefüllt ········ gefüllt/verstärkt

	1	2	5	10	20	50	100	200	500	1000	2000	%	10^4

PE: MD ········; PE-HD; PE-LD; ε_B (PE-LD ~500–1000)

PP: ε_Y; $\varepsilon_M = \varepsilon_B$ ········

PVC-U: ε_Y; PVC-C; GF/GB ········
PVC-P: ε_B ● ; ε_B

PS: ε_Y
SB: ε_M ● GF ; ε_Y
SAN: GF ○ ; ε_B
ABS: ε_Y ; ε_B ; HI
ASA: ε_B

CA/CAB/CP: ε_Y CP/CAB

PMMA: $\varepsilon_B = \varepsilon_M$; HI

PA 6: $\varepsilon_M = \varepsilon_B$ trocken ; ε_Y feucht ; ε_B tr ; lf: $\varepsilon_B > 50\%$
PA 66: $\varepsilon_M = \varepsilon_B$ trocken ; ε_Y feucht ; ε_B tr ; lf: $\varepsilon_B > 50\%$
PA 11: $\varepsilon_M = \varepsilon_B$; trocken ε_Y feucht ; ε_B tr ; lf: $\varepsilon_B > 50\%$
PA 12: $\varepsilon_M = \varepsilon_R$; trocken ε_Y feucht ; lf: $\varepsilon_B > 50\%$
PA amorph: ε_R ; ε_Y ; tr und lf: $\varepsilon_B > 50\%$

POM: $\varepsilon_M = \varepsilon_B$; GF ; GB ; $\varepsilon_Y = \varepsilon_M$; ε_B ; HI

PET: ε_Y HI
PBT: GF+MD $\varepsilon_M = \varepsilon_B$; ε_Y ; ε_B (PC+PBT)

PC: ε_M GF ; (PC+ABS) ; ε_Y ; ε_B

Streckdehnung ε_Y/Dehnung bei der Zugfestigkeit ε_M/Bruchdehnung ε_B bei 23 °C

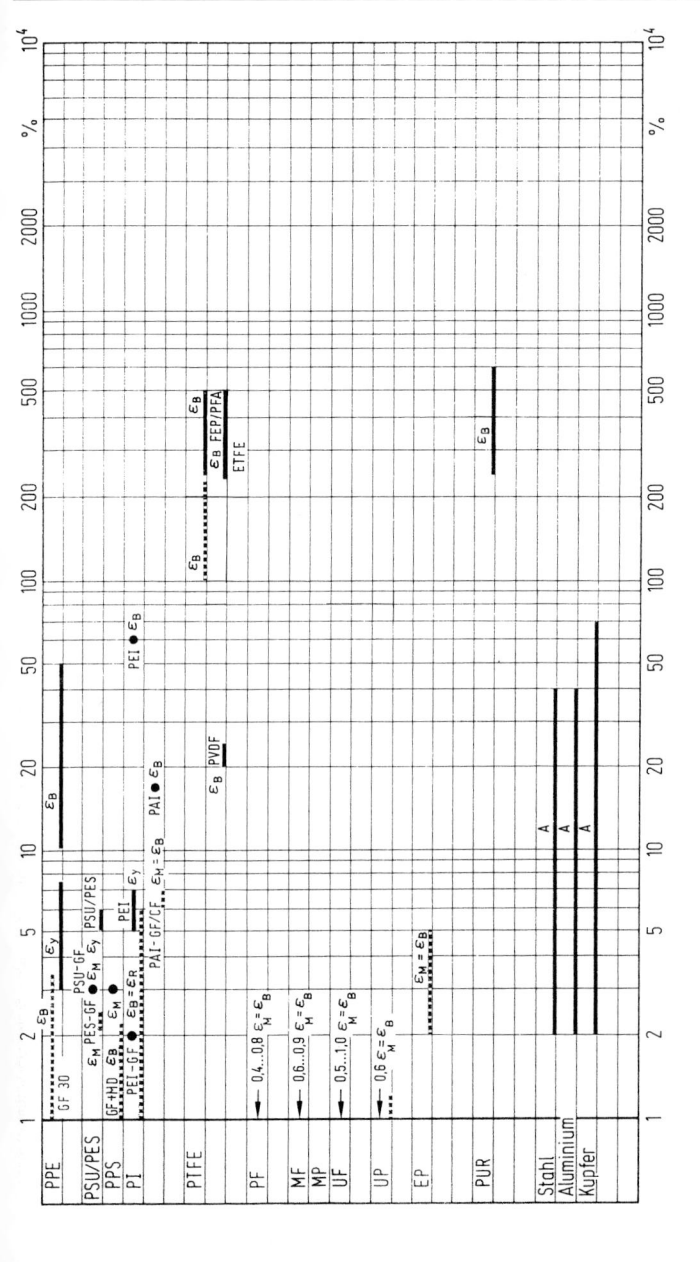

21.1 Zugversuch

Streckdehnung ε_Y/Dehnung bei der Zugfestigkeit ε_M/Bruchdehnung ε_B bei 23 °C

21 Mechanische Prüfungen

Elastizitätsmodul aus Zugversuch E_t bzw. aus Biegeversuch E_f bei 23 °C

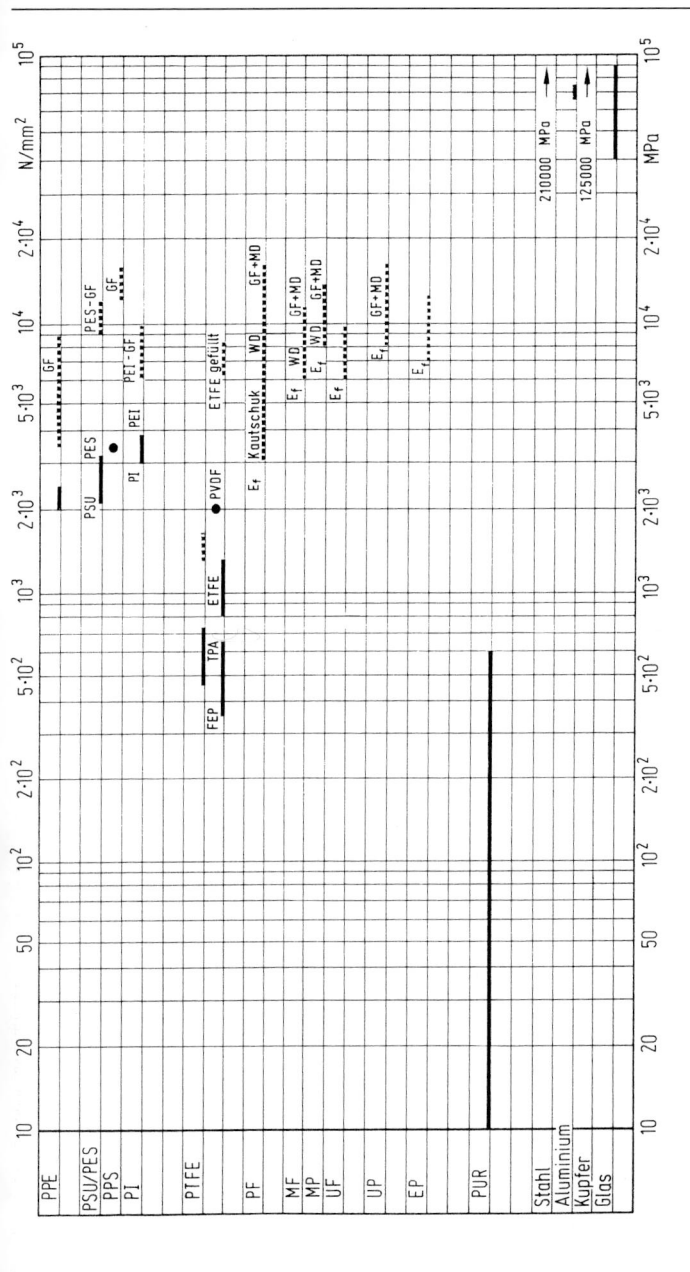

21.1 Zugversuch

Elastizitätsmodul aus Zugversuch E_t bzw. aus Biegeversuch E_f bei 23 °C

21 Mechanische Prüfungen

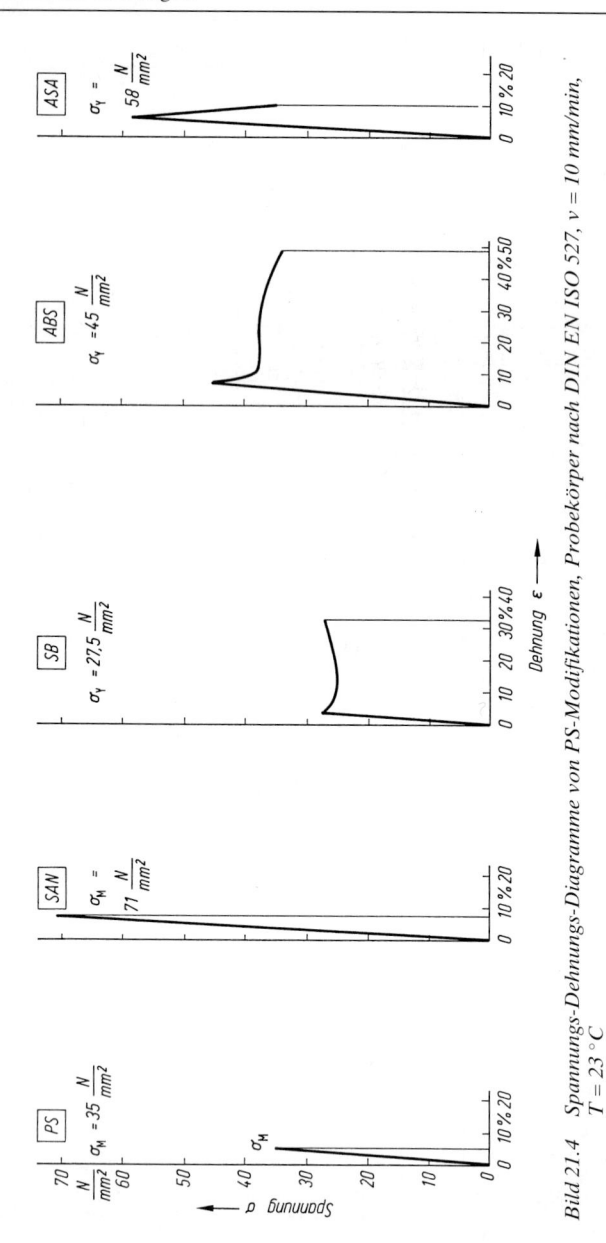

Bild 21.4 Spannungs-Dehnungs-Diagramme von PS-Modifikationen, Probekörper nach DIN EN ISO 527, $v = 10$ mm/min, $T = 23\,°C$

21.1 Zugversuch

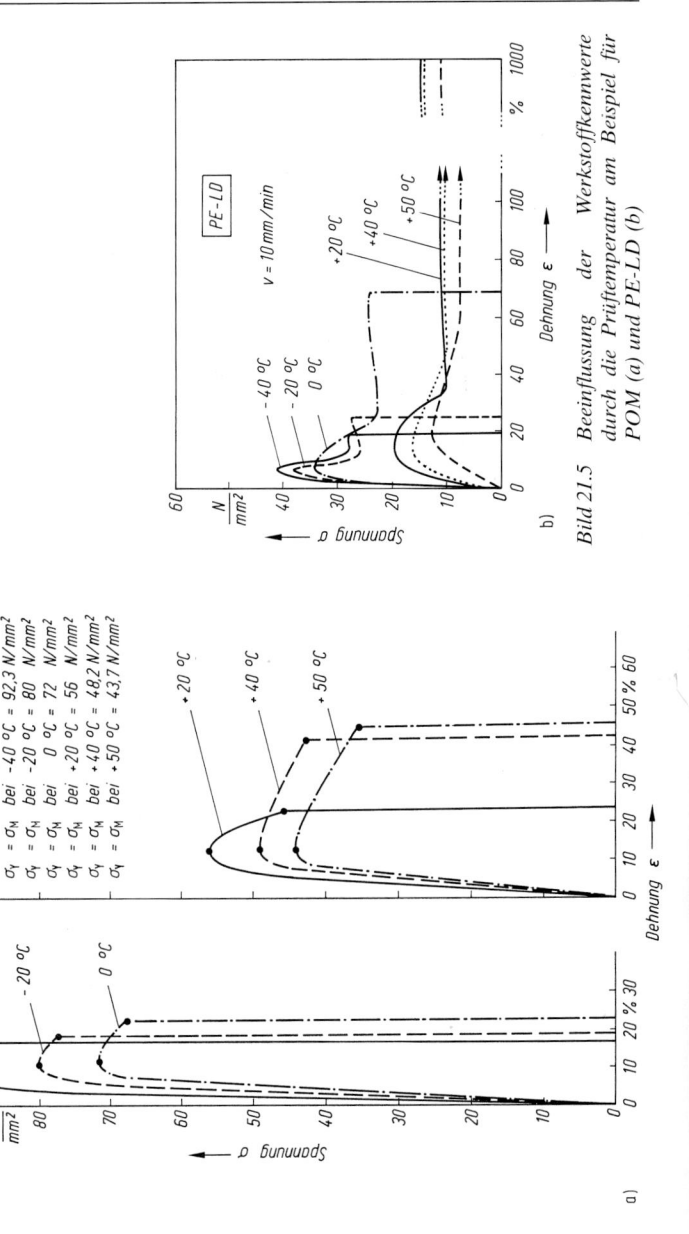

Bild 21.5 Beeinflussung der Werkstoffkennwerte durch die Prüftemperatur am Beispiel für POM (a) und PE-LD (b)

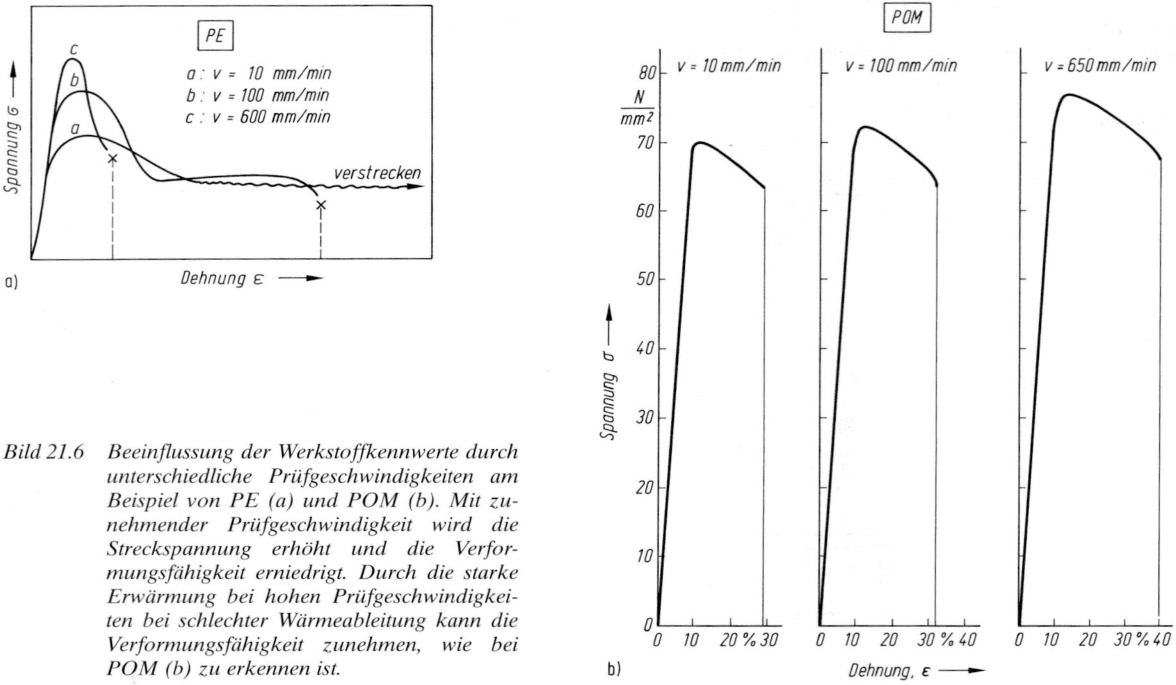

21 Mechanische Prüfungen

Bild 21.6 Beeinflussung der Werkstoffkennwerte durch unterschiedliche Prüfgeschwindigkeiten am Beispiel von PE (a) und POM (b). Mit zunehmender Prüfgeschwindigkeit wird die Streckspannung erhöht und die Verformungsfähigkeit erniedrigt. Durch die starke Erwärmung bei hohen Prüfgeschwindigkeiten bei schlechter Wärmeableitung kann die Verformungsfähigkeit zunehmen, wie bei POM (b) zu erkennen ist.

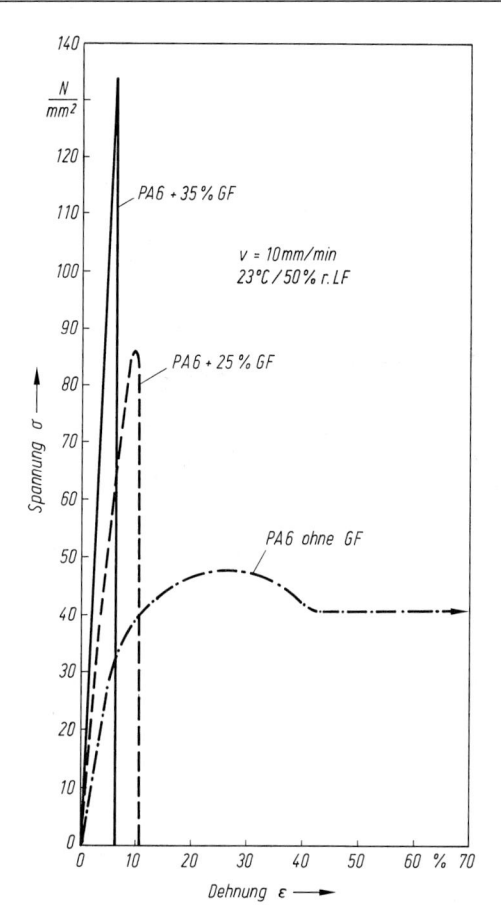

Bild 21.7 Beeinflussung des Spannungs-Dehnungs-Verhaltens durch Glasfaserzugabe am Beispiel von Polyamid PA 6

21.2 Druckversuch

Normen:

DIN EN ISO 604	Kunststoffe – Bestimmung der Druckeigenschaften
DIN EN ISO 3167	Kunststoffe – Vielzweckprobekörper
DIN EN ISO 291	Kunststoffe – Normklimate für Konditionierung und Prüfung

ISO 293	Plastics – Compression moulding of test specimens of thermoplastic materials
DIN EN ISO 294	Kunststoffe – Spritzgießen von Probekörpern aus Thermoplasten T1: Allgemeine Grundlagen, Vielzweckprobekörper (ISO-Werkzeugtyp A) und Stäbe (ISO-Werkzeugtyp B) T2: Kleine Zugstäbe (ISO-Werkzeugtyp C) T3: Kleine Platten (ISO-Werkzeugtypen D) T4: Bestimmung der Verarbeitungsschwindung
DIN EN ISO 295	Kunststoffe – Pressen von Probekörpern aus duroplastischen Werkstoffen
DIN EN ISO 2818	Kunststoffe – Herstellung von Probekörpern durch mechanische Bearbeitung
DIN EN ISO 14126	Faserverstärkte Kunststoffe – Bestimmung der Druckeigenschaften
DIN 65375	Druckversuch an unidirektional verstärkten Laminaten quer zur Faserrichtung
DIN 65380	Druckversuch an unidirektional verstärkten Laminaten parallel und quer zur Faserrichtung
DIN 53421	Druckversuch an harten Schaumstoffen
DIN 16770	T4: Herstellung von stabförmigen Probekörpern mit definierter Längsschrumpfung (entspricht ISO **2557**)

Kennwerte für Druckversuch an Kunststoffen nach DIN EN ISO 604, in Klammer „alte" Kennwerte nach DIN 53 454:

$\sigma_{(c)y}$[1]	**Druckfließspannung** (compressive stress at yield)	(σ_{dQ})
ε_{cy}	**nominelle Fließstauchung** (nominal compressive yield strain)	(ε_{dQ})
$\sigma_{(c)M}$[1]	**Druckfestigkeit** (compressive strength)	(σ_{dM})
ε_{cM}	**nominelle Stauchung bei Druckfestigkeit**	(ε_{dM})
$\sigma_{(c)B}$[1]	**Druckspannung bei Bruch** (compressive stress at break)	(σ_{dR})
ε_{cB}	**nominelle Stauchung bei Bruch**	(ε_{dR})
$\sigma_{(c)x}$	**Druckspannung bei x% Stauchung**	(σ_{dx})
x%	**x% Stauchung**	(ε_{dx})
E_c	**Elastizitätsmodul aus dem Druckversuch**	($E_{(d)}$)

---

[1] In DIN EN ISO 604 sind bei den Festigkeitswerten keine Indices „c" vorgesehen, im Gegensatz zu den Dehnungen. Um Verwechslungen mit Kennwerten aus dem Zugversuch zu vermeiden, wird hier der Index „C" in Klammer gesetzt.

21.2 Druckversuch

Im Druckversuch werden die Werkstoffeigenschaften ermittelt bei einachsiger Druckbeanspruchung und anfangs gleichmäßiger Spannungsverteilung über den Querschnitt. Es ist versuchstechnisch dafür zu sorgen, daß keine Knickbeanspruchung auftritt. Die im Druckversuch ermittelten Kennwerte dienen zur *Kunststoffspezifikation,* zur *Qualitätskontrolle* und ggf. zur *Berechnung* kurzzeitig beanspruchter Formteile. Geprüft werden können Thermoplaste, Duroplaste und faserverstärkte Kunststoffe sowie Elastomere.

Probekörper DIN EN ISO 3167 bzw. Abschnitte davon werden hergestellt durch Spritzgießen oder Pressen (DIN EN ISO 294, DIN EN ISO 295, ISO 293) unter festgelegten Bedingungen (vgl. die jeweiligen Formmassenormen Teile 2 bzw. Tabelle 20.2) oder spanend durch Aussägen oder Fräsen aus Halbzeugen oder Formteilen (DIN EN ISO 2818) oder bei Folien durch Ausschneiden. Oberflächenfehler müssen vermieden werden.

Probekörper sollten die Form eines rechteckigen Prismas, eines Zylinders oder eines Rohres haben. Die Endflächen müssen immer exakt planparallel sein, rechtwinklig innerhalb 0,025 mm zur größten Achse; die Kanten müssen scharf sein. Die Bearbeitung der Endflächen auf einer Drehbank oder Fräsmaschine wird empfohlen.

Allgemein werden für Kunststoffe Probekörper A und B verwendet (siehe Tabelle 21.2). Die Probekörper müssen frei von Beschädigungen, Einfallstellen und sonstigen Fehlstellen sein. Bei allen Probekörpern muß Knicken ausgeschlossen sein. Zylindrische, faserverstärkte Probekörper werden zum Schutz gegen Aufplatzen an den Enden durch Kappen geschützt.

Tab. 21.2 Abmessungen von Probekörpern für Druckversuch

Probekörper Type	zur Ermittlung von	Länge l mm	Breite b mm	Dicke d mm
A	Elastizitätsmodul	50 ± 2	10 ± 0,2	4,0 ± 0,2
B	Kennwerte	10 − 2	10 ± 0,2	4,0 ± 0,2

Länge, Breite und Dicke der Probekörper müssen mit einem Mikrometer mit einer Ablesegenauigkeit von 0,01 mm vermessen werden.

Geprüft werden mindestens 5 Probekörper je Entnahmerichtung und zu bestimmender Eigenschaft. Die Proben werden entweder nach Formmassenorm oder Vereinbarungen konditioniert; bei Nichtvorliegen von Vereinbarungen erfolgt die Konditionierung im Normalklima 23/50 DIN EN ISO 291.

Prüfung erfolgt auf Druckprüfmaschinen oder in Druckeinrichtungen von Universalprüfmaschinen mit Einrichtungen zur Aufnahme der Druckspannungs-Stauchungs-Diagramme (Bild 21.8) mit einstellbarer Prüfgeschwindigkeit. Zur genauen Dehnungsmessung direkt an der Probe, vor allem zur Bestimmung des Druck-Elastizitätsmoduls E_c, sind elektronische Ansetzdehnungsmesser oder berührungslose Dehnungsmesser notwendig und dafür die längeren Probekörper nach Tabelle 21.2 zu verwenden. Für sehr exakte Messungen wird empfohlen, die Endflächen mit einem geeigneten Schmiermittel zu schmieren, um das Rutschen zwischen den Platten zu fördern oder zwischen die Endflächen und die Druckplatten Schmirgelpapier zu legen, um das Rutschen zu vermeiden. Jede dieser Behandlungsmethoden ist im Prüfbericht anzugeben. Selbsteinstellende Druckplatten sind für manche Prüfungen empfehlenswert. Die Prüfgeschwindigkeit ist entsprechend der Erzeugnisnorm zu wählen oder entsprechend Tabelle 21.3 so, daß man am nächsten an einer der nachfolgenden Geschwindigkeiten v = (1 ± 0,2; 2 ± 0,4; 5 ± 1; 10 ± 2; 20 ± 2) mm/min liegt. Übliche Prüfgeschwindigkeiten sind ebenfalls in Tabelle 21.3 angegeben.

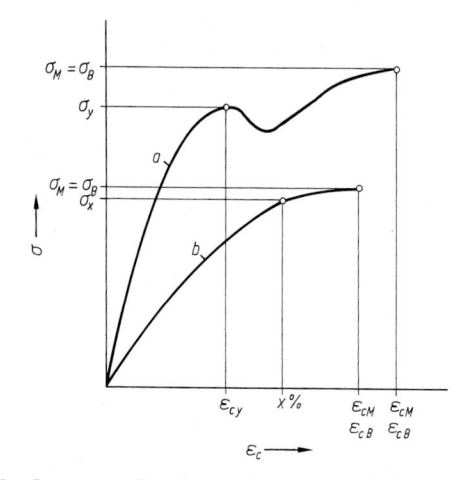

Bild 21.8 Spannungs-Stauchungs-Diagramme mit eingetragenen Kennwerten
a) verformungsfähige Kunststoffe mit ausgeprägter Druckfließspannung
b) Kunststoffe ohne ausgeprägte Druckfließspannung

Auswertung erfolgt heute normalerweise über Rechnersysteme. Die Spannungs-Stauchungs-Diagramme werden auf Bildschirmen oder Plottern ausgegeben; Rechnersysteme ermitteln die entsprechenden Kennwerte und drucken ein Protokoll aus (CAT: Computer Aided Testing bzw. CAQ: Computer Aided Quality Control).

21.2 Druckversuch

Tab. 21.3 Prüfgeschwindigkeiten beim Druckversuch

Kunststoffart	Vorzugsprüf-geschwindigkeit mm/min	mögliche Prüf-geschwindigkeit in mm/min
Elastizitätsmodulbestimmung (l = 50 mm)	1 mm/min	v = 0,02 · l (l in mm)
Kennwertbestimmung an spröden Kunststoffen (l = 10 mm)	1 mm/min	v = 0,1 · l (l in mm)
Kennwertbestimmung an verformungsfähigen Kunststoffen (l = 10 mm)	5 mm/min	v = 0,5 · l (l in mm)

Kennwerte: Spannungen σ in MPa (N/mm^2)
Stauchungen ε_c in %

Es gilt Spannung $\sigma = F/A$ $\quad\quad \varepsilon = \Delta L/L_0 \quad\quad \varepsilon_c = \Delta l/l$

ε ist die *Stauchung*, ermittelt am Probekörper als Abnahme der Meßlänge ΔL bezogen auf die Ausgangslänge L_0.

ε_c ist die *nominelle Stauchung*, ermittelt als Abnahme der Probekörperlänge Δl bezogen auf die ursprüngliche Probekörperlänge l.

Je nach Verhalten des Kunststoffs (verformungsfähig oder spröde) werden unterschiedliche Kennwerte ermittelt:

Spröde Kunststoffe

Es wird ermittelt

Druckfestigkeit $\sigma_{(c)M}$ $\quad\quad$ nominelle Stauchung bei Druckfestigkeit ε_{cM}

Es gilt meist $\sigma_{(c)M} = \sigma_{(c)B}$

Verformungsfähige Kunststoffe

Es werden ermittelt

Druckfließspannung $\sigma_{(c)y}$ $\quad\quad$ nominelle Fließstauchung ε_{cy}

ggf. noch die Druckfestigkeit $\sigma_{(c)M}$ und die nominelle Stauchung bei Druckfestigkeit ε_{cM}. Die Druckfließspannung $\sigma_{(c)y}$ ist definiert als die Druckspannung, bei der die Steigung der Druckspannungs-Stauchungs-Kurve zum ersten mal gleich Null wird oder eine Krümmungsänderung zeigt. Wenn keine ausgeprägte Druckfließspannung auftritt, kann es zweckmäßig sein, die Druckspannung $\sigma_{(c)x}$ bei x% Stauchung zu ermitteln.

21 Mechanische Prüfungen

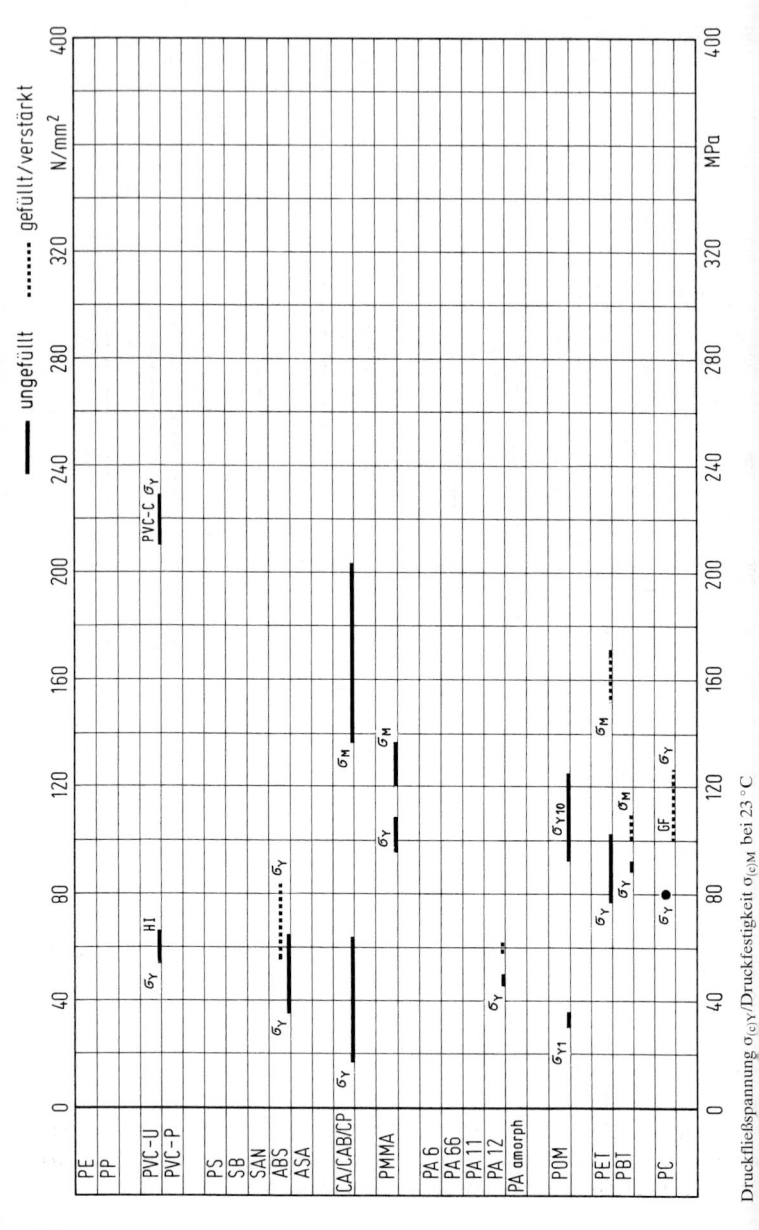

Druckfließspannung $\sigma_{(c)Y}$/Druckfestigkeit $\sigma_{(c)M}$ bei 23 °C

— ungefüllt .... gefüllt/verstärkt

21.2 Druckversuch

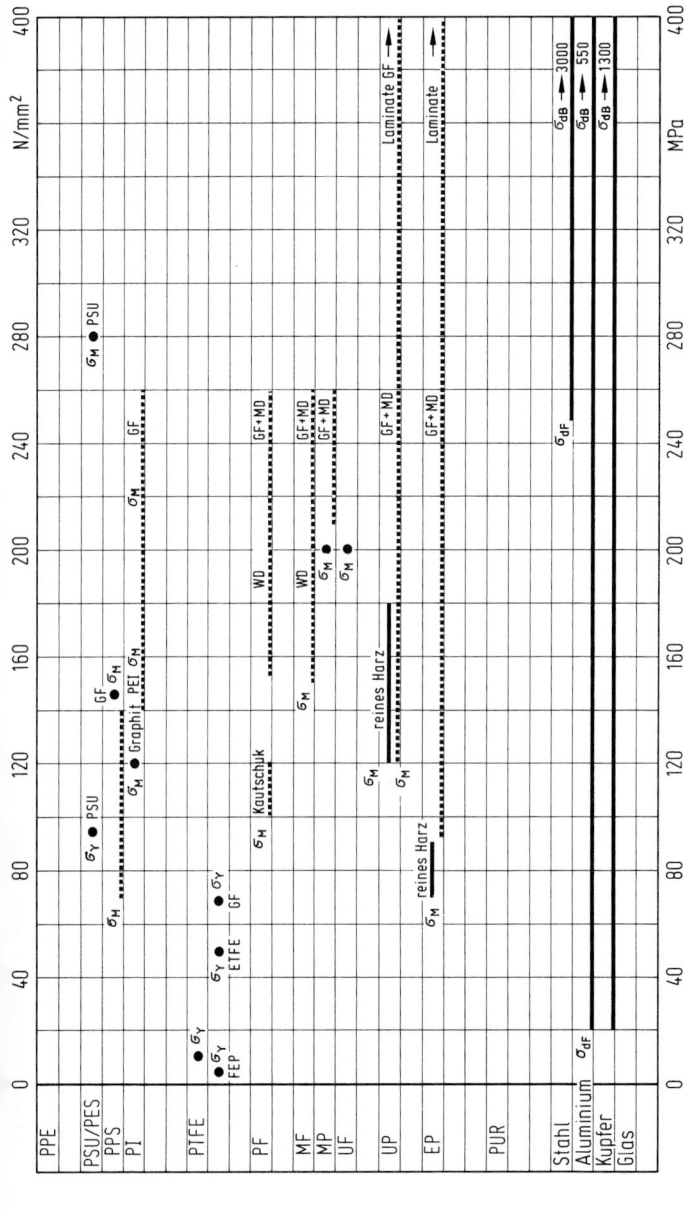

PPE										
PSU/PES		σ_Y ● PSU					σ_M ● PSU			
PPS			σ_M	GF ● σ_M						
PI			σ_M ● Graphit PEI σ_M		GF					
PTFE	● σ_Y									
	● σ_Y FEP	σ_Y ● ETFE	● σ_Y GF							
PF			σ_M Kautschuk							
MF					WD	GF+MD				
MP					WD σ_M ●	GF+MD				
UF					σ_M ●	GF+MD				
UP		σ_M reines Harz	σ_M reines Harz			GF+MD	Laminate GF →			
EP			σ_M				Laminate →			
PUR										
Stahl						σ_{dF}			σ_{dB} → 3000	
Aluminium	σ_{dF}								σ_{dB} → 550	
Kupfer									σ_{dB} → 1300	
Glas										
0	40	80	120	160	200	240	280	320		400
										N/mm²
										MPa

Druckfließspannung $\sigma_{(c)Y}$/Druckfestigkeit $\sigma_{(c)M}$ bei 23 °C

Der **Elastizitätsmodul E_c** aus dem Druckversuch wird aus meßtechnischen Gründen heute meist als *Sekantenmodul* für die Dehnungsdifferenz von 0,002 (= 0,2 %) für $\varepsilon_1 = 0,0005$ (= 0,05 %) und $\varepsilon_2 = 0,0025$ (= 0,25 %) ermittelt (vgl. Bild 21.3):

$$E_c = \frac{\sigma_2 - \sigma_1}{\varepsilon_2 - \varepsilon_1}$$

Nach dem Versuch wird die Probe nach ihrem *Aussehen* begutachtet, wobei besonders wichtig ist, ob die Probe gebrochen ist oder nicht bzw. Anrisse an der Außenseite zeigt (Schubbrüche). Bei faserverstärkten Kunststoffen ist das Aussehen des Bruches zur Beurteilung der Bruchvorgänge in der Struktur wichtig.

Im Testbericht wird, neben den Prüf- und Vorbehandlungsbedingungen sowie statistischen Kennwerten wie Mittelwert und Standardabweichung angegeben mit welcher Probenform der Druckversuch durchgeführt wurde, z. B. Druckversuch DIN EN ISO 604/A/1, dabei bedeutet A die Probenform nach Tabelle 21.2 und 1 die Prüfgeschwindigkeit v = 1 mm/min.

Anmerkungen

Nur bei einwandfrei feststellbarem Bruch der Probekörper (Schubbruch), z. B. bei spröden Kunststoffen kann man von einer Druckfestigkeit sprechen. Bei verformungsfähigen Kunststoffen sollte vorteilhaft nur die Quetschspannung oder ggf. die Druckspannung bei x% Stauchung angegeben werden; zusätzlich wird dann noch vermerkt „ohne Bruch".

Bei der Druckprüfung längsfaserverstärkter Probekörper aus unidirektional verstärkten Laminaten kann infolge unterschiedlichen Verhaltens von Matrix (Harz) und Fasern ein Ausknicken von Faserbündeln in das brechende Harz erfolgen. In diesen Fällen ist meist die Druckfestigkeit kleiner als die Zugfestigkeit.

Bei Kunststoffen, die sich im Zuversuch spröde verhalten, kann im Druckversuch große plastische Verformbarkeit beobachtet werden, z. B. bei PMMA. Die auftretende Druck-Normalspannungskomponente senkrecht

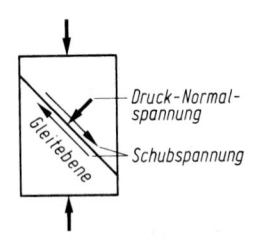

Bild 21.9   Normal- und Schubspannungen beim Druckversuch

auf der Gleitebene (Bild 21.9) kann das Gleiten der Moleküle in Richtung der Schubspannungen erleichtern. Bei Zugbeanspruchung erhöht die Zug-Normalspannungskomponente senkrecht zur Gleitebene die Trenngefahr, wodurch die Bruchgefahr erhöht wird.

21.3 Biegeversuch

Normen:

DIN EN ISO 178	Kunststoffe – Bestimmung der Biegeeigenschaften
DIN EN ISO 3167	Kunststoffe – Vielzweckprobekörper
DIN 53457	Bestimmung des Elastizitätsmoduls im Zug-, Druck- und Biegeversuch (alt)
DIN 53435	Biegeversuch und Schlagbiegeversuch an Dynstat-Probekörpern
DIN EN 63	(Dreipunkt-)Biegeversuch an Laminaten
DIN 53390	Biegeversuch an unidirektional glasfaserverstärkten Rundlaminaten
DIN 53423	Biegeversuch an harten Schaumstoffen
DIN 16770	Probekörper aus thermoplastischen Formmassen
DIN EN ISO 14125	Faserverstärkte Kunststoffe – Bestimmung der Biegeeigenschaften
DIN EN ISO 14130	Faserverstärkte Kunststoffe – Bestimmung der scheinbaren interlaminaren Scherfestigkeit nach dem Dreipunktverfahren mit kurzem Balken
DIN EN 12814	Prüfung der Schweißverbindungen aus thermoplastischem Halbzeug – T1: Biegeversuch

Kennwerte für Biegeversuch an Kunststoffen nach DIN EN ISO 178, in Klammer „alte" Kennwerte nach DIN 53452:

σ_{fM}	**Biegefestigkeit**	(σ_{bM})
ε_{fM}	**Biegedehnung bei Biegefestigkeit**	(ε_{bM})
σ_{fB}	**Biegespannung beim Bruch**	(σ_{bR})
ε_{fB}	**Biegedehnung beim Bruch**	(ε_{bR})
σ_{fc}	**Biegespannung bei vereinbarter Durchbiegung s_C**	$(\sigma_{b3,5})$
s_c	**Norm-Durchbiegung $s_c = 1{,}5 \cdot h$**	$(\varepsilon_b = 3{,}5\,\%)$
s	**Durchbiegung**	–
E_f	**Elastizitätsmodul bei (Dreipunkt-)Biegebeanspruchung**	(E_{B3})

Im Biegeversuch werden die Festigkeits- und Formänderungseigenschaften der Kunststoffe bei Dreipunktbiegung ermittelt. Die maximalen Beanspruchungen treten dabei in den Randschichten auf. Schubspannungen können infolge der großen Stützweite im Verhältnis zur Probendicke bei homogenen Stoffen vernachlässigt werden. Bei geschichteten oder in Längsrichtung faserverstärkten Proben können sich die Schubspannungen auf das Prüfergebnis auswirken.

Die Kennwerte dienen zur *Qualitätskontrolle*, für *Werkstoffspezifikationen* und zur *Berechnung* kurzzeitig beanspruchter Formteile. Der Biegeversuch wird durchgeführt an Thermoplasten, Duroplasten, faserverstärkten Kunststoffen (Laminaten) und harten Schaumstoffen.

Probekörper werden hergestellt durch Spritzgießen oder Pressen (DIN EN ISO 294, DIN EN ISO 295, ISO 293) unter festgelegten Bedingungen (siehe Tabelle 20.2) oder spanend durch Aussägen oder Fräsen aus Halbzeugen oder Formteilen (DIN EN ISO 2818). Sie müssen frei sein von Lunkern, Einfallstellen und Riefen. Bei Nacharbeit nur in Probenlängsrichtung bearbeiten. Es wird praktisch nur noch der Probekörper 80 mm × 10 mm × 4 mm verwendet, auch als Abschnitt des Vielzweckprobekörpers DIN EN ISO 3167 (Tabelle 21.4) mit einer Stützweite L = (16 ± 1) · h. Bei Probekörpern, die aus Halbzeugen oder Formteilen entnommen werden, gilt L = (20 ± 1) · h; die Breite b kann bei Bedarf, in Abhängigkeit von der Dicke h der Probekörper, Tabelle 21.5 entnommen werden.

Tab. 21.4 Abmessungen des Biegestabes

	Länge l mm	Breite b mm	Dicke h mm	Stützweite L mm
Biegestab	80 ± 2	10 ± 0,2	4 ± 0,2	(16 ± 1)·h

Anmerkung: Für sehr dicke und unidirektional verstärkte Kunststoffe sowie sehr weiche Thermoplaste wählt man $L \geq (16 \pm 1) \cdot h$ und für sehr dünne Probekörper $L \leq (16 \pm 1) \cdot h$.

Probekörper werden auf 0,1 mm genau ausgemessen, die Dicke h auf 0,01 mm. Geprüft werden mindestens fünf Probekörper bzw. bei anisotropen Kunststoffen fünf je Entnahmerichtung. Probekörper werden entweder nach Formmassenorm oder Vereinbarung konditioniert; bei Nichtvorliegen von Vereinbarungen erfolgt die Konditionierung im Normalklima 23/50 DIN EN ISO 291.

Prüfung erfolgt auf speziellen Biegeprüfmaschinen oder im Biegegehänge von Universalprüfmaschinen mit Meßeinrichtung für Kraft F und Durchbiegung s; Messung erfolgt am besten elektrisch, vor allem für E-Modulbestimmung. Günstig ist die Aufnahme des Kraft-Durchbiegungs-Diagramms. Prüfung erfolgt bei Normalklima 23/50 DIN EN ISO 291 oder nach Vereinbarung. Versuchsanordnung siehe Bild 21.10. Die Prüfgeschwindigkeit beträgt meist v = (2 ± 0,4) mm/min.

Tab. 21.5 Abhängigkeit der Breite b von der Dicke h der Probekörper für die Biegeprüfung

Dicke[*)] h mm	Breite b ± 0,5 mm	
	Spritzguß- und Extrusionswerkstoffe, thermoplastisch und duroplastisch	Textil- und langfaserverstärkte Kunststoffe
$1 < h \leq 3$	25,0	15,0
$3 < h \leq 5$	10,0	15,0
$5 < h \leq 10$	15,0	15,0
$10 < h \leq 20$	20,0	30,0
$20 < h \leq 35$	35,0	50,0
$35 < h \leq 50$	50,0	80,0

[*)] Probekörper mit sehr groben Füllstoffen haben eine Mindestdicke von 20 mm bis 50 mm

Auswertung erfolgt manuell oder mit automatischen Rechnersystemen

Kennwerte: Spannungen σ_f in MPa
   Durchbiegungen in mm

Bei Dreipunktbiegung und Rechteckquerschnitt der Probekörper ergibt sich in Probekörpermitte

Biegespannung $\sigma_f = \dfrac{3 \cdot F \cdot L}{b \cdot h^2}$ Biegedehnung $\varepsilon = \dfrac{600 \cdot h \cdot s}{L^2}$ in %

Norm-Durchbiegung $s_c = 1{,}5 \cdot h$

Wenn $L = 16 \cdot h$ entspricht s_C einer Randfaserdehnung von 3,5 %.

Anmerkung: Probekörper, die nicht im mittleren Drittel der Stützweite L brechen, dürfen nicht ausgewertet werden.

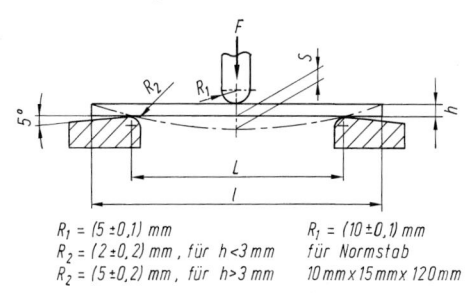

$R_1 = (5 \pm 0{,}1)$ mm
$R_2 = (2 \pm 0{,}2)$ mm, für $h < 3$ mm
$R_2 = (5 \pm 0{,}2)$ mm, für $h > 3$ mm

$R_1 = (10 \pm 0{,}1)$ mm
für Normstab
10 mm x 15 mm x 120 mm

Bild 21.10 Versuchsanordnung bei Dreipunktbiegung

Spröde Kunststoffe

Nach Bild 21.11, Kurve 1 ermittelt man

Biegefestigkeit σ_{fM} (= σ_{fB})   Biegedehnung bei Biegefestigkeit ε_{fM} (= ε_{fB}).

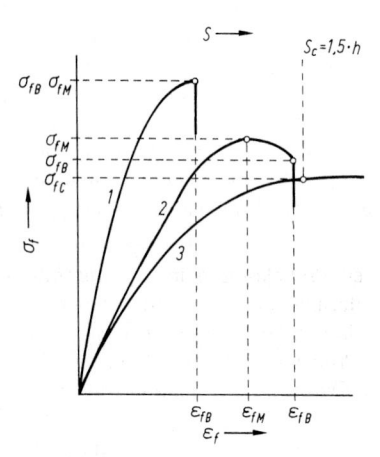

Bild 21.11 Spannungs-Dehnungs-Diagramme beim Biegeversuch
1 spröder Kunststoff
*2 verformungsfähiger Kunststoff **mit** Spannungsmaximum und Bruch vor Erreichen der Norm-Durchbiegung $s_C = 1{,}5 \cdot h$*
*3 verformungsfähiger Kunststoff **ohne** Spannungsmaximum und Bruch nach Erreichen der Norm-Durchbiegung $s_C = 1{,}5 \cdot h$*

Verformungsfähige Kunststoffe

Bei Auftreten eines Maximums in der Spannungs-Durchbiegungskurve (Bild 21.11, Kurve 2) werden ermittelt

Biegefestigkeit σ_{fM}
Biegedehnung bei Biegefestigkeit ε_{fM}

Tritt weder ein Bruch noch eine Maximalspannung auf (Bild 21.11, Kurve 3), dann ermittelt man

Norm-Biegespannung σ_{fc} bei der Norm-Durchbiegung $s_c = 1{,}5 \cdot h$

σ_{fc} entspricht der 3,5 %-Biegespannung $\sigma_{b3,5}$ nach DIN 53452 (alt), wenn $L = 16 \cdot h$ beträgt.

Nach dem Versuch werden die Proben nach ihrem *Bruchaussehen* beurteilt Es kann so geschlossen werden auf *Zugspannungs-*, *Druckspannungs-* oder

Schubspannungsbruch (interlaminarer Bruch), z. B. bei unidirektional verstärkten Kunststoffen.

Anmerkungen
In vergleichenden Tabellen für verschiedenartige Kunststoffe ist anzugeben, ob es sich bei den Kennwerten um σ_{fc}, σ_{fM} oder σ_{fR} handelt. Wesentlichen Einfluß auf die Kennwerte haben Herstellung, Form und Vorbehandlung der Probekörper, sowie die Prüftemperatur. Ein Vergleich der Kennwerte von Kunststoffen, ermittelt aus dem Biegeversuch, ist problematisch, weil manche Kunststoffe nach unterschiedlicher Durchbiegung brechen, andere dagegen sich so stark verformen, daß der Versuch vor einem evt. Bruch beendet werden muß. In solchen Fällen wird dann der Kennwert σ_{fc} ($\sigma_{b3,5}$) ermittelt.

Die Biegeprüfung mit kleinen Probekörpern im *Dynstatgerät* ist in DIN 53435 getrennt behandelt. Aufgrund jahrelanger Erfahrung bei der Prüfung und Überwachung duroplastischer Formmassen hat die Dynstatprüfung noch Bedeutung. Es werden Probekörper mit der Länge l = (15 ± 1) mm, Breite b = (10 ± 0,5) mm und Dicke h = 1,2 mm bis 4,5 mm verwendet (ggf. hat die U-Kerbe eine Breite von 0,8 ±0,1 mm und eine Restbreite an der Kerbe $h_k \approx 2/3$ h). Das Ergebnis beim Dynstat-Biegeversuch wird angegeben Biegeversuch DIN 53435 – DB – G, dabei bedeuten DB Dynstat-Prüfkörper für Biegeversuch und G ohne Kerbe.

Der **Elastizitätsmodul E_f** wird aus meßtechnischen Gründen, wie beim Zug- und Druckversuch als *Sekantenmodul* für die Dehnungsdifferenz $\Delta\varepsilon = \varepsilon_{f2} - \varepsilon_{f1} = 0{,}0025 - 0{,}0005 = 0{,}002$ (= 0,2 %) ermittelt, vgl. Bild 21.3.

$$\text{Elastizitätsmodul aus dem Biegeversuch } E_f = \frac{\sigma_{f2} - \sigma_{f1}}{\varepsilon_{f2} - \varepsilon_{f1}} \text{ in MPa.}$$

Zur Berechnung des Elatizitätsmoduls E_f müssen ggf. noch die Durchbiegungen s_1 und s_2 berechnet werden, die den Randfaserdehnungen $\varepsilon_{f1} = 0{,}0005$ und $\varepsilon_{f2} = 0{,}0025$ entsprechen, wobei gilt

$$s_{1/2} = \varepsilon_{f1/2} \cdot \frac{L^2}{6 \cdot h}$$

σ_{f1} ist die Biegespannung für die Durchbiegung s_{f1} und σ_{f2} ist die Biegespannung für die Durchbiegung s_{f2}.

Der Biegeelastizitätsmodul E_f aus der Dreipunktbiegung nach DIN EN ISO 178 entspricht dem Elastizitätsmodul aus dem Dreipunktbiegeversuch E_{B3} nach DIN 53457 (alt). Der Einfluß der Schubverformung ist bei dem verwendeten Probekörper mit den großen Werten L/h relativ gering und wird meist vernachlässigt.

21 Mechanische Prüfungen

Biegefestigkeit σ_{fM}/Biegespannung σ_{fc} bei vereinbarter Durchbiegung s_C ($= 1,5$ h, entspricht $\varepsilon_b = 3,5\,\%$) bei 23 °C

21.3 Biegeversuch

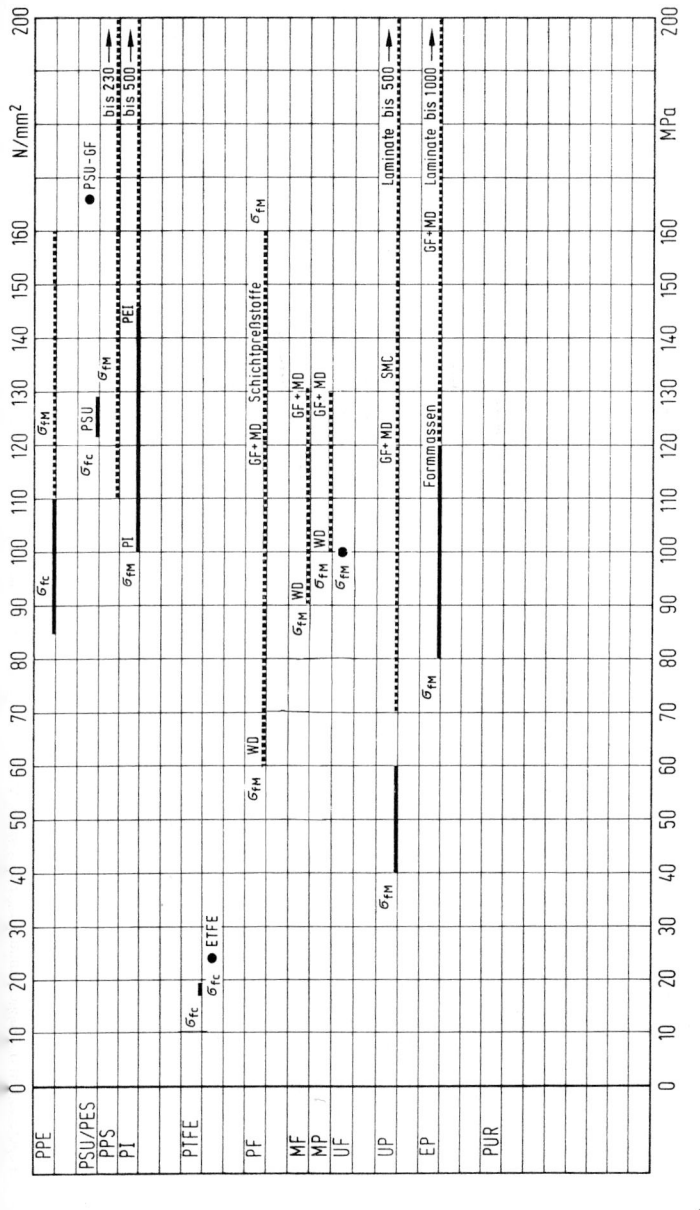

Biegefestigkeit σ_M/Biegespannung σ_{fc} bei vereinbarter Durchbiegung s_C (= 1,5 h, entspricht ε_b = 3,5 %) bei 23 °C

Wird der Elastizitätsmodul E_{B4} aus dem Vierpunktbiegeversuch nach DIN 53457 (alt) ermittelt, wird die Durchbiegung in einem querkraftfreien Bereich bestimmt, der Kraftangriff in der Mitte des Probekörpers fällt weg. Man benötigt den längeren Probestab 120 mm × 10 mm × 4 mm und einen speziellen Bezugsbalken (Bild 21.12); im Meßbereich ist die Biegespannung konstant.

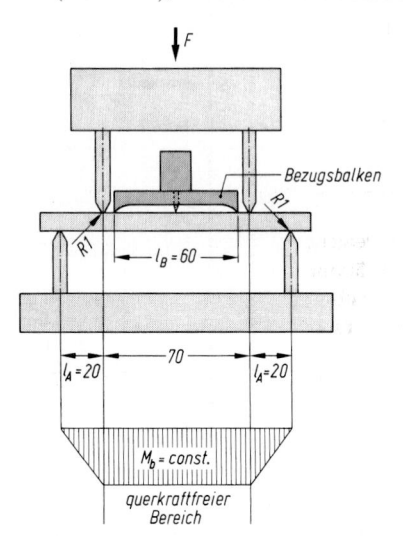

Bild 21.12 Elastizitätsmodulbestimmung bei Vierpunktbiegung (querkraftfrei) nach DIN 53457 (alt)

Anmerkung: Die Elastizitätsmoduln aus Zug-, Druck- und Biegeversuch E_t, E_c und E_f können nur theoretisch übereinstimmen, wenn isotrope Werkstoffe vorliegen. In der Praxis ergeben sich immer Unterschiede infolge der versuchstypischen Krafteinleitungsbedingungen, Meßanordnungen und bei Biegung wegen der ggf. nichtlinearen Biegespannungsverteilung.

21.4 Torsionsschwingungsversuch

Normen:

DIN EN ISO 6721   Kunststoffe, Bestimmung dynamisch-mechanischer Eigenschaften
T1: Allgemeine Grundlagen
T2: Torsionspendelverfahren
T3: Biegeschwingungsversuch, Resonanzkurvenverfahren

21.4 Torsionsschwingungsversuch

DIN 7724	Polymere Werkstoffe – Gruppierung polymerer Werkstoffe aufgrund ihres mechanischen Verhaltens
DIN 53545	Prüfung von Kautschuk und Elastomeren, Bestimmung der visko-elastischen Eigenschaften von Elastomeren bei erzwungenen Schwingungen außerhalb der Resonanz
ISO 537	Kunststoffe – Torsionsschwingungsversuch
ISO 4663	Kautschuk – Bestimmung des dynamischen Verhaltens bei niedrigen Frequenzen; Torsionspendelverfahren

Kennwerte

G	**Schubmodul**
Λ	**logarithmisches Dekrement**
d	**mechanischer Verlustfaktor**
T_g	**Glasübergangstemperatur**
T_m	**Kristallitschmelztemperatur**
T_R	**Kälterichtwert**
	Schubmodul-Temperatur-Kurven

Beim Torsionsschwingungsversuch wird das elastische Verhalten und das Dämpfungsverhalten der Kunststoffe bei kleiner dynamischer Verdrehbeanspruchung und niedrigen Frequenzen untersucht. Die Kenngrößen werden in Abhängigkeit von der Temperatur ermittelt. Aus dem Verlauf des dynamischen Schubmoduls und der mechanischen Dämpfung kann man Bereiche erkennen, in denen die Kunststoffe im *harten, zähen* oder *gummielastischen* Zustand vorliegen. Bei *amorphen* Thermoplasten erkennt man die *Glasübergangstemperatur* T_g, bei *teilkristallinen* Thermoplasten die *Glasübergangstemperatur* T_g und den *Kristallitschmelzpunkt* T_m. Man erhält so nach DIN 7724 Unterscheidungsmerkmale, die zur Klassifizierung der Kunststoffe in *amorphe* und *teilkristalline Thermoplaste, thermoplastische* und *vernetzte Elastomere* und *Duroplaste* führen (Bilder 21.13 bis 21.17). Außer der Torsionsbeanspruchung kann auch Biegebeanspruchung herangezogen werden, jedoch sind in Datenblättern und Dateien meist *Schubmodul-Temperatur-Kurven* (G-T-Diagramme) angegeben. Glasübergangstemperaturen T_g und Kristallitschmelzpunkte T_m können auch mittels *thermischer Analysenverfahren* (Kapitel 19.2) ermittelt werden.

Aus dem Verlauf eines G-T-Diagramms kann für einen Kunststoff der *Gebrauchstemperaturbereich* (siehe auch 22.3) abgeschätzt werden. Die obere Gebrauchstemperatur muß mit einem ausreichenden Abstand *unterhalb* des (Steil-)Abfalls der G-T-Kurve angesetzt werden. Der *Steilabfall*, bei

21 Mechanische Prüfungen

gleichzeitigem Auftreten eines Maximums der Dämpfung kennzeichnet die *Erweichung*. Oberhalb dieses Übergangsbereichs kann der Kunststoff *warmumgeformt* werden, er ist „thermoelastisch".

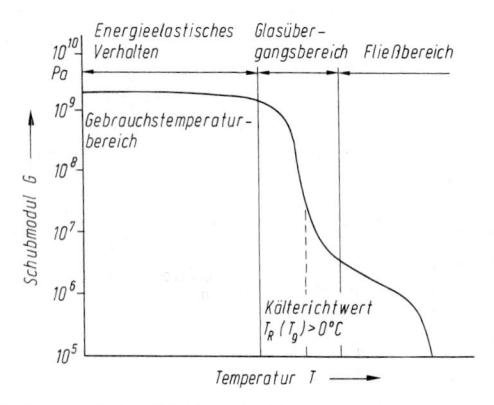

Bild 21.13 Schematische Schubmodul-Temperatur-Kurve eines amorphen Thermoplasten

Charakterisierung von Kunststoffen

Thermoplaste verhalten sich im Gebrauchstemperaturbereich vorwiegend *energie-elastisch* (stahlähnlich). Der *Kälterichtwert* T_R liegt i. a. oberhalb 0 °C. Da sie einen *Schmelzbereich* aufweisen, sind sie *oberhalb* des Gebrauchstemperaturbereichs (wiederholt) verarbeitbar durch *Umformen* und *Urformen*.

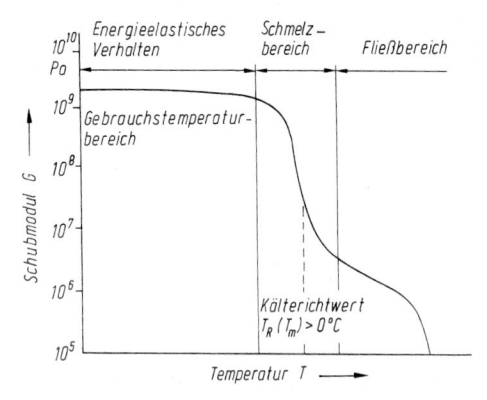

Bild 21.14 Schematische Schubmodul-Temperatur-Kurve eines teilkristallinen Thermoplasten

21.4 Torsionsschwingungsversuch

Amorphe Thermoplaste (Bild 21.13) haben einen *Kälterichtwert* $T_R > 0\,°C$, der der Glasübergangstemperatur T_g entspricht. Sie sind im Gebrauchszustand *hart*.

Teilkristalline Thermoplaste (Bild 21.14) haben einen *Kälterichtwert* T_R, der der Kristallitschmelztemperatur T_m entspricht. Die Einsatztemperatur teilkristalliner Thermoplaste liegt zwischen der Glasübergangstemperatur T_g (i. a. $<0\,°C$) der amorphen Bereiche und dem Kälterichtwert T_R (entspricht T_m), sie sind im Gebrauchszustand *zähhart* oder *halbhart*.

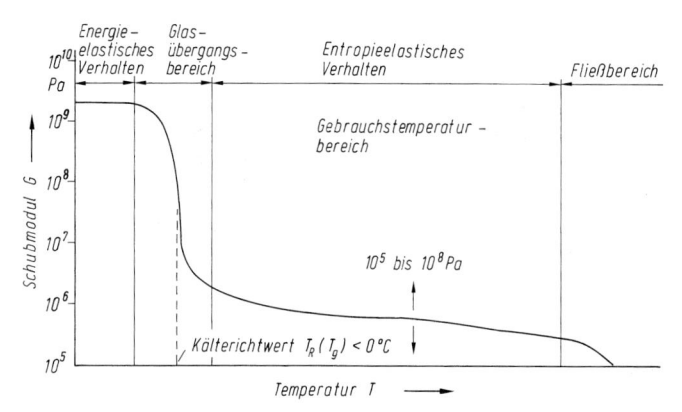

Bild 21.15 Schematische Schubmodul-Temperatur-Kurve eines thermoplastischen Elastomeren

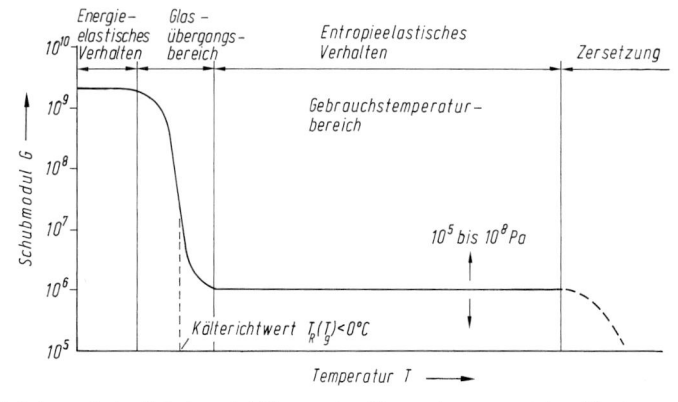

Bild 21.16 Schematische Schubmodul-Temperatur-Kurve eines vernetzten Elastomeren

21 Mechanische Prüfungen

Elastomere (vernetzt) (Bild 21.15) verhalten sich im Gebrauchstemperaturbereich *entropieelastisch* (gummielastisch). Der *Kälterichtwert* $T_R < 0\,°C$ entspricht der *Glasübergangstemperatur* T_g. Sie zeigen, wegen der Vernetzung, oberhalb des Gebrauchstemperaturbereichs bis zur *Zersetzung* keinen *Fließbereich*; sie sind nach der Formgebung nicht mehr schmelzbar und im wesentlichen unlöslich aber quellbar.

Thermoplastische Elastomere (Bild 21.16) verhalten sich im Gebrauchszustand vorwiegend *entropieelastisch* (gummielastisch). Der *Kälterichtwert* $T_R < 0\,°C$ entspricht der *Glasübergangstemperatur* T_g. Sie zeigen, weil die Vernetzung fehlt, oberhalb des Gebrauchstemperaturbereichs einen *Fließbereich*; sie sind deshalb thermoplastisch verarbeitbar.

Duroplaste (Bild 21.17) verhalten sich im Gebrauchstemperaturbereich vorwiegend *energieelastisch* (stahlähnlich). Sie haben keinen *Kälterichtwert* T_R bzw. keine *Glasübergangstemperatur* T_g und keinen *Fließbereich*; sie sind nach der Formgebung nicht mehr schmelzbar und löslich. Die Duroplaste gehen vom *Gebrauchstemperaturbereich* kontinuierlich in den *Zersetzungsbereich* über.

Angaben über *Glasübergangstemperaturen* T_g und *Kristallitschmelztemperaturen* T_m von thermoplastischen Kunststoffen siehe Tabelle 19.4.

Bild 21.18 zeigt den Verlauf des Schubmoduls in Abhängigkeit von der Temperatur für die beiden *amorphen Thermoplaste* PS und SB (PS-HI). Das „*homogene*" Polystyrol PS zeigt über einen weiten Temperaturbereich nahezu konstanten Verlauf des Schubmoduls, erst im Erweichungsbereich fällt der Schubmodul stark ab unter Auftreten eines Maximums der mechanischen

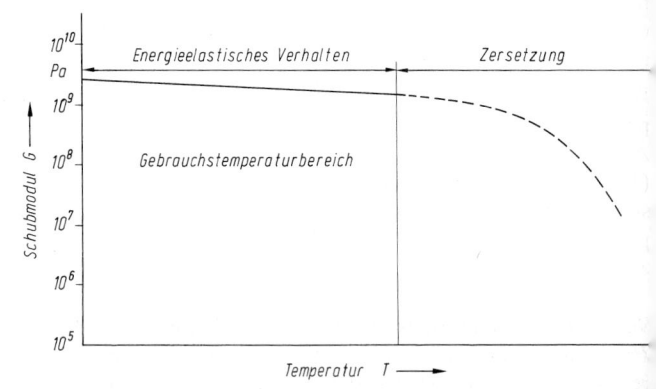

Bild 21.17 Schematische Schubmodul-Temperatur-Kurve eines Duroplasten

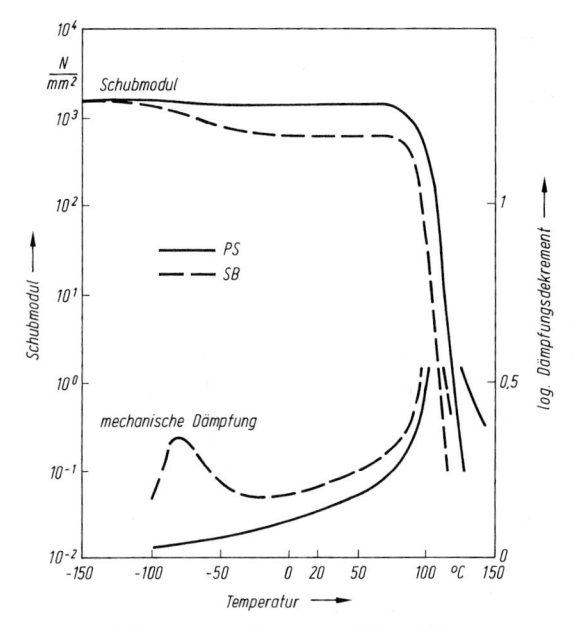

Bild 21.18 Schubmodul-Temperatur-Kurven von PS und SB

Dämpfung. Das schlagzähe Polystyrol SB zeigt bei –80 °C einen geringfügigen Abfall des Schubmoduls und ein weiteres Dämpfungs(neben)maximum, hervorgerufen durch die Glasübergangstemperatur der schlagzähmachenden Kautschukkomponente. Die Glasübergangstemperatur des SB liegt niedriger als die des reinen PS.

Bild 21.19 zeigt den Verlauf des Schubmoduls in Abhängigkeit von der Temperatur für den *teilkristallinen Thermoplast* PA 66. Man erkennt einen ersten Abfall des Schubmoduls mit einem Dämpfungsmaximum bei etwa –60°C (T_g); dort erweichen die amorphen Bereiche des teilkristallinen Thermoplasten. Unterhalb dieser Temperatur ist PA 66 *spröde*. Bei zunehmenden Temperaturen tritt dann der Steilabfall auf, hier beginnen die Kristallite aufzuschmelzen (T_R entspricht T_g).

Versuchsdurchführung beim Torsionsschwingungsversuch
Probekörper sind in ihren Abmessungen nicht festgelegt, meist werden rechteckige Probekörper mit den Abmessungen 50 mm × 10 mm × 1 mm verwendet.

21 Mechanische Prüfungen

Schubmodul G bei 23 °C

21.4 Torsionsschwingungsversuch

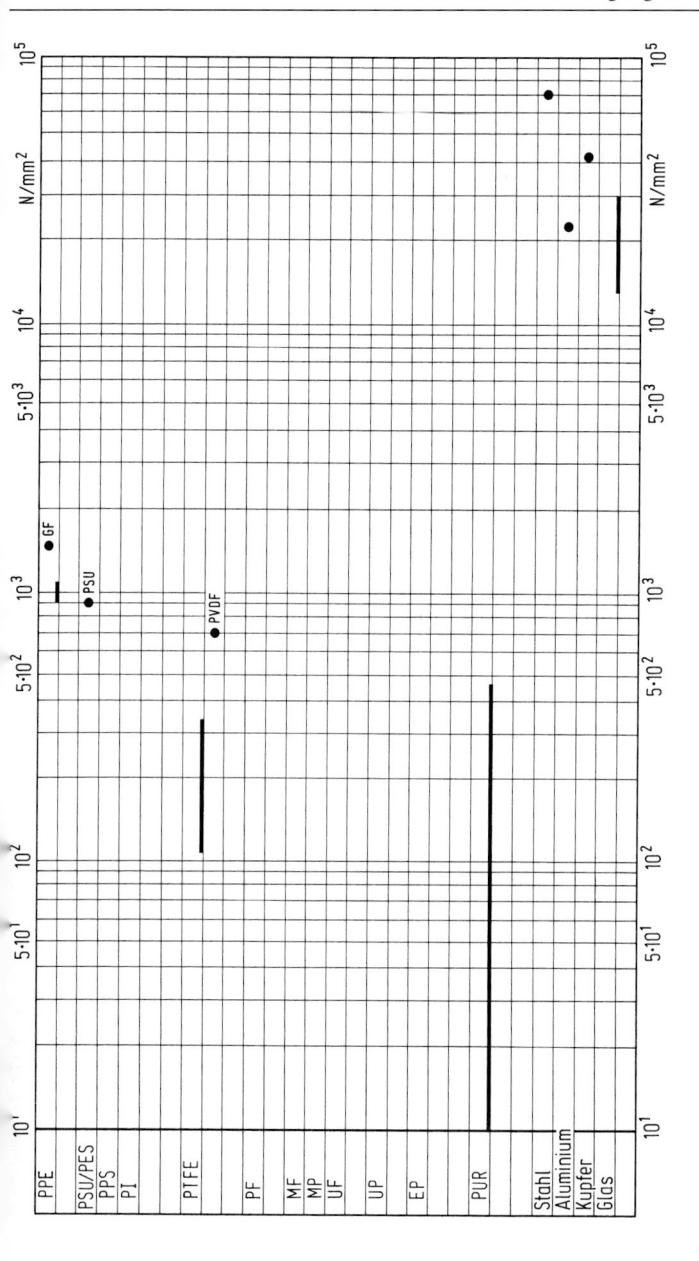

Schubmodul G bei 23 °C

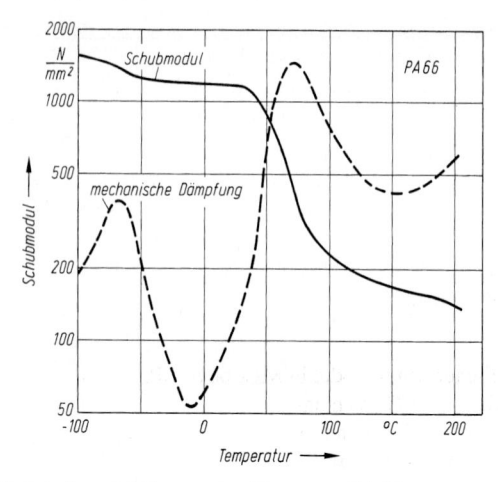

Bild 21.19 Schubmodul-Temperatur-Kurve von PA 66

Prüfung erfolgt in speziellen Torsionsschwingungsprüfgeräten (Bild 21.20). Probekörper hängen in einer Temperaturkammer und tragen am unteren Ende eine kleine Schwungscheibe (Drehmasse). Nach Verfahren A ist der Probekörper durch die Schwungscheibe belastet und bei Verfahren B ist die

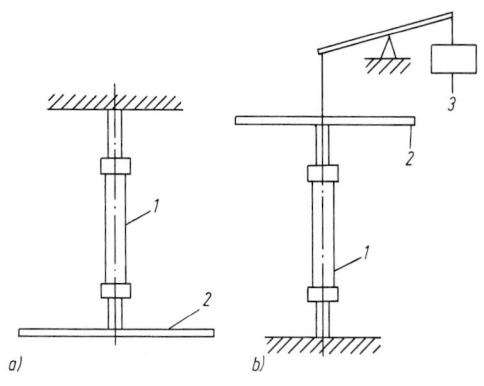

Bild 21.20 Prinzip des Torsionsschwingungsversuchs
  a) Versuchsanordnung ohne Gewichtsausgleich
  b) Versuchsanordnung mit Gewichtsausgleich
  1 Probekörper   2 Schwungscheibe   3 Ausgleichsgewicht

Gewichtskraft der Schwungscheibe durch ein Gegengewicht kompensiert. Die Prüfung erfolgt bei kontinuierlicher Erwärmung mit Aufheizgeschwindigkeit von rd. 1 K/min. In Temperaturintervallen von 5 K oder 10 K, in Übergangsbereichen auch 1 K, wird jeweils ein Schwingungsversuch durchgeführt und ausgewertet.

Auswertung der freien, gedämpften Schwingung erfolgt nach Norm meist automatisch. Rechnerische Bestimmung des *dynamischen Schubmoduls* G aus den Abmessungen des Probekörpers, dem *logarithmischen Dekrement* Λ und der *Masse* der Schwungscheibe nach Norm. Für die *mechanische Dämpfung* d kann gelten d $\approx \Lambda/\pi$.

Kennwerte

G	dynamischer Schubmodul in MPa oder GPa
Λ	logarithmisches Dekrement
d	mechanischer Verlustfaktor
T_g	Glasübergangstemperatur in °C
T_m	Kristallitschmelztemperatur in °C
(T_R	Kälterichtwert in °C)

Aus den bei verschiedenen Temperaturen ermittelten Werten des Schubmoduls und der Dämpfung werden in logarithmischem Maßstab G/T- bzw. d/T-Diagramme gezeichnet und nach DIN 7724 gedeutet.

Anmerkungen

Der *dynamische Elastizitätsmodul* ergibt sich aus dem dynamischen Schubmodul G mit Hilfe der *Poissonschen Zahl (Querkontraktionszahl)* µ (für Kunststoffe: µ = 0,35 bis 0,5) als E $\approx$ (2,7 bis 3,0) · G oder wird direkt im Biegeschwingungsversuch DIN EN ISO 6721-3 ermittelt. Der *statische Elastizitätsmodul* und der *statische Schubmodul* können aus den dynamischen Werten nicht ermittelt werden. Die Ermittlung dieser Werte erfolgt meist in (statischen) Zug- oder Biegeversuchen (siehe 21.1 und 21.3).

21.5 Härteprüfung

Bei den Härteprüfverfahren für Kunststoffe handelt es sich um Eindringhärteprüfungen. Die Verformungen (Eindringtiefen) werden dabei – wegen der hohen elastischen Rückfederungen – im Gegensatz zu Metallen, i. a. unter Last nach festgelegten Zeiten ermittelt.

Die *Kugeldruckhärte* DIN EN ISO 2039-1 ist für Thermoplaste und Duroplaste geeignet, während die *Shorehärte* nach DIN EN ISO 868 und ISO 7619 meist nur für Elastomere und für weichere, bzw. weichgemachte Thermoplaste eingesetzt wird. Bei Elastomeren wird auch noch der *internationale Gummihärtegrad* IRHD DIN 53519 und ISO 48 bestimmt. Zur Prüfung von Kunststoffen und Kunststoffbeschichtungen kann auch die Ermittlung der *Knoophärte* eingesetzt werden. Bei der Härteprüfung an Formteilen aus verstärkten Duroplasten (Laminaten) wird vielfach die *Barcolhärte* DIN EN 59 ermittelt.

Mikrohärteprüfverfahren nach *Vickers* und *Rockwell* werden für wissenschaftliche Härteprüfungen eingesetzt, erlauben aber die fast zerstörungsfreie Ermittlung von wichtigen Eigenschaften, wie z. B. Orientierungen an Thermoplasten, Eigenspannungen bei Thermo- und Duroplasten, Füllstofforientierungen, Härteverlauf in Schweißnähten, Alterungseffekte an Oberflächen und den Verlauf der Kristallinität. Das Härteprüfverfahren nach *Rockwell* ist in DIN EN ISO 2039-2 festgelegt (siehe Kap. 21.5.2).

Für dünne Überzüge aus Kunststoffen und dünne Kunststoffteile eignet sich ggf. auch die Ermittlung der *Universalhärte* $HU = F/A(h) = F/(26{,}43 \cdot h^2)$ nach DIN 50359, die in Anlehnung an die Härteprüfung nach Vickers für Metalle ermittelt wird. Allerdings wird die Verformung A(h) unter der Last F (z. B. 1 N; 2,5 N; 10 N; 25 N; 100 N) ermittelt. Man unterscheidet einen *Makrobereich* mit größeren Belastungen F ($2\,N \leq F \leq 1000\,N$) und einem *Mikrobereich* mit sehr kleinen Belastungen F ($2\,N > F$ und $h > 0{,}0002$ mm). Dieses Universalhärteprüfverfahren ermöglicht ggf. einen Vergleich der an Metallen, Kunststoffen und Elastomeren ermittelten Härten.

Bild 21.21 zeigt Anwendungsbereiche für verschiedene Kunststoffhärteprüfverfahren.

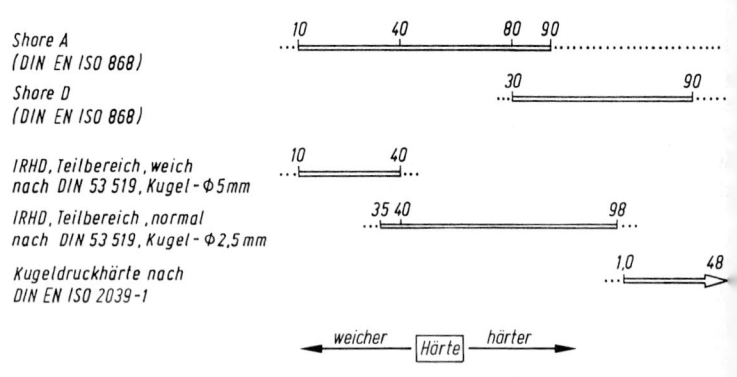

Bild 21.21 Anwendungsbereiche verschiedener Härteprüfverfahren

21.5.1 Härteprüfung durch Kugeleindruckversuch

Norm:

DIN EN ISO 2039   Kunststoffe – Bestimmung der Härte
T1: Kugeleindruckversuch
T2: Rockwellhärte

Kennwert

H   **Kugeldruckhärte**

Die Kugeldruckhärte H kann praktisch an allen Kunststoffen ermittelt werden, soweit diese nicht zu weich oder zu hochelastisch sind. Die Kugeldruckhärte ist im Datenkatalog für Einpunkt-Kennwerte DIN EN ISO 10350 und in den CAMPUS-Dateien nicht aufgeführt.

Probekörper werden hergestellt durch Spritzgießen oder Pressen (DIN EN ISO 294, DIN EN ISO 295, ISO 293) unter festgelegten Bedingungen (siehe Tabelle 20.2) oder spanend durch Aussägen oder Fräsen aus Halbzeugen oder Formteilen (DIN EN ISO 2818), Mindestdicke 4 mm. Prüf- und Auflagefläche sollen eben, glatt und planparallel sein und so groß, daß Randbeeinflussungen nicht auftreten, z. B. 50 mm × 50 mm. Probekörper und Formteile sind vor der Prüfung mindestens 16 h im Normalklima 23/50 DIN EN ISO 291 oder nach Vereinbarung zu lagern.

Prüfung erfolgt auf Härteprüfgerät für Kunststoffe mit den Prüfkräften F_m in vier Stufen mit 49 N, 132 N, 358 N und 961 N mit einer Vorkraft F_0 = 9,8 N. Der Durchmesser der Prüfkugel beträgt 5 mm. Die Prüfung wird durchgeführt bei Normalklima 23/50 DIN EN ISO 291 oder nach Vereinbarung. Die Aufbiegung h_2 des Prüfgeräts wird nach Norm ermittelt oder ist den Herstellerunterlagen zu entnehmen. Probekörper satt auf die Unterlage auflegen, Prüffläche senkrecht zur Prüfrichtung; empfohlener Durchmesser des Auflagetischs (9 ± 1) mm. Vorkraft F_0 stoßfrei aufbringen und Meßuhr auf „Null" stellen. Prüfkraft F_m so aus den 4 Prüfkräften wählen, daß die *Eindringtiefe* h_1 zwischen 0,15 mm und 0,35 mm beträgt. Die Eindringtiefe h_1 (Bild 21.22) wird 30 Sekunden nach dem Aufbringen der Prüflast F_m abgelesen. Es werden zehn Versuche an einem oder an mehreren Probekörpern durchgeführt.

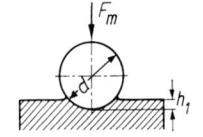

Bild 21.22 Kugeleindruckverfahren nach DIN ISO 2039 T1

21 Mechanische Prüfungen

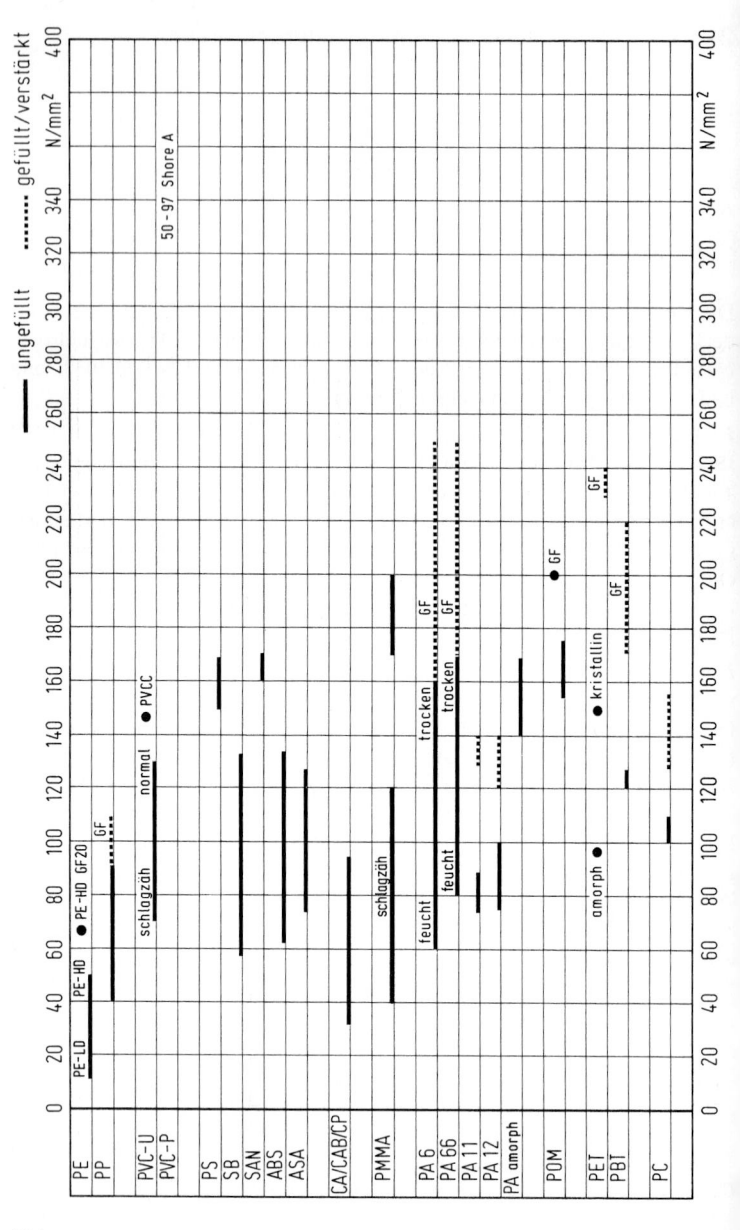

——— ungefüllt   ········ gefüllt/verstärkt   N/mm²

Kunststoff	Bereich
PE-LD	~10
PE	PE-HD ~40; PE-HD ●~70; PE-HD GF20 ····~100
PP	~40–60, schlagzäh; normal ~100–140; ● PVCC ~150
PVC-U	
PVC-P	50–97 Shore A
PS	~145–165
SB	~60–130
SAN	~135–160
ABS	~65–135
ASA	~80–125
CA/CAB/CP	~30–120
PMMA	schlagzäh ~40–120; ~170–200
PA 6	feucht ~55–105; trocken ~135–165; GF ···· ~180
PA 66	feucht ~70–105; trocken ~140–165; GF ···· ~190
PA 11	~75–100; ···· ~125–145
PA 12	~75–100
PA amorph	~135–170
POM	~150–180; ● GF ~200
PET	amorph ● ~85; ● kristallin ~150; GF ···· ~180–240
PBT	~120; GF ···· ~140–225
PC	~100; ···· ~135–165

21.5 Härteprüfung

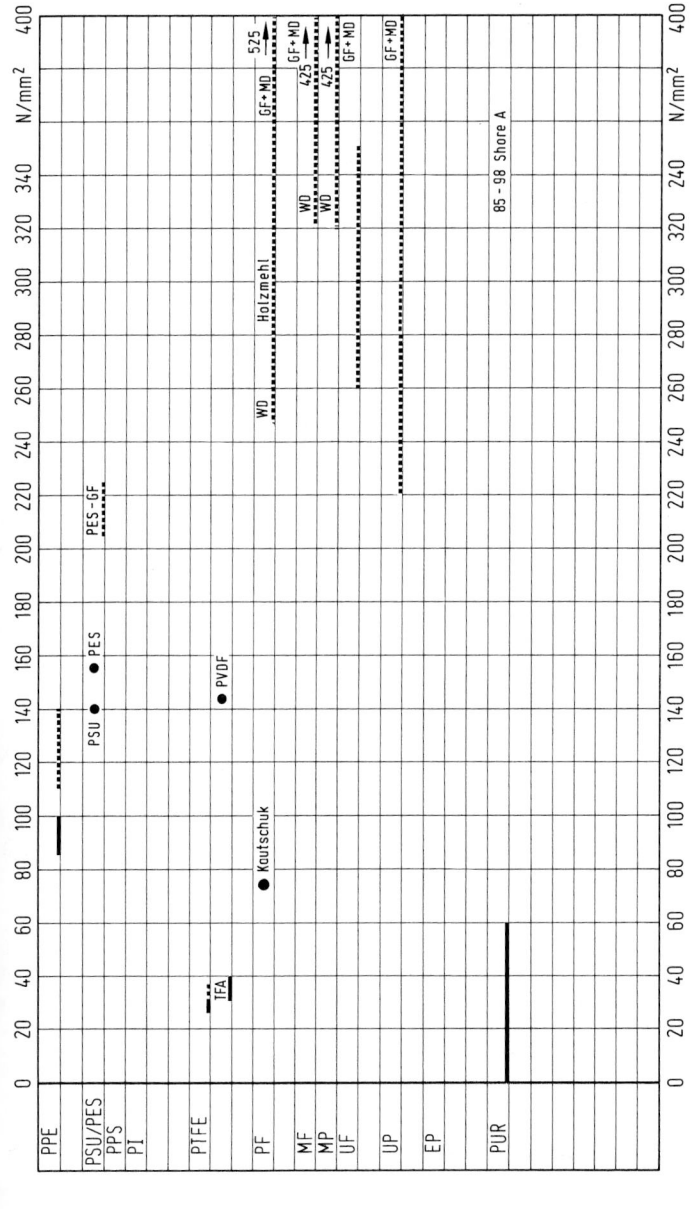

Kugeldruckhärte H… bei 23 °C

Auswertung erfolgt durch Entnahme der Härtewerte aus der Tabelle von DIN ISO 2039-1 oder durch Ausrechnung nach untenstehender Formel, dabei ist die Aufbiegung des Härteprüfgeräts h_2 zu berücksichtigen:

$$\text{Kugeldruckhärte } H = \frac{1}{5\pi} \cdot \frac{F_r}{h_r} = \frac{1}{5\pi} \cdot \frac{F_m}{h_r} \cdot \frac{0{,}21}{(h - h_r) + 0{,}21}$$

dabei bedeuten:

F_m Prüfkraft in N
$h_r = 0{,}25$ mm reduzierte Eindringtiefe
h_1 abgelesene Eindringtiefe in mm
h_2 Aufbiegung des Härteprüfgeräts unter der Prüfkraft F_m in mm
$h = h_1 - h_2$ Eindringtiefe unter Berücksichtigung der Aufbiegung des Härteprüfgeräts in mm
$d = 5$ mm Kugeldurchmesser in mm
F_r reduzierte Prüfkraft in N $F_r = F_m \cdot \dfrac{0{,}21}{(h - h_r) + 0{,}21}$

Die reduzierte Prüfkraft F_r wurde eingeführt, um bei unterschiedlichen Prüfkräften F_m trotz unterschiedlicher Flächenpressung zu vergleichbaren Härtewerten zu kommen.

Kennwert: Härtewert H in N/mm² (MPa*)*

Den errechneten oder aus der Tabelle DIN EN ISO 2039-1 entnommenen Härtewerten H kann die Prüfkraft F_m angehängt werden, z. B. H358 = 150 N/mm, was in DIN 53456 vorgeschrieben war, in DIN EN ISO 2039-1 allerdings nicht mehr vorgesehen ist. Im Versuchsbericht ist aber die Prüfkraft F_m, neben den anderen Prüfbedingungen auf jeden Fall anzugeben.

Anmerkung: Wenn die Dicke des Probekörpers weniger als 4 mm beträgt, muß dies im Prüfbericht angegeben werden, wegen evtl. Einflusses des Auflagetisches. Unebenheiten am Formteil oder Probekörper, z. B. Einfallstellen oder Wölbungen können zu niedrige Härtewerte ergeben, daher ist der Durchmesser des Auflagetisches möglichst klein zu wählen und auf sattes Aufliegen an der Meßstelle zu achten.

21.5.2 Härteprüfung nach Rockwell

Norm:

DIN EN ISO 2039-2 Kunststoffe – Bestimmung der Härte
T2: Rockwellhärte

Kennwerte

(HR)	Rockwellhärte

21.5 Härteprüfung

Diese Härteprüfung erfolgt in Anlehnung an die Rockwellhärteprüfung für Metalle, d. h. es wird nach dem Entlasten gemessen; die Kennwerte sind daher *nicht* mit den Kugeldruckhärten H (Kap. 21.5.1) zu vergleichen.

Probekörper werden hergestellt und vorbehandelt wie für Kugeleindruckversuch und müssen eine Mindestdicke von 6 mm aufweisen und planparallel sein.

Prüfung und Auswertung erfolgt auf speziellem Prüfgerät mit einer Stahlkugel als Eindringkörper; Prüfbedingungen können Tabelle 21.6 entnommen werden.

Tab. 21.6   Prüfbedingungen für die Rockwellhärteprüfung

Rockwell Härteskala	Vorlast N	Prüflast N	Durchmesser des Eindringkörpers mm
R	98,07	588,4	12,7 ± 0,015
L	98,07	588,4	6,35 ± 0,015
M	98,07	980,7	6,35 ± 0,015
E	98,07	980,7	3,175 ± 0,015

Nach Aufbringen der Vorlast wird die Prüflast innerhalb von 10 Sekunden aufgebracht und nach 15_0^{+1} Sekunden wieder zurückgenommen. Die Tastmeßuhr ist 15 Sekunden nach Wegnahme der Prüflast abzulesen. Es sind mindestens 5 Messungen notwendig. Die Rockwellhärte kann direkt an der Tastmeßuhr des Prüfgeräts abgelesen werden.

Kennwerte

Beispiele: Rockwellhärte R65 oder L70

Die Rockwellhärten sollen zwischen 50 und 100 liegen, andernfalls sind andere Prüfverfahren, z. B. Shore-Härteprüfung einzusetzen.

Anmerkung: Es besteht kein Zusammenhang mit der Kugeldruckhärte. Es kann aber auch auf dem Rockwellprüfgerät die Härte aus der Eindringtiefe unter Last bestimmt werden; diese Härte wird als *Rockwellhärte* Rα bezeichnet, kann aber nur für die Skala R ermittelt werden. IN DIN EN ISO 2039-2 ist ein Diagramm enthalten, das den Zusammenhang zwischen Rα und Kugeldruckhärte H aufzeigt; ebenfalls ist eine Formel angegeben, aus der Rα bzw. H errechnet werden können.

21.5.3 Härteprüfung nach Shore

Normen:

DIN EN ISO 868	Kunststoffe und Hartgummi – Bestimmung der Härte mit einem Durometer (Shore-Härte)
ISO 48	Rubber, vulkanized or thermoplastic – Determination of hardness (hardness between 10 IRHD and 100 IRHD)
ISO 7619	Rubber – Determination of indentation hardness by means of pocket hardness meters

Kennwerte

A/.. (Shore-A-Härte)
D/.. (Shore-D-Härte)

Dieses Härteprüfverfahren wurde für Gummi und Kautschuk (Elastomere) entwickelt. *Shore A* kann jedoch auch angewandt werden für weiche oder weichgemachte Kunststoffe, z. B. PVC-P (Weich-PVC), die nicht mehr im Kugeleindruckversuch DIN EN ISO 2039-1 (siehe Kap. 21.5.1) geprüft werden können. *Shore D* kann auch für härtere Kunststoffe eingesetzt werden. Die Shore-Härten lassen sich mit einfachen Meßgeräten ermitteln, ergeben aber keine allzu große Genauigkeit.

Probekörper bei weicheren Werkstoffen mindestens 6 mm dick, bei härteren genügen 3 mm. Bei zu geringer Dicke Unterlagen aus gleichem Werkstoff verwenden. Auflagefläche und Probenoberfläche mit mindestens 35 mm Durchmesser müssen eben und planparallel sein. Proben vor Prüfung bei Normalklima 23/50 DIN EN ISO 291 oder nach Vereinbarung lagern.

Prüfung erfolgt mit Shore-A- bzw. Shore-D-Härteprüfgeräten, die entweder von Hand oder besser mit Hilfe einer geeigneten Vorrichtung planparallel auf die Prüfkörper aufgesetzt werden. Ein Schleppzeiger zur Anzeige der Höchstwerte ist vorteilhaft. Bild 21.23 zeigt die Eindringkörper für Shore A und Shore D. In einer Vorrichtung wird das Prüfgerät mit einem Gewicht von 1 kg bei Shore A bzw. 5 kg bei Shore D belastet. Ablesen der Shorehärte nach 15 s (DIN EN ISO 868) nach Anliegen der Probekörperoberfläche an der Auflagefläche des Shorehärteprüfgeräts (nach der alten DIN 53505 waren es nur 3 s).

Auswertung: Shorehärten werden in ganzzahligen Härteeinheiten direkt am Shore-Härteprüfgerät abgelesen.

Angabe nach DIN EN ISO 868: A/15:45 (A: Shore-A-Prüfung; 15: Ablesezeit in s; 45: Shore-A-Härtewert)

(Angabe nach DIN 53505 (alt): 75 Shore A oder 92 Shore D)

21.5 Härteprüfung

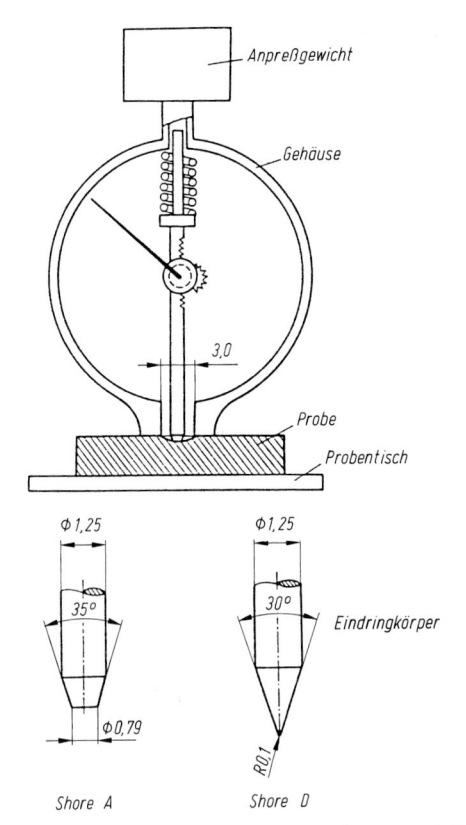

Bild 21.23 Eindringkörper der Shore-Härteprüfgeräte nach DIN EN ISO 868

Besonders wichtig sind Angaben über die Oberfläche der Probekörper bzw. Formteile, wenn diese gekrümmt sind, ebenso über die Dicke, wenn die Mindestabmessungen unterschritten sind.

Anmerkungen
Diese einfachen Härteprüfverfahren dürfen nicht darüber hinweg täuschen, daß sie verhältnismäßig ungenau sind. Abweichungen von 2 bis 3 Shorehärteeinheiten sind möglich. Aus der Shorehärte kann die Kugeldruckhärte nicht errechnet werden. Für Vergleichsmessungen sind die Verfahren geeignet. Die Prüfzeit von 15 s ist genau einzuhalten. Falls erforderlich, kann auch der zeitliche Härteverlauf vom Aufsetzen des Prüfgeräts (≤ 1 s) bis 15 s aufgenommen werden.

21.6 Schlagversuche

Bei stoß- und schlagartiger Beanspruchung sollen Formteile nicht spröde versagen. Man kann unterscheiden zwischen „spröden" und „zähen" Kunststoffen. Außer den Eigenschaften der Kunststoffe selbst, spielen dabei noch die *Gestaltung des Formteils*, die *Verarbeitungsbedingungen* bei der Herstellung, die *Beanspruchungsgeschwindigkeit* sowie die *Prüftemperatur* eine wesentliche Rolle. So können z. B. Spannungsspitzen durch Kerben oder nicht einwandfreie Verarbeitung zu Sprödbrüchen führen, selbst wenn das Formteil aus einem „schlagzähen" Kunststoff hergestellt wurde. An Normprobekörpern ermittelte (Schlag-)Zähigkeiten können deshalb nicht ohne weiteres auf Formteile mit beliebiger Gestalt übertragen werden. Bei Normklima ermittelte Schlagzähigkeiten ergeben „Einpunktwerte", die für das Gesamtverhalten des Kunststoffs nicht repräsentativ sind. Es sind deshalb immer temperaturabhängige Versuche notwendig, weil die Neigung eines Kunststoffs zum Sprödbruch dadurch erst erkannt werden kann. So werden für die CAMPUS-Dateien die Schlag- und Kerbschlagzähigkeiten bei 23 °C und –30 °C ermittelt; noch besser ist aber die Aufnahme über einen größeren Temperaturbereich a = f(T) zur Ermittlung des Zäh-spröd-Übergangs (Bild 21.24). Bei der Prüfung werden vorzugsweise die einfach durchzuführenden Schlagbiege- und Kerbschlagbiegeversuche eingesetzt, bei sehr zähen Kunststoffen jedoch auch Schlagzugversuche.

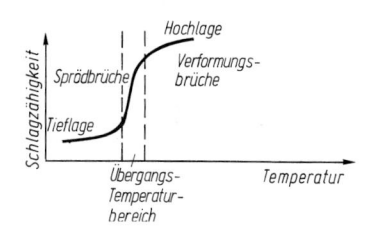

Bild 21.24 Zäh-spröd-Übergang bei Kunststoffen

Schlagversuche werden sowohl nach *Charpy* als auch nach *Izod* durchgeführt (Bild 21.25). Nach dem Datenkatalog DIN EN ISO 10350 (gültig auch für die CAMPUS-Dateien) wird nur noch die Charpyprüfung DIN EN ISO 179 durchgeführt. Sind in Formmassenormen noch Izod-Schlagzähigkeiten aufgeführt, werden diese bei der Neubearbeitung durch Charpy-Schlagzähigkeiten ersetzt.

Es ist zu beachten, daß Kennwerte aus Charpy- und Izod-Versuchen nicht miteinander verglichen werden können, da nicht unter gleichen Bedingungen geprüft wird.

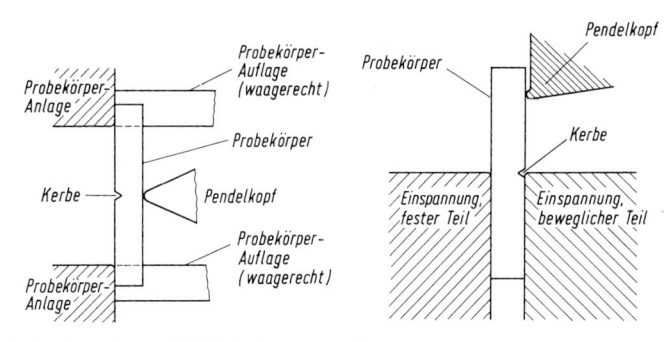

Bild 21.25 Prüfanordnung bei Schlagbiegeversuchen
links: nach Charpy   rechts: nach Izod

Wichtig ist bei allen nachstehend beschriebenen Schlagbiegeversuchen die Begutachtung der *Versagensarten*, die wie nachstehend gekennzeichnet werden:

- C Vollständiger Bruch (complete break), einschließlich Scharnierbruch
- H Scharnierbruch (hinge break)
- P teilweiser Bruch (partial break), aber kein Scharnierbruch
- NB kein Bruch des Probekörpers (non-break), z. B. durchgezogen.

Anmerkungen
Die aus Schlagversuchen gewonnenen Kennwerte sind keine Berechnungskennwerte. Sie haben keine direkte Beziehung zu anderen Werkstoffkennwerten; man kann sie nicht auf beliebige Formteile übertragen, kann aber Kunststoffe bezüglich ihrer unterschiedlichen Schlag- und Kerbschlagempfindlichkeit voneinander unterscheiden. Außerdem sind Schlagversuche geeignet, in der Produktionskontrolle die gleichmäßigen Verarbeitungsbedingungen zu überwachen.

Bei den Schlagprüfungen nach den alten DIN-Normen wurden kleinere Probekörper Normkleinstäbe 50 mm × 6 mm × 4 mm eingesetzt, außerdem war neben der (nicht exakt definierten) U-Kerbe auch noch eine Lochkerbe mit einem Lochdurchmesser von 3 mm vorgesehen.

Dynstatprüfung
Die Schlagbiegeprüfung mit sehr kleinen Probekörpern im *Dynstatgerät* ist in DIN 53435 getrennt behandelt. Aufgrund jahrelanger Erfahrung bei der Prüfung und Überwachung duroplastischer Formmassen hat die Dynstatprüfung noch Bedeutung. Es werden Probekörper mit der Länge l = (15 ± 1) mm, Breite b = (10 ± 0,5) mm und Dicke h = 1,2 mm bis

4,5 mm verwendet; die U-Kerbe hat eine Breite von $(0,8 \pm 0,1)$ mm und eine Restbreite an der Kerbe $h_k \approx 2/3 \cdot h$.

Das Ergebnis beim Dynstat-Schlagbiegeversuch wird angegeben. Schlagbiegeversuch DIN 53435 – DS – K, dabei bedeuten DS Dynstat-Prüfkörper für Schlagbiegeversuch und K mit U-Kerbe.

21.6.1 Schlagbiegeversuche nach Charpy

Die Prüfung erfolgt unter Dreipunktbiegung. Die Schlaggeschwindigkeit hängt von der Pendellänge des verwendeten Pendelschlagwerks ab.

21.6.1.1 Schlagbiegeversuche nach DIN EN ISO 179

Norm:

DIN EN ISO 179 Kunststoffe – Bestimmung der Charpy-Schlageigenschaften
T1: Nicht instrumentierte Schlagzähigkeitsprüfung
T2: Instrumentierte Schlagzähigkeitsprüfung
(siehe Kap. 21.6.1.2)

Kennwerte für Schlagversuche nach Charpy DIN EN ISO 179-1:

a_{cU} **Charpy-Schlagzähigkeit** von ungekerbten Probekörpern
a_{cN} **Charpy-Kerb-Schlagzähigkeit** von gekerbten Probekörpern

Anmerkung: N = A, B oder C, entspricht der Kerbform A, B oder C, vgl. Bild 21.26d. Ferner muß noch angegeben werden, ob der Schlag *schmalseitig* e (edgewise) oder *breitseitig* f (flatwise) durchgeführt wurde. Bei geschichteten (anisotropen) Kunststoffen wird n (normal, senkrecht) oder p (parallel) zur Schichtung geprüft (Bild 21.27). Die Kerbform A ist die übliche Kerbform, die Kerbform C soll die U-Kerbe nach DIN 53453 ersetzen. Um die Kerbempfindlichkeit eines Kunststoffs zu erkennen, können Probekörper mit allen drei Kerbformen A, B und C geprüft werden. In den CAMPUS-Dateien werden die Schlag- und Kerbschlagzähigkeiten für +23 °C und –30 °C angegeben.

Probekörper werden hergestellt durch Spritzgießen oder Pressen (DIN EN ISO 294, DIN EN ISO 295, ISO 293) unter festgelegten Bedingungen (siehe Tabelle 20.2) oder spanend durch Aussägen oder Fräsen aus Halbzeugen oder Formteilen (DIN EN ISO 2818). Es können auch Abschnitte von dem Vielzweckprobekörper DIN EN ISO 3167 verwendet werden. Probekörperabmessungen Tabelle 21.7; Kerbformen siehe Bild 21.26d. Die Kerben werden i. a. nachträglich spanend angebracht; spritzgegossene Kerben sind zulässig, ergeben aber andere Ergebnisse. Vorzugskerbform ist die Kerbe A. Für die Probekörperabmessungen gilt $h \leq b < l$.

21.6 Schlagversuche

Tab. 21.7 Probekörperabmessungen nach DIN EN ISO 179

Probekörper Typ	Länge l in mm	Breite b in mm	Dicke h in mm	Stützweite L in mm
1	80 ± 2	10,0 ± 0,2	4,0 ± 0,2	62 + 0,5
2	25 · h	10 oder 15	3	20 · h
3	(11 oder 13) · h	10 oder 15	3	(6 oder 8) · h

a) schmalseitiger Schlag e

breitseitiger Schlag f

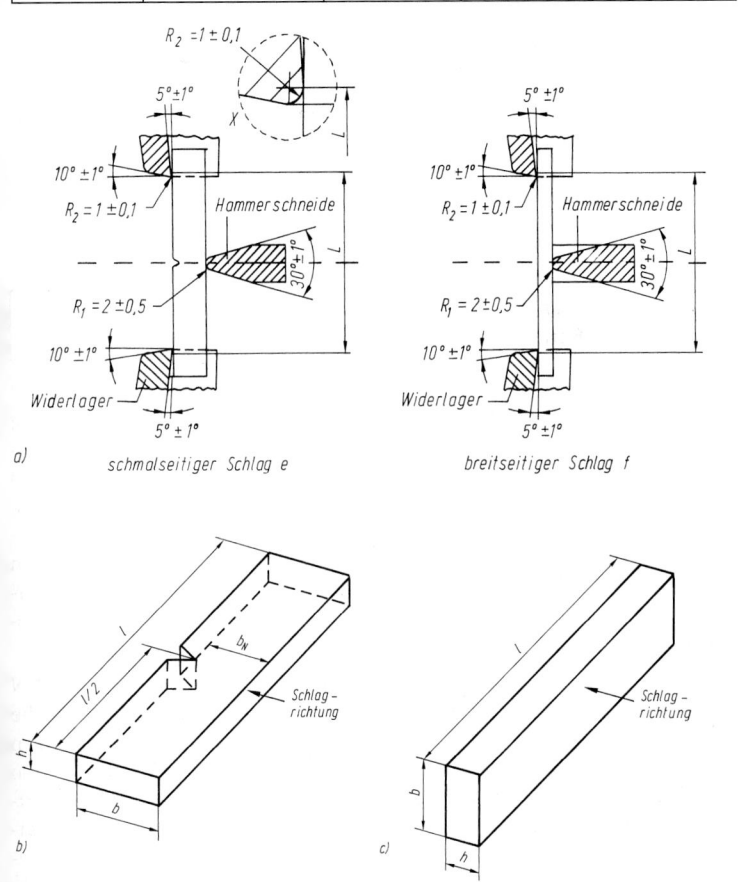

Bild 21.26 Text siehe nächste Seite

21 Mechanische Prüfungen

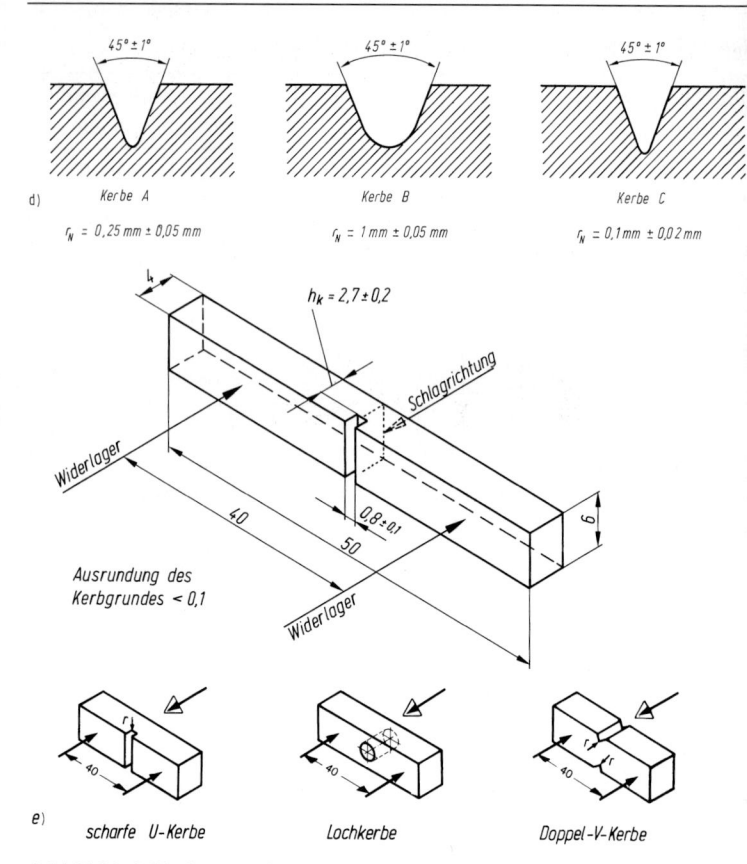

d) Kerbe A — $r_N = 0{,}25\,mm \pm 0{,}05\,mm$
Kerbe B — $r_N = 1\,mm \pm 0{,}05\,mm$
Kerbe C — $r_N = 0{,}1\,mm \pm 0{,}02\,mm$

e) scharfe U-Kerbe, Lochkerbe, Doppel-V-Kerbe

Bild 21.26 Schlagbiegeprüfung nach Charpy DIN EN ISO 179
  a) Prüfanordnung
  b) schmalseitiger Schlag e (edgewise), gekerbt
  c) breitseitiger Schlag f (flatwise), ungekerbt
  d) Kerbformen A, B und C
  e) Kerbformen bei der Charpy-Prüfung nach DIN 53453 und DIN 53753 (alt)

Der Probekörper 1 wird für Kunststoffe eingesetzt, die *ohne* interlaminare Schubbrüche brechen. Probekörper 2 und 3 für Kunststoffe, die *mit* interlaminaren Schubbrüchen versagen, wie z. B. langglasfaserverstärkte Kunststoffe oder geschichtete Kunststoffe (Laminate). Die Prüfung erfolgt meist normal (n), d. h. senkrecht zur Schichtung, kann aber auch parallel (p) erfol-

21.6 Schlagversuche

gen (Bild 21.27). Um die Auswirkung von *Oberflächeneffekten*, wie z. B. Alterungseffekte usw. feststellen zu können, können Probekörper mit Doppel-V-Kerbe verwendet werden, weil hier die Oberfläche mitgeprüft wird (Bild 21.28). Die Abmessungen werden auf 0,02 mm genau gemessen. Geprüft werden mindestens 10 Probekörper; wenn der Variationskoeffizient unter v = 5 % liegt genügen 5 Probekörper. Die Probekörper werden nach Formmassenorm oder Vereinbarungen konditioniert; bei Nichtvorliegen von Vereinbarungen erfolgt die Konditionierung im Normalklima 23/50 DIN EN ISO 291.

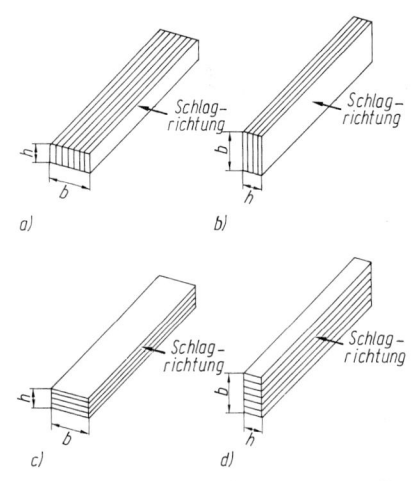

Bild 21.27 Prüfanordnung für geschichtete Kunststoffe nach DIN EN ISO 179
  a) schmalseitig (e) und senkrecht (n) zur Schichtung (en)
  b) breitseitig (f) und senkrecht (n) zur Schichtung (fn)
  c) schmalseitig (e) und parallel (p) zur Schichtung (ep)
  d) breitseitig (f) und parallel (p) zur Schichtung (fp)

Prüfung erfolgt auf geeigneten Pendelschlagwerken mit Arbeitsinhalten von 0,5 J; 1,0 J; 2,0 J; 4,0 J; 5,0 J; 7,5 J; 15 J; 25 J und 50 J. Es ist dafür zu sorgen, daß mindestens 10 % und höchstens 80 % des Arbeitsvermögens verbraucht werden. Die Schlaggeschwindigkeit beträgt bei Arbeitsinhalten bis 5 J v = 2,9 m/s, bei größeren v = 3,8 m/s. Bei Temperaturprüfungen sind *Temperierkammern* vorteilhaft. Meist wird bei +23 °C und –30 °C geprüft.

Auswertung und Berechnung der Schlagzähigkeiten erfolgt aus den verbrauchten Schlagarbeiten und den Abmessungen der Probekörper am beanspruchten Querschnitt, ggf. automatisch mit entsprechenden Auswerteprogrammen.

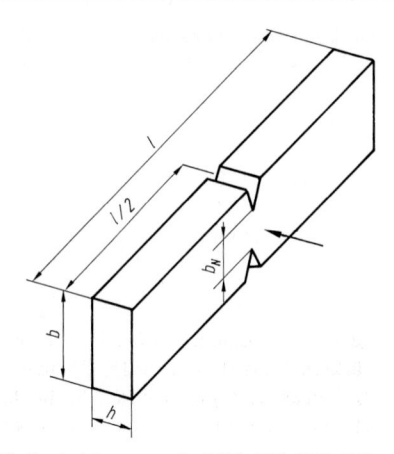

Bild 21.28 Probekörper nach DIN EN ISO 179 mit Doppel-V-Einkerbung für breitseitigen Schlag (f)
l = 80 mm; b = 10 mm; h = 4 mm; b_N = 6 mm; Kerbformen A, B oder C nach Bild 21.26d.

Kennwerte in kJ/m

Für DIN EN ISO 179-Prüfungen gilt $a_{cU} = \dfrac{W}{h \cdot b} \cdot 10^3$ bzw. $a_{cN} = \dfrac{W}{h \cdot b_N} \cdot 10^3$

Es bedeuten

a_{cU}	Charpy-Schlagzähigkeit ungekerbt in kJ/m²
a_{cN}	Charpy-Kerb-Schlagzähigkeit in kJ/m²
W	korrigierte, verbrauchte Schlagarbeit in J
h	Dicke des Probekörpers in mm
b	Breite des Probekörpers in mm
b_N	Restbreite des Probekörpers im Kerbgrund in mm (8,0 ± 0,2)
N	Kerbformen A, B oder C (Bild 21.26)

Im Prüfbericht ist neben den Prüfbedingungen und der Bruchart (C, H, P oder NB) anzugeben, wie der Versuch durchgeführt wurde, z. B.

Charpy-Kerbschlagversuch DIN EN ISO 179/1eA, dabei bedeutet 1 die Probekörperform 1 (Tabelle 21.7), e den schmalseitigen (edgewise) Schlag und A die Kerbform (Bild 21.26).

Zusammenstellung der Prüfmöglichkeiten, bzw. Ergebnisse:

Ungekerbte Proben: DIN EN ISO 179/1eU a_{cU}

Gekerbte Proben: DIN EN ISO 179/1eA a_{cA}
                                    DIN EN ISO 179/1eB a_{cB} $b_N = 8$ mm
                                    DIN EN ISO 179/1eC a_{cC}

Proben mit Doppel-V-Kerbe: DIN EN ISO 179/1fA ⎫
  DIN EN ISO 179/1fB ⎬ $b_N = 6$ mm
  DIN EN ISO 179/1fC ⎭

Anmerkungen

Werte, die bei vollständigem Bruch C und Scharnierbruch H ermittelt werden, können für einen gemeinsamen Mittelwert herangezogen werden ohne zusätzliche Bemerkung. Wenn bei teilweisem Bruch P ein Wert verlangt wird, wird dieser mit dem Buchstaben P gekennzeichnet. Nichtgebrochene Proben NB können nicht ausgewertet werden. Wenn innerhalb einer Versuchsreihe Probekörper sowohl nach P als auch nach C oder H versagen, muß der Mittelwert für jede Versagensart angegeben werden. Bei Brüchen an Probekörpern 2 und 3 bei langglasfaserverstärkten Kunststoffen wird noch angegeben, ob Versagen auf der Zugseite (t), Druckseite (c) oder durch Ausbeulen (b) erfolgt bzw. interlaminarer Scherbruch (s) auftritt, siehe auch DIN EN ISO 179.

Für die Ermittlung der Charpy-Kerbschlagzähigkeit an gepreßten Proben 120 mm × 15 mm × 10 mm aus PE-UHMW wird eine spezielle Doppel-V-Kerbe mit einer Rasierklinge mit einem Kerbwinkel von $(14 \pm 2)°$ eingebracht; sie hat eine beidseitige Tiefe von 3 mm, so dass eine Restbreite von 4 mm bestehen bleibt (siehe DIN EN ISO 11542-2).

21.6.1.2 Instrumentierte Schlagzähigkeitsprüfung

Norm:

DIN EN ISO 179-2   Bestimmung der Schlagzähigkeit – Instrumentierte Schlagzähigkeitsprüfung

Kennwerte für instrumentierte Schlagversuche nach Charpy DIN EN ISO 179-2:

F_M	**Maximale Aufschlagkraft**
W	**Schlagarbeit**
W_M	**Energie bis zur maximalen Aufschlagkraft**
W_B	**Schlagarbeit beim Bruch**
s_M	**Durchbiegung bei maximaler Aufschlagkraft**
s_B	**Durchbiegung bei Bruch**

Die Durchführung der Versuche erfolgt wie bei DIN EN ISO 179, jedoch muß das Pendelschlagwerk so ausgerüstet sein, dass Kraft-Durchbiegungs-Diagramme (Bild 21.29) aufgenommen werden können. Es gelten dieselben Versuchsbedingungen wie bei den Schlagversuchen nach Charpy DIN EN ISO 179. Aus den aufgenommenen Kraft-Durchbiegungs-Diagrammen werden, je nach Versagensart, folgende *Kennwerte* (vgl. auch Bild 21.29) ermittelt:

21 Mechanische Prüfungen

F_M Maximale Aufschlagkraft in N
W Schlagarbeit (Ermittelt durch Integration der Fläche unter der Kraft-Durchbiegungskurve) in J
W_M Energie bis zur maximalen Aufschlagkraft in kJ
W_B Schlagarbeit beim Bruch in J
s_M Durchbiegung bei maximaler Aufschlagkraft in mm
s_B Durchbiegung bei Bruch in mm
s_L Durchbiegungsgrenze (beim Beginn des Durchziehens der Probe durch die Auflager)

Es ergeben sich dabei folgende Versagensarten:

- N   Nichtbruch mit plastischer Verformung bis zur Durchbiegungsgrenze s_L
- P   Teilweiser (partieller) Bruch (Kraft bei s_L größer als 5 % von F_M)
- t   Zähbruch (Kraft bei s_L kleiner oder gleich 5 % vom F_M)
- b   Sprödbruch
- s   Splitterbruch

Im Prüfbericht ist neben den Prüfbedingungen und der Bruchart anzugeben, wie der Versuch durchgeführt wurde, z. B. Instrumentierte Charpy-(Kerb-)Schlagzähigkeitsprüfung DIN EN ISO 179-2/1eA, dabei bedeutet 1 die Probekörperform 1 (Tabelle 21.7), e den schmalseitigen (edgewise) Schlag und A die Kerbform (Bild 21.26).

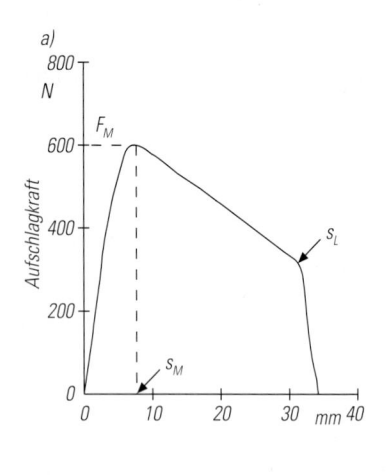

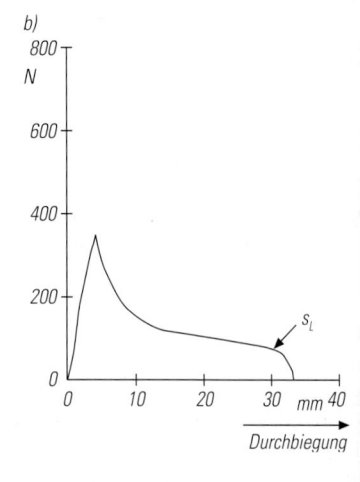

Bild 21.29 Text siehe nächste Seite

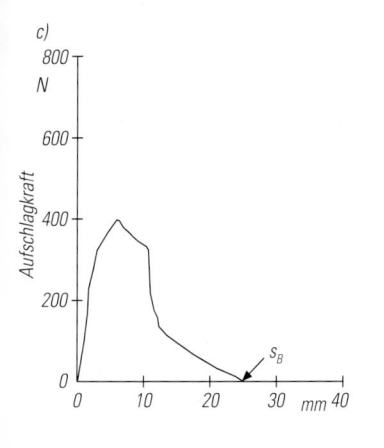

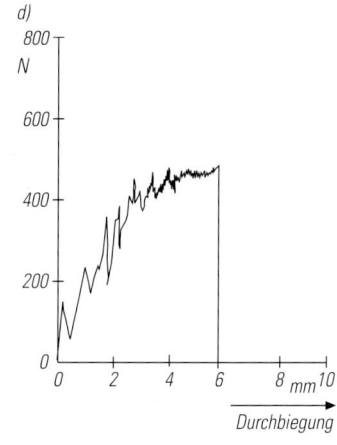

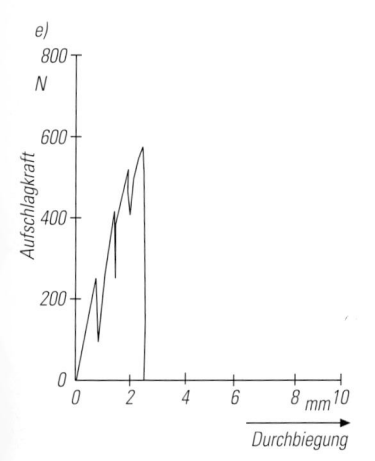

Bild 21.29 Typische Kraft-Durchbiegungs-Diagramme bei der instrumentierten Schlagzähigkeitsprüfung (Beispiele, schematisch)
    a) N: Nichtbruch (Fließen mit anschließender plastischer Verformung bis zur Durchbiegungsgrenze s_L)
    b) P: teilweiser Bruch (Kraft bei s_L ist größer als 5% von F_M)
    c) t: Zähbruch (Kraft bei s_L ist $\leq 5\%$ von F_M)
    d) b: Sprödbruch
    e) s: Splitterbruch
    F_M Maximale Aufschlagkraft
    s_M Durchbiegung bei maximaler Aufschlagkraft
    s_L Durchbiegungsgrenze (beim Beginn des Durchziehens)

21 Mechanische Prüfungen

Charpy-Schlagzähigkeit a_{cU} (DIN EN ISO 179/1eU) bei 23 °C

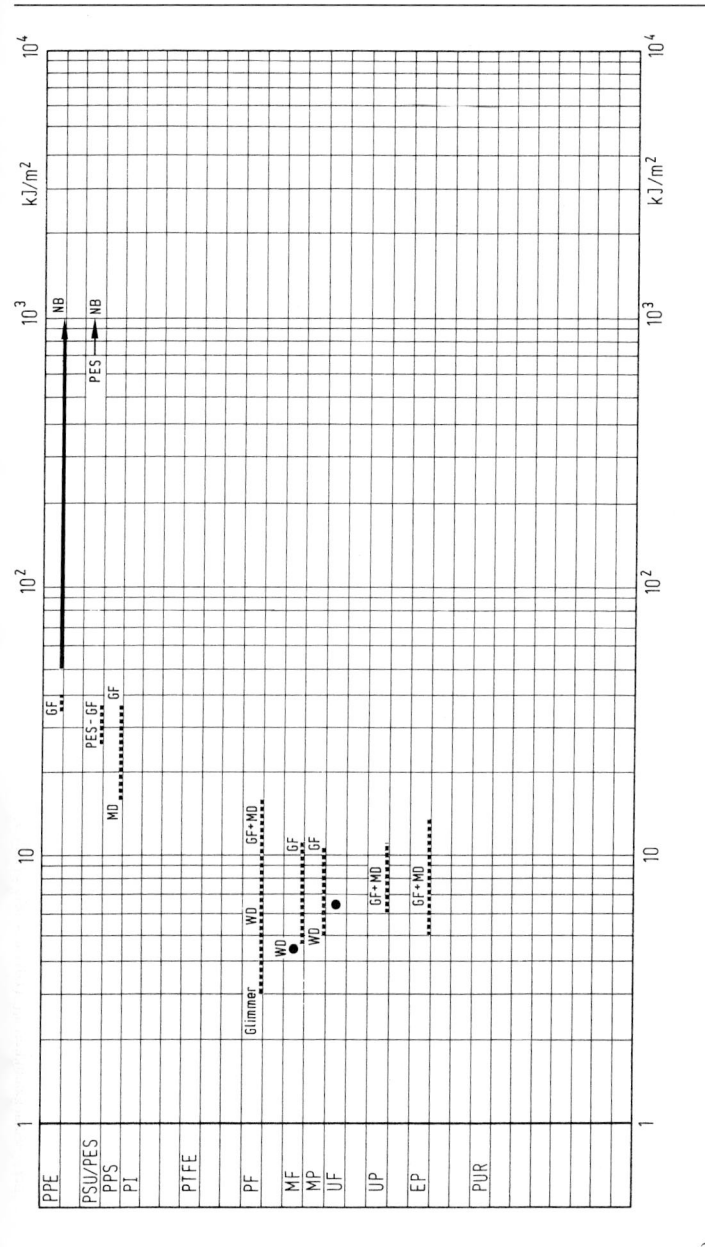

21.6 Schlagversuche

Charpy-Schlagzähigkeit a_{cU} (DIN EN ISO 179/1eU) bei 23 °C

NB: kein Bruch (non-break)   tr: trocken   lf: luftfeucht

21 Mechanische Prüfungen

Charpy-Schlagzähigkeit a_{cU} (DIN EN ISO 179/1eU) bei $-30\,°C$ — ungefüllt ······· gefüllt/verstärkt

	1	10	10^2	10^3 kJ/m²	10^4
PE				PE-LD und PE-HD	
PP					
Hart-PVC					
Weich-PVC					
PS					
SB					SB-HI: NB
SAN					
ABS					ABS-HI: NB
ASA					
CA/CAB/CP					
PMMA					
PA 6		MD / GF tr		tr und lf / NB	
PA 66		GF tr		tr und lf / NB	
PA 11				NB	
PA 12			○ GF 35		
PA amorph					
POM		GB / GF			
PET					
PBT		GF			
PC				ungefüllt / NB	

Charpy-Schlagzähigkeit a_{cU} (DIN EN ISO 179/1eU) bei $-30\,°C$

21.6 Schlagversuche

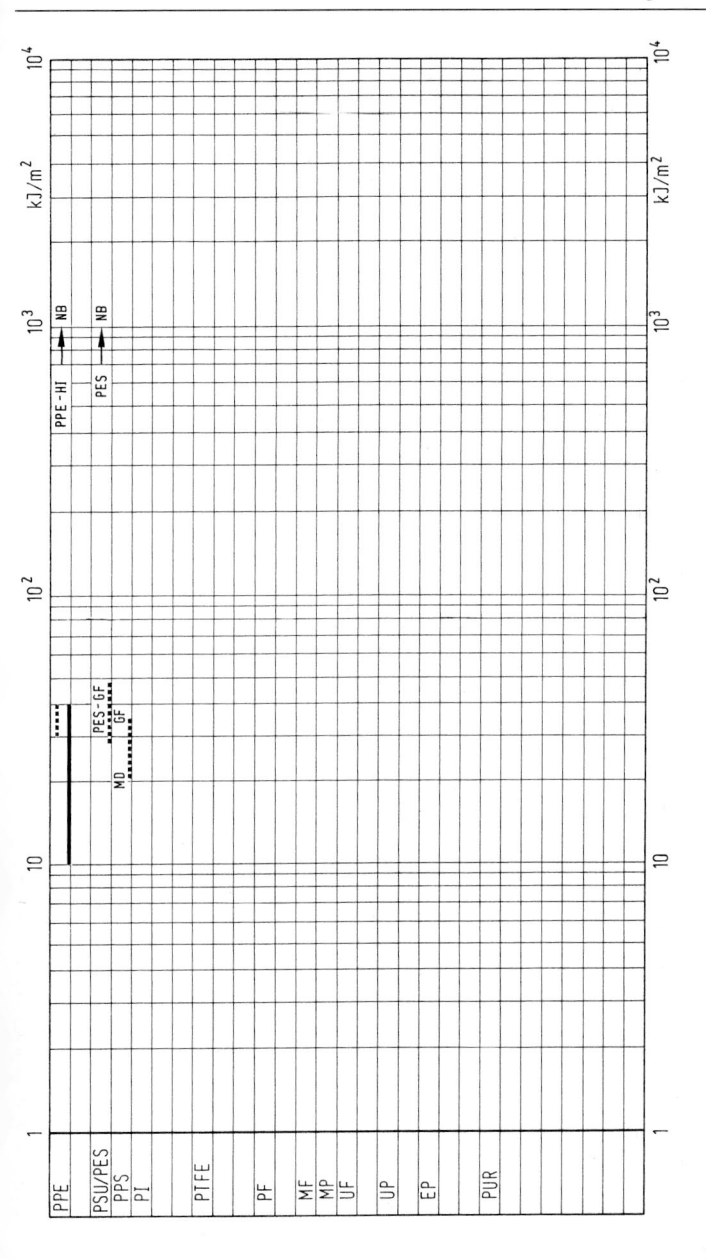

Charpy-Schlagzähigkeit a_{cU} (DIN EN ISO 179/1eU) bei $-30\,°C$

21 Mechanische Prüfungen

Charpy-Kerbschlagzähigkeit a_{cA} (DIN EN ISO 179/1eA) bei 23 °C

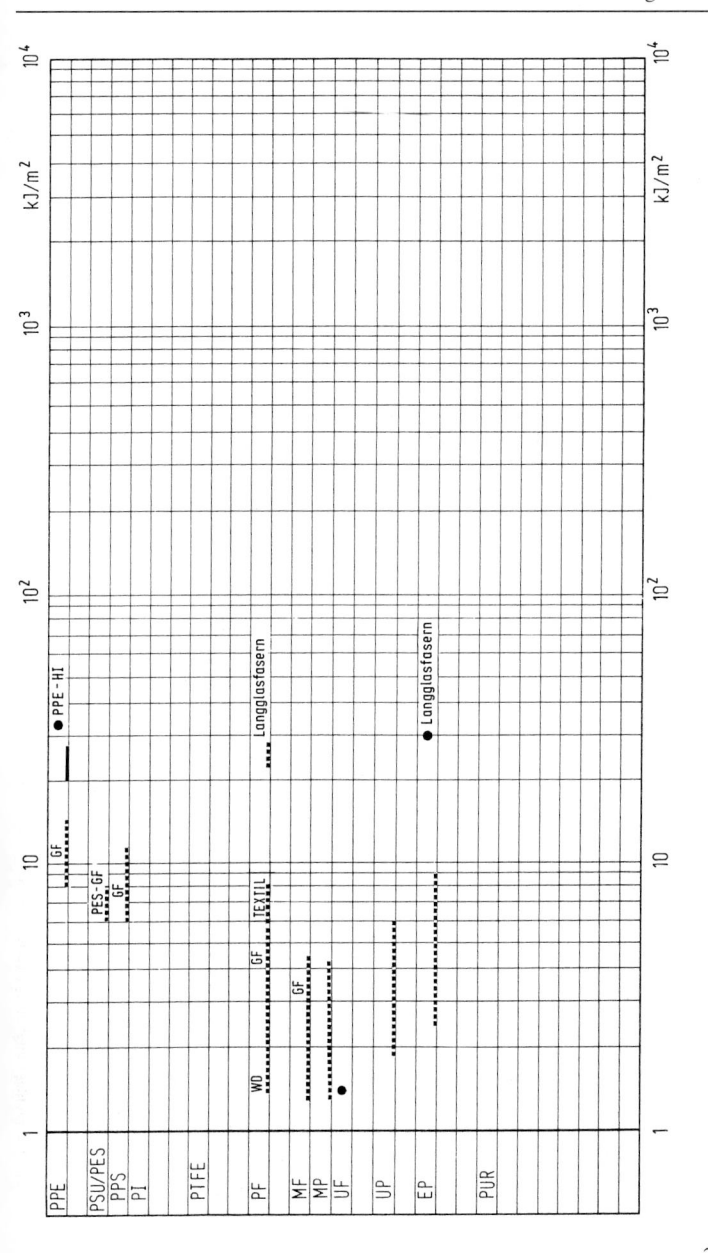

21.6 Schlagversuche

Charpy-Kerbschlagzähigkeit a_{cA} (DIN EN ISO 179/1eA) bei 23 °C

21 Mechanische Prüfungen

── ungefüllt ······· gefüllt/verstärkt

Charpy-Kerbschlagzähigkeit a_{cA} (DIN EN ISO 179/1eA) bei $-30\,°C$

21.6 Schlagversuche

Charpy-Kerbschlagzähigkeit a_{cA} (DIN EN ISO 179/1eA) bei -30 °C

PPE	
PSU/PES	● ○ GF
PPS	
PI	
PTFE	
PF	
MF	
MP	
UF	
UP	
EP	
PUR	

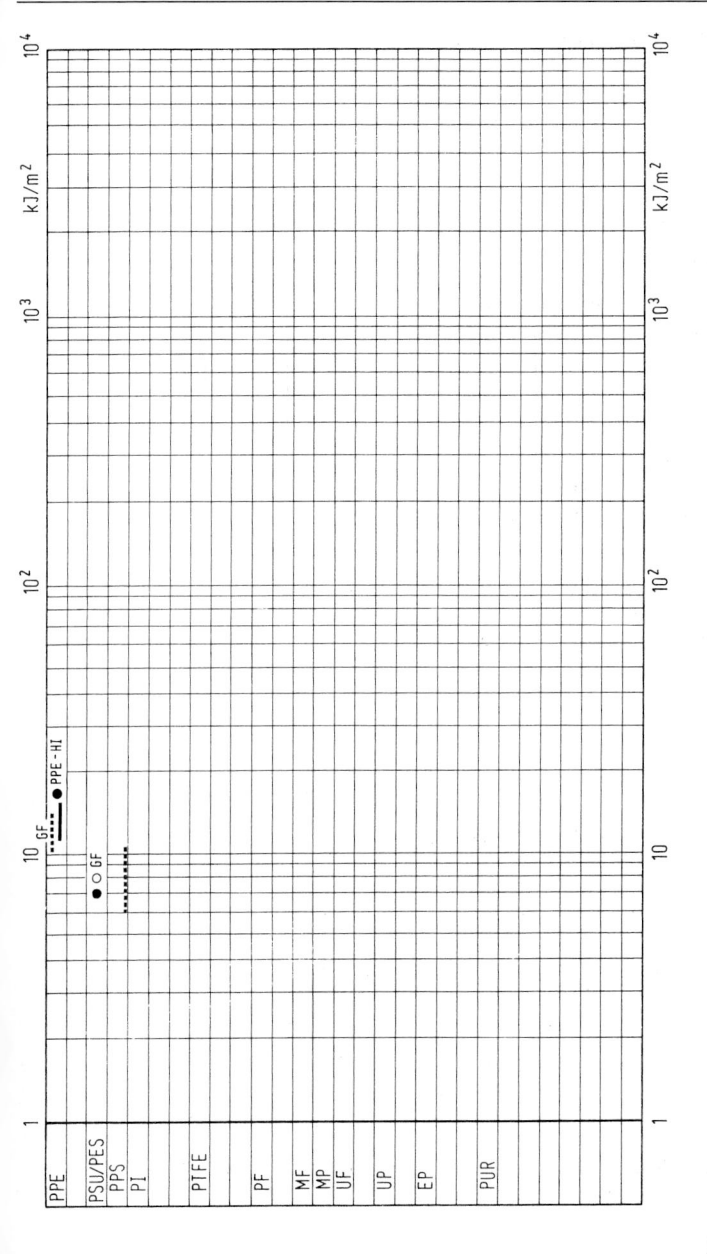

(PPE: GF ―――, ● PPE-HI bei ca. 10 kJ/m²)

21.6.2 Schlagbiegeversuche nach Izod

Die Prüfung erfolgt bei einseitiger Einspannung (Bild 21.30). Die Schlaggeschwindigkeit hängt von der Pendellänge des verwendeten Pendelschlagwerks ab.

Norm:

DIN EN ISO 180   Kunststoffe – Bestimmung der Izod-Schlagzähigkeit

Kennwerte

a_{iU}	**Izod-Schlagzähigkeit ungekerbt**
a_{iN}	**Izod-Schlagzähigkeit gekerbt**
a_{iR}	**Izod-Schlagzähigkeit (reversed notch, „umgekehrte" Kerbe)**

Anmerkung: Die Kerbformen N entsprechen den Kerbformen A und B von DIN EN ISO 179 (siehe Bild 21.26), die „umgekehrte Kerbe" (reversed notch) wird praktisch nicht mehr verwendet; an ihrer Stelle erfolgen Versuche mit ungekerbten Proben. In DIN EN ISO 10350 und in den CAMPUS-Dateien sind Izod-Schlagzähigkeiten nicht mehr enthalten.

Probekörper werden hergestellt durch Spritzgießen oder Pressen (DIN EN ISO 294, DIN EN ISO 295, ISO 293) unter festgelegten Bedingungen (siehe Tabelle 20.2) oder spanend durch Aussägen oder Fräsen aus Halbzeugen

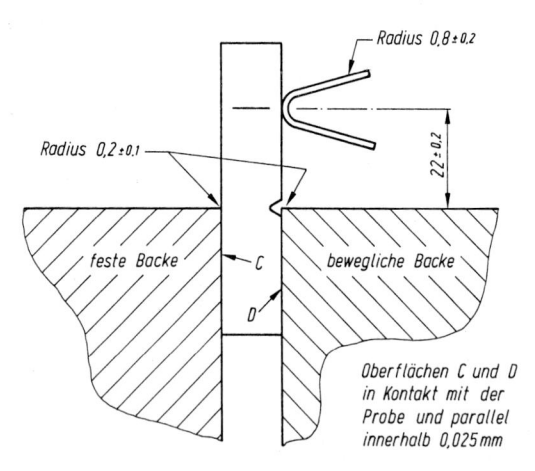

Bild 21.30 Prüfanordnung bei der Schlagbiegeprüfung nach Izod DIN EN ISO 180

21.6 Schlagversuche

oder Formteilen (DIN EN ISO 2818). Es können auch Abschnitte von dem Vielzweckprobekörper DIN EN ISO 3167 verwendet werden. Probekörperabmessungen siehe Tabelle 21.8. Die Kerben werden i. a. nachträglich spanend angebracht; spritzgegossene Kerben sind zulässig, ergeben aber andere Ergebnisse. Verwendung finden die Kerben A und B nach Bild 21.26. Die Prüfung kann normal (n), d. h. senkrecht zur Schichtung, oder auch parallel (p) erfolgen (vgl. Bild 21.27). Die Abmessungen werden auf 0,02 mm genau gemessen. Geprüft werden mindestens 10 Probekörper; wenn der Variationskoeffizient unter v = 5 % liegt genügen 5 Probekörper. Die Probekörper werden nach Formmassenorm oder Vereinbarungen konditioniert; bei Nichtvorliegen von Vereinbarungen erfolgt die Konditionierung im Normalklima 23/50 DIN EN ISO 291.

Tab. 21.8   Probekörperabmessungen nach DIN EN ISO 180

Probekörper Typ	Länge l in mm	Breite b in mm	Dicke h in mm	Restbreite b_N in mm
1	80 ± 2	10,0 ± 0,2	4,0 ± 0,2	8 ± 0,2

Prüfung erfolgt auf geeigneten Pendelschlagwerken mit Arbeitsinhalten von 1,0 J; 2,75 J; 5,5 J; 11 J und 22 J. Es ist dafür zu sorgen, daß mindestens 10 % und höchstens 80 % des Arbeitsvermögens verbraucht werden. Die Schlaggeschwindigkeit beträgt v = 3,5 m/s. Bei Temperaturprüfungen sind *Temperierkammern* vorteilhaft.

Auswertung und Berechnung der Schlagzähigkeiten erfolgt aus den verbrauchten Schlagarbeiten und den Abmessungen der Probekörper am beanspruchten Querschnitt, ggf. automatisch mit entsprechenden Auswerteprogrammen.

Kennwerte in kJ/m²

Es gilt $\quad a_{iU} = \dfrac{W}{h \cdot b} \cdot 10^3 \quad$ bzw. $\quad a_{iN} = \dfrac{W}{h \cdot b_N} \cdot 10^3$

Es bedeuten

a_{iU} Izod-Schlagzähigkeit ungekerbt in kJ/m²
a_{iN} Izod-Kerbschlagzähigkeit in kJ/m²
W   korrigierte, verbrauchte Schlagarbeit in J
h   Dicke des Probekörpers in mm
b   Breite des Probekörpers in mm
b_N Restbreite des Probekörpers im Kerbgrund in mm
N   Kerbformen A oder B (Bild 21.26 d)

Im Prüfbericht ist neben den Prüfbedingungen und der Bruchart (C, H, P oder NB) anzugeben, wie der Versuch durchgeführt wurde, z. B. Izod-Schlagversuch DIN EN ISO 180/1A, dabei bedeutet 1 die Probekörperform 1 (Tabelle 21.8) und A die Kerbform (Bild 21.26 d).

Zusammenstellung der Prüfmöglichkeiten, bzw. Ergebnisse:

Ungekerbte Proben:	ISO 180/1U	a_{iU}
Gekerbte Proben:	ISO 180/1A	a_{iA}
	ISO 179/1B	a_{iB}

Anmerkung

Werte, die bei vollständigem Bruch C und Scharnierbruch H ermittelt werden, können für einen gemeinsamen Mittelwert herangezogen werden ohne zusätzliche Anmerkung. Wenn bei teilweisem Bruch P ein Kennwert verlangt wird, wird dieser mit dem Buchstaben P gekennzeichnet. Nicht gebrochene Proben NB können nicht ausgewertet werden. Wenn innerhalb einer Versuchsreihe Probekörper sowohl nach P als auch nach C oder H versagen, muß der Mittelwert für jede Versagensart angegeben werden.

21.6.3 Schlagzugversuch

Die in den Normen vorgesehenen Kerbschärfen bei den Schlagbiegeversuchen reichen bei sehr zähen Kunststoffen oft nicht aus, um die Probe völlig zu durchschlagen, d. h. eine Bewertung des Kunststoffs in Schlagversuchen ist damit nicht möglich. Bei solchen Kunststoffen werden dann Schlagzugversuche nach DIN EN ISO 8256 durchgeführt, die bei richtiger Wahl des Pendels immer zu einem Bruch der Probe führen.

Normen:

DIN EN ISO 8256 Kunststoffe – Bestimmung der Schlagzugzähigkeit

Kennwerte nach DIN EN ISO 8256

E	**Schlagzugzähigkeit** von ungekerbten Probekörpern
E_n	**Kerbschlagzugzähigkeit** von gekerbten Probekörpern

Probekörper werden hergestellt durch Spritzgießen oder Pressen (DIN EN ISO 294, DIN EN ISO 295, ISO 293) unter festgelegten Bedingungen (siehe Tabelle 20.2) oder spanend durch Aussägen oder Fräsen aus Halbzeugen oder Formteilen (DIN EN ISO 2818). Probekörperabmessungen siehe Tabelle 21.9 und Bild 21.31. Die Kerben werden i. a. nachträglich spanend angebracht; spritzgegossene Kerben sind zulässig, ergeben aber andere Ergebnisse. Vorzugsweise wird Probekörper 1 (gekerbt) bzw. 3 (ungekerbt) eingesetzt. Für Probekörper 1 können auch Abschnitte des Vielzweckprobe-

21.6 Schlagversuche

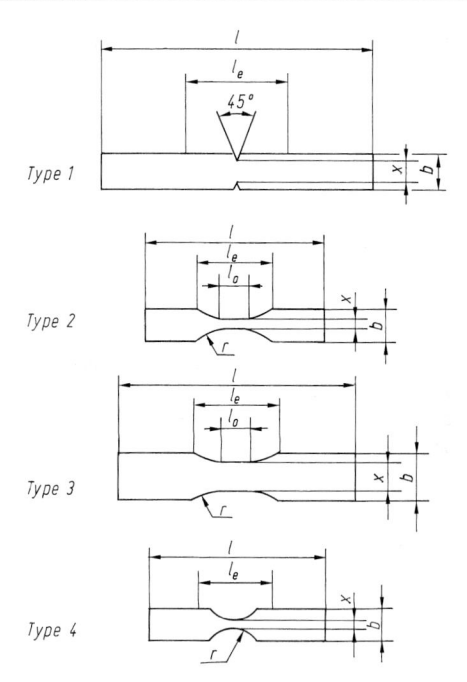

Bild 21.31 Probekörper für Schlagzugversuche DIN EN ISO 8256

körpers DIN EN ISO 3167 verwendet werden. Die Abmessungen werden auf 0,02 mm genau gemessen. Geprüft werden mindestens 10 Probekörper. Die Probekörper werden nach Formmassenorm oder Vereinbarungen kon-

Tab. 21.9 Probekörperabmessungen nach DIN EN ISO 8256

Probe-körper Typ	Länge l in mm	Breite b in mm	Breite x an der „Kerbe" in mm	Länge l_0 in mm	Einspann-länge l_e in mm	Radius r
$1^{1)}$	80 ± 2	10 ± 0,5	6 ± 0,2	–	30 ± 2	–
2	60 ± 1	10 ± 0,2	3 ± 0,05	10 ± 0,2	25 ± 2	10 ± 1
3	80 ± 2	15 ± 0,5	10 ± 0,5	10 ± 0,2	30 ± 2	20 ± 1
4	60 ± 1	10 ± 0,2	3 ± 0,1	–	25 ± 2	–

[1]) Winkel der Kerbe 45°; Kerbradius r = 1,0 mm ± 0,02 mm

ditioniert; bei Nichtvorliegen von Vereinbarungen erfolgt die Konditionierung im Normalklima 23/50 DIN EN ISO 291.

Prüfung erfolgt auf geeigneten Pendelschlagwerken mit Arbeitsinhalten von 2,0 J; 4,0 J; 7,5 J; 15 J; 25 J und 50 J mit spezieller Einspannvorrichtung und Joch für Schlagzugversuche (Bild 21.32). Die verwendeten Joche werden i. a. aus Aluminium hergestellt mit den Gewichten 15 g, 30 g, 60 g oder 120 g. Auf den Pendelschlagwerken mit 2,0 J und 4,0 J kann mit Jochen 15 g oder 30 g geprüft werden; auf den Pendelschlagwerken mit 7,5 J und 15 J mit Jochen 30 g oder 60 g; auf den Pendelschlagwerken 25 J und 50 J mit Jochen 60 g oder 120 g. Es ist dafür zu sorgen, daß mindestens 10 % und höchstens 80 % des Arbeitsvermögens verbraucht werden. Die Schlaggeschwindigkeiten liegen je nach gewähltem Pendelschlagwerk zwischen 2,6 m/s und 4,1 m/s. Bei Temperaturprüfungen sind *Temperierkammern* vorteilhaft.

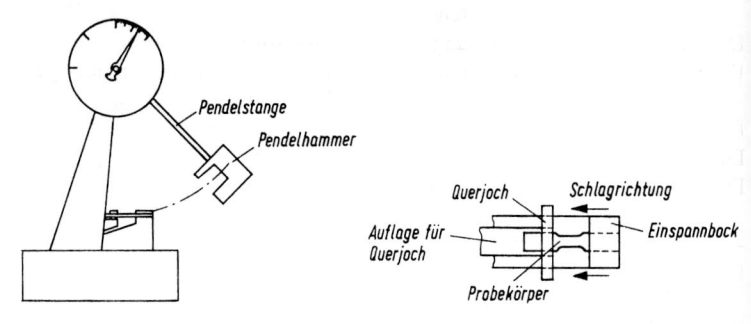

Bild 21.32 Prüfanordnung für Schlagzugversuche DIN EN ISO 8256

Auswertung und Berechnung der Schlagzugzähigkeiten erfolgt aus der verbrauchten, korrigierten Schlagarbeit (siehe Norm) und den Abmessungen der Probekörper am beanspruchten Querschnitt, ggf. automatisch mit entsprechenden Auswerteprogrammen.

Kennwerte in kJ/m^2

$$\text{Es gilt} \quad E_{(n)} = \frac{E_c}{x \cdot h} \cdot 10^3$$

Es bedeuten

E   Schlagzugzähigkeit (ungekerbte Probe) in kJ/m^2
E_n Kerbschlagzugzähigkeit (gekerbte Probe) in kJ/m^2
E_c korrigierte, verbrauchte Schlagarbeit in J (siehe Norm)
h   Dicke des Probekörpers an der schmalen Parallelstrecke in mm
x   Breite der schmalen Parallelstrecke oder Abstand zwischen den Kerben (siehe Bild 21.31) in mm

Anmerkung: In DIN EN ISO 8256 werden für die Kennzeichnung der Kennwerte keine so exakten Angaben gemacht wie in DIN EN ISO 179 bzw. DIN EN ISO 180, mit welchem Probekörper geprüft wurden; die verwendete Probekörperform muss aber im Versuchsbericht angegeben werden.

21.7 Zeitstandversuch

Normen:

DIN EN ISO 899	Kunststoffe – Bestimmung des Kriechverhaltens T1: Zeitstand-Zugversuch T2: Zeitstand-Biegeversuch bei Dreipunktbelastung
DIN ISO 8013	Elastomere – Bestimmung des Kriechens bei Druck- oder Schubbeanspruchung
DIN EN ISO 9967	Thermoplastische Rohre – Bestimmung des Kriechverhaltens
DIN 53441	Spannungs-Relaxationsversuch
DIN 16887	Bestimmung des Zeitstand-Innendruckverhaltens an Rohren aus thermoplastischen Kunststoffen
DIN 53769T2	Zeitstand-lnnendruckversuch
DIN 53769T3	Langzeit-Scheiteldruckversuch
DIN 53768	Extrapolationsverfahren für die Bestimmung des Langzeitverhaltens von glasfaserverstärkten Kunststoffen (GFK)
DIN 53 425	Zeitstand-Druckversuch in der Wärme an harten Schaumstoffen
DIN 53 852	Zeitstand-Biegeversuch (Stimmt für Dreipunktbelastung in den wesentlichen Punkten mit ISO 6602 überein)

Kennwerte[1]

$\varepsilon(t)$	**(Zug-)Kriech-Dehnung (tensile creep strain)**
$\sigma_{B,t}$	**Zeitstand-Zugfestigkeit**
$\sigma_{\varepsilon,t}$	**Kriechdehnspannung**
ε_t	**Kriech-Dehnung**
$E_{tc}(t)$	**Zug- oder Biege-Kriechmodul (tensile oder flexural creep modulus)** **Isochrone Spannungs-Dehnungs-Kurve (isochronous stress-strain curve)**
ε_R	**Restspannung (nach dem Entlasten nach der Zeit t)**

[1] *Beachte*: Im Gegensatz zum Zugversuch bedeutet bei den Langzeitversuchen t nicht Zug, sondern die Zeit t in Stunden. In DIN EN ISO heißt es nur E_t, in den CAMPUS-Dateien werden die Kriechmoduln jedoch mit E_{tc} gekennzeichnet.

21 Mechanische Prüfungen

Im Gegensatz zu den Metallen zeigen Kunststoffe, insbesondere Thermoplaste, schon bei Raumtemperatur ein mehr oder weniger starkes Kriechen (Retardation), d. h. die Verformung ε nimmt zu bei konstant gehaltener Spannung σ im Laufe der Zeit t (Bild 21.33). Je länger die Beanspruchungszeit t ist, desto kleiner wird die Belastbarkeit. Kriechen tritt bei allen Beanspruchungsarten auf, DIN EN ISO 899 behandelt die Prüfung bei Zug- und Biegebeanspruchung. Wird bei Entspannungs- oder Relaxationsversuchen die Verformung ε konstant gehalten, so nimmt im Laufe der Zeit t die Spannung σ ab (Bild 21.34).

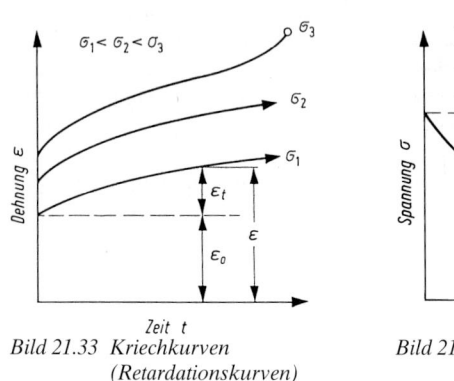

Bild 21.33 Kriechkurven (Retardationskurven)

Bild 21.34 Entspannungskurven (Relaxationskurven)

Die ermittelten Kennwerte dienen zur Abschätzung des Verformungs- und Festigkeitsverhaltens von Kunststoff-Formteilen bei langzeitig wirkender einachsiger Zugbeanspruchung. Die Beeinflussung durch Temperatur- und Umweltbedingungen ist bei der Übertragung der Prüfergebnisse auf die Praxis zu beachten.

Im Zeitstand-Zugversuch hält man die Spannung σ konstant und ermittelt die Dehnung ε in Abhängigkeit von der Zeit durch Aufnahme von *Kriechkurven* (Zeitdehnlinien), siehe Bild 21.35a.

Man kann bei Langzeitbeanspruchung auch die Verformung ε konstant halten, dann nimmt die Spannung σ im Laufe der Zeit t ab, es tritt eine Entspannung (Relaxation) ein. Derartige Relaxationsversuche sind versuchstechnisch aufwendiger und werden deshalb seltener durchgeführt. Bedeutung haben Relaxationsversuche bei der Untersuchung von Dichtungselementen und Schraubverbindungen.

Probekörper werden hergestellt durch Spritzgießen oder Pressen (DIN EN ISO 294, DIN EN ISO 295, ISO 293) unter festgelegten Bedingungen (siehe

21.7 Zeitstandversuch

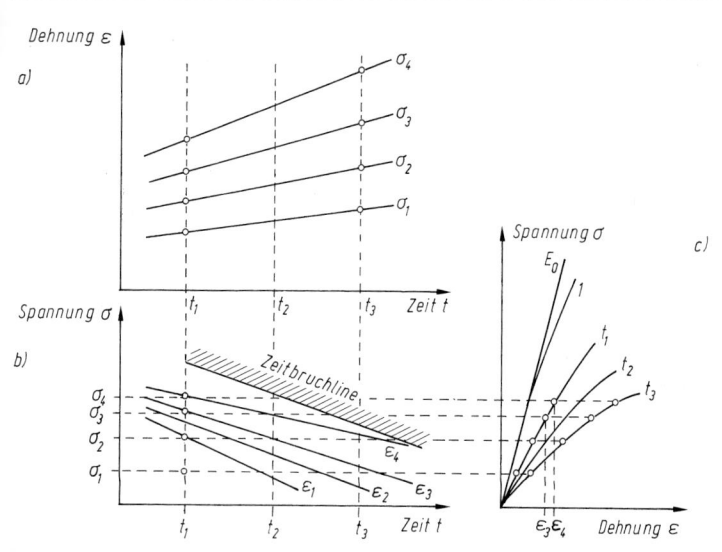

Bild 21.35 Ergebnisse von Zeitstandversuchen für eine vorgegebene Temperatur T
a) Kriechkurven $\varepsilon = f(t)$ mit Parameter Spannung σ
b) Zeitstandschaubild $\sigma = f(t)$ mit Parameter Dehnung ε
c) isochrone Spannungs-Dehnung-Diagramme $\sigma = f(\varepsilon)$ mit Parameter Zeit t
1: Kurzzeitversuch nach DIN EN ISO 527

Tabelle 20.2) oder spanend durch Aussägen oder Fräsen aus Halbzeugen oder Formteilen (DIN EN ISO 2818). Abmessungen werden gewählt wie für die entsprechenden statischen Versuche, z. B. den statischen Kurzzeit-Zugversuch (siehe Kap. 21.1). Probekörper sind vorher so zu lagern, daß bei der Prüfung durch das Prüfklima keine Änderungen an den Probekörpern verursacht werden.

Prüfung erfolgt in Zeitstandprüfanlagen in Luft bei Normalklima 23/50 DIN EN ISO 291 oder anderen vereinbarten Klima- bzw. Temperaturbedingungen. Wird in aggressiven Medien geprüft, läßt sich die Neigung der Kunststoffe zur Spannungsrißbildung feststellen (vgl. Kap. 31.2.2). Bei Versuchen nach DIN EN ISO 899-1 werden die Proben auf Zug beansprucht, nach DIN EN ISO 899-2 auf Biegung. Bei Rohren unter Innendruck läßt sich mehrachsige Langzeitbeanspruchung verwirklichen. Die Probekörper werden eingespannt und belastet. Die Verformung wird mechanisch, optisch oder elektrisch gemessen; durch Verformungsmeßeinrichtung darf der Pro-

21 Mechanische Prüfungen

bekörper nicht verändert oder beschädigt werden. Prüflast soll von 1 s bis 5 s aufgebracht werden und darf während der Versuchsdauer höchstens um +1 % vom Sollwert abweichen. Mehrere gleichartige Probekörper oder Bauteile werden bei konstanter Temperatur T verschiedenen Prüflasten F (Spannungen σ) ausgesetzt und dann die zugehörigen Dehnungen ε in Abhängigkeit von der Zeit t aufgenommen, d. h. man nimmt *Zeitdehnlinien* (*Kriechkurven*) auf.

Auswertung: Die Versuchsergebnisse werden als *Kriechkurven* (*Zeitdehnlinien*) ε = f(t) dargestellt mit Parameter Spannung σ (Bild 21.35a). Aus den aufgenommenen *Zeitdehnlinien* für eine konstante Temperatur T erhält man durch Umzeichnen das *Zeitstand-Schaubild* σ = f(t) mit Parameter Dehnung ε (Bild 21.35b). Das Zeitstandschaubild enthält ggf. auch die *Zeitbruchlinie*.

Bei manchen Kunststoffen können schon vor Erreichen der Zeitbruchlinie Schäden, z. B. sichtbare Spannungsrisse oder Verminderung der mechanischen Beanspruchbarkeit auftreten, insbesondere bei der Prüfung in einem aggressiven Medium (vgl. Kap. 31.2.2). Bei solchen Prüfungen wird dann in das Zeitstandschaubild noch eine *Schadenslinie* (Bild 21.36) eingetragen, d. h. der Zusammenhang zwischen Spannung σ und Zeit t, nach der Schädigungen z. B. *Spannungsrisse* auftreten.

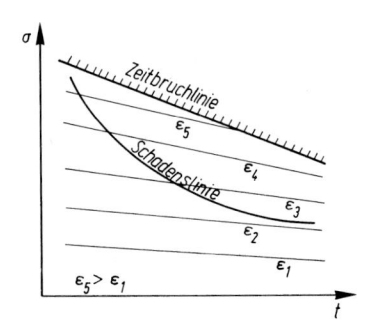

Bild 21.36 Zeitstandschaubild mit eingetragener Schadenslinie (schematisch)

Legt man durch die Kriechkurven oder Zeitstandschaubilder vertikale Schnitte und entnimmt für bestimmte Belastungszeiten t zugehörige Spannungs- und Dehnungswerte, so erhält man *isochrone Spannungs-Dehnungslinien* bzw. das *isochrone Spannungs-Dehnungs-Diagramm* σ = f(ε) mit Parameter Zeit t (Bilder 21.35 c, 21.37 und 21.38).

21.7 Zeitstandversuch

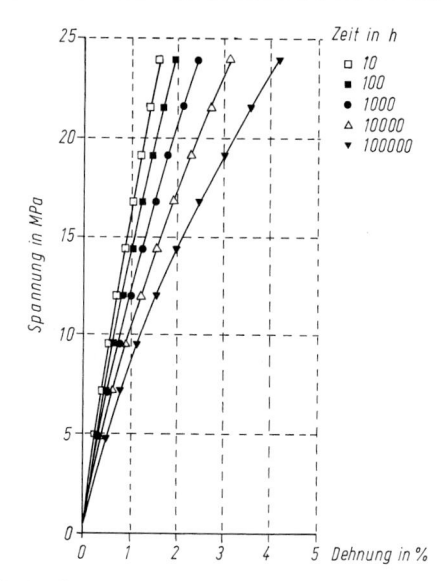

Bild 21.37 Isochrones Spannungs-Dehnungs-Diagramm für POM bei 23 °C

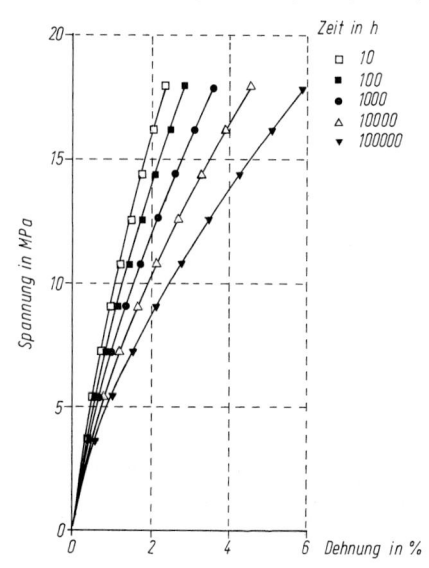

Bild 21.38 Isochrones Spannungs-Dehnungs-Diagramm für POM bei 60 °C

21 Mechanische Prüfungen

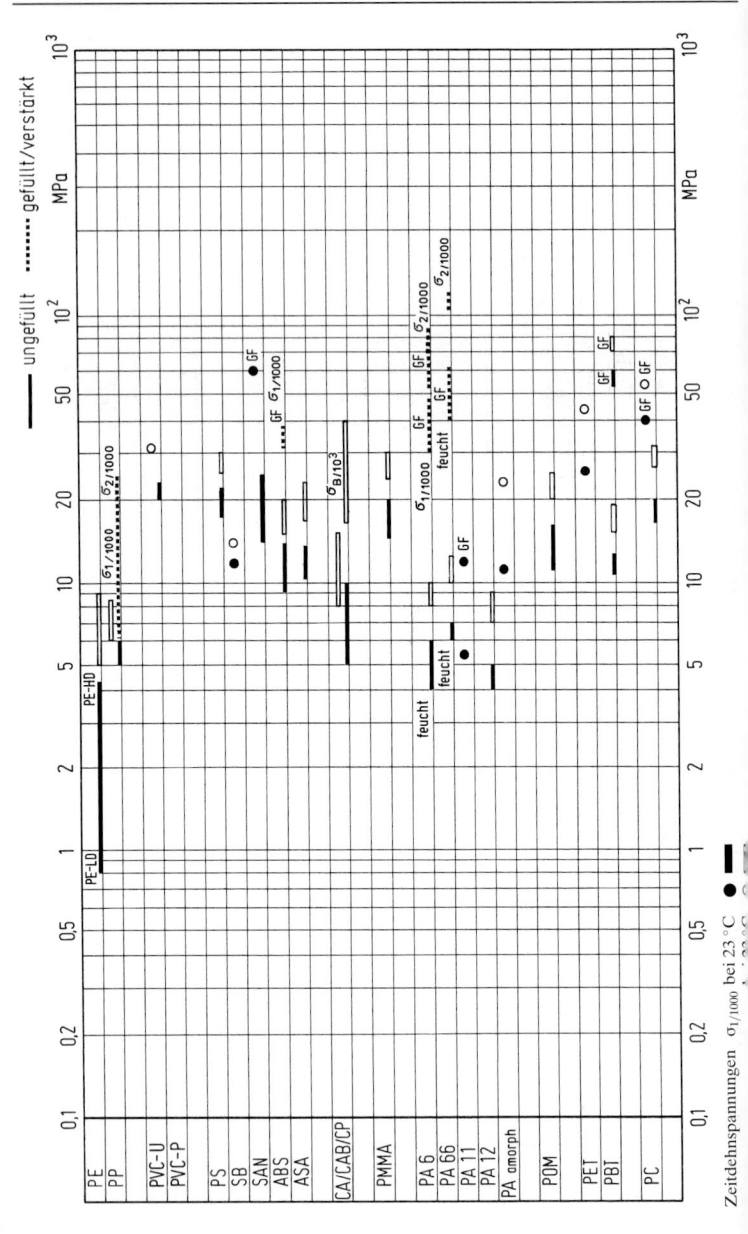

Zeitdehnspannungen $\sigma_{1/1000}$ bei 23 °C

21.7 Zeitstandversuch

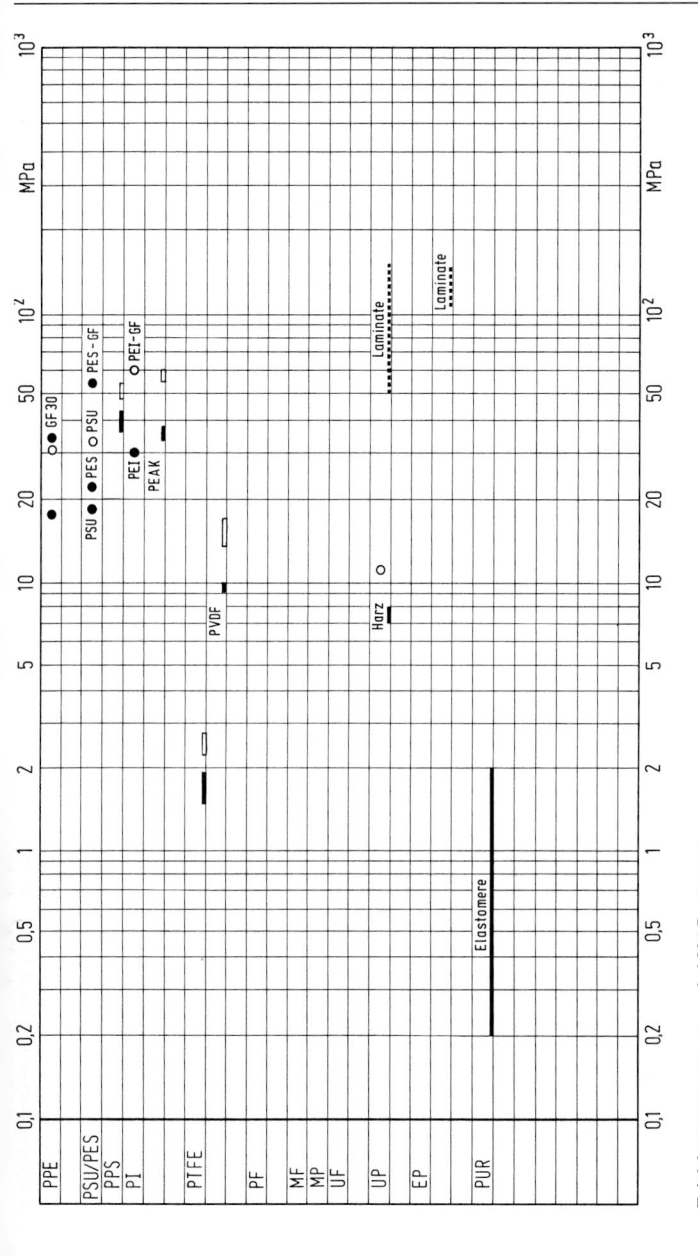

Zeitdehnspannungen $\sigma_{1/1000}$ bei 23 °C ● ○
 $\sigma_{2/1000}$ bei 23 °C ■ □

21 Mechanische Prüfungen

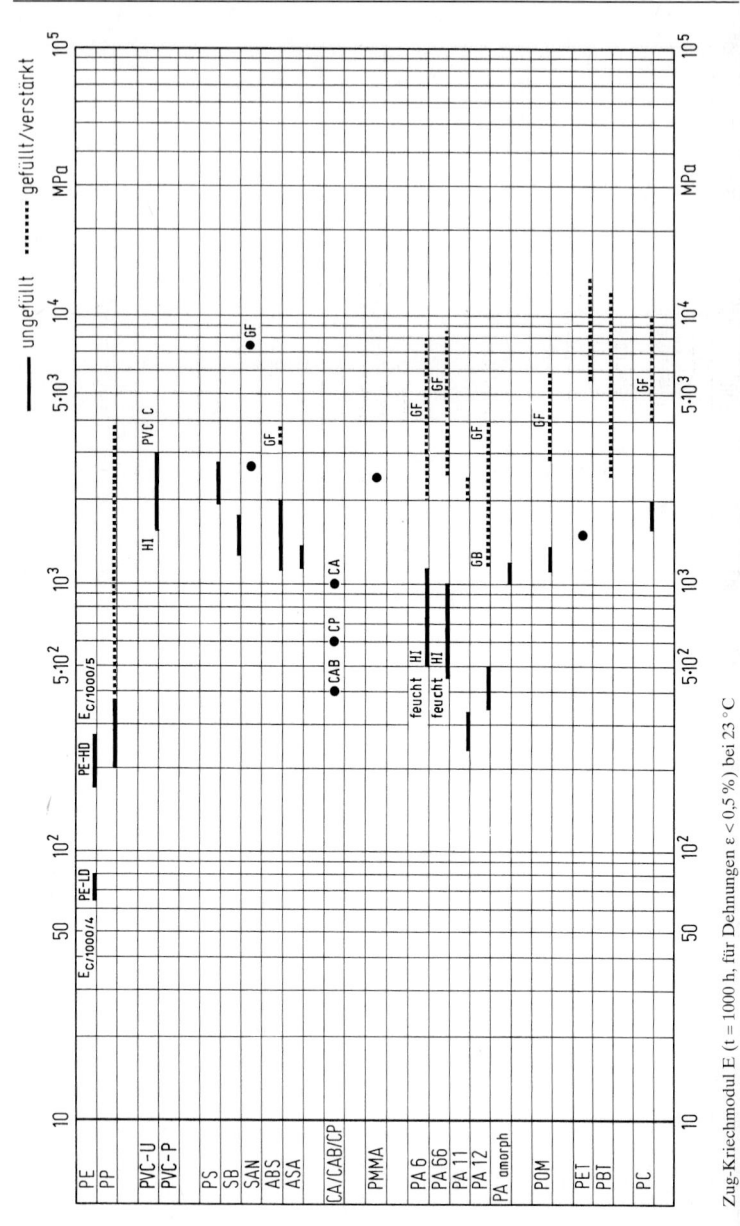

Zug-Kriechmodul E (t = 1000 h, für Dehnungen $\varepsilon < 0{,}5\,\%$) bei 23 °C

21.7 Zeitstandversuch

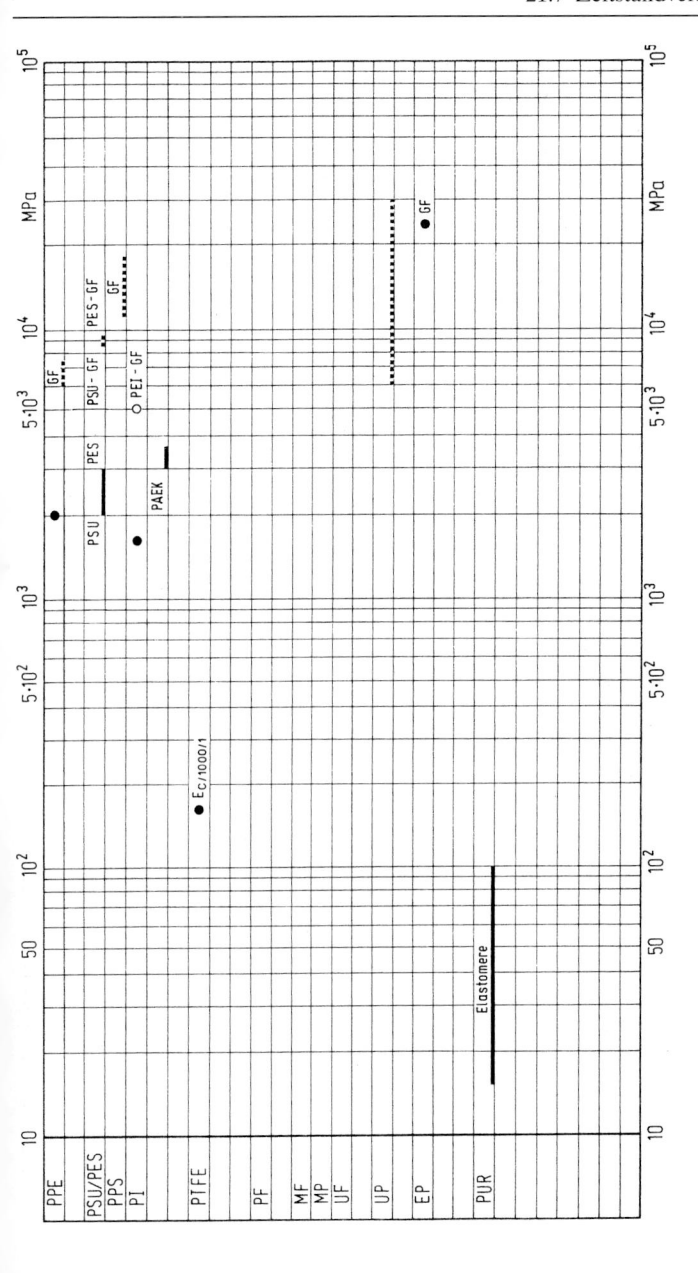

Zug-Kriechmodul E ($t = 1000$ h, für Dehnungen $\varepsilon < 0{,}5\,\%$) bei 23 °C

Kennwerte: Spannungen in MPa
Kriechmoduln in MPa oder GPa

$\sigma_{B,t}$ Zeitstand-Zugfestigkeit, z. B. 1000-h-Zeitstand-Zugfestigkeit $\sigma_{B/1000}$
ε_t Kriech-Dehnung
$\sigma_{\varepsilon,t}$ Zeitdehnspannung, z. B. 2 %-1000-h-Zeitdehnspannung $\sigma_{2/1000}$
E_{tc} Kriechmodul (ggf. mit Angabe der Spannung σ oder Dehnung ε (In den CAMPUS-Dateien werden die Kriechmoduln für 1 Stunde bzw. 10^3 Stunden gekennzeichnet mit E_{tc} 1 bzw. E_{tc} 10^3)
(E_C (t) Kriechmodul nach alter DIN 53444, ggf. unter Angabe der Spannung, z. B. $E_{C/1000/30}$ als 1000-h-Kriechmodul für die Spannung $\sigma = 30$ MPa)

Isochrone Spannungs-Dehnungskurven $\sigma = f(\varepsilon)$ mit Parameter Zeit t

Kriechmodulkurven $E_t = f(t)$ mit Parameter Spannung σ (Bilder 21.39 und 21.40)

Anmerkung: Nach DIN EN ISO 899 wird der Kriechmodul nur mit E_t angegeben, um aber Verwechslungen mit dem Elastizitätsmodul aus dem Zugversuch E_t nach DIN EN ISO 527 zu vermeiden, wird hier der Kriechmodul wie in den CAMPUS-Dateien mit E_{tc} bezeichnet (früher wurde der Kriechmodul mit E_C gekennzeichnet).

Ist in das Zeitstandschaubild für ein bestimmtes Medium eine *Schadenslinie* eingetragen, so kann festgestellt werden, bei welcher Spannung σ nach wel-

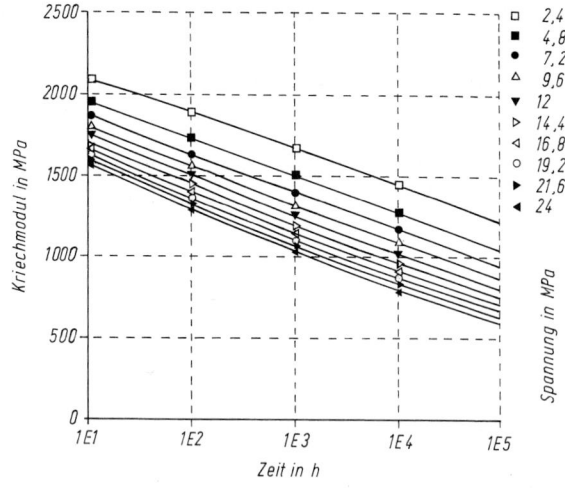

Bild 21.39 Kriechmodulkurven für POM bei 23 °C

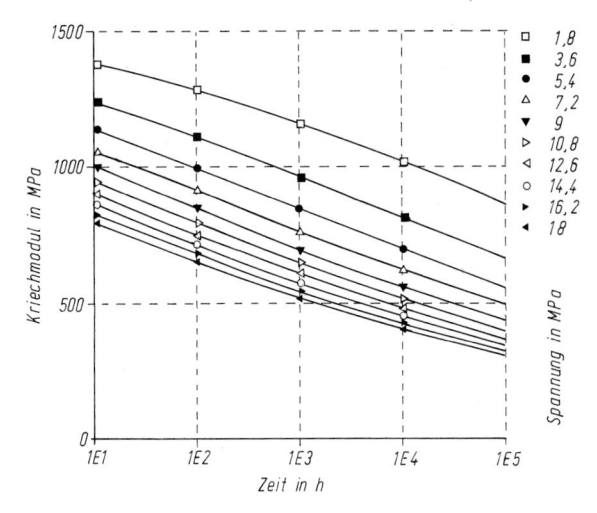

Bild 21.40 Kriechmodulkurven für POM bei 60 °C

cher Zeit t Schädigungen, z. B. in Form von Spannungsrissen auftreten. In einem solchen Zeitstandschaubild mit eingetragener Schadenslinie (Bild 21.36) erkennt man, daß die Schadenslinie dem Dehnungswert ε_2 zustrebt, d. h. wenn während der Versuchs- bzw. Beanspruchungsdauer diese Dehnung ε_2 nicht überschritten wird, dann treten auch keine Schädigungen, wie z. B. Spannungsrisse auf.

Aus den *isochronen Spannungs-Dehnungs-Diagrammen* können für die unterschiedlichsten Bedingungen die Kriechmoduln $E_{(C)}(t) = \sigma/\varepsilon(t)$ entnommen werden. Kriechmoduln werden meist in Form von *Kriechmodulkurven* $E_{(C)} = f(t)$ mit Parameter Spannung σ aufgezeigt (Bild 21.39 und 21.40).

Nach DIN EN ISO 899-1 wird der Zug-Kriechmodul bestimmt zu

$$E_{tc} = \frac{\sigma}{\varepsilon_t} = \frac{F \cdot L_0}{A \cdot (\Delta L)_t}$$

F aufgebrachte Kraft in N
L_0 Anfangsmeßlänge in mm
A Anfangsquerschnitt des Probekörpers in mm^2
$(\Delta L)_t$ Längenänderung zur Zeit t in mm

Nach DIN EN ISO 899-2 wird der Biege-Kriechmodul bestimmt zu

$$E_{tc} = \frac{L^3 \cdot F}{4 \cdot b \cdot h^3 \cdot s_t}$$

Die Biegespannung σ errechnet sich zu $\sigma = \dfrac{3 \cdot F \cdot L}{2 \cdot b \cdot h^2}$

und die Biege-Kriech-Dehnung ε_t zu $\varepsilon_t = \dfrac{6 \cdot s_t \cdot h}{L^2}$

L Stützweite in mm
F aufgebrachte Kraft in N
b Breite des Probekörpers in mm
h Dicke des Probekörpers in mm
s_t Durchbiegung in der Mitte der Stützweite zum Zeitpunkt t in mm

Anmerkungen

Kriech- oder *Sekantenmoduln* E_{tc} sind i. a. spannungsabhängig; sie sind nur dann spannungsunabhängig, wenn sie in dem „Hookeschen Bereich", d. h. im linearen, energieelastischen Verformungsbereich der isochronen Spannungs-Dehnungs-Linien ermittelt werden (Bild 21.41). Bei der Angabe von Kriechmoduln z. B. in CAMPUS-Dateien werden Kriechmoduln für t = 1 h und t = 1000 h und Spannungen σ so ermittelt, daß die jeweiligen Dehnungen ≤ 0,5 % betragen. Wegen der starken Temperaturabhängigkeit der Festigkeitseigenschaften der Kunststoffe müssen Zeitstandversuche bei unterschiedlichen Temperaturen T durchgeführt werden (Bilder 21.38 und 21.40).

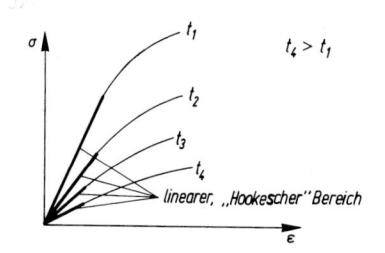

Bild 21.41 „Hookesche Bereiche" in isochronen Spannungs-Dehnungs-Diagrammen

21.8 Zeitschwingversuch

Normen:

DIN 53442   Dauerschwingversuch im Biegebereich an flachen Probekörpern
DIN 53398   Biegeschwellversuch (an Laminaten)
DIN 53574   Dauerschwingversuch an weichelastischen Schaumstoffen
DIN 50100   Dauerschwingversuch (Metalle)
DIN 50113   Umlaufbiegeversuch (Metalle)

21.8 Zeitschwingversuch

Kennwerte

$\sigma_{W(10^7)}$ **Zeitwechselfestigkeit**
$\sigma_{Sch(10^7)}$ **Zeitschwellfestigkeit**
$\sigma_{D(10^7)}$ **Zeit(schwing)festigkeit allgemein**
(Es sind auch andere Lastspielzahlen, z. B. $2 \cdot 10^7$ oder $4 \cdot 10^7$ möglich)

Werden Kunststoffe dynamisch beansprucht, so können statische Kurz- und Langzeitkennwerte nicht mehr zur Dimensionierung herangezogen werden. Das Verhalten der Kunststoffe muß dann bei schwingender Belastung in Zeitschwingversuchen, z. B. in Anlehnung an DIN 50100 bestimmt werden. Wegen des besonderen Verhaltens von Kunststoffen bei dynamischer Beanspruchung ist bei der Prüfung zu beachten:

- Wegen unzulässiger Erwärmungen durch die höhere mechanische Dämpfung soll die Prüffrequenz 10 Hz nicht überschreiten.
- Es werden nur *Zeitschwingfestigkeiten*, i. a. bis 10^7 Lastwechsel bestimmt.
- Während der dynamischen Prüfung kriecht (retardiert) der Kunststoff, wenn die Spannungsausschläge σ konstant gehalten werden (Bild 21.42). Der Kunststoff entspannt sich (relaxiert), wenn die Verformungsausschläge ε konstant gehalten werden (Bild 21.43).
- Die Probenform hat einen großen Einfluß auf die Werkstoffkennwerte. Durch unterschiedliches Verhältnis von Probekörpervolumen zu Oberfläche („spezifische Oberfläche") werden Wärmeabfuhr und damit Versagen des Kunststoffs beeinflußt.

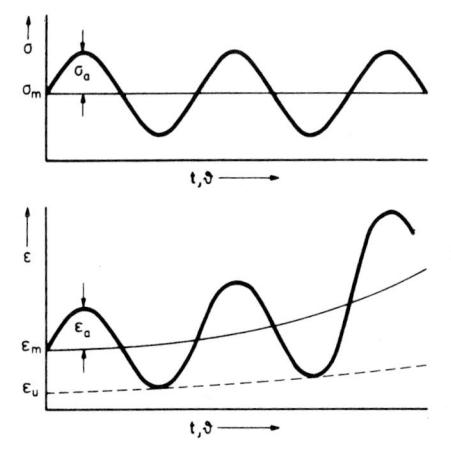

Bild 21.42 Spannungs- und Dehnungsverlauf bei dynamischen Versuchen mit Spannung σ = const.

21 Mechanische Prüfungen

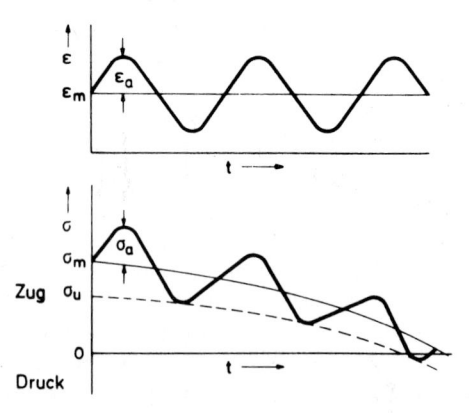

Bild 21.43 Spannungs- und Dehnungsverlauf bei dynamischen Versuchen mit Dehnung ε = const.

Jede Schwingbeanspruchung wird durch eine Mittelspannung σ_m und eine dieser überlagerten Ausschlagspannung σ_m gekennzeichnet. Die Gesamtbeanspruchung ist dann $\sigma_D = \sigma_m \pm \sigma_a$ wobei die Beanspruchung als Wechsel- oder Schwellbeanspruchung vorliegen kann (Bild 21.44). Die Versuche können bei Zug-, Druck-, Biege- oder Torsionsbeanspruchung durchgeführt werden.

Probekörper werden hergestellt durch Spritzgießen oder Pressen (DIN EN ISO 294, DIN EN ISO 295, ISO 293) unter festgelegten Bedingungen (siehe Tabelle 20.2) oder spanend durch Aussägen oder Fräsen aus Halbzeugen oder Formteilen (DIN EN ISO 2818). Proben müssen völlig glatt und eben sein und ohne Oberfächenfehler, Dreh- oder Fräsriefen, sowie ohne Gratbildung. Für Biegeschwingversuche sind Probekörper entsprechend DIN 53442 zu verwenden. Bei anderen Versuchen richten sich die Probekörperformen nach der verwendeten Prüfmaschine.

Prüfung erfolgt auf dynamischen Prüfmaschinen, die im Gegensatz zu dynamischen Prüfmaschinen für Metalle wesentlich kleinere Prüffrequenzen f (<10 Hz) ermöglichen müssen. Aus versuchstechnischen Gründen werden die Versuche entweder unter gleichen Belastungsbedingungen oder unter gleichen Verformungsbedingungen durchgeführt (Bilder 21.42 und 21.43). Dabei ist das Kriechen oder Entspannen zu berücksichtigen. Es gibt auch Prüfmaschinen mit Regelung von Vorspannung σ_m und Ausschlagspannung σ_a.

Die Oberflächentemperatur der Probekörper sollte während des Versuchs überwacht werden, vgl. DIN 53442. Je nach gewünschten Kennwerten er-

21.8 Zeitschwingversuch

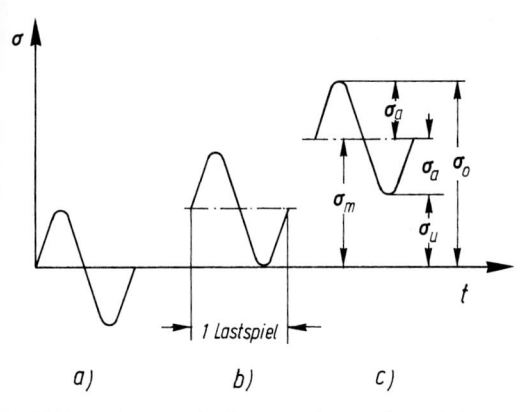

Bild 21.44 Dynamische Beanspruchung schematisch
  σ_m Mittelspannung
  σ_o Oberspannung
  σ_u Unterspannung
  σ_a Amplituden- oder Ausschlagspannung
  a) Wechselbeanspruchung: $\sigma_m = 0$ ($\sigma_o = \sigma_a$; $\sigma_u = -\sigma_a$)
  b) Schwellbeanspruchung: $\sigma_m = \sigma_a$, ($\sigma_o = \sigma_m + \sigma_a = 2 \cdot \sigma_a$; $\sigma_u = 0$)
  c) Zugschwellbeanspruchung: $\sigma_m > 0$ ($\sigma_o = \sigma_m + \sigma_a$; $\sigma_u = \sigma_m - \sigma_a$)

folgt Prüfung unter Wechsel- oder Schwellbeanspruchung unter Zug, Druck, Biegung oder Torsion (Bild 21.44).

Es werden meist fünf völlig gleiche Probekörper geprüft, z. B. bei gleicher Mittelspannung σ_m mit verschiedenen Ausschlagspannungen σ_a bei Frequenzen unter 10 Hz. Es wird die ertragene *Lastspielzahl* N bis zum Versagen ermittelt. Aus den Versuchsergebnissen zeichnet man die *Wöhlerkurven* (Bild 21.45). Meist fährt man reine Wechselbeanspruchung mit $\sigma_m = 0$ oder reine Schwellbeanspruchung mit $\sigma_m = \sigma_a$ (Bild 21.44).

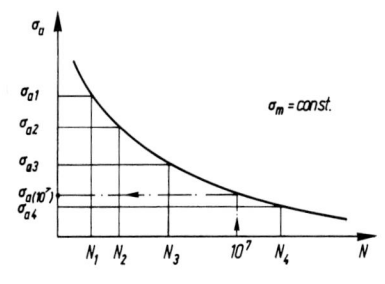

Bild 21.45 Wöhlerkurve, schematisch

21 Mechanische Prüfungen

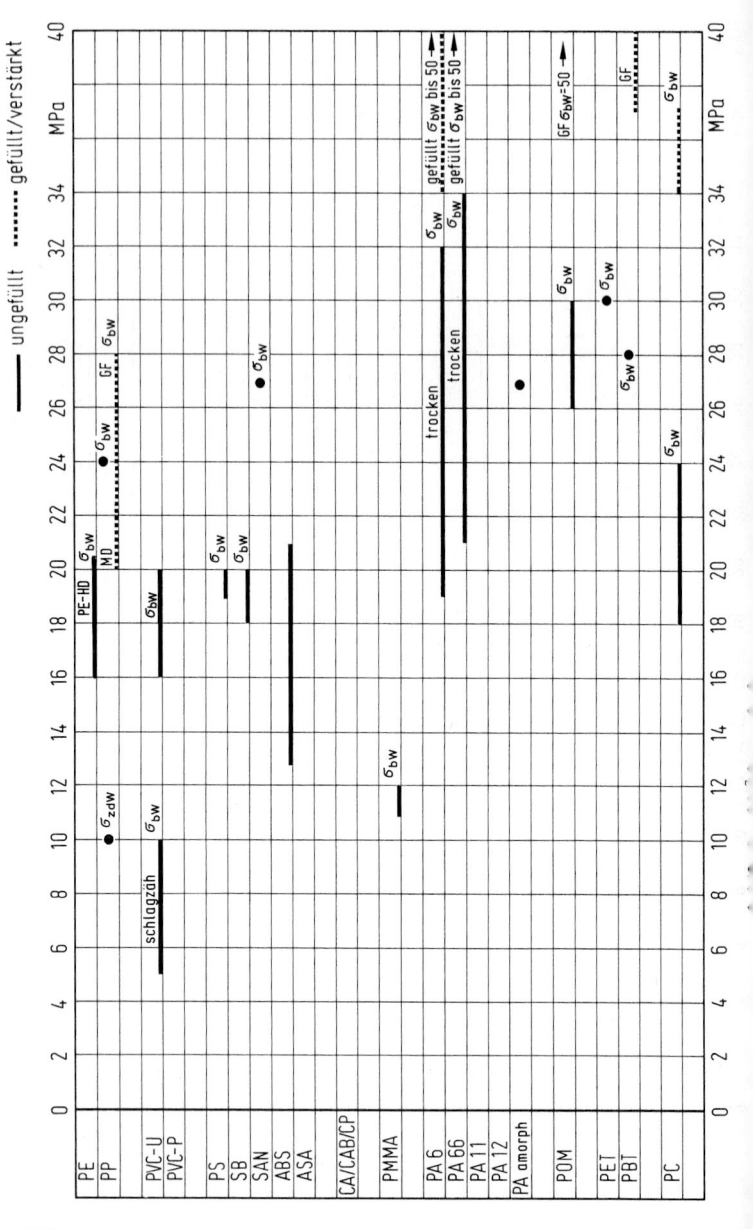

—— ungefüllt ······· gefüllt/verstärkt

Werkstoff	Bereich (MPa)
PE	PE-HD: 16–20, σ_{bw}
PP	$\bullet\,\sigma_{zdW}$ ≈10; σ_{bw} 16–24; MD 20–22; GF σ_{bw} ≈28
PVC-U	schlagzäh 5–16
PVC-P	σ_{bw} 16–18
PS	σ_{bw} 19–20
SB	σ_{bw} 20–21
SAN	$\bullet\,\sigma_{bw}$ ≈27; 18–28
ABS	13–21
ASA	
CA/CAB/CP	
PMMA	σ_{bw} 11–15
PA 6	trocken 19–32; gefüllt σ_{bw} bis 50
PA 66	trocken 22–34; gefüllt σ_{bw} bis 50
PA 11	
PA 12	
PA amorph	$\bullet$ ≈27
POM	σ_{bw} 26–32; GF σ_{bw} = 50
PET	$\bullet\,\sigma_{bw}$ ≈30
PBT	$\bullet\,\sigma_{bw}$ ≈28; GF ≈36
PC	σ_{bw} 20–25; σ_{bw} ≈36

21.8 Zeitschwingversuch

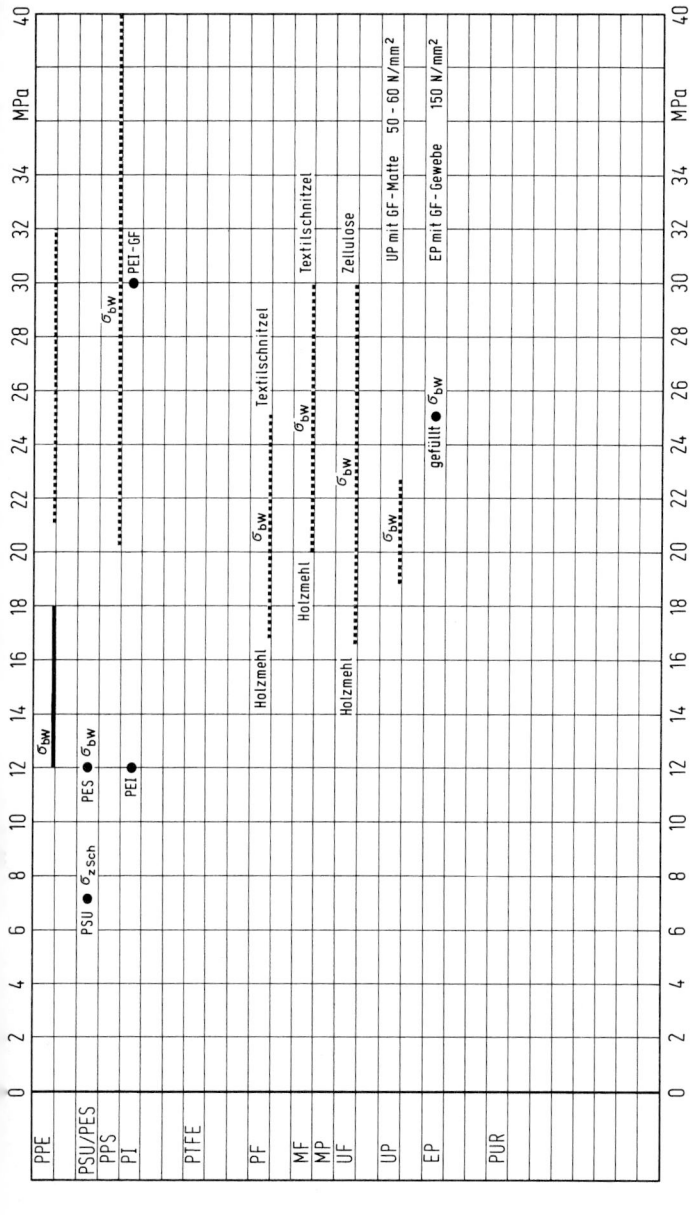

Kunststoff	Werte
PPE	σ_{bW} ≈ 12–18 MPa
PSU/PES	PSU ● σ_{zSch} ≈ 8; PES ● σ_{bW} ≈ 12
PPS	
PI	PEI ● ≈ 12; σ_{bW} ≈ 20–30; PEI-GF ● 30
PTFE	
PF	Holzmehl ≈ 14–20; Textilschnitzel ≈ 22–26; σ_{bW}
MF	Holzmehl ≈ 16–20
MP	σ_{bW}; Textilschnitzel ≈ 26–32
UF	Holzmehl ≈ 14–20; σ_{bW}; Zellulose ≈ 22–30
UP	σ_{bW} ≈ 20–22; gefüllt ● σ_{bW} ≈ 26; UP mit GF-Matte 50–60 N/mm²
EP	EP mit GF-Gewebe 150 N/mm²
PUR	

Zeitschwingfestigkeit für Biegung σ_{bW} bei 23 °C und 10^7 Lastwechseln

21 Mechanische Prüfungen

Auswertung erfolgt manuell aus den aufgenommenen Wöhlerkurven. Da bei Kunststoffen i. a. keine Dauerschwingfestigkeit angegeben werden kann, ermittelt man *Zeit(schwing)festigkeiten*, üblicherweise für 10^7 Lastwechsel. Bei den Zeit(schwing)Festigkeiten müssen unbedingt die zugehörigen *Lastspielzahlen* N angegeben werden.

Aus den Wöhlerkurven für verschiedene Mittelspannungen σ_m kann man ein *Zeitschwingfestigkeits-Diagramm nach Smith* ermitteln. Für einige Kunststoffe (Bild 21.46) liegen solche Smith-Diagramme, meist für Biege- oder

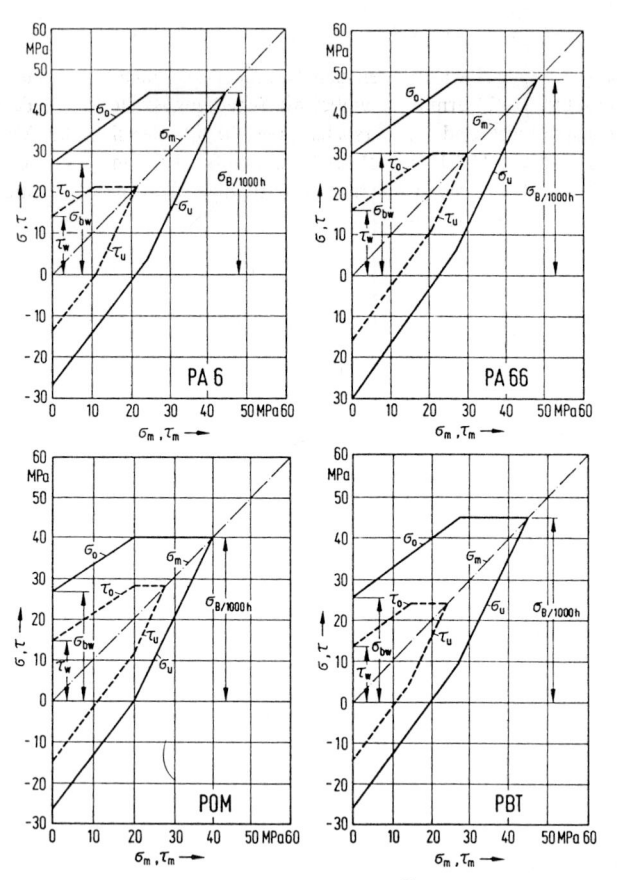

Bild 21.46 Zeitschwingfestigkeitsdiagramme für $2 \cdot 10^7$ Lastwechsel für 4 technische Kunststoffe PA 6, PA 66, POM und PBT (nach Erhard)

Torsionsbeanspruchung vor. Das Smith-Diagramm wird wegen der Kriechneigung und der Zeitabhängigkeit der Kunststoffe nach oben durch einen *Langzeitkennwert*, z. B. eine *Zeitstandfestigkeit* oder *Zeitdehngrenze* begrenzt.

Kennwerte: Spannungen in MPa (N/m^2)

$\pm\, \sigma_{W(10^7)}$ Zeitwechselfestigkeit für 10^7 Lastwechsel
$\sigma_{Sch(2\cdot 10^7)}$ Zeitschwellfestigkeit für $2 \cdot 10^7$ Lastwechsel

Solche Kennwerte werden meist für Biegung (σ_{bW}, σ_{bSch}) oder Torsion (τ_W, τ_{Sch}) ermittelt (Bild 21.46).

Nach DIN 53442 wird neben den *Wöhlerkurven* auch noch eine *Schadenslinie* (Bild 21.47) ermittelt, wobei als Schädigungskriterium z. B. ein Spannungsabfall während des Versuchs (meist 20 %) oder sichtbare Veränderungen an der Oberfläche des Probekörpers infrage kommen. Bei der Prüfung in Medien kann das Auftreten von Schädigungen durch Spannungsrißbildung gekennzeichnet sein.

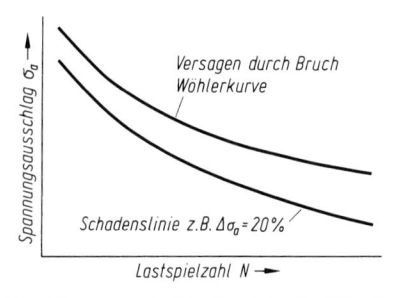

Bild 21.47 Wöhlerkurve mit Schadenslinie für 20% Spannungsabfall

Anmerkungen
Wie groß die Probleme bei dynamischen Prüfungen sind, kann daran erkannt werden, daß in den CAMPUS-Dateien keine dynamischen Kennwerte enthalten sind, und solche Kennwerte auch nach DIN ISO 10350 nicht vorgesehen sind.

Kerben und Oberflächenfehler setzen die dynamische Belastbarkeit herab. Da bei Versuchen Probekörper mit definierter Oberfläche verwendet werden, in der Praxis aber meist Bauteile vorliegen mit Kerben, bedingt durch die Konstruktion (Querschnittsübergänge, Bohrungen) oder durch den Gebrauch (Beschädigungen der Oberfläche), müssen die zulässigen Beanspruchungen mit ausreichender Sicherheit unterhalb der aus den Zeitschwingfestigkeits-Schaubildern ermittelten Grenzwerten liegen. Zusätzlich bleiben Unsicherheiten, die sich ergeben aus den unterschiedlichen „spezifischen Oberflächen" von Formteilen und Probekörpern, sowie den unterschiedlichen Betriebsbedingungen, wie wechselnde Amplituden und Frequenzen, Temperaturen, umgebende Medien usw.

21.9 Reibungs- und Verschleißverhalten

Normen:

DIN 50281	Reibung in Lagerungen
DIN 50320	Verschleiß, Begriffe
DIN 50332	Strahlverschleiß
DIN 52108	Verschleißprüfung mit Schleifscheiben nach Böhme
DIN 52347	Verschleißprüfung – Reibradverfahren
DIN 52348	Verschleißprüfung, Reibradverfahren mit Streulichtmessung (entspricht **ISO 3537**)
DIN 53516	Bestimmung des Abriebs von Kautschuk und Elastomeren
DIN 53375	Bestimmung des Reibungsverhaltens von Kunststoff-Folien
DIN ISO 6691	Thermoplastische Polymere für Gleitlager – Klassifizierung und Bezeichnung
VDI 2541	Gleitlager aus thermoplastischen Kunststoffen
VDI 2543	Verbundlager mit Kunststoff-Laufschicht

Das Gleit- und Verschleißverhalten von Kunststoffen ist nicht durch Ermittlung von Kenngrößen einzelner Werkstoffe zu erfassen, vielmehr muß für jede Werkstoffpaarung das Verhalten beider Komponenten und ihre gegenseitige Einwirkung aufeinander untersucht werden.

Bei den genormten Verfahren wird im wesentlichen der *Abrieb* und damit das *Verschleißverhalten* unter genormten Bedingungen geprüft. Die zu prüfenden Kunststoffe werden daher z. B. unter festgelegten Bedingungen gegen verschleißende Medien unter Belastung bewegt. Eine andere Möglichkeit besteht in Prallverschleißuntersuchungen, bei denen ein Strahl aus körnigen Schleifmitteln unter verschiedenen Bedingungen auf die Kunststoffoberfläche auftrifft. Es handelt sich dabei um einen *Erosionsabtrag*, wie er z. B. durch fließende Medien in Rohrleitungen oder beim Auftreffen von Regen und Hagel auftritt. Im technischen Bereich sind von größtem Interesse das *Reibungs-* und *Verschleißverhalten* beim Laufen von Zahnrädern, Lagern und Gleitelementen. Um dabei den Verschleiß am Kunststoffteil so klein wie möglich zu halten, muß durch richtige Wahl der *Gleitpartner*

(*Werkstoffpaarung*), *Oberflächengüte, Flächenpressung, Gleitgeschwindigkeit, Temperatur* und *Schmierung* das Gleit- und Verschleißverhalten optimiert werden.

Reibung

Reibung ist der Widerstand, der zum Einleiten oder Aufrechterhalten einer Relativbewegung zweier sich berührender Körper überwunden werden muß (Haft- bzw. Gleitreibung).

Die maßgebenden Kennwerte sind der *Reibungskoeffizient* μ_{Haft} und μ_{Gleit}. Im Gegensatz zu gleitenden Metallflächen, die grundsätzlich geschmiert werden müssen, spielt bei Kunststoffen auch die trockene Gleitung eine große Rolle (ungeschmierte Gleitelemente oder Zahnräder). Besondere Bedeutung hat bei Kunststoffen das PTFE mit seinen extrem niedrigen Haft- und Gleitreibungskoeffizienten. Wie auch bei anderen Kunststoffen (PA, POM, PET, PBT, PE-UHMW) sind die Haft- und Gleitreibungskoeffizienten nahezu gleich, wodurch ein „*Stick-Slip-Effekt*" vermieden wird. Zwar verbessert häufig Schmierung die Reibungsbedingungen, sie ist aber bei Kunststoffen nicht unbedingt erforderlich.

Beachte: Reibungsuntersuchungen unter Laborbedingungen geben keine sichere Voraussage für das Verhalten der Gleitpartner unter Betriebsbedingungen.

Für die *Berechnung* von Gleitpaarungen ist der $p \cdot v$-Wert von Bedeutung.

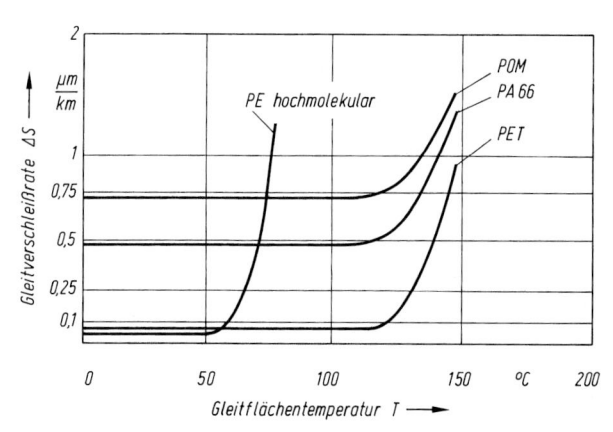

Bild 21.48 Gleitverschleißrate als Funktion der Gleitflächentemperatur

*Tab. 21.10 Gleitreibungsbeiwerte (Richtwerte) für einige Kunststoffe gegen Stahl (Härte >52 HRC, Rauhtiefe 2 µm) **ohne** Schmierung*

Kunststoff	Gleitreibungskoeffizient	Anmerkungen
PE-LD	0,5 ... 0,6	
PE-HD/PE-UHMW	0,25 ... 0,3	
PP	0,25 ... 0,3	
PS	0,4 ... 0,5	
SB	0,5	
SAN	0,45 ... 0,55	
ABS	0,5 ... 0,65	
PMMA	0,45 ... 0,55	PMMA/PMMA 0,8
PA 6/PA 66	0,3 ... 0,45	
PA 66 + 3 % MoS_2	0,32 ... 0,35	
PA 6-G	0,36 ... 0,43	
PA 11/PA 12	0,32 ... 0,38	
POM	0,30 ... 0,35	POM/POM 0,25
POM + PTFE	0,2 ... 0,25	
PC	0,45 ... 0,55	
PET	0,25 ... 0,35	
PBT	0,25 ... 0,35	
PPE + PS	0,35	
PI	0,4 ... 0,45	
PTFE	0,05 ... 0,25	PTFE/PTFE 0,02

Anmerkung: Bei Paarungen gleicher Kunststoffe, z. B. PA/PA, muß i. a. mit etwa 10 % bis 20 % höheren Gleitreibungskoeffizienten gerechnet werden. Bei Paarungen unterschiedlicher Kunststoffe, z. B. PA/POM, erniedrigen sich die Werte teilweise. Durch Schmierung erniedrigen sich die angegebenen Werte. Bei verstärkten Kunststoffen ändern sich die Werte; vor allem wird ggf. der Verschleiß erhöht.

21.9 Reibungs- und Verschleißverhalten

Verschleiß

Verschleiß wird gemessen als Abtrag (Masseverlust) an der Werkstoffoberfläche. Er kann auftreten als *Gleitverschleiß* unter Gleitbewegung bei Lagern und Zahnrädern oder als *Strahlverschleiß* bei Einwirken von körnigen Substanzen oder strömenden Medien an der Oberfläche z. B. von Rohrleitungen (abrasiver Verschleiß).

Bei Gleitpaarungen Kunststoff/Kunststoff oder Kunststoff/Metall ist der Verschleiß stark abhängig von der auftretenden Temperatur an den Gleitflächen (Bild 21.48).

Für einzelne Kunststoffe tritt bei Erreichen einer bestimmten Grenzflächentemperatur ein steiler Anstieg des Verschleißes ein (Bild 21.48). Es ist deshalb bei Konstruktionen und im Betrieb darauf zu achten, daß die entstehende Reibungswärme möglichst wirksam abgeführt wird; das ist bei Paarungen Kunststoff/Metall vorteilhaft. Die teilkristallinen Thermoplaste PA 6, PA 66, POM, PET, PBT verhalten sich hier besonders günstig. PTFE als Lagerwerkstoff benötigt besondere konstruktive Maßnahmen, um das Kriechen unter Belastung zu vermeiden, z. B. nur als dünne Laufschicht oder mit Stützschalen aus Metall (Verbundlager).

22 Thermische Prüfungen

Normen:

DIN EN ISO 75	Bestimmung der Wärmeformbeständigkeitstemperatur Teil 1: Allgemeine Prüfmethode Teil 2: Kunststoffe und Hartgummi Teil 3: Hochfeste duroplastische Laminate und langfaserverstärkte Duroplaste
DIN EN ISO 306	Bestimmung der Vicat-Erweichungstemperatur
DIN EN ISO 2578	Bestimmung der Temperatur-Zeitgrenzen bei langanhaltender Wärmeeinwirkung (ersetzt DIN 53446)
DIN 53424	Bestimmung der Formbeständigkeit in der Wärme von harten Schaumstoffen bei Biege- und Druckbeanspruchung
DIN 53447	Bestimmung der Torsionssteifheit in Abhängigkeit von der Temperatur
(DIN 53462	Formbeständigkeit in der Wärme nach Martens)

Für den Einsatz von technischen Formteilen aus Kunststoffen ist die Formbeständigkeit in der Wärme besonders wichtig. Die durch verschiedene Prüfverfahren ermittelten Kennwerte der Formbeständigkeit in der Wärme lassen jedoch keine Aussage zu über die *maximale Gebrauchstemperatur* der Kunststoffe. Kennwerte für Kunststoffe sind nur dann vergleichbar, wenn sie nach dem gleichen Verfahren ermittelt wurden. Art der Temperatureinwirkung (Bäder oder Gase), Form der Kunststoffteile und Herstellungsbedingungen haben großen Einfluß. Keinesfalls kann deshalb aus dem Kennwert eines Verfahrens auf Kennwerte nach einem anderen Verfahren umgerechnet werden, da die Beanspruchungsarten zu verschieden sind.

Diese Prüfverfahren werden meist zur Herstellungskontrolle von Formmassen angewendet, aber auch zur Beurteilung von ebenflächigen Formteilen, aus denen die vorgeschriebenen Probekörper herausgearbeitet werden können.

Die Formbeständigkeit in der Wärme nach *Martens* DIN 53462 wurde an Duroplasten ermittelt, ist aber für die Prüfung von Duroplasten nicht mehr vorgesehen; Kennwerte sind in älterer Literatur noch vorhanden. Duroplaste werden heute ebenfalls nach DIN EN ISO 75 geprüft.

22.1 Formbeständigkeit in der Wärme

22.1.1 Wärmeformbeständigkeitstemperatur T_f

Normen:

DIN EN ISO 75 Bestimmung der Wärmeformbeständigkeitstemperatur
Teil 1: Allgemeine Prüfmethode
Teil 2: Kunststoffe und Hartgummi
Teil 3: Hochfeste duroplastische Laminate und langfaserverstärkte Kunststoffe

Kennwerte

> **DIN EN ISO 75:** T_f **Wärmeformbeständigkeitstemperatur**
> s **Standarddurchbiegung** (siehe Tabelle 22.2)
> (früher nach DIN 53461: Formbeständigkeitstemperatur HDT (Heat Deflection Temperature)

Bei diesem Verfahren wird die Formbeständigkeit von Probekörpern ermittelt, die meist in einem Flüssigkeitsbad bei steigender Temperatur einer konstanten Dreipunkt-Biegebeanspruchung (Bild 22.1) ausgesetzt sind. Das Verfahren wird für thermoplastische und duroplastische (Verfahren C) Kunststoffe eingesetzt.

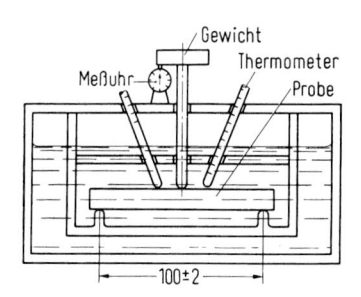

Bild 22.1 Versuchsanordnung zur Bestimmung der Formbeständigkeitstemperatur

Probekörper werden hergestellt durch Spritzgießen oder Pressen (DIN EN ISO 294, DIN EN ISO 295, ISO 293) unter festgelegten Bedingungen (siehe Tabelle 20.2) oder spanend durch Aussägen oder Fräsen aus Halbzeugen oder Formteilen (DIN EN ISO 2818). Oberfläche muß frei sein von Fehlstellen. Abmessungen der Probekörper siehe Tabelle 22.1.

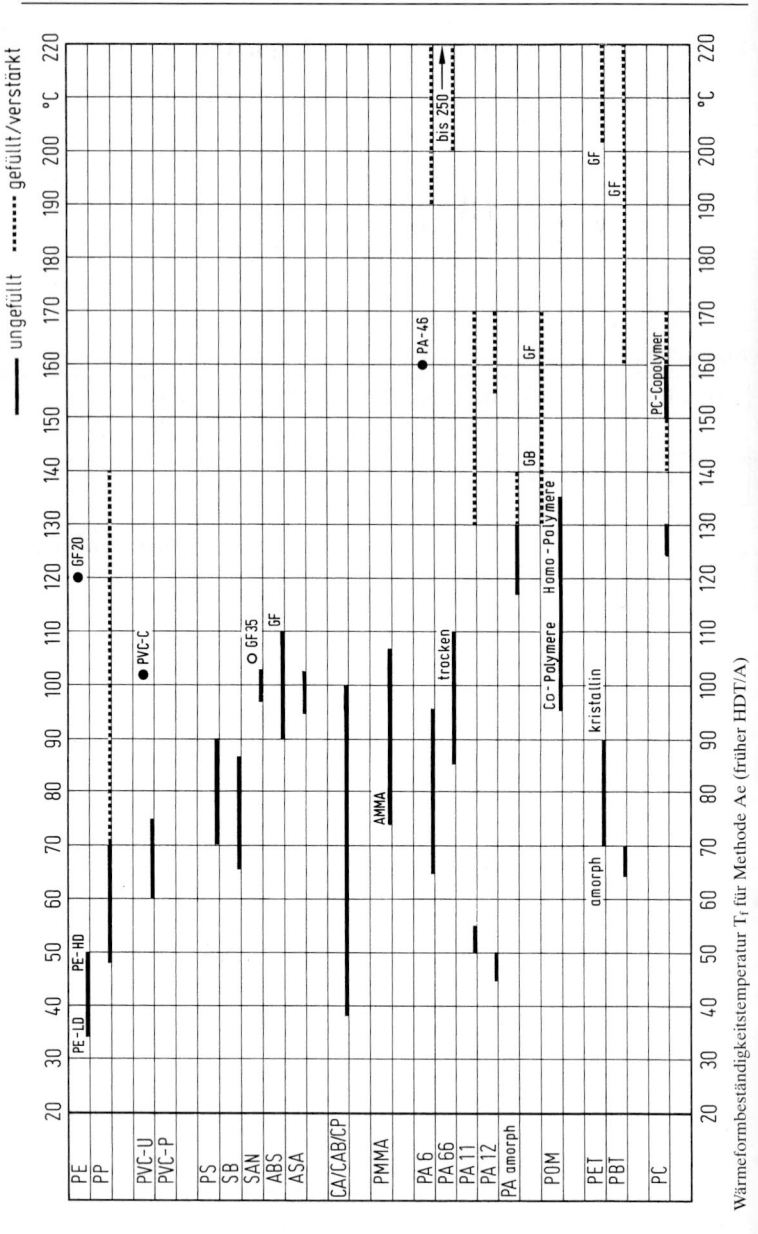

22 Thermische Prüfungen

—— ungefüllt .... gefüllt/verstärkt

Wärmeformbeständigkeitstemperatur T_f für Methode Ae (früher HDT/A)

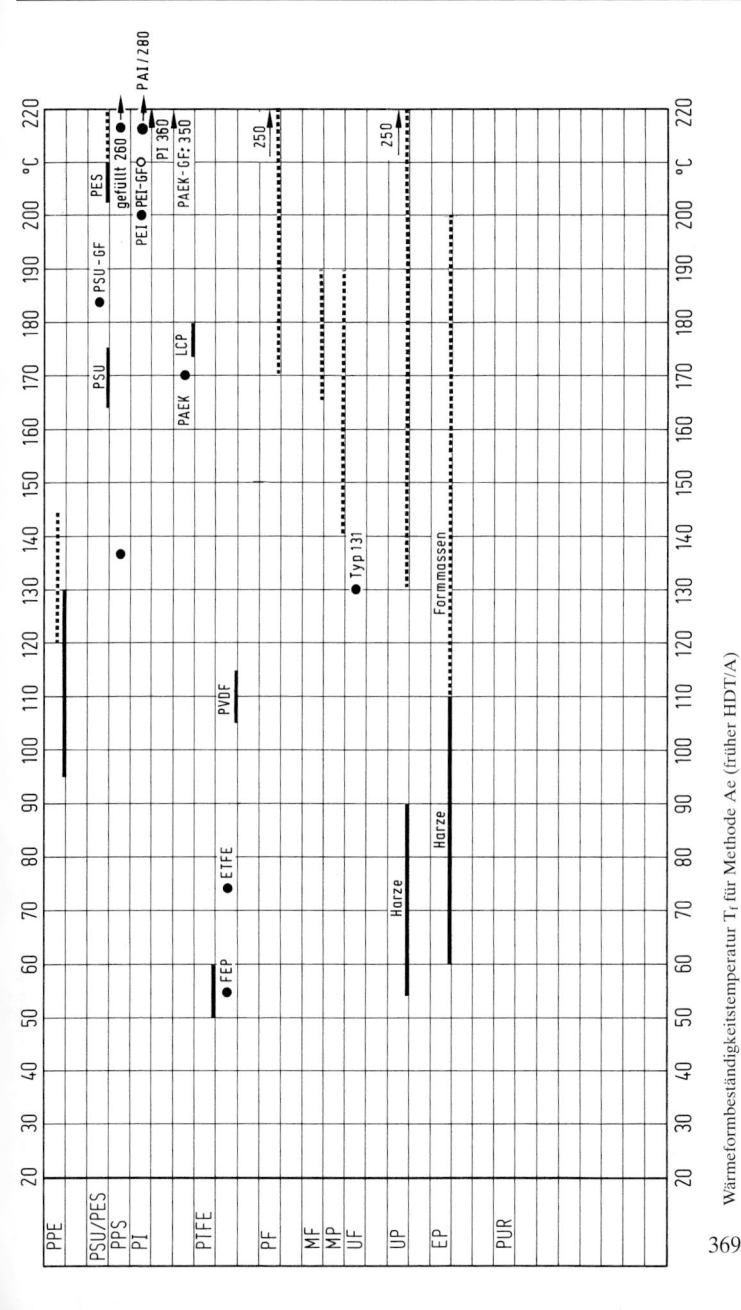

22.1 Formbeständigkeit in der Wärme

22 Thermische Prüfungen

Tab. 22.1 Abmessungen der Probekörper zur Bestimmung der Wärmeformbeständigkeitstemperatur

	Auflagerabstand L mm	Länge l mm	Breite b mm	Höhe h mm	Prüfung
DIN EN ISO 75	100	120	9,8 bis 15	3,0 bis 4,2	schmalseitig e
DIN EN ISO 75	64	80	10	4	breitseitig f
DIN 53461 (alt)	100	110	3,4 bis 4,2	9,8 bis 15	schmalseitig e

Prüfung erfolgt an mindestens 2 Probekörpern meist im Flüssigkeitsbad. Beanspruchung unter Dreipunktbiegung durch mittige Einzelkraft F so, daß sich in Stabmitte eine größte Biegespannung σ ergibt bei

Verfahren A: σ = 1,8 MPa
Verfahren B: σ = 0,45 MPa
Verfahren C: σ = 8,0 MPa

Das aufzulegende Gewicht zur Erzeugung dieser Spannungen errechnet sich wie folgt:

$$F = \frac{2 \cdot \sigma \cdot b \cdot h^2}{3 \cdot L}$$ für flache (flatwise) Probekörperanordnung.

Für das Flüssigkeitsbad sollten nur solche Medien verwendet werden, die den Probekörper nicht angreifen. Zuerst wird die Badtemperatur bei 20 °C bis 23 °C und die Biegespannung σ je nach Verfahren 5 min lang gehalten, dann die Meßeinrichtung auf „Null" gestellt und danach mit einer Aufheizgeschwindigkeit von 2 K/min erwärmt bis eine Durchbiegung des Probekörpers in Probenmitte entsprechend Tabelle 22.2 erreicht ist, was einer Dehnung von 0,2 % an der Oberfläche entspricht.

Auswertung erfolgt so, daß die Temperatur ermittelt wird, bei der die Probekörper die vorgeschriebene Durchbiegung (Tabelle 22.2) erreicht haben.

Kennwert: Wärmeformbeständigkeitstemperatur in °C nach DIN EN ISO 75:

T_f unter Angabe von Probenform und Randfaserdehnung; es werden die Methoden A, B oder C angegeben, um die Randfaserdehnung zu kennzeichnen und mit „e" und „f" die Probekörperanordnung, z. B. Methode Af (Randfaserdehnung σ = 1,8 MPa, flachkant, breitseitig).

Anmerkungen
Nach DIN 53461 wurden die Probekörper ausschließlich hochkant (edgewise: schmalseitig) geprüft und Formbeständigkeitstemperatur HDT ermittelt. DIN EN ISO 75 sieht noch eine schmalseitige Prüfung (flatwise: breit-

22.2 Verhalten von Kunststoffen bei Temperatureinwirkung

Tab. 22.2 Standarddurchbiegung s in Abhängigkeit von der Probenhöhe bei Hochkantprüfung (edgewise)

Probekörperhöhe (Breite b des Probekörpers) mm	Standarddurchbiegung s (in Probenmitte) mm
9,8 bis 9,9	0,33
10,0 bis 10,3	0,32
10,4 bis 10,6	0,31
10,7 bis 10,9	0,30
11,0 bis 11,4	0,29
11,4 bis 11,9	0,28
12,0 bis 12,3	0,27
12,4 bis 12,7	0,26
12,8 bis 13,2	0,25
13,3 bis 13,7	0,24
13,8 bis 14,1	0,23
14,2 bis 14,6	0,22
14,7 bis 15,0	0,21

seitig) an einem kurzen Probekörper (aus dem Vielzweckprobekörper entnommen) vor, der ebenfalls bei verkürztem Auflageabstand geprüft wird (Tabelle 22.1).

22.1.2 Vicat-Erweichungstemperatur

Norm:

DIN EN ISO 306   Bestimmung der Vicat-Erweichungstemperatur

Kennwert

VST	**Vicat-Erweichungstemperatur** (Vicat Softening Temperature)

22 Thermische Prüfungen

——— ungefüllt   ········ gefüllt/verstärkt

Vicat-Erweichungstemperatur VST/A bzw. VST/B

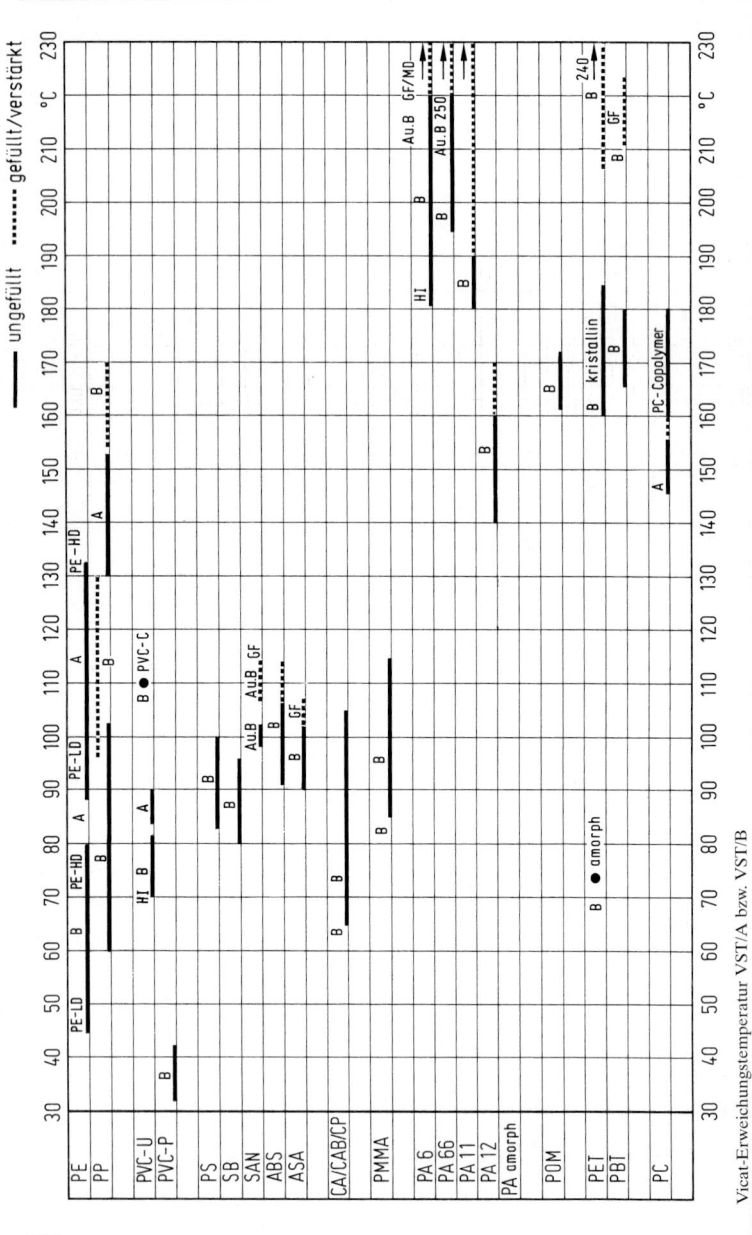

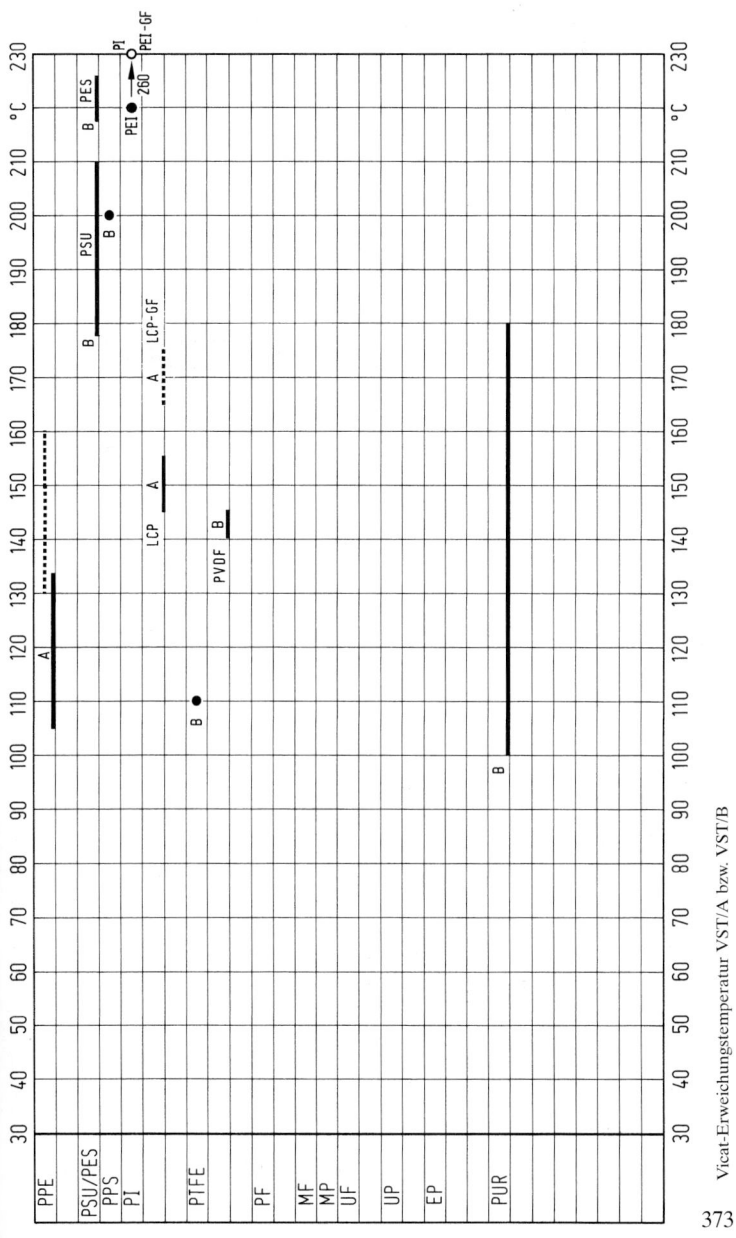

22.2 Verhalten von Kunststoffen bei Temperatureinwirkung

Vicat-Erweichungstemperatur VST/A bzw. VST/B

Durch dieses Prüfverfahren kann das Erweichungsverhalten von (am geeignetsten amorphen) thermoplastischen Kunststoffen bei Erwärmung bestimmt werden.

Probekörper werden hergestellt durch Spritzgießen oder Pressen (DIN EN ISO 294, DIN EN ISO 295, ISO 293) unter festgelegten Bedingungen (siehe Tabelle 20.2) oder spanend durch Aussägen oder Fräsen aus Halbzeugen oder Formteilen (DIN EN ISO 2818). Oberflächen müssen frei sein von Fehlstellen und planparallel.

Abmessungen 10 mm × 10 mm oder 10 mm Durchmesser mit einer Dicke von 3 mm bis 6,5 mm. Bei Probekörpern mit einer Dicke unter 3 mm höchstens 3 Stücke mit gutem Kontakt bis zur vorgeschriebenen Dicke aufeinanderlegen; die oberste Schicht muß mindestens 1,5 mm dick sein. Bei Proben mit mehr als 6,5 mm Dicke muß die Probe auf 3 mm bis 6,5 mm abgearbeitet werden; zu prüfen ist die unbearbeitete Oberfläche.

Prüfung erfolgt mit einer zylindrischen Stahlnadel mit einer Auflagefläche von 1 mm^2, die senkrecht auf die Probekörperoberfläche aufgesetzt wird. Prüfung erfolgt in geeigneter Temperierflüssigkeit, die den Probekörper nicht angreifen darf. Zuerst 5 min temperieren bei 20 °C bis 23 °C oder bei einer Temperatur, die rd. 50 K tiefer liegt als die erwartete Vicat-Erweichungstemperatur, dann Stahlnadel mit Gewicht belasten und Temperierflüssigkeit gleichmäßig um 50 K/h oder 120 K/h erwärmen (Bild 22.2).

Gewichtsbelastung bei Verfahren A: $(10 \pm 0{,}2)$ N
Verfahren B: (50 ± 1) N

Auswertung erfolgt so, daß die Temperatur bestimmt wird, bei der die Vicat-Nadel 1,0 mm ± 0,1 mm tief in den Probekörper eingedrungen ist.

Kennwert: Vicat-Erweichungstemperatur in °C

VST/A50 = 96 °C bedeutet z. B., daß nach Verfahren A bei einer Aufheizgeschwindigkeit von 50 K/h geprüft wurde.

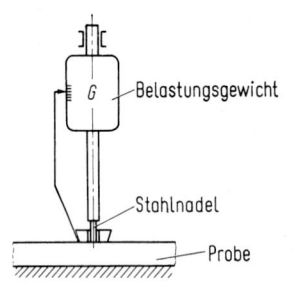

Bild 22.2   Versuchsanordnung zur Bestimmung der Vicat-Erweichungstemperatur

22.2 Verhalten von Kunststoffen bei Temperatureinwirkung

Normen:

DIN EN ISO 2578	Bestimmung der Temperatur-Zeit-Grenzen bei langanhaltender Wärmeeinwirkung (alte Norm DIN 53446).
IEC 216–1 bis –5	Anleitung zur Bestimmung des thermischen Langzeitverhaltens von elektrischen Isolierstoffen.

Kennwerte

TI	**Temperatur-Index**
RTI	**Relativer Temperatur-Index**
HIC	**Halbwert-Intervall**

Nach der alten DIN 53446 wurden ermittelt:

TI	Temperaturindex
GTP	Temperaturprofil
TEP	Thermisches Lebensdauerprofil nach IEC 216

Bei langanhaltender Wärmeeinwirkung auf Kunststoffe tritt eine sog. Wärmealterung auf, die sich in Änderungen von Eigenschaften zeigt. Die internationale Norm DIN EN ISO 2578 legt die Grundsätze und die Versuchsdurchführung fest, um das thermische Langzeitverhalten von Kunststoffen bei andauernder Wärmeeinwirkung in Luft bewerten zu können. Wenn das thermische Langzeitverhalten in anderer Umgebung und/oder mit anderen Beanspruchungen beurteilt werden soll, so müssen besondere Versuche durchgeführt werden. Es wird die Änderung der Eigenschaften nach Abkühlung auf Raumtemperatur gemessen. Die Eigenschaften der Kunststoffe ändern sich infolge Wärmeeinwirkung unterschiedlich schnell. Das Wärmealterungsverhalten verschiedener Kunststoffe wird durch Festlegen einer bestimmten Eigenschaft und der Zeitdauer bis zum Erreichen eines zulässigen Grenzwertes verglichen.

Die Anwendung dieser Norm beruht auf der Annahme, daß ein praktisch linearer Zusammenhang besteht zwischen dem Logarithmus der Lagerungsdauer, um eine vorgegebene Eigenschaftsänderung zu bewirken, und dem Kehrwert der zugehörigen absoluten Temperatur (Arrhenius-Gesetz). Für die zu prüfenden Kunststoffe darf im Prüfbereich kein Phasenübergang auftreten. Die Prüfverfahren sind sehr aufwendig, da bei mindestens drei Warmlagerungstemperaturen in drei Wärmeschränken über 100 h bis 5000 h geprüft werden muß.

Probekörper richten sich in Abmessungen und Herstellbedingungen nach den Bestimmungen der einschlägigen Prüfverfahren. Die Mindestanzahl n der erforderlichen Probekörper hängt ab von der Anzahl der Probekörper a je Meßpunkt (z. B. 4), der Anzahl der Lagerungstemperaturen c (z. B. 4), der Anzahl der Lagerzeiten b bei einer Temperatur (z. B. 6) und der Anzahl von Probekörpern d zur Bestimmung des Anfangswertes bei Raumtemperatur (z. B. 6). Dies ergibt für das angegebene Beispiel n = (a × b × c) × d = 125. Die große Anzahl von Probekörpern und Einzelprüfungen macht oft eine Reduzierung der Anzahl erforderlich, was jedoch die Genauigkeit der Prüfergebnisse beeinträchtigt. Es wird empfohlen durch orientierende Prüfungen die Anzahl und Dauer der Alterungsversuche abzuschätzen.

Die ***Prüfung*** bezieht sich auf die Eigenschaft, die für die praktische Anwendung des Kunststoffs von Bedeutung ist. Es müssen hierbei international genormte Prüfverfahren angewendet werden. Vor der Wärmealterung muß bei Raumtemperatur an der erforderlichen Anzahl von konditionierten Probekörpern der Anfangswert bestimmt werden.

Die Wärmealterung erfolgt in Wärmeschränken mit Luftaustausch nach IEC 216-4. Bei Gefahr der Beeinflussung von Probekörpern unterschiedlicher Kunststoffe sind getrennte Wärmeöfen zu verwenden. Die Warmlagerungstemperaturen sind so zu wählen, daß der Eigenschaftsgrenzwert bei der niedrigsten Warmlagerungstemperatur in mindestens 5000 h und bei der höchsten in mindestens 100 h erreicht wird. Die niedrigste Warmlagerungstemperatur darf nicht mehr als 25 K über dem erwarteten Temperatur-Index TI liegen. Der Grenzwert der gewählten Eigenschaft richtet sich nach dem vorgesehenen Verwendungszweck, im allgemeinen 50 % des Anfangswertes. Nach der Warmlagerung wird die erforderliche Anzahl von Probekörpern aus dem Wärmeschrank genommen und wenn nötig konditioniert. Anschließend erfolgt die Prüfung bei Raumtemperatur.

Auswertung erfolgt meist graphisch. Für jede Warmlagerungstemperatur werden die ermittelten Eigenschaftswerte in Abhängigkeit vom Logarithmus der Lagerzeit aufgezeichnet (Bild 22.3). Die Punkte, an denen die Kurven der Warmlagerungstemperaturen die Ordinate des Grenzwertes schneiden, sind die Ausfallzeiten. Die Berechnung des thermischen Langzeit-Diagramms (Arrhenius-Diagramm) erfolgt aus den Ausfallzeiten und den zugehörigen Warmlagerungstemperaturen. Dabei wird die Ausfallzeit gegen die zugehörige Lagerungstemperatur auf Diagrammpapier mit logarithmischer Zeitskala als Ordinate und mit der reziproken absoluten Temperatur als Abszisse aufgetragen. Die Abszisse enthält außerdem die der absoluten Temperatur zugehörige Celsius-Gradteilung (Bild 22.4).

22.3 Gebrauchstemperaturbereiche

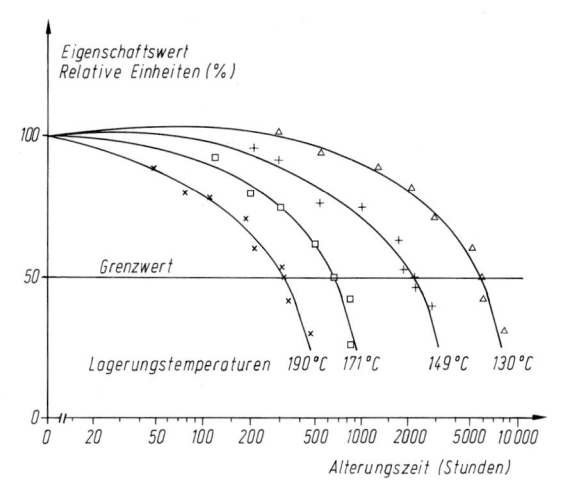

Bild 22.3 Bestimmung der Zeit bis zum Erreichen des Grenzwertes bei verschiedenen Temperaturen, Veränderung der Eigenschaft

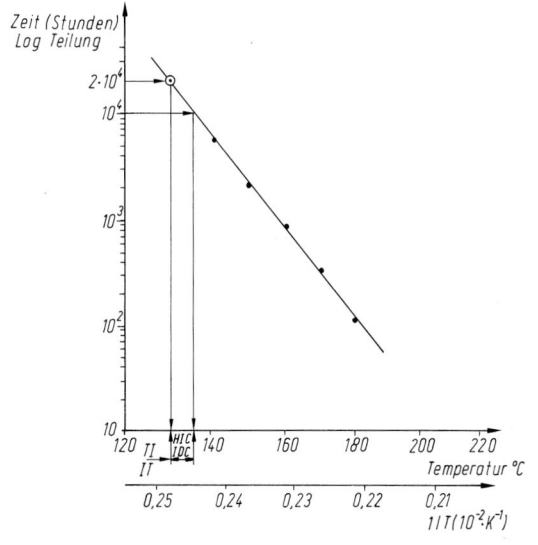

Bild 22.4 Bestimmung des Temperatur-Index TI und des Halbwert-Intervalls HIC im thermischen Langzeit-Diagramm

Die Regressionsgerade wird nach einer Regressionsberechnung (siehe Norm) durch die zugehörigen Meßpunkte gezogen.

Der **Temperatur-Index TI** für die gewählte Zeitspanne (üblicherweise 20000 h) ist die aus der Temperatur-Zeit-Kurve entnommene Temperatur in °C. Er kann auch nach Anhang A von DIN EN ISO 2578 aus den Prüfergebnissen errechnet werden.

Der **relative Temperatur-Index RTI** ist der Temperatur-Index eines Versuchsmaterials für diejenige Zeitspanne, die zum bekannten Temperatur-Index eines Referenzmaterials gehört, wenn beide Materialien denselben Alterungs- und Beurteilungsverfahren in einem Vergleichsverfahren unterworfen werden. Er wird aus den thermischen Langzeit-Diagrammen abgeleitet (Bild 22.5) und hängt insbesondere von der Zeitspanne ab, für die der Temperatur-Index des Referenzmaterials ermittelt wurde.

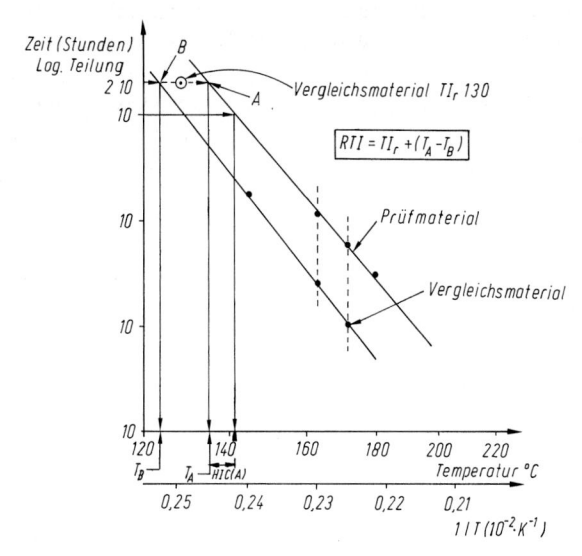

Bild 22.5   Bestimmung des relativen Temperatur-Index RTI

Das **Halbwert-Intervall HIC** ist das Temperatur-Intervall in °C, das zu einer Halbierung der Temperatur des TI führt und ist ein Maß für die Neigung der Temperatur-Zeit-Kurve (Bild 22.4). Er ist keine Konstante, sondern ändert sich mit der Temperatur.

Neben den ermittelten Kennwerten Temperatur Index TI, relativer Temperatur-Index RTI und Halbwert-Intervall HIC sind im Bericht die gewählte

Eigenschaft und der Grenzwert, die Alterungs- und Konditionsbedingungen, die Anzahl der Messungen, die Warmlagerungstemperaturen und -zeiten anzugeben.

Anmerkung: Eine Beurteilung des Wärmeverhaltens von Kunststoff-Formteilen ist durch TI und RTI nicht ohne weiteres möglich. Die Kennwerte erlauben aber einen guten Vergleich des Wärmeverhaltens von Kunststoffen untereinander. Allerdings ist der Kosten- und Zeitaufwand erheblich. Es liegen bis jetzt nur wenige Angaben über Ergebnisse aus diesen Prüfungen vor.

22.3 Gebrauchstemperaturbereiche

Ein Kunststoff gilt dann als temperaturbeständig, wenn während seines Einsatzes bei Gebrauchstemperatur keine, den vorgesehenen Verwendungszweck beeinträchtigende Minderung seiner Eigenschaften auftritt.

Wie bei allen Werkstoffen besteht auch bei Kunststoffen die Tendenz, daß bei *tieferen* Temperaturen die Festigkeit und die Steifigkeit steigen, während die Verformungsfähigkeit abnimmt; dabei kann infolge von Gefügeänderungen eine ausgeprägte Versprödung auftreten; wichtig ist dann der sog. *Kälterichtwert* T_R bzw. die *Glasübergangstemperatur* T_g (vgl. Kap. 21.4). Weiterhin werden bei tieferen Temperaturen das Kriechen und Altern verzögert. Bei *höheren* Temperaturen beobachtet man das entgegengesetzte Verhalten; die Festigkeitskennwerte nehmen ab und die Verformungsfähigkeit nimmt zu, die Kunststoffe werden weniger schlag- und kerbempfindlich. Die Temperaturabhängigkeit der mechanischen Eigenschaften ist bei den Schlagversuchen (siehe Kap. 21.6), sowie bei den Zeitstandversuchen (siehe Kap. 21.7) beschrieben. Die Temperaturbeständigkeit ist eine last- und zeitabhängige Größe (vgl. auch Bestimmung der Zeit-Temperatur-Grenzen, Kap. 22.2). So kann z. B. PF eine Temperatur <150 °C über Jahre hinweg aushalten, 250 °C dagegen aber nur wenige Stunden.

Hinzuweisen ist vor allem darauf, daß weder Formbeständigkeiten in der Wärme (siehe Kap. 22.1), noch Schmelz- und Zersetzungstemperaturen eine Aussage über die Temperaturbeständigkeit von Kunststoffen erlauben. Diese Prüfungsarten liefern nur Vergleichswerte, die nicht ineinander umgewertet werden können. Infolge des unterschiedlichen elastischen und viskoelastischen Verhaltens der Kunststoffe lassen sich mit derartigen Versuchen keine echten Kennwerte ermitteln. Die Ergebnisse dieser Prüfungen können dem Konstrukteur nur Anhaltswerte für die Auswahl eines Kunststoffs hinsichtlich seiner Formstabilität in der Wärme geben. Die ermittelten (Formbeständigkeits-)Temperaturen dürfen auf keinen Fall als maxi-

22 Thermische Prüfungen

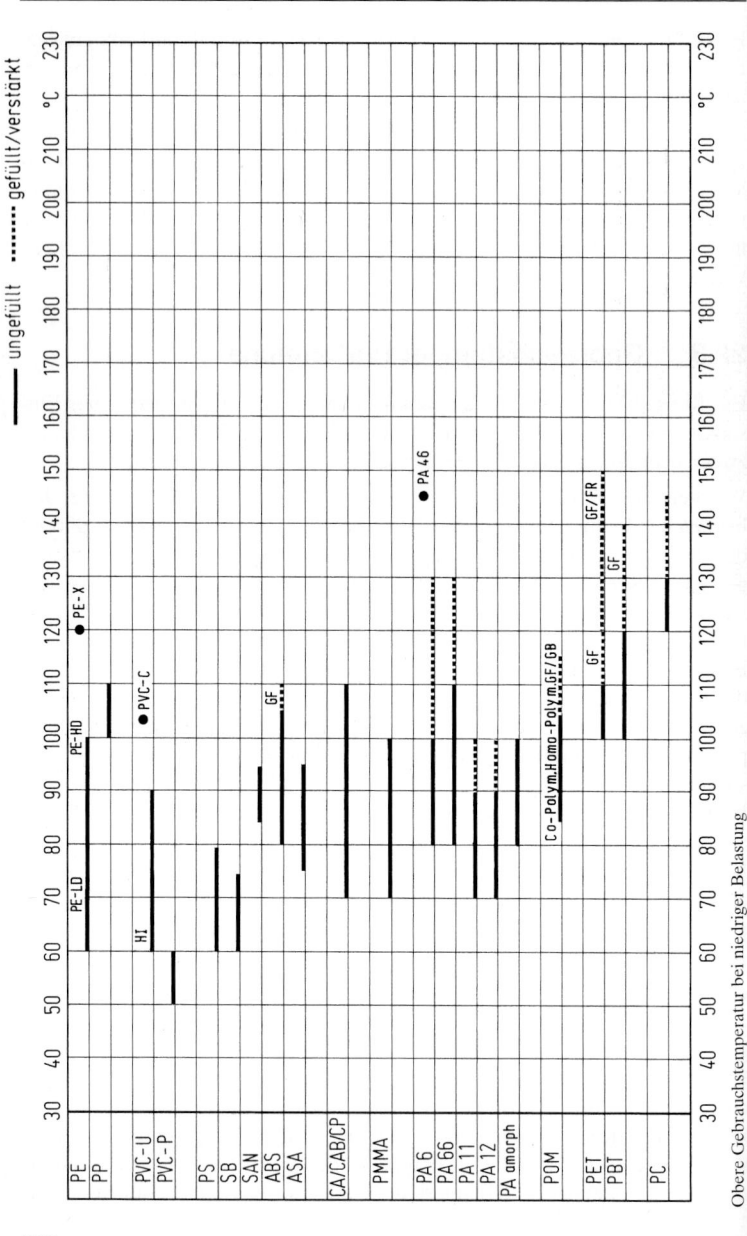

—— ungefüllt ······· gefüllt/verstärkt

Obere Gebrauchstemperatur bei niedriger Belastung

22.4 Wärmeleitfähigkeit

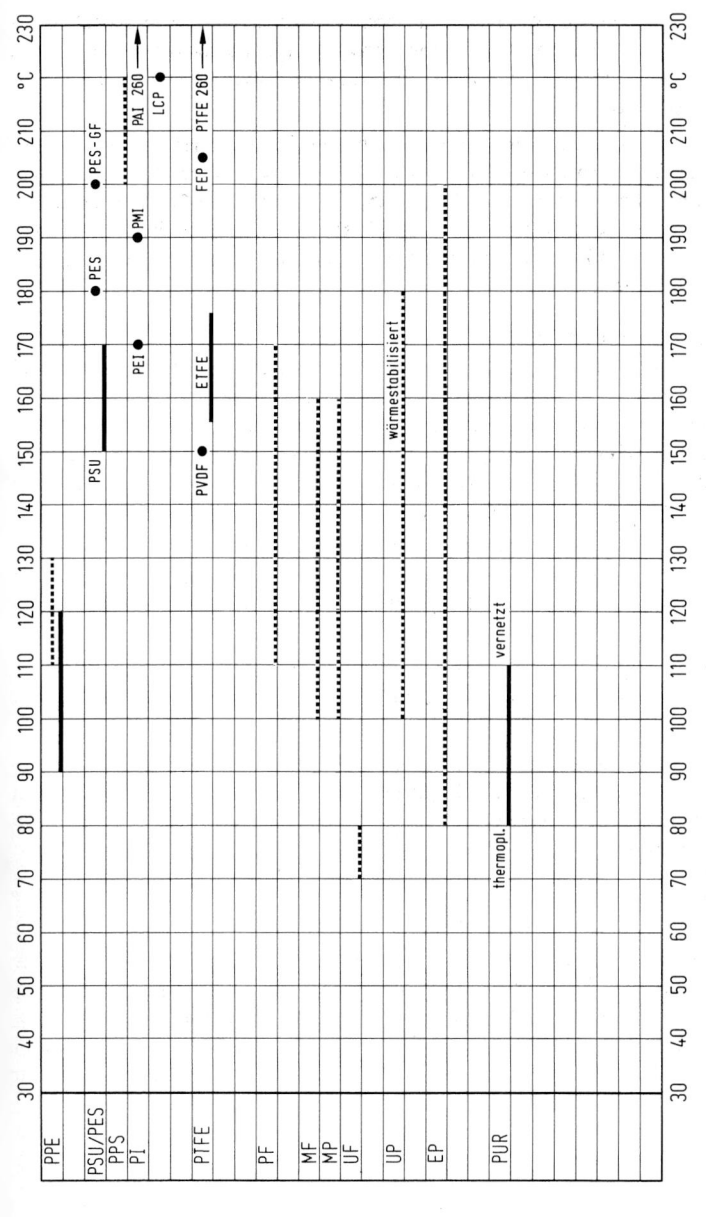

Obere Gebrauchstemperatur bei niedriger Belastung

male Gebrauchstemperaturen angesehen werden. Genauere Angaben erhält man z. B. aus den Schubmodul-Temperatur-Diagrammen (siehe Kap. 21.4), in denen das Werkstoffverhalten aus den Umwandlungsbereichen gedeutet wird.

Bei Formteilen aus Kunststoffen besteht der Wunsch nach Definition einer *Grenz-Gebrauchstemperatur* (DIN 7724). Diese ist jedoch schwierig anzugeben, weil Formteile beim Gebrauch den unterschiedlichsten Anforderungen unterworfen sind, wobei neben der Temperatur die Formteilgestalt und die Belastung sowie das umgebende Medium einen entscheidenden Einfluß auf die Formstabilität haben.

Obere Gebrauchstemperatur

Die obere Gebrauchstemperatur ist der Grenzwert für die Bedingung, daß bei mechanisch beanspruchten Formteilen die zulässige Verformung oder Spannung durch Abfall von Elastizitätsmodul und Festigkeit nicht überschritten wird oder daß keine anderen wesentlichen Eigenschaften des Formteils unzulässig verändert werden oder daß noch keine unzulässige Schrumpfung oder Verzug auftritt.

Die im Diagramm auf Seite 380/381 angegebenen oberen Grenztemperaturen gelten unter der Voraussetzung, daß das Umgebungsmedium Luft ist und daß die langzeitige Temperatureinwirkung bei niedriger Belastung wirkt.

Bei günstigeren Bedingungen, z. B. nur kurzzeitige oder intermittierende Temperaturbeanspruchung können die angegebenen Grenztemperaturbereiche überschritten werden.

Temperatur-Zeitgrenzen der Alterung von Kunststoffen *ohne* Belastung werden nach DIN EN ISO 2578 (alt: DIN 53446 vgl. Kap. 22.2) ermittelt. Auf gleichartiger Grundlage wird der *Underwriters Laboratories Temperature Index* ermittelt.

Untere Gebrauchstemperatur

Bei teilkristallinen Thermoplasten kann aus dem Schubmodul-Temperatur-Diagramm (vgl. Kap. 21.4) die Einfriertemperatur der amorphen Anteile erkannt und die Glasübergangstemperatur T_g ggf. als Versprödungstemperatur angegeben werden. Bei amorphen Thermoplasten gibt auch der Verlauf der Schlagzähigkeit bzw. Kerbschlagzähigkeit über der Temperatur durch den Steilabfall einen Hinweis auf die Versprödungstemperatur (Kap. 21.6).

22.4 Wärmeleitfähigkeit

Norm:

DIN 52612 Bestimmung der Wärmeleitfähigkeit mit dem Plattengerät

Kennwert

λ Wärmeleitfähigkeit

Die Wärmeleitfähigkeit eines Stoffs gibt an, wie groß in einem gegebenen Temperaturfeld der Wärmestrom ist, der die Meßfläche durchströmt unter der Wirkung eines Temperaturgefälles in Richtung der Flächennormalen. Die Wärmeleitfähigkeit eines Kunststoffs ist z. B. wichtig für Abkühlvorgänge im Werkzeug und bestimmt damit auch die Zykluszeit beim Spritzgießen.

Die Wärmeleitfähigkeit von Kunststoffen ändert sich im Bereich von +20°C bis +100°C meist nur wenig (Ausnahme: Polyethylen). Durch Verstrecken und durch Orientierungen wird die Wärmeleitfähigkeit in Orientierungsrichtung erhöht und senkrecht dazu erniedrigt. Kunststoff-Schaumstoffe haben eine besonders niedrige Wärmeleitfähigkeit. Mineralische und metallische Füllstoffe wie Glas, Quarzmehl und Stahldrähte erhöhen die Wärmeleitfähigkeit.

Die Wärmeleitfähigkeit von ebenen Kunststoffplatten wird meist im Zweiplattenverfahren nach *Poensgen* gemessen (Bild 22.6). Es ist jedoch auch eine Prüfung im Einplattenverfahren zulässig.

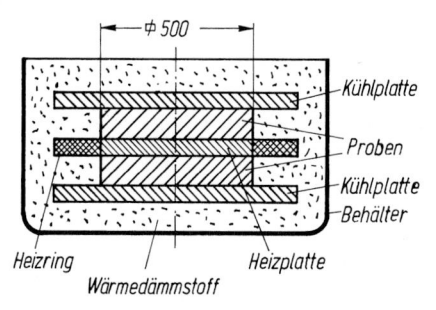

Bild 22.6 Bestimmung der Wärmeleitfähigkeit nach dem Zweiplattenverfahren

Probekörper: Für Standardgerät benötigt man zwei gleiche Platten 500 mm × 500 mm × s mm, mit ebenen, planparallelen Oberflächen; die Dicke s der Platten muß größer 10 mm aber kleiner als 125 mm sein. Die Seitenlänge der Probe muß gleich der Seitenlänge der Heizplatte sein.

22 Thermische Prüfungen

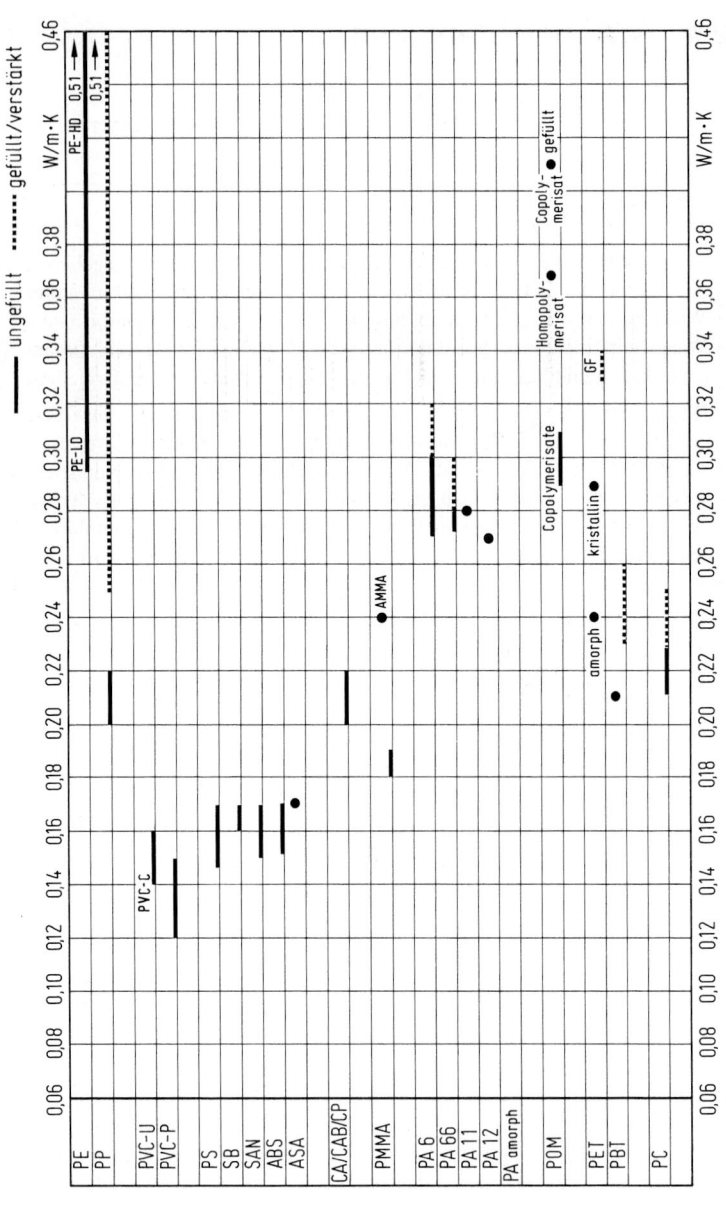

Wärmeleitfähigkeit λ

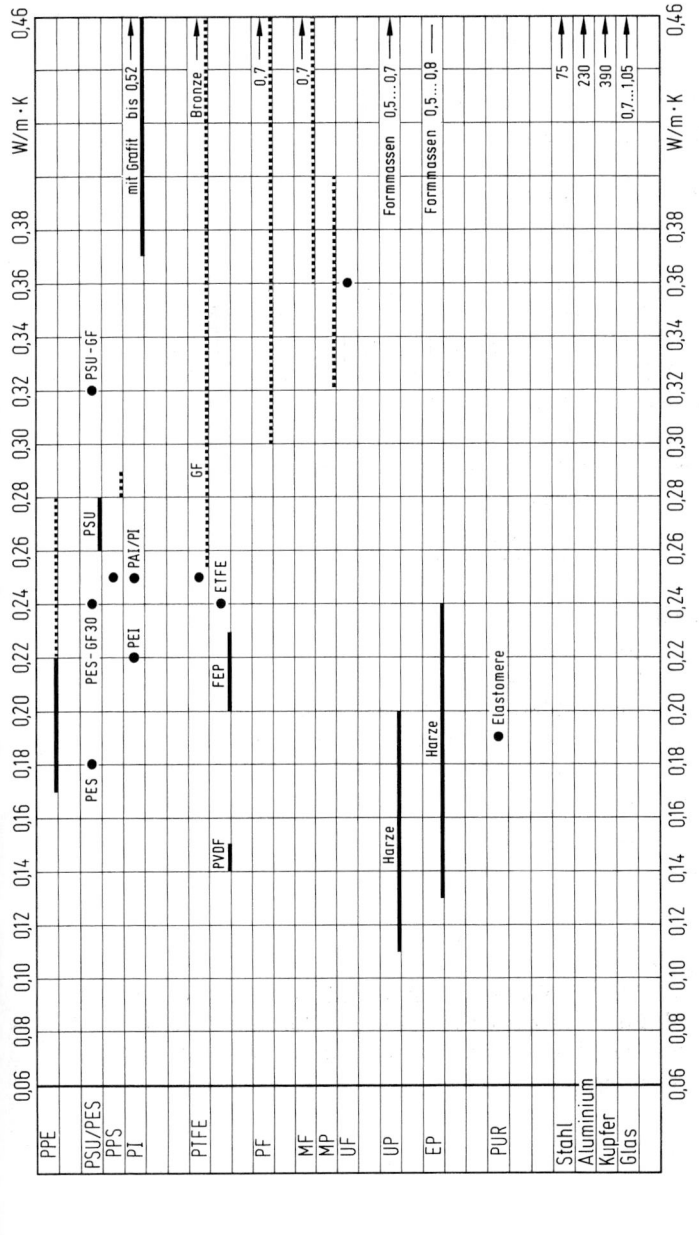

22.5 Thermischer Längenausdehnungskoeffizient

Material	Werte (W/m·K)
PPE	0,18
PSU/PES	PES 0,18; PES-GF 30 0,22
PPS	PSU 0,26...0,28
PI	PAI/PI 0,25; mit Grafit bis 0,52
PTFE	PEI 0,22...0,25; FEP 0,20...0,24; ETFE 0,24; GF 0,28...0,32; PSU-GF 0,32; Bronze →; 0,7 ↑
PVDF	0,14
PF	Harze 0,11...0,20; 0,7 ↑
MF / MP / UF	Harze 0,13...0,22; 0,36 •
UP	• Elastomere 0,20; Formmassen 0,5...0,7
EP	Formmassen 0,5...0,8
PUR	
Stahl	75
Aluminium	230
Kupfer	390
Glas	0,7...1,05

Wärmeleitfähigkeit λ

Vorbehandlung: Vortrocknen der Platten bis Gewichtskonstanz bei 105 °C oder bei anderen Temperaturen unterhalb der Erweichungstemperatur des zu prüfenden Kunststoffs. Feuchte der Probe muß kleiner sein als Feuchte des Formteils beim vorgesehenen Einsatz (vgl. DIN 52612).

Prüfanordnung: Beim *Zweiplattenverfahren* wird die Heizleistung Q der Heizplatte zugeführt. Zur Vermeidung seitlicher Wärmeableitung ist ein Heizring um die Heizplatte gelegt, der auf gleiche Temperatur geheizt wird wie die Heizplatte. Wärmedämmstoff soll Störung der Temperaturverhältnisse vermeiden.

Prüfung: Mit Thermoelementen werden die Oberflächentemperaturen gemessen. Das Temperaturgefälle zwischen kalter und warmer Oberfläche der Proben soll etwa 10 K betragen. Der Versuch ist bei mindestens drei verschiedenen Mitteltemperaturen durchzuführen, die sich um wenigstens 8 K unterscheiden müssen. Die Prüfung von Baustoffen erfolgt i. a. zwischen +10 °C und +40 °C.

Kennwert: Wärmeleitfähigkeit in W/(m · K)

Für die Wärmeleitfähigkeit gilt

$$\lambda = \frac{Q \cdot s_m}{2 \cdot A \cdot (T_{wm} - T_{km})}$$

Dabei bedeuten:

Q Wärmestrom in W
A Fläche der Heizplatte in m^2
s_1, s_2 mittlere Dicke der Proben 1 und 2 in m
T_{w1}, T_{w2} mittlere Temperaturen der Probenoberfläche an der Heizplatte in K
T_{k1}, T_{k2} mittlere Temperaturen der Probenoberfläche an der Kühlplatte in K

$T_{wm} = \frac{1}{2} \cdot (T_{w1} + T_{w2})$

$T_{km} = \frac{1}{2} \cdot (T_{k1} + T_{k2})$

$s_m = \frac{1}{2} \cdot (s_1 + s_2)$

Die Meßunsicherheit beträgt etwa 5 %.

Anmerkung

Das Messen der Wärmeleitfähigkeit nach dem Plattenverfahren verlangt spezielle Erfahrungen auf dem Gebiet der Wärmeströmung und der Temperaturmessung. Andere Prüfverfahren z. B. mit Wärmestrommessern sind ebenfalls möglich.

22.5 Thermischer Längenausdehnungskoeffizient

Norm:

DIN 53752 Prüfung von Kunststoffen, Bestimmung des thermischen Längenausdehnungskoeffizienten
ISO 11359 Plastics – Thermomechanical analysis (TMA)
T1: General principle
T2: Determination of coefficient of linear thermal expansion and glass transition temperature

Kennwert

α	**Thermischer Längenausdehnungskoeffizient**

Umwelteinflüsse wie Temperaturerhöhung und Feuchteänderungen ändern die Abmessungen eines Kunststoff-Formteils.

Der *thermische Längenausdehnungskoeffizient* α (lineare Wärmedehnzahl) gibt an, um wieviel sich die Länge eines Kunststoffteils vergrößert, wenn die Temperatur um 1 K erhöht wird. Der *kubische Wärmeausdehnungskoeffizient* β gibt die Volumenzunahme eines Kunststoff-Formteils bei Erwärmung um 1 K an. Bei kleinen Temperaturänderungen gilt näherungsweise $\beta = 3 \cdot \alpha$.

Der thermische Längenausdehnungskoeffizient ist abhängig von der Temperatur und von den Herstellungsbedingungen. Er nimmt mit fallender Temperatur etwas ab. Durch Nachschwindung, Kristallisation, Feuchte, durch Füllstoffe und Weichmacher werden die thermischen Ausdehnungskoeffizienten der Kunststoffe wesentlich beeinflußt. In den meisten Fällen nimmt der thermische Ausdehnungskoeffizient eines Stoffes mit zunehmendem Elastizitätsmodul (z. B. durch Kristallisation) ab. Bei Kunststoffen kann der thermische Ausdehnungskoeffizient wesentlich herabgesetzt werden durch Verwendung von Füllstoffen (z. B. Glasfasern) mit niedrigem thermischem Ausdehnungskoeffizienten. Die thermischen Ausdehnungskoeffizienten von Kunststoffen sind bedeutend höher als die von Metallen (etwa 10 mal so hoch wie bei Stahl).

Probekörper sind entsprechend dem verwendeten Meßgerät zu wählen, meist 10 mm × 10 mm × 4 mm. Die Proben sollten frei von Orientierungen sein, damit Schrumpfungen nicht zu Fehlmessungen führen.

Prüfung erfolgt mit einem Dilatometer, mit dem auch die thermischen Längenausdehnungskoeffizienten von Metallen ermittelt werden. Ausführungsbeispiele siehe DIN 53 752. Die Fehlerquellen sind bei den Kunststoffen jedoch u. a. durch Nachschwindung und Feuchteaufnahme wesentlich größer. Erwärmung erfolgt meist in heißer Luft durch Temperiereinrichtung des Dilatometers. Bestimmung der Längenänderung durch induktive Wegaufnehmer; Messung der Probentemperatur mit Thermoelementen.

22 Thermische Prüfungen

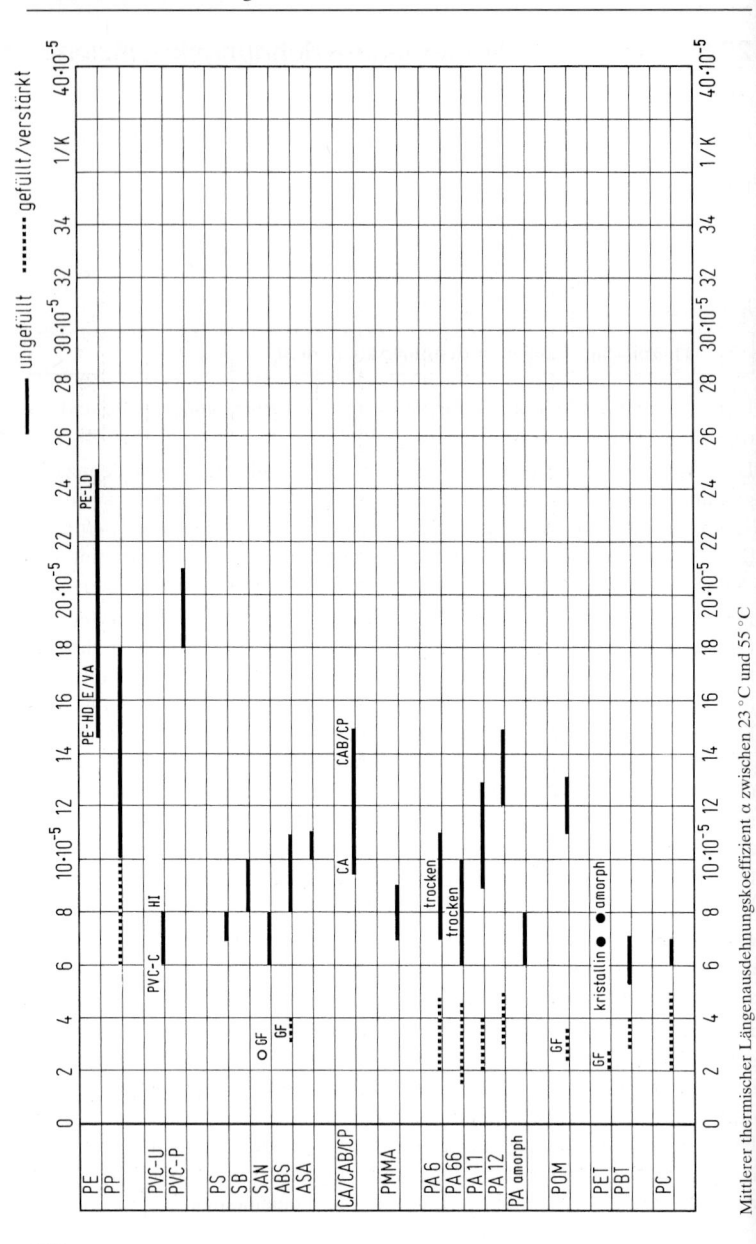

Mittlerer thermischer Längenausdehnungskoeffizient α zwischen 23 °C und 55 °C

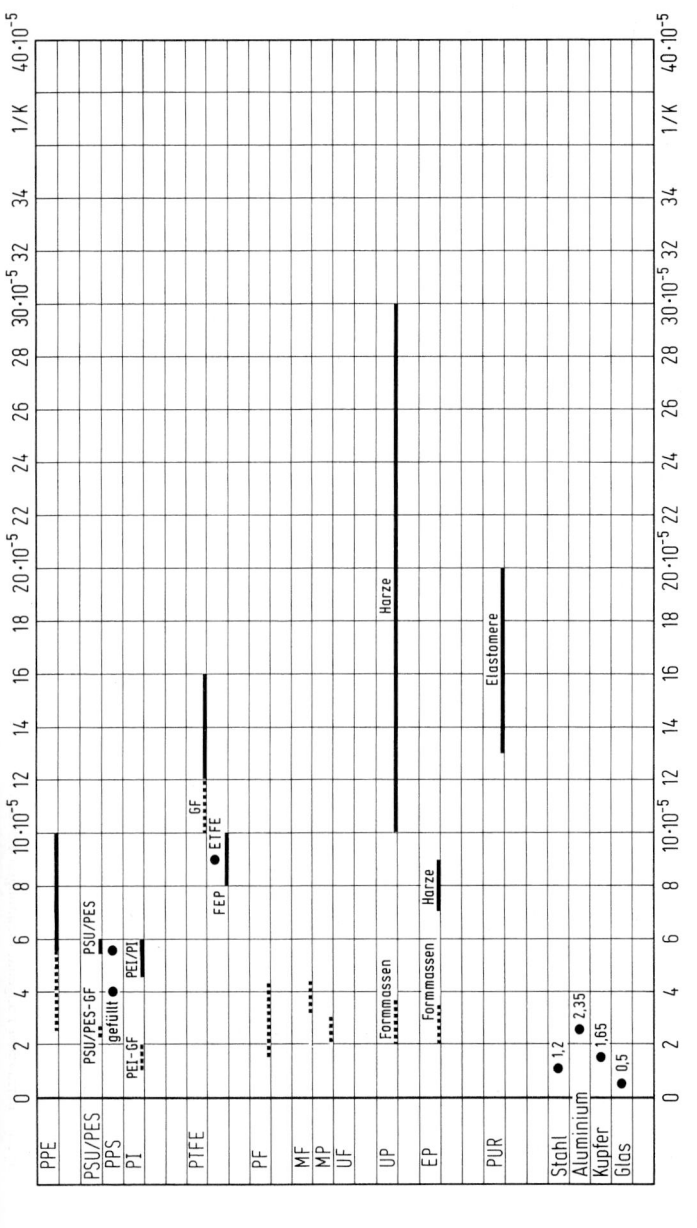

22.5 Thermischer Längenausdehnungskoeffizient

Mittlerer thermischer Längenausdehnungskoeffizient α zwischen 23 °C und 55 °C

Verfahren A: (Messung bei stetiger Temperaturänderung): Die Temperaturanstiegsgeschwindigkeit beträgt 1 K/min; die Längenänderung wird kontinuierlich registriert.

Verfahren B: (Zweipunktmessung): Es handelt sich um ein vereinfachtes Verfahren. Die Längenänderung wird zwischen zwei Temperaturpunkten gemessen; es ergibt sich ein Mittelwert für die Längenänderung zwischen den beiden Temperaturgrenzen.

Beachte: Der thermische Längenausdehnungskoeffizient wird während der Erwärmung und der darauf folgenden Abkühlung bestimmt. In dem gewählten Temperaturbereich dürfen keine thermischen Umwandlungspunkte liegen.

Kennwert: Thermischer Längenausdehnungskoeffizient in 1/K

Der thermische Längenausdehnungskoeffizient ist eine Funktion der Temperatur T.

Verfahren A: Die Auswertung erfolgt rechnerisch aus den aufgenommenen Meßwerten.

Verfahren B: Der mittlere thermische Längenausdehnungskoeffizient ergibt sich zu

$$\alpha = \frac{1}{L_1} \cdot \frac{L_2 - L_1}{t_2 - t_1}$$

nach DIN EN ISO 10350 gilt dann $\alpha = \dfrac{L_{55} - L_{23}}{32 \cdot L_{23}}$

dabei bedeuten

L_1 Länge des Probekörpers bei der Temperatur t_1 (nach DIN EN ISO 10350: 23 °C)

L_2 Länge des Probekörpers bei der Temperatur t_2 (nach DIN EN ISO 10350: 55 °C)

L_{55} Länge des Probekörpers bei 55 °C

L_{23} Länge des Probekörpers bei 23 °C

p   Index für Prüfung in Fließrichtung (parallel)

n   Index für Prüfung senkrecht zur Fließrichtung (normal)

Anmerkung

Bei der Ermittlung des mittleren thermischen Längenausdehnungskoeffizienten muß sichergestellt sein, daß innerhalb des Temperaturbereichs keine Umwandlungs- oder Übergangstemperaturen liegen. In DIN EN ISO 10350 und ISO 11359 wird vorgeschlagen zwischen den Temperaturen $t_1 = 23$ °C und $t_2 = 55$ °C zu messen. Es empfiehlt sich auch die Messung längs (p) und quer (n) am Probekörper.

23 Brennverhalten von Kunststoffen

Normen:

Prüfverfahren für Kunststoffe

DIN EN 60707	Entflammbarkeit fester, nichtmetallischer Materialien bei Einwirkung von Zündquellen – Liste der Prüfverfahren (entspricht VDE 0304 T3, bzw. IEC 60707 und ersetzt DIN IEC 707)
DIN EN 60695	Prüfungen zur Beurteilung der Brandgefahr –
	T2-1/2: Prüfverfahren – Hauptabschnitt 1, Blatt 2: Prüfung mit dem Glühdraht zur Entflammbarkeit von Werkstoffen (entspricht VDE 0471-2-1/2 bzw. IEC 695-2-1/2)
	T 11-10: Prüfflammen – Prüfverfahren mit 50-W-Prüfflamme horizontal und vertikal (entspricht VDE 0471 T 11-10 bzw. IEC 60695-11-10 und **ersetzt DIN EN ISO 1210**)
	T 11-20: Prüfflammen – Prüfverfahren mit einer 500-W-Prüfflamme
DIN EN ISO 4589	Bestimmung des Brennverhaltens durch den Sauerstoff-Index
	T1: Anleitung
	T2: Prüfung bei Umgebungstemperatur
	T3: Prüfung bei erhöhter Temperatur
DIN EN ISO 1210	ersetzt durch DIN EN 60695-11-10
DIN EN ISO 5659	Kunststoffe – Rauchentwicklung
DIN EN ISO 13943	Brandschutz (Vokabular)
DIN EN ISO 9773	Kunststoffe – Bestimmung des Brandverhaltens von dünnen, biegsamen, vertikal ausgerichteten Probekörpern in Kontakt mit einer kleinen Zündquelle
DIN EN ISO 10093	Kunststoffe – Brandprüfung – Standard-Zündquellen
ISO 181	Kunststoffe – Bestimmung der Entflammungseigenschaften von festen Kunststoffen in Form von kleinen Probekörpern bei Berührung mit einem Glühstab
ISO 3261	Brandprüfung – Begriffe und Definitionen
DIN IEC 707	ersetzt durch DIN EN 60707
DIN 4102 T1	Brandverhalten von Baustoffen und Bauteilen
DIN 19531-10	Rohr- und Formstücke aus weichmacherfreiem Polyvinylchlorid (PVC-U) für Abwasserleitungen innerhalb von Gebäuden –
	T10: Brandverhalten, Überwachung und Verlegehinweise

23 Brennverhalten von Kunststoffen

DIN 40802 T1	Beflammungsprüfung (entspricht VDE 0318 T1a und ist abgeleitet von der HB-Prüfung nach UL 94)
DIN 50050 T2	Brennverhalten von Werkstoffen – Großer Brennkasten
DIN 50055	Lichtmeßstrecke für Rauchentwicklungsprüfungen
DIN 53438	Prüfung von brennbaren Werkstoffen: Verhalten beim Beflammen mit einem Brenner
DIN 75200	Bestimmungen des Brennverhaltens von Werkstoffen der Kraftfahrzeuginnenausstattung
VDE 0340 T1	Brennbarkeitsprüfungen für Folien
VDE 0345	Entflammbarkeitsprüfung für Folien
VDE 0471	Prüfungen zur Beurteilung der Brandgefahr (entspricht IEC 695 bzw. DIN EN 60695)
UL 94	Standard for Safety – Tests for Flammability of Plastic Materials for Parts in Devices and Appliances

Prüfverfahren für Fertigteile

VDE 0470	Glühdornprüfung
VDE 0471 T2	Glühdrahtprüfung
VDE 0471 T3	Glühkontaktprüfung
VDE 0471 T5	Beflammungsprüfung
VDE 0471 T6	Prüfung mit Kriechstrom als Zündquelle

Anmerkungen

In den Normen heißt es teilweise „Brandprüfung bzw. Brandverhalten" und teilweise „Brennverhalten"; es besteht (noch) keine einheitliche Bezeichnung.

Im Datenkatalog DIN EN ISO 10350 (Kapitel 20) wird die Brennbarkeit nach DIN EN ISO 1210 ermittelt; diese DIN-Norm ist inzwischen ersetzt durch DIN EN 60695-11-10, die sich an UL 94 anlehnt. Bei der Formteilprüfung hat die *Glühdrahtprüfung* besondere Bedeutung.

Unter dem *Brandverhalten/Brennverhalten* von Kunststoffen versteht man alle physikalischen und chemischen Veränderungen, wenn Kunststoffteile dem Feuer ausgesetzt sind und *unkontrolliert* brennen. Wenn solche Formteile einer *kontrollierten* Beflammung ausgesetzt sind, spricht man von *Brennverhalten*. Die *Entflammbarkeit* eines Kunststoffs ist seine Fähigkeit, unter festgelegten Prüfbedingungen mit einer Flamme zu brennen; die *Entzündbarkeit* ist die Eigenschaft, unter festgelegten Prüfbedingungen entzündet werden zu können.

Das Brandverhalten ist keine Stoffeigenschaft, es wird bestimmt durch die Entzündlichkeit, die Rauchentwicklung und die Verbrennungswärme, sowie die Toxizität und Korrosivität der Rauchgase. Diese Faktoren hängen nicht nur vom Kunststoff, sondern auch von den Umgebungsbedingungen, wie z. B. Art, Dauer der Einwirkung und Intensität der Zündquelle, Luftzufuhr und Form und Anordnung der Formteile ab. Wegen der Komplexität des Brandverhaltens wurde eine Vielzahl von Prüfverfahren entwickelt, von denen einige für bestimmte Anwendungsfälle vorgeschrieben sind.

Flammschutzmittel (siehe auch Kap. 9.1)
Kunststoffe brennen wie alle anderen brennbaren Stoffe im vollentwickelten Brand. Um das Brandrisiko abschätzen zu können, ist das Verhalten der Kunststoffe in der Phase der Brandentstehung bis zum Flammenüberschlag von Bedeutung. Das sind die *Entzündbarkeit*, die *Entflammbarkeit* und das *Brennverhalten*. Dieses Verhalten der Kunststoffe kann durch Zugabe von *Flammschutzmitteln* (FR-Ausrüstung) mehr oder weniger stark beeinflußt werden. Flammschutzmittel greifen während der *Erwärmung*, *Zersetzung*, *Zündung* oder *Flammenausbreitung* in den Verbrennungsvorgang ein. Ihre Wirkung besteht zumeist in einer chemischen Reaktion in der festen oder gasförmigen Phase des Kunststoffs, was zu einem Abreißen der Flamme oder zur Ausbildung einer Kohleschicht auf der Kunststoffoberfläche führt. Es sind jedoch auch physikalische Wirkungen von Flammschutzmitteln wie *Kühlung* oder *Ausbildung einer Schutzschicht* möglich.

Additive Flammschutzmittel werden bevorzugt bei Thermoplasten verwendet und vielfach dem Kunststoff zugemischt. *Reaktive Flammschutzmittel* sind im Kunststoffmolekül eingebaut, insbesondere in Duroplasten. Kombinationen von beiden Arten sind besonders wirksam.

Als Flammschutzmittel wurden bisher überwiegend halogenhaltige Verbindungen eingesetzt, die aber aus Umweltgründen durch halogenfreie, allerdings aber z. T. etwas weniger wirksame Verbindungen ersetzt werden. Flammschutzmittel beeinflussen die physikalischen Eigenschaften der Kunststoffe und wirken sich vielfach auch auf die Verarbeitung aus, vgl. auch Kapitel 5.5.

Brandverhalten/Brennverhalten
Das Brandverhalten/Brennverhalten von Kunststoffen ist für folgende Anwendungsgebiete von besonderer Bedeutung:

Im *Bauwesen* bestehen besondere Vorschriften für den Brandschutz.

Im *Verkehrswesen* bei Kraftfahrzeugen, Schienenfahrzeugen, Flugzeugen und Schiffen, insbesondere beim Transport gefährlicher Stoffe, gelten besondere Sicherheitsvorschriften.

23 Brennverhalten von Kunststoffen

In der *Elektrotechnik* muß beim Einsatz von Kunststoffen sichergestellt sein, daß sie im Betrieb oder beim fehlerhaften Ausfall einen Brand nicht unzulässig begünstigen.

Für *Eisenbahnfahrzeuge* gelten in Deutschland Prüfkriterien der Deutschen Bahn AG, die Brandverhalten, Rauchentwicklung und Abtropfen der Kunststoffe und Bauteile beurteilen.

Für *Flugzeuge* sind brandschutztechnische Anforderungen und Prüfungen in den *US-Federal Aviation Regulations* (FAR) festgelegt, die von den meisten Staaten ganz oder teilweise übernommen wurden.

Prüfvorschriften für Lagerung und Transport gefährlicher Stoffe

Behälter aus Kunststoffen werden wegen geringen Gewichts und chemischer Beständigkeit vielfach zur Lagerung und zum Transport eingesetzt, wobei das brandschutztechnische Risiko gegenüber Metallbehältern in der Regel nicht erhöht wird. Tanks aus Kunststoffen müssen in Deutschland nach der „Verordnung über Lagerung und Beförderung brennbarer Flüssigkeiten zu Lande (VBF)" der Bauart nach zugelassen sein. Für spezielle Anwendungsfälle bestehen außerdem besondere Prüfvorschriften.

Prüfvorschriften in der Elektrotechnik

Der Einsatz von Kunststoffen in elektrotechnischen Erzeugnissen macht hinsichtlich der Brandsicherheit besondere Sicherheitsmaßnahmen erforderlich, sowohl bei der *Werkstoffauswahl* als auch bei den *konstruktiven Maßnahmen*.

Die Brandprüfverfahren der Elektrotechnik können in Werkstoff- und Formteilprüfungen eingeteilt werden. In Deutschland sind die feuersicherheitlichen Prüfverfahren in VDE-Vorschriften und in DIN-, DIN EN- oder DIN EN ISO-Normen festgelegt.

Prüfvorschriften im Verkehrswesen

Kunststoffe werden bei Fahrzeugen in verstärktem Umfang eingesetzt zur Gewichtseinsparung und zur Verbesserung des Korrosionsverhaltens. Die gesetzlichen Regelungen für den Schutz des Verbrauchers verweisen meist auf Sicherheitsnormen, die jeweils an den Stand der Technik angepaßt werden können. Die folgenden brandschutztechnischen Anforderungen ergeben sich generell aus der *Straßenverkehrs-Zulassungs-Ordnung* (StVO):

- Das Kraftstoffsystem muß bei Verformungen infolge Unfalls dicht bleiben; Kraftstoff darf nicht in den Insassenraum gelangen.
- Werkstoffe und Teile im Insassenraum dürfen nicht zu rascher Brandausbreitung beitragen.

- Der Insassenraum muß auch im Fall einer Beflammung von außen eine angemessene Zeit als Sicherheitszelle den Insassen Schutz bieten.
- elektrische Leitungen, Batterie und Verbraucher müssen sicher verlegt bzw. befestigt sein.

Nach der *US-Sicherheits-Norm* FMVSS 302 wird die Flammenausbreitungsgeschwindigkeit für KFZ-Innenraumteile geprüft (ähnliche Prüfnorm: DIN 75200). Die Feuersicherheit von Kraftstoffbehältern aus Kunststoff muß den *Prüfvorschriften* der FKT-SA *Feuersicherheit* (international ECE-R34) entsprechen.

Die nationalen Vorschriften werden immer mehr international angeglichen durch internationale Gremien, z. B. ECE und EU.

Prüfvorschriften im Bauwesen

Für den Brandschutz im Bauwesen sind nationale und internationale Bauvorschriften vorhanden.

Die Baumaterialien werden als Maß für das *Brandrisiko* in vier Stufen eingeteilt mit *minimalem – geringem – normalem – großem* Brandbeitrag. In Deutschland gelten unterschiedliche *Landesbauordnungen* (LBO), basierend auf der *Musterbauordnung* (MBO). Für den Brandschutz besonders wichtig sind die Richtlinien für die Verwendung brennbarer Baustoffe im Hochbau. In *DIN 4102* werden die Baustoffe eingeteilt in *Klasse A* (nicht brennbar) und *Klasse B* (brennbar). Kunststoffe gehören wegen ihres organischen Aufbaus meist zur Klasse B; für sie gelten daher besondere Prüfkriterien.

23.1 Prüfung zur Ermittlung der Brandgefahr nach DIN EN 60695

Normen:

DIN EN 60695	Prüfungen zur Beurteilung der Brandgefahr – T 11-10: Prüfflammen – Prüfverfahren mit 50-W-Prüfflamme horizontal und vertikal (entspricht VDE 0471 T 11-10 bzw. IEC 60695-11-10 und **ersetzt** DIN EN ISO 1210) T 11-20: Prüfflammen – Prüfverfahren mit einer 500-W-Prüfflamme horizontal und vertikal
DIN EN ISO 1210	Bestimmung des Brandverhaltens von waagrechten und senkrechten Probekörpern durch eine kleinflammige Zündquelle (**ersetzt** durch DIN EN 60695-11-10)

VDE 0304 T4 Thermische Eigenschaften von Elektroisolierstoffen
– Entflammbarkeit bei Zündquellen, Prüfverfahren
(entspricht IEC 707)

Beachte: Die in DIN EN 60695-11-10 festgelegten Prüfverfahren ersetzen die Verfahren FH und FV nach VDE 0304-3; die Prüfbedingungen entsprechen denen des Datenkatalogs DIN EN ISO 10350 und den in den CAMPUS-Dateien (noch) genannten Prüfbedingungen nach der zurückgezogenen ISO 1210.

Für die Anwendung dieser Prüfungen ist es wichtig, folgende Begriffe zu unterscheiden:

- *Endproduktprüfung* ist eine Prüfung zur Beurteilung der *Brandgefahr* an einem fertiggestellten Produkt.
- *Vorauswahlprüfung* ist eine Prüfung der Brenneigenschaften an einem Werkstoff.

Es handelt sich um Prüfverfahren zur Ermittlung der *Entflammbarkeit*: Diese Prüfverfahren sind Vorauswahlverfahren zur Beurteilung des Verhaltens von festen elektrotechnischen Isolierstoffen bei der Einwirkung von Zündquellen. Man kann damit die Werkstoffeigenschaften bestimmen und auch die Gleichmäßigkeit der Produkte kontrollieren. Es lassen sich jedoch keine Aussagen über das *Brandverhalten* und das *Brandrisiko* von Formteilen machen, da die Konstruktion der Formteile (Abmessungen, Wärmeübergang zu angrenzenden Metallteilen u. a.) das Brandverhalten stark beeinflussen. Bei diesen Prüfverfahren werden die Probekörper sowohl in *waagrechter* als auch in *senkrechter* Lage geprüft.

Begriffe

Nachbrennen mit Flamme ist das fortdauernde Brennen mit Flamme eines Werkstoffs nach dem Entfernen der Zündquelle unter festgelegten Prüfbedingungen.

Nachbrenndauer mit Flamme (t_1, t_2) ist der Zeitabschnitt, während dem ein Nachbrennen mit Flamme andauert.

Nachglimmen ist das fortdauernde Glimmen eines Werkstoffs nach Erlöschen der Flamme oder, wenn kein Brennen mit Flamme auftritt, nach Entfernen der Zündquelle unter festgelegten Bedingungen.

Nachglimmdauer (t_3) ist der Zeitabschnitt, während dem ein Nachglimmen andauert.

Es sind zwei Prüfverfahren vorgesehen:

Prüfverfahren A – Horizontalbrennprüfung
Prüfverfahren B – Vertikalbrennprüfung.

23.1 Prüfung zur Ermittlung der Brandgefahr nach DIN EN 60695

Probekörper (in der Norm als Prüflinge bezeichnet): Die Prüflinge müssen aus einem repräsentativen Muster des geformten Werkstoffs geschnitten sein (DIN EN ISO 2818) und falls dies nicht möglich ist, müssen die Prüflinge durch Gießen oder Spritzgießen (DIN EN ISO 294), Formpressen (DIN EN ISO 293 und 295) oder Spritzpressen hergestellt werden. Die Abmessungen betragen Länge (125 ± 5) mm, Breite (13 ± 0,5) mm, die Dicke ist handelsüblich, bzw. entspricht der Dicke des spritzgegossenen Probekörpers, darf maximal 13 mm betragen. Die Probekörper sind 48 h im Normalklima 23/50 nach DIN EN ISO 291 zu lagern und innerhalb 1 Stunde nach Entnahme zu prüfen. Für Verfahren A sind 3, für Verfahren B 5 Probekörper notwendig. Für Verfahren A erhalten die Probekörper Meßmarken im Abstand 25 mm und 100 mm vom zu beflammenden Ende (Bild 23.1). Beim Verfahren B ist auch noch eine Prüfung nach *Alterung* der Proben im Heißluftofen möglich. Dazu werden die Probekörper (168 ± 2) h bei (70 ± 2) °C gealtert und dann im Trockenschrank (23 °C und 20 % rel. Luftfeuchte) mindestens 4 Stunden abgekühlt.

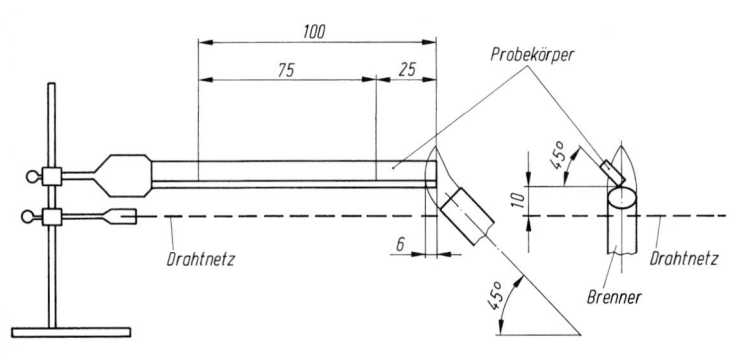

Bild 23.1 Prüfaufbau (schematisch) für Horizontalbrennprüfung (Verfahren A)

Prüfung erfolgt für Verfahren A nach Bild 23.1 und nach Verfahren B entsprechend Bild 23.2 (Seite 405).

23.1.1 Brandprüfung nach DIN EN 60695 Verfahren A – Horizontalbrennprüfung

Für flexible Prüflinge ist eine Unterstützungsvorrichtung (siehe Norm) vorgesehen, damit sie waagrecht bleiben. Die Prüfflamme wird entsprechend Bild 23.1 (30 ± 1) s in unveränderter Position angelegt oder, falls die 25-mm-Marke in weniger als 30 s erreicht wird, entfernt. Die Zeitmessung be-

23 Brennverhalten von Kunststoffen

ginnt, wenn die Flamme die 25-mm-Marke erreicht hat. Brennt der Prüfling weiter, dann ist die Zeit zu messen von der 25-mm- bis zur 100-mm-Marke; die Länge der *Beschädigung* L beträgt dann 75 mm. Wird die 100-mm-Marke nicht erreicht, ist die *verstrichene Zeit* t in s und die *Länge der Beschädigung* L in mm zu ermitteln zwischen der 25-mm-Marke und dem Punkt *Ende der Flammenfront*. Wird bei der Prüfung die 100-mm-Marke überschritten, dann wird die *lineare Brenngeschwindigkeit* v errechnet zu

$$v = \frac{60 \cdot L}{t}$$

v   lineare Brenngeschwindigkeit in mm/min
L   Länge der Beschädigung in mm
t   Zeit in s.

Klassifizierung nach Verfahren A

HB40 bedeutet:

- Prüfling darf nach Entfernen der Zündquelle nicht mit sichtbarer Flamme weiterbrennen
- Prüfling darf keine Flammenfront haben, die die 100-mm-Marke überschreitet, wenn der Prüfling nach Entfernen der Zündquelle weiterbrennt
- Prüfling darf keine lineare Brenngeschwindigkeit größer als v = 75 mm/min aufweisen, wenn die Flammenfront die 100-mm-Marke überschreitet.

HB75 bedeutet, dass keine lineare Brenngeschwindigkeit größer als v = 75 mm/min vorliegt, wenn die Flammenfront die 100-mm-Marke überschreitet.

Im Prüfbericht muss enthalten sein:

- Hinweis auf DIN EN 60695-11-10
- genaue Angaben über das geprüfte Produkt (Rohstoff)
- Dicke des Prüflings auf 0,1 mm genau
- Nennrohdichte (nur bei Hartschaumstoffen)
- ggf. Anisotropierichtungen
- Vorbehandlungen
- alle Behandlungen vor der Prüfung ausser Schneiden
- Hinweis, ob der Prüfling nach dem entfernen der Prüfflamme (mit sichtbarer Flamme) weiterbrennt oder nicht
- Hinweis ob die Flammenfront die 25-mm- bzw. 100-mm-Marke überschreitet oder nicht
- wenn die Flammenfront zwischen 25-mm- und 100-mm-Marke liegt, Angabe der Zeit t und der Beschädigung L

- wenn Flammenfront die 100-mm-Marke erreicht oder überschreitet, Angabe der mittleren linearen Brenngeschwindigkeit v
- Hinweis ob brennende Teilchen oder Tropfen vom Prüfling herabfallen
- Hinweis ob Stützbefestigung für flexible Proben verwendet wurde
- zugeteilte Kategorie.

23.1.2 Brandprüfung nach DIN EN 60695 Verfahren B – Vertikalbrennprüfung

Die Prüfanordnung entspricht Bild 23.2. Die Flamme wirkt $(10 \pm 0{,}5)$ s und wird dann sofort entfernt; die Zeitmessung beginnt und die Nachbrenndauer t_1 wird ermittelt. Nach Ende der Nachbrenndauer wird die Flamme sofort wieder unter den Prüfling gehalten, dabei ist darauf zu achten, dass der Abstand (10 ± 1) mm zum verbliebenen unteren Ende des Prüflings eingehalten wird; die Beflammzeit beträgt wieder $(10 \pm 0{,}5)$ s. Nach der zweiten Beflammung wird der Brenner weggenommen und mit der Messung der *Nachbrenndauer* t_2 und *Nachglimmdauer* t_3 begonnen; ausserdem wird die Summe aus Nachbrenn- und Nachglimmzeit $t_2 + t_3$ ermittelt. Weiter ist festzustellen, ob Teile vom Prüfling herabfallen, falls ja, ob die Baumwollwatte entzündet wurde.

Die Gesamtnachbrenndauer t_f wird ermittelt zu

$$t_f = \sum_{i=1}^{5} (t_{1,i} + t_{2,i})$$

dabei bedeuten

t_f Gesamtnachbrenndauer in s

$t_{1,i}$ erste Nachbrenndauer des i-ten Prüflings in s

$t_{2,i}$ zweite Nachbrenndauer des i-ten Prüflings in s

Falls ein Prüfling nicht alle Kriterien einer Kategorie erfüllt, muss ein weiterer Satz von 5 Prüflingen geprüft werden, alle Prüflinge müssen dann aber allen Kriterien der betreffenden Kategorie entsprechen.

Klassifizierung nach Verfahren B

Der Werkstoff muss in Übereinstimmung mit den in Tabelle 23.1 angegebenen Kriterien, je nach dem Verhalten der Prüflinge, nach V-0, V-1 oder V-2 klassifiziert werden.

Im Prüfbericht muss enthalten sein:

- Hinweis auf DIN EN 60695-11-10
- genaue Angaben über das geprüfte Produkt (Rohstoff)
- Dicke des Prüflings auf 0,1 mm genau

23 Brennverhalten von Kunststoffen

Tab. 23.1   Klassifizierungen nach DIN EN 60695-11-10

Kriterien	Kategorie nach DIN EN 69695-11-10		
	V-0	V-1	V-2
Nachbrenndauer mit Flamme des Prüflings (t_1 und t_2)	≤ 10 s	≤ 30 s	≤ 30 s
Gesamtnachbrenndauer mit Flamme t_f	≤ 50 s	≤ 250 s	≤ 250 s
Nachbrennen mit Flamme des Prüflings + Nachglimmdauer nach der zweiten Beflammung ($t_1 + t_2$)	≤ 30 s	≤ 60 s	≤ 60 s
Brannte oder glimmte der Prüfling bis zur Befestigungsklammer noch?	nein	nein	nein
Wurde die Baumwollwatte durch brennende Teilchen oder Tropfen entzündet?	nein	nein	ja

- Nennrohdichte (nur bei Hartschaumstoffen)
- ggf. Anisotropierichtungen
- Vorbehandlungen
- alle Behandlungen vor der Prüfung ausser Schneiden und Nachschneiden
- die Zeiten t_1, t_2 und t_3, sowie die Summe ($t_2 + t_3$) für jeden Prüfling
- Gesamtnachbrenndauer t_f jedes Satzes von 5 Prüflingen
- Hinweis auf Abtropfen und Entzünden der Baumwollwatte
- Hinweis, ob ein Prüfling bis zur Befestigungsklammer verbrannt ist
- zugeteilte Kategorie.

Anmerkung
Wenn Prüflinge bei der Vertikalbrennprüfung sich wegen zu geringer Dicke verziehen, schrumpfen oder bis zur Befestigungsklemme verbrennen, darf nach Verfahren A (HB) geprüft werden.

23.1.3   Brandprüfung nach DIN EN 60695-11-20

Es handelt sich hier um eine verschärfte Prüfung mit 500-W-Prüfflamme für *streifenförmige* (Abmessungen siehe bei Horizontal- und Vertikalbrennprüfung) und *plattenförmige* Probekörper (Quadrat mit 150 mm Kantenlänge).

23.1 Prüfung zur Ermittlung der Brandgefahr nach DIN EN 60695

Bei plattenförmigen Proben wird ggf. das *Durchbrennen* ermittelt, d. h. wenn bei der Horizontalprüfung ein Loch in der Platte entsteht. Versuchsdurchführung siehe DIN EN 60695-11-20.

Die Klassifizierung erfolgt nach Tabelle 23.2.

Tab. 23.2   Klassifizierung nach DIN EN 60695-11-20

Kriterien	Kategorie nach DIN EN 69695-11-20	
	5VA	5VB
Nachbrenndauer mit Flamme jedes Stabprüflings + Nachglimmdauer nach der 5. Beflammung ($t_1 + t_2$)	≤ 60 s	≤ 60 s
Wurde Baumwollwatte durch brennende Teilchen oder Tropfen entzündet?	nein	nein
Verbrannte Prüfling vollständig?	nein	nein
Durchdrang (durchbrannte) die Flamme eine der Platten (Horizontalprüfung)	nein	ja

23.1.4 Anmerkung zur Ermittlung des Brennverhaltens

Nach den alten Normen VDE 0304-4 (IEC 707, ersetzt durch DIN EN 60707) wurde etwas anders geprüft, die Ergebnisse sind noch in Tabelle 23.3 enthalten:

Verfahren BH: Glühstab – Waagrechter (horizontaler) Probekörper

Das *Brennverhalten* der Probekörper wurde einer der folgenden Stufen zugeordnet (siehe auch Tabelle 23.3):

Stufe BH 1:   Keine sichtbare Flamme während der Prüfung
Stufe BH2:   Die Flamme erlischt bevor die Flammenfront die zweite Marke bei 100 mm erreicht. Die Länge der Brennstrecke ist zusätzlich anzugeben, z. B. BH 2–70 mm.
Stufe BH 3:   Die Flammenfront erreicht die zweite Marke bei 100 mm innerhalb von 30 s; dann ist zusätzlich noch die mittlere Brenngeschwindigkeit zwischen den beiden Marken anzugeben, z. B. BH 3–30 mm/min.

Verfahren FH: Flamme – Waagrechter (horizontaler) Probekörper

Das *Brennverhalten* der Probekörper wurde einer der folgenden Stufen zugeordnet (siehe auch Tabelle 23.3):

Stufe FH 1: Keine sichtbare Flamme während der Prüfung.
Stufe FH 2: Die Flamme erlischt bevor die Flammenfront die zweite Marke bei 100 mm erreicht. Die Länge der Brennstrecke ist zusätzlich anzugeben, z. B. FH 2–50 mm.
Stufe FH 3: Die Flammenfront erreicht die zweite Marke bei 100 mm innerhalb von 30 s; dann ist zusätzlich noch die mittlere Brenngeschwindigkeit zwischen den beiden Marken anzugeben, z. B. FH 3–40 mm/min.

Verfahren FV: Flamme – senkrechter (vertikaler) Probekörper

Das *Brennverhalten* der Probekörper wurde einer der folgenden Stufen zugeordnet (siehe auch Tabelle 23.3), die praktisch den Kriterien in Tabelle 23.2 entsprechen, FV 0, FV 1 und FV 2.

Tab. 23.3 Brandverhalten von Kunststoffen nach DIN EN 60695-11-10 bzw. UL 94 und DIN EN 60707 (alt: DIN IEC 707/VDE 0304 T3)

Kunststoff	UL 94 bzw. Verfahren A und B nach DIN EN 60695-11-10	Verfahren BH (alt)	Verfahren FH (alt)	Verfahren FV (alt)
PE-LD	HB	BH 3–15 mm/min	FH 3–20 mm/min	–
PE-LD-FR	V2	BH 2–20 mm	FH 2–20 mm	FV 2
PE-HD	HB	BH 3–15 mm/min	FH 3–15 mm/min	–
PE-HD-FR	V2	BH 2–20 mm	FH 2–20 mm	FV2
PP	HB	BH 3–20 mm/min	FH 3–20 mm/min	–
PP-FR	HB	BH 2–20 mm	FH 2–25 mm	FV 2
PVC-U		BH 2–5 mm		
PS	HB	BH 3–15 mm/min	FH 3–30 mm/min	–
PS-I (SB)	HB	BH 3–15 mm/min	FH 3–30 mm/min	–
SB-FR(1)	V2	BH 2–15 mm	FH 2–30 mm	FV 2
SB-FR(2)	V0	BH 2–25 mm	FH 2–15 mm	FV 0
SAN	HB	BH 3–15 mm/min	FH 3–30 mm/min	–
ABS	HB	BH 3–25 mm/min	FH 3–40 mm/min	–
ABS-FR	V0	BH 2–25 mm	FH 2	FV 0
ASA	HB	BH 3–15 mm/min	FH 3–30 mm/min	–
PA6	V2	BH 2–15 mm	FH 2–15 mm	FV 2
PA6-FR	V0	–		FV 0
PA6-GF	HB	BH 2–60 mm	FH 3–20 mm/min	–
PA66	V2	BH 2–10 mm	FH 2–20 mm	FV 2

Tab. 23.3 (Fortsetzung)

Kunststoff	UL 94 bzw. Verfahren A und B nach DIN EN 60695-11-10	Verfahren BH (alt)	Verfahren FH (alt)	Verfahren FV (alt)
PA66-FR	V0	–	–	FV 0
PA66-GF-FR	V0	BH 2–10 mm	FH 2–15 mm	FV 0
PMMA	HB			
POM	HB	BH 3–20 mm/min	FH 3–25 mm/min	–
PBT	HB	BH 2–30 mm	FH 3–20 mm/min	–
PBT-FR	V0	BH 2–15 mm	–	FV 0
PBT-GF	HB	BH 2–50 mm	FH 3–15 mm/min	–
PBT-GF-FR	V0	BH 2–10 mm	–	FV 0
PC	V2	BH 2	FH 2	FV 2
PC-FR	V0	BH 2	FH 2	FV 0
PC+ABS	HB			
PC+ABS-FR	V0			
PPE mod.-FR	V1/V0	BH 2–25 mm	–	FV 1
PSU	HB/V0			
PSU-FR	V0			
PES	V0	–	–	FV 0
PES-GF	V0	–		FV 0
PPS	V0			
PPS-GF	V0/5V			
PEI	V0			
PEK, PEEK	V0			

– FR bedeutet mit Flammschutzmittel

23.2 Brennbarkeitsprüfungen nach UL

Norm:

UL 94 Standard for safety – Tests for Flammability of Plastic Materials for Parts in Devices and Appliances

In den USA wurden die feuersicherheitlichen Werkstoffprüfungen für Kunststoffe von den *Underwriters Laboratories Inc* (UL) in der *Vorschrift UL 94* zusammengestellt. Sie gilt für alle Anwendungsbereiche, insbesondere in der Elektrotechnik mit Ausnahme der Verwendung von Kunststoffen im Bauwesen.

23 Brennverhalten von Kunststoffen

Die Kunststoffhersteller liefern auf Anforderung für UL-geprüfte Formmassen die sog. „Gelbe Karte" (Yellow Card), das UL-Prüfzertifikat.

UL 94 mit horizontaler Probenanordnung

Die Prüfung von Probestäben bei horizontaler Probenanordnung (ähnlich Bild 23.1) führt beim Bestehen zur Einstufung in der Klasse *94 HB*. Dazu ist es notwendig, daß nach 30 s Beflammung der horizontal angeordnete Probestab auf nicht mehr als 25,4 mm Länge abgebrannt ist.

UL 94 mit vertikaler Probenanordnung

Die Prüfung von Probestäben bei vertikaler Probenanordnung (Bild 23.2) ist schärfer als die Prüfung bei horizontaler Probenanordnung, weil das im unteren Probenbereich brennende Material den oberen Probenbereich vorheizt und deshalb ein selbsttätiges Erlöschen der Probe erschwert.

Probekörper: Benötigt werden zwei Sätze mit je 5 Probestäben mit den Abmessungen 125 mm × 13 mm × 3 mm (bis max. 13 mm), hergestellt durch Spritzgießen oder Pressen (DIN EN ISO 294, DIN EN ISO 295, ISO 293) unter festgelegten Bedingungen (siehe Tabelle 20.2) oder spanend durch Aussägen oder Fräsen aus Halbzeugen oder Formteilen (DIN EN ISO 2818). Jeweils 2 Probensätze in *minimaler* und *maximaler* Probendicke werden geprüft.

Vorbehandlung: Vor der Prüfung wird ein Probensatz 48 Stunden im Normalklima 23 °C/50 % rel. Luftfeuchte (DIN 50014, ISO 291) gelagert, der zweite für spezielle Prüfungen 168 h bei 70 °C und dann im Exsikkator in 4 h auf Raumtemperatur abgekühlt.

Prüfeinrichtung: Aufhängevorrichtung für die Probekörper nach Bild 23.2, angeordnet in einer *zugfreien* Prüfkammer. 300 mm unterhalb der Probenunterkante befindet sich eine *horizontale Lage Watte* mit den Abmessungen 50 mm × 50 mm × 6 mm. Zur Beflammung wird ein Laboratoriumsbrenner mit 20 mm hoher, nicht leuchtender Flamme verwendet.

Prüfung: Der senkrecht hängende Probekörper wird am unteren Ende zweimal je 10 s lang beflammt. die zweite Beflammung beginnt, sobald die entzündete Probe erloschen ist.

Kennwerte: Die Einstufung in die *Klassen* erfolgt nach bestimmten Kriterien:

Klasse 94 V-0	Kein Nachbrennen länger als 10 s nach Beflammungsende; Summe der Nachbrennzeiten bei 10 Beflammungen (5 Proben) nicht größer als 50 s; kein brennendes Abtropfen; kein vollständiges Abbrennen der Proben; kein Nachglühen der Proben länger als 30 s nach Beflammungsende.

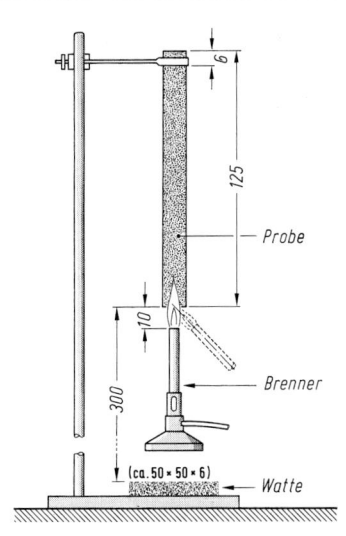

Bild 23.2   Prüfaufbau (schematisch) für Vertikalbrennprüfung (Verfahren B)

Klasse 94 V-1   Kein Nachbrennen länger als 30 s nach Beflammungsende; Summe der Nachbrennzeiten bei 10 Beflammungen (5 Proben) nicht größer als 250 s; kein brennendes Abtropfen; kein vollständiges Abbrennen der Proben; kein Nachglühen der Proben länger als 60 s nach Beflammungsende.

Klasse 94 V-2   Zündung der Watte durch brennendes Abtropfen; kein Nachbrennen länger als 30 s nach Beflammungsende; Summe der Nachbrennzeiten bei 10 Beflammungen (5 Proben) nicht größer als 250 s; kein vollständiges Abbrennen der Proben; kein Nachglühen der Proben länger als 60 s nach Beflammungsende.

Eine Einstufung in Klasse 94 V ist *nicht* erfüllt, wenn die vorstehenden Kriterien nicht erfüllt wurden.

Ein weiterer Satz von 5 Proben soll geprüft werden, wenn eine Probe aus dem Satz die Kriterien *nicht* erfüllt.

Anmerkungen

Die Prüfvorschrift enthält keine Aussage über den Zustand der Probekörper *vor* der Vorbehandlung. Durch höheren Feuchtegehalt wird z. B. bei Polyamiden PA das Brennverhalten wesentlich günstiger, d. h. eine günstigere UL-Klasse erreicht. Für besondere Prüfungen wird deshalb eine Konditionierungsdauer von 7 Tagen verlangt.

Bei dickeren Probekörpern ist das Brennverhalten günstiger als bei dünnen Probekörpern; so erhält z. B. Polycarbonat mit der Probendicke 6 mm die Einstufung UL 94 V-0, bei Probendicke 1,5 mm dagegen die Einstufung UL 94 V-2. UL 94 sieht daher weitere Prüfverfahren für *dünne Stäbe* und *Platten* und für *Schaumstoffe* vor.

Formteile werden nicht nach UL 94 geprüft, sondern nach UL 746 C, da dabei auch die Auswirkung des konstruktiven Aufbaus auf das Brennverhalten des Formteils erfaßt wird.

23.3 Bestimmung des Brennverhaltens durch den Sauerstoff-Index

Normen:

DIN EN ISO 4589 Bestimmung des Brennverhaltens durch den Sauerstoff-Index,
T1: Anleitung
T2: Prüfung bei Umgebungstemperatur
T3: Prüfung bei erhöhter Temperatur

Diese Norm beschreibt Verfahren zur Bestimmung einer *minimalen Konzentration* von Sauerstoff in Mischung mit Stickstoff, die eine schmale, vertikal angeordnete Probe unter speziellen Prüfbedingungen gerade noch *am Brennen hält*. Diese Verfahren sind geeignet für Stäbe oder Platten aus kompakten, laminierten oder geschäumten Kunststoffen mit einer Dichte größer als 100 kg/m^3 (Probekörper I bis VI). Verfahren A arbeitet mit *Kantenbeflammung*, Verfahren B mit *Flächenbeflammung*. Der Sauerstoffindex nach dieser Methode ist ein genaues Maß für das *Brennverhalten* von Werkstoffen unter vorgegebenen Laborbedingungen. Die Ergebnisse sind abhängig von der Form, Anordnung und Isolierung der Probe und den Brennbedingungen. Für spezielle Materialien oder Anwendungen müssen ggf. besondere Prüfbedingungen festgelegt werden.

Kennwerte für den Sauerstoff-Index (OI), die an Proben unterschiedlicher Dicke oder unter unterschiedlichen Entzündungsbedingungen ermittelt wurden, sind nicht vergleichbar und lassen nicht auf die *Entflammbarkeit* eines Werkstoffs schließen, die durch andere Brennbarkeitsprüfungen festgestellt wurde.

23.3 Bestimmung des Brennverhaltens durch den Sauerstoff-Index

Die Kennwerte für den Sauerstoff-Index dürfen nicht zur alleinigen Beurteilung der Brandgefahr eines einzelnen Werkstoffs unter realen Brandbedingungen benützt werden. Diese Prüfmethoden können nur mit Vorbehalt für solche Materialien verwendet werden, die beim Erhitzen stark schrumpfen, z. B. für *orientierte,* dünne Folien. Die Ergebnisse des Verfahrens zur Bestimmung des Sauerstoff-Index sollten nur als Teil einer *Brandrisikobewertung* verwendet werden, die alle für die Bewertung der Brandgefahr bei einer bestimmten Werkstoffanwendung sachdienlichen Faktoren in Betracht zieht.

24 Elektrische Prüfungen

Kunststoffe als organische Werkstoffe haben meist gute elektrische Isoliereigenschaften und werden daher oft als Isoliermaterialien eingesetzt. In solchen Fällen sind die elektrischen Eigenschaften von großem Interesse. Durch gezielte Beeinflussung kann jedoch auch bei Kunststoffen die elektrische Leitfähigkeit erhöht werden (vgl. Kap. 16.2). Durch internationale Vereinheitlichung wurden viele DIN-Normen und VDE-Richtlinien durch DIN IEC-, DIN EN ISO bzw. DIN VDE-Normen ersetzt. Einige neue VDE- bzw. DIN VDE-Richtlinien sind Übersetzungen von IEC-Publikationen oder entsprechen weitgehend den IEC-Publikationen; einige IEC-Normen findet man z. T. als DIN IEC 60xxx oder DIN EN 60xxx.

Allgemeine Normen:

DIN EN ISO 3915	Kunststoffe – Messung des spezifischen elektrischen Widerstandes von leitfähigen Kunststoffen
DIN ISO 2878	Elastomere – Antistatische und leitende Erzeugnisse, Bestimmung des elektrischen Widerstands
DIN IEC 60345	Verfahren zur Messung des elektrischen Widerstands und des spezifischen elektrischen Widerstands von Isolierstoffen bei erhöhten Temperaturen (ist identisch mit **DIN VDE 0303 T32**)
ISO 1853	Conductivity and antistatic rubbers – Measurement of resistivity
ISO 2951	Vulcaniced Rubber – Determination of insulating resistance
ISO 3915	Plastics – Measurement of resistivity of conductive plastics
VDE 0303 T8	VDE-Bestimmungen für elektrische Prüfungen von Isolierstoffen – Elektrostatische Auflading

24.1 Elektrische Durchschlagspannung, elektrische Durchschlagfestigkeit

Normen:

DIN VDE 0303 T2	VDE-Bestimmungen für elektrische Prüfungen von Isolierstoffen – Durchschlagspannung, Durchschlagfestigkeit
DIN EN 60243	Elektrische Durchschlagfestigkeit von isolierenden Werkstoffen – Prüfverfahren T1: Prüfung bei technischen Frequenzen (entspricht VDE 0303 T21 und IEC 60243)

24.1 Elektrische Durchschlagspannung, elektrische Durchschlagfestigkeit

	T3: Zusätzliche Festlegungen für Stoßspannungsprüfungen (entspricht VDE 0303 T23)
DIN IEC 60093	Prüfverfahren für Elektroisolierwerkstoffe – Spezifischer Durchgangswiderstand und spezifischer Oberflächenwiderstand von festen, elektrisch isolierenden Werkstoffen (ist identisch mit **VDE 0303 T30** und Ersatz für VDE 0303 T3 und entspricht IEC 60093)

Kennwerte

U_d **Durchschlagspannung**
E_d **Durchschlagfestigkeit**
Außerdem können noch ermittelt werden die *Stehspannung* U_{st} und die *n-Minuten-Prüfspannung*.

Wenn im elektrischen Feld die Potentialdifferenz zwischen zwei Elektroden, die durch einen Isolierstoff getrennt sind, erhöht wird, dann tritt bei einer bestimmten Spannung ein Durchschlag durch den Isolierstoff auf, teilweise auch ein Überschlag durch die Luft über die Oberfläche des Isolierstoffs. Diese *Durchschlagspannung* U_d ist abhängig vom Werkstoff, von der Probendicke, der Elektrodenform, der Frequenz, der Spannungsart und vom Technoklima.

Die *Durchschlagfestigkeit* E_d wird ermittelt, indem die gemessene *Durchschlagspannung* U_d auf den Elektrodenabstand (Probendicke) bezogen wird. Die für eine bestimmte Probendicke ermittelte Durchschlagfestigkeit gilt keinesfalls auch für andere Probendicken. Die Durchschlagspannung wird im möglichst homogenen Feld bestimmt. Bei der Konstruktion von Bauteilen sollte deshalb beachtet werden, daß mit der Durchschlagfestigkeit des Isolierstoffs keine Aussage gemacht wird über das Verhalten eines Bauteils unter Einwirkung von Glimmentladungen nach DIN 53485. Demzufolge kann der Isolierstoff im Betriebsfall bei niedrigeren Spannungen als bei der Durchschlagspannung versagen.

Probekörper: Die Form der Probekörper ist abhängig von der verwendeten Elektrode und vom Isolierstoff; nach DIN EN ISO 10350 zwei Probenabmessungen ≥ 80 mm $\times \geq 80$ mm $\times 1$ (und 3) mm (nach DIN VDE 0303 T2: Durchmesser 80 mm und Probendicke ≤ 3 mm). Vorbehandlung der Proben durch Lagerung im Normalklima 23/50 DIN EN ISO 291 oder nach Vereinbarung. Die Dauer der Vorbehandlung wird in Stufen, z. B. nach folgender Reihe (1; 2; 4; 8; 16; usw.) Stunden oder Wochen gewählt.

24 Elektrische Prüfungen

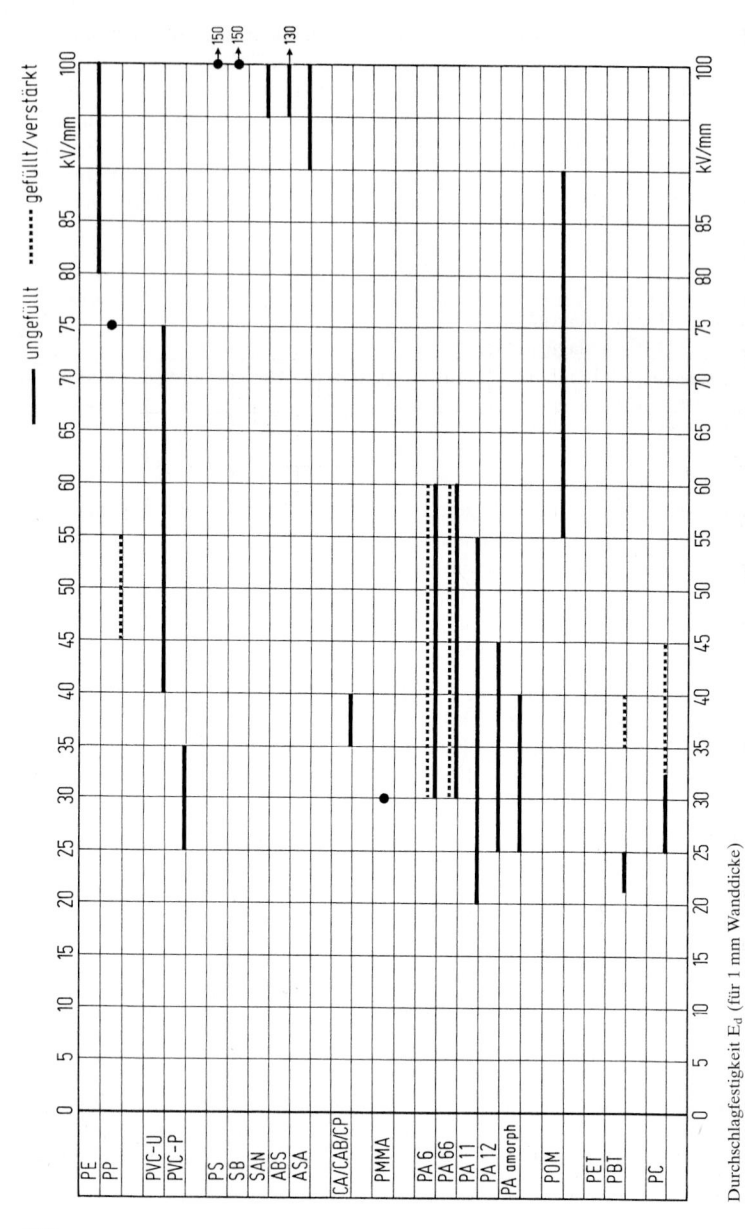

Durchschlagfestigkeit E_d (für 1 mm Wanddicke) in kV/mm:

— ungefüllt ······ gefüllt/verstärkt

Werkstoff	Bereich (kV/mm)
PE	80–100
PP	75 (●)
PVC-U	40–75
PVC-P	25–35; 45–55 (gefüllt)
PS	100; 150 (●)
SB	150 (●)
SAN	100–130
ABS	100
ASA	100
CA/CAB/CP	35–40
PMMA	30 (●); 30–40 (gefüllt)
PA 6	30–60; gefüllt
PA 66	30–60; gefüllt
PA 11	35–55
PA 12	20–45
PA amorph	25–30
POM	55–90
PET	20
PBT	35–40 (gefüllt)
PC	25; 30–45 (gefüllt)

410

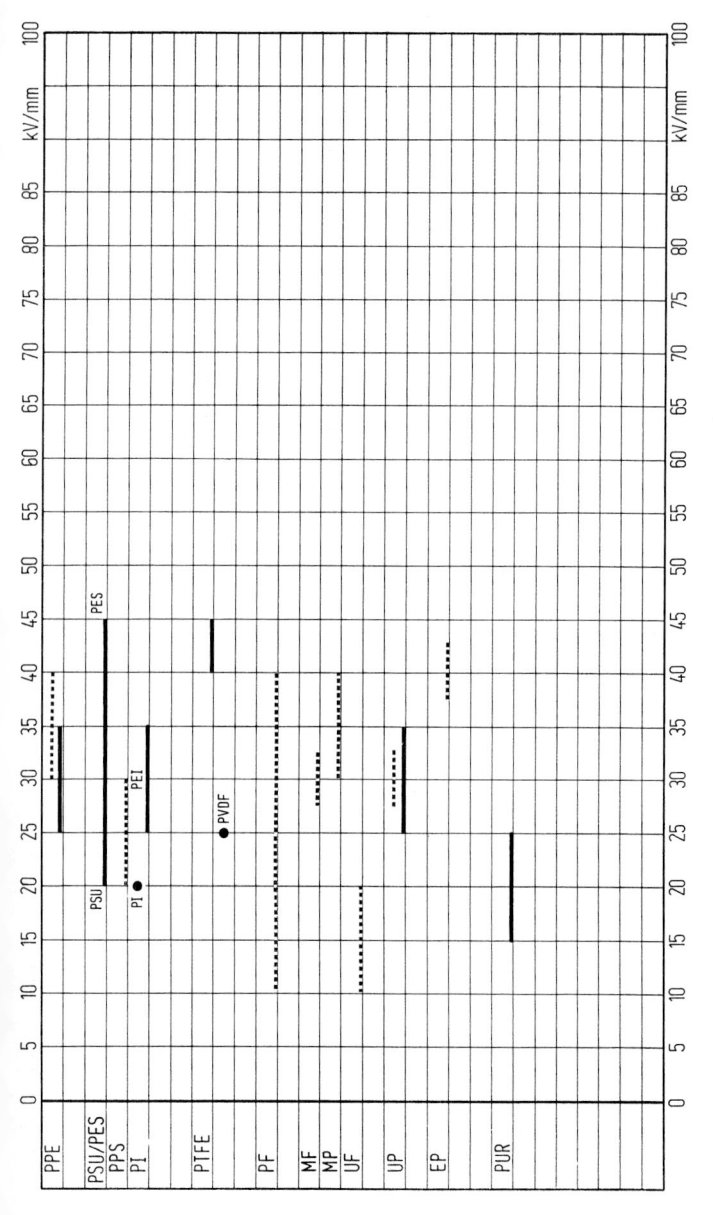

24.1 Elektrische Durchschlagspannung, elektrische Durchschlagfestigkeit

Durchschlagfestigkeit E_d (für 1 mm Wanddicke)

24 Elektrische Prüfungen

Prüfanordnung: Verschiedene Elektrodenanordnungen gebräuchlich, z. B. Platte gegen Platte (P../P..), Kugel/Platte (K../P..) oder Kugel/Kugel (K../K..). Elektrodenanordnung nach DIN ISO 10350: koaxiale Zylinder 25 mm/75 mm bei Immersion in Trafoöl IEC 60296 (auch DIN VDE 0370-1, DIN 57370-1, VDE 0370 T1); nach DIN meist K 20/P 50 in Trafoöl, d. h. Kugel mit Durchmesser 20 mm gegen Platte mit Durchmesser 50 mm. Bild 24.1 zeigt Elektrodenanordnung K 20/P 50 nach DIN VDE 0303 T2.

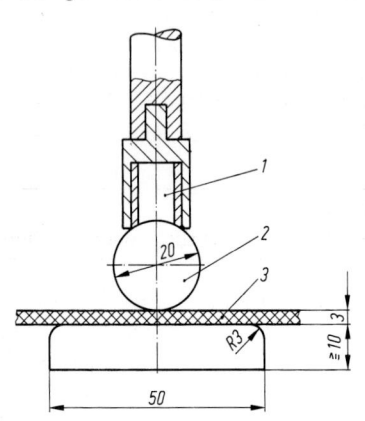

Bild 24.1 Ermittlung der elektrischen Durchschlagfestigkeit
Beispiel für Elektrodenanordnung Kugel gegen Platte K20/P50
1 Dauermagnet, 2 Stahlkugel, 3 Probe

Prüfung: Zur Ermittlung der *Durchschlagspannung* U_d wird eine technische Wechselspannung von 50 Hz von Null an gleichmäßig gesteigert bis nach 20 s der Durchschlag erfolgt. Zur Bestimmung der Spannungssteigerung sind vielfach Vorversuche notwendig.

Kennwerte: Durchschlag-, Steh- und n-Minuten-Prüfspannung in V
Durchschlagfestigkeit in kV/mm oder kV/cm

Die Durchschlagfestigkeit E_d ergibt sich zu

$$E_d = \frac{\text{Durchschlagspannung } U_d}{\text{Elektrodenabstand } s}$$

Der Elektrodenabstand s entspricht bei festen Isolierstoffen der Probendicke.

Anmerkung
Mit den Durchschlagfestigkeiten sind unbedingt anzugeben *Art* und *Dauer* der Vorbehandlung der Proben, die *Elektrodenanordnung* und die *Versuchsbedingungen* bei der Prüfung.

24.2 Spezifischer Oberflächenwiderstand

Normen:

DIN IEC 60093	Prüfverfahren für Elektroisolierwerkstoffe – Spezifischer Durchgangswiderstand und spezifischer Oberflächenwiderstand von festen, elektrisch isolierenden Werkstoffen (ist identisch mit **VDE 0303 T30,** Ersatz für VDE 0303 T3 und entspricht IEC 60093)
DIN IEC 60167	Prüfverfahren für Elektroisolierwerkstoffe – Isolationswiderstand von festen, isolierenden Werkstoffen (ist identisch mit **VDE 0303 T31** und entspricht IEC 60167)

Kennwerte

> R_{OG} **Oberflächenwiderstand**
> R_{OA}, R_{OB}, R_{OD} und R_{OE} bei verschiedenen Elektrodenanordnungen

Werden auf die Oberfläche eines Kunststoff-Formteils (Isolierstoffs) zwei Elektroden angelegt, zwischen denen ein Spannungsunterschied besteht, dann fließt Strom über die Oberfläche und durch das Innere des Kunststoff-Formteils. Der gemessene elektrische Oberflächenwiderstand erfaßt somit auch einen Teil des Widerstands im Innern der Probe. Von wesentlichem Einfluß sind neben der Probendicke und Probentemperatur die Elektrodenabmessungen, der Elektrodenabstand, die angelegte Spannung, sowie Luftfeuchte und Oberflächenverschmutzung.

Der elektrische Oberflächenwiderstand steigt mit abnehmender Probendicke, abnehmender Elektrodenbreite und fallender Meßspannung. Ein Vergleich der Kennwerte ist daher nur bei gleicher Probendicke und gleichen Prüfbedingungen möglich.

Probekörper: Mindestens drei Probekörper mit nachstehenden Abmessungen:

nach DIN EN ISO 10350 $\geq$80 mm $\times$ $\geq$80 mm $\times$ 1 mm; nach DIN/VDE meist 120 mm $\times$ 15 mm $\times$ Probekörperdicke, bei Duroplasten ggf. auch größere Dicke erlaubt. Bei Formteilen werden an geeigneten Stellen an der Oberfläche Strichelektroden aufgebracht. Die Oberfläche der Probekörper darf nicht beschädigt oder bearbeitet sein.

Vorbehandlung der Probekörper nach den einschlägigen Normen für den Isolierstoff oder nach Vereinbarung. So wird z. B. die Oberfläche gereinigt mit 94 %-igem Alkohol, dann werden die Proben mindestens 16 h in Normalklima 23/50 DIN EN ISO 291 gelagert.

24 Elektrische Prüfungen

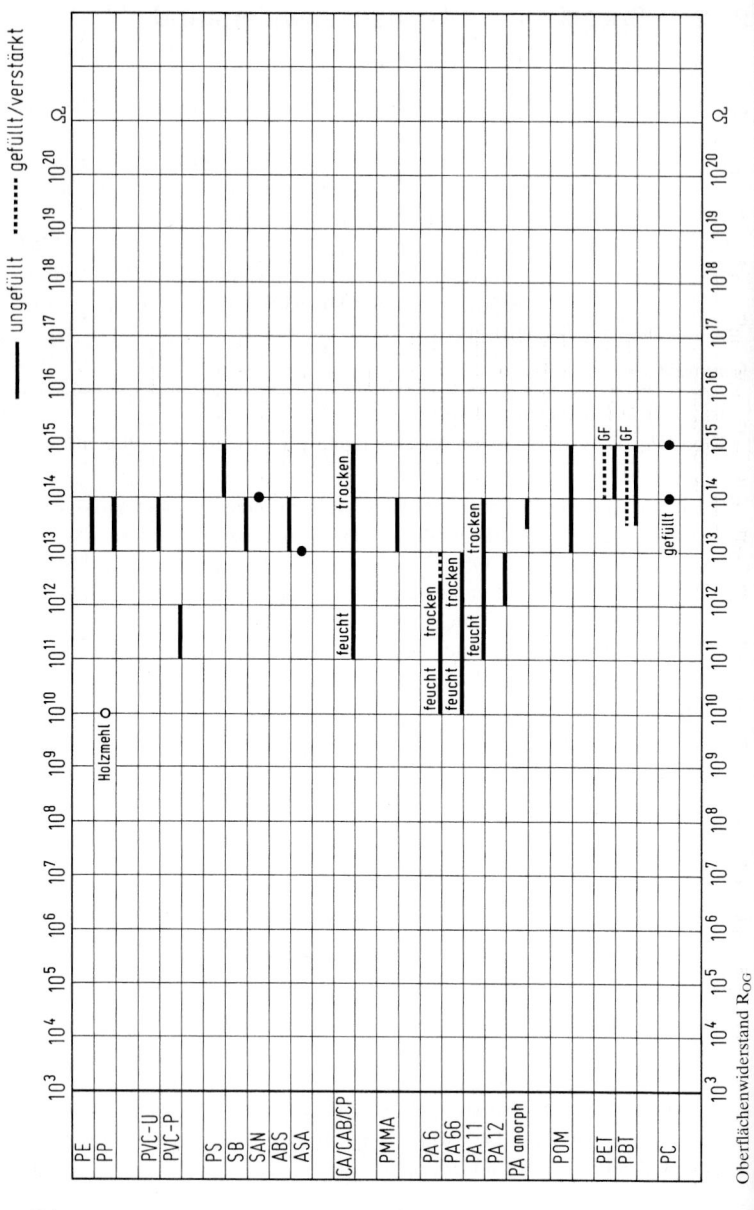

— ungefüllt ······· gefüllt/verstärkt

Oberflächenwiderstand R_{OG}

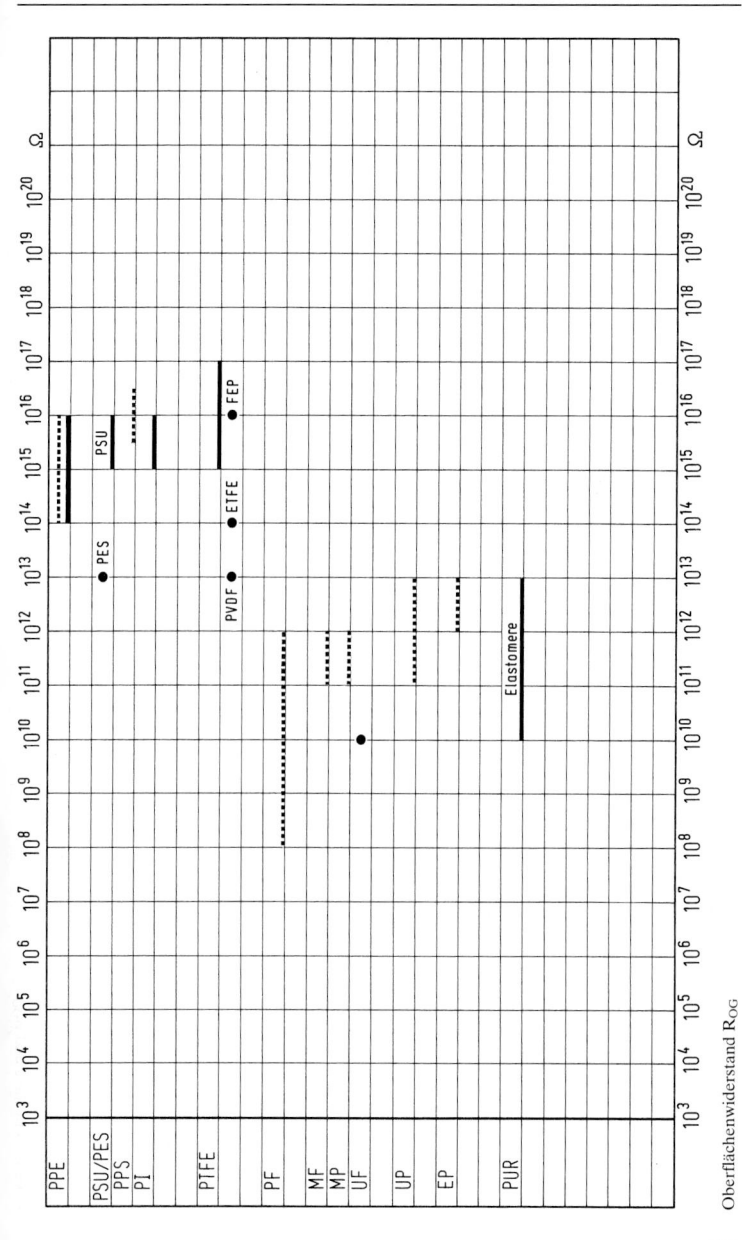

24.2 Spezifischer Oberflächenwiderstand

Oberflächenwiderstand R_{OG} [Ω]

PPE	~10^{14}
PSU/PES	10^{15}
PPS	~10^{15}–10^{16}
PI	10^{15}–10^{16}
PTFE	10^{16}
FEP	10^{16}
PF	10^{8}–10^{11}
ETFE	10^{14}
PVDF	10^{13}
MF	~10^{11}
MP	~10^{11}
UF	10^{10} / ~10^{11}
UP	~10^{12}
EP	~10^{12}
PUR	—
Elastomere	10^{10}–10^{12}

24 Elektrische Prüfungen

Prüfanordnung: Widerstandsmeßeinrichtung nach DIN EN 60093.

Elektrodenanordnung A (R_{OA}): federnde Metallschneiden von je 100 mm Länge, unterteilt in federnde Zungen mit Elektrodenabstand 10 mm (Bild 24.2a).

Elektrodenanordnung B (R_{OB}): haftende Strichelektroden aus Leitsilber mit Strichlänge 25 mm, Breite 1,5 mm und Elektrodenabstand 2 mm (Bild 24.2b), meist für Formteile.

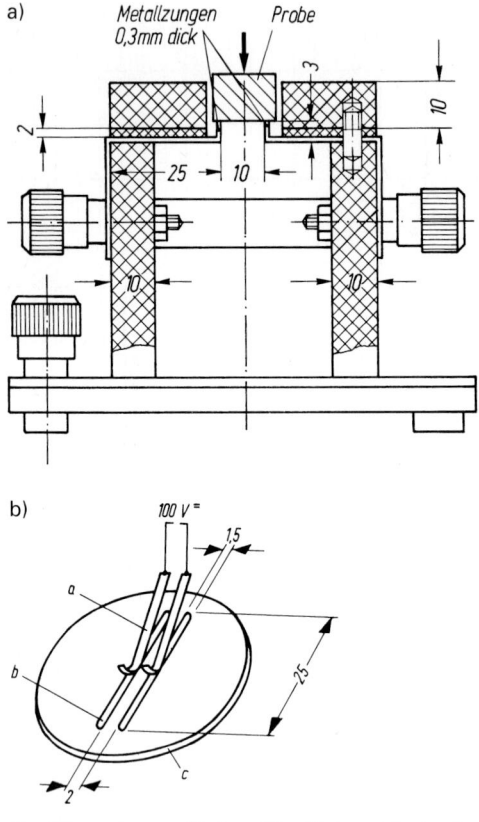

Bild 24.2 *Ermittlung des spezifischen Oberflächenwiderstands*
  a) Elektrodenanordnung A
  b) Elektrodenanordnung B (Haftelektroden)
  a federnde Kontakte   b aufgestrichene Leitsilberelektrode   c Probe

24.2 Spezifischer Oberflächenwiderstand

Elektrodenanordnung C (R_{OG}): zur Bestimmung des Oberflächenwiderstands nach DIN IEC 60093 mit Schutzringelektrode und geerdeter Gegenelektrode; gemessen wird der Oberflächenwiderstand des 5 mm breiten Spalts zwischen Meßelektrode und Schutzring.

Elektrodenanordnung E (R_{OE}): Strichelektrode wie Elektrodenanordnung A, jedoch nur 1,5 mm Elektrodenabstand.

Zur Prüfung von Tafeln und Folien werden meist die Elektrodenanordnungen A, B, C und E eingesetzt; für Formteile meist Elektrodenanordnungen A, B und E.

Prüfung erfolgt bei Normalklima 23/50 DIN EN ISO 291 oder im Behandlungsklima unmittelbar nach Ende der Behandlungsdauer, andernfalls spätestens 2 min nach Herausnahme aus dem Behandlungsklima. Meßspannung beträgt 100 Volt oder 1000 Volt Gleichspannung; in Sonderfällen 10 Volt oder 500 Volt. Der Oberflächenwiderstand wird 1 min nach Anlegen der Gleichspannung ermittelt.

Kennwerte: Widerstandswerte in Ω

Für die Elektrodenanordnungen A, B und E werden die gemessenen Werte für den Oberflächenwiderstand R_{OA}, R_{OB} und R_{OE} in Ω angegeben.

Für die Elektrodenanordnung C ergibt sich aus dem gemessenen Widerstand R_{OG} und den Elektrodenabmessungen (d_m und g) der spezifische Oberflächenwiderstand ϱ_S zu

$$\varrho_S = \frac{d_m \cdot \pi}{g} \cdot R_{OG}$$

Es bedeuten:

R_{OG} gemessener Widerstand in Ω
d_m mittlerer Durchmesser des Spalts zwischen den Ringelektroden, meist $d_m = (d_1 + d_2)/2 = (50 + 60)/2 = 55$ mm
g Schutzspaltbreite in mm

Anmerkung

Statt des Oberflächenwiderstands kann auch eine *Vergleichszahl*, der Logarithmus des Oberflächenwiderstands angegeben werden, z. B. statt $R_{OB} = 10^{14}$ nur die *Vergleichszahl* 14.

Zum Vergleich der Widerstandswerte verschiedener Kunststoffe ist es unbedingt erforderlich *Probenabmessungen, Probenvorbehandlung, Elektrodenanordnung, Prüfklima* und *Meßspannung* anzugeben.

24.3 Spezifischer Durchgangswiderstand

Normen:

DIN IEC 60093	Prüfung von Werkstoffen für die Elektrotechnik – Messung des elektrischen Widerstands von nichtmetallenen Werkstoffen (ist identisch mit **VDE 0303 T30** und entspricht IEC 60093)
DIN EN ISO 3915	Kunststoffe – Messung des spezifischen elektrischen Widerstandes von leitfähigen Kunststoffen
DIN EN 60167	Prüfverfahren für Elektroisolierwerkstoffe – Isolationswiderstand von festen, isolierenden Werkstoffen (ist identisch mit **VDE 0303 T31** und entspricht IEC 60167)

Kennwerte

R_D Durchgangswiderstand
ϱ_D spezifischer Durchgangswiderstand

Werden Kunststoffe als Isolierstoffe zwischen zwei Elektroden mit einem bestimmten Spannungswert eingesetzt, so ist es möglich, den inneren Isolationswiderstand als *Durchgangswiderstand* zu messen. Bei geeigneter Wahl der Meßelektroden und der Abmessungen der Kunststoffprobe kann man daraus den spezifischen Durchgangswiderstand errechnen. Im Gegensatz zum Oberflächenwiderstand wird der Durchgangswiderstand physikalisch genau bestimmt, wenn durch die Meßanordnung ein Stromfluß an der Probenoberfläche vermieden wird. Der *spezifische Durchgangswiderstand* ist jedoch stark abhängig von der Temperatur und der Feuchte der Proben.

Probekörper sind einfache geometrische Formen wie Platten und Zylinder, um den spezifischen Durchgangswiderstand errechnen zu können. Nach DIN EN 60093 verwendet man eine Platte mit ≥ 80 mm $\times$ ≥ 80 mm $\times$ 1 mm, nach VDE eine Platte 120 mm $\times$ 120 mm $\times$ Probendicke (meist gleich Erzeugnisdicke). Die Oberfläche der Probe darf nicht beschädigt und möglichst nicht bearbeitet sein.

Vorbehandlung der Probekörper nach den einschlägigen Normen für den Isolierstoff oder nach besonderer Vereinbarung, z. B. 6 h Lagerung bei Normalklima 23/50 DIN EN ISO 291.

Prüfanordnung: Widerstandsmeßeinrichtung nach DIN EN 60093 (Bild 24.3). Für plattenförmige Proben kreisrunde Plattenelektroden mit Meßflächen von 5 cm^2 und 20 cm^2 oder bei dickeren Proben 80 cm^2; Schutzringbreite 10 mm. Bei schlechtem Aufliegen von Elektrode und Schutzelek-

24.3 Spezifischer Durchgangswiderstand

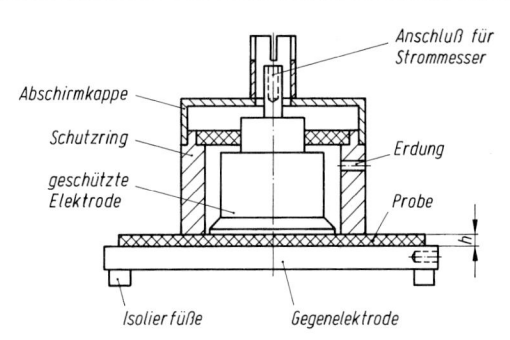

Bild 24.3 Messung des spezifischen Durchgangswiderstands
Kreisförmige Plattenelektrode mit Schutzring für plattenförmige Probekörper

trode auf der Probe erhält die Berührungsfläche eine *Haftelektrode* aus Leitsilbersuspension. Der Anpreßdruck soll in der Regel 0,2 N/cm² betragen.

Prüfung erfolgt bei Normalklima 23/50 DIN EN ISO 291 oder im Behandlungsklima unmittelbar nach Ende der Behandlungsdauer; sonst spätestens 2 min nach Herausnehmen aus dem Behandlungsklima. Nach DIN EN 60093 beträgt die Meßspannung 100 Volt Gleichspannung. Der Durchgangswiderstand wird 1 min nach Anlegen der Gleichspannung ermittelt.

Kennwerte: Durchgangswiderstand in Ω
spezifischer Durchgangswiderstand in $\Omega \cdot m$

Der spezifische Durchgangswiderstand errechnet sich aus dem *gemessenen Durchgangswiderstand* R_D, der *Meßfläche* A und der *Dicke der Probe* a zu

$$\varrho_D = \frac{R_D \cdot A}{a}$$

Anmerkung

Zum Vergleich der spezifischen Durchgangswiderstände verschiedener Kunststoffe ist es unbedingt erforderlich *Probenvorbehandlung, Elektrodenanordnung, Prüfklima* und *Meßspannung* anzugeben.

24 Elektrische Prüfungen

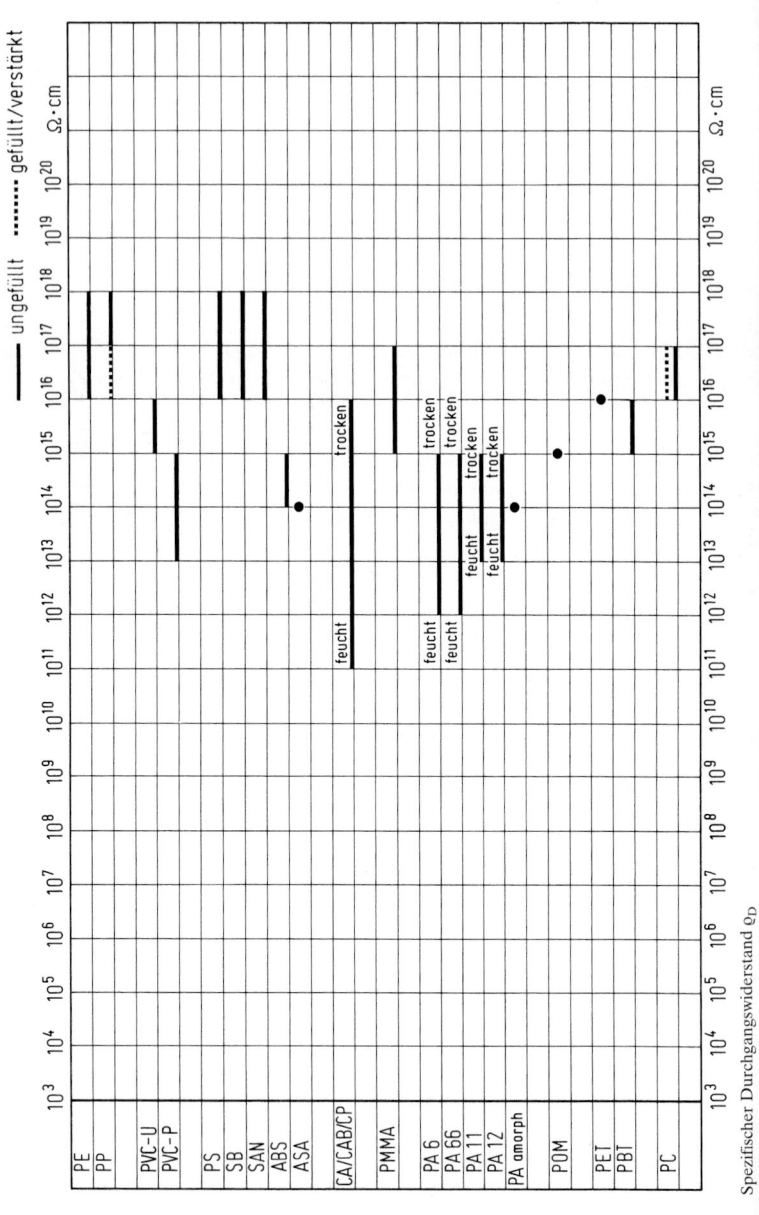

— ungefüllt   ······· gefüllt/verstärkt

Material	Spezifischer Durchgangswiderstand ϱ_D ($\Omega \cdot cm$)
PE	10^{17}
PP	10^{17} (gefüllt bis $\sim 10^{16}$)
PVC-U	10^{15}
PVC-P	$10^{13} - 10^{14}$
PS	$10^{16} - 10^{17}$
SB	$10^{16} - 10^{17}$
SAN	$10^{16} - 10^{17}$
ABS	10^{16}
ASA	$\bullet \; 10^{14}$
CA/CAB/CP	feucht 10^{11} – trocken 10^{14}
PMMA	10^{16}
PA 6	feucht 10^{11} – trocken 10^{15}
PA 66	feucht 10^{11} – trocken 10^{15}
PA 11	feucht 10^{13} – trocken 10^{14}
PA 12	feucht 10^{13} – trocken 10^{14}
PA amorph	$\bullet \; 10^{14}$
POM	$\bullet \; 10^{15}$
PET	$\bullet \; 10^{16}$
PBT	$10^{15} - 10^{16}$
PC	10^{16} (gefüllt bis $\sim 10^{17}$)

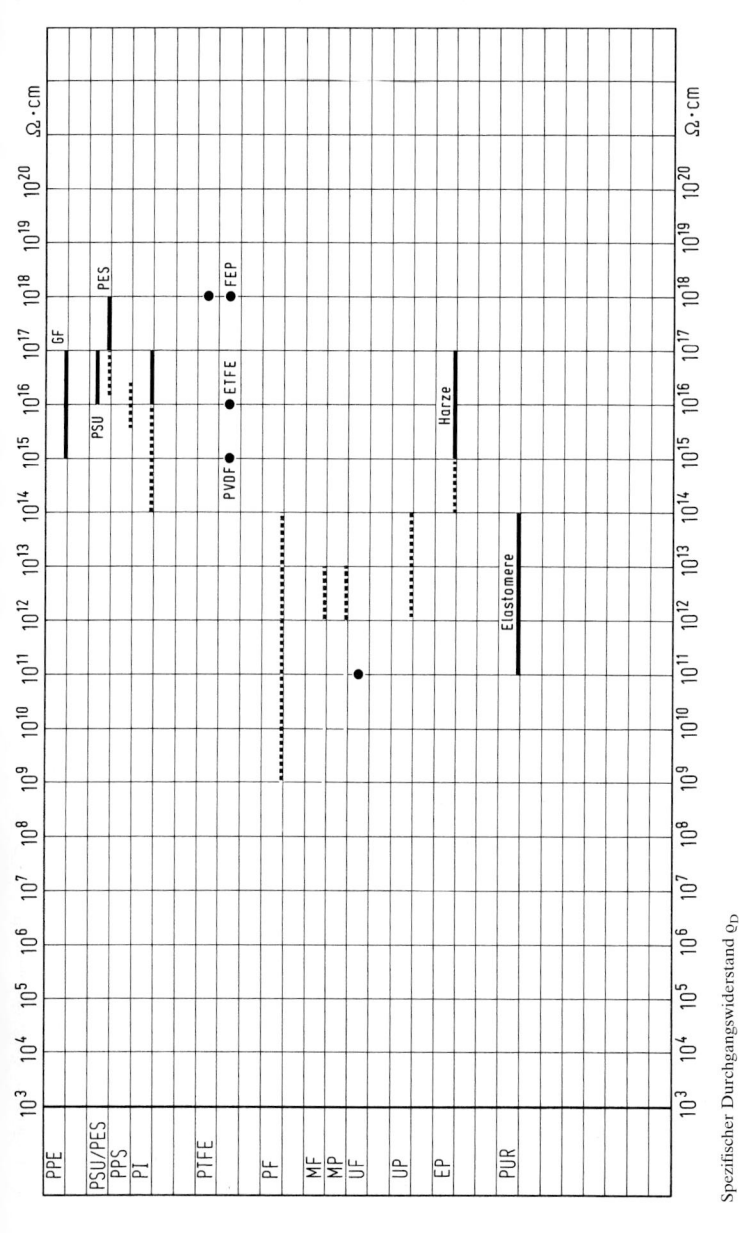

24.3 Spezifischer Durchgangswiderstand

Spezifischer Durchgangswiderstand ϱ_D

24.4 Dielektrische Eigenschaftswerte

Normen:

IEC 60250 Recommended methods for the determination of the permitivity and dielectric dissipation factor of electrical insulating materials at power, audio and radio frequencies including meter wavelength (entspricht inhaltlich **DIN VDE 0303 T4,** zurückgezogen)

DIN IEC 60377 Bestimmung der dielektrischen Eigenschaften von Isolierstoffen bei Frequenzen über 300 MHz (zurückgezogen)

Kennwerte

ε_r	**relative Dielektrizitätszahl**
$\tan \delta$	**dielektrischer Verlustfaktor**
ε_r''	**dielektrische Verlustzahl**

Die dielektrischen Eigenschaften von Kunststoffen sind wichtig für die Einsatzmöglichkeiten als Isolierstoffe. Man kann aus diesen Kennwerten aber auch auf die chemische und physikalische Struktur des Kunststoffs schließen, z. B. Polarität.

Die dielektrischen Eigenschaften hängen ab von äußeren und inneren Einflußfaktoren, z. B. von Frequenz, elektrischer Feldstärke, Temperatur, Feuchte, mechanischen Spannungen und Isotropie des Kunststoffs. Deshalb sollten die Prüfbedingungen zur Ermittlung der dielektrischen Eigenschaften den Einsatzbedingungen entsprechen.

Die *relative Dielektrizitätszahl* (DZ) ε_r eines Isolierstoffs ist der Quotient aus der Kapazität C_x eines Kondensators mit dem betreffenden Isolierstoff als Dielektrikum zwischen den Elektroden und der Kapazität C_0 der leeren Elektrodenanordnung im Vakuum $\varepsilon_r = C_x/C_0$, bei definierten Prüfbedingungen. Die relative Dielektrizitätszahl ε_r ist ein Maß für die Größe der Polarisation des Isolierstoffs.

Die *Dielektrizitätskonstante* ε eines Isolierstoffs ist das Produkt aus der Dielektrizitätszahl ε_r und der *Dielektrizitätskonstanten des leeren Raumes* ε_0 (0,08854 pF/cm):

$$\varepsilon = \varepsilon_r \cdot \varepsilon_0$$

Der *dielektrische Verlustfaktor* $\tan \delta$ eines Isolierstoffs ist der Tangens des Fehlwinkels (Verlustwinkels) δ, um den die Phasenverschiebung zwischen Strom und Spannung im Kondensator von $\pi/2$ abweicht, wenn das Dielektrikum des Kondensators ausschließlich aus dem Isolierstoff besteht bei defi-

24.4 Dielektrische Eigenschaftswerte

nierten Prüfbedingungen. Der dielektrische Verlustfaktor tan δ ist somit ein Maß für den Energieverlust, den der Isolierstoff im elektrischen Feld bewirkt.

Durch Glasfaserverstärkung (unpolare Glasfasern) wird der dielektrische Verlustfaktor wesentlich herabgesetzt.

Die *dielektrische Verlustzahl* ε_r'' ist das Produkt aus Dielektrizitätszahl ε_r und dielektrischem Verlustfaktor tan δ: $\varepsilon_r'' = \varepsilon_r \cdot \tan \delta$.

Probekörper werden nach den einschlägigen Normen für den Isolierstoff hergestellt oder entnommen aus Formteilen. Die Form der Probekörper richtet sich nach dem Meßverfahren und der Elektrodenanordnung IEC 60250, z. B. plattenförmige Probe für kreisförmige Plattenelektrode mit Schutzring (Bild 24.4).

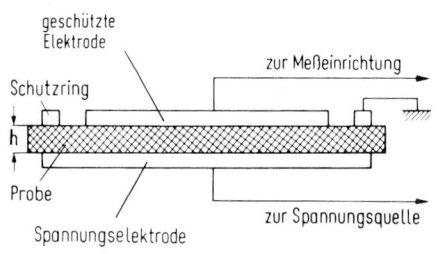

Bild 24.4 Meßanordnung zur Bestimmung der dielektrischen Eigenschaftswerte

Vorbehandlung der Probekörper nach den einschlägigen Normen und VDE-Bestimmungen oder nach beabsichtigter Anwendung des Isolierstoffs.

Prüfanordnung: Meßanordnung für feste Isolierstoffe

- Unmittelbar auf die Probenoberfläche werden Elektroden, vorzugsweise Haftelektroden aufgebracht. Ausführung als kreisförmige Plattenelektrode mit Schutzring für plattenförmige Proben oder Zylinderelektrode mit Schutzring für rohrförmige Proben.
- Messung in Immersionsflüssigkeit eines Immersionskondensators für weiche und gummielastische Stoffe.

Meßeinrichtung ist Hochspannungsbrücke nach *Schering* (50 Hz), Niederspannungsmeßbrücke mit oder ohne *Wagnerschen* Hilfszweig (50 Hz, 1 kHz, 1 MHz).

Prüfung erfolgt nach DIN EN ISO 10350 (IEC 60250) meist bei festgelegten Frequenzen von 100 Hz und 1 MHz, nach DIN VDE bei 50 Hz, 1 kHz oder 1 MHz oder bei veränderlicher Meßfrequenz.

24 Elektrische Prüfungen

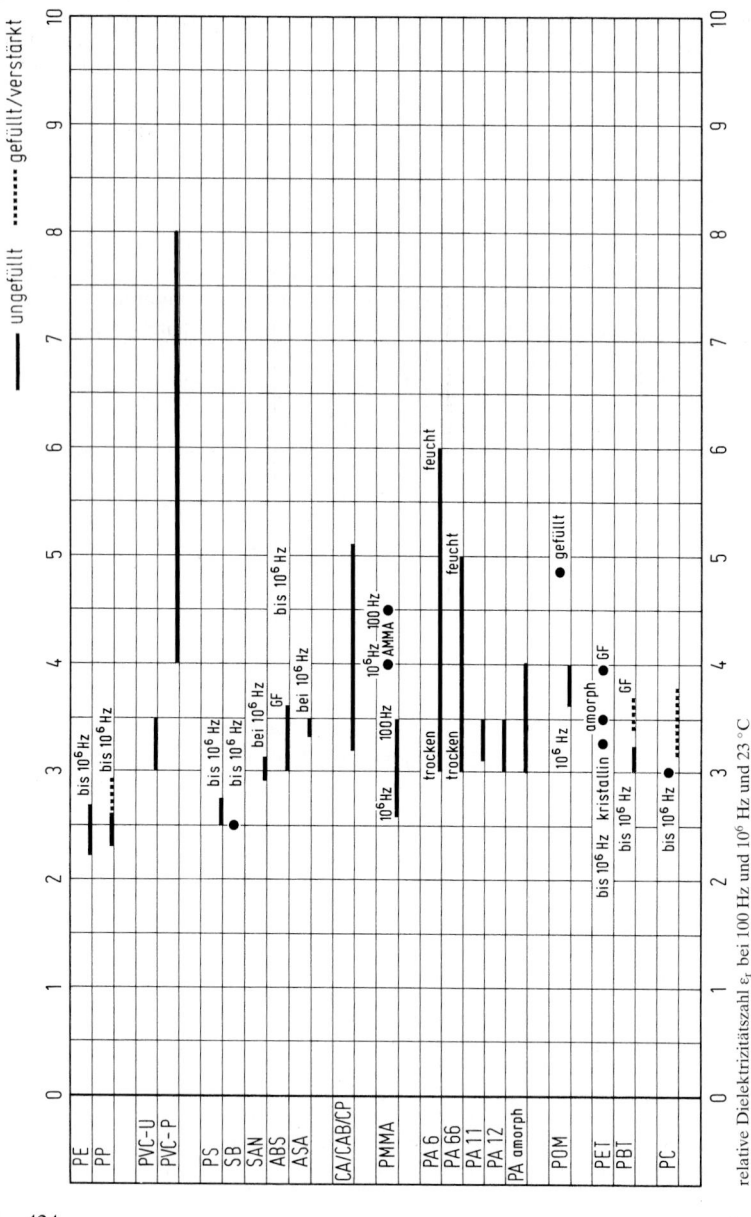

— ungefüllt .... gefüllt/verstärkt

Material	Werte
PE	2,2–2,5 bis 10^6 Hz
PP	2,2–2,6 bis 10^6 Hz (gefüllt/verstärkt bis 2,7)
PVC-U	3,0–3,3
PVC-P	4,0–8,0
PS	2,5 bis 10^5 Hz
SB	2,4–3,4 bis 10^6 Hz
SAN	2,6–3,4 bei 10^6 Hz
ABS	2,7–3,5 GF
ASA	3,3–3,8 bei 10^6 Hz; bis 4,5 bis 10^5 Hz
CA/CAB/CP	3,2–5,1
PMMA	10^6 Hz: 2,6–3,3; 100 Hz: 3,0–3,9; 10^5 Hz–100 Hz AMMA 4,2–4,4
PA 6	trocken 3,5–4,0; feucht bis 6,0
PA 66	trocken 3,5–4,0; feucht bis 6,0
PA 11	3,0–3,7
PA 12	3,1–3,5
PA amorph	3,5–4,0
POM	3,7–4,0 bei 10^6 Hz; gefüllt 4,8
PET	kristallin 3,0; amorph 3,4 bis 10^6 Hz; GF 4,0–4,2
PBT	3,0–3,3 bis 10^6 Hz; GF 3,7–4,1
PC	2,9–3,1 bis 10^6 Hz

relative Dielektrizitätszahl ε_r bei 100 Hz und 10^6 Hz und 23 °C

424

24.4 Dielektrische Eigenschaftswerte

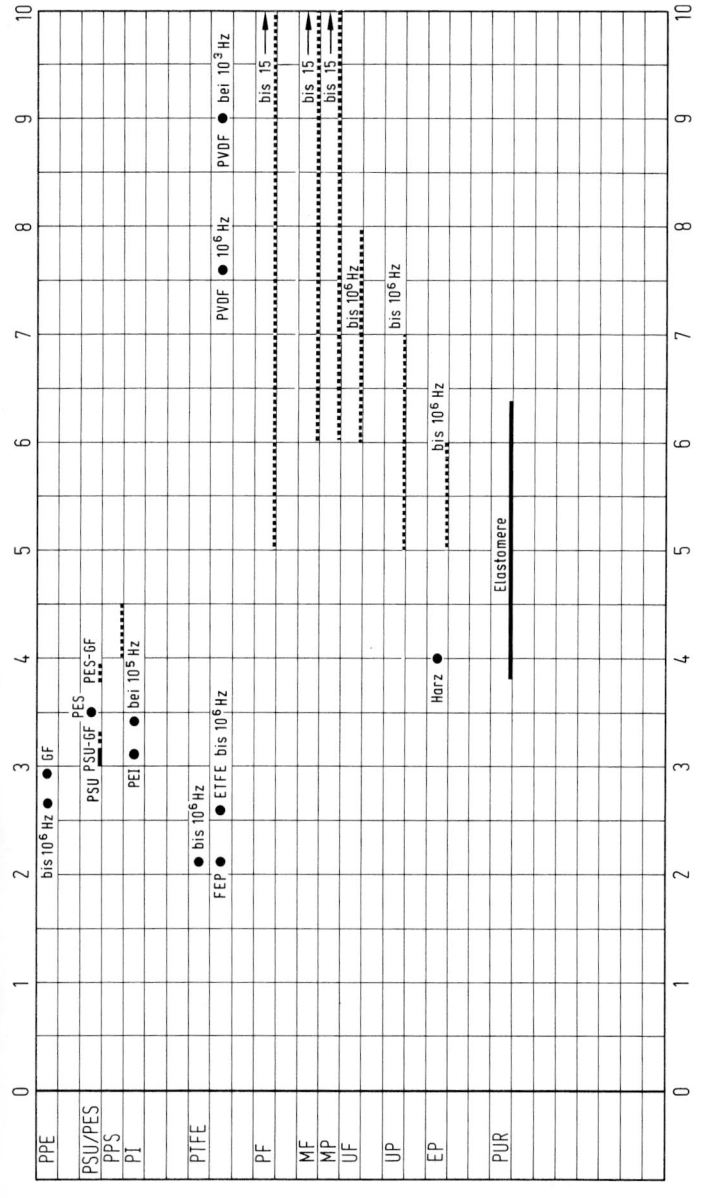

PPE	bis 10^6 Hz ● ● GF
PSU/PES	PSU PSU-GF ● PES PES-GF
PPS	
PI	PEI ● ● bei 10^5 Hz
PTFE	● bis 10^6 Hz / FEP ● ● ETFE bis 10^6 Hz
PF	PVDF ● 10^6 Hz / PVDF ● bei 10^3 Hz
MF	bis 15 →
MP	bis 15 → / bis 10^6 Hz
UF	bis 15 → / bis 10^6 Hz
UP	bis 10^6 Hz
EP	Harz ● / bis 10^6 Hz
PUR	Elastomere

relative Dielektrizitätszahl ε_r bei 100 Hz und 10^6 Hz und 23 °C

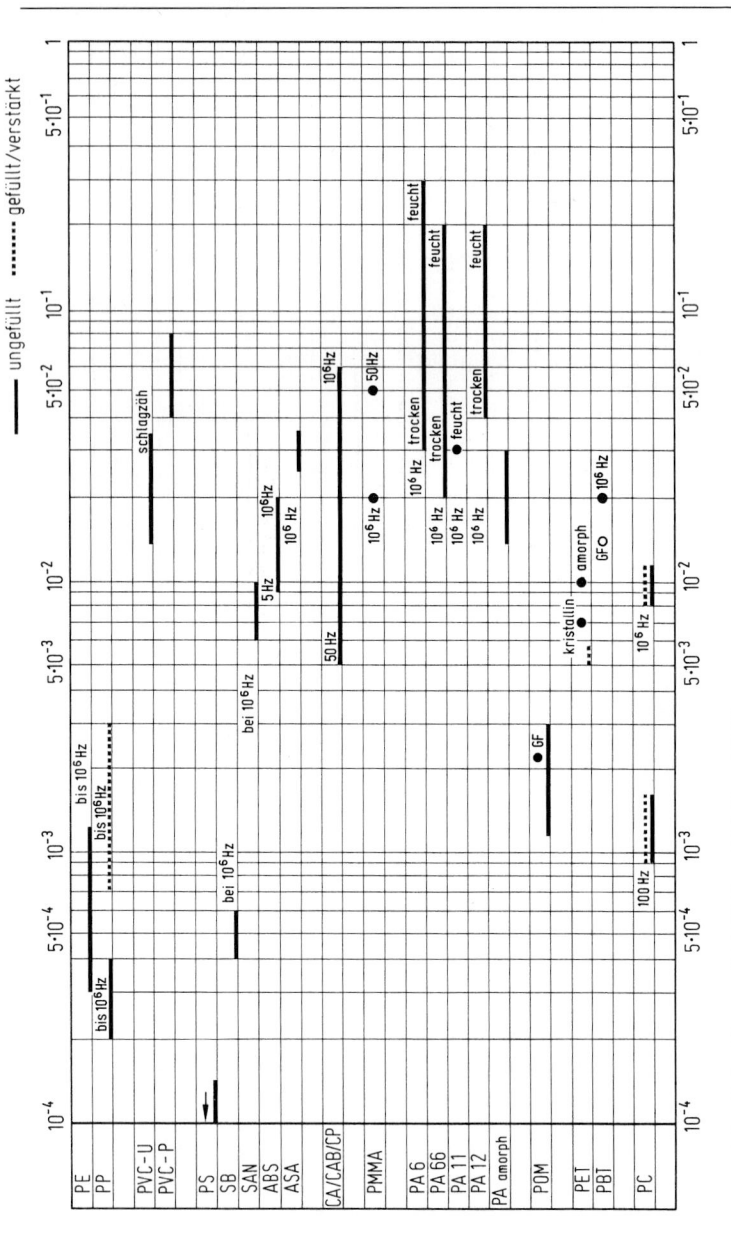

24 Elektrische Prüfungen

Dielektrischer Verlustfaktor tan δ bei 100 Hz und 10^6 Hz und 23 °C

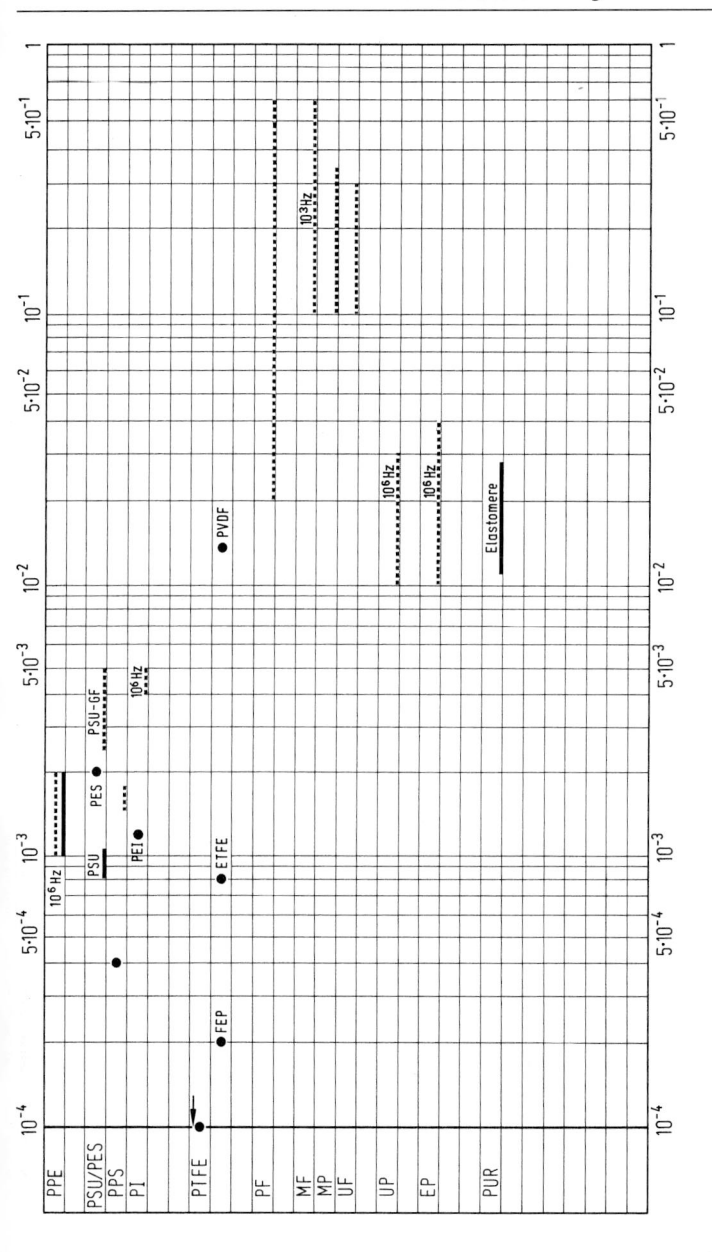

24.4 Dielektrische Eigenschaftswerte

Dielektrischer Verlustfaktor tan δ bei 100 Hz und 10^6 Hz und 23 °C

Kennwerte:

Die *Dielektrizitätszahl* ε_r wird ermittelt aus der gemessenen und korrigierten Kapazität C_x und der Kapazität C_0 der Elektrodenanordnung in Luft zu

$$\varepsilon_r = C_x/C_0$$

Der *dielektrische Verlustfaktor* tan δ wird direkt an der Meßeinrichtung abgelesen.

Genauere Angaben für die Prüfanordnung und Auswertung siehe IEC 60250.

24.5 Kriechwegbildung (Kriechstromfestigkeit)

Normen:

DIN IEC 60112	Verfahren zur Bestimmung der Vergleichszahl und Prüfzahl der Kriechwegbildung auf festen isolierenden Werkstoffen unter feuchten Bedingungen (entspricht **DIN VDE 0303 T1** und IEC 60112)
DIN IEC 15E/122	Prüfverfahren für Elektroisolierstoffe – Verfahren zur Bestimmung der Vergleichszahl und der Prüfzahl der Kriechwegbildung auf festen isolierenden Werkstoffen unter feuchten Bedingungen
DIN IEC 60587	Prüfverfahren zur Beurteilung der Kriechstromfestigkeit und der Aushöhlung für elektrische Isolierstoffe, die unter erschwerten Umweltbedingungen eingesetzt werden (entspricht **VDE 0303 T10**)

Kennwerte

CTI	**Vergleichszahl der Kriechwegbildung (Comparative Tracking Index)**
PTI	**Prüfzahl der Kriechwegbildung (Proof Tracking Index)**

Anmerkung: Die Prüfmethoden KA, KB und KC sind weggefallen, es werden nur noch CTI- und PTI-Werte ermittelt.

Bei dieser Prüfung ermittelt man den relativen Widerstand fester elektrischer Isolierstoffe gegen *Kriechwegbildung* bei Spannungen bis 600 Volt. Die unter elektrischer Spannung stehende Oberfläche wird tropfenweise mit *Prüflösungen* (Wasser mit Zusätzen) benetzt. Isolierstoffe, die bei der höchsten Spannung von 600 V keine *Kriechspur* bilden, können eine *Erosion* zeigen, deren Tiefe ausgemessen wird. Einige Kunststoffe können sich bei dieser Prüfung entzünden.

24.5 Kriechwegbildung (Kriechstromfestigkeit)

Ein *Kriechweg* entsteht durch die Bildung *leitfähiger* Pfade auf der Oberfläche des Isolierstoffs, verursacht durch die *gleichzeitige* Wirkung elektrischer und elektrolytischer Einflüsse.

Bei der *elektrischen Erosion* wird durch elektrische Entladungen Isolierstoff von der Oberfläche abgetragen.

Definition der *Vergleichszahl der Kriechwegbildung* CTI und der *Prüfzahl der Kriechwegbildung* PTI siehe *Kennwerte*.

Probekörper werden aus Halbzeugen oder Formteilen mit ebener und kratzerfreier Oberfläche entnommen, Mindestoberfläche 15 mm × 15 mm × Probendicke $\geq$ 3 mm; die Oberfläche muß sauber und frei von Schmutz, Fett und Öl sein (ggf. reinigen). Vorbehandlung und Reinigung sind anzugeben.

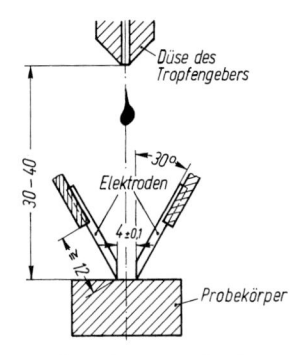

Bild 24.5   Prüfanordnung zur Bestimmung der Kriechwegbildung

Prüfanordnung: Zwei Platinelektroden (Bild 24.5) mit Breite 5 mm und Dicke 2 mm werden unter einem Winkel von 60° im Abstand von 4 mm auf die Prüfstelle aufgesetzt. Die Auflagekraft der Elektroden auf die Oberfläche muß 1 N betragen. Es gibt nachstehende *Prüflösungen*:

Lösung A: (0,1± 0,002) Gewichts-% Ammoniumchlorid NH_4Cl in destilliertem oder deionisierten Wasser lösen. Der spezifische Durchgangswiderstand beträgt dann 395 $\Omega \cdot$ cm bei 23 °C.

Lösung B: wie Lösung A, jedoch zusätzlich ein *Netzmittel* 0,5 Gewichts-% Natriumsalz einer kernalkalierten Naphthalinsulfosäure (Nekal BX-trokken). Der spezifische Durchgangswiderstand beträgt dann 198 $\Omega \cdot$ cm bei 23 °C (in DIN IEC 60112 ist fälschlicherweise 170 angegeben).

Lösung A wird bevorzugt eingesetzt, Lösung B ist die aggressivere, die nur dann eingesetzt wird, wenn besonders aggressive Verunreinigungen im Betrieb des Isolierstoffs erwartet werden. Bei Lösung B wird der Kennwert mit M gekennzeichnet (M: *mouillé = Benetzer*).

Die angelegte sinusförmige Wechselspannung ist bei 48 Hz bis 60 Hz zwischen 100 V und 600 V einstellbar; die Spannungswerte müssen durch 25 teilbar sein.

Prüfung: Nach Aufsetzen der Elektroden wird die Prüflösung zwischen die Elektroden in zeitlichen Abständen von 30 s ± 5 s aufgetropft.

Für die CTI-Bestimmung wird die höchste Spannung in Volt ermittelt, der ein Isolierstoff bei 50 Auftropfungen *ohne* Kriechwegbildung widersteht. Man stellt zunächst einen ausgewählten Spannungswert ein und prüft mit 50 Auftropfungen oder bis zum vorzeitigen Ausfall. Wiederholung der Prüfung dann mit niedrigeren oder höheren Spannungen an *anderen* Stellen der Oberfläche bis die höchste Spannung ermittelt ist, bei der 50 Tropfen an 5 verschiedenen Stellen *keinen* Ausfall ergeben (keine Auslösung des Überstromschalters). Die Bezeichnung ist dann z. B. CTI 425. *Zusatzbedingung* ist: Bei der Prüfung an 5 weiteren Stellen mit einer um 25 Volt niedrigeren Spannung darf bei weniger als 100 Auftropfungen *kein* Ausfall auftreten. Wird diese Zusatzbedingung nicht erfüllt, dann wird die höchste Spannung ermittelt, bei der 5 Stellen 100 Auftropfungen widerstehen; dieser Zahlenwert wird *zusätzlich* angegeben, z. B. CTI 425 (375).

Für die PTI-Bestimmung wird für eine festgelegte Prüfspannung in Volt ermittelt, ob der Isolierstoff 50 Auftropfungen *ohne Kriechwegbildung* widersteht.

Wird für die Praxis nur eine Kurzprüfung verlangt, so wird diese bei einer *einzigen, festgelegten* Spannung durchgeführt. Als Spannungswerte sind vorgesehen 175 V, 250 V, 300 V, 375 V oder 500 V.

Bestimmung der Erosion: Wenn bei der Prüfung kein Kriechweg gebildet wurde, wird die Oberfläche gesäubert und mit einem speziellen Tiefentaster (siehe Norm) die größte Erosionstiefe auf 0,1 mm genau gemessen.

Kennwerte:

CTI-Messungen

Der CTI-Wert ist der Zahlenwert der höchsten Prüfspannung in Volt, die der Isolierstoff an 5 Stellen bei 50 Auftropfungen *ohne* Kriechwegbildung erträgt, z. B.

Vergleichszahl der Kriechwegbildung CTI 400 für Prüflösung A
Vergleichszahl der Kriechwegbildung CTI 500 M für Prüflösung B;
Vergleichszahl der Kriechwegbildung CTI 350 (300), wenn zwar für 350 Volt die Bedingung 50 Auftropfungen erfüllt ist und zusätzlich die Spannung 300 Volt ermittelt wurde, bei der 100 oder mehr Auftropfungen ausgehalten wurden.

24.5 Kriechwegbildung (Kriechstromfestigkeit)

CTI/PTI			CTI/PTI		
PE	CTI 550...600	CTIM 500...575	PPE	CTI 175...400	GF: CTI 250
PP	CTI 600	CTIM 425...450			
PVC-U			PSU/PES	CTI 125...150	
PVC-P			PPS	GF: CTI 150...225	
			PI	PEI: CTI 150...200	
				PAEK: CTI 125...150	
PS	CTI 350...500			LCP: CTI 100	GF: 150...175
SB	CTI 350...550		PTFE	CTI 600	
SAN	CTI 400...600			PFA: CTI 600	PVDF: CTI 200...400
ABS	CTI 600				
ASA	CTI 600		PF	PTI 125...250	
CA/CAB/CP	CTI > 600		MF	PTI 600	
			MP	PTI 150...600	
PMMA	CTI > 600		UF	PTI 600	
PA6	luftfeucht: CTI 600	GF: CTI 550 CF: CTI < 100	UP	PTI 250...600	
PA66	luftfeucht: CTI 600	GF: CTI 550			
PA11	CTI 600		EP	PTI 600	
PA12	CTI 600				
PAamorph	CTI 600				
			PUR		
POM	CTI 600	GF: CTI 600			
PET					
PBT	CTI 600	GF: CTI 300...500 CF: CTI 250			
PC	CTI 200...275	GF: CTI 175			

Vergleichszahl der Kriechwegbildung CTI bzw. Prüfzahl der Kriechwegbildung PTI

Wurde die Tiefe der Erosion gemessen, ist die *größte Erosionstiefe* mit anzugeben, z. B. CTI 250-1,3.

PTI-Messungen

Der PTI-Wert ist der Zahlenwert der für die Prüfung gewählten Prüfspannung in Volt. Angabe: *„Prüfzahl der Kriechwegbildung bestanden"* oder *„nicht bestanden"*, z. B. „bestanden bei PTI 150" (für Prüflösung A) oder „nicht bestanden bei PTI 175 M" (für Prüflösung B).

Wird eine *größte Erosionstiefe* gemeinsam mit der Prüfspannung festgelegt, ergibt sich die Bezeichnung z. B. wie folgt: „bestanden bei PTI 275-0,9" (für Prüflösung A), „nicht bestanden bei PTI 250 M – 0,3" (für Prüflösung B).

Wenn die Probenoberfläche vor der Prüfung behandelt, z. B. spanend bearbeitet wurde, so ist dies unbedingt anzugeben.

Anmerkung: Die „alten" Kriechstromfestigkeiten KA, KB und KC nach der zurückgezogenen DIN 53480 sind i. a. nicht mit den CTI- und PTI-Werten vergleichbar.

25 Optische Prüfungen

25.1 Brechzahl

Normen:

DIN EN ISO 489 Kunststoffe, Bestimmung des Brechungsindex von Kunststoffen

DIN 53491 Prüfung von Kunststoffen – Bestimmung der Brechungszahl und Dispersion

Kennwert

n_D	**Brechzahl**

Durch die *Brechzahl* (Brechungsindex) können Kunststoffe differenziert werden. Man kann mit dieser einfachen Methode auf die Zusammensetzung eines Kunststoffs schließen und insbesondere die Polymerisation überprüfen. Aus dem Temperaturkoeffizienten der Brechzahl kann auch das Erweichungsintervall bestimmt werden.

Die Brechzahl ist deshalb wichtig für die Kontrolle der Fertigung und für die Verwendung organischer Gläser in der Optik.

Probekörper: Bei *festen Kunststofferzeugnissen* werden aus zwei zueinander rechtwinkligen Ebenen Proben mit rd. 3 mm Dicke entnommen; die sonstigen Abmessungen richten sich nach dem Meßprisma des verwendeten Refraktometers. Die Oberflächen werden plangeschliffen und poliert unter Vermeidung von Eigenspannungen. Bei richtiger Probenvorbereitung ergibt die Prüfung eine scharfe Grenzlinie. Bei *weichen* und *weichgummiähnlichen Kunststofferzeugnissen* soll die scharf geschnittene Probe an der Lichteintrittsebene wie poliert aussehen. *Plastische* und *zähflüssige Kunststoffe* werden wie Flüssigkeiten zwischen den Prismen des Refraktometers gemessen.

Prüfeinrichtung: Besonders geeignet Abbe-Refraktometer mit heiz- und kühlbaren Prismen zur Messung der Brechzahlen im durchfallenden und reflektierten Licht (Meßbereich für n von 1,3 bis 1,7). Für höhere Anforderungen finden Eintauchrefraktometer Verwendung mit Thermostat für die Temperierung der Prismen. Als Lichtquelle Tages- oder Glühlampenlicht, für monochromatisches Licht Natriumspektrallampe mit Wellenlänge $\lambda = 589{,}3 \cdot 10^{-9}$ m.

Prüfung der fertig bearbeiteten und gut getrockneten oder 24 h im Exsikkator gelagerten Proben. Prüfung erfolgt bei 23 °C.

Für optischen Kontakt zwischen Probe und Meßprisma verwendet man ein *Kontaktmittel*, das höhere Brechzahl hat als der zu prüfende Kunststoff und

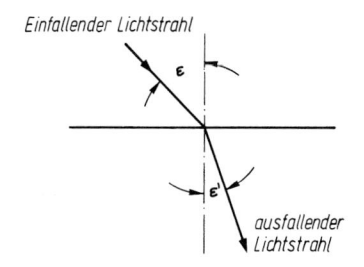

Bild 25.1 Brechungsgesetz

diesen nicht angreift. Empfohlen wird für die meisten Kunststoffe α-Monobromnaphtalin, für PMMA gesättigte wässerige Zinkchloridlösung und für PS gesättigte Kaliumquecksilberjodidlösung.

Kennwert:

$$\text{Brechzahl} \quad n = \frac{\sin \varepsilon}{\sin \varepsilon'}$$

Die Brechzahl wird mit n_D bezeichnet, wenn sie mit Licht der Wellenlänge $589{,}3 \cdot 10^{-9}$ m (D-Linie des Natriums) ermittelt wurde. Die Messung erfolgt auf vier Dezimalen genau an zwei Proben, die aus zwei rechtwinklig zueinander stehenden Ebenen entnommen sind.

25.2 Lichtdurchlässigkeit

Norm:

DIN 5036 Lichttransmissionsgrad
DIN EN 33468 Bestimmung des totalen Lichttransmissionsgrades von transparenten Materialien

Kennwert

L Lichtdurchlässigkeit

Die Verwendung von Kunststoffen hängt in vielen Fällen von den optischen Eigenschaften, insbesondere von der Lichtdurchlässigkeit ab. Die Lichtdurchlässigkeit gibt die Intensitätsminderung eines Lichtstrahls durch Reflektions- und Absorptionsverluste an. Sie wird wesentlich beeinflußt durch die Dicke des Kunststoffteils, vom Reinheitsgrad des Stoffes und bei teilkristallinen Kunststoffen vom Kristallisationsgrad.

Probekörper mit planparallelen Oberflächen, sauber gereinigt. Für Vergleichsmessungen müssen Proben gleicher Dicke verwendet werden. Meist Proben mit einer Dicke von 1 mm und einem Durchmesser von 50 mm.

25 Optische Prüfungen

Kunststoff	Brechzahl n_D
PE-LD	●1,50
PE-HD	
PP	
PVC-U	
PVC-P	
PS	●1,585
SB	
SAN	
ABS	
ASA	
CA/CAB/CP	1,492
PMMA	●1,508 (AMMA)
PA 6	
PA 66	
PA 11	
PA 12	
PA amorph	●1,57
POM	
PET	PETP amorph
PBT	
PC	●1,586

434

25.2 Lichtdurchlässigkeit

Material	Brechzahl n_D
PPE	
PSU/PES	• PSU • PES
PPS	
PI	PI-Folie 1,78 →
PTFE	
FEP	•
	•
ETFE	•
PVDF	•
PF	
MF	• Harz
MP	Harze
UF	
UP	• Harz
EP	• Harz
PUR	
Kronglläser	
Flintgläser	1,90 →
Wasser	•

(Diagramm: Brechzahl n_D von 1,30 bis 1,70)

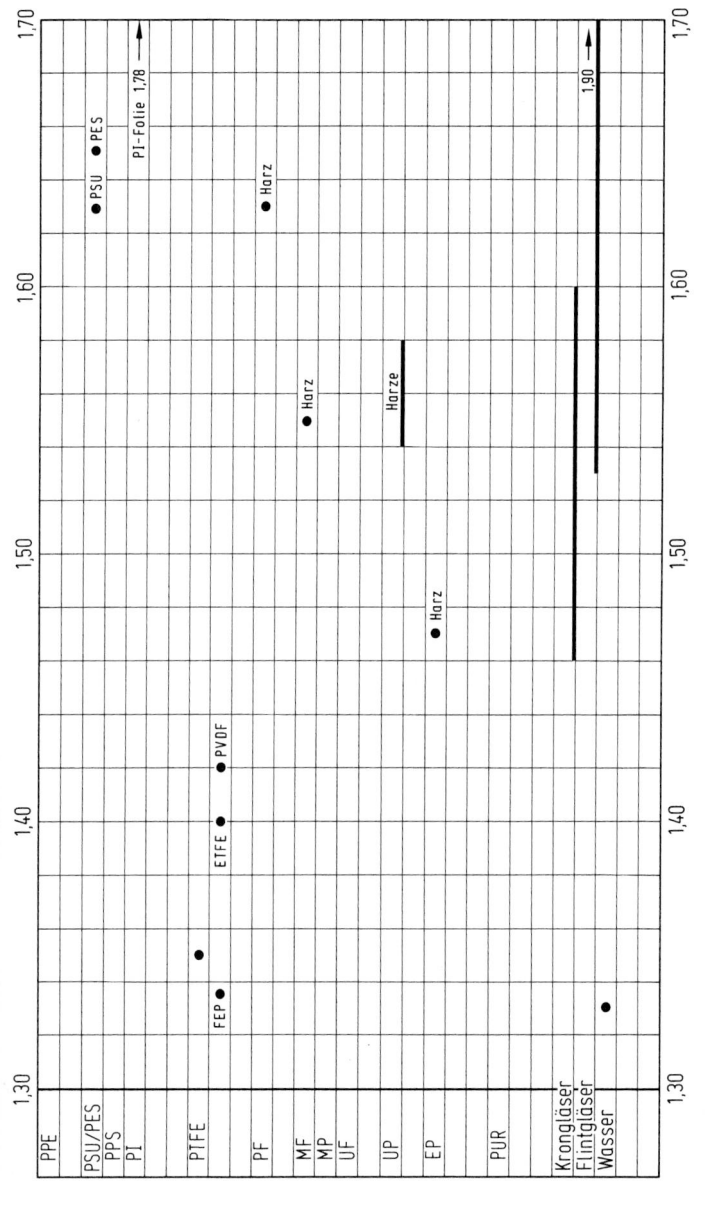

435

25 Optische Prüfungen

Prüfung erfolgt mit Glühlampe oder monochromatischem Licht, nach DIN 5036 mit Lichtart D 65. Die Lichtintensitäten werden gemessen vor und nach der Kunststoffprobe durch Fotozelle mit Galvanometer oder es erfolgt Vergleichsmessung mit Fotometer und Vergleichsnormal. Als Meßgeräte (Prinzip Bild 25.2) werden verwendet *Unicam*-Spektrofotometer, *Pulfrich*-Fotometer; *Beckmann*-Spektralfotometer oder andere.

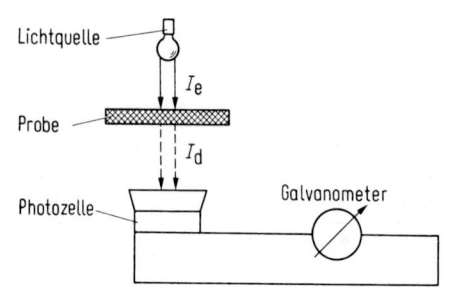

Bild 25.2 Versuchsanordnung (schematisch) zur Messung der Lichtdurchlässigkeit

Kennwert:

Lichtdurchlässigkeit L in %

$$\text{Lichtdurchlässigkeit} \quad L = \frac{I_d}{I_e}$$

Dabei bedeuten:

I_e Lichtintensität *vor* der Probe
I_d Lichtintensität *nach* der Probe

Vielfach genügen zur Kennzeichnung der *Lichtdurchlässigkeit einfache Bewertungen* nach der Reihenfolge (siehe auch Tabelle 25.1):

glasklar   völlig frei von Trübungen, Streulichtanteil liegt unter 3 %; gerichtet einfallendes Licht tritt auch wieder gerichtet aus
transparent noch durchsichtig, aber Streulichtanteil zwischen 3 % und 30 %
transluzent nur noch durchscheinend; Licht tritt nicht mehr gerichtet, sondern diffus aus
opak   undurchsichtig, lichtundurchlässig.

25.2 Lichtdurchlässigkeit

Tab. 25.1 Lichtdurchlässigkeit von ungefärbten und ungefüllten Kunststoffen

Kunststoff	Lichtdurchlässigkeit
PE	je nach Dicke opak bis transparent
PP	je nach Dicke opak bis transparent
PVC-U	trüb bis glasklar (S-PVC, M-PVC)
PVC-P	trüb bis transparent
PS	glasklar, L bis 90 %
SB	opak, Spezialtypen glasklar (z. B. Styrolux)
SAN	glasklar
ABS	opak bis transparent, Spezialtypen glasklar
ASA	opak
CA/CAB/CP	glasklar, CA: L bis 85 %
PMMA	glasklar, L bis 92 %
PA 6	*kristallin:* opak bis transluzent *amorph:* glasklar
PA 66	*kristallin:* opak bis transluzent *amorph:* glasklar
PA11/PA12	transluzent bis transparent
POM	opak, weiß
PET	*amorph:* glasklar *kristallin:* opak
PBT	*kristallin:* opak
PC	glasklar, L: 80 % bis 90 %
PPE mod.	Opak
PSU/PES	fast glasklar, z. T. gelbliche Eigenfarbe
PPS	opak, dunkel
PI	opak, dunkel; Folien: transparent
PTFE	opak
FEP/PVDF	transparent bis transluzent
ETFE	glasklar; L: bis 95 %
PF[*]	bräunlich transparent
MF[*]	fast glasklar
UF[*]	fast glasklar
UP	fast glasklar
EP	gedeckt bis glasklar
PUR-Elastomere	transluzent

[*] Vorwiegend *gefüllt* verwendet, dann opak

26 Wasseraufnahme und Permeation

Bei Einwirkung von Wasser oder feuchter Luft nehmen Kunststoff-Formteile Wasser auf, wobei die aufgenommene Wassermenge stark vom chemischen Aufbau und der Zusammensetzung des Formstoffs abhängig ist. *Polare* Kunststoffe, wie PA, PUR und Celluloseester, nehmen viel Feuchte auf, *unpolare* Kunststoffe, wie PE, PP, PS und PTFE, dagegen sehr wenig. Besonders saugfähige Zusatzstoffe und hydrophile Bestandteile, wie Holzmehl, Papier und organische Gewebe sowie Emulgatoren, erhöhen naturgemäß die Neigung zur Wasseraufnahme.

Die Geschwindigkeit der Wasseraufnahme ist erheblich vom Verhältnis Oberfläche zu Volumen des Formteils abhängig. Daher müssen bei Vergleichsversuchen die Probenabmessungen genau eingehalten werden. Das gleiche gilt für die Beschaffenheit der Oberfläche. So nehmen durch spanende Bearbeitung entstandene Oberflächen schneller Wasser auf als durch Spritzgießen oder Pressen entstandene dichte Oberflächen. Mit steigender Temperatur erhöht sich ebenfalls die Wasseraufnahme.

Auch eine schon im Probekörper oder Formteil enthaltene Feuchte beeinflußt das weitere Eindringen von Wasser, so daß der Zustand des Prüfobjekts vor der Bestimmung der Wasseraufnahme festgelegt sein muß, z. B. *Anlieferungszustand*, *Trockenzustand* oder *Zustand nach einer bestimmten Lagerung* oder *Konditionierung*.

Durch Aufnahme von Wasser ändern sich die Eigenschaften von Formstoff und Formteil. Im allgemeinen werden die *Festigkeitseigenschaften* und die *Härte* vermindert, während die *Zähigkeit* meist erhöht wird. Das *Aussehen* des Formteils kann durch die Bildung von *matten* oder *milchigen* Stellen beeinträchtigt werden. Die *elektrischen Isoliereigenschaften* werden verschlechtert. Nicht zuletzt führt die Wasseraufnahme zu *Quellung* und damit zu *Maßänderungen*. Durch *Herauslösen* von Bestandteilen aus dem Formstoff kann es zum Auftreten von Oberflächenrauhigkeit und Poren kommen.

Für die Verwendung von Kunststoffen in der *Verpackungstechnik* z. B. als Folien oder Flaschen ist die *Durchlässigkeit* gegenüber Wasserdampf und Gasen besonders bedeutungsvoll. Sind Kunststoffe nicht diffusionsdicht, müssen ggf. *Barrierekunststoffe* als Sperrschichten eingebaut werden (Verbundfolien, Mehrschichtbehälter).

26.1 Wasserdampf- und Gasdurchlässigkeit (Permeation)

Normen

DIN 53122	Bestimmung der Wasserdampfdurchlässigkeit T1: Gravimetrisches Verfahren T2: Elektrolyse-Verfahren
DIN 53380	Bestimmung der Gasdurchlässigkeit T1: Volumetrisches Verfahren T3: Sauerstoffspezifisches Trägergas-Verfahren
DIN 53536	Kautschuk und Elastomere – Bestimmung der Gasdurchlässigkeit
DIN EN 1931	Bestimmung der Wasserdampfdurchlässigkeit (von Abdichtungsbahnen)
DIN EN 13111	Abdichtungsbahnen – Unterdeckbahnen für Dächer – Bestimmung des Widerstands gegen Wasserdurchgang
DIN EN ISO 2556	Kunststoffe – Bestimmung der Gasdurchlässigkeit von Folien und dünnen Tafeln unter atmosphärischem Druck – Manometer-Verfahren

Bei der *Permeation*, dem „Durchwandern" von Medien durch Kunststoffe wirken Löslichkeits- und Diffusionsvorgänge zusammen. Die Methoden zur Messung der Permeation sind sehr unterschiedlich (siehe Normen). Als Kenngrößen für die Permeation werden meist *Permeationskoeffizienten*, d. h. auf *Fläche, Druck* und *Dicke* bezogene Werte ermittelt.

Die *Wasserdampfdurchlässigkeit* WDD wird nach DIN 53122 ermittelt und ist gekennzeichnet durch die Gewichtsmenge Wasserdampf, die in 24 h bei einem Luftfeuchtegefälle von 85 % auf 0 % bei 23 °C durch einen Quadratmeter der zu prüfenden Folie diffundiert. Bei einer 100 µm dicken Folie aus Polyethylen beträgt sie z. B. (0,2 bis 0,35) g/(m² · d), aus Polypropylen etwa 0,5 bis 0,6 g/(m² · d). Für Kunststoff-Folien werden die Klimate im Verdampfungsraum D [(23 ± 1) °C und (85 ± 2) % relative Luftfeuchte] bzw. E [(20 ± 1) °C und (85 ± 2) % relative Luftfeuchte] gewählt. Neben der Wasserdampfdurchlässigkeit wird auch noch der *Permeationskoeffizient* P_{WD} angegeben.

Bei der Verpackung von kohlensäurehaltigen Getränken ist wichtig die *Gasdurchlässigkeit* von Kohlendioxid und bei Ölen die Gasdurchlässigkeit gegen Sauerstoff (Gefahr der Oxidation des Verpackungsgutes).

Nach DIN EN ISO 2556 wird die Gasdurchlässigkeit in der SI-Einheit fm/(Pa · s) angegeben (1 fm = 10^{-15} m; 1 cm³/(m² · d · atm) = 0,1143 fm(Pa · s);

1 fm/(Pa · s) = 8,752 cm^3/(m^2 · d · atm), wobei für den Standardatmosphärendruck gilt: 760 mm Hg = 101,3 kPa)

26.2 Bestimmung der Wasseraufnahme

Normen:

DIN EN ISO 62	Kunststoffe – Bestimmung der Wasseraufnahme
DIN EN ISO 585	Weichmacherfreies Celluloseacetat (CA) – Bestimmung des Feuchtegehalts
DIN EN ISO 960	Kunststoffe – Polyamide (PA) – Bestimmung des Wassergehalts
DIN ISO 175	Kunststoffe – Bestimmung des Verhaltens gegen Flüssigkeiten einschließlich Wasser
DIN 53715	Bestimmung des Wassergehalts durch Titration nach Karl Fischer

Kennwert

c	relative Masseänderung
(W)	(Wasseraufnahme)

Probekörper: Nach DIN EN ISO 62 werden 3 Probekörper DIN EN ISO 294-3 Typ D1 verwendet in den Abmessungen 60 mm × 60 mm × 1 mm oder aber nach Vereinbarung in anderen Abmessungen, z. B. bei Polyamiden mit größerer Dicke (2,05 ± 0,05).

Aus *Folien* und *Tafeln* werden quadratische Probekörper mit 50 mm Seitenlänge und Erzeugnisdicke entnommen. *Formteile* werden meist komplett geprüft. Es müssen immer 3 Probekörper geprüft werden.

Beachte: Die Probekörper müssen glatte Schnittflächen aufweisen und dürfen keine Risse haben, außerdem muß die Oberfläche sauber und fettfrei sein.

Auswertung nach DIN EN ISO 62:

Es wird die *relative Masseänderung* c bestimmt (früher: Wasseraufnahme W_w in mg oder %). Es kann auch die *Wasseraufnahme* in mg auf die *Oberfläche der Proben* in cm^2 bezogen werden.

Es gibt nur die 3 Massen m_1, m_2 und m_3, aber 4 Methoden (Verfahren):

m_1	Masse in mg *vor* der Lagerung
m_2	Masse in mg unmittelbar *nach* der Entnahme aus der Prüfflüssigkeit
m_3	Masse in mg *nach* Entnahme, Trocknung und Konditionierung

26.2 Bestimmung der Wasseraufnahme

Es wird die *relative Masseänderung* c bestimmt:

$$c = \frac{m_2 - m_1}{m_1} \quad \text{oder} \quad c = \frac{m_2 - m_3}{m_1} \quad \text{oder} \quad c = \frac{m_2 - m_3}{m_3}$$

Verfahren 1: Bestimmung der Wasseraufnahme in Wasser von 23 °C. Trocknen der Proben 50 °C/24 h und Abkühlung im Exsikkator mit anschließender Lagerung in destilliertem Wasser von 23 °C/24 h ($m_{2/24}$). Zur Ermittlung der *Sättigung* c_s können die Lagerzeiten verlängert werden (48, 96, 192 Stunden usw.).

Verfahren 2: wie Verfahren 1, jedoch Lagerung in siedendem destilliertem Wasser (m_2).

Verfahren 3: Bestimmung der wasserlöslichen Bestandteile. Nach dem Trocknen bei 50 °C/24 h und Exsikkatorabkühlung werden die Proben 24 h in destilliertem Wasser von 100 °C gelagert (m_3).

Verfahren 4: Nach Durchführung der Methode 3 wird nochmals getrocknet um ggf. wasserlösliche Bestandteile zu ermitteln (m_2).

Es ist anzugeben welches der 4 Verfahren angewandt wurde und die Eintauchdauer in Wasser.

Bei *Langzeitprüfungen* kann die Wasseraufnahme bis zur *Sättigung* durchgeführt werden (Bild 26.1).

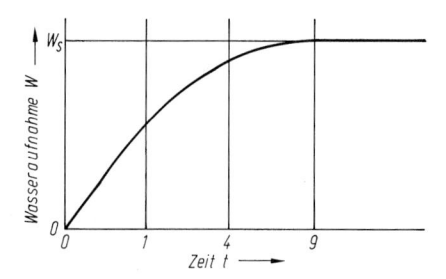

Bild 26.1 Schematischer zeitlicher Verlauf der Wasseraufnahme mit Sättigungswert W_S

Bei Polyamiden wird in der Praxis der *Gleichgewichtswassergehalt* (Sättigung im Normalklima 23/50 DIN EN ISO 291) beim Konditionieren im Normalklima nach DIN 53714 ermittelt (vgl. Kap. 26.3). Diese Werte dürfen nicht mit den Werten der *Sättigung nach Lagerung in Wasser* verwechselt werden, die wesentlich höher liegen (vgl. Tabelle 10.4, Seite 127). Bei Polyamiden spielt der Wassergehalt wegen seines Einflusses auf die Eigenschaften, Abmessungen und Schweißeignung eine wichtige Rolle.

26 Wasseraufnahme und Permeation

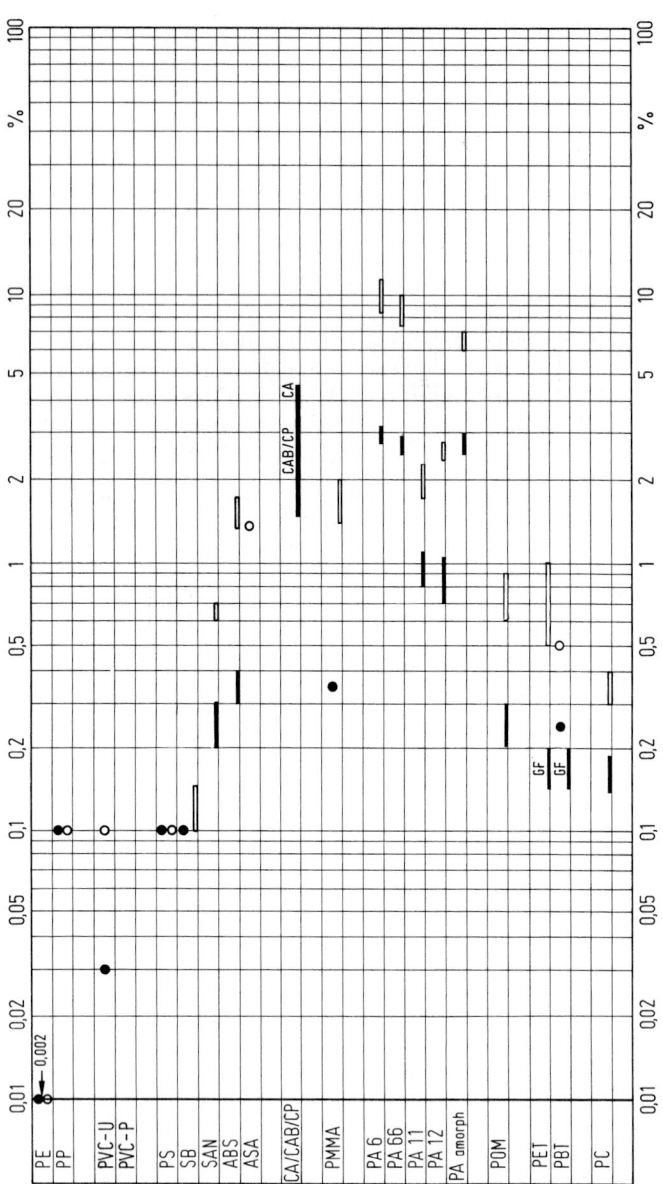

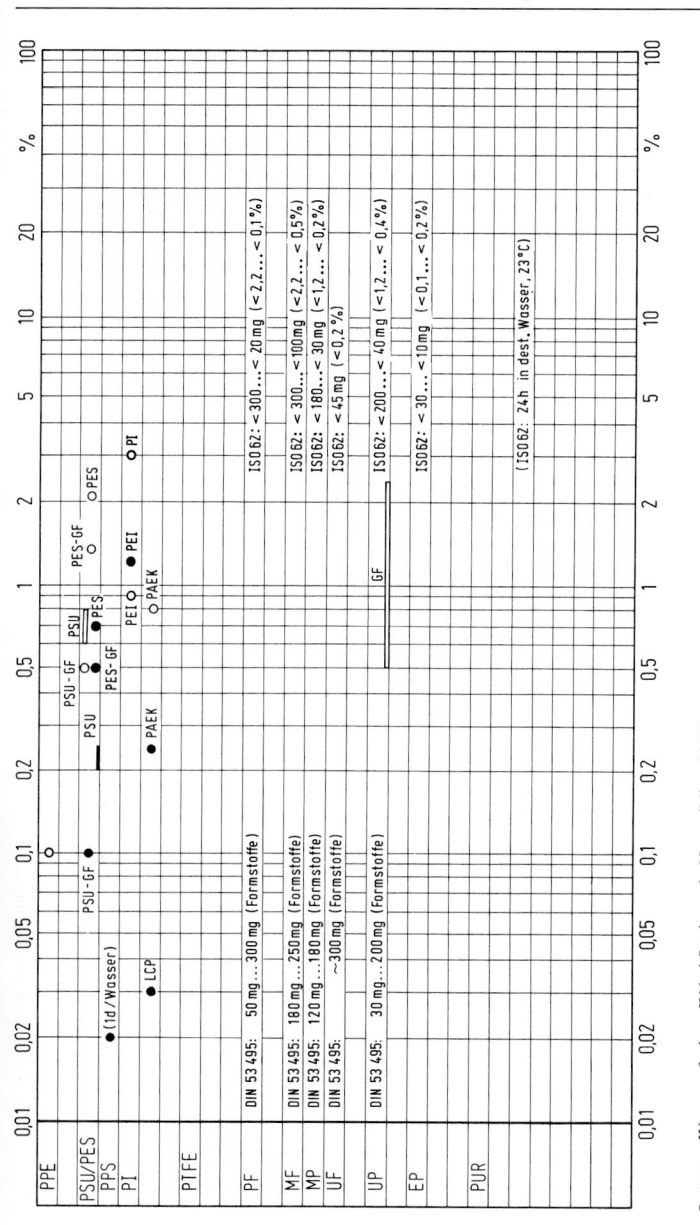

26.2 Bestimmung der Wasseraufnahme

PPE		
PSU/PES		
PPS	● (1d/Wasser)	
PI	● LCP	
PTFE		
PF	DIN 53 495: 50 mg...300 mg (Formstoffe)	ISO 62: <300...<20 mg (<2,2...<0,1%)
MF	DIN 53 495: 180 mg...250 mg (Formstoffe)	ISO 62: <300...<100 mg (<2,2...<0,5%)
MP	DIN 53 495: 120 mg...180 mg (Formstoffe)	ISO 62: <180...<30 mg (<1,2...<0,2%)
UF	DIN 53 495: ~300 mg (Formstoffe)	ISO 62: <45 mg (<0,2%)
UP	DIN 53 495: 30 mg...200 mg (Formstoffe)	ISO 62: <200...<40 mg (<1,2...<0,4%)
EP		ISO 62: <30...<10 mg (<0,1...<0,2%)
PUR		(ISO 62: 24h in dest. Wasser, 23°C)

Wasseraufnahme W bei Sättigung in Normalklima 23/50
Wasseraufnahme W bei Sättigung in Wasser 23 °C

■ □
● ○

Anmerkung für die frühere Auswertung nach DIN 53495

Nach DIN 53495 (alt) gab es für *die Wasseraufnahme drei Verfahren* 1, 2 *und* 3; *Langzeitprüfungen* waren zusätzlich mit *L* gekennzeichnet (z. B. *Verfahren* 1*L*).

Verfahren 1: Wasseraufnahme nach Trocknung der Probe
Verfahren 2: Wasseraufnahme nach Trocknung der Probe unter Berücksichtigung der vom Wasser extrahierten Bestandteile
Verfahren 3: Wasseraufnahme gegenüber dem Anlieferungszustand der Probe.

Die Lagerung bei den Verfahren 1 bis 3 kann erfolgen:

- Lagerung in *destilliertem Wasser* von 23 °C über 24 h (23 °C/24 h)
- Lagerung in *kochendem Wasser* von 100 °C über 30 min (100 °C/30 min)
- Lagerung in feuchter Luft mit 93 % relativer Feuchte von 23 °C über 24 h (93 % rF/24 h)

Zunächst wurden die Massen m durch Gewichtsmessung mit einer Wiegegenauigkeit von 1 mg ermittelt:

m_0	Masse im Anlieferungszustand
m_1	Masse nach Trocknung
m_2	Masse nach Lagerung in Wasser oder feuchter Luft, gemessen 1 min nach Herausnahme aus dem Medium und Abtupfen von ggf. anhängendem Wasser
m_3	Masse nach Lagerung (m_2) und anschließender Trocknung bei 50 °C/24 h. Wird durchgeführt, wenn erwartet wird, daß vom Wasser Bestandteile aus der Probe extrahiert werden.

Kennzeichnung der Wasseraufnahme erfolgte nach DIN 53495:

$W_{1\ (23\ °C/24\ h)}$	Wasseraufnahme nach Verfahren 1 nach Lagerung bei 23 °C/24 h
$W_{2\ (23\ °C/24\ h)}$	Wasseraufnahme nach Verfahren 2 nach Lagerung bei 23 °C/24 h
$W_{3\ (23\ °C/24\ h)}$	Wasseraufnahme nach Verfahren 3 nach Lagerung bei 23 °C/24 h

entsprechend gilt:

$W_{1\ (100\ °C/30\ min)}$	Wasseraufnahme nach Verfahren 1 nach Lagerung bei 100 °C/30 min
$W_{1\ (93\ \%\ rF/24\ h)}$	Wasseraufnahme nach Verfahren 1 nach Lagerung in feuchter Luft bei 23 °C 93 % rF/24 h

Bei *Langzeitprüfungen* wird die Wasseraufnahme als Funktion der Zeit graphisch dargestellt. Der *Sättigungswert* der Wasseraufnahme war mit W_S gekennzeichnet (Bild 26.1).

Beispiele:

Wasseraufnahme
$W_{1\,(23\,°C/24\,h)} = m_2 - m_1$ in mg
$W_{2\,(23\,°C/24\,h)} = m_2 - m_3$ in mg
$W_{3\,(23\,°C/24\,h)} = m_2 - m_0$ in mg
$W_{1\,(23\,°C/24\,h)} = \dfrac{m_2 - m_1}{m_1}$ in %

26.3 Konditionieren

Normen:

DIN EN ISO 483   Kunststoffe – Kleine Behältnisse für die Konditionierung und Prüfung unter Verwendung wässeriger Lösungen, um die relative Feuchte konstant zu halten

DIN EN ISO 1110   Kunststoffe – Polyamide (PA) – Beschleunigte Konditionierung von Probekörpern

Bestimmte Kunststoffe, z. B. Polyamide nehmen, abhängig vom Aufbau (PA 6, PA 66 usw.) mehr oder weniger Feuchtigkeit bzw. Wasser auf. Bei höheren Temperaturen geht es entsprechend schneller. Die Feuchtigkeitsaufnahme ist reversibel; das bedeutet, daß Polyamide in feuchter oder nasser Umgebung Feuchtigkeit aufnehmen und in trockener abgeben. Da mit dem Feuchtegehalt neben den Abmessungen auch die mechanischen Eigenschaften, hier vor allem die Schlagzähigkeit, beeinflußt werden, kommt dem *Konditionieren* von Polyamiden große Bedeutung zu.

Unter *Konditionieren* versteht man die möglichst schnelle Einstellung eines bestimmten Feuchtegehalts in warmem Wasser oder in feuchtwarmem Klima (Konditionierzelle). Bei unverstärkten Polyamiden strebt man einen Feuchtegehalt an von ca. 1,5 % bis 3 %, bei verstärkten bis ca. 1,5 %.

Als praktisch einfach durchzuführende Konditionierverfahren haben sich bewährt:

- Konditionieren von Formteilen aus PA in Wasser von 40 °C bis 90 °C ist einfach durchzuführen. Es besteht aber die Gefahr der Bildung von *Wasserflecken* und bei Formteilen mit geringen Wanddicken von Eigenspannungen und Verzug. Bei verstärkten Polyamiden kann die Oberflächengüte negativ beeinflußt werden.
- In Konditionierzellen werden bei bestimmten, einstellbaren Klimabedingungen *Schnellkonditionierungen* vorgenommen. In Konditionierzellen werden ganz bestimmte *Konditionierprogramme* gefahren mit erprobten Aufheiz- und Abkühlbedingungen. Ein thermisch sehr schonendes Konditionierklima ist z. B. 40 °C bei 90 % rel. Luftfeuchte, nach DIN EN ISO 1110 wird zum Konditionieren von Probekörpern 70 °C bei

26 Wasseraufnahme und Permeation

62 % rel. Luftfeuchte vorgeschlagen. Die Konditionierbedingungen hängen auch von den betrieblichen Gegebenheiten ab (Schichtbetrieb oder nicht).
- Die oft vorgeschlagene Methode, Formteile aus PA in PE-Beutel mit einer entsprechenden Menge Wasser einzuschweißen und warm zu lagern, sollte möglichst nicht angewendet werden.

Zur Vorausbestimmung des Feuchtegehalts von PA-Formteilen in Abhängigkeit von den Konditionierbedingungen gibt es Rechenprogramme, z. B. *SPIRIT (Prof. Burr, FH Heilbronn)*. Bild 26.2 zeigt das Ergebnis einer Berechnung. Es ist deutlich zu erkennen, daß man zwar einen mittleren Wassergehalt anstreben kann, aber immer ein Feuchtegefälle vom Rand zum Kern vorliegt. Um einen absolut gleichen Feuchtegehalt über den gesamten Querschnitt zu erreichen, wäre eine unwirtschaftlich lange Konditionierzeit bzw. eine *Ausgleichslagerung* notwendig. Die Konditionierzeit steigt mit der Wanddicke quadratisch an; bei doppelter Wanddicke also vierfache Zeit. Die Konditionierbedingungen werden so gewählt, daß sich wirtschaftlich vertretbare Konditionierzeiten ergeben.

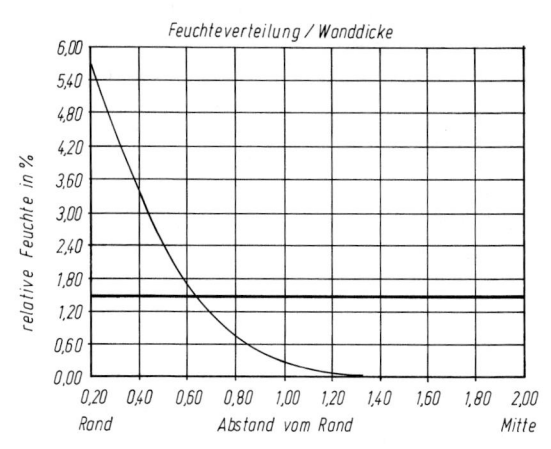

Bild 26.2 Feuchteverteilung in einem Zugstab aus PA 6 nach DIN EN ISO 527 mit 4 mm Dicke nach Lagerung bei 70 °C und 72 % relativer Luftfeuchte auf einen mittleren Wassergehalt von 1,5 % nach einer Lagerzeit von 3 h, 19 min (gerechnet mit dem Programm SPIRIT, Prof. Dr. Burr FH Heilbronn PIK)

27 Schwindung, Schrumpfung
27.1 Schwindung

Normen:

DIN EN ISO 294	Kunststoffe – Spritzgießen von Probekörpern aus Thermoplasten – T4: Verarbeitungsschwindung
DIN EN ISO 3521	Kunststoffe – Ungesättigte Polyester- und Epoxidharze – Bestimmung der Gesamtvolumenschwindung
DIN EN 1842	Kunststoffe – Warmhärtende Formmassen (SMC, BMC) – Bestimmung der Verarbeitungsschwindung
DIN 16901	Kunststoff-Formteile – Toleranzen und Abnahmebedingungen für Längenmaße
DIN 53464	Bestimmung der Schwindungseigenschaften von Preßstoffen aus warm härtbaren Preßmassen (entspricht ISO 2577)
ISO 2577	Plastics – Thermosetting moulding materials – Determination of shrinkage

Kennwerte

DIN EN ISO 294-4 (Thermoplaste):
S_M **Verarbeitungsschwindung** (Mould Shrinkage)
S_P **Nachschwindung** (Post Shrinkage)
S_T **Gesamtschwindung** (Total shrinkage)
ISO 2577 (Duroplaste):
MS   **Moulding Shrinkage**
PS   **Post-Shrinkage**

Nach DIN 16901 wird ermittelt: Verarbeitungsschwindung VS, Nachschwindung NS und Gesamtschwindung GS.

Eine der wichtigsten Aufgaben in der Kunststoffverarbeitung ist die Minimierung von Maß- und Geometriefehlern an Spritzguß- und Preßteilen. Die gemessenen linearen Schwindungswerte hängen auch vom Formteilverzug ab. Form- und Lagetoleranzen (Ebenheit, Planlauf) lassen sich nicht über Schwindungen festlegen. Einfluß auf Schwindung und Verzug haben *Kunststoff* (z. B. Verteilung der Molekülmasse, Art und Form der Zusätze), *Formteil* (z. B. Gestaltungsrichtlinien beachten), *Werkzeug* (z. B. Herstellungsgenauigkeit, Werkzeugauslegung, Werkzeugtemperierung, Entlüftung, Angußlage und Angußart), *Spritzgießmaschine* (z. B. Plastifizierleistung, Schließkraft) sowie die *Verarbeitungsparameter*. Die Schwindung von Kunststoffen wirkt sich auf die erreichbaren Toleranzen und die Maßhaltigkeit von Formteilen aus und muß daher bereits beim Entwurf des Formteils sowie bei der Konstruktion und Herstellung des Werkzeugs berücksichtigt werden. Man unterscheidet zwischen *Verarbeitungsschwindung* S_M *(früher VS)* und *Nachschwindung* S_P (früher NS), beide zusammen ergeben die *Gesamtschwindung* S_T (früher GS).

In DIN EN ISO 294-4 wird für thermoplastische Formmassen die Ermittlung dieser Schwindungswerte beschrieben.

Die *Verarbeitungsschwindung* S_M ist der Unterschied zwischen den Abmessungen der Werkzeughöhlung und des Formteils, jeweils gemessen bei Normalklima 23/50 DIN EN ISO 291. Die Verarbeitungsschwindung ist abhängig vom Kunststoff, vom Füllstoff und Füllstoffgehalt, vom Verarbeitungsverfahren, von der Gestalt des Formteils, von der Werkzeugkonstruktion und den Verarbeitungsbedingungen. Infolge von Orientierungen der Makromoleküle und der Verstärkungsstoffe ist die Schwindung meistens richtungsabhängig. Für die einzelnen Kunststoffe kann daher die Verarbeitungsschwindung S_M nur in Streubereichen angegeben werden. Genauere Schwindungswerte werden daher sowohl in Fließrichtung (p) als auch senkrecht dazu (n) ermittelt.

Die *Nachschwindung* S_P tritt nach beendeter Verarbeitung im Laufe der Zeit bei Raumtemperatur auf; sie verstärkt sich bei höheren Temperaturen infolge von *Nachkristallisation, Nachhärtung* und ggf. *Veränderung des Wassergehalts.* Sie hängt außer von den Verarbeitungsbedingungen noch sehr stark vom Technoklima ab, dem das Formteil nach der Formgebung ausgesetzt ist.

In DIN 16901 wird die Ermittlung der Verarbeitungsschwindung VS beschrieben für Formteile, die aus härtbaren und nicht härtbaren Formmassen durch Pressen, Spritzpressen und Spritzgießen hergestellt werden. In DIN 53 464 wird die Bestimmung von Verarbeitungs- und Nachschwindung nur für Preßstoffe aus warm härtbaren Preßmassen behandelt; ISO 2577 entspricht DIN 53464.

Probekörper: Nach DIN EN ISO 294-4 ist eine Platte 60 mm × 60 mm × 2 mm (ISO-Typ-D2-Werkzeug), nach DIN 16901 wird der Probekörper 80 mm × 10 mm × 4 mm verwendet. Nach ISO 2577 wird ein Probekörper 120 mm × 15 mm × 10 mm (wie DIN 53464) verwendet, wenn die Probekörper gepreßt werden. Werden die Probekörper spritzgegossen, wird ein Probekörper 120 mm × 120 mm × 4 mm verwendet. Es können auch komplette Formteile vermessen werden.

Prüfeinrichtung: Längenmeßgeräte, Wärmeschrank oder für bestimmte Technoklima auch Klimaprüfschrank.

Prüfung: *Ermittlung der Verarbeitungsschwindung* S_M: Werkzeug wird bei (23 ± 2) °C vermessen (l_C nach DIN EN ISO 294-4, L_W nach DIN 16901);

vernünftigerweise nur *werkzeuggebundene* Maße verwenden. Probekörper oder Formteile nach der Entformung 24 h bei Normalklima 23/50 DIN EN ISO 291 lagern und dann sofort vermessen (l_1 bzw. L).

Ermittlung der Nachschwindung S_P: Probekörper oder Formteile nach Vereinbarung eine gewisse Zeit bei bestimmter Temperatur oder Technoklima lagern und danach bei $(23 \pm 2)\,°C$ vermessen (l_2 bzw. L_1). Bei Verwendung der *Längenmaße* L wird die Verarbeitungsschwindung in Fließrichtung S_{Mp} ermittelt (p: parallel, d. h. in Fließrichtung), bei Verwendung der *Breitenmaße* b die Schwindung S_{Mn} senkrecht (n: normal) dazu.

Kennwerte: Schwindungen meist in %

Errechnet werden die Schwindungen wie folgt (siehe auch Bild 27.1):

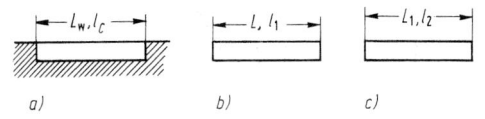

Bild 27.1 Maße zur Ermittlung der Schwindung
  a) Werkzeug
  b) Formteil nach 24 Stunden Lagerung bei 23 °C/50 relativer Luftfeuchte oder anderer Vereinbarung
  c) Formteil nach vereinbarter Nachbehandlung

DIN EN ISO 294-4
Schwindungswerte in Fließrichtung (p):

Verarbeitungsschwindung $S_{Mp} = 100 \cdot (l_C - l_1)/l_C$ in %
Nachschwindung $S_{Pp} = 100 \cdot (l_1 - l_2)/l_1$ in %
Gesamtschwindung $S_{Tp} = 100 \cdot (l_C - l_2)/l_C$ in %

DIN 16901
Verarbeitungsschwindung $VS = (L_W - L)/L_W \cdot 100\,\%$
Nachschwindung $NS = (L - L_1)/L \cdot 100\,\%$

dabei bedeuten:
l_C, L_W: Länge, gemessen im Werkzeug
l_1, L: Länge, gemessen am Formteil
l_2, L_1 : Länge, gemessen am Formteil **nach** einer Nachbehandlung

(l nach DIN EN ISO 294-4; L nach DIN 16901)

Anmerkung
Verarbeitungsschwindungen nach DIN EN ISO 294-4 werden sowohl *in Fließrichtung* S_{Mp} als auch *senkrecht zur Fließrichtung* S_{Mn} ermittelt. Bei fasrig gefüllten Kunststoffen (-GF oder -CF) wird die Differenz der Schwindungswerte in Fließrichtung (p) zur Schwindung senkrecht dazu (n) deutlich größer als bei

27 Schwindung, Schrumpfung

Verarbeitungsschwindung S_M nach DIN EN ISO 294-4 (VS nach DIN 16901)
S: Spritzgießen P: Pressen

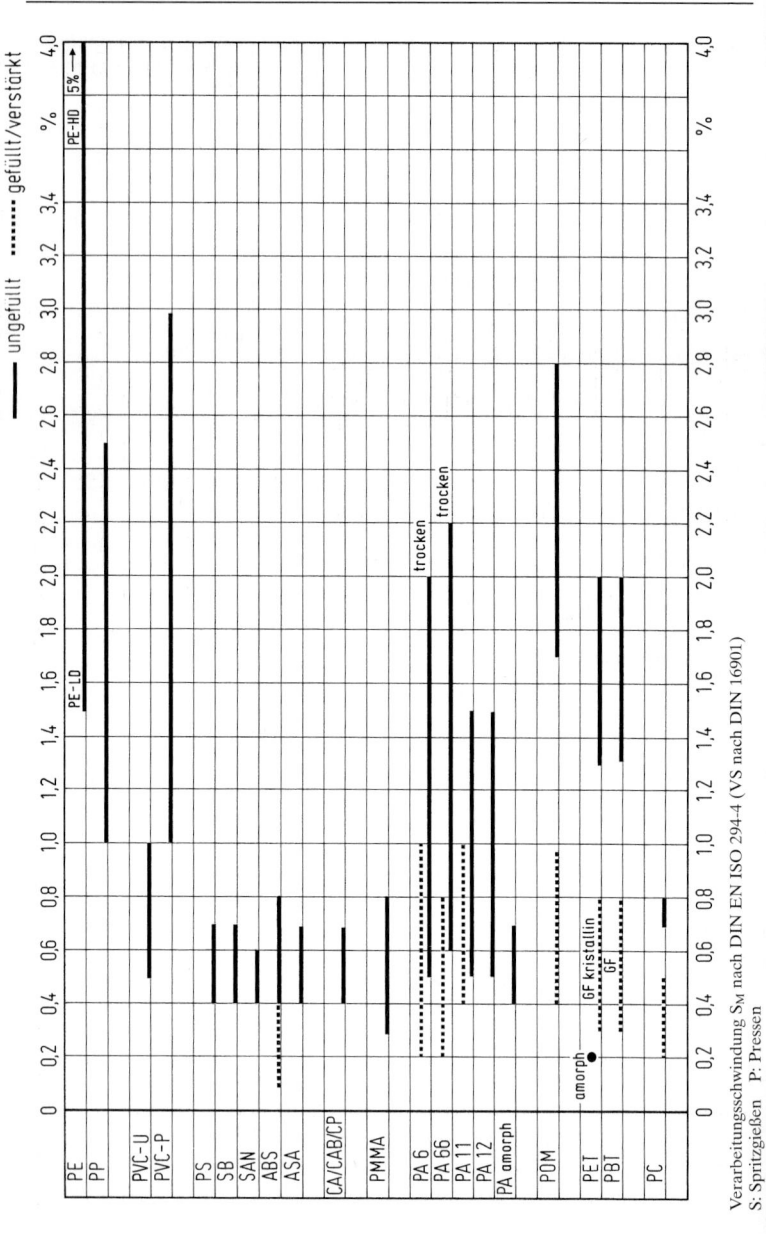

27.1 Schwindung

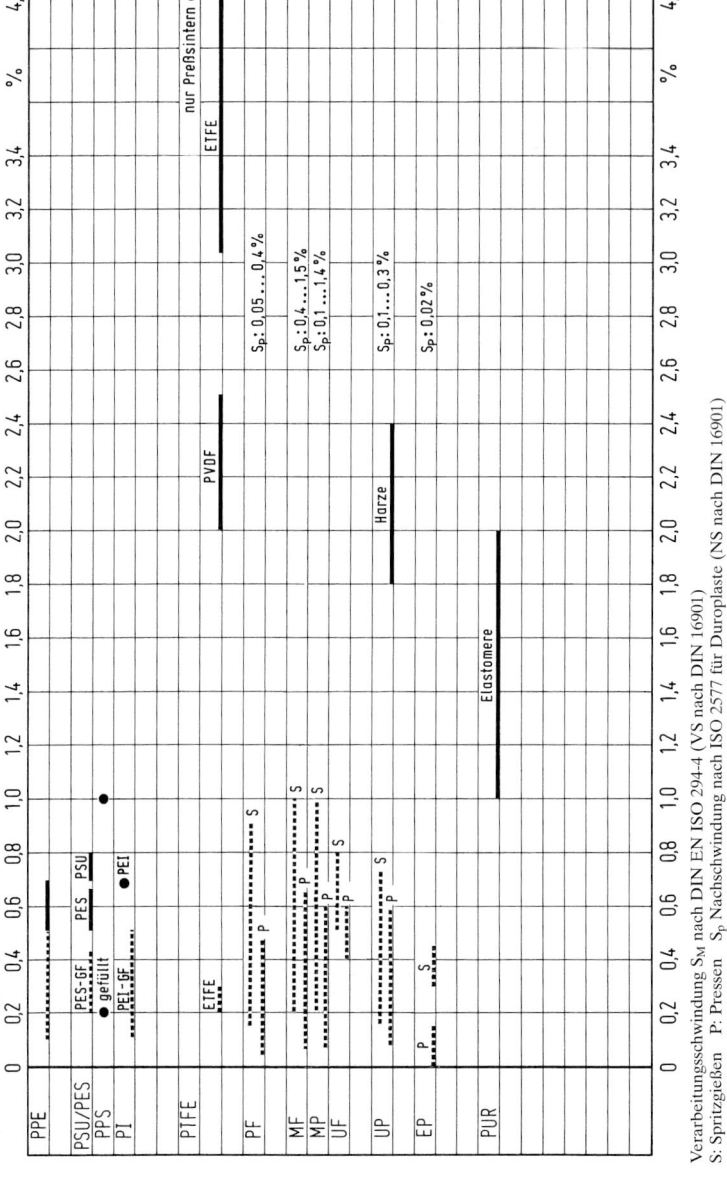

Chart showing Verarbeitungsschwindung for various polymers:

Material	Range
PPE	~0–0.6
PSU/PES	PES-GF, PES, PSU (~0.2–0.7)
PPS	gefüllt (~0.2)
PI	PEI-GF, PEI (~0.2–1.0)
PTFE	—
ETFE	~0.1–0.4 / 3.0–3.5 nur Preßsintern
PVDF	~3.0–2.4 (S)
PF	P, S (~0.1–0.9)
MF	P, S
MP	P, S
UF	P, S
UP	P, S
EP	P, S
Harze	~2.0–2.4
Elastomere	~1.0–2.0
PUR	

S_P: 0,05…0,4 %
S_P: 0,4…1,5 %
S_P: 0,1…1,4 %
S_P: 0,1…0,3 %
S_P: 0,02 %

Verarbeitungsschwindung S_M nach DIN EN ISO 294-4 (VS nach DIN 16901)
S: Spritzgießen P: Pressen S_P: Nachschwindung nach ISO 2577 für Duroplaste (NS nach DIN 16901)

pulvrig mit Mineralmehlen gefüllten (-MD). Bei Messung der Länge l wird die Schwindung in Längsrichtung S_{Mp}, mit der Messung der Breite b wird die Schwindung senkrecht zur Fließrichtung S_{Mn} ermittelt.

Bezogen auf die Ausgangsabmessungen ergibt sich die *Gesamtschwindung* S_T *zu*

$$S_T = S_M + S_P - S_M \cdot S_P / 100 \; .$$

Die Gesamtschwindung ist nicht exakt die Summe aus Verarbeitungs- und Nachschwindung ($S_T = S_M + S_P$), da jeweils auf unterschiedliche Ausgangsabmessungen (l_C bzw. l_1) bezogen wird; Das Produkt $S_M \cdot S_P/100$ in obiger Gleichung kann jedoch meist vernachlässigt werden.

Nach DIN 16901 kann noch die *Verarbeitungsschwindungsdifferenz* ΔVS als Differenz zwischen der radialen Verarbeitungsschwindung VSR in Spritzrichtung und der tangentialen Verarbeitungsschwindung VST senkrecht zur Spritzrichtung ermittelt werden.

An Normprobekörpern oder einfachen Formteilen ermittelte Schwindungswerte können nicht ohne weiteres auf Formteile beliebiger Gestalt übertragen werden. Schwindungswerte sind nur dann aussagekräftig, wenn für die gewählten Probekörper oder Formteile die Verarbeitungsbedingungen und ggf. die Nachbehandlung bekannt sind. Nach Normen ermittelte Schwindungskennwerte erlauben jedoch einen Vergleich verschiedener Kunststoffe untereinander und daraus eine Abschätzung des Schwindungsverhaltens von Formteilen.

27.2 Schrumpfung

In der Praxis versteht man unter Schrumpfung *Maßänderungen* und *Verzug* bei Formteilen, die nach *Warmlagerungen* (siehe Kapitel 31.2.1) auftreten. Als *Warmlagerungstemperaturen* zum Auslösen der Schrumpfung wird meist eine Temperatur knapp oberhalb der Erweichungstemperatur gewählt. Als Ursache der Schrumpfung kann der Abbau von Molekülorientierungen und Eigenspannungen im Formteil angesehen werden. Die Schrumpfung bei Warmlagerung wird vielfach zur Beurteilung der Verarbeitung (*Qualitätskontrolle*) herangezogen. Bestimmung der Längsschrumpfung nach Warmlagerung siehe DIN 16770.

Verzug an Formteilen entsteht durch unterschiedliche Schwindung in Fließrichtung S_p und quer dazu S_n. Unterschiedliche Temperaturen der Werkzeughälften (Kerntemperatur niedriger als Gesenktemperatur) ermöglichen verzugsärmere oder sogar verzugsfreie Formteile. Faserverstärkte Kunststoffe neigen wegen Anisotropien mehr zu Verzug als unverstärkte bzw. pulverförmig verstärkte. Ein großes Problem ist das Zusammenwirken von *Schwindung* und *Verzug*; eine Trennung der beiden ist nur schwer möglich.

28 Chemische Beständigkeit von Kunststoffen

Normen:

DIN EN ISO 175	Kunststoffe – Prüfverfahren zur Bestimmung des Verhaltens gegen flüssige Chemikalien
DIN 50017	Kondenswasser-Prüfklimate
DIN 53393	Verhalten von glasfaserverstärkten Kunststoffen bei Einwirkung von Chemikalien
DIN 53756	Lagerungsversuch bei chemischer Beanspruchung

Kunststoffe werden von vielen Medien angegriffen. Das Verhalten der Kunststoffteile ist dabei abhängig von ihrem chemischen Aufbau und von ihrer Struktur. So kann durch Erhöhen des kristallinen Anteils der Widerstand gegen Quellung in einem Medium verbessert werden, ebenso durch Erhöhung der molaren Masse (Molekulargewicht). Beimengungen im Kunststoff, wie Weichmacher, monomere Anteile und Füllstoffe begünstigen meist den Angriff von Chemikalien und Lösemitteln. Die Widerstandsfähigkeit von Kunststoffen gegenüber chemischen Medien kann vielfach nicht nur durch Angabe der *chemischen Beständigkeit*, des *Löse-* und *Quellverhaltens* gesehen werden. Es muß vielmehr auch die Möglichkeit einer Schädigung durch *Spannungsrißbildung* (s. Kap. 31.2.2) berücksichtigt werden, die beim Vorhandensein von Chemikalien unter gleichzeitiger Wirkung von Eigen- und Betriebsspannungen im Formstoff ausgelöst werden kann. Durch Licht und erhöhte Temperatur, besonders in Gegenwart von Sauerstoff ändern sich im Laufe der Zeit viele Eigenschaften der Kunststoffe. So tritt oft nach Jahren eine *Versprödung* ein, wodurch Risse auftreten können. Diese „Alterung" ist wesentlich vom chemischen Aufbau des Kunststoffs und den Umgebungsbedingungen abhängig (s. auch Kap. 31.6).

In Tabelle 28.1 ist das chemische Verhalten der im Teil II besprochenen Kunststoffe gegen ausgewählte Medien bei einer Temperatur von 23 °C zusammengestellt. In Tabelle 28.2 ist das Verhalten der Kunststoffe gegen weitere Lösemittel zu finden. In manchen Fällen bietet das Löseverhalten von Kunststoffen auch eine zusätzliche Möglichkeit zur Kunststoffidentifizierung (siehe Kapitel 18).

28 Chemische Beständigkeit von Kunststoffen

Tab. 28.1 Chemische Beständigkeit von Kunststoffen in verschiedenen Medien bei 23 °C

	PE	PP	PVC-U	PVC-P	PS	SB	SAN	ABS	ASA	CA/CAB/CP	PMMA	PA 6	PA 66	PA 11	PA 12	PA amorph
Aceton	O	+	●	●	●	●	●	●	●	●	●	+	+	+	+	O
Alkohol (Ethylalkohol)	+	+	+	●	+	+	+	O	O	●	+	+	+	+	+	O
alkoholische Getränke	+	+	+	O[3]	+	+	+	+	+	+	+	+	+	+	+	
Ammoniak wäßrig	+	+	+	+	+	+	+	+	+	●	+	+	+	+	+	O
Benzin	O[2]	O	+	●[2]	●	●	+	+	+	+	+	+	+	+	+	+
Benzol	O	O	●	●[2]	●	●	●	●	●	O[2]	O	+	+	+	+	+
Dieselöl – Heizöl	+	+	+	O[2]	O	O	+	+	+	+	+	+	+	+	+	+
Dichlormethan	●	O	●	●	●	●	●	●	●	●	●	O	O	O	O	O
Essigsäure 10%	+	+	+	+	+	+	+	+	+	●	+	●	●	●	●	O
Ethylether	O	O	●	●	●	●	●	●	●	O[2]	+	+	+	+	+	+
Fluorkohlenwasserstoffe	●	O	●	●	●	●	●	●	●	●	●	+	+	+	+	+
Fruchtsäfte	+	+	+	O[3]	+	+	+	+	+	+[3]	+	O	O	+	+	+
Geschirrspülmittel	+	+	+	O	+	+	+	+	+	O	+	O	O	O	O	+
Methanol	+	+	+	●	+	+	O	O	O	●	●	O	O	O	O	●
Milch	+	+	+	O[3]	+	+	+	+	+	O[3]	+	+	+	+	+	+
Mineralöle, -fette	+	+	+	O	O	O	+	+	+	+	+	+	+	+	+	+
Ozon	O	O	O[4]	O	+	O	+	+	+	+	+	●	●	●	●	●
Perchlorethylen	●	●	●	●	●	●	●	●	●	●	●	O	O	●	●	+
Salzsäure bis 35%	+	O	+	O	O	O	O	O	O	●	●	●	●	●	●	●
Schwefelsäure bis 40%	+	O	+	O	O	O	O	O	O	●	●	●	●	●	●	●
Seifenlösung wäßrig	+	+	+	+	+	+	+	+	+	●	+	+	+	+	+	+
Speiseöle, -fette	+	+	+	O[3]	+	+	+	+	+	+[3]	+	+	+	+	+	+
Toluol	O	●	●	●	●	●	●	●	●	●	●	+	+	+	+	+
Trichlorethylen	●	●	●	●	●	●	●	●	●	●	●	O	O	●	●	+
Waschmittellaugen	+	+	+	O	+	+	+	+	+	O	+	+	+	+	+	+
Wasser, Seewasser, kalt	+	+	+	+	+	+	+	+	+	+	+	+	+	+	+	+
Wasser, heiß	+	+	O	O	+	+	+	+	+	O	+	O	O	O	O	●

+ beständig
O bedingt bestä ndig
● unbeständig

[1] Verhalten bezieht sich auf PUR-Elastomere
[2] Beständige Typen vorhanden
[3] Nicht geeignet wegen Weichmacher
[4] Abhängig von den Additiven der Öle/Fette
[5] Nach Lebensmittelrecht nicht zugelassen

28 Chemische Beständigkeit von Kunststoffen

PBT	PC	PPE	PSU/PES	PPS	PI	PTFE	PF	MF	MP	UF	UP	EP	PUR[1]	
O	●	●	●	+	+	+	O	O	O	O	●	●	O	Aceton
+	+	+	O[2]	+	+	+	+	+	+	+	O	+	O	Alkohol (Ethylalkohol)
+	+	+	+	+	+	+	O[5]	O[5]	O[5]	O[5]	O[5]	+	O[5]	alkoholische Getränke
+	●	+	+	+	●	+	O	+	+	+	O	+	O	Ammoniak wäßrig
+	+	O	+	+	+	+	+	+	+	+	+	+	+	Benzin
O[2]	●	O	●	O	+	+	+	+	+	+	●	+	+	Benzol
+	O	+[4]	+	+	+	+	+	+	+	+	+	+	+	Dieselöl – Heizöl
●	●	●	●	+	+	+	+	+	+	+	O	O	O	Dichlormethan
O[2]	+	+	+	+	+	+	O	O	O	O	+	●	O	Essigsäure 10%
+	●	●	+	+	+	+	+	+	+	+	O	+	+	Ethylether
+	●	●	●	+	+	+	O	O	O	O	O	O	●	Fluorkohlenwasserstoffe
+	+	+	+	+	+	+	+[5]	+	+[5]	+[5]	+[5]	O[5]	+[5]	Fruchtsäfte
+	O[2]	+	+	+	O	+	O	+	O	O	O	+	+	Geschirrspülmittel
+	●	+	O[2]	+	+	+	+	+	+	+	O	+	O	Methanol
+	+	+	+	+	+	+	+[5]	+	+[5]	+[5]	+[5]	+[5]	+[5]	Milch
+	+	O[4]	+[4]	+	+	+	+	+	+	+	+	+	+	Mineralöle, -fette
+	+	+	+	+	O	+	+	+	+	+	O	+	O	Ozon
+	●	●	●	O	+	+	O	+	+	+	O	O	O	Perchlorethylen
●	O	+	+	+	O	+	●	●	●	●	●	+	●	Salzsäure bis 35%
●	+	+	+	+	O	+	●	●	●	●	●	+	●	Schwefelsäure bis 40%
+	+	+	+	+	+	+	O	+	+	+	+	+	+	Seifenlösung wäßrig
+	+	+	+	+	+	+	+[5]	+	+[5]	+[5]	+[5]	+[5]	+	Speiseöle, -fette
O	●	●	●	O	+	+	+	+	+	+	O	+	O	Toluol
●	●	●	●	O	+	+	O	+	+	+	O	●	O	Trichlorethylen
+	O[2]	+	+	+	O	+	O	+	+	+	+	+	O	Waschmittellaugen
+	+	+	+	+	+	+	+	+	+	+	+	+	+	Wasser, Seewasser, kalt
O	O	+	O[2]	+	O	+	O[2]	+	O	+	●	O	●	Wasser, heiß

28 Chemische Beständigkeit von Kunststoffen

Tab. 28.2   Lösungsverhalten von Kunststoffen (Beispiele)

Kunststoff	Kunststoffgruppe	Lösungsverhalten in kaltem Lösemittel							
		Benzin	Benzol	Dichlormethan	Ethylether	Aceton	Ethylacetat	Ethylalkohol	Wasser
1)	2)								
PE	T	u/q	u/q	u	u/q	u/q	u/q	u	u
PP	T	u/q	u/q	u/q	u/q	u	u/q	u	u
PB	T	q	u/q	q	u/q	u	u/q	u	u
PVC-U	T	u	u/q	q/l	u/q	q/l	u/q	u	u
PVC-P	T	u/q	q	q	q	q	q	q	u
PS	T	q/l	l	l	l	l	l	u	u
SB	T	l	l	l	l	l	l	u	u
SAN	T	u	q	q	q	l	l	u	u
ABS	T	u/q	q	q	l	l	l	q	u
ASA	T	q	q	q	l	l	l	q	u
CA/CP/CA	T	u	u/q	q/l	u/q	l	u/l	q/l	u
PMMA	T	u	l	l	u	l	l	u	u
PA 6	T	u	u	u	u	u	u	u	u
PA 66	T	u	u	u	u	u	u	u	u
PA 11	T	u	u	u	u	u	u	u	u
PA 12	T	u	u	u	u	u	u	u	u
PA amorph	T	u	u	q/l	u	q/l	u	l	u
POM	T	u	u	q/l	u	u	u	u	u
PET	T	u	u	q	u	u	q	u	u
PBT	T	u	u/q	q	u	u/q	q	u	u
PC	T	u	q	l	q	q/l	q	u	u
PPE mod.	T	q	q	l	q/l	u/q	q	u	u
PSU/PES	T	u	l	l	u	q	u/q	u	u
PPS	T	u	u	u	u	u	u	u	u
PI	T, D	u	u	u	u	u	u	u	u
PTFE	TE	u	u	u	u	u	u	u	u
PVDF	T	u	u	u	u	u	u	u	u
PF 3)	D	u	u	u	u	u	u	u	u
MF 3)	D	u	u	u	u	u	u	u	u
MP 3)	D	u	u	u	u	u	u	u	u
UF 3)	D	u	u	u	u	u	u	u	u
UP	D	u	q	q	q	q	q	q	u
EP	D	u	u	q	u	q	q	u	u
PUR	T, D, E	u	u	q	u	q	q	q	u
Aramid	D	u	u	u	u	u	u	u	u

[1] Angaben beziehen sich auf den Kunststoff ohne Zusatz
[2] l: löslich q: quellbar u: unlöslich
[3] Angaben beziehen sich auf Formstoffe mit Füllstoffen, s. DIN 7708

29 Viskositätsmessungen

29.1 Viskositätsmessungen an Thermoplasten

Die Viskosität (Fließfähigkeit) ist in erster Linie ein Maß für die *mittlere molare Masse* (Molekulargewichtsverteilung). Die Viskositätsprüfungen dienen zur *Wareneingangsprüfung* von thermoplastischen Formmassen, zur *Überwachung der Gleichmäßigkeit der Chargen* und zur *Beurteilung der Verarbeitungsmöglichkeit* z. B. durch Spritzgießen und Extrudieren. Bei den verschiedenen Verarbeitungsprozessen von thermoplastischen Formmassen treten Veränderungen im Aufbau auf, z. B. Kettenabbau, thermische Schädigungen usw., die sich als Änderung der Viskosität im Formstoff äußern. Die Viskositätsmessungen können daher auch als *Qualitätsprüfung* nach der Verarbeitung im Vergleich zum Ausgangszustand der Formmasse herangezogen werden.

Füll- und Verstärkungsstoffe z. B. Glasfasern beeinflussen die Viskosität und wirken sich unterschiedlich bei den einzelnen Prüfmethoden aus. Bei der Ermittlung des *Schmelze-Massenfließrate bzw. Schmelze-Volumenfließrate* (siehe Kap. 29.1.1) wird die Formmasse mit Füllstoff geprüft, bei *Lösungsviskositätsmessungen* (siehe Kap. 29.1.2 und 29.1.3) kann nur der thermoplastische Grundstoff geprüft werden, weil aus versuchstechnischen Gründen (enge Kapillare) der Füllstoff entfernt werden muß.

Zur Kennzeichnung von thermoplastischen Formmassen nach DIN und ISO werden je nach Kunststoff u. a. *Schmelze-Massenfließrate* MFR, *Schmelze-Volumenfließrate* MVR, *Viskositätszahl* V. N. (VZ bzw. J) und K-Wert herangezogen.

Zwischen Schmelze-Massenfließrate MFR und Viskositätszahl besteht ein direkter Zusammenhang; die Bestimmung des Schmelze-Massenfließrate und vor allem des Schmelze-Volumenfließrate ist meist wesentlich einfacher.

29.1.1 Bestimmung von Schmelze-Massenfließrate und Schmelze-Volumenfließrate

(früher Schmelzindex und Volumen-Fließindex)

Norm:

DIN EN ISO 1133   Bestimmung der Schmelze-Massenfließrate (MFR) und der Schmelze-Volumenfließrate (MVR) von Thermoplasten

Kennwerte

MFR Schmelze-Massenfließrate (Melt Flow Rate)
MVR Schmelze-Volumenfließrate (Melt Volume Rate)

29 Viskositätsmessungen

Mit diesem Prüfverfahren wird für thermoplastische Kunststoffe die *Schmelzviskosität* als *Schmelze-Massenfließrate* MFR (Melt Flow Rate) oder *Schmelze-Volumenfließrate* MVR bei festgelegten, werkstoffspezifischen Temperaturen und Belastungen in einem speziellen Prüfgerät gemessen. Da die Prüfung bei niedrigen Schergeschwindigkeiten erfolgt, kann die ermittelte Schmelze-Massenfließrate bzw. Schmelze-Volumenfließrate nur als Anhaltswert des Fließverhaltens bei Verarbeitungsprozessen mit höheren Schergeschwindigkeiten z. B. beim Spritzgießen oder Extrudieren dienen.

Höhere mittlere molare Masse (Molekulargewicht) entspricht kleinen Schmelze-Massenfließraten, d. h. höherer Schmelzviskosität, wie sie für Extrusionsprozesse notwendig ist. Niedrige mittlere molare Masse (Molekulargewicht) entspricht großen Schmelze-Massenfließraten, d. h. niedriger Schmelzviskosität, wie sie für Spritzgießprozesse notwendig ist. Übliche Schmelze-Massefließraten MFR liegen im Bereich zwischen 0,5 g/10 min und 40 g/10 min.

Beachte: Aus der Erhöhung der Schmelze-Massenfließrate nach dem Spritzgießen kann man auf eine Verringerung der mittleren molaren Masse durch die Verarbeitung schließen, z. B. durch Kettenabbau durch zu lange Verweilzeiten im Zylinder. MFR- bzw. MVR-Messung können somit neben der *Wareneingangskontrolle* auch zur *Qualitätskontrolle* herangezogen werden.

Probe: Es werden 3 g bis 8 g Formmasse (Pulver oder Granulat) oder eine Probe aus einem Formstoff (Formteil, Halbzeug) in geeigneter Größe benötigt.

Prüfeinrichtung: Es ist ein Prüfgerät nach DIN EN ISO 1133 (Bild 29.1) zur Bestimmung der Schmelze-Massenfließrate MFR (Verfahren A) oder der Schmelze-Volumenfließrate MVR (Verfahren B) notwendig.

Prüfung: Die Probenmenge wird in den auf Prüftemperatur aufgeheizten Prüfzylinder eingefüllt, gestopft, aufgeschmolzen und nach bestimmten Verweilzeiten mit einem für die Formmasse vorgeschriebenen Prüfgewicht durch die Düse gedrückt. Prüftemperaturen und Prüfkräfte sind den jeweiligen *Formmassenormen* zu entnehmen oder zu vereinbaren. Übliche Temperaturen: 150 °C, 190 °C, 200 °C, 220 °C, 230 °C, 235 °C, 275 °C und 300 °C. Übliche Gewichtsbelastungen: 0,325 kg, 1,2 kg, 2,16 kg, 3,8 kg, 5,0 kg, 10,0 kg und 21,6 kg.

Verfahren A (MFR): Die zur Auswertung aus der Düse austretenden Stränge sollen nach Norm eine Länge zwischen 10 mm und 20 mm aufweisen und blasenfrei sein. Mindestens 3 Stränge sind auszuwerten; sie werden auf 1 mg genau ausgewogen. Sind die Massenunterschiede der Stränge größer als 15 %, so ist die Messung zu verwerfen, bzw. zu wiederholen.

29.1 Viskositätsmessungen an Thermoplasten

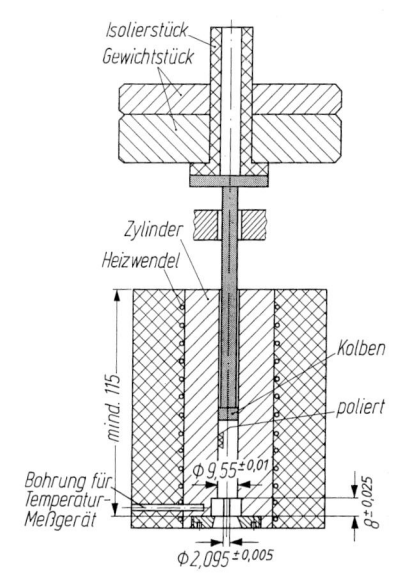

Bild 29.1 Prüfgerät zur Bestimmung des Schmelze-Massenfließrate MFR bzw. der Schmelze-Volumenfließrate MVR (schematisch)

Verfahren B (MVR): Es wird der Weg des Kolbens auf ±0,1 mm genau gemessen; der austretende Strang muß blasenfrei sein.

Kennwerte: Schmelze-Massenfließrate MFR in g/10 min
Schmelze-Volumenfließrate MVR in cm^3/10 min

Nach Verfahren A wird die Schmelze-Massenfließrate MFR ermittelt aus der Masse m in g des in der Zeit t in s aus der Düse ausgedrückten Massestrangs zu:

$$\text{MFR}(\ldots/\ldots) = \frac{600 \cdot m}{t} \ \text{g}/10\,\text{min}$$

Den ermittelten MFR-Werten wird die *Prüftemperatur* und die *Prüflast* angehängt, z. B. MFR (300/1,2).

Nach Verfahren B wird die Schmelze-Volumenfließrate MVR ermittelt aus dem Volumen V in cm des in der Zeit t in s aus der Düse ausgedrückten Massestranges. Meist wird der Kolbenweg l laufend elektronisch gemessen und der MVR-Wert mit dem im Prüfgerät eingebauten Rechner ermittelt zu:

$$\text{MVR}(\ldots/\ldots) = \frac{427 \cdot l}{t} \ \text{cm}^3/10\,\text{min}$$

29 Viskositätsmessungen

Den ermittelten MVR-Werten wird die *Prüftemperatur* und die *Prüfkraft* angehängt, z. B. MVR (190/2,16).

Anmerkung

Da sich die Schmelze-Volumenfließrate MVR einfacher automatisch ermitteln läßt (es muß nur der Weg des Stempels gemessen werden) wird sie meist in Datenblättern (z. B. auch in den CAMPUS-Dateien) angegeben. MFR- und MVR-Wert unterscheiden sich durch die Dichte der Schmelze bei der Prüftemperatur.

29.1.2 Bestimmung der Viskositätszahl von Thermoplasten in verdünnter Lösung

Normen:

DIN EN ISO 1628	Bestimmung der Viskositätszahl von Polymeren in verdünnter Lösung durch ein Kapillarviskosimeter T1: Allgemeine Grundlagen T2: Vinylchlorid-Polymerisate T3: Polyethylen und Polypropylen T4: Polycarbonat (PC) Spritzguß- und Extrusionsmaterialien T5: Polyalkylenterephthalate T6: Methylmethacrylat-Polymere
DIN EN ISO 307	Polyamide – Bestimmung der Viskositätszahl (Ersatz für DIN 53727)
DIN EN ISO 1157	Kunststoffe – Celluloseacetat in verdünnter Lösung – Bestimmung der Viskositätszahl und des Viskositätsverhältnisses

Kennwert

V. N. **Viskositätszahl** (teilweise auch VZ, früher J)

Bei diesem Verfahren wird für thermoplastische Kunststoffe die *Lösungsviskosität* als *Viskositätszahl* V. N. bei festgelegten Lösemitteln und vorgeschriebener Kapillare im *Ubbelohde-Viskosimeter* bestimmt. Meist wird die Viskositätszahl V. N. für Thermoplaste in verdünnter Lösung ermittelt. In Normen sind für einige Thermoplaste die Bestimmung der Viskositätszahlen für Polyamide PA, PVC, PE, PP, PC, PET/PBT und PMMA beschrieben. Diese Normen werden sinngemäß auch für andere Thermoplaste angewendet; die vorgeschriebenen Lösemittel bzw. Konzentrationen und die Kapillaren sind in den jeweiligen Formmassenormen angegeben.

29.1 Viskositätsmessungen an Thermoplasten

Die Viskositätszahl V. N. steht in direkter Beziehung zur mittleren molaren Masse des Thermoplasten. Damit ist dieses Verfahren nicht nur geeignet für die *Eingangskontrolle*, sondern auch zur *Qualitätskontrolle*, d. h. zur Ermittlung von Werkstoffveränderungen durch die Verarbeitung oder durch Einwirkung von Chemikalien, Bewitterung usw.

Probe: Eine Durchschnittsprobe von meist unter 1 g der Formmasse wird nach der entsprechenden Formmassenorm oder nach Vereinbarung im entsprechenden Lösemittel gelöst. *Beachte*: Bei gefüllten oder pigmentierten Formmassen sind die Feststoffe vor der eigentlichen Prüfung aus der Lösung abzutrennen.

Prüfeinrichtung: Ubbelohde-Viskosimeter DIN 51562 mit für die Formmasse festgelegter Kapillare; Badthermometer, Einrichtung zur Herstellung der Lösungen; Lösemittel; Waage; Stoppuhr.

Versuchsdurchführung: Herstellen der Lösung nach den Angaben der Formmassenorm ggf. Abtrennen der Feststoffe wie Glasfasern, Pigmente usw. Messung der Durchlaufzeiten von Lösemittel alleine und der Lösungen bei den festgelegten Temperaturen in der entsprechenden Kapillare. Es sollten 3 bis 5 Messungen durchgeführt werden.

Kennwert: Viskositätszahl V. N. in ml/g

Die *Viskositätszahl* V. N. wird als relative Viskositätsänderung geteilt durch die Massekonzentration der Lösung ermittelt zu

$$V.\,N. = \frac{t - t_0}{t_0 \cdot c}$$

Es bedeuten:

t   Mittelwert der Durchflußzeiten der Prüflösung in s
t_0 Mittelwert der Durchflußzeiten des reinen Lösemittels in s
c   Konzentration des Polymeren in der Prüflösung in g/ml

Die Viskositätszahl kann noch korrigiert werden müssen, wenn die Durchflußzeiten bestimmte Werte unterschreiten. Die Korrektur ist abhängig vom verwendeten Viskosimeter.

Weitere Angaben bei Viskositätsmessungen:

Relative Viskosität (Viskositätsverhältnis) $\eta_r = \dfrac{\eta}{\eta_0}$

η: Viskosität der Polymerlösung; η_0: Viskosität des reinen Lösemittels

Viskositätszahl I (reduzierte Viskosität) $I = \dfrac{\eta - \eta_0}{\eta_0 \cdot c}$ in m³/kg

Zunahme des Viskositätsverhältnisses (Zunahme der relativen Viskosität oder spezifische Viskosität)

$$\frac{\eta}{\eta_0} - 1 = \frac{\eta - 1}{\eta_0}$$

Die Ergebnisse können auch als *Grenzviskositätszahl* [η] ausgedrückt werden, z. B. um Polymere mit unterschiedlichen mittleren molaren Massen zu vergleichen, die mit unterschiedlichen Konzentrationen geprüft werden müßten.

Grenzviskositätszahl (Intrinsic-Viskosität)

$$[\eta] = \lim_{c \to 0} \left(\frac{\eta - \eta_0}{\eta_0 \cdot c} \right) \quad \text{bzw.} \quad [\eta] = \frac{VN}{1 + k \cdot c \cdot VN}$$

Anmerkung

In DIN 53726 wurde der *K-Wert* von Vinylchlorid (VC)-Polymerisaten bzw. die Viskositätszahl als kennzeichnende Größen ermittelt; es besteht ein direkter Zusammenhang zwischen Viskositätszahl VN und K-Wert (siehe Bild 29.2 und nationaler Anhang zu DIN EN ISO 1628-2). Nach DIN EN ISO 1628-2 wird nur noch die Viskositätszahl ermittelt. Der nationale Anhang zu DIN EN ISO 1628-2 enthält eine Tabelle zur Umwertung des Viskositätsverhältnisses η_r in reduzierte Viskosität I und K-Wert.

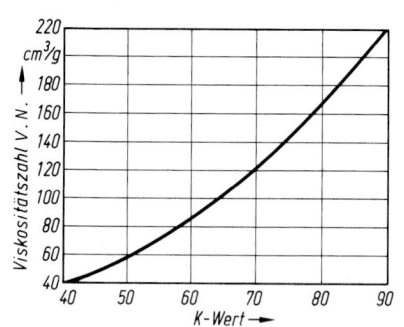

Bild 29.2   Zusammenhang Viskositätszahl V. N. und K-Wert

In DIN EN ISO 1628 wird der *K-Wert* als Konstante definiert, die charakteristisch für das untersuchte Polymer ist, aber unabhängig von der Konzentration der Polymerlösung. Er ist ein Maß für den durchschnittlichen Polymerisationsgrad. Es gilt

K-Wert = 1000 · k

k lässt sich nach *Fikentscher* errechnen, siehe Norm.

Die *Grenzviskositätszahl* [η_k] kann aus k errechnet werden zu

$$\eta_k = 230{,}3 \cdot (75k^2 + k)$$

29.2 Fließ-Härtungsverhalten von härtbaren Formmassen

Beim Aufschmelzen härtbarer Formmassen erfolgt zunächst eine Viskositätsabnahme mit steigender Temperatur. Wenn aber die chemische Reaktion der *Vernetzung* einsetzt, steigt die Viskosität an, bis schließlich der „quasifeste" Zustand erreicht ist (Bild 29.3).

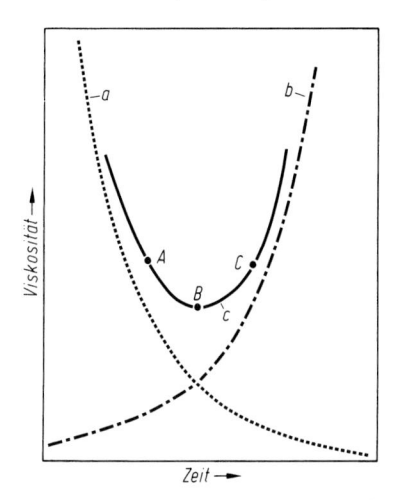

Bild 29.3 *„Viskositäts"-Verlauf beim Vorwärmen härtbarer Formmassen (schematisch)*
a Viskositätsabnahme bei Temperaturerhöhung
b Viskositätszunahme bei beginnender Vernetzung
c resultierender Viskositätsverlauf
A Vorwärmzeit für lange Fließwege
B Vorwärmzeit für mittlere Fließwege
C Vorwärmzeit für kurze Fließwege

Das *Fließ-Härtungsverhalten* kann nur zur *Wareneingangsprüfung* herangezogen werden, nicht aber zur *Überprüfung der Formstoffqualität,* da bei der Verarbeitung (Vernetzung) chemische Veränderungen auftreten. Außer den in Kapitel 29.2.1 und 29.2.2 beschriebenen Verfahren kommen auch noch andere Prüfverfahren zur Anwendung, wie z. B. der *Orifice-Flow-Test* OFT nach DIN EN ISO 7808 oder der *Plattentest*.

29.2.1 Bestimmung der Schließzeit von härtbaren Formmassen (PMC)

Norm:

DIN 53465 Bestimmung der Schließzeit
Kennwert

SZ Schließzeit (Becherschließzeit)

Durch Bestimmung der Schließzeit SZ kann die Gleichmäßigkeit der Chargen von duroplastischen Formmassen überprüft werden. Es können auch Anhaltspunkte über das Verhalten der Formmassen beim Verarbeiten gewonnen werden.

Probe: Aus der Formmasse werden Durchschnittsproben entnommen. Gewicht entsprechend des Formmassetyps, abgestimmt auf den Becherwerkzeug-Füllraum nach DIN 53465; Gewicht des gepreßten Bechers +5 % Zugabe. Vorbehandlung der Formmasse nach Absprache.

Prüfeinrichtung: Hydraulische Presse mit Preßkraft bis 400 kN. Becherwerkzeug nach DIN 53465; Waage; Stoppuhr; HF-Vorwärmgerät.

Versuchsdurchführung und Auswertung: Preßwerkzeug auf vereinbarte Preßtemperatur aufheizen (PF: 165 °C; MF/UF: 145°C). Preßkraft 150 kN bei pulvrigen und feinfaserigen Formmassen, 250 kN bei grobfaserigen oder geschnitzelten Formmassen. Preßmasse, ggf. vorgewärmt, in Werkzeug einfüllen und Werkzeug schließen.

Kennwert: Schließzeit in s

Die *Schließzeit* SZ ist die Zeit vom Beginn des Druckanstiegs, abgelesen am Manometer, bis zum Stillstand des Werkzeugs, gemessen mit Meßuhr. Mit elektrischen Druck- und Wegmeßeinrichtungen kann die Schließzeit auch automatisch ermittelt werden.

Anmerkung: Aus der Schließzeit kann nicht auf die Eignung der Formmasse zur Herstellung von komplizierten Formteilen (Fließweg-Wanddickenverhältnis!) geschlossen werden. Außer der Bestimmung der Becherschließzeit SZ DIN 53465 kann das Fließ-Härtungs-Verhalten auch mit anderen Werkzeugen, z. B. Produktionswerkzeugen, speziellen Meßeinrichtungen („Stäbchen-Methode") oder Geräten wie *Brabender-Kneter* oder *Kanavec-Plastometer* untersucht werden (siehe auch 29.2.2).

29.2.2 Bestimmung des Fließ-Härtungsverhaltens von rieselfähigen duroplastischen Formmassen (PMC)

Norm:

DIN 53764 Rieselfähige duroplastische Formmassen – Prüfung des Fließ-Härtungsverhaltens

Die Prüfung nach dieser Norm dient dazu,

- die Entwicklung und Herstellung von Duroplasten zu überwachen und z. B. die *Aufschmelzung* und *Aushärtung*, sowie den Einfluß von *Additiven* und *Füllstoffen* meßtechnisch zu erfassen
- die Gleichmäßigkeit verschiedener Fertigungschargen zu überprüfen
- duroplastische Formmassen hinsichtlich ihres Fließ-Härtungsverhaltens in Gruppen einzuteilen entsprechend der Verarbeitungsverfahren, wie z. B. *Pressen, Spritzpressen* und *Spritzgießen.*

Die Prüfung erfolgt in speziellen *Meßknetern.*

Kennwerte

t_V	**Verweilzeit**
t_R	**Hauptreaktionszeit**
t_M	**Aufschmelzzeit**
t_C	**Aushärtezeit**
Diagramm des Drehmomentverlaufs	

Probe: Rieselfähige Formmasse, sie ist auf ±0,1 g genau abzuwiegen und ist so zu wählen, daß das Knetervolumen optimal gefüllt ist:

$$G = 0{,}75 \cdot V \cdot \varrho$$

G   Probengewicht in g
V   freies Knetervolumen in l
ϱ Dichte des Formstoffs in g/l

Prüfeinrichtung: Drehmoment-Rheometer mit Registriereinrichtung zur Erfassung und Registrierung von *Drehmoment* M und *Massetemperatur* T als Funktion der Zeit. Meßkneter sollte einen freien Inhalt von 25 ml haben. Temperatur des Meßkneters muß mit Flüssigkeits-Umlaufthermostat geregelt werden. Abmessungen der Knetkammer sind in DIN 53764 festgelegt.

Versuchsdurchführung: Die abgewogene Probenmenge wird in den laufenden und beheizten Meßkneter eingebracht. Drehzahlen n = 30 1/min bis 60 1/min, meist 30 1/min; Temperatur des Kneters 120 °C bis 160 °C, vorzugsweise 140 °C. Auf die eingefüllte Masse wird ein Druckstempel mit 5 kg aufgesetzt. Nach Durchlaufen des Drehmomentminimums M_B (Bild 29.4) wird der Druckstempel abgenommen und das weitere Verhalten der Masse verfolgt. Weichen 2 aufeinanderfolgende Messungen um mehr als ± 5 % voneinander ab, so muß die Messung wiederholt werden.

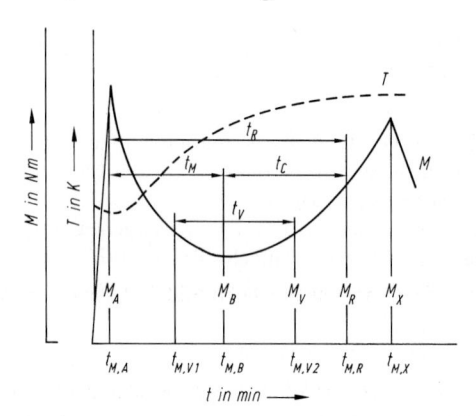

Bild 29.4   Drehmoment- und Temperaturverlauf in Abhängigkeit von der Zeit bei Ermittlung des Fließ-Härtungsverhaltens von duroplastischen Formmassen in einem Drehmoment-Rheometer (schematisch)

Auswertung: Bild 29.4 zeigt schematisch ein aufgenommenes Diagramm Drehmoment bzw. Temperatur als Funktion der Zeit mit den charakteristischen Punkten.

Es bedeuten:

M_A Drehmoment-Maximum beim Einfüllen in Nm
M_B Drehmoment-Minimum in Nm
M_V Drehmoment M_B + X in Nm
M_R Drehmoment M_B + Y in Nm
M_X Drehmoment-Maximum in Nm
t_V Verweilzeit der Masse in s bei einem Drehmoment M_B + X (meist X = 3 Nm)
t_R Reaktionszeit in s bei einem Drehmoment M_B + Y (meist Y = 10 Nm)
t_M Aufschmelzzeit ($t_{M,A}$ bis $t_{M,B}$) in s
t_C Aushärtezeit ($t_{M,B}$ bis $t_{M,R}$) in s
$t_{M,X}$ Gesamtzeit bis zum Maximum in s
T   Massetemperatur in K

Die Linien t_V und t_R sind maßgeblich für die *Beurteilung* und genaue *Differenzierung* von Formmassen. t_V und t_R erhalten noch einen Index, der angibt

29.2 Fließ-Härtungsverhalten von härtbaren Formmassen

mit welchem Wert X bzw. Y die Auswertung erfolgt. Da meist gilt X = 3 und Y = 10 ergibt sich t_{V3} bzw. t_{R10}.

Kennwerte:

Drehmoment-Minimum M_B bei $t_{M,B}$
Verweilzeit t_V
Reaktionszeit t_R

Weiter können noch angegeben werden:

Einfüllmaximum M_A bei $t_{M,A}$
Drehmoment-Maximum M_X bei $t_{M,X}$
Aufschmelzzeit t_M
Gesamtzeit $t_{M,A}$ bis $t_{M,X}$

Das aufgenommene Diagramm entsprechend Bild 29.4 sollte dem Versuchsbericht beiliegen.

29.2.3 Bestimmung des Härtungsverhaltens faserverstärkter härtbarer Kunststoffe

Norm:

DIN EN ISO 12114   Faserverstärkte Kunststoffe – Härtbare Formmassen und Prepregs – Bestimmung des Härtungsverhaltens

Verfahren I

Kennwerte (Bild 29.5)

Reaktivität (maximale Steigung der Temperaturkurve)
t_1 **Dauer bis zum Polymerisationsbeginn**
T_1 **Temperatur des Polymerisationsbeginns**
t_2 **Dauer bis zum Temperaturmaximum**
T_2 **Temperaturmaximum**

Versuchsdurchführung: Verwendet wird eine zylindrische, beheizte Form aus Metall mit einem Innendurchmesser von 20 mm mit einem beheizten Stahlstempel. Im Zentrum des Bodens der Kavität ist ein Thermofühler mit 1 mm Durchmesser eingebaut; ein Temperaturregelsystem ist vorzusehen; Details siehe Norm. Ein Aufzeichnungsgerät muß ermöglichen die Temperatur als Funktion der Zeit aufzuzeichnen (Bild 29.5).

Bei *Formmassen* wird eine Probe von $(6 \pm 0{,}5)$ cm^3 verwendet, bei *Prepregs* Abschnitte mit einem Durchmesser von (19 ± 1) mm, ggf. sind Einzelstücke so zu schichten, dass ein Probekörper hergestellt werden kann.

29 Viskositätsmessungen

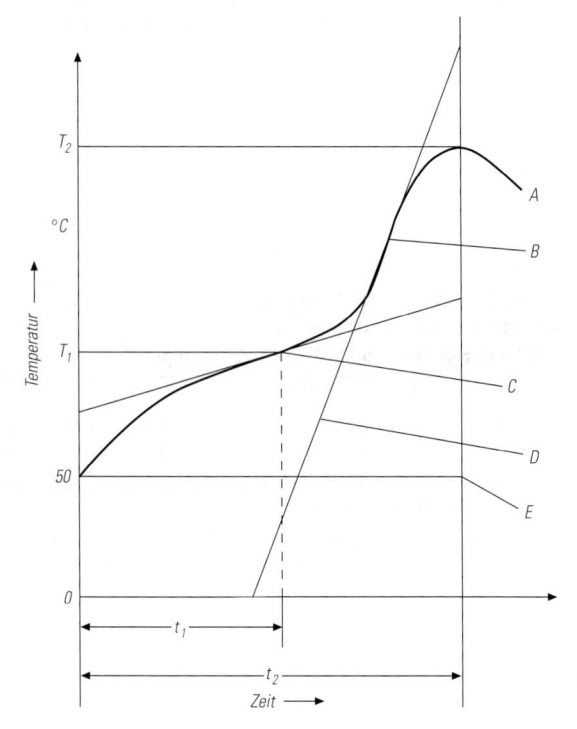

Bild 29.5 *Typischer Reaktionsverlauf bei der Prüfung nach DIN EN ISO 12114*
  A Aufzeichnungsende
  B zweiter Wendepunkt
  C erster Wendepunkt
  D Gradient entspricht der Reaktivität
  E Meßstart-Temperatur (50 °C)

Auswertung: Aus dem aufgenommenen Diagramm des Reaktionsverlaufs $T = f(t)$ (Bild 29.5) werden ermittelt:

Reaktivität als maximale Steigung der Temperaturkurve in °C/s

t_1	Dauer bis zum Polymerisationsbeginn von Meßstart-Temperatur 50 °C bis zum 1. Wendepunkt in s
T_1	Temperatur des Polymerisationsbeginns als Temperatur am 1. Wendepunkt in °C
T_2	Temperaturmaximum in °C
t_2	Dauer bis zum Temperaturmaximum T_2 in s

29.2 Fließ-Härtungsverhalten von härtbaren Formmassen

Außer den obigen Werten und dem typischen Reaktionsverlauf müssen noch Angaben gemacht werden über die *Formmasse*, die *Probennahme, Vorbereitung* der Probekörper und die genauen *Prüfbedingungen*.

Verfahren II
Kennwerte (Bild 29.6)

RS	**Reaktionsschwindung**
NS	**Nettoschwindung**
CT	**Härtungszeit aus dem Temperaturverlauf**
CP	**Härtungszeit aus dem Druckverlauf**
STE	**spezifische Wärmeausdehnung**
	Dicke der gepreßten Probe bei Preßtemperatur

Versuchsdurchführung: Verwendet wird ein Tauchkantenwerkzeug mit einer Kavitätenoberfläche ≥ 200 cm^2, ausgestattet mit einem Druck- und Temperatursensor und einer Wegmeßeinrichtung für 200 mm Weg auf 0,01 mm genau; Details siehe Norm. Aufgenommen werden der *Druckverlauf* p = f(t), der *Weg* s = f(t) und die Temperatur T = f(t). Der gepreßte Probekörper sollte etwa die Dicke des betrachteten Formteils haben.

Auswertung:

Ermittelt werden folgende Größen (Bild 29.6):

a) Nullpunkt der Zeitachse (entspricht einem Forminnendruck von 10 bar).
b) **Härtungszeit** aus dem Temperaturverlauf (CT): Dauer vom Zeit-Nullpunkt bis Erreichen des Temperaturmaximums (Punkt 1).
c) Preßtemperatur; nach dem Maximum (Punkt 1) geht der Temperaturverlauf dem Gleichgewicht mit dem Werkzeug zu (Punkt 2), dies ist die konstante Preßtemperatur.
d) Beginn der Wärmeausdehnung (DS3): Der tiefste Punkt der Werkzeugbewegung (Punkt 3) gibt den Punkt an, an dem die Formmasse die Kavität gefüllt hat.
e) Maximum der Ausdehnung (DS4): Punkt 4 im Wegverlauf markiert das Ende der Ausdehnung und damit das beginnende Überwiegen der Schwindung.
f) **Spezifische Wärmeausdehnung** (STE):

$$STE = \frac{DS4 - DS3}{DS3} \cdot 100$$

g) Schwindungsende (DS5). Punkt 5 im Wegverlauf.

29 Viskositätsmessungen

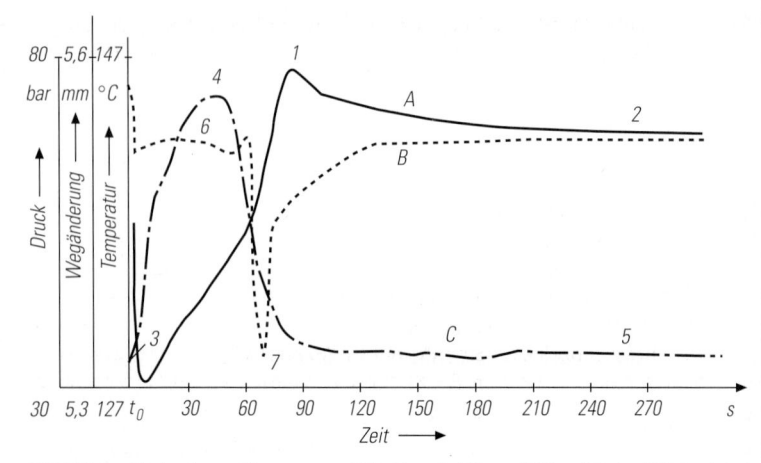

Bild 29.6 Verlauf von Temperatur (A), Druck (B) und Weg (C) in Abhängigkeit von der Zeit t
  1 *Temperaturmaximum*
  2 *Temperaturgleichgewicht im Werkzeug*
  3 *tiefster Punkt der Werkzeugbewegung (Formmasse hat Werkzeugkavität gefüllt)*
  4 *Ende der Ausdehnung*
  5 *Schwindungsende*
  6 *Entspricht dem Pressdruck MP*
  7 *Zeit bis Punkt 7 entspricht der Härtungszeit CP*

h) **Reaktionsschwindung (RS)**
$$RS = \frac{DS4 - DS5}{DS5} \cdot 100$$
DS5 entspricht der Enddicke der gepreßten Probe im Werkzeug.

i) **Nettoschwindung (NS)**
$$NS = \frac{DS3 - DS5}{DS5} \cdot 100$$

j) Preßdruck (MP) entspricht dem Bereich 6 der Druckverlaufskurve.

k) **Härtungszeit** aus dem Druckverlauf (CP): Zeit bis zum Erreichen von Punkt 7.

Außer den obigen Werten und dem typischen Reaktionsverlauf müssen noch Angaben gemacht werden über die *Formmasse*, die *Probennahme*, *Vorbereitung* der Probekörper und die genauen *Prüfbedingungen*.

Beachte: Da es sich um neue Prüfverfahren handelt, liegen über die Genauigkeit der beschriebenen Verfahren noch keine Erfahrungen vor!

29.2.4 Bestimmung der Fließfähigkeit, Reifung und Gebrauchsdauer faserverstärkter, härtbarer Kunststoffe

Norm:

DIN EN ISO 12115 Faserverstärkte Kunststoffe – Härtbare Formmassen und Prepregs – Bestimmung der Fließfähigkeit, Reifung und Gebrauchsdauer

Definitionen nach Norm

Fließfähigkeit ist die zeitabhängige Fähigkeit einer reaktionsfähigen Formmasse zu fließen und einen gegebenen Formhohlraum unter definierten Bedingungen zu füllen.

Reifung ist der Prozeß der Eindickung der reaktionsfähigen Formmasse bis zu einem definierten Maß an Fließfähigkeit, ohne dass merkbare Trennungen der Einzelbestandteile auftreten.

Gereifter Zustand ist das Niveau an Eindickung, bei dem die Fließfähigkeit einer reaktionsfähigen Formmasse dasjenige Maß erreicht hat, dass sie handhabbar ist und unter definierten Verarbeitungsbedingungen befriedigend zu einem Formteil verarbeitet werden kann.

Gebrauchsdauer ist die Periode der Produktion einer reaktionsfähigen Formmasse, während der die Fließfähigkeit ein Maß behält, bei dem die Formmasse ohne bemerkenswerte Änderung der normalerweise genutzten Formgebungsbedingungen verarbeitet werden kann.

Verfahren I

Kennwerte (Bild 29.7)

Q_t	**Prozentuale Abnahme der Probendicke**
DQ	**Nicht-newtonscher Einfluß**

Versuchsdurchführung: Prüfwerkzeug nach Norm. Durch den Stempel des Werkzeugs soll die Probedicke unter Einwirkung der Prüflast während 45 s zwischen 30 % und 70 % der anfänglichen Dicke abgenommen haben; die Prüfkraft ist so zu wählen, dass dies erreicht wird. Prüfung erfolgt bei Raumtemperatur. Proben aus Prepregs haben einen Durchmesser von 45 mm oder sind quadratisch mit Seitenlänge 50 mm; bei Sauerkrautmassen sind 20 gr zwischen Aluminiumfolie zu legen und dann auf einen Durchmesser von 40 mm und eine Dicke von 3 mm zu verteilen. Probe wird dann unter konstante Last gesetzt durch einen Prüfstempel mit einem Durchmesser von 30 mm mit einem Eigengewicht von 11 N, die Prüflasten betragen 390N, 1000 N und 2000 N und sind so zu wählen, dass gilt: Q_t zwischen 30 % und 70 % von H_0 beträgt.

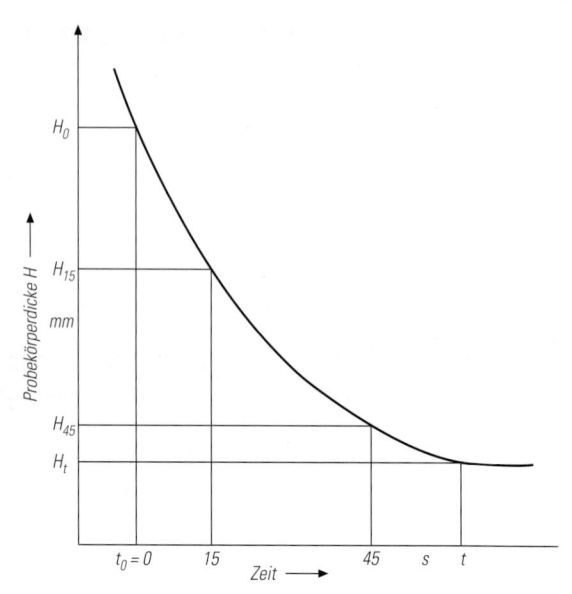

Bild 29.7 Typische Fließfähigkeitskurve nach DIN EN ISO 12115, Verfahren I

Auswertung (Bild 29.7):

Nach Bild 29.7 werden folgende Größen ermittelt:

a) Prozentuale Abnahme der Probendicke (Q_t)

$$Q_t = \frac{H_0 - H_t}{H_0} \cdot 100$$

Wenn Q_t <30 % oder >70 % von H_0, dann muß andere Prüflast gewählt werden.

b) Nicht-newtonscher Einfluß (DQ)

$$DQ = Q_{45} - Q_{15}$$

■ Verfahren II

Kennwerte (Bild 29.8)

t_0	**Fließbeginn**
t_E	**Ende der Füllphase**
PM	**Preßdruck zum Zeitpunkt t_E**
PG	**Druckgradient**
P	**Druckintegral**

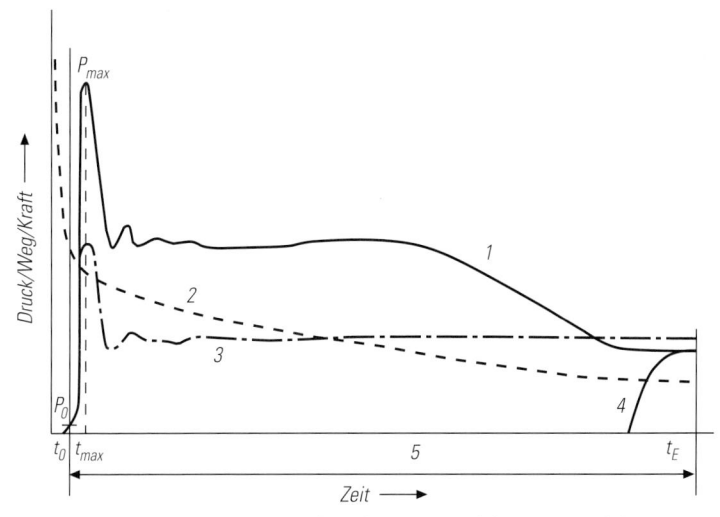

29.2 Fließ-Härtungsverhalten von härtbaren Formmassen

Bild 29.8 Typische Kurvenverläufe nach DIN EN ISO 12115, Verfahren II
1 Druck im Zentrum des Werkzeugs
2 Schließweg des Werkzeugoberteils
3 Schließkraft
4 Druck am Werkzeugrand
5 Füllzeit des Werkzeugs

Versuchsdurchführung: Beheiztes Tauchkantenwerkzeug mit Druck- und Temperatursensoren, sowie Wegmessung nach Norm. Bei Prepregs sind Pakete zu wählen mit Breite 200 mm und Länge (140 ± 10) mm oder (280 ± 10) mm, langfaserverstärkte Formmassen sind auf eine Größe von (200×140) mm oder (200×280) mm zu verteilen; die gepreßten Platten müssen eine Dicke von etwa 4 mm aufweisen.

Auswertung (Bild 29.8)

Ermittelt werden folgende Größen:

a) **Fließbeginn** (t_0), bei ansteigendem Forminnendruck
b) **Ende der Füllphase** (t_E)
c) **Preßdruck** (PM) zum Zeitpunkt t_E (entspricht Massedruck)
d) Anfangsdicke (H_o) zum Zeitpunkt t_0
e) Enddicke (H) zum Zeitpunkt t_E
f) **Druckgradient** (PG)

$$PG = \frac{P_{max} - P_{t0}}{t_{max} - t_0}$$

g) Füllzeit (t_F)

$$t_F = t_E - t_0$$

h) **Druckintegral** (P) aus der Druckmessung im Zentrum der Kavität zwischen t_0 und t_E durch Integration.

Außer den obigen Werten müssen noch Angaben gemacht werden über die *Formmasse*, die *Probennahme, Vorbereitung* der Probekörper und die genauen *Prüfbedingungen*.

Beachte: Da es sich um neue Prüfverfahren handelt, liegen über die Genauigkeit der beschriebenen Verfahren noch keine Erfahrungen vor!

30 Materialeingangsprüfungen

Zur Herstellung von Präzisions-Formteilen oder sonstigen technisch hochwertigen Produkten sind bestimmte *Eingangskontrollen* unumgänglich. Die Formteilhersteller (Verarbeiter) haben sich auch Gewißheit zu verschaffen, daß die eingehenden Kunststoff-Rohstoffe den Herstellerangaben entsprechen und mit den Normen übereinstimmen. Prüfzertifikate der Rohstoffhersteller können den Prüfaufwand entsprechend verringern. In vielen Fällen genügen folgende einfache betriebsnahe Materialeingangsprüfungen:

30.1 Bezeichnung von Formmassen

Bei Lieferung sollte eine sorgfältige *Kennzeichnung* der Formmassen und der Halbzeuge, sowie eine sachgemäße und übersichtliche Lagerung der Formmassen erfolgen. Die *definierte Lagerung* bzgl. Temperatur, Feuchte und Zeit ist, insbesondere bei *härtbaren Formmassen*, sehr wichtig, da diese häufig nur eine begrenzte Lagerfähigkeit aufweisen. Bei *Thermoplasten* soll die genaue Rohstoffbezeichnung nach der neuen Bezeichnungsmethode (vgl. Kap. 9) einschließlich der Chargennummer angegeben werden.

30.2 Erkennen der Kunststoffart

Einfache Möglichkeiten zum Erkennen der Kunststoffart sind in Kap. 18 behandelt. Wichtige Kriterien zum Erkennen sind dabei die *Dichte*, die *Reaktion der Zersetzungsschwaden*, der *Geruch der Schwaden* und die *Löslichkeit* (Kap. 28). *Copolymerisate* oder *Blends* sind nach diesen einfachen Methoden i. a. nicht exakt zu ermitteln; dazu sind dann aufwendigere Erkennungsmethoden, wie z. B. die Infrarotspektroskopie, thermische Analysen (Kap. 19) oder andere notwendig.

30.3 Viskositätsmessungen

Die Schmelze-Massenfließrate MFR bzw. die Schmelze-Volumenfließrate MVR kennzeichnen die Fließfähigkeit thermoplastischer Kunststoffe bei festgelegten Temperaturen und Belastungen bei niedriger Schergeschwindigkeit. Außerdem wird die Lösungsviskosität von gelösten thermoplastischen Kunststoffen ermittelt. Bei härtbaren Formmassen wird die Schließzeit zur Kennzeichnung der Fließfähigkeit (Fließ-Härtungs-Verhalten) ermittelt. Nähere Angaben zu diesen Verfahren siehe Kap. 29.1.1.

30.4 Korngröße, Kornform

Für konstante Verarbeitungsverhältnisse, d. h. für konstanten Einzug der Schnecke und damit konstanten Durchsatz spielen Kornform und Korngröße, Schüttgewicht und Rieselfähigkeit eine wichtige Rolle. Ungleicher Einzug beim Spritzgießen und Extrudieren führt zu unterschiedlichen Schmelzetemperaturen und dadurch zu unterschiedlichen Formteileigenschaften. Deshalb ist die einfache Überwachung der genannten Kenngrößen sinnvoll.

Die *Korngröße* des Granulats wirkt sich besonders ungünstig bei kleineren Spritzgießmaschinen aus, wenn die Abmessung des Granulats der Größenordnung der Gangtiefe der Schnecke in der Einzugszone entspricht (das ist auch wichtig bei der Verarbeitung von Mahlgut). In solchen Fällen sollte spezielles Granulat mit kleiner Korngröße verwendet werden.

Die *Kornform* und die *Korngrößenverteilung* (DIN 53477) beeinflussen wesentlich das *Schüttgewicht* und die *Rieselfähigkeit*. Durch die Kornform können auch die inneren und äußeren Reibungskoeffizienten (Kunststoff/Kunststoff bzw. Kunststoff/Stahl) verändert werden. Unterschiedliche Granulatherstellung (Kalt- oder Heißabschlag) ergibt unterschiedliche Granulatform (Zylinder-, Würfel-, Linsen-Granulat), wobei kalt abgeschlagene Granulate Schneidgrate und damit mehr Staubanteile enthalten können.

30.5 Schüttdichte und Stopfdichte

Normen:

DIN 53466	Bestimmung des Füllfaktors, der Schüttdichte und der Stopfdichte von Formmassen (Es besteht ein Zusammenhang mit **ISO 171**, siehe auch DIN EN ISO 60 und DIN EN ISO 61)
DIN EN ISO 60	Kunststoffe – Bestimmung der scheinbaren Dichte von Formmassen, die durch einen bestimmten Trichter geschüttet werden können (Schüttdichte)
DIN EN ISO 61	Kunststoffe – Bestimmung der scheinbaren Dichte von Formmassen, die nicht durch einen gegebenen Trichter abfließen können (Stopfdichte)
ISO 171	Plastics – Determination of bulk factor of moulding materials (Bestimmung des Füllfaktors von Formmassen)

Schüttdichte

Zur Ermittlung des Schüttgewichts oder der Schüttdichte wird über einen genormten Trichter von definierter Höhe ein Becher mit 100 ml Inhalt ge-

30.5 Schüttdichte und Stopfdichte

füllt und mit einem Messer unter 45° am oberen Rand abgestrichen (Bild 30.1). Aus dem Gewicht des Bechers *ohne* Füllung (m_0) und dem Gewicht des Bechers *mit* Füllung (m_1) ergibt sich dann die Schüttdichte zu

$$d_{Sch} = \frac{m_1 - m_0}{100} \quad \text{in g/ml}$$

Duroplaste werden häufig mit Volumendosierung verpreßt, daher ist ein konstantes Schüttgewicht Voraussetzung für eine konstante Dosiermenge.

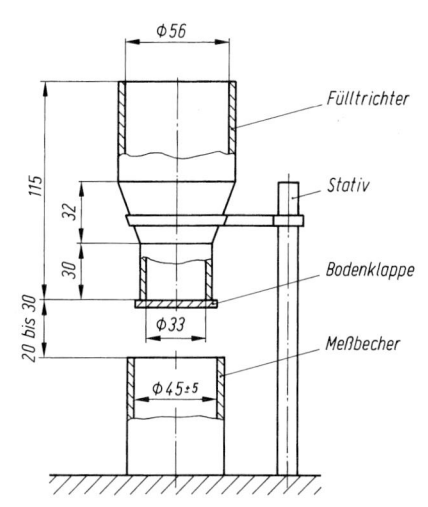

Bild 30.1 Gerät zur Ermittlung der Schüttdichte

Stopfdichte

Bei nicht rieselfähigen, langfaserigen, schnitzelförmigen und teigigen Formmassen, z. B. Polyesterformmassen („Sauerkrautmassen") muß statt der Schüttdichte die Stopfdichte ermittelt werden. Es wird eine Formmasseprobe von m = 60 g genau abgewogen, in einen genormten Meßzylinder gegeben (Bild 30.2) und mit einem Kolben von 2300 g Gewicht belastet. Nach 1 min wird die Höhe h der komprimierten Masse gemessen und die Stopfdichte bestimmt zu

$$d_{St} = \frac{m}{A \cdot h} \quad \text{in g/cm}^2$$

A innere Bodenfläche des Meßzylinders in cm^2
h Höhe der verdichteten Formmasseschicht im Meßzylinder in cm
m Masse im Meßzylinder, meist 60 g

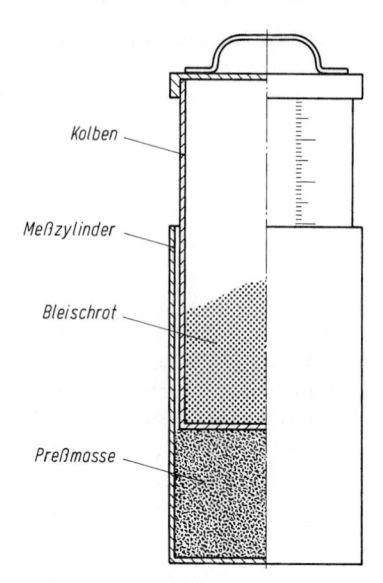

Bild 30.2   Gerät zur Ermittlung der Stopfdichte

30.6   Rieselfähigkeit

Norm:

DIN EN ISO 6186   Kunststoffe – Bestimmung der Rieselfähigkeit

Die Rieselfähigkeit ist für eine störungsfreie automatische Produktion wichtig, da eine schlechte Rieselfähigkeit zur „Brückenbildung" im Trichter oder Trichterauslauf führen kann, wodurch eine gleichmäßige Formmassezufuhr zur Schnecke behindert wird. Erhöhte Oberflächenfeuchte, besonders in Verbindung mit Staubanteilen, z. B. bei Mahlgut, kann diesen Effekt verstärken. Zur Bestimmung der Rieselfähigkeit wird die Auslaufzeit oder *Rieselzeit* t_R in s einer Formmasse durch einen Trichter definierter Abmessungen gemessen.

30.7   Feuchtegehalt, Flüchte

Normen:

DIN EN ISO 960	Kunststoffe – Polyamide (PA) – Bestimmung des Wassergehalts
DIN 53713	Bestimmung des Wassergehalts von Formmassen
DIN 53715	Bestimmung des Wassergehalts von pulverförmigem Kunststoff durch Titration nach Karl Fischer

30.7 Feuchtegehalt, Flüchte

Einzelne Kunststoffe sind hygroskopisch oder können mit hygroskopischen Füll- und Verstärkungsstoffen versehen sein. Ein unterschiedlicher Feuchtegehalt kann die Verarbeitung beeinflussen und *Feuchtigkeitsschlieren* im Formteil bewirken. In solchen Fällen ist ein *Vortrocknen* der Formmassen oder eine Verarbeitung mit *Entgasungsschnecken* erforderlich. Bei einigen Duroplasten, die oft noch Feuchte durch die Vorkondensation in wäßriger Lösung oder feuchtigkeitshaltige Füllstoffe enthalten, wird das Fließverhalten sehr stark durch den Feuchtegehalt beeinflußt. Je höher die Feuchte ist, desto besser fließt das Material. Andererseits führt aber eine zu hohe Feuchte bei Duroplasten zu Blasen und Schlieren, so daß eine Überwachung des Feuchtegehalts bei härtbaren Formmassen sehr wichtig ist.

Wird der Feuchtegehalt durch Erwärmen und Verdampfen ermittelt, so werden dabei auch andere flüchtige Bestandteile ausgetrieben, so z. B. bei Thermoplasten *Weichmacher* und *Monomere*, bei Phenolharzen *Formaldehyd* und *Ammoniak*. In solchen Fällen werden also alle flüchtigen Bestandteile, d. h. die sog. *Flüchte* ermittelt. Die Flüchte ist definiert als

$$\text{Flüchte F} = \frac{\text{Einwaage} - \text{Auswaage}}{\text{Einwaage}} \cdot 100\%$$

Die Auswaage wird nach Erwärmen auf 105 °C nach Gewichtskonstanz gemessen.

Die einfachste Methode, nur die Feuchte zu messen, ist die Lagerung im Exsikkator über einem Trocknungsmittel (P_2O_5) unter vermindertem Druck mit vorausgegangener und anschließender Wägung. Diese Messungen dauern relativ lange.

Eine einfachere und schnelle Methode ist die *manometrische* mit Hilfe eines Meßgeräts, des sog. *Aquatrac* der Firma Brabender.

Ein sehr gebräuchliches Verfahren ist die Feuchtebestimmung durch Titration nach *Karl Fischer* (DIN 53715), für das spezielle Prüfgeräte zur Verfügung stehen.

Nach der *TVI-Methode* (Tomasettis Volatile Indicator) kann die Feuchte sehr schnell und einfach ermittelt werden. Dieses Verfahren ist besonders für Polycarbonat geeignet. Zwei Objektträgergläser aus der Mikroskopie werden auf einer Kochplatte 1 min bis 2 min auf 270°C aufgeheizt, dann drei bis vier Granulatkörner dazwischengelegt und auf einen Durchmesser von rd. 10 mm bis 13 mm zusammengedrückt. Aus der Anzahl und Größe der Blasen kann auf die Feuchte geschlossen werden.

31 Prüfung von Kunststoff-Formteilen

Norm:

DIN 53760 Prüfung von Kunststoff-Formteilen, Prüfmöglichkeiten, Prüfkriterien

Das Verhalten von Kunststoff-Formteilen ist abhängig von den Herstellungsbedingungen und von der konstruktiven Gestaltung des Formteils. Deshalb können Kennwerte des Kunststoffs, die an speziellen Probekörpern ermittelt wurden, meist nur als Anhaltswerte für das Verhalten der Formteile herangezogen werden. Um ein Versagen der Formteile im praktischen Einsatz zu vermeiden, sollen vor der Freigabe Prüfungen an Formteilen durchgeführt werden. Die Prüfverfahren sind meist umfangreich und teuer; eine sinnvolle Planung der Prüfverfahren ist daher zweckmäßig.

Die Prüfung von Kunststoff-Formteilen wird unterteilt in

- Prüfung des Formstoffs im Formteil
- Prüfung des ganzen Formteils einschließlich Gebrauchsprüfung.

31.1 Zusammenstellung von Formteilprüfungen

31.1.1 Prüfung des Formstoffs im Formteil

Diese Prüfverfahren entsprechen den üblichen Prüfverfahren für Formstoffe, die meist mit getrennt hergestellten Probekörpern durchgeführt werden. Bei einem Vergleich der Kennwerte der Formstoffe vom Formteil und vom speziellen Probekörper müssen jedoch die Verarbeitungseinflüsse berücksichtigt werden, insbesondere hinsichtlich Eigenspannungen und Orientierungen. Außerdem werden beim Herausarbeiten der Probekörper aus dem Formteil die Eigenschaften des Formstoffs oft verändert z. B. durch Abspanen der Oberflächenschicht.

Beachte: Die laufende Prüfung von Formteilen in der Fertigung umgeht man heute durch eine sog. *Prozeßüberwachung*. Bei der Prozeßüberwachung, z. B. beim Spritzgießen, werden die prozeßrelevanten Verarbeitungsparameter *Schmelzetemperatur, Werkzeugtemperatur* und *Werkzeuginnendruckverlauf* von Schuß zu Schuß überwacht; damit wird eine 100 %-Prüfung ermöglicht. Die prozeßrelevanten Parameter werden so gewählt, daß ein Formteil erzeugt wird, das den Qualitätsanforderungen des Kunden genügt. Durch die Prozeßüberwachung wird gewährleistet, daß die einmal festgelegten Parameter in vorgegebenen Grenzen eingehalten werden und so die Qualität gewährleistet ist. Von der Prozeßüberwachung angesteuerte *Qualitätsweichen* scheiden die Formteile aus, die nicht unter den festgelegten Verarbeitungsbedingungen hergestellt wurden.

31.1 Zusammenstellung von Formteilprüfungen

Probekörper werden hergestellt durch Ausarbeiten aus dem Formteil, meist spanend. Die *Form* der Probekörper sollte möglichst entsprechend der Norm für das jeweilige Prüfverfahren gewählt werden; Vereinbarungen mit Lieferant oder Abnehmer sind zweckmäßig. *Probenahme* erfolgt nach vereinbartem Entnahmeplan an verschiedenen Stellen des Kunststoff-Formteils und meist in verschiedenen Richtungen. Vermutete Schwachstellen im Formteil (z. B. Bindenähte) sind zu berücksichtigen.

Wichtige Prüfverfahren (Auswahl)

Biegeprüfungen DIN EN ISO 178, s. Kap. 21.3. Meist keine normgerechte Prüfung möglich, weil Normprobekörper wegen ihrer Abmessungen oft nicht aus einem Formteil herauszuarbeiten sind.

Härteprüfung durch Kugeleindruckversuch DIN ISO 2039 T1 oder Rockwellhärteprüfung, s. Kap. 21.5.1. Die vorgeschriebene Probendicke von 4 bzw. 6 mm ist meist am Formteil nicht einzuhalten.

Schlagprüfungen DIN EN ISO 179 und DIN EN ISO 180, s. Kap. 21.6. Durch Herausarbeiten der Probekörper aus den Formteilen sind die Oberflächen nicht definiert gegenüber spritzgegossenen, vor allem, wenn ohne Kerbe geprüft wird.

Vicat-Erweichungstemperatur DIN EN ISO 306, s. Kap. 22.2.1. Der Abbau von Eigenspannungen im Formteil wirkt sich auf das Ergebnis aus.

Bestimmung des Oberflächenwiderstands DIN EN 60093, s. Kap. 24.2. Am Formteil werden haftende Strichelektroden angebracht. Die Probendicke beeinflußt wesentlich das Ergebnis.

31.1.2 Prüfung des ganzen Formteils

Bei den Prüfverfahren für ganze Formteile unterscheidet man *zerstörungsfreie* und *zerstörende* Prüfungen, die aus Kostengründen nur in kleinen Stückzahlen durchgeführt werden können. Die Formteile werden aus der Produktion nach den *Methoden der Qualitätssicherung* (Statistik) entnommen.

Zerstörungsfreie Prüfungen

Sichtkontrolle zur Feststellung von Farbveränderungen, Formfehlern, Fließmarkierungen, Einfallstellen.

Prüfung des Stückgewichts zur Feststellung von Materialverdichtungen und Formfüllungsfehlern, z. B. abgebrochene Stifte.

Kontrolle der Maßhaltigkeit zur Überwachung der funktionswichtigen Maße und Bestimmung der Verarbeitungsschwindung.

31 Prüfung von Kunststoff-Formteilen

Spannungsoptische Untersuchungen an glasklaren Formteilen zur zerstörungsfreien Bestimmung von Molekülorientierungen.

Prüfung mit *Röntgenstrahlen* und *Ultraschall* zur Feststellung von Fehlstellen (Lunker, Gasblasen).

Zerstörende Prüfungen
Warmlagerungsversuch zur Feststellung von Eigenspannungen im Formteil (s. Kap. 31.2.1); DIN 53497 an Formteilen aus thermoplastischen Formmassen; DIN 53498 an Formteilen aus härtbaren Formmassen; DIN 53755 an Formteilen bei äußerer mechanischer Beanspruchung.

Beurteilung des Spannungsrißverhaltens zur Ermittlung von Eigenspannungen und Molekülorientierungen und zur Aufdeckung von Schwachstellen bei thermoplastischen Formteilen (s. Kap. 31.2.2).

Gefügeuntersuchungen zur Beurteilung der Gefügeausbildung bei teilkristallinen Thermoplasten und zur Feststellung der Verteilung und Orientierung von Füll- und Verstärkungsstoffen bei gefüllten Kunststoffen (s. Kap. 31.3).

Prüfung bei *chemischer Beanspruchung* zur Bestimmung des Verhaltens von Formteilen bei Lagerung oder Kontakt mit bestimmten Medien (DIN 53 756).

Prüfung des *Alterungsverhaltens* z. B. zur Bestimmung des Verhaltens von Formteilen bei Außenanwendungen (s. Kap. 31.6).

Prüfung des *Brennverhaltens* nach UL 746C (s. Kap. 23).

Prüfung des *Aushärtungsgrades* von Formteilen aus härtbaren Formmassen im Kochversuch nach DIN 53499.

31.1.3 Gebrauchsprüfungen des Formteils

Durch Prüfungen unter *Betriebsbedingungen* wird die Gebrauchstauglichkeit eines Formteils ermittelt (Gebrauchsprüfung). Dazu müssen folgende Betriebsbedingungen genau erfaßt werden: Einsatztemperaturbereich; Technoklima; Art und Höhe der Beanspruchung, Beanspruchungsgeschwindigkeit, geforderte Einsatzdauer (Lebensdauer). Entsprechend der genauen Betriebsbedingungen werden *Prüfverfahren* und *Prüfbedin*gungen festgelegt. Zur *Abkürzung* der *Prüfzeit erhöht* man vielfach die *Beanspruchung* und die Belastungsgeschwindigkeit (*Prüffrequenz*); eine unzulässige Erwärmung muß jedoch vermieden werden (Prüffrequenz <10 Hz).

Für erste Gebrauchsprüfungen werden meist Prototypen verwendet, die als Einzelstücke durch Spanen, Kleben, Warmumformen aus Halbzeug oder durch Rapid Prototyping hergestellt werden. Für Festigkeitsuntersuchungen und Zulassungsprüfungen müssen jedoch solche Formteile verwendet werden, deren Herstellverfahren dem späteren Produktionsverfahren entspricht.

Forderungen für Gebrauchsprüfungen

Die Prüfbedingungen sollten den praktischen *Einsatzbedingungen* entsprechen. Die *Versagensart* sollte die gleiche sein wie im praktischen Einsatz, z. B. gleiches Bruchaussehen. Weitere Forderungen sind: *Kurze Versuchsdauer, billiger Versuchsaufbau, reproduzierbare Versuchsergebnisse, einfaches Prüfverfahren.*

Beispiele für einfache mechanische Gebrauchsprüfungen

Statische Biegeprüfung auf Biegevorrichtungen unter Messung von Verformung und Bruchlast, z. B. bei Sitzschalen.

Beim *passiven Fallversuch* trifft ein Fallbolzen auf die kritische Stelle des Formteils. Es müssen dann festgelegte Grenzbedingungen wie *Fallhöhe* und *Fallgewicht* ohne Bruch ausgehalten werden, z. B. bei Schutzhelmen und Gehäusen (s. Kap. 31.4).

Beim *aktiven Fallversuch* fällt das Formteil aus bestimmter Höhe auf eine feste Unterlage. Es darf dann kein Bruch eintreten, z. B. bei Telefonhörern und Telefongehäusen.

Genormte Gebrauchsprüfungen für Formteile

DIN 16887   Prüfung von Rohren aus thermoplastischen Kunststoffen
DIN 53757   Zeitstand-Stapelversuch an Transport- und Lagerbehältern
DIN 53758   Kurzzeit-Innendruckversuch an Hohlkörpern
DIN 53759   Zeitstand-lnnendruckversuch an Hohlkörpern

Weitere Prüfvorschriften für Kunststoff-Formteile enthalten die Veröffentlichungen des „Qualitätsverbandes Kunststofferzeugnisse e. V." zur Gütesicherung der Kunststoffwirtschaft (z. B. RAL-RG 720/1 Flaschenkasten aus thermoplastischem Kunststoff).

31.2   Ermittlung von Eigenspannungen

Eigenspannungen beeinflussen das gesamte Eigenschaftsbild von Kunststoff-Formteilen. Meist haben sie nachteilige Folgen für die Qualität eines Bauteils. In einigen Fällen, wie beim Recken und Verstrecken von Fasern, Bändern, Schläuchen, Folien und zur Verbesserung des *Filmscharniereffekts* werden Orientierungen bewußt und gezielt zur Erhöhung der Festigkeitseigenschaften erzeugt. Bei *Schrumpfschläuchen* oder Schrumpfelementen macht man gezielt von den Rückstellkräften Gebrauch, um die gewünschte Schrumpfung beim Wiedererwärmen zu erhalten. Neben den Änderungen der mechanischen Eigenschaften ergeben Eigenspannungen auch hohe richtungsabhängige Schrumpfungen bzw. Verzug beim Erwärmen. Eigenspannungen vermindern die Spannungsrißbeständigkeit.

Zur Beurteilung der Qualität von Kunststoff-Formteilen ist daher die Kenntnis und der Nachweis von Spannungszuständen wichtig. Eigenspannungen können als *Abschreckeigenspannungen* vorliegen nach schnellem Abkühlen, wobei die Randzonen zuerst erstarren und dann der Kern in seiner Kontraktion behindert wird. Unterschiedliche Wanddicken in Formteilen erzeugen unsymmetrische Eigenspannungen, die zu Verwerfungen und Verzug führen. Durch zu hohen Druck bei der Erstarrung der Kunststoffe im Werkzeug entstehen ebenfalls Eigenspannungen. Bei Fließprozessen, wie sie beim Spritzgießen und Extrudieren auftreten, werden die Makromoleküle gestreckt und durch die nachfolgende Abkühlung in diesem Zustand festgehalten. Man spricht dann von *Orientierungen*, die ebenfalls von den Verarbeitungsbedingungen abhängig sind. Mit abnehmender Massetemperatur erhöhen sich die Orientierungen durch höhere Scherspannungen.

Kennt man die Eigenspannungen, so kann man diese durch geeignete Maßnahmen beseitigen oder durch geeignete Verarbeitungsparameter minimieren.

Wichtige Verfahren zum Nachweis von Eigenspannungen sind:
- Warmlagerungsversuche
- Untersuchungen im polarisierten Licht
- Spannungsrißuntersuchungen.

Die vorgenannten Verfahren sind nicht universell einsetzbar.

Untersuchungen im polarisierten Licht sind nur für Formteile aus bestimmten, optisch aktiven, durchsichtigen Kunststoffen, wie z. B. PS und PC möglich. Es ist dann eine 100 %-Prüfung möglich, weil die Formteile nach der Prüfung weiterverwendet werden können.

Anmerkung: Aus spannungsfreiem EP können Modelle von Formteilen spanend hergestellt werden, die dann unter mechanischen Beanspruchungen spannungsoptisch untersucht und begutachtet werden können (Spannungsoptik).

31.2.1 Warmlagerungsversuch

Normen:

DIN 53497 Warmlagerungsversuch an Formteilen aus thermoplastischen Formmassen ohne äußere Beanspruchung
DIN 53498 Warmlagerung von Formteilen aus härtbaren Formmassen
DIN 16770 Bestimmung der Längsschrumpfung nach Warmlagerung

Bei Warmlagerungsversuchen werden Kunststoff-Formteile bei kunststoffspezifischen Temperaturen über eine vorgegebene Zeit gelagert. Die dadurch auftretenden *Schrumpfungen* nach der Warmlagerung werden als

31.2 Ermittlung von Eigenspannungen

Auswirkung abgebauter Eigenspannungen gedeutet. Der Spannungsabbau erfolgt um so weitgehender und schneller, je höher die Temperatur bei der Lagerung gewählt wird und je länger getempert wird. Es muß jedoch immer gewährleistet sein, daß bei den gewählten Warmlagerungsbedingungen *keine thermische Schädigung* des Kunststoffs auftritt. Die Formteile sind nach der Prüfung nicht mehr zu gebrauchen, d. h. es ist nur Stichprobenprüfung möglich.

Prüfung zum *qualitativen* bzw. *halbquantitativen* Nachweis von Spannungs- und Orientierungszuständen erfolgt nach zwei Verfahren:

- bei einer konstanten Lagerzeit werden die Lagertemperaturen von Versuch zu Versuch um 5 K erhöht und danach die Maßänderungen gemessen.
- bei einer bestimmten Lagertemperatur, meist 20 K über der Vicat-Erweichungstemperatur VSP/B (s. Kap. 22.1.2) werden die Lagerzeiten von Versuch zu Versuch erhöht und danach die Maßänderungen ermittelt.

Über Warmlagerungszeiten können, wegen unterschiedlichen Formteilgeometrien und -wanddicken keine allgemeingültigen Angaben gemacht werden. Die Abkühlung sollte möglichst langsam erfolgen, um neue Spannungen zu vermeiden.

Auswertung erfolgt durch Ausmessen bestimmter Formteilmaße vor und nach der Warmlagerung. Die Maßänderungen werden als *Schrumpfungen* bezeichnet.

Beachte: Bei stark orientierten Formteilen oder Halbzeugen können senkrecht zur Fließ- bzw. Extrusionsrichtung (Orientierungsrichtung) bei der Warmlagerung Vergrößerungen von Maßen auftreten.

Anmerkung

Werden Formteile unterschiedlichen Verarbeitungszustandes und damit auch unterschiedlichen Orientierungszustandes untersucht, so erhält man bei gleichen Warmlagerungsbedingungen unterschiedliche Schrumpfungswerte. Ermittelt man dann noch die zugehörigen Festigkeitseigenschaften, so kann man durch Extrapolation auf 0 % Schrumpfung das sog. „mechanische Grundniveau" eines Kunststoffs ermitteln, d. h. die „verarbeitungsfreie" Eigenschaft, wie sie z. B. nach dem Pressen von Thermoplasten vorliegt (Bild 31.1). Dieses mechanische Grundniveau hat für verarbeitete Kunststoffen keine Bedeutung, da durch Verarbeitungsprozesse immer verarbeitungsbedingte Eigenschaften im Formteil vorliegen.

Tabelle 31.1 zeigt die Schrumpfung von Normkleinstäben aus Polystyrol PS in Abhängigkeit von den Verarbeitungsparametern.

31 Prüfung von Kunststoff-Formteilen

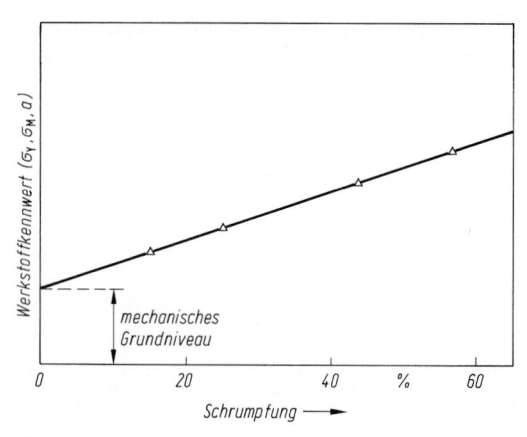

Bild 31.1 Zusammenhang zwischen Werkstoffkennwerten und Verarbeitungsbedingungen, gekennzeichnet durch die Schrumpfung S

Tab. 31.1 Schrumpfung von Normkleinstäben 50 mm × 6 mm × 4 mm aus Polystyrol PS in Abhängigkeit von den Verarbeitungsparametern (nach BASF)

Massetemperatur °C	Werkzeugtemperatur C	Schrumpfung S %
gepreßt		0
250	80	40
220	80	46
180	30	53

31.2.2 Spannungsrißverhalten von Thermoplasten

Norm:

DIN 55457 Verpackungsprüfung – Behältnisse aus Polyolefinen – Beständigkeit gegen Spannungsrißbildung

Weitere Normen bei den einzelnen Prüfverfahren (siehe Kap. 31.2.2.1 ff)

Beachte: Beim Arbeiten mit spannungsrißauslösenden Medien sind die „Technischen Regeln für Gefahrstoffe" *TRGS* einzuhalten.

31.2 Ermittlung von Eigenspannungen

Formteile aus Kunststoffen zeigen z. T. schon bei Raumtemperatur und bereits an Luft ohne äußere mechanische Beanspruchungen Schädigungen in Form von Rissen, sog. *Spannungsrissen*. Solche Spannungsrisse sieht man besonders deutlich bei glasklaren, amorphen Kunststoffen wie PS, PMMA, SAN, PC, weniger gut bei eingefärbten, amorphen Kunststoffen und teilkristallinen Kunststoffen wie PA, POM, PE, PP und PET/PBT. Spannungsrisse treten besonders dann auf, wenn die Formteile zusätzlichen mechanischen Betriebsspannungen oder Montagespannungen (durch Schrauben oder Schnappen) ausgesetzt sind und gleichzeitig noch Flüssigkeiten oder Dämpfe einwirken. Solche zusätzlichen Spannungen addieren sich selbstverständlich zu den bereits vorhandenen Eigenspannungen, die als Schrumpfungs- oder Orientierungsspannungen praktisch in jedem Formteil vorliegen, das durch Spritzgießen, Extrudieren oder Warmumformen hergestellt wurde, auch nach dem Schweißen.

Übliche *Beständigkeitstabellen* für Kunststoffe ermöglichen keine Aussage über das spannungsrißauslösende Verhalten von Medien. Spannungsrisse können auch von Medien ausgelöst werden, die den spannungsfreien Kunststoff nicht beeinflussen.

Spannungsrisse setzen die Belastbarkeit von Kunststoff-Formteilen herab, da sie sowohl *querschnittsvermindernd* als auch durch Kerbwirkung *spannungserhöhend* wirken. Die Kenntnis des *Spannungsrißverhaltens* ESC (Evaluation of environmental stress cracking) ist wichtig, da Kunststoffe praktisch nie spannungsfrei eingesetzt werden können. Außerdem kommen Formteile oft nachträglich mit Medien in Berührung, z. B. beim Reinigen, Kleben mit Klebelacken, beim Bedrucken oder beim Befüllen mit Medien.

Das ungünstige Verhalten der Spannungsrißbildung kann man sich aber auf der anderen Seite für Prüfzwecke nutzbar machen. Es zeigt sich nämlich, daß z. B. bei einwandfrei spritzgegossenen Formteilen in Kontakt mit einem bestimmten Medium keine Risse ausgelöst werden; verändert man aber die Verarbeitungsparameter, so können bei demselben Medium Risse ausgelöst werden. Für die Prüfung von Formteilen ergibt sich daraus die Nutzanwendung, daß man mit geeigneten Medien die *Verarbeitungsqualität* von Formteilen nachweisen kann. Sind solche Medien bzgl. ihrer Rißauslösung bekannt bzw. geeicht, dann spricht man von *Testmitteln*. Durch Medien bzw. Testmittel lassen sich Schwachstellen aufdecken, wie z. B. Bindenähte oder Fließorientierungen. Das Problem dieser Prüfungen liegt jedoch darin, daß nur vereinzelt Testmittel bekannt oder allgemein zugänglich sind. „Genormt" ist z. B. der *TnP-Test* nach VDI/VDE 2474. In der Literatur sind einzelne Testmittel, vorwiegend für amorphe Kunststoffe genannt (siehe auch Tabelle 31.2).

31 Prüfung von Kunststoff-Formteilen

Tab. 31.2 Einige bekannte „Testmittel". Die Eintauchzeiten sind formteilabhängig festzulegen (Beim Gebrauch dieser Mittel sind die Technischen Richtlinien für Gefahrstoffe TRGS zu beachten!)

Kunststoff	Medium (Testmittel)
PE	Netzmittel, z. B. Laventin W extra, 5 %ig (BASF)
PP	Chromsäure bei 40 °C
PVC	Methanol; Methylenchlorid; Aceton
PS	n-Heptan; n-Heptan/iso-Propylalkohol 1:1 bis 1:10
S/B	Petroleumbenzin; Olivenöl/Ölsäure 1:1
SAN	Ethanol; n-Heptan/iso-Propylalkohol 1:10; Toluol/n-Propanol 1:5 bis 1:10
ABS	Methanol; Eisessig (80 %); Olivenöl/Ölsäure 1:1; Toluol/n-Propanol 1:3 bis 1:5
ASA	Olivenöl/Ölsäure 1:1
PMMA	Ethanol; n-Heptan/iso-Propylalkohol 1:10; n-Methyformamid
PA 6, PA 66	Zinkchlorid-Lösungen verschiedener Konzentrationen
PA 6-3-T	Methanol; Aceton
POM	Schwefelsäure bis 50 %; Butanol
PBT	1-normale Natronlauge NaOH
PC (PC + ABS)	Toluol/n-Propanol 1:2 bis 1:10; Tetrachlorkohlenstoff; Methanol-Ethylacetat 1:3; Methanol/Eisessig 1:3
PPE/PS	2000 ml Ethylmethylketon mit 300 ml Aceton (Tri-n-Butylphosphat TnBP)
PSU	1,1,2-Trichlorethan; Aceton; Tetrachlorkohlenstoff
PES	Toluol; Ethylacetat
PEEK	Aceton

31.2 Ermittlung von Eigenspannungen

Als Kriterien zur Kennzeichnung des Spannungsrißverhaltens dienen *optische Merkmale*, wie Rißbildung oder Trübung bzw. *mechanische Merkmale*, wie die Reduzierung von mechanischen Eigenschaften durch die Rißbildung.

Notwendig zum Nachweis der Schädigungen ist auf jeden Fall ein Verfahren, das schnell, objektiv und einfach erlaubt, alle Einflüsse aufzudecken.

Mit „Spannungsrißtests" kann bei ausreichender Erfahrung die Gebrauchstauglichkeit abgeschätzt und die „Qualität" des Verarbeitungsprozesses kontrolliert werden. Geprüfte Formteile dürfen auf keinen Fall weiterverwendet werden, d. h. es ist nur Stichprobenprüfung möglich.

Das Phänomen der Spannungsrißbildung wird schon seit vielen Jahren nach sehr unterschiedlichen Verfahren untersucht. Es handelt sich dabei um Prüfverfahren bei konstanter Verformung (Relaxations- oder Entspannungsversuche) bzw. bei konstanter Spannung (Retardations- oder Kriechversuche) mit verfahrensabhängigem Versuchsaufwand.

Spannungsrißbildung tritt nach bestimmten Zeiten auf; zu ihrer sichtbaren Auswirkung in aggressiven Medien erfordert sie oft nur Sekunden, in Luft zuweilen Jahre. Sie kann daher auch der Langzeitprüfung zugeordnet werden.

Verfahren zur Beurteilung der Spannungsrißbildung ESC sind:

- Kugel- oder Stifteindrückverfahren   DIN EN ISO 4600
- Zeitstandzugversuchsverfahren   DIN EN ISO 6252
- Biegestreifenverfahren   DIN EN ISO 4599
- Bell-Telephone-Test   ASTM – D 1693.

Ein neueres, schnelleres Verfahren zur Ermittlung der Spannungsrißbeständigkeit, vor allem bei Polyethylen-Rohrmaterialien, ist der *Full Notch Creep Test* (FNCT). Bei diesem Test wird der Widerstand eines Werkstoffs gegen langsames Rißwachstum ermittelt. Untersucht wird dabei ein Prüfstab mit umlaufender Kerbe in Wasser oder Netzmittel. Die Prüfzeiten liegen, auch für sehr spannungsrißbeständige PE-HD-Formmassen, bei nur etwa 5 bis 100 Stunden.

Das gewählte Prüfverfahren ist abhängig vom zu prüfenden Formteil. Bei streifenförmigen Formteilen bietet sich das Biegestreifenverfahren an, bei kompliziert gestalteten Formteilen das Kugel- oder Stifteindrückverfahren.

Mit Probekörpern oder Probestäben werden *Grundlagenuntersuchungen* durchgeführt; so kann man z. B. die „Empfindlichkeit" von spannungsrißauslösenden Medien feststellen. Außerdem wird an Probekörpern der Zusammenhang zwischen Spannung, Medium (Art und Konzentration) und Lagerzeit festgestellt. Mit so ermittelten „Prüfmedien" können dann Formteile untersucht werden.

31 Prüfung von Kunststoff-Formteilen

Die visuelle Beurteilung der Rißbildung ist oft nicht objektiv bzw. die Risse sind nicht zu erkennen. Die Ermittlung der Änderung der mechanischen Eigenschaften durch Spannungsrißbildung erlaubt bessere Aussagen, ist aber auch aufwendiger.

Für grundlegende Untersuchungen werden Probekörper eine gewisse Zeit t Beanspruchungen (Dehnungen oder Spannungen unterschiedlicher Höhe) in entsprechenden Prüfmedien P, sowie Vergleichsmedien V ausgesetzt. Danach wird die Veränderung einer mechanischen Eigenschaft durch die Vorbeanspruchung und das Medium untersucht. Ausgewertet wird so, daß die geprüfte Eigenschaft in Abhängigkeit von der Beanspruchung aufgetragen wird und daraus grafisch z. B. die Schädigungsdeformation U_G (alt nach DIN 53449) ermittelt wird (Bild 31.2). Als *Kriterium* K wird eine prozentuale Abnahme von Eigenschaften festgelegt, z. B. 5 % oder 20 %. Um einen Vergleich zu „normalen" Beanspruchungsmedien, z. B. Luft, zu bekommen, finden Parallelversuche in einem Vergleichsmedium (z. B. Luft) statt.

Die ermittelten Schädigungen sind abhängig vom gewählten Prüfverfahren, vom Kriterium, vom Probekörperzustand, vom Medium und von der Lagerungsdauer im Medium. Bild 31.2 zeigt die Wirkung von Luft und 2 Medien unterschiedlicher Konzentration auf Probekörper aus PA 6.

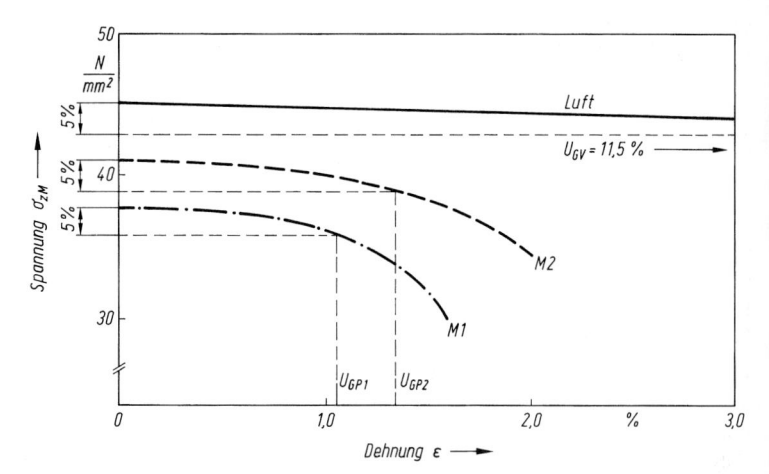

Bild 31.2   Schädigungsdeformationen von PA 6 in Abhängigkeit von den Medien
M1 (40 % $ZnCl_2$) und M2 (37 % $ZnCl_2$)
Probekörper 60 mm × 10 mm × 4 mm, hergestellt mit Massetemperatur 250 °C und Werkzeugtemperatur 93 °C

31.2 Ermittlung von Eigenspannungen

31.2.2.1 Beurteilung des Spannungsrißverhaltens durch Kugel- oder Stifteindrückverfahren

Norm:

DIN EN ISO 4600   Kunststoffe – Bestimmung der umgebungsbedingten Spannungsrissbildung (ESC) – Kugel- oder Stifteindrückverfahren

Kennwerte

U_{GV}	**Schädigungsdeformation im Vergleichsmedium**
U_{GP}	**Schädigungsdeformation im Prüfmedium**
$M(U_x)$	**ESC-Zahl**

(Früher wurden ermittelt: *Rißbildungsgrenze* in Luft U_{RL}, *Rißbildungsgrenze in Medium* U_{RM} und die *relative Spannungsrißbeständigkeit* $R_t = U_{RM}/U_{RL}$)

Beim Kugel (K)- oder Stifteindrückverfahren (S) erfolgt die Prüfung bei konstanter Deformation und abklingender Spannung infolge Relaxation. Es können nach diesem Verfahren sowohl Formteile als auch Probekörper geprüft werden.

Die entstehenden Spannungsrisse vermindern die Beanspruchbarkeit von Formteilen und Probekörpern. Die Rißbildung wird visuell ermittelt oder durch Bestimmung einer Eigenschaft mit einem geeigneten Prüfverfahren. Es wird dabei die Festigkeitsminderung durch die Rißbildung festgestellt.

Probekörper sind vorzugsweise Biegestäbe 80 mm × 10 mm × 4 mm DIN EN ISO 178; früher wurden auch Normkleinstäbe 50 mm × 6 mm × 4 mm DIN 53453 verwendet. Für zähe Thermoplaste, wie z. B. PE, sind oft Zugstäbe DIN EN ISO 527 (vgl. 21. 1.) erforderlich. Es können auch Formteile geprüft werden, wenn deren Wanddicken groß genug sind, um die Kugeln zu halten; andernfalls, oder auch dann, wenn sehr hohe Deformationen aufzubringen sind, sind konisch angeschliffene Zylinderstifte vorteilhaft.

Probekörper können durch Pressen oder Spritzgießen oder spanend aus Formteilen hergestellt werden.

In die Probekörper werden Löcher mit Durchmesser 2,8 mm gebohrt, die auf Durchmesser 3 mm ± 0,05 mm aufgerieben werden. Probekörper sind vor der Prüfung im Normalklima 23/50 DIN EN ISO 291 zu lagern oder bei Polyamiden entsprechend zu konditionieren.

Prüfeinrichtung: Bohr- und Reibvorrichtung (z. B. handelsüblich Fa. Zwick, Ulm); Kugeln bzw. konisch angeschliffene Zylinderstifte; Kugeleindrückvorrichtung (z. B. handelsüblich Fa. Zwick, Ulm); Glasgefäße für die Prüfung in

Medien; Klimaprüfschrank; Zugprüf- oder Biegeprüfmaschine; Pendelschlagwerk mit Einrichtung für Schlagzugversuche.

Prüfung: In die ausgeriebenen Bohrungen der Probekörper werden Stahlkugeln oder Stifte ab 3 mm Durchmesser mit bestimmten Übermaßen U eingedrückt, wodurch sich Deformationen und damit Spannungen im Probekörper ergeben (Bild 31.3). Bei Kugeln liegt das Maximum der Beanspruchung in der Linienberührung des Kugeläquators; durch Einpressen der Kugeln am Rand oder im Kern kann man an den verschieden orientierten Stellen (bei amorphen Kunststoffen) oder in Bereichen unterschiedlicher Gefügeausbildung (bei teilkristallinen Kunststoffen) wahlweise Zusatzbeanspruchungen aufbringen. Bei Stiften wirken die aufgebrachten Spannungen über die gesamte Bohrungswand. Man wählt über Vorversuche geeignete Medien und darauf abgestimmte Deformationsstufen (gekennzeichnet durch das Übermaß U) und *Prüfzeiten* und erhält damit eine *Deformationsreihe*, mit i. a. 7 Deformationsstufen, die mit der Nulldeformation U_0 (nur gebohrter und geriebener Probekörper ohne Kugel oder Stift) beginnt. Nach *Pohrt* kann die dem Übermaß U entsprechende Dehnung ε angenommen werden zu

$$\varepsilon \text{ in \%} \approx 10 \cdot U.$$

Eine Kugel mit Durchmesser 3,2 mm in eine Bohrung vom Durchmesser 3,0 mm eingedrückt, ergibt ein Übermaß U = 0,2 mm und somit eine dem einachsigen Zugversuch entsprechende Dehnung von 2 %.

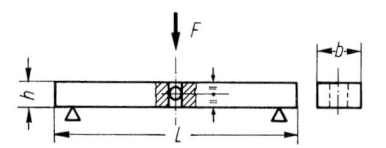

Bild 31.3 Probekörper mit eingedrückter Kugel, Versuchsanordnung zur Bestimmung der Biegefestigkeit

Die Rißanfälligkeit in einem bestimmten Medium wird i. a. im Vergleich zu Luft ermittelt. Es sind daher zwei Versuchsreihen notwendig. Je Versuchsreihe benötigt man mindestens 40 Probekörper, zehn in der Nulldeformation und je fünf für die übrigen sechs Deformationsstufen. Die Deformationsstufen werden so gewählt, daß durch die Übermaße U keine Deformation auftritt, die über der Dehnung bei Streckspannung ε_Y (ε_S) liegt. Nach der o. a. Formel von *Pohrt* kann somit gelten, daß $\varepsilon_Y/10$ dem i. a. üblichen, größten Übermaß entspricht. Die sieben Deformationsstufen sind zweckmäßigerweise so zu verteilen, daß die Schädigungsdeformation U_G in die Mitte zu liegen kommt.

31.2 Ermittlung von Eigenspannungen

Auswertung und Kennwerte: Nach der entsprechenden Lagerung werden die Probekörper oder Formteile *visuell* auf Risse untersucht (Indikatoreigenschaft A1) oder es wird an allen Probekörpern als *Indikatoreigenschaft* (B1 bis B2) eine mechanische Eigenschaft (Zug- oder Biegefestigkeit, Schlagzug- oder Schlagbiegezähigkeit) ermittelt. Die Indikatoreigenschaftswerte werden in Abhängigkeit von den Deformationsstufen U_x aufgetragen und daraus die *Schädigungsdeformation* U_G ermittelt (Bild 31.4).

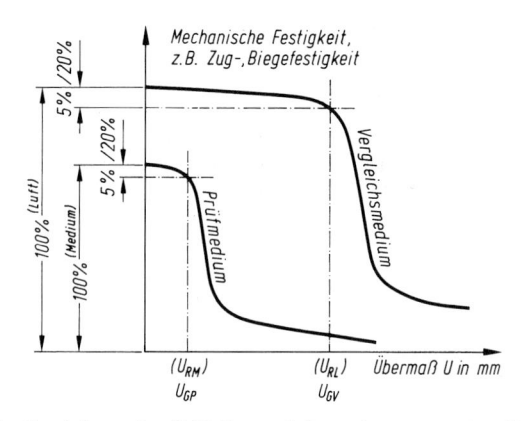

Bild 31.4 Ermittlung der Schädigungsdeformationen aus der Reduktion einer mechanischen Eigenschaft beim Kugeleindrückversuch

Es wird unterschieden

- U_{GV} Schädigungsdeformation für das Vergleichsmedium V (meist Luft)
- U_{GP} Schädigungsdeformation für das Prüfmedium P

Die Schädigungsdeformation ist keine werkstoffspezifische Größe, sondern abhängig von dem gewählten Prüfverfahren, der Versagensbewertung, der Indikatoreigenschaft J, dem Kriterium K, sowie von den Herstellungsbedingungen der Probekörper, der Lagerungsdauer, der Lagerungstemperatur, dem Medium und ob Kugeln oder Stifte verwendet wurden. Das Kriterium K ist die vereinbarte Änderung der gewählten Indikatoreigenschaft, z. B. 5 % oder 20 % Festigkeitsminderung gegenüber der Nulldeformation U_0.

Die ESC-Zahl $M(U_x)$ (= U_{GP}/U_{GV}) wird bei der Prüfung mit Kugeln als $M_K(U_x)$ und bei der Prüfung mit Stiften als $M_S(U_x)$ angegeben. $M(U_0)$ gibt an, ob ein Einfluß des Prüfmediums P bereits bei der Deformationsstufe U_0 gegeben ist.

Die Schädigungsdeformationen sind dadurch festgelegt, daß entweder optisch die ersten Risse erkannt werden können oder 5 % bzw. 20 % Festigkeitsabnahme je nach geprüfter Eigenschaft (Kriterium) gegenüber der Nulldeformation aufgetreten sind.

Mit den Schädigungsdeformationen bzw. ESC-Zahlen sind unbedingt anzugeben *Form, Art, Abmessungen, Herstellungsbedingungen* und *Vorbehandlung der Probekörper; Lagerungstemperatur, Art der Medien, Zeitdauer der Lagerung in Luft und Medium; geprüfte Eigenschaft.*

Das Kugeleindrückverfahren kann eingesetzt werden zur

- Bestimmung der Aggressivität von Medien
- Schadensuntersuchung
- Formteiluntersuchung mit Hilfe von Testmitteln (Tabelle 31.2)
- Ermittlung von Testmitteln.

Eine sehr wichtige Nutzanwendung des Kugeleindrückverfahrens ist die *Ermittlung von Testmitteln*, die i. a. mit orientierungs- und eigenspannungsfreien Probekörpern „kalibriert" werden. Testmittel dienen zur Feststellung von zulässigen Spannungen und Dehnungen in Formteilen. „Kalibrierte" Testmittel bewerten nicht nur Dehnungen bzw. Spannungen, sondern beziehen auch den Gefügezustand oder die morphologischen Ausbildungen in ihrer Wirkung auf die Rißbildung mit ein, d. h. insgesamt die Widerstandsfähigkeit gegen die Beanspruchung. Anders ausgedrückt: Bei gleicher Dehnung bzw. Spannung entscheidet die Beschaffenheit des Probekörpers bzw. Formteils über den Bereich, in dem der Spannungsriß ausgelöst wird. Damit übernehmen die Testmittel auch die besonders nützliche Funktion einer *Kontrolle* der *erzielten Formstoffqualität*. In Tabelle 31.2 sind einige bekannte „Testmittel" zusammengestellt, vorwiegend für amorphe Thermoplaste. Bei teilkristallinen Thermoplasten ist es wegen unterschiedlicher und nicht einwandfrei reproduzierbarer Gefügezustände schwieriger, Testmittel zu ermitteln. Einwirkzeiten sind *praxisgerecht* festzulegen.

Anmerkung

Die an sich sehr aussagekräftige Technik der Qualitätsüberwachung mit Testmitteln gehört in die Hand erfahrener Fachleute und sollte vom Kunststoffverarbeiter mit dem Rohstoffhersteller abgesprochen werden, solange noch keine „Normung" der bislang schon vorhandenen Testmittel besteht.

31.2.2.2 Beurteilung des Spannungsrißverhaltens durch Zeitstandzugversuch

Norm:

DIN EN ISO 6252   Kunststoffe – Bestimmung der umgebungsbedingten Spannungsrissbildung (ESC) – Zeitstandzugversuch

Kennwerte

$t_R(T, P)$	Zeitstand-Rißbildungszeit
$t_B(\varrho_0, T, P)$	Zeitstand-Bruchzeit
$\varrho_B(t, T, P)$	Zeitstandfestigkeit
$\varrho_{B/100}(T, P)$	100-Stunden-Zeitstandfestigkeit

Der Zeitstandzugversuch (Z) ist ein versuchstechnisch aufwendiger Langzeitversuch unter konstanter Belastung bei zunehmender Deformation, i. a. durchgeführt an Probekörpern. Vorgesehen ist der Zugstab nach DIN EN ISO 527, jedoch mit „halbierten" Maßen, d. h. die Meßlänge beträgt nur 25 mm statt 50 mm, die Probekörperdicke ist i. a. 2,0 mm ± 0,2 mm.

Prüfung: Die Probekörper werden in Luft oder Medien bei einer bestimmten Prüfspannung ϱ_0 und bei bestimmten Prüftemperaturen T beansprucht. Außer Normalklima 23/50 DIN EN ISO 291 kommen als Prüftemperaturen vorzugsweise 40 °C, 55 °C, 70 °C, 85 °C und 100 °C in Betracht. Die Prüfspannungen σ_0 müssen kleiner sein als die jeweilige Streckspannung σ_y des Formstoffs für die vorgesehene Prüftemperatur bei Prüfung in Luft.

Verfahren A: Mit Hilfe einer Serie von Prüfspannungen wird die 100-Stunden-Zeitstandfestigkeit ermittelt. Für jede Prüfspannung ϱ werden die Zeitstand-Bruchzeiten und Zeitstand-Rißbildungsgrenzen ermittelt und die Logarithmen dieser Werte als Funktion der Prüfspannungen aufgetragen. Durch Interpolation wird die 100-Stunden-Zeitstandfestigkeit ermittelt.

Verfahren B: Bei einer einzigen Prüfspannung wird an fünf Probekörpern die Zeitstandbruchzeit ermittelt.

Anwendung: Verfahren ist nur für streifenförmige Probekörper verwendbar, nicht für Formteile. Bei Probestäben mit Bindenähten in Prüfrichtung wird in diesem einachsigen Versuch diese „Schwachstelle" nicht erfaßt. Prüft man Rohre unter Innendruck, so liegen verschärfte Bedingungen vor, weil mehrachsig beansprucht wird.

31.2.2.3 Beurteilung des Spannungsrißverhaltens im Biegestreifenverfahren

Norm:

DIN EN ISO 4599   Kunststoffe – Bestimmung der Beständigkeit gegen umgebungsbedingte Spannungsrißbildung (ESC) – Biegestreifenverfahren

31 Prüfung von Kunststoff-Formteilen

Kennwerte

ε_{GP}	Schädigungsdehnung im Prüfmedium
ε_{GV}	Schädigungsdehnung im Vergleichsmedium
M (ε_x)	ESC-Zahl

Beim Biegestreifenverfahren (R) erfolgt die Prüfung an streifenförmigen Probekörpern bei konstanter Deformation unter abklingender Spannung infolge Relaxation. Als Probekörper sind vorzugsweise Flachstäbe 80 mm × 10 mm × (2 bis 4) mm vorgesehen, entsprechend DIN EN ISO 178. Die entstehenden Spannungsrisse vermindern die Beanspruchbarkeit von Formteilen und Probekörpern. Die Rißbildung wird visuell ermittelt oder durch Bestimmung einer Eigenschaft mit einem geeigneten Prüfverfahren. Durch Rißbildung wird die entsprechende Eigenschaft reduziert.

Prüfung und Auswertung: Die streifenförmigen Probekörper werden auf kreisförmig gekrümmte Oberflächen gespannt und dadurch Vordehnungen ε_x unterworfen (Bild 31.5). Durch Änderung der Krümmungsradien können die Vordehnungen variiert werden. In der Dehnungszone (Zugzone) werden die Probekörper in Kontakt mit Medien gebracht. Nach einer festgelegten Zeit werden die Probekörper visuell auf Veränderungen (Risse, Trübung usw.) untersucht (Indikatoreigenschaften A_1 bis A_3) oder von den Schablonen genommen und einer *mechanischen Prüfung* (Zugversuch, Biegeversuch, Schlagbiege- oder Schlagzugversuch) unterzogen (Indikatoreigenschaften B_1 bis B_5). Indikatoreigenschaften siehe Tabelle 31.3. Durch das *Kriterium* K wird die Änderung einer Eigenschaft durch die Vordehnung ε_x gegenüber der Vordehnung Null festgelegt, z. B. 20 % Abnahme der Zugfe-

$$\varepsilon_x = \frac{d}{2r+d} \cdot 100$$

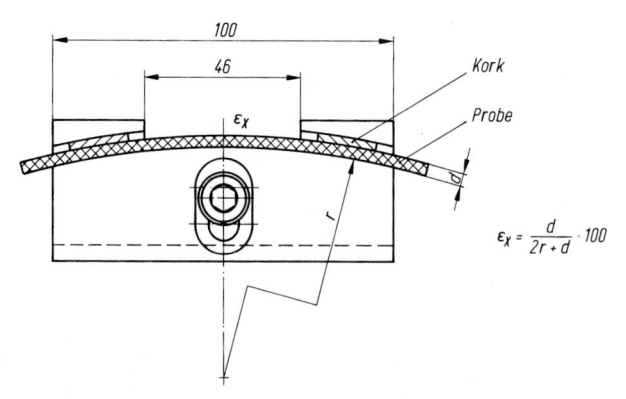

Bild 31.5 Probekörperanordnung bei der Biegestreifenmethode (schematisch)

Tab. 31.3 Indikatoreigenschaften und Kriterien für die Biegestreifenmethode

Kurzzeichen der Indikator- eigenschaft	Indikatoreigenschaft	Prüfnorm	Kriterium
A1	Äußere Beschaffenheit der Probekörper	–	mit bloßem Auge sichtbare Kantenrisse
A2	Äußere Beschaffenheit der Probekörper	–	wie A1
A3	Äußere Beschaffenheit der Probekörper	–	wie A1
B1	Zugfestigkeit	DIN EN ISO 527	–20 %
B2	Biegefestigkeit	DIN EN ISO 178	–20 %
B3	Reißdehnung (Bruchdehnung)	DIN EN ISO 527	–50 %
B4	Schlagzähigkeit	DIN EN ISO 179 und DIN EN ISO 180	–50 %
B5	Schlagzugzähigkeit	DIN EN ISO 8256	–50 %
B6	nach Vereinbarung		

stigkeit oder 50 % Abnahme der Schlagzähigkeit (siehe auch Tabelle 31.3). In manchen Fällen wird als Kriterium auch das „Abknicken" der Indikatoreigenschaft verwendet (vgl. Bayer ATI 521). Die *Indikatoreigenschaft* wird über den Vordehnungen aufgetragen (Bild 31.6).

Daraus ergeben sich dann *Schädigungsdeformationen* ε_{GP} für das Prüfmedium und ε_{GV} für das Vergleichsmedium, meist Luft. Aus beiden Schädigungsdehnungen kann man die ESC-Zahl $M(\varepsilon_x)$ (= $\varepsilon_{GP}/\varepsilon_{GV}$) bestimmen. Sie gibt einen Hinweis auf die „Aggressivität" eines Prüfmediums z. B. im Vergleich zu Luft.

31 Prüfung von Kunststoff-Formteilen

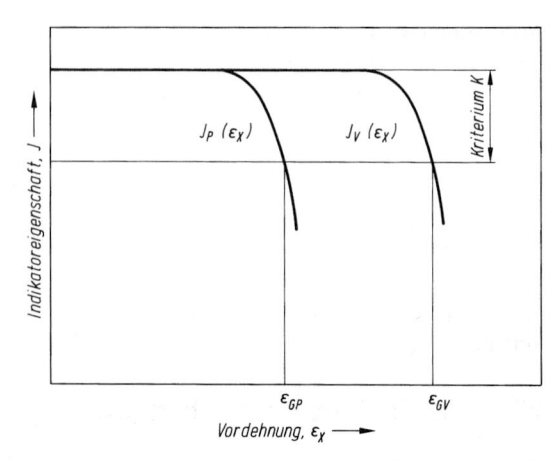

Bild 31.6 Ermittlung der Schädigungsdehnung aus der Reduktion einer mechanischen Eigenschaft bei der Biegestreifenmethode

Beachte: Die Schädigungsdehnungen ε_x und damit auch die ESC-Zahlen $M(\varepsilon_x)$ sind abhängig vom gewählten Prüfverfahren, der Versagensbewertung, der Lagerungsdauer, der Lagerungstemperatur, dem Probekörperzustand und dem Prüfmedium. Die Schädigungsdehnungen ε_G werden wie die Schädigungsdeformationen U_G beim Kugel- bzw. Stifteindrückverfahren grafisch ermittelt für einen Festigkeitsabfall von 20 % oder 50 %.

Ergibt sich bereits für die „Nulldeformation", d. h. die nicht beanspruchte Probe eine ESC-Zahl kleiner oder größer als 1, so kann man nicht ohne weiteres sagen, daß der Kunststoff durch das Prüfmedium nur durch Versprödung oder Weichmachung beeinflußt wird. Da spritzgegossene oder aus Formteilen entnommene Probekörper immer verarbeitungsbedingte Spannungen enthalten, kann auch in der Nulldeformation ein Minderungsfaktor M auftreten.

Anwendung: Nur für streifenförmige Kunststoffabschnitte bzw. Probekörper, nicht jedoch für Formteile einsetzbar. Ausnahmen sind Halbzeuge oder großflächige Formteile wie Stoßfängersysteme für Fahrzeuge. Es kann einfach auch der Einfluß pastöser Medien festgestellt werden.

Beachte: Schwachstellen, z. B. Bindenähte in Längsrichtung können nicht festgestellt werden, da nur einachsig geprüft wird. Es sind viele Schablonen notwendig, die weder den zu prüfenden Kunststoff beeinflussen, noch vom Prüfmedium selbst beeinflußt werden dürfen. Es muß unbedingt gewährleistet sein, daß die Probekörper exakt auf den Schablonen aufliegen.

31.2.2.4 Bell-Telephone Test

Der Bell-Telephone-Test ASTM 1693 dient vorwiegend zur Prüfung von PE in Netzmitteln. Es wird unter konstanter Deformation bei abklingender Spannung geprüft.

Streifen aus PE werden dabei in einer Vorrichtung um 180° gebogen und im gespannten Zustand in das Medium eingelegt. Gemessen werden die Zeiten bis zum Bruch der Probekörper. Ausgewertet wird die Zeit in Stunden, in der 50 % der eingesetzten Probekörper gebrochen sind.

Das Prüfverfahren ist nur für streifenförmige Kunststoffabschnitte anwendbar, nicht für Formteile. Spröde, d. h. nicht um 180° biegbare Kunststoffe sind nicht prüfbar.

31.3 Mikroskopische Untersuchungen

Fehler im Gefüge von Kunststoff-Formteilen wirken sich auf die Eigenschaften aus. Sie können zu einem vorzeitigen Versagen bei Beanspruchung führen.

Durch lichtmikroskopische Untersuchungen an Formteilen aus *teilkristallinen Thermoplasten* kann man Fehlerursachen nachweisen. Diese können in der Formmassequalität und in der Verarbeitung liegen. So führen ungünstige Verarbeitungsbedingungen zu Fließzonen (Scherzonen), Lunkern oder einer Änderung der sphärolithfreien Randzone.

Bei Formteilen aus *amorphen Thermoplasten* kann durch lichtmikroskopische Untersuchungen eine ungleiche Verteilung der Gefügekomponenten, z. B. Pigmente oder Kautschukteilchen festgestellt werden.

Bei *gefüllten Kunststoffen* lassen sich Füllstofforientierungen und örtliche Entmischungen z. B. von Glasfasern erkennen.

Fehler *in Schweißnähten* (Lunker, schlechte Verschweißung) sind im Gefügebild sichtbar.

Bei der *Qualitätsprüfung* von Spritzgußteilen wird dieses Verfahren vielfach eingesetzt. Bei *Schadensfällen* lassen sich Gefügefehler als Schadensursache durch Gefügeuntersuchungen nachweisen.

In den meisten Fällen werden *Durchlichtuntersuchungen* durchgeführt; bei gefüllten Kunststoffen, insbesondere bei Glasfasern, sind *Auflichtuntersuchungen* üblich, ähnlich wie in der Metallographie.

31.3.1 Präparation für Durchlichtuntersuchungen

Für die Durchlichtmikroskopie werden lichtdurchlässige Präparate benötigt mit einer Dicke von 8 µm bis 10 µm bei teilkristallinen Thermoplasten und

1 µm bis 2 µm bei amorphen Kunststoffen und Elastomeren. Dazu sind zwei Methoden üblich. Die *Dünnschnitt*-Technik unter Verwendung eines Mikrotoms wurde in der Medizin zur Untersuchung von Gewebeschnitten (Histologie) entwickelt.

Die *Dünnschliff-Technik* unter Verwendung von Schleif- und Poliergeräten stammt aus der Metallographie. Bei einer weiteren Methode zur Herstellung dünner Präparate wird eine Spezialfräse eingesetzt. Diese Methode wird jedoch hauptsächlich in der Elektronenmikroskopie angewendet.

Aus dem Formteil wird an der zu untersuchenden kritischen Stelle eine Probe mit den Abmessungen von rd. 5 mm × 5 mm durch Sägen oder Schneiden entnommen. Kritische Bereiche liegen bei Spritzgußteilen in Angußnähe, an Materialanhäufungen und an Bindenähten. Wenn die Probe nicht direkt in die Probenhalterung eingespannt werden kann, wird sie vorher in kaltaushärtendes Kunstharz eingebettet. Entsprechende Einbettmittel sind handelsüblich.

31.3.1.1 Herstellung von Dünnschnitten

Dünnschnitte werden von der Probe mit Hilfe eines Mikrotoms abgenommen, das eine hohe mechanische Stabilität, eine exakte Probenhalterung und eine präzise Schlittenführung besitzen soll. Einwandfreie Schnitte lassen sich nur mit einem scharfen Messer erzielen, am besten mit Hartmetallschneide. Durch stumpfe Messer werden die Dünnschnitte gestaucht oder durch Riefen beeinträchtigt. Nachschleifen und Polieren der Hartmetallmikrotommesser wird i. a. von den Herstellerfirmen durchgeführt. Die üblichen Keilwinkel der Mikrotommesser betragen 15° für PE, 30° für PA, POM und PP, bzw. 45° für ABS, SB und PVC. Messer mit größerem Keilwinkel sind stabiler. Das Messer soll so befestigt werden, daß der Anschnitt der Probe etwa im Winkel von 45° erfolgt, um die Stauchung der Probe klein zu halten.

Beim Schneiden sollte die Probe nicht mehr als 2 mm aus der Probenhalterung des Mikrotoms herausragen, um genügend Steifigkeit für das Schneiden zu haben. Es ist wichtig, dabei auf die Lage des Dünnschnitts zum Formteil zu achten, um bei der späteren Auswertung Fehlinterpretationen zu vermeiden.

Bei *spröden Kunststoffen* (z. B. PF) kann ein Zerbrechen des Dünnschnitts durch Überkleben der Probe mit einem glasklaren Klebestreifen (Tesafilm) verhindert werden. Nach Überschneiden der Probe wird der Klebestreifen aufgeklebt und dann unter dem Klebestreifen geschnitten. Der brüchige Dünnschnitt bleibt auf dem Klebestreifen haften.

Zum Mikroskopieren wird der Dünnschnitt mit Hilfe von Pinzetten und Pinseln auf einen handelsüblichen Objektträger (76 mm × 26 mm) in Rhenohystol (künstlicher Kanadabalsam) montiert und dabei sorgfältig geglättet. Auf das dünne Deckglas (22 mm × 22 mm) wird ebenfalls Rhenohystol aufgetragen und dann das Deckglas auf den montierten Dünnschnitt gedrückt. Durch leichtes Anpressen wird das Rhenohystol gleichmäßig verteilt. Zweckmäßig ist ein anschließendes Erwärmen des Objektträgers mit montiertem Dünnschnitt auf einer Heizplatte bis 10 Minuten lang bei einer Temperatur von rd. 65 °C und bei gleichzeitiger Gewichtsbelastung von 350 g. Dadurch können Luftblasen im Rhenohystol beseitigt werden. Zum Abkühlen wird das warme Belastungsgewicht durch ein kaltes ersetzt. Die rasche Abkühlung verhindert ein Einrollen des Dünnschnitts und läßt eine ebene Lage des Dünnschnitts erreichen.

31.3.1.2 Herstellung von Dünnschliffen

Die zu untersuchende Probe wird in ein Kunstharz eingebettet. Bei der Auswahl des Einbettharzes muß beachtet werden, daß die Wärme, die beim Aushärten des Harzes entwickelt wird, die Kunststoffprobe nicht verändert. Außerdem soll das Harz nicht zu sehr schrumpfen, damit die Probe beim Schleifen nicht aus dem Harzblock fällt.

Der Harzblock mit der eingebetteten Probe wird dann nach den Verfahren der Metallographie auf einer Naßschleifmaschine geschliffen. Man beginnt mit einer groben Körnung und schleift die Probe bis zu der Ebene ab, die untersucht werden soll. Darauf folgt der Feinschliff in Stufen bis zur feinsten Körnung von etwa 1200.

Die polierte Oberfläche wird dann auf einen Glasträger von 76 mm × 26 mm aufgeklebt. Als Klebstoff kann bei POM und PA Epoxidharz verwendet werden Die Klebschichtdicke soll gleichmäßig dünn sein, was durch ein Gewicht von rd. 500 g erreicht werden kann. Um die Zeit für den anschließenden zweiten Schleifvorgang abzukürzen, wird der Präparatblock etwa 1 mm oberhalb der Klebstelle abgesägt. Die restliche Schicht wird durch Schleifen wie beim ersten Schleifvorgang abgetragen (Körnung 320 bis Körnung 1200). Mit Hilfe eines Gummisaugers, wie er zum Schleifen von Motorventilen verwendet wird, kann der Glasträger gut gehalten werden bis die erforderliche Dicke des Dünnschliffs von etwa 10 µm erreicht ist. Soll das Präparat länger aufbewahrt werden, kann es wie bei der Herstellung von Dünnschnitten mit Rhenohystol und einem Deckglas abgedeckt werden.

Vorteile der Dünnschlifftechnik sind, daß sehr kleine Proben besser präpariert werden können als bei der Dünnschnittechnik und daß beim Schleifen

Verstärkungsstoffe (z. B. Glasfasern) weniger herausgerissen werden als beim Schneiden auf dem Mikrotom. Allerdings dauert die Herstellung eines Dünnschliffs wesentlich länger. Die Naßschleifmaschine ist jedoch wesentlich billiger als das Mikrotom.

31.3.2 Präparation für Auflichtuntersuchungen

Die Probe wird an der zu untersuchenden Stelle des Formteils ausgesägt. Dabei sollte möglichst das ganze Querschnittsprofil, das ist die volle Wanddicke des Formteils, erfaßt werden, um die Struktur über dem Fließquerschnitt erkennen zu können. Die Probe wird dann in Klemmbacken für die weitere Bearbeitung eingespannt. Falls dies Schwierigkeiten macht, wird die Probe in ein kalt aushärtendes Kunstharz eingebettet. Durch eine solche Einbettung können Kantenabrundungen beim Schleifen und Polieren vermieden werden.

Wie bei der Metallographie wird die Kunststoffprobe mit Naßschleifpapier in abnehmender Körnung bis rd. 1200 auf einer rotierenden Scheibe einer Naßschleifmaschine feingeschliffen. Zum anschließenden Polieren werden meist automatische Poliermaschinen mit Tonerdeschlämmen (Korngröße rd. 0,35 µm) eingesetzt. Die Polierdauer ist mit rd. 5 min bis 7 min relativ kurz, um ein Ausreißen der Verstärkungsfasern möglichst zu vermeiden. Nachteilig ist bei zu langem Polieren, daß die Oberfläche durch den Kunststoff oft verschmiert wird; die eingebetteten Fasern lassen sich dann schlechter erkennen. Dies tritt bei zähen Kunststoffen wie PA und PC häufig auf. Ein neueres Verfahren zum Glätten des Objekts ist das Fräsen mit der Ultrafräse, wobei allerdings noch nachgeläppt werden muß.

Wenn Fasern beim Schleifen aus der Oberfläche herausgerissen werden, dann läßt sich die frühere Lage kenntlich machen durch Anfärben der Oberfläche mit einem Farbmittel, das zum Kunststoff kontrastiert. Vor dem Betrachten muß dabei die Oberfläche kurz poliert werden.

31.3.3 Mikroskopierverfahren

Bei *Durchlichtuntersuchungen* der Dünnschnitte und Dünnschliffe benötigt man ein Mikroskop für Durchlicht mit Vergrößerungen bis rd. 500:1 und Fotografiereinrichtung. Die meisten Untersuchungen werden jedoch bei kleinen Vergrößerungen (rd. 50-fach) durchgeführt.

Teilkristalline Thermoplaste werden im *polarisierten Durchlicht* untersucht. Die Polarisationsfilter sind dabei im Winkel von 90° zueinander zu kreuzen, so daß der Hintergrund (Glas) schwarz erscheint. Vielfach wird in den Lichtgang zusätzlich ein Quarzfilter 1. Ordnung (Rotfilter) eingebaut. Dadurch erscheinen die Grautöne in unterschiedlichen Interferenzfarben (blau – gelb – rot).

Beim *Phasenkontrastverfahren* können einzelne Komponenten (z. B. Kautschukteilchen bei SB), die nur geringe Lichtabsorptionsunterschiede haben, noch besser sichtbar gemacht werden. Die Dünnschnitte müssen jedoch bei dieser Methode besonders dünn sein, da sonst der Kontrast durch starke Streuungen an den Objektstrukturen aufgehoben wird.

Bei *Auflichtuntersuchungen* von präparierten Kunststoffproben verwendet man ein Mikroskop für Auflicht, ein sog. Metallmikroskop. Zur Beurteilung von faserverstärkten Kunststoffen sind kleine Vergrößerungen (50-fach) zweckmäßig, da sie einen besseren Überblick über den zu untersuchenden Bereich ermöglichen. Oft genügt ein Photomikroskop mit einer stufenlosen Vergrößerung bis rd. 20:1. Eine bessere Differenzierung der Oberflächenstruktur wird durch Auflicht-Interferenz-Kontrast erzielt.

Um die Größe einzelner Gefügebestandteile auf einfache Weise ermitteln zu können, legt man in das Okular eine Rasterblende mit bekannter Teilung ein; das Raster wird für das jeweils verwendete Objektiv mit einem Maßstab kalibriert.

Durch fotografische Aufnahmen lassen sich die Gefüge leichter auswerten und dokumentieren. Die optimale Belichtungszeit wird bei *modernen Fotografiereinrichtungen* meist *halb- oder vollautomatisch* gewählt. Als Filme verwendet man für Schwarzweißaufnahmen feinkörnige Filme mittleren Kontrasts; für Farbaufnahmen sind Kunstlichtfilme zweckmäßig.

Für den Vergleich von Gefügebildern ist es wichtig, daß für Schnitte gleichen Materials und gleicher Schnittdicke immer die gleiche Belichtungszeit eingehalten wird. Durch unterschiedliche Belichtungszeiten können die einzelnen Gefügebestandteile mehr oder weniger stark hervorgehoben werden, was bei Versuchsreihen zu falschen Aussagen führen kann. Zur schnellen Dokumentation von Gefügen kann eine Sofortbildkamera eingesetzt werden oder entsprechende Videosysteme mit einem Videoprinter. Die besten Bilder bekommt man aber i. a. immer noch mit der Naßfotografie.

31.3.3.1 Beurteilung von teilkristallinen Thermoplasten

Bei Formteilen aus teilkristallinen Thermoplasten (PA, POM, PBT, PE, PP u. a.) beeinflußt die Kristallinität wesentlich die Eigenschaften z. B. Festigkeit und Zähigkeit, aber auch die Wasseraufnahme bei PA. Durch eine mikroskopische Gefügeuntersuchung kann man die Lage und Größe der teilkristallinen Überstrukturen im Formteil feststellen und daraus Rückschlüsse auf die *Verarbeitungsbedingungen* bei der Herstellung und auf das *Festig-*

31 Prüfung von Kunststoff-Formteilen

Bild 31.7 Schematische Darstellung des Aufbaus eines Stoffes aus Sphärolithen, die selbst wiederum aus kristallinen und nicht-kristallinen Bereichen bestehen

keitsverhalten ziehen. Beim Spritzgießen bilden sich Kristallisationskeime beim Abkühlen der Schmelze an der relativ kalten Werkzeugwandung. Die Makromoleküle ordnen sich vielfach zu kristallinen Bereichen (Bild 31.7). Aus diesen Kristallisationskeimen entstehen Überstrukturen, sog. *Sphärolithe*, deren Größe zur Formteilmitte zunimmt.

Bei hohen Werkzeugtemperaturen reichen die Sphärolithe bis zur Oberfläche des Formteils; bei niedrigen Werkzeugtemperaturen erhält man ggf. einen *sphärolithfreien* und damit zähen Rand des Formteils (siehe Bild 31.8). Die meisten Formmassen teilkristalliner Kunststoffe enthalten heute „Keimbildner" (Nukleierungsmittel), die grobe Sphärolithe vermeiden lassen.

Durch Nachdrücken von kalter Schmelze können die Sphärolithe zerschert werden. Solche *Scherzonen* lassen sich im Gefügebild gut erkennen (siehe Bild 31.9). Eine nachträgliche Wärmebehandlung ändert diese Scherzonen nicht. Das inhomogene Gefüge führt zu einer Festigkeitsabnahme und zu Verzug. Solche Verarbeitungsfehler werden durch zu niedrige Massetemperatur, zu niedrige Werkzeugtemperatur oder zu hohen Einspritzdruck beim Spritzgießen verursacht.

Bei geschweißten Formteilen aus teilkristallinen Thermoplasten gibt die lichtmikroskopische Gefügeuntersuchung die Möglichkeit, die Güte einer Schweißnaht zu beurteilen. Hierbei können Unstetigkeiten in der Struktur (Sphärolithe, Scherzonen) und Lunker festgestellt werden (siehe Bild 31.10).

31.3 Mikroskopische Untersuchungen

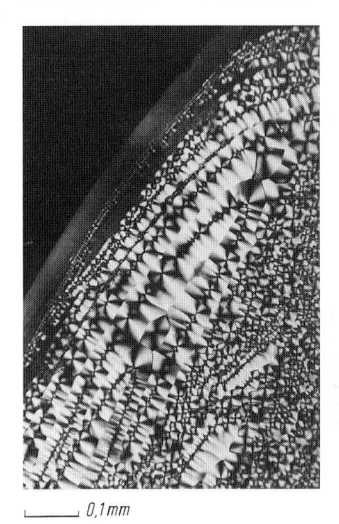

0,1 mm

Bild 31.8
Rundstab aus PA 66, spritzgegossen auf Kolbenspritzgießmaschine. Werkzeugtemperatur 40 °C, daher sphärolithfreier Rand; unterschiedliche Sphärolithgröße durch nicht gleichmäßige Schmelzetemperatur

1 mm

Bild 31.9
Ausschnitt aus Pumpenkopfplatte aus PA 66, spritzgegossen auf Schneckenspritzgießmaschine. Starke Scherzonen infolge niedriger Schmelzetemperatur und hohem Nachdruck

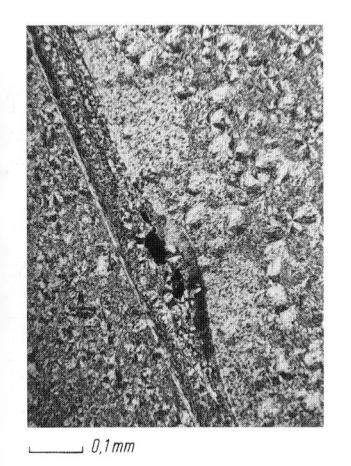

0,1 mm

Bild 31.10
Schweißnaht einer Reibschweißung von Formteilen aus POM. Schlechte Schweißung mit Lunker in Schweißnaht

31.3.3.2 Beurteilung der Füllstoffverteilung in Kunststoff-Formteilen

Zur Verbesserung der Eigenschaften z. B. Erhöhung der Festigkeit werden Duroplasten und Thermoplasten *Verstärkungsmaterialien* wie Glas- und Kohlenstoff-Fasern oder Mineralmehle zugesetzt. Durch die Verarbeitung werden die Fasern vielfach orientiert und teilweise ungleich verteilt, wodurch die örtliche Festigkeit im Formteil nicht gleichmäßig ist (Anisotropie). Dies kann bei der Beanspruchung zu einem vorzeitigen Versagen führen.

Durch lichtmikroskopische Untersuchungen im Auflicht kann man die *Faserverteilung* und *Faserorientierung* im Formteil nachweisen und daraus auf das Festigkeitsverhalten des Formteils schließen. Bei Spritzgußteilen ist die Füllstofforientierung wesentlich abhängig vom Füllvorgang (siehe Bild 31.11). Hierbei ist zu beachten, daß beim Spritzgießen von gefüllten duroplastischen Formmassen meist *Freistrahlfüllung* („Würstchenspritzguß") auftritt und nicht wie bei Thermoplasten *Quellfluß*. Die Füllstoffe sind dabei in Richtung des Freistrahls orientiert. Bei zähen thermoplastischen Formmassen, insbesondere mit Glasfaserverstärkung, wird ein ähnlicher Füllvorgang beobachtet. Am äußeren Rand des Formteils werden dann die Glasfasern meist senkrecht zur Spritzrichtung ausgerichtet.

Da ein enger Zusammenhang zwischen Füllvorgang und Füllstofforientierung besteht, ist es zweckmäßig beim Spritzgießen *Füllstudien* durchzuführen. Man kann daraus leichter auf die Lage von Schwachstellen z. B. Bindenähte schließen. Moderne *Simulationsprogramme* (z. B. Moldflow, Cadmould, C-Mould) sind in der Lage, die Formfüllung bereits in der Konstruktionsphase aufzuzeigen; die Übereinstimmung mit der Praxis wird dann durch Füllstudien festgestellt.

Bild 31.11
Ausschnitt aus einem spritzgegossenen Formteil aus PA mit Langglasfasern. Deutliche Orientierung der Glasfasern mit örtlichen Anhäufungen.

31.3.4 Rasterelektronenmikroskopische Untersuchungen

Zur Begutachtung von Bruchflächen sind Untersuchungsmethoden notwendig, die gegenüber der Lichtmikroskopie große Vergrößerungen bei hoher Schärfentiefe erlauben. Besonders geeignet ist die *Rasterelektronenmikroskopie* REM. Kunststoffe als Nichtleiter können nicht direkt untersucht werden, sondern müssen zunächst durch Besputtern mit Gold im Hochvakuum leitend gemacht werden. Der Elektronenstrahl wird „rasterförmig" über die zu untersuchende Oberfläche bewegt, dabei entstehen Sekundärelektronen, die von einem Detektor aufgenommen werden und eine reliefartige Darstellung der Oberfläche ermöglichen. Typische Anwendungsbeispiele für REM sind:

- Begutachtung von Oberflächen
- Begutachtung von Bruchflächen
- Untersuchung poröser Bauteile (Schäume)
- Untersuchung von Faser-Verbundsystemen (Haftung zwischen Faser und Matrix)
- Untersuchung von Polymergemischen (Polymerblends).

Mit geeigneten Detektoren ist mit *der energiedispersiven Röntgenspektroskopie* EDX auch ein qualitativer oder quantitativer Nachweis kleinster Beimengungen möglich.

31.4 Stoßversuche

Norm:

DIN EN ISO 6603   Bestimmung des Durchstoßverhaltens von festen Kunststoffen
T 1: Nichtinstrumentierter Schlagversuch
T 2: Instrumentierter Durchstoßversuch

Bei Fall- oder Stoßversuchen werden Probekörper oder Formteile durch einen zylindrischen oder halbkugelförmigen Fallbolzen dynamisch beansprucht. Bei der Verwendung von halbkugelförmigen Fallbolzen überwiegt das Versagen durch *unzulässige Dehnungen* an der Oberfläche, während bei Verwendung von zylindrischen Fallbolzen das Versagen durch *Scherung* überwiegt (Bild 31.12). Man erkennt daraus, daß die Ergebnisse von Fallversuchen nur dann vergleichbar sind, wenn sie mit gleichen Geometrien der Fallbolzen durchgeführt wurden.

Mit Hilfe von Fallversuchen können *Schwachstellen* (z. B. Bindenähte, Orientierungen) an Formteilen auf einfache Weise festgestellt werden (Bild 31.13).

31 Prüfung von Kunststoff-Formteilen

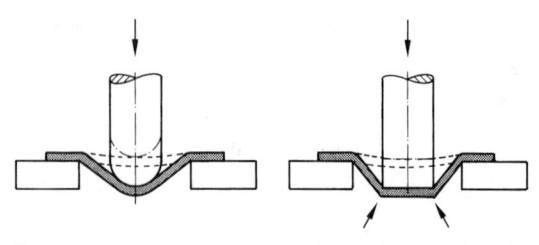

Bild 31.12 Beanspruchungsunterschiede durch verschiedene Fallbolzengeometrien

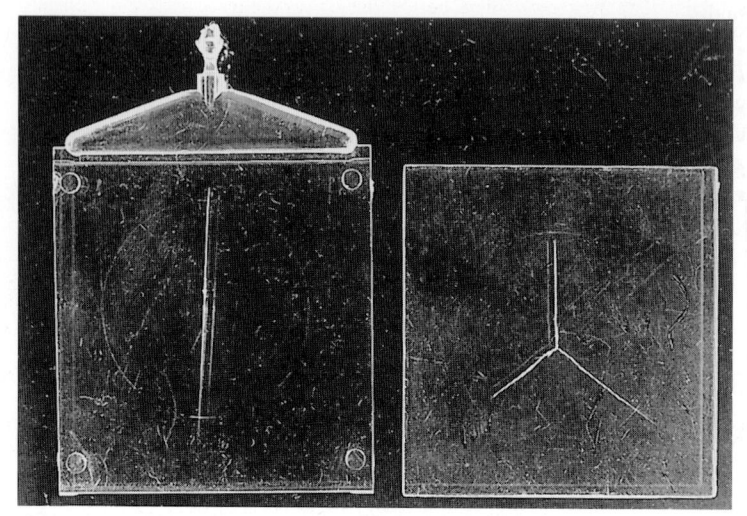

Bild 31.13 Unterschiedlicher Rißverlauf an spritzgegossener Probe aus PS mit Filmanguß (links) und gepreßter Probe aus PS (rechts) nach Fallbolzenversuch

31.4.1 Nichtinstrumentierter Schlagversuch (Fallbolzenversuch)

Der *Fallbolzenversuch* ist ein apparativ sehr einfacher Versuch. Bei der *Formteilprüfung* genügt meist eine Aussage „gut – schlecht", d. h. Schädigung oder *keine* Schädigung unter gleichen Versuchsbedingungen. Es kann so die Festigkeit an *vermuteten* oder *erkannten* Schwachstellen von Kunststoff-Formteilen wie z. B. Bindenähte, Anguß, hochbeanspruchte Stellen oder Füllstoffentmischungen oder -orientierungen beurteilt werden. Das

31.4 Stoßversuche

Verfahren ist gut geeignet, eine Fertigungskontrolle durchzuführen, wenn durch entsprechende Vorversuche die Versagenskriterien festgelegt wurden. Außerdem kann der Versuch angewandt werden, um Werkzeuge einzufahren.

Das zu prüfende Formteil wird so auf die entsprechende Auflagevorrichtung aufgesetzt, daß der Fallbolzen mit einer Halbkugel aus nichtrostendem Stahl von 20 mm Durchmesser und entsprechendem Gewicht *zentrisch* auf die zu prüfende (Schwach-)Stelle trifft und dann eine gewisse *Schädigung* auftritt. Die Schädigung, die abhängig ist von *Fallhöhe* bzw. *Fallbolzengewicht*, kann Aufschluß geben über *Formmasseunterschiede*, *Verarbeitungsfehler* (z. B. falsche Prozeßparameter) sowie bei Mehrfachwerkzeugen über das einzelne Werkzeugfachverhalten.

Beachte: Die *Einspannung* bzw. *Auflage* der Probekörper bzw. Formteile und der *Auftreffpunkt* des Fallgewichts wirken sich neben seinem *Gewicht* und seiner *Geometrie* stark auf die Versuchsergebnisse aus.

Kennwerte beim nichtinstrumentierten Schlagversuch

Schädigungsmerkmale:
Anriß, Durchriß, Durchstoß, Splittern
Schädigungsgrößen:
E_{50} 50 %-Schädigungsarbeit
M_{50} 50 %-Schädigungsmasse
H_{50} 50 %-Schädigungsfallhöhe

Bei der *Prüfung* von *Probekörpern* wird durch Variieren von *Gewicht* und/oder *Fallhöhe* und/oder *Masse* des Fallgewichts die Stoßenergie ermittelt, bei der eine bestimmte Anzahl von Probekörpern oder Formteilen ein *vereinbartes Schädigungsmerkmal* (z. B. Anriß, Durchriß, Durchstoß oder vorgegebene Beultiefe) zeigt. Probekörper haben vorzugsweise *Kantenlänge/Durchmesser* von (20 ± 2) mm bei einer Dicke von $(2 \pm 0{,}1)$ mm; bei spröden Kunststoffen oder faserverstärkten Kunststoffverbunden sind die Abmessungen Kantenlänge/Durchmesser (140 ± 2) mm und Dicke $(4 \pm 0{,}2)$ mm. Die *Prüfung* erfolgt durch Auflegen oder Einspannen der Proben in eine Vorrichtung (Abmessungen nach Norm). Die Kugel des Fallgewichts hat einen Durchmesser von $(20 \pm 0{,}2)$ mm und sollte eine Härte von 54 HRC aufweisen. Das Verfahren mit konstanter Fallhöhe (meist 1 m) und variierter Fallmasse ist vorzuziehen. Die *Auswertung* erfolgt so, dass die 50 %-Schädigungsarbeit E_{50} i. a. nach dem *Eingabelungsverfahrens* oder nach *statistischen Verfahren* ermittelt wird. (siehe Normen).

31 Prüfung von Kunststoff-Formteilen

31.4.2 Instrumentierter Durchstoßversuch

Kennwerte

F_p	Maximalkraft
l_p	Verformung bei Maximalkraft
E_p	Energie bei Maximalkraft
E_{tot}	Gesamtdurchstoßenergie

Der *instrumentierte Durchstoßversuch* ist ein apparativ sehr aufwendiger Versuch, bei dem aber nur wenige Prüfkörper zu schnellen Ergebnissen über Kraft-Verformungs- oder Kraft-Zeit-Kurven führen. Der Versuch ist sehr universell einzusetzen, so können z. B. auch Folien geprüft werden. Meist werden ebene Platten geprüft (Abmessungen s. Kap. 31.4.1). Bei diesem Versuch ist in das Fallgewicht ein Miniatur-Kraftsensor eingebaut; es werden die Diagramme aufgenommen und daraus ermittelt: *Maximalkraft* F_p, *Verformung bei Maximalkraft* l_p, *Energie bei Maximalkraft* E_p und *Gesamtdurchstoßenergie* E_{tot}. Bei sehr spröden Teilen gilt $E_p = E_{tot}$.

31.4.3 Vergleich von Ergebnissen aus Fall- und Durchstoßversuchen

Zur schnellen und einfachen Beurteilung der (technischen) Eignung von 3 unterschiedlich teuren Kunststoffen wurden der einfache Fallbolzenversuch und der instrumentierte Durchstoßversuch angewendet und die Ergebnisse verglichen.

An spritzgegossenen Formteilen aus drei verschiedenen Kunststoffen wurden *Fallbolzenversuche* so durchgeführt, daß jeweils die Fallhöhe eines halbkugelförmigen Fallgewichts ermittelt wurde, die bei den 3 Kunststoffen „vergleichbare" Risse ergaben. Beim *instrumentierten Durchstoßversuch* wurde an denselben Stellen wie beim Fallbolzenversuch die maximal auftretende Kraft F_{max} und die zum Durchstoß verbrauchte Energie E_{max} bestimmt (s. Tabelle 31.4).

Man kann aus den Ergebnissen erkennen, daß eine „tendenzmäßige" Übereinstimmung der Ergebnisse des einfachen Fallbolzenversuchs und des aufwendigen instrumentierten Durchstoßversuchs besteht, trotz sehr unterschiedlicher Geometrie der Fallgewichte und unterschiedlicher Beanspruchungsgeschwindigkeit. Kunststoff 1 ist zäher als Kunststoff 2 und dieser wiederum zäher als Kunststoff 3, bei dem die geringsten Fallhöhen bzw. Energien notwendig waren, um gleiche Risse zu erzielen. Solche einfachen Aussagen von Fallbolzenprüfungen reichen in vielen Fällen bei der qualitativen Formteilprüfung völlig aus. Wie schon erwähnt, sind jedoch den

Tab. 31.4   Vergleich Fallbolzenversuch mit Durchstoßversuch an 3 Kunststoffen

	Fallhöhe h in mm für „vergleichbare Risse"	Maximalkraft F_{max} N	Durchstoßenergie E_{max} J
Kunststoff 1	>1000	3600	15,4
Kunststoff 2	850	2820	10,5
Kunststoff 3	800	2560	5,1

Auflage- und Einspannbedingungen und dem Auftreffpunkt große Beachtung zu schenken.

Anmerkung
Der einfache Fallbolzenversuch an Formteilen ermöglicht eine schnelle und preiswerte Überwachung der Serienfertigung durch Stichproben. Die Prüfung ermöglicht eine erste Aussage über die Gleichmäßigkeit der Formmasse und der Verarbeitungsbedingungen, erlaubt jedoch keine Aussage über die Gebrauchstauglichkeit bzw. Funktionstüchtigkeit, die gesondert festgestellt werden müssen. Da bei der Prüfung eine Schädigung auftritt, dürfen geprüfte Formteile nicht weiterverwendet werden.

31.5   Farbbeurteilung

Normen:

DIN 5031	Strahlungsphysik und Lichttechnik – Größen, Bezeichnungen und Einheiten
DIN 5033 T1–T9	Farbmessung
DIN 5036 T3	Strahlenphysikalische und lichttechnische Eigenschaften von Materialien
DIN 6164 T1, T2	DIN-Farbenkarte
DIN 6169	Farbwiedergabe
DIN 6172	Metamerie-Index von Probenpaaren bei Lichtartwechsel
DIN 6173	Farbabmusterung
DIN 6174	Farbmetrische Bestimmung von Farbabständen bei Körperfarben nach CIE-LAB-Formel
DIN 53236	Meß- und Auswertebedingungen zur Bestimmung von Farbunterschieden bei Anstrichen, ähnlichen Beschichtungen und Kunststoffen

31 Prüfung von Kunststoff-Formteilen

ISO 2579   Plastics – Instrumental evaluation of colour difference

ASTM E 308   Recommended practice for spectrophotometry and description of colour in CIE 1931 system

Farbe ist das vom menschlichen Auge erfaßte sichtbare Licht, das durch eine Addition der Farbreize rot, grün und blau erzeugt wird; aus diesen drei Grundfarben lassen sich alle Farben zusammensetzen. Die Empfindlichkeit des Auges ist jedoch für die einzelnen Farben unterschiedlich. Der subjektive Farbeindruck ist weitgehend abhängig vom *Oberflächenzustand* der Proben (Glanz, Rauigkeit) und von den *Betrachtungsbedingungen* (Lichtart, benachbarte Farben, Feuchtigkeit, Wärme). So können zwei Kunststoff-Formteile, die aus der gleichen Formmasse hergestellt wurden, verschiedene Farben haben, wenn sie unterschiedliche Oberflächen aufweisen. Andere Kunststoff-Formteile aus verschiedenen Formmassen können bei einem bestimmten Tageslicht gleichfarbig und bei künstlichem Licht verschiedenfarbig aussehen. Die Farbe von Kunststoff-Formteilen wird auch beeinflußt von der Dicke der Formteile. Durch die Verarbeitungsbedingungen und durch eine *Bewitterung* (z. B. UV-Bestrahlung) kann die Farbe stark verändert werden. Bei der Herstellung und Lieferung von Kunststoff-Formteilen ist es oft wesentlich, daß vereinbarte Farbwerte eingehalten werden; deshalb hat die Farbbeurteilung in der Kunststoffprüfung eine große Bedeutung. *Farbnachstellung* und *Farbkonstanz* sind wichtige Faktoren.

Zur Beschreibung von Lichtarten, die zu Farbprüfungen verwendet werden, sind drei Bezeichnungen A, C und D_{65} festgelegt:

A: Künstliche Beleuchtung mit Glühlampenlicht

C: Künstliches Tageslicht.

D_{65}:   Natürliches Tageslicht, entspricht C, jedoch mit UV-Anteil

Das Licht D_{65} wird in den Normen zur Farbmessung empfohlen, da es am ehesten dem natürlichen Licht entspricht.

Um eine Beschreibung von Farben zu ermöglichen, wurden zunächst Farbmusterkarten, z. B. RAL-Farbkarten festgelegt, wobei jedoch die subjektive Wahrnehmung der Farbe zu beachten ist.

Eine numerische Beschreibung von Farben bietet die beste Möglichkeit, objektiv Farben zu beurteilen und zu dokumentieren. Es gibt unterschiedliche Bezeichnungen für Farbe, bei allen wird von drei Merkmalen ausgegangen *Buntton (Farbton), Helligkeit* und *Buntheit (Sättigung)*. Das CIE-LAB-System (Bild 31.14) ist derzeit das gebräuchlichste Farbbeschreibungssystem; es gibt die 3 Merkmale:

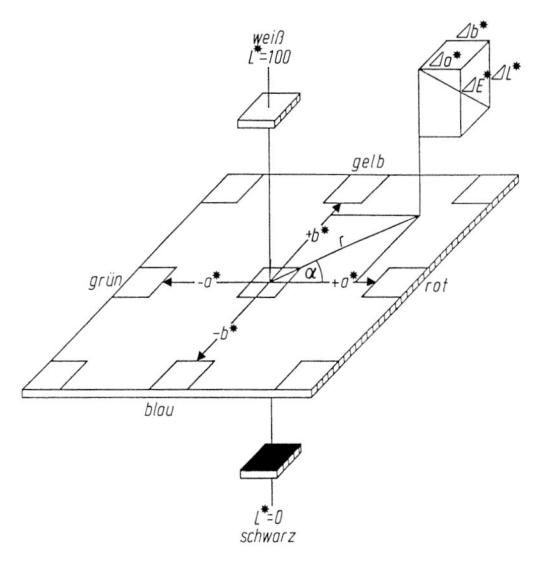

Bild 31.14 CIE-LAB-Farbsystem

- L^* Helligkeit
- a^* Buntton
- b^* Buntheit.

Das CIE-LAB-System ist besonders anschaulich für die Erkennung der *Farbdifferenz* ΔE, die sich ergibt zu

$$\Delta E = \sqrt{L^{*2} + a^{*2} + b^{*2}}$$

Für die Farbbeurteilung gibt es zwei wichtige Prüfverfahren, die *Farbabmusterung* und die *Farbmessung*.

31.5.1 Farbabmusterung nach DIN 6173

Bei der Farbabmusterung werden *Farbgleichheit* oder *Farbverschiedenheit* von Muster und Probe mit derselben Lichtart durch das Auge beurteilt. Dabei müssen die Farbabmusterungslichtart, die geometrischen Abmessungen und die Oberflächen von Muster und Probe vereinbart werden. Grundsätzlich kann für eine Farbabmusterung jede Lichtart verwendet werden, z. B. Tageslicht, Glühlampenlicht, Kaufhauslicht und UV-Licht. Natürliches Tageslicht ändert sich durch Einflüsse wie Tageszeit, Witterungsbedingungen und reflektierende Umgebung. Deshalb sollte für *Farbvergleiche* bei Tageslicht eine Tageslichtleuchte mit konstantem mittlerem Tageslicht (Normallichtart D65) verwendet werden. Sie wird als Spezialleuchtstoffröhre in Hängeleuchten angeboten. Um die Umgebungseinflüsse bei der Farbabmusterung auszuschließen, werden spezielle *Farbabmusterungskammern* eingesetzt, die meist mit den Lichtarten *mittleres Tageslicht* D65, *Glühlampenlicht (Abendlicht), Kaufhauslicht* und *UV-Licht* ausgerüstet sind.

Die *visuelle Beurteilung der Farbabmusterung* sollte nur von farbennormalsichtigen Personen durchgeführt werden. Es ist zu beachten, daß die Lichtart vereinbart wird und daß bei den zu untersuchenden Proben *Form, Material* und *Oberflächenbeschaffenheit* mit dem Muster übereinstimmen. Beim Vergleich sollten die Proben möglichst nahe beieinander liegen.

Farbmuster und Farbabmusterungslichtart ändern sich im Laufe der Zeit. Deshalb müssen ungünstige Umgebungseinflüsse wie Tageslicht und Erwärmung von den Mustern ferngehalten werden. Die Farbabmusterungslampen sollten nach festgelegten Brennstunden durch neue Lampen ersetzt werden.

31.5.2 Farbmessungen

Für Farbmessungen werden meist das *Spektralverfahren* oder das *Dreibereichsverfahren* verwendet. Die Probe wird dabei mit einem Licht beleuchtet und die Intensität des reflektierten Lichts gemessen. Beim Spektralverfahren kann die gesamte Strahlungsfunktion aufgenommen werden, durch rechnerische Verarbeitung der Meßwerte erhält man die *Normfarbwerte* bzw. die Werte des CIE-LAB-Farbsystems (Bild 31.14). Beim Dreibereichsverfahren wird das reflektierte Licht mit 3 Filtern in die Bereiche *Blau, Rot* und *Grün* aufgeteilt.

Bei der *Farbnachstellung* bzw. *Farbrezeptierung* verwendet man Meßgeräte, die nach dem Spektralverfahren arbeiten. Für *Farbvergleichsmessungen* werden Dreibereichsmeßgeräte eingesetzt. Es können damit Normfarbwerte und Werte nach CIE-LAB, sowie auch der *Farbabstand* ΔE ermittelt werden. Toleranzen für den Farbabstand ΔE können nicht angegeben werden, da sie stark von den Erfordernissen an das Produkt bzw. den Einsatz des Produktes abhängen. Im Bereich KFZ-Reparaturen werden Toleranzen der Farbunterschiede ΔE den Farbbereichen zugeordnet (Tabelle 31.5):

Wenn farbige Teile nicht *direkt* nebeneinander montiert werden, können die Werte aus Tabelle 31.5 verdoppelt werden. Im *Druckfarbenbereich* werden Farbunterschiede ΔE entsprechend Tabelle 31.6 bewertet.

Die Farbmessung ergibt eine *objektive* Aussage beim Vergleich der Probe mit dem Farbmuster. Allerdings sind die Kosten für Farbmeßgeräte wesent-

Tabelle 31.5 Toleranzen für Farbunterschiede ΔE für Kfz-Reparaturen

Farbbereich	Toleranz für ΔE
weiß	bis 0,3
blau–türkis	bis 0,5
grün–gelb	bis 0,7
rot	bis 0,9

Tabelle 31.6 Wahrnehmbarkeit von Farbunterschieden ΔE im Druckfarbenbereich

Farbunterschied ΔE	Wahrnehmbarkeit
bis 0,2	nicht wahrnehmbar
0,2–0,5	sehr gering
0,5–1,5	gering
1,5–3,0	deutlich
3,0–6,0	sehr deutlich

lich höher als die Kosten für eine Farbabmusterungskammer. Ein Vorteil ist aber, daß die Meßwerte in EDV-Anlagen abgespeichert und aufbewahrt werden können, ohne daß eine Beeinträchtigung der Farbwerte durch Umgebungseinflüsse auftritt.

31.6 Bewitterungsversuche

Normen:

DIN EN ISO 877	Kunststoffe – Verfahren zur natürlichen Bewitterung, zur Bestrahlung hinter Fensterglas und zur beschleunigten Bewitterung durch Sonnenstrahlen mit Fresnellinsen (ersetzt DIN 53388)
DIN EN ISO 846	Kunststoffe – Bestimmung der Einwirkung von Mikroorganismen auf Kunststoffe
DIN EN ISO 4892	Kunststoffe – Künstliches Bewittern oder Bestrahlen in Geräten T1: Allgemeine Richtlinien T2: Xenonbogenlampen T3: Fluoreszierende UV-Lampen

31 Prüfung von Kunststoff-Formteilen

DIN 53386	Prüfung von Kunststoffen und Elastomeren – Bewitterung im Freien
DIN 53508	Prüfung von Kautschuk und Elastomeren – Künstliche Alterung
DIN 53509	Prüfung von Kautschuk und Elastomeren – Bestimmung der Beständigkeit gegen Rißbildung unter Ozoneinwirkung
ISO 878	Plastics – Determination of the resistance of plastics to colour change upon exposure to light of the enclosed carbon arc
ISO 879	Plastics – Determination of the resistance of plastics to colour change upon exposure to light of a xenon lamp
ISO 4607	Plastics – Methods of exposure to natural weathering

Weitere Normen:

ASTM D 1435; ASTM D 1501; ASTM D 1499; ASTM D 2565; ASTM D 1920.

Witterungseinflüsse wie *Sonneneinstrahlung, Temperaturen, Niederschläge* und *Luftsauerstoff* bewirken bei Kunststoffen Abbauvorgänge (Alterung) z. B. *Versprödung* und vielfach *Farbänderungen*. Die Gebrauchseigenschaften von Kunststoff-Formteilen werden dadurch oft so stark verändert, daß im Betrieb nach Jahren ein Versagen auftritt. Die einzelnen Faktoren der Bewitterung überlagern sich gegenseitig, wobei sich insbesondere Wechselbeanspruchungen z. B. Wechsel der Temperaturen und Luftfeuchte ungünstig auswirken. Unter „Wetterbeständigkeit im Naturversuch" versteht man die Widerstandsfähigkeit von Kunststoff-Erzeugnissen gegen Veränderungen, die durch Einwirkung des Wetters am Prüfort entstehen; „Wetterechtheit im Naturversuch" bezieht sich dabei ausschließlich auf *Farbänderungen*.

Die „Wetterbeständigkeit im Kurzversuch" und die „Wetterechtheit im Kurzversuch" werden durch beschleunigte Prüfverfahren ermittelt. Es besteht jedoch meist kein direkter Zusammenhang zwischen den Ergebnissen aus dem Kurzversuch und aus dem Naturversuch.

Unter der *Lichtbeständigkeit* versteht man die Widerstandsfähigkeit von Kunststofferzeugnissen gegen Veränderungen, die durch Einwirkung von Tageslicht (Naturversuch) oder durch Dauerbestrahlung mit Tageslicht (Kurzversuch) hinter Fensterglas entstehen; *Lichtechtheit* bezieht sich dabei ausschließlich auf Farbänderungen.

Zuverlässige Ergebnisse über die *Wetterbeständigkeit* von Kunststoff-Formteilen erhält man jedoch nur, wenn man die Proben lange Zeit der natürlichen Bewitterung aussetzt. Dieses sehr zeitaufwendige Verfahren muß bei der Entwicklung von Kunststoff-Formteilen meist durch genormte Kurzversuche mit Simulation der Freibewitterung ersetzt werden.

31.6.1 Bewitterung in Naturversuchen (Freibewitterung)

Im Naturversuch (DIN 53386) soll die Alterung von Kunststoffen und Elastomeren in einem *Freiluftklima* festgestellt werden. Die Freiluftklimate sind an verschiedenen geographischen Orten und zu verschiedenen Jahreszeiten sehr unterschiedlich. Der Einfluß von Klimaschwankungen am selben Ort nimmt mit zunehmender Bewitterungsdauer ab.

Die *Wetterechtheit* im Naturversuch kann als Farbänderung angegeben werden (zerstörungsfreie Prüfung) oder durch die Ermittlung der Veränderung einer festgelegten Eigenschaft (zerstörende Prüfung) von nicht bewitterten gegenüber bewitterten Proben.

Als Alterungskriterium dienen *Farb-* und *Oberflächenänderungen* (zerstörungsfreie Prüfung) sowie *Änderungen von mechanischen Eigenschaften* (zerstörende Prüfung). Bei Elastomeren spielt die Bildung von Ozonrissen im gedehnten Zustand eine wesentliche Rolle. Einflußparameter sind: *Bewitterungszeit* und *Strahlungsenergien* (Sonnenscheindauer bzw. Bestrahlung in J/m^2). Um die lange Zeitdauer bei der Bewitterung im Naturversuch abzukürzen, werden die Versuche vielfach unter extremen Klimabedingungen durchgeführt z. B. in Florida.

In DIN EN ISO 877 wird ein Versuch beschrieben, der dem Versuch nach DIN 53386 ähnelt, jedoch wird durch das Fensterglas die Globalstrahlung entsprechend gefiltert. Interessant ist das für Bauteile, die in Räumen hinter Fensterglas eingesetzt werden.

31.6.2 Bewitterung in Kurzprüfungen

Da die Freibewitterung meist sehr lange dauert bis deutliche Änderungen der Eigenschaften und der Farbe bei Kunststoffen festgestellt werden, wurden Laborversuche mit künstlichen Lichtquellen entwickelt, bei denen die Bestrahlungsdauer wesentlich kürzer ist.

Beim künstlichen Bewittern in Geräten soll die Alterung von Kunststoffen und Elastomeren festgestellt werden unter *einheitlichen, reproduzierbaren* und *zeitraffenden* Bedingungen in künstlich beleuchteten Räumen. Nach DIN EN ISO 4892 wird die Freibewitterung ersetzt durch Bestrahlung mit Xenonbogen- und fluoreszierenden UV-Lampen. Als Prüfgerät wird eine durchlüftete Prüfkammer verwendet, in deren Mitte die Xenon-Hochdrucklampe angeordnet ist. Die Proben rotieren langsam um die Lampe und können in bestimmten Zeitabständen zusätzlich beregnet werden. Die üblichen Probekörper haben eine Breite von mindestens 15 mm und eine Länge von mindestens 30 mm.

Als *Alterungskriterium* dienen vorwiegend *Farb- und Oberflächenveränderungen* sowie der *Abfall* von festgelegten *mechanischen Eigenschaften*, z. B. der Schlagzähigkeit um 50 % gegenüber den nicht bewitterten Proben.

Mit dem Xenontestgerät kann für einzelne Kunststoffgruppen eine Korrelation zur Freibewitterung festgestellt werden. Teilweise wird eine Verkürzung um den Faktor 10 angegeben. Eine allgemeine Umrechnungskonstante zwischen Alterung durch Freibewitterung und künstlicher Alterung besteht jedoch nicht.

Sehr schnell erfolgt eine Alterung der Kunststoffe im SUN-Testgerät. Die UV-Strahlung durch die Xenonlampe ist so stark, daß schon nach wenigen Tagen eine Alterung an den Kunststoffproben beobachtet wird. Dieser Versuch ist jedoch nicht genormt.

Die Testgeräte sind häufig gebrauchte Hilfsmittel um eine natürliche Bewitterung in kurzer Zeit zu simulieren.

Das Verhalten der Kunststoffe bei Kurzprüfungen sollte jedoch stets mit dem Verhalten bei natürlicher Bewitterung verglichen werden.

IV Anhang

32 Größen, Einheiten, Umrechnungsmöglichkeiten

Kraft

$$1 \text{ N} = 1 \text{ kgm/s}^2$$

alt: $\quad 1 \text{ kp} = 9{,}80665 \text{ N} \approx 10 \text{ N}$
angl.am. $\quad 1 \text{ lbf} = 4{,}448 \text{ N}$
$\quad\quad\quad 1 \text{ lb} = 0{,}4536 \text{ kg (Masse)}$

Fläche

$$1 \text{ m}^2 = 10^4 \text{ cm}^2 = 10^6 \text{ mm}^2$$

angl.am. $\quad 1 \text{ sq.in} = 6{,}452 \cdot 10^{-4} \text{ m}^2 = 6{,}452 \text{ cm}^2 = 645 \text{ mm}^2$
$\quad\quad\quad\; 1 \text{ sq.ft} = 9{,}290 \cdot 10^{-2} \text{ m}^2 = 9{,}290 \cdot 10^2 \text{ cm}^2 = 9{,}290 \cdot 10^4 \text{ mm}^2$

Spannung, Festigkeit, Druck

$$1 \text{ N/mm}^2 = 100 \text{ N/cm}^2 = 10^6 \text{ N/mm}^2$$
$$1 \text{ N/m}^2 = 1 \text{ Pa} = 10^{-6} \text{ N/mm}^2$$
$$1 \text{ MPa} = 1 \text{ N/mm}^2$$
$$1 \text{ GPa} = 10^3 \text{ N/mm}^2$$
$$1 \text{ bar} = 10^5 \text{ Pa} = 10^5 \text{ N/m}^2$$

alt: $\quad\quad\quad 1 \text{ kp/cm}^2 = 9{,}81 \cdot 10^{-2} \text{ N/mm}^2 \approx 0{,}1 \text{ N/mm}^2$
$\quad\quad\quad\quad\; 1 \text{ kp/cm}^2 = 1 \text{ at} = 0{,}981 \text{ bar}$
angl. am. $\quad 1 \text{ lbf/sq.in} = 1 \text{ psi} = 0{,}6895 \cdot 10^{-2} \text{ N/mm}^2$
$\quad\quad\quad\quad\; 1 \text{ lb/sq.in} = 6{,}895 \cdot 10^{-2} \text{ bar}$
$\quad\quad\quad 1 \text{ ton(UK)/sq.in} = 1{,}544 \cdot 10 \text{ N/mm}^2$
$\quad\quad\quad 1 \text{ ton(US)/sq.in} = 1{,}379 \cdot 10 \text{ N/mm}^2$

Dichte

$$1 \text{ g/cm}^3 = 10^3 \text{ kg/m}^3$$

angl.am. $\quad 1 \text{ lb/cu.ft} = 1{,}602 \cdot 10 \text{ kg/m}^3 = 1{,}602 \cdot 10^{-2} \text{ g/cm}^3$
$\quad\quad\quad\; 1 \text{ lb/cu.in} = 2{,}768 \cdot 10^4 \text{ kg/m}^3 = 2{,}768 \cdot 10 \text{ g/cm}^3$

Energie, Arbeit, Wärmemenge

$$1 \text{ J} = 1 \text{ Ws} = 1 \text{ Nm} = 1 \text{ kgm}^2/\text{s}^2$$

alt: $\quad\quad 1 \text{ mkp} = 9{,}80665 \text{ J} \approx 10 \text{ J}$
$\quad\quad\quad 1 \text{ kcal} = 4{,}1868 \text{ kJ} \approx 4{,}2 \text{ kJ}$
$\quad\quad\quad 1 \text{ kWh} = 3{,}6 \cdot 10^6 \text{ J}$
angl.am.: $\;\; 1 \text{ HPh} = 2{,}684 \cdot 10^6 \text{ J}$
$\quad\quad\quad 1 \text{ BTU} = 1{,}055 \cdot 10^3 \text{ J}$

Leistung, Wärmestrom

$$1\ W = 1\ J/s = 1\ Nm/s = 1\ kgm^2/s^3$$

alt: $1\ kcal/h = 4{,}1868\ kJ/h = 1{,}163\ W$

$$1\ PS \approx 736\ W = 736\ J/s$$

angl. am.: $1\ HP \approx 746\ W = 746\ J/s$

Temperatur

$$1\ grd = 1\ K$$
$$0\ °C = 273{,}15\ K$$

angl. am.: $°C = (5/9) \cdot (°F - 32)$

Anmerkung: Die Angabe der Temperaturdifferenz in Kelvin K, hat sich in der Praxis nicht durchgesetzt; Temperaturdifferenzen werden heute meist wieder in °C angegeben.

Wärmeleitfähigkeit

$$1\ W/(m \cdot K) = 1\ J/(s \cdot m \cdot K)$$

alt: $1\ kcal/(m \cdot h \cdot grd) = 1{,}163\ W/(m \cdot K)$
angl.am.: $1\ BTU/(ft \cdot h \cdot °F) = 1{,}731\ W/(m \cdot K)$
            $1\ BTU/(in \cdot h \cdot °F) = 2{,}077 \cdot 10\ W/(m \cdot K)$

Vorsätze zu den Einheiten, Vielfache und Teile

Name	Zeichen	Zehnerpotenz
Tera	T	10^{12}
Giga	G	10^{9}
Mega	M	10^{6}
Kilo	k	10^{3}
Hecto	h	10^{2}
Deca	da	10
Dezi	d	10^{-1}
Zenti	c	10^{-2}
Milli	m	10^{-3}
Micro	μ	10^{-6}
Nano	n	10^{-9}
Pico	p	10^{-12}
Femto	f	10^{-15}
Atto	a	10^{-18}

33 Literaturhinweise (Auswahl)

Batzer, H.: Polymere Werkstoffe, 3 Bände. Stuttgart: Thieme 1985

Becker, G. W., Braun, D. Hrsg.: Kunststoffhandbuch, Bd. 1: Grundlagen, 2. Auflage 1988; Bd. 2, 1+2: Polyvinylchlorid, 2. Auflage 1986; Bd. 3: Technische Thermoplaste, 3.1: Polycarbonate, Polyester, Polyoxymethylen, Cellulosederivate, 2. Auflage 1992, 3.2: Polymer-Blends, 2. Auflage 1992; 3.3: Hochleistungskunststoffe, 2. Auflage 1994; 3.4: Polyamide, 2. Auflage 1998; Bd. 4: Polystyrol, 2. Auflage 1995; Bd. 7: Polyurethane, 3. Auflage 1993; 10: Duroplaste, 2. Auflage 1987 (alle München, Hanser).

Birley/Haworth/Batchelor: Physics of Plastics – Processing, Properties and Materials Engineering. München: Hanser 1992.

Branderup/Bittner/Michaeli/Menges: Die Wiederverwertung von Kunststoffen. München: Hanser 1995.

Braun, D.: Erkennen von Kunststoffen, 3. Aufl. München: Hanser 1998.

Brown, R. P.: Taschenbuch Kunststoff-Prüftechnik. München: Hanser 1984.

CAMPUS: Kunststoffdatenbank von Rohstoffherstellern.

Carlowitz, B.: Kunststoff-Tabellen, 4. Aufl. München: Hanser 1995.

Carlowitz, B.: Kunststoffrohr-Tabellen, 2. Aufl. München: Hanser 1982.

Carlowitz, B.: Tabellarische Übersicht über die Prüfung von Kunststoffen. Giesel Verlag Isernhagen 1992.

DGQ-Schriften der Deutschen Gesellschaft für Qualität. Berlin: Beuth.

DIN-, DIN EN-, DIN EN ISO, DIN EN- und IEC-Normen: FNK Normenausschuss Kunststoffe (Anschrift siehe Kap. 34)

DIN-Taschenbücher mit Werkstoff- und Prüfnormen für Kunststoffe. Berlin: Beuth.

Domininghaus, H.: Die Kunststoffe und ihre Eigenschaften. Düsseldorf: VDI-Verlag 1992.

Domininghaus, H.: Plastics for Engineers. München: Hanser 1994.

Ehrenstein, G. W.: Polymer-Werkstoffe, 2. Aufl. München: Hanser 1999.

Ehrenstein, G. W.: Kunststoffschadensanalyse. München: Hanser 1992.

Ehrenstein, G. W.: Mit Kunststoffen konstruieren. München: Hanser 1995

Ehrenstein, G.; Riedel, G.; Trawiel, P.: Praxis der Thermischen Analyse von Kunststoffen. München: Hanser 1998.

Erhard, G.: Konstruieren mit Kunststoffen. München: Hanser 1999.

Frank, A.: Kunststoff-Kompendium, 4. Aufl. Würzburg: Vogel 1996.

FUNDUS: Datenbank für SMC, BMC und GMT von AVK-TV, Rohstoffherstellern und Verarbeitern (Anschrift von AVK-TV s. Kap. 34)

33 Literaturhinweise

Gächter, R., Müller, H.(Hrsg.): Taschenbuch der Kunststoff-Additive, 3. Aufl. München: Hanser 1989.
Gebhardt, A.: Rapid Prototyping, 2. Aufl. München: Hanser 2000.
Gnauck, B., Fründt, P.: Einstieg in die Kunststoffchemie, 3. Aufl. München: Hanser 1991.
Gohl, W.: Elastomere – Dicht- und Konstruktionswerkstoffe, 4. Aufl. Ehningen: expert-Verlag 1991.
Gruenwald, G.: Plastics – How Structure determines Properties. München: Hanser 1993.

Hummel, D. O., Scholl, F.: Atlas der Polymer- und Kunststoffanalyse, Bd. 1: Polymere, Struktur und Spektrum; Bd. 2a: Kunststoffe, Fasern, Kautschuk, Harze – Spektren I und II; Band 2b: Spektren; Bd. 3: Zusatzstoffe und Verarbeitungshilfsmittel. München: Hanser 1979–1984.

Illig: Thermoformen in der Praxis. München: Hanser 1997.

Johannaber, F.: Kunststoff-Maschinenführer. München: Hanser 1992.

Kämpf, G.: Industrielle Methoden der Kunststoff-Charakterisierung. München: Hanser 1996.
Kaisersberger, E., Möhler, H.: DSC an Polymerwerkstoffen, Bd. 1. Selb: Netzsch Gerätebau 1991.
Kaisersberger, E., Knappe, S., Möhler, H.: TA an Polymerwerkstoffen, Bd. 2. Selb: Netzsch Gerätebau 1992.

Lechner/Gehrke/Nordmeier: Makromolekulare Chemie. Stuttgart: Birkhäuser 1993.

Knappe/Lampl/Heuel: Kunststoff-Verarbeitung und Werkzeugbau – Ein Überblick. München: Hanser 1992.
Krebs, C.; Avondet, A.: Langzeitverhalten von Thermoplasten. München: Hanser 1997.

Leute, K.: Kunststoffe und EMV. München: Hanser 1997.

Menges, G.: Werkstoffkunde Kunststoffe, 4. Aufl. München: Hanser 1998.
Menges/Michaeli/Mohren: Anleitung für den Bau von Spritzgießwerkzeugen, 5. Aufl. München: Hanser 1999.
Michaeli, W.: Einführung in die Kunststoffverarbeitung, 4. Aufl. München: Hanser 1999.
Michaeli/Brinkmann/Lessenich-Henkys: Kunststoff-Bauteile werkstoffgerecht konstruieren. München: Hanser 1995.
Michaeli, W., Greif, H., Wolters, L., Vosseburger, F.-J.: Technologie der Kunststoffe, 2. Aufl. München: Hanser 1998.

Michaeli, W., Wegener, M.: Einführung in die Technologie der Faserverbundwerkstoffe. München: Hanser 1990.

Nagdi, K.: Rubber as an Engineering Material – Guideline for Users. München: Hanser 1993.

Nentwig, J.: Kunststoff-Folien, 2. Aufl. München: Hanser 2000

Oberbach, K.: Kunststoff-Kennwerte für Konstrukteure, 2. Aufl. München: Hanser 1980.

Polymat: Kunststoffdatenbank des DKI Darmstadt.

Rao, N.: Formeln der Kunststofftechnik. München. Hanser 1989.

Saechtling, H. J.: Kunststoff-Taschenbuch, 27. Aufl. München: Hanser 1998.

Schmiedel, H.: Handbuch der Kunststoffprüfung. München: Hanser 1992.

Schwarz: O.: Kunststoffkunde, 5. Aufl. Würzburg: Vogel 1997.

Schwarz, O., Ebeling, F.: Kunststoffverarbeitung, 7. Aufl. Würzburg: Vogel 1997.

Starke, L.: Toleranzen, Passungen und Oberflächengüte in der Kunststofftechnik. München: Hanser 1996.

Stoeckhert, K.: Kunststoff-Lexikon, 9. Aufl. München: Hanser 1998.

Uhlig, K.: Polyurethan-Taschenbuch. München: Hanser 1998.

VDI-Taschenbücher und Lehrgangsunterlagen über Kunststoffe und Verarbeitungstechnologien der VDI-Gesellschaft Kunststofftechnik (VDI-K). Düsseldorf: VDI-Verlag.

VDI-Bericht 906: Recycling – eine Herausforderung für den Konstrukteur. Düsseldorf: VDI-Verlag 1991.

Walter, G.: Kunststoffe und Elastomere in Kraftfahrzeugen. Stuttgart: Kohlhammer 1985.

Widmann, G., Riesen, R,: Thermoanalyse, Anwendungen, Begriffe, Methoden. Heidelberg: Hüthig 1990.

Woodward, A. E.: Atlas of Polymer Morphology. München: Hanser 1989.

Woodward, A. E.: Understanding Polymer Morphology. München: Hanser 1995.

N. N.: Technische Kunststoffteile – Wichtige Elemente zur Qualitätssicherung. Frankfurt: Fachverband Technische Teile im GKV 1992.

34 Anschriften von Verbänden

Arbeitsgemeinschaft Verstärkte Kunststoffe – Technische Vereinigung (AVK-TV)
Am Hauptbahnhof 10, 60329 Frankfurt/M; Tel. 069 – 250920

DGQ Deutsche Gesellschaft für Qualität e.V.
August-Schanz-Straße 21 A, 60433 Frankfurt /M; Tel. 069 – 954240

Fachverband Technische Teile im GKV
Am Hauptbahnhof 12, 60329 Frankfurt/M; Tel. 069 – 2710535

Gesamtverband Kunststoffverarbeitende Industrie (GKV)
Am Hauptbahnhof 12, 60329 Frankfurt/M, Tel. 069 – 271050

Industrieverband Kunststoff-Verpackungen (IK)
Kaiser-Friedrich-Promenade 43, 61348 Bad Homburg; Tel. 06172 – 926667

Qualitätsverband Kunststofferzeugnisse e.V.
Dyroffstraße 2, 53113 Bonn; Tel. 0228 – 223571

Fachnormenausschuß Kunststoffe im DIN (FNK)
Burggrafenstraße 10, 10787 Berlin; Tel. 030 – 26012352

VDI-Gesellschaft Kunststofftechnik
Graf-Recke-Straße 84, 40239 Düsseldorf; Tel. 0211 – 6214575

Verband Kunststofferzeugende Industrie e.V. (VKE)
Karlstraße 21, 60329 Frankfurt/M; Tel. 069 – 2556-1303

Wirtschaftsverband der deutschen Kautschukindustrie
Zeppelinallee 69, 60487 Frankfurt/M; Tel. 069 – 7936137

FKuR-Forschung und Engineering GmbH
Siemensring 79, 47877 Willich; Tel. 02154 – 92510

Fachgemeinschaft Gummi- und Kunststoffmaschinen im VDMA
Lyoner Str. 18, 60528 Frankfurt/M; Tel. 069 – 66031832

Deutsche Gesellschaft für Kunststoff-Recycling mbH (DKR)
Frankfurter Straße 720–726; 51145 Köln; Tel. 02203 – 9317745

35 Hersteller und Lieferanten von Kunststoffen (Auswahl)

Kurzzeichen, wie sie bei den Handelsnamen im Kapitel „II Kunststoffe als Werkstoffe" aufgeführt sind und Anschriften:

AES	Advanced Elastomer Systems NV (AES), Av. de Tervuren 270–272, B-1150 Brüssel
AEG	AEG Energietechnik GmbH, Lilienthalstr. 150, 34123 Kassel
Allied	Allied Signal Polymers, 07407 Rudolstadt
Airex	Airex, CH-5643 Sins
Albis	Albis Plastic GmbH, Mühlenhagen 35, 20539 Hamburg
Amoco	Amoco Chemical Deutschland GmbH, Heinrichstraße 85, 40239 Düsseldorf
Appryl	Appryl, 12, Place de l'Iris, F-92062 Paris La Defense
Atofina	Atofina Deutschland GmbH, Postfach 300152, 40401 Düsseldorf
Ausimont	Ausimont spa, Via Lombardia 20, I-20021 Bollate, MI
Bakelite	Bakelite AG, Gennaer Straße 2–4, 58609 Iserlohn-Letmathe
Barlo	Barlo Plastics GmbH, Gassnerallee 40, 55120 Mainz
Basell	Basell NV, NL-2130 AP Hoofddorp
BASF	BASF AG, 67056 Ludwigshafen/Rh.
Bayer	Bayer AG, Geschäftsbereich Kunststoffe, 51368 Leverkusen-Bayerwerk
Bergmann	Th. Bergmann GmbH, Adolf-Dambach-Str. 4, 76571 Gaggenau
Biesterfeld	Biesterfeld Plastic GmbH, Ferdinandstraße 41, 20095 Hamburg
Borealis	Borealis A/S, Lyngby Hovegade 96, DK-2800 Lyngby
BP-Amoco	BP-Amoco Chemicals, Roßstraße 96, 40402 Düsseldorf
Buna	Buna GmbH, 06258 Schkopau (BSL Olefinverbund GmbH, Werk Schkopau, 06258 Schkopau)
Büsing	Büsing und Fasch GmbH, August-Hanken-Str. 30; D-26125 Oldenburg
Daikin	Daikin Kogyo Co. Ltd., Osaka, Japan
Degussa	Degussa Spezialchemie GmbH, Paul-Baumann-Str. 1, 45764 Marl
Dow	Dow Chemical Europe, Bachtobelstraße 3, CH-8810 Horgen

35 Hersteller und Lieferanten von Kunststoffen

DSM	DSM Deutschland GmbH, Tersteegenstr. 77, 40402 Düsseldorf
DuPont	DuPont de Nemours Deutschland GmbH, DuPont-Straße 1, 61352 Bad Homburg
Duroform	Duroform-Lonza Compounds GmbH, Kieselstraße 6, D-56357 Miehlen
Dyneon	Dyneon GmbH, Hammfelddamm 11, 41460 Neuss
Eastman	Eastman Chemical International AG, Tobias Asserlaan 5, NL-2517 KC Den Haag
Elastogran	Elastogran GmbH, Postfach 1140, D-49440 Lemförde
Ems	EMS-Chemie AG, CG – 7013 Domat/Ems
Enichem	EniChem spa, Piazza Boldvini1, I-20097 San Donato Milanese, MI
Ercom	Ercom Composite Recycling GmbH, Lochfeldstr. 30, D-76437 Rastatt
EVC	European Vinyl Corp. (EVC), Strawinskylaan 1535, NL-1077 XX Amsterdam
Exxon	Deutsche Exxon Chemical GmbH, Neusser Landstr. 16, 50735 Köln
Feddersen	K.D. Feddersen GmbH & Co, Gotenstraße 11 A, 20097 Hamburg
Ferrozell	Von Roll Isola Germany, Ferrozell GmbH, Theodor-Sachs-Straße 1, 86199 Augsburg
Fibron	siehe Menzolit-Fibron GmbH
GEP	General Electric Plastics GmbH, Eisenstraße 5, 65428 Rüsselsheim
Helm	Helm AG, Nordkanalstr. 28, 20097 Hamburg
Hornitex	Hornitex Hornit-Werke GmbH, Bahnhofstr. 49, 32805 Horn-Bad Meinberg
ICI	Huntsman ICI Polyuethanes, Everslaan 45, B-3078 Eversberg
Krahn	Krahn-Chemie GmbH, Grimm 10, 20457 Hamburg
Krempel	August Krempel Söhne GmbH u. Co., Papierfabrikstraße 4, 71655 Vaihingen/Enz 2
Lati	Lati S.p.A., Via F. Baracca 7, I-21040 Vedano Olano, VA
Lehmann & Voss	Lehmann & Voss, Alsterufer 19, D-20354 Hamburg
LNP	LNP Engineering Plastics BV, Ottergeerde 22–28, NL-4941 VM Raamsdonksveer
LVM	LVM, H. Hartlaan, Industriepark Schoonhees-West, B-3980 Tessenderlo
Menzolit-Fibron	Menzolit-Fibron GmbH, Hermann-Beuttenmüller-Str. 11–13, 75015 Bretten

35 Hersteller und Lieferanten von Kunststoffen

Mitsui	Mitsui u. Co Deutschland GmbH, Königsallee 63-65, 40215 Düsseldorf
Neste	Neste Oy Chemicals, FIN-02151 Espoo, Finnland
Nordmann	Nordmann, Rassmann GmbH, Kajen 2, 20459 Hamburg
Phillips	Phillips Petroleum International, Brusselsesteenweg 355, B-3090 Overijse
Polimeri	Polimeri Europa srl, Piazza della Republica 16, I-20124 Milano MI
Radici	Radici Novacips SpA, Via Bedeschi 20, I-24020 Chignolo d'Isola/BG
Raschig	Raschig GmbH, Mundenheimer Str. 100, 67061 Ludwigshafen
Reichhold	Reichhold Chemie AG, CH-5212 Hausen bei Brugg
Rethmann	Rethmann Plano GmbH, D-48352 Nordwalde
Rhodia	Rhodia Deutschland GmbH, Herrmann-Mitsch-Str. 36, 79108 Freiburg
Röhm	Röhm GmbH, Postfach 4242, 64275 Darmstadt
Sabic	Sabic, PO Box 5101 Riyadh, Saudiarabien
Schulmann	Schulmann GmbH, Hüttenstraße 211, 50170 Kerpen 3
SGL	SGL Carbon AG, Rheingaustraße 182, 65203 Wiesbaden
Sigri	Sigri GmbH, Postfach 1160, 86405 Meitingen
Solvay	Solvay-Kunststoffe GmbH, Postfach 101361, 47493 Rheinberg
SWC	Süd-West-Chemie GmbH, Pfaffenweg 18, 89231 Neu-Ulm/Donau
Ticona	Ticona GmbH, 65926 Frankfurt/M
Vantico	Vantico AG, Klybeckstr. 200, CH-4002 Basel
Vestolit	Vestolit GmbH, 45764 Marl
Victrex	Victrex Europa GmbH, Zanggasse 6, 65719 Hofheim
Vinnolit	Vinnolit Kunststoff GmbH, Carl-Zeiss-Ring 25, 85737 Ismaning

36 Sachverzeichnis mit Handelsnamen und Anwendungsbeispielen

(Handelsnamen von Kunststoffen sind *kursiv* gedruckt)

Abbau 255
– von PBT 256
– von Polymeren 254
– biochemisch 24
– oxidativer 251
– thermischer 248, 251
Abdeckfolien 80, 99
Abdeckplatten 87
Abdeckungen 88, 96, 117, 121, 144
Abdichtfolien 80
Abfallbehälter 80
Abgasreinigungssysteme 193
Abkühlkurven 252
Ablaufarmaturen 87
Abrieb 362
ABS 99
Absätze 105
Absorptionsspektroskopie 254
Absperrketten 131
Abstreifer 215
Abwasserrohrleitungen 80, 96
Acetylen 3
ACM 208
Acrylatkautschuk 208
Acrylnitril-Butadien-Styrol-Kautschuk 207
Additionspolymerisation 7, 10
Additive 61, 254
Adern 210
Adiprene 210, 213
Aerolsoldosen 136
Affinity 218
Aflon 168
Agglomerat 55, 56
Airbaggehäuse 130

Airex 225
Airex PE-NV 227
Akkudeckel 144
Aktivatoren 205
Akulon 123
Alarmanlagen 144
Algoflon 165
aliphatische Kohlenwasserstoffe 2
aliphatische Polyketone 148
Alkane 2
Alkene 2
Alkine 2
Alloys 20
Alterung 28, 255, 453
Alterungskriterium 518
Alterungsschutzmittel 206
Alterungsverhalten 482
Altuglas 118
Aminoplaste 177
Amodel 162
amorphe Thermoplaste 4
Ampal 183
Ampullen 83
Angelgeräte 144
Angelruten 192
Angelschnüre 131
Angußrückführung 51
Anisotropie 198, 230
Anker 192
Anlaufscheiben 176
Ansaugrohre 130
Antennenzubehör 87
Antihaftbeschichtungen 157, 168
Antihafteffekt 45
Antistatika 22, 26, 231
Antriebsritzel 130

Antriebsteile 148
Apec 145, 152
Apparatebau 157, 162, 230
Appryl 83
Araldit 188
Araldit-Preßmasse 188
Aramide 152
Arbeitsaufnahmevermögen 277
Ardel 145
Armaturen 96, 121, 148, 155
Armaturengriffe 117
Armaturenknöpfe 121
Armaturentafeln 111, 148, 228
Armlehnen 111
Arnite 136
Arnite T 137
Arnitel 137, 217
Aromaten 3
Arylef 137
ASA 100
Aschenbecher 176
AU 210
Audiobänder 140
Aufbau, atomarer 29
– molekularer 29
Aufbereitung 51
Aufheizkurve, PET-Flasche 249
Aufheizkurven 252
Auflichtuntersuchungen 502
Aufschlagkraft, maximale 327
Aufschmelzzeit 465
Auftriebskörper 228
Auftriebsverfahren 241, 242
Ausgangsstoffe 1
Ausgleichslagerung 446
Aushärtezeit 465
Aushärtungseffekte 248, 251
Aushärtungsgrad 482
Auskleidungen 81, 96, 98, 167, 169, 208, 209, 228
Ausschlagspannung 356

Außenhaut, dicht 222
Außenspiegel 114
Auswertung 233
Autoelektrik 192
Autoelektrikgehäuse 130
Autokarosserien 187
Automobilbau 100, 149, 220, 227

Babyflaschen 144
Backformen 168
Badeschuhe 99, 220
Badewannen 117, 121, 200
Badezimmergarnituren 108
Bakelite 172, 188, 193
Bakelite MF 177
Bakelite MP 178
Bakelite UF 178
Bakelite UP 183
Balkonprofile 187
Bälle 99, 217
Bändchen 87
Bänder 31, 131
Bandräder 203
Bänke 187
Barcolhärte 312
Barex 108
Barrierekunststoffe 438
Barriereschicht 131
Batteriegehäuse 52, 80, 87, 108, 111
Bauteile für hohe Einsatztemperaturen 145, 160
Bauteile im Motorraum 155
Bautendichtungen 208
Bautenschutzfolien 98
BAW 49
Bayblend 109, 145
Baydur 225
Bayfill 227
Bayfit 227
Bayflex 227

Baylon V 81
Baypren 208
Beanspruchungsgeschwindigkeit 320
Becher 103, 121
Becherschließzeit 175
Bedampfen 46
Bedienungsknöpfe 108, 111, 121
Bedrucken 46
Befestigungselemente 135, 164
Beflocken 46
Behälter 80, 87, 89, 96, 98, 148, 192, 201
Behälter für chemische Industrie 96
Behälter mit Filmscharnieren 87
Behälterauskleidungen 90
Beilsteinprobe 237
Beleuchtung 83
Beleuchtungszubehörteile 155
Bell-Telephone Test 499
Benennungsblock 63
Benzol 3
Bergadur 137
Bergamid 123
Beschichtungen 80, 89, 98, 130, 131, 168, 169, 191
Beschichtungspulver 169
Beschläge 111, 135, 140
Beschleuniger 185, 205
Besonderheiten bei Faser-Verbundsystemen 197
Beständigkeit, chemische 453
–, thermische 28
Bestecke 121, 181
Besteckgriffe 117
Betrachtungsbedingungen 512
Betriebsbedingungen 482
Bewässerungsarmaturen 114
Bewitterung 512, 515
Bezeichnungssystem für PMC 69
biaxiales Recken 15

Biege-Kriechmodul 343
Biegedehnung beim Bruch 295
Biegefestigkeit 295
Biegen 42
Biegespannung bei vereinbarter Durchbiegung 295
– beim Bruch 295
Biegestreifenverfahren 495
Biegeversuch 295
Bildungsreaktionen 7
Bindegarne 87
Bindemittel 176
Bindenähte 481
Bindungstypen 254
biologisch abbaubare Kunststoffe 49, 50
Blattfedern 201
Blend 55
Blend-Technologie 203
Blendschutzzäune 96
Blinkleuchten 121
Blisterverpackung 43, 89, 96
Blitzlichtreflektoren 117
Block-Copolymer 84
Blockpolymere 20
Blocksystem 63
Bluttransfusionsschläuche 210
BMC 42, 68, 171, 186, 191, 200
Bodengruppenisolierungen 228
Bootskörper 111, 114, 187, 191
Borsten 131
Brabender-Kneter 464
Brandgefahr 395
Brandprüfung 397, 399
Brandrisiko 396
Brandrisikobewertung 407
Brandschutzmittel 26
Brandverhalten 392, 402
Brechungsindex 432
Brechzahl 432
breitseitiger Schlag 322

Bremsbeläge 176
Bremssysteme 176
Brennbarkeit 392
Brenngeschwindigkeit 398
Brennverhalten 391, 482
–, Beurteilung 237
Briefkästen 114
Brillen 83
Brillengestelle 117
Brillengläser 121
–, unzerbrechlich 144
Bruch, teilweiser 321
–, vollständiger 321
Bruchaussehen 298
Bruchdehnung 271
–, nominelle 272
Bruchspannung 271
Brückengleitlager 168
Bucheinbände 99
Buchsen 215, 230
Bügeleisen 91, 139, 155
Bügeleisensohlen 168
Buna 207, 208
Buntheit 513
Buntton 513
Büroartikel 99
Büromaschinen 111, 113, 227
Büromaschinenteile 135
Bürstengriffe 117
Bürstenhalter 164

C-Mould 506
Cadmould 506
Cadon 109
Calibre 141
Carilon 148
CD 83, 121
CD-ROM 83, 144
Celanese Nylon 123
Celanex 137
Celion 195

Cellasto 227
Cellidor 114
Celluloseacetat 114
Celluloseacetobutyrat 114
Celluloseester 114
Cellulosepropionat 114
Centrex 112
CFC 199
Charakterisierung von Kunststoffen 304
Chargen 457
Charpy-Kerbschlagzähigkeit 76, 322
Charpy-Schlagzähigkeit 322
chemische Beständigkeit 34, 453
Chipkarten 111
Chipträger 157
Chlor-Butadien-Kautschuk 208
chlorsulfoniertes Polyethylen 209
CIE-LAB-System 513
Cleartuf 140
Clipse 135
COC 83
Coextrusion 39
Compact-Disc 144
Compoundierung 22, 93
Computergehäuse 144
Container 80, 187
Copolyamide 131
Copolycarbonate 141
Copolymer, statistisch 84
Copolymerisate 1, 7, 58, 84, 133, 237
Copolymerisation 19, 182
Crastin 137
Crepe 207
Cronar 137
CTI 428
Cycloolefin-Copolymere 83, 151
Cycolac 108
Cycoloy 109

36 Sachverzeichnis

D-Teile 236
Dachfolien 98, 209
Dachkonstruktionen 187
Dachrinnen 96
Dachverglasungen 121
Daiel 169
Dampfbügeleisen 113
Dämpfungselemente 99, 194, 215, 221
DAP 193
Daplen 83
Datenbanken 257
Datenkatalog 261
Datenspeicher 157
–, optische 144
Datentechnik 145
Datenverarbeitungsgeräte 148, 160
DDK 249
Deformationsreihe 492
Degalan 118
Deglas 118
Dehnspannung 76
Dehnung bei der Zugfestigkeit 271
Dekorfolien 99
Dekrement, logarithmisches 303
Delrin 133
Demonstrationsmodelle 121
Deponierung 48, 51
Desmopan 213
Diakon 118
Diallylphthalat 193
Diallylphthalatharze 182
Dialysatoren 144
Diaprojektoren 144, 155
Diarähmchen 103, 105
Dichte 28, 47, 241
– durch Eingrenzen 242
–von Schaumstoffen 243
Dichtebestimmung 241

Dichtegradientenverfahren 241
Dichteelemente 157, 160
Dichteverlauf 227
Dichtungen 80, 81, 98, 130, 167, 169, 194, 209, 210, 215, 218, 220, 228, 231
Dichtungen, ölbeständig 208
Dichtungsprofile 221
Dielektrikum 168
Dielektrizitätszahl 422
Differenzkalorimetrie, dynamische 249
Dilatometer 387
Dioxine 48
DIP-Schalter 164
Dipoleffekt 13
DMA 251
DMC 68
DOP 96
Doppelbindungen 2
Dosen 80, 87
Dowlex 75
Drahtummantelungen 37, 98, 162
Drainagerohre 96
Drehbleistifte 117
Drehmoment-Rheometer 465
Druckfestigkeit 288
Druckfließspannung 288
Druckgradient 473
Druckleitungen 130
Druckleitungsrohre 96
Druckrohre 80
Druckspannung bei Bruch 288
Druckspannung bei x % Stauchung 288
Druckspannungs-Stauchungs-Diagramme 290
Druckverformungsrest 227
Druckversuch 287
DSC 249
Dünnschliff-Technik 500

Dünnschnitt-Technik 500
Dünnschnitte 18
Durchbiegung 295
– bei Bruch 327
– bei maximaler Aufschlagkraft 327
Durchgangswiderstand 418
Durchlichtuntersuchungen 499
Durchschlagfestigkeit 408
Durchschlagspannung 408
Durchstoßversuch, instrumentierter 510
Durethan 123
Duroplaste 1, 3, 4, 6, 9, 12, 28, 32, 171, 306
Duroplaste, Prüfbedingungen 266
Duschkabinen 121
Duschwannen 121
Düsen 130
Dutral 218
DVD 121, 144
DVD-ROM 144
Dyflor 2000 169
dynamisch-mechanische Analyse 251
Dyneema 195

ECTFE 169
edgewise 322
Edistir 100
EDX 507
Eierkocher 155
Eierschneider 103
Eigenschaften, kennzeichnende 63
Eigenschaftsprofil 53
Eigenspannungen, Ermittlung 483
Eigenspannungsabbau 44
Eimer 80
Einbettmaterial 121
Einbettung 186, 193
Einfriertemperatur 5

Eingangskontrolle 461, 475
Eingießen 190
Einheiten 519
Einkomponentenklebstoffe 45
Einmalgeschirr 103, 105
Einmalspritzen 80, 87, 103
Einpunktwerte 320
Einsatztemperaturbereiche 5
Einweggeschirr 87
Einwegverpackungen 102
Einzelwerte 234
Eiswürfelbehälter 220
Elastizitätsmodul 294, 299
– aus dem Druckversuch 288
– aus Zugversuch 271
– bei Biegebeanspruchung 295
Elastoflex 227
Elastofoam 227
Elastolit 225
Elastollan 213
Elastomer-Gießharze 194
Elastomere 1, 2, 3, 6, 12, 205
–, thermoplastisch 62, 210, 306
Elastomere, thermoplastische 62
–, vernetzt 205, 306
Elastomertypen 207
Elastopal 213
Elastopor 225
elektrisch leitfähige Polymere 231
elektrisches Verhalten 34
Elektrogeräte 113
Elektroinstallationsmaterial 182
Elektromotorenteile 164
Elektronenpaarbindungen 12
Elektronik 149, 157, 230
Elektronikbauteile 154, 193
Elektronikindustrie 160, 162, 190, 230
Elektrotechnik 81, 83, 100, 131, 149, 157, 187
Elektrowerkzeuge 130

Elemente, schwingungsdämpfend 215
Elite 75
Elitrex 188
Eltex 75, 83
Elvacite 118
Elvax 81
EMI-Abschirmung 26
EMI-Abschirmungen 231
Empera 100, 103
Emulsions-PVC 92
Energie bis zur maximalen Aufschlagkraft 327
energie-elastisch 30, 304
Energiebedarf 49
Energiebilanz 51
Energienutzung 53
Enjay-Butyl 208
Entdröhnungselemente 228
Entflammbarkeit 392, 396
entropie-elastisch 30, 306
Entropieelastizität 205
Entspannen 29
Entspannung 344
Entzündlichkeit 392
EP 187
EPDM 208
Epikote 188
EPM 208
Epoxidharze 10, 187
Eraclene 75
Erhitzen im Glührohr 238
Erkennen der Kunststoffart 237
Erosionsabtrag 362
ESC 487, 492, 497
Escorene 75
Eßgeschirr 181
ETFE 168
Ethan 2
Ethen 3
Ethin 3

Ethylen 3
Ethylen-Chlortrifluorethylen-Copolymerisat 169
Ethylen-Propylen-Dien-Kautschuk 208
Ethylen-Propylen-Kautschuk 208
Ethylen-Tetrafluorethylen-Copolymerisat 168
Ethylen-Vinylacetat Formmassen 81
Ethylen-Vinylacetat-Copolymere 218
Etuis 103
EU 210
Europlex-Folien PC 141
Europrene 208
EVAC 81, 218
Evicom 92
Evipol 92
Expertensysteme 236
Extruder 38
Extrusion 207

Füllstudien 506
Fahrerhäuser 200
Fahrzeugaußenteile 130
Fahrzeugbau 230
Fahrzeugheizungen 155
Fallbolzenversuch 508
Fallversuch 483
Faltenbälge 80, 87, 167, 169, 207, 208, 215, 217, 220, 221
Falttüren 98
Farbabmusterung 513
Farbabmusterungskammer 514
Farbänderungen 516
Farbbeurteilung 511
Färbehülsen 87
Farbeindruck 512
Farbgleichheit 513
Farbkonstanz 512

Farbmessungen 514
Farbmittel 22, 24, 206
Farbnachstellung 512
Farbrezeptierung 514
Farbstoffe 25
Farbunterschiede 515
Farbvergleiche 513
Farbverschiedenheit 513
Faser-Verbundsysteme 195
Fasergehalt 199
Fasern 31, 131
Faserorientierung 506
Faserprodukte 196
Faserspritzen 182
Faserspritzverfahren 200
Fasersysteme 195
Faserverteilung 506
Faserwerkstoffe 196
Fassadenelemente 96, 182, 187
Fässer 80
Fassungen 157, 230
Federelemente 1, 135, 215
Federkennlinie 227
Federungsverhalten 31
Fehlerstromschutzschalter 130
Feinschicht 200
Fenster, flexible 99
Fensterdichtungen 209, 221
Fenstergriffe 135
Fensterprofile 96
FEP 168
Ferngläser 144
Fernmeldekabel 80
Fernsehgeräte 148, 227
Ferrozell 172
Fertilene 83
Festschmierstoffe 22
Feuchte 387
Feuchtegefälle 446
Feuchtegehalt 478
Feuchtpressmassen 69

Feuerschutzbekleidung 152
Feuersicherheit 395
Feuerzeuge 144
Feuerzeugtanks 136
Filmapparate 108
Filmscharniere 1, 87
Filmscharniereffekt 483
Filmspulen 103, 108
Filter 157, 164
Filtergewebe 162
Filterkörper 167
Filterpapiere 176
Filtertassen 144
Fitting 80, 87, 90, 96, 114, 135, 169
FKM 169
Flächenbeflammung 406
Flächenpressung 363
Flachkabelisolierungen 169
Flammenfront 398
Flammschutzmittel 22, 26, 61, 393
Flaschen 80, 87, 144, 169
Flaschenkästen 80
Flaschenverschlüsse 87
flatwise 322
Flexibilisatoren 22, 25-26
flexible gedruckte Schaltungen 169
flexible Leiterbahnen 157
flexible Zahnräder 217
Flexirene 75
Fließ-Härtungsverhalten 41, 463, 465
Fließbeginn 472
Fließfähigkeit 457, 471
– faserverstärkter Duroplaste 471
Fließstauchung, nominelle 288
Fließverhalten 175, 180
Floppy-Disk 140
Flüchte 478
Flugzeugbau 155, 200
Flugzeugbauteile 201, 231

Flugzeugverglasungen 121
Fluor-Silikon-Kautschuke 209
Fluorel 169, 209
fluorhaltige Polymerisate 164
fluorhaltige Thermoplaste 168
Fluorkautschuk 209
Folien 80, 83, 89, 140, 169, 220
– für aufwärmbare Tiefkühlkost 91
– für Innenauskleidungen 221
– für Tageslichtprojektoren 155
– für Tiefziehverpackungen 105
–, kochfest 87
Folienherstellung 167
Fonduegeräte 139
Förderbänder 99, 207-208
Förderbänder mit Antihafteffekt 210
Förderbandteile 149
Forex 225
Formaldehyd 9
Formbeständigkeit in der Wärme 367
Formgenauigkeit 157
Formmassen 182
–, rieselfähig 68
Formpolymerisieren 41
Formsande 176
Formteile 37
–, hoch beansprucht 157
–, technische 107
Formteilprüfung 480
Formzwang 42
Fortiflex 75
Fortron 155
Fotoapparate 135
FR-Ausrüstung 393
Freibewitterung 517
Freistrahlfüllung 506
Fruchtsäfte 80
Fußbodenheizungen 87

Fügen 45
Fugendichtungen 228
Führungen 139, 191
Full Notch Creep Test 489
Füllfederhalter 117, 121
Füllkörper 231
Füllstoffe 22, 62, 205
Füllstoffgehalt 251
Füllstoffverteilung 506
Funktionsteile 135
– mit guten Gleiteigenschaften 139
Furane 48
Fußbodenbeläge 98
Fußbodenheizungen 81, 90

Gabrite 178
Galvanisieren 46
Gammastrahlen 83
Gartenmöbel 87, 114, 131
Gartenschläuche 98
Gasampullen 136
Gasanalyse 176
Gasblasen 482
Gasdichtigkeit 140
Gasdurchlässigkeit 439
Gasinnendrucktechnik 38
Gaspedale 87
Gasrohre 96
Gebrauchsdauer faserverstärkter Duroplaste 471
Gebrauchsprüfungen 482
Gebrauchstauglichkeit 482
Gebrauchstemperatur 366
Gebrauchstemperaturbereich 304, 379
gedruckte Schaltungen 157, 160, 176
Gefriermöbelbau 227
Gefüge 18
Gefügeuntersuchungen 482, 499
Gehalt an anorganischen Füllstoffen 243

Gehäuse 87, 96, 111, 113, 117, 121, 130, 135, 148, 155, 157, 176, 181, 204, 227, 230
Gehäuse für Armbanduhren 139
Gehäuseteile 105, 108
Gehörschutz 117
Gelcoat 200
Gelenkwellen 191, 201
Geloy 112
Gelpermeationschromatographie 255
gemischtzellige Schäume 222
Geräte, sterilisierbar 91
Geräteblenden 145
Gerätekabel 221
Geruch der Schwaden 238
Gesamtökologie 49
Gesamtschwindung 447
Gesamtwirtschaftlichkeit 49
gesättigte Kohlenwassserstoffe 2
Geschirr 144
– für aufwärmbare Tiefkühlkost 91
Geschirrspülmaschinen 87
Geschirrspülmaschinen 209
Geschirrteile 108
geschlossenzellig 222
Getränkebehälter 187
Getränkeflaschen 96
Getränkemehrwegflaschen 144
Getränkeschläuche 89, 99
Getriebeteile 135, 155
Gewächshausplatten 187
Gewebe 80, 182, 196, 200
Gewebebeschichtungen 99, 208
Gewindedichtungsbänder 167
Gießereimodelle 191
Gießen 185
Giessharze 42, 182
Glasfasergehalt, Bestimmung 245
Glashartgewebe 192
glasklar 436

Glasübergangstemperatur 5, 30, 31, 37, 248, 251, 253, 303, 379
Gleichgewichtswassergehalt 441
Gleitbeläge 80-81
Gleitebene 295
Gleitelemente 1, 80, 130, 135, 139, 155, 160, 231
Gleitgeschwindigkeit 363
Gleitkufen 168
Gleitlager 130, 139, 167, 176
Gleitmittel 22
Gleitpaarungen 365
Gleitpartner 362
Gleitreibungsbeiwerte 363
Gleitringdichtungen 176
Gleitverhalten 135
Gleitverschleiß 365
Gleitwalzen 168
Glühdrahtprüfung 392
Glührückstand 248
Glühverlust 244, 248
GMT 23, 88, 199, 201
GMT-Platten für Raumfahrzeuge 155
GPC 255
Granulatform 476
Grenz-Gebrauchstemperatur 382
Grenztemperaturen 31, 151
Grenzviskositätszahl 462
Griffe 80, 98, 139, 140, 176, 181
Griffe für Sportgeräte 221
Griffleisten 157
Grilamid 123, 216
Grillgeräte 139, 176
Grilon 123
Grilonit 188
Grilpet 136, 137
Grivory 123
Großrohre 90, 187
Grundplatten 203
gummielastisch 42, 306

Gummielastizität 205
Gummielemente 207
Gummifedern 207
Gummihärtegrad, internationaler 312
Gummisorten 207
Gummiwerkstoffe 2, 205
Gußpolyamid 131

Haartrockner 144, 155
Haftfestigkeit 187
Haftklebstoffe 45
Haftprobleme 46
Haftreibung 363
Haftung 197
Halar 169
Halbleiterbauelemente 157
Halbwert-Intervall 375
Halbzeuge 38
Hammerköpfe 117, 216
Handgriffe 80
Handlaminieren 182
Handleuchten 130
Handräder 176
Handschuhfachklappen 148
Handschuhkästen 111
Handtaschen 99
Handverfahren 199
Hardcoating 144
Harnstoffharze 177
Hart-Weich-Kombinationen 210, 221
Härteprüfung 311
Härter 185
Hartschäume 194
Härtungsreaktion 252
Härtungsverhalten faserverstärkter Duroplaste 467
Härtungszeit 469
Harzansatz 185, 190
Harze 171

BMC 42, 69
Häufigkeitsverteilung 234
Hauptreaktionszeit 465
Hauptvalenzbindungen 12
Haushaltgeräte 87
Haushaltsartikel 83
Hausmüll 53
Hebel 140
Heißabschlag 476
Heißprägefolien 140
Heißprägen 46, 166
Heißsiegelklebstoffe 45
Heißwasserbehälter 87, 155
Heißwasserleitungen 81
Heißwasserschläuche 208
Heißwasserzähler 162
Heißwasserzählerteile 157
Heizelementschweißen 45
Heizgebläse 155
Heizöltanks 80, 131, 187
Heizung 209
Heizungskanäle 87
Heizungsrohre 80
Heizwert 49
hellfarbige Elektroisolierteile 181
hellfarbige Verschraubungen für die Kosmetik 182
Helligkeit 513
Helmvisiere 117
Herde 157
Hersteller von Kunststoffen 525
Herstellungsbedingungen für Probekörper 257, 258
Herzklappen 210
Hexamethylentetramin 175
Hinterspritztechnik 38
Hinweisschilder 114, 117, 121
Hitzeschutzschilde 162
Hochfrequenzschweissen 45
Hochleistungs-Verbundwerkstoffe, thermoplastisch 201, 202

Hochleistungskunststoffe 151
Hochleistungssportbahnbeläge 216
Hochleistungssportgeräte 192
Hochspannungsdurchführungen 168, 191
Hochspannungsisolatoren 194
Hochspannungskabel 80, 81, 90
Hochsprungstäbe 192
Hochvakuumtechnik 160
hochwärmebeanspruchte Leuchten 145
Hocker 111
Hockeyschläger 192
Hohlkörper 80
Hohlkörperblasen 39
Hohlkammerprofile 96
Hohlkörper 131, 201
Homopolycarbonate 141
Homopolymerisat 1, 7, 19, 84, 133
Honey-comb 176
Horizontalbrennprüfung 396
Hornit 178
Hostaflon 165, 168, 169
Hostaform 133
Hostalen 75
Hostalen GUR 81
Hostaphan 137
HPL 182
HPLC 255
Hülsen 203
Hycar 207, 208
Hydraulikschläuche 215
Hydraulikzylinder 130
Hydrierung 54
Hydrolysebeständigkeit 130, 162
Hyflon 168
Hylar 169
Hypalon 209
Hystereseschleife 227
Hytrel 137, 217

IC-Gehäuse 164
Identifizierungsblock 63
IIR 208
Impet 136
Implantate 81, 199
Indikatoreigenschaft 497
Industrieräder 218
Induvil 92
Infrarotgeräte 139
Infrarotspektroskopie 254
Infusionsbehälter 87
Infusionseinheiten 144
Inlineskaterrollen 216
Innenausstattungen 155
Innenausstattungsgroßteile 200
Innenraumleuchten 91
Innenteile in Flugzeugen 160
Inserttechnik 195
Inspire 83
Installationsrohre 80
Installationsteile 87, 121, 139, 157
Instrumente, chirurgische 131
Instrumententafeln 87, 204
Instrumententafelträger 145
Integral-Schaumstoffe 222, 225, 226
Integralhartschaumstoff 227
intergrale Fertigung 1
interlaminare Scherbeanspruchung 199
interlaminarer Bruch 299
Isobutylen-Isopren-Kautschuk 208
isochrone Spannungs-Dehnungs-linien 343, 346
Isolationfolien 160
Isolationsteile 157, 168, 169
Isolatoren 191
Isolierbänder 99
Isolierfolien 103
Isolierkappen 176
Isolierplatten 176

Isolierrohre 96
Isolierschläuche 168, 169
Isolierung 80, 228
Isotropie 198
Ixef 132
Izod-Kerbschlagzähigkeit 338
Izod-Schlagzähigkeit 338

Kabel-Isoliermassen 221
Kabelüberzüge, abriebfest 130
Kabelbinder 80, 130
Kabelendverschlüsse 194
Kabelführungskanäle 96
Kabelisolierungen 99, 154, 168, 207, 209
Kabelkanäle 148
Kabelmäntel 208, 209
Kabelschächte 130
Kabelstecker 99
Kabelummantelungen 83, 87, 99, 162, 169, 208, 215, 220, 221
Kaffeefilter 87, 144
Kaffeemaschinen 91, 144, 148, 155
Kalandrieren 41, 207
Kaltabschlag 476
Kälterichtwert 303, 304, 379
Kälteschutzanzüge 228
Kalthärtung 185, 190
Kaltpressen 200
Kaltumformen 42
Kaltwasserpumpen 144
Kameras 144
Kämme 103, 117
Kanavec-Plastometer 464
Kanister 80
Kanten 168
Kantenbeflammung 406
Kapton 158
Kardanwellen 191
Karosserieteile 111, 193, 200, 203, 204

Katheder 83, 217
Kautschuk 73, 205
Kautschukgruppen 73
Kautschukverarbeitung 42
Keilriemen 140, 218
Keimzahl 17
Kel-F 168
Keltan 208
Kennbuchstaben 60
Kennwerte 233
Kennzeichnung von Elastomeren 73
– von Formmassen 475
– von Formteilen 62
– von Kunststoffen 57
– von Zusätzen 61
Keramikaustausch 192
Kerbempfindlichkeit 322
Kerben 320, 361
Kerbform 322
Kerbschlagzugzähigkeit 340
Kerimid 158
Keripol 183
Kernanlagen 160
Kernausschmelzverfahren 38
Ketten für Schneemobile 218
Kettenfahrzeuge 218
Kettenlänge 2
Kettenteile 140
Kevlar 152, 195
Kfz-Außenteile 145, 204
Kfz-Innenteile 145
Kfz-Scheinwerferscheiben 144
Kfz-Schläuche 209
Kfz-Sitze 228
Kfz-Verscheibungen 144
Kibisan 106
Kinderskier 227
Kinderstühle 111
Kitte 176
KKB 80

Klärbecken 193
Klassifizierung von Kunststoffen 303
Klebemaschinen 168
Kleben 45
Klebstoffe 45, 176
Kleiderbügel 105
Kleinmöbel 105
Kleinstgetriebe 135
Klemmen 181
Klimaanlagen 87, 148
Kneter 168
Knoophärte 312
Knöpfe 186
Koffer 99, 114
Kofferschalen 87, 111
Kohlebürstenhalter 157
Kohlenstoffatom 2
Kolben 80
Kolbenringe 167
Kollektoren 192
Kollektorisolierungen 176
Kommunikationstechnik 145
Kommutatoren 181, 192
Kompostierbarkeit 50
Kondensationspolymerisation 8
Kondensatorbecher 148
Kondensatoren 160, 191-192
Kondensatorfolien 140, 155, 157
Konditionieren 35, 45, 129, 445
Konditionierprogramme 445
Konditionierverfahren 445
Konfektionierung 22
Konstruktionsteile im Flugzeugbau 201
Kontaktklebstoffe 45
Kontaktleisten 144, 176, 181, 187
Kontaktträger 148, 192
Kontaktumhüllungen 157
Kontroll-Leuchten 154
Kontrollehren 191

Kopfstützen 148
Kopierwerkzeuge 187, 191
Kornform 476
Korngröße 476
Korrosionsschutz 169
Korrosionsschutzüberzüge 80
Kostil 106
Kotflügel 87, 148
Kraft-Durchbiegungs-Diagramme 327
Kräfte zwischen den Molekülketten 6
Kraftstoffbeständigkeit 145
Kraftstoffeinspritzanlagen 157
Kraftstoffschläuche 208
Kraftstoffsysteme 135
K-Resin 103
Kriech-Dehnung 343
Kriechdehnspannung 343
Kriechen 29, 344
Kriechkurven 345, 346
Kriechmodul 352
Kriechmodulkurven 353
Kriechwegbildung 428
Kristallinität 6, 15, 16, 254
Kristallinitätsgrad 16, 17
Kristallisation 251, 387
Kristallitschmelzpunkt 16, 124, 131
Kristallitschmelzpunkte von Polyamiden 124
Kristallitschmelztemperatur 5, 30, 31, 37, 240, 248, 253, 303
KSF-Verfahren 54
Küchengeräte 87
Küchengeschirr 87
Küchenherdteile 162
Küchenmaschinenteile 111, 144
Küchenmöbel 182
Küchenspülen 139
Kugeldruckhärte 311, 313

Sachverzeichnis

Kugeleindrückverfahren 491
Kugelschreiber 111, 117, 144
Kühlerblenden 111
Kühlergrill 130
Kühlschrankbau 105, 226
Kühlwasserausgleichsbehälter 87
Kühlwasserkreislauf 130, 164, 209
Kunstlederbezüge 99
Kunstrasen 80
Kunststoff-Kraftstoffbehälter 80
Kunststoffabfälle 51
Kunststoffdaten 257
Kunststoffe 115
– zum Einsatz bei höheren Temperaturen 151
–, geschäumt 222
Kunststoffmarker 52
Kunststoffmischungen 20
Kunststoffspezifikation 273
Kunststoffverarbeitungswerkzeuge 187
Kupplungselemente 130, 135, 139, 194, 215
Kurvenscheiben 139
Kurzzeichen für Kunststoffe 57
K-Wert 462
Kynar 169

Laborgeräte 91, 155, 167, 169
Labortechnik 144
Lack, antistatisch 231
Lacke für Oberflächenschutz 191
Lackieren 46
Lacovyl 92
Lacqrene 100, 103
Lacqtene 75
Ladeluftkühler 164
Ladeluftrohre 130
Ladene 75
Lager 1, 81, 135, 136, 169, 176, 215, 230

Lagerbuchsen 130, 160
Lagerfähigkeit 175, 180
Lagerringe 203
Lagerschalen 176
Lagerschilde 130
Gießharze 42
Laminiertechnik 199
Lampen 111, 155
Lampenfassungen 155, 157, 176
Lampenhalterungen 148
Lampenschirme 117
Lampensockel 139, 140, 187
Längenausdehnungskoeffizient, thermischer 387
Laserbeschriftung 46, 135
Lastspielzahl 357
Latex 207
Latexbehälter 168
Latices 73
Laufräder 135, 140, 203
Laufrollen 81, 130, 140, 210, 218
Laufrollenbeläge 215
Laufschicht 365
Laufschienen 140
Lautsprechergehäuse 148
LC-Polymere 17, 229
LCP-verstärktes Polycarbonat 145
Lebensmitteltechnik 155, 160
Lebensmittelverpackungen 89
LED-Ummantelungen 144, 230
Legierungen 58
Lehrspielzeug 131
Leichtbauelemente 226
Leichtbautechnik 195
Leiterplatten 160, 162, 192
leitfähige Zusatzstoffe 26
Leitfähigkeitsruße 231
Leitwerke 191
Lekutherm 188
Lenkräder 187, 228
Lenksäulenverkleidungen 111, 148

Leuchtbuchstaben 121
Leuchten 102, 108, 117, 121, 140, 144, 148, 176
Leuchtensockel 181
Leuchtwannen 121
Lexan 141, 145
Lichtbänder 121
Lichtbeständigkeit 516
Lichtdurchlässigkeit 433, 437
Lichtechtheit 516
Lichteinfluß 23
lichthärtende UP-Harze 185
Lichtkuppeln 96, 117, 187
Lichtleitfasern 121
lichtsammelnde Bauelemente 142, 144
Lichtschächte 157
Lichtschalter 148
Lichtwellenleiter 169
Lieferanten von Kunststoffen 525
Liegemöbel 114, 187
Lineale 144
lineare Polyester 136
Linsen 83, 121, 144
Literaturhinweise 521
LKW-Aufbauten 187, 193
LKW-Reifen 207
Lochkerbe 321
Lomod 217
lonomere 88
Lösemittelklebstoffe 45
Lösungsverhalten 35, 453, 456
Lucalen 88
Lucite 118
Lucryl 118
Luflexen 75, 83
Lüfter 87, 96, 130, 135, 144, 148
Lüfterhauben 80
Luftfahrt 162
Luftschläuche für Reifen 208
Lüftungskanäle 87, 96

Lunker 482
Lupen 121
Lupolen 75, 81, 218
Luran 106, 112
Luranyl 146
Lustran 106, 108

MABS-Formmassen 117
Magnetkarten 140
Magnum 108
Mahlgut 51, 55, 476
MAK-Werte 48
Makroblend PR 145
Makrofol 141
Makrolon 141
Makromoleküle 3
Manschetten 81, 208, 215
Marlex 75
Martens, Formbeständigkeit nach 366
Marvylan 92
Maschinen, landwirtschaftliche 114
Maschinenbettungen 194
Masse-PVC 93
Masse, molare 255
Massetemperatur 38
Maßhaltigkeit 481
Masterbatch 25, 55
Materialeingangsprüfungen 475
Matrimid 158
Matrix 195
Matten 182, 196, 200
Mauerdübel 131
MBS-Formmassen 117
mechanisches Verhalten 29
Medizin 91
medizinische Geräte 148, 155, 162, 221
Medizintechnik 83, 108, 117, 155
Mehrfachbindungen 2

Mehrschicht-Verbundlager 167
Mehrschicht-Verpackungsfolien 140
Mehrschichtbehälter 438
Mehrschichtfolien 83, 131, 195
Mehrschichtverpackungen 121
Mehrweg-Getränkeflaschen 140, 144
Melamin-Phenol-Harze 177
Melaminharze 177
Melbrite 177
Melinar 136
Melinex 136
Melopas 178, 188
Membranen 155, 167, 169, 207, 208, 210, 218
Membranen für künstliche Nieren 210
Menueschalen 140
Menzolit 183
Merkmale 234
Merkmale-Datenblöcke 63
Meßfühlerhalterungen 164
Metallocene 75, 84
Methan 2
Metocene 83
MF 177
MFQ 209
MFR 457
Mikroskopie 499
Mikroskopierverfahren 502
Mikroskopteile 144
Mikrotom 500
Mikrowellengeschirr 155, 160, 231
Miniaturisierung 230
Minlon 123
Mischbatterien 130
Mittelkonsolen 111
Mittelwert, arithmetischer 234
Möbel 121, 227
Möbelscharniere 131

Modelle 186
Modellspielwaren 117
Modeschmuck 103, 121
Modifikationen 58
modifizierte Polyphenylenether 146
Modifizierung 19
molare Masse 14
Moldflow 506
Molekülanordnung 5
Molekulargewicht 14
Molekulargewichtsverteilung 457
Molekülgrößenverteilung 255
Molmassenverteilung 83, 255
Moltopren 227
Monofile 80, 87
Monomer 3, 51
Moplen 83
Motorengehäuse 130
Motorflugzeuge 187
Motorhauben 148
Motorlager 207
Motorradhelme 130
MP 177
MVQ 209
MVR 457
Mylar 137

Nachbehandlungen 44
Nachbrennen 396
Nachglimmen 396
Nachhärten 45
Nachhärtung 448
Nachkristallisation 44, 251, 448
Nachschwindung 44, 387, 447
Nähmaschinenteile 144
Nahtmaterialien 131
Naßpressen 200
Naßwascher 157
Naturkautschuk 207
NBR 207

Nebenvalenzbindungen 6, 12
Neoflon 168
Neonit 188, 193
Neopolen 227
Neoprene 208
Nettoschwindung 469
Nichtbruch 328
Nieten 45
Nockenscheiben 130
Nordel 208, 218, 220
Norm-Durchbiegung 295
Normbezeichnungen für thermoplastische Formmassen 63
Normfarbwerte 514
Normung von Duroplasten 68
Noryl 146
Novex 75
Novodur 108, 112
Novolen 83
NR 207
Nukleierungsmittel 17, 22, 44, 504

O-Ringe 208, 218
Oberflächenbehandlungen 46
Oberflächeneffekte 325
Oberflächenfehler 361
Oberflächengüte 363
Oberflächenvergütung 144
Oberflächenwiderstand 413
Oberlichter 121
offenzellig 222
Ökobilanz für PVC 91
ökologische Auswirkung 51
Ölfilter 130
Ölflaschen 96
Ölkannen 117
Ölwannen 130
Ölwannenentlüftungen 164
Online-Lackierung 204
opak 436
Optik 230

optische Datenspeicher 144, 145
Ordnungskästen 103
Orevac 218
Orientierungen 15, 254, 484
Orifice-Flow-Test OFT 175
Oroglas 118
Orthopädie 121
Outsert-Technik 135, 195

PA 122
PA-Blend 132, 204
Packungen 167
PAI 132, 158
Palapreg 183
Palatal 183
Paletten 187
Papierbeschichtungen 220
Parabolspiegelantennen 187
Paraffine 2
Paraglas 118
pasteurisierbare und heißabfüllbare Verpackungen 140
PB 89
PBT 136
PBT-Blends 204
PC 141
PC-Blends 141, 145, 204
PC-Copolymere 145
PCTFE 168
PDAP 193
PE-X 81
PE-HD 76
PE-HD-HMW 81
PE-HD, bimodal 83
PE-LD 76
PE-LLD 76, 80
PE-UHMW 80
PE, hergestellt mit Metallocenkatalysatoren 83
Peaktemperatur 252
Pebax 216

PEEK 161
PEI 158
PEK 161
PEN 140
Pendeltüren 98
Perbunan N 207
Perfluoralkoxy-Copolymerisat 168
Permeation 36, 438
Perspex 118
PES 152
PET 136
Petlon 136
PF 171
PF-Formmassen 172
PFA 168
Pfannengriffe 176
Pflanzschalen 114
Pfropfpolymerisate 1
Pfropfpolymerisation 19
Phenol 9
Phenolformaldehyd 9
Phenoplaste 171
Photovoltaik 121
Pibiflex 217
Pibiter 137
Pigmente 24
Pinzetten 155
Pipeline-Rohre 187
Pit-Abformung 145
PK 148
PKW-Reifen 207
Plastisoltechnologie 98
Plastopreg 183
Platinen 157
plattenförmige Auflager 167
Plexiglas 118
PMC 41, 68, 171, 186, 191
PMI 158
PMMA-Blends 117
PMP 90
pneumatische Steuerungen 144

Pocan 137
Poissonzahl 271
polare Kräfte 12
Polieren 46
Polstermöbel 228
Poly-DCPD-Harze 193
Polyacetale 132
Polyacetylene 231
Polyaddition 10
Polyalkylenterephthalate 136
Polyamid-Blends 126
– -Copolymere 122
– -Homopolymere 122
Polyamide 122
–, hochwärmebeständig 131
–, Unterscheidungsmöglichkeiten 240
Polyamidimid 132
Polyarylamid 132
Polyaryletherketone 161
Polyarylsulfone 152
Polyblends 58, 137
Polybuten 89
Polybutene 89
Polybutylenterephthalat 136
Polycarbonat 141, 152
Polychlortrifluorethylen 168
Polydiallylphthalat 193
Polyester/Polyether-Urethan-Kautschuke 210
Polyesterelastomere 137, 140, 217
Polyetheramide 216
Polyethylen 75
Polyethylennaphthalat 140
Polyethylenterephthalat 136
Polyimide 151, 157
Polykondensation 8
Polylac 108
Polylite 183
Polymer-Legierungen 1, 20, 61
Polymerblends 1, 20, 203, 210

Polymergemische 1
Polymerisation 7
Polymerisationsbeginn 467
Polymerisationsgrad 13-14
Polymerisatmischungen 58, 237
Polymerkombinationen 19
Polymethylmethacrylat 117
Polymethylpenten 90
Polyolefine 75
Polyoxymethylen 132
Polyphenylenether 146
Polyphenylensulfid 155
Polyphtalamid 122, 162
Polypropylen 83
Polypropylen PP-MC 88
Polypyrrole 231
Polysar 207, 208
Polystyrol 103
Polystyrol 99
–, syndiotaktisch 100
Polytetrafluorethylen 165
Polyurethan-Elastomere 211
Polyurethane 10
Polyvinylchlorid 92
Polyvinylchlorid mit Weichmacher 96
Polyvinylfluorid 169
Polyvinylidenfluorid 169
POM 132
POM-Hl 136
Potentiometerteile 139
PP 83
– mit definierter isotaktischer Sequenzlänge 88
– mit enger Molekülgrößenverteilung 88
PP-E 87
PP-E(P)DM-Blends 204
PP-Elastomer-Blends 87
PP-M 84
PPA 162

PPE 146
PPE-Blends 204
PPS 155
Präzisionsteile 192
Prägefolien 96
Prägen 41
Prallverschleiß 362
Präzisionsteile 135
Premix 42
Prepregs 42, 171, 182, 200, 201
Pressen 41, 207
Preßsintern 166
Preßverfahren 200
Preßvulkanisation 42
Primef 155
Prismen 121
PRL-Verfahren 53
Pro-Fax 83
Procom 83
Profile 176, 221
–, flexibel 220
Profilplatten 187
Projektionsgeräte 148
Propan 2
Prothesen 81
Prozeßparameter 38, 236
Prozeßüberwachung 38, 236, 480
Prüfbedingungen 257, 263, 266
Prüfberichte 233
Prüfergebnisse 233, 257
Prüfflüssigkeiten 243
Prüfgeschwindigkeit 286
Prüftemperatur 320
Prüfung des Formstoffs im Formteil 480
– des ganzen Formteils 481
– von Kunststoff-Formteilen 480
– von Kunststoffen 233
Prüfungen zur Ermittlung der Brandgefahr 395
Prüfungen, elektrisch 408

Prüfungen, mechanisch 270
–, optisch 432
–, thermisch 366
PS 99
PS-I 99
PS-Modifikationen 20
PS-S 100
PSU 152
PTFE 165
PTI 428
Puffer 215
Pultrudieren 185, 190
Pumpen 96, 148, 192
Pumpengehäuse 87, 130, 204
Pumpenlaufräder 148, 162
Pumpenmembranen 217
Pumpenteile 135, 139, 157, 164, 167, 169, 176
Puppen 99
PUR 193, 211, 226
PUR-Gießharze 193
PUR, thermoplastisch 212
–, vernetzt 213
PVC 92, 93, 96, 98
PVDF 169
PVF 169
p · v- Wert 363
Pyknometer 241
Pyrolyse 54
Pyrolyseöle 51

Qualität 38
Qualitätskontrolle 452, 461
Qualitätsprüfung 458
Qualitätsweichen 480
quasi-gummielastisch 32
Quellfluß 506
Quellverhalten 35, 453
Quietschgeräusche 136

Radblenden 148
Radel 152

Radiatoren 87
Radilon 123
Raditer 137
Radkastenauskleidungen 88
Radzierblenden 130
RAL-Farbkarte 512
Ramextrusion 167
Randleisten 98
Random-Copolymer 19
Randomblockcopolymere 84
Randomcopolymer 84
Rapid Prototyping 37, 130
Rasen, künstlicher 87
Rasenmähergehäuse 114
Rasierapparategehäuse 144
Rasterelektronenmikroskopie 507
Rauchentwicklung 392
Rauchgasentschwefelung 148
Rauchgasentwicklung, geringe 155
Raumfahrt 160, 162, 230
Raumfahrttechnik 187
Raumgewicht 222
Reaktion der Schwaden 238
Reaktionsharze 182
Reaktionsharzmassen 182, 185
Reaktionsmittel 8
Reaktionsschäume 47
Reaktionsschaumguß 226
Reaktionsschwindung 469
Reaktivität 467
Recycling 24, 39, 48, 255
recyclinggerecht 52
Recyclingschema 55
Recyclingzeichen 52
Reflektoren 155, 157
Reflexionsfolien 140
Regalsysteme 87
Regelkarten 236
Regenerat 55, 56, 206
Regenfallrohre 96
Regenmäntel 99

Regranulat 55, 56
Reibbeläge 176
Reibschweißen 45
Reibung 36, 362-363
Reibungskoeffizient 36, 363
Reifen 218
–, schlauchlos 208
Reifung faserverstärkter Duroplaste 471
Reinheit 56
Reißverschlüsse 136
Reklameartikel 121
Reklameschilder 117
Relaisgehäuse 164
Relaisteile 103, 154
Relaxation 344
REM 507
Resinol 172
Resipol 183
Resopal 178
Restspannung 343
Retardation 344
Rezyklat 48, 51, 53, 55
Rezyklatschicht 39
Rhodeftal 158
Ridurid 172
Riemenscheiben 130
rieselfähige Formmasse 68, 171
Rieselfähigkeit 476, 478
Rigidex 75
Rilsan A 123
Rilsan B 123
RIM 47, 226
Rißbildungsgrenze 491
Riteflex 217
Rockwellhärte 312, 316
Rohacell 225
Rohdichte 222
Rohraufweiten 42
Rohre 83, 90, 98, 114, 140, 167, 169, 201, 217, 218, 220

Röhrenfassungen 144, 168, 169
Rohrleitungen 87, 121, 130, 192
Rohrposthülsen 131, 144
Rohrpostleitungen 96
Rohrverbinder 96
Rolladenstäbe 96
Rollen 135, 140, 194
Rollschuhe 210
Rollschuhrollen 216
Ronfaloy 109
Rotationsformen 41, 79, 131
Rotationsgießverfahren 98
Rotationsschmelzen 41, 80
Rotationsschweißen 45
Rotorblätter 191, 201
Roving-Spannverfahren 185, 190
Rovings 182, 196, 201
RRIM 47, 226
RSG 47, 222
RTI 378
Rückdeformation 30
Rückenlehnen 131
Rückfederungseffekte 46
Rücklaufmaterial 52
Rückleuchten 121
Rückstand 238, 244
Rückstrahler 121
Ruß 24
Rütapal 183
Rütapox 188
rutschfeste Unterlagen 221
Rynite 136
Ryton 155

Säcke 87
SAN 99
Sandalen 99
Sandwichelemente 228
Sandwichkonstruktionen 191, 195, 223, 227
Sandwichspritzgußverfahren 226

36 Sachverzeichnis

Sanitärinstallationsmaterial 111, 164
Sanitärgegenstände 114, 181
Sanitärzellen 121
Santoprene 218
Sättigungswert 444
Sauerstoff-Index 406
Saugfüße 99
SB 99
SBR 207
SBS-Blockcopolymere 100
Schädigungsdeformationen 497
Schüsseln 103
Schadenslinie 346
Schadensursache 499
Schädigungsdeformation 491, 493
Schädigungsdehnung 496
Schädigungsmerkmal 509
Schälfolien 162
Schallplatten 96
Schallschutzelemente 221
Schaltelemente 181
Schalter 87, 139, 148, 181
Schaltergehäuse 176, 187
Schalterteile 121, 154, 169
Schaltkasten 148
Schaltknöpfe 117
Schaltschütze 176
Schalungen 187
Scharnierbruch 321
Scharniere 135, 140
Schaugläser 103, 108, 144
Schaum, hart 223
–, halbhart 223
–, weichelastisch 223
Schäumen 47
Schaumstoffe 87, 99, 176, 210, 222
Schaumstoffe, hart 225
Schaumstoffe, weichelastisch 227
Schaumstoffplatten 96
Schaumstoffstützkerne 223

Schäumwerkzeuge 191
Scheiben 144
Scheibenwaschanlagen 130
Scheibenwischerblätter 207, 217
Scheinwerfer-Reflektoren 157
Scheinwerfergehäuse 87, 108, 164
Scherzonen 504
Schichtpressen 175
Schichtpreßstoffe 42
Schichtpreßstofftafeln 193
Schichtstoffplatten, dekorativ 182
Schieberführungen 135
Schienenfahrzeuge 187
Schienenkörper 117
Schiffsbau 200
Schiffsschrauben 130
Schläuche 169
Schlagarbeit 327
Schlagarbeit beim Bruch 327
Schlagbiegeversuche nach Charpy 322
Schlagbiegeversuche nach Izod 338
Schlagpressen 166
Schlagversuche 320
Schlagzähmodifizierung 20
Schlagzähigkeitsprüfung, instrumentiert 327
Schlagzugversuch 340
Schlagzugzähigkeit 340
Schlauchboote 99
Schläuche 98-99, 140, 167, 207, 209, 217, 218, 220, 221
Schlauchfolienblasen 39
Schleifen 46
Schleifmittel 176
Schleifteller, flexibel 216
Schleuderverfahren 185
Schließzeit 464
Schloßteile 130
schmalseitiger Schlag 322

36 Sachverzeichnis

Schmelze-Massenfließrate 457
Schmelze-Volumenfließrate 457
Schmelzen 251
Schmelzetemperatur 480
Schmelzindex 457
Schmelzklebstoffe 45, 90, 169, 220
Schmelzpeak 252
Schmelzverhalten 238
Schmelzwärme 248, 251
Schmierelemente 176
Schmierung 363
Schnappen 45
Schnappverbindungen 1, 133, 135, 155
Schneckenspritzgießmaschine 37
Schnellkonditionierung 445
Schnittbedingungen 46
Schokoladeformen 145
Schrankelemente 111, 227
Schrauben 130, 135
Schraubverbindungen 344
Schreibgeräte 121
Schreibmaschinentasten 117
Schriftschablonen 144
Schrumpfelemente 81, 483
Schrumpffolien 30, 80
Schrumpfschläuche 99, 169
Schrumpfsysteme 30
Schrumpfung 15, 447, 452, 485, 486
Schubkästen 105
Schubladen 227
Schubmodul 303
Schubmodul-Temperatur-Diagramm 382
Schubmodul-Temperatur-Kurven 303-304
Schubspannungsbruch 299
Schuhabsätze 87, 111, 117
Schuhleisten 105
Schuhsohlen 89, 99, 217, 221, 228

Schüsseln 121
schußsichere Bekleidung 152
Schüttdichte 476
Schüttgewicht 476
Schutzabdeckungen 144
Schutzanzüge 99
Schutzbrillen 117, 144
Schutzhandschuhe 99
Schutzhelme 111, 144
Schutzschalter 144
Schutzschilde 144
Schwachstellen 481, 507
Schwallbadlötungen 157
Schwebeverfahren 241
Schweißbacken 168
Schweissen 32, 45
Schweißnaht 504
Schwellbeanspruchung 356, 357
Schwimmbäder 187
Schwimmbeckenauskleidungen 98
Schwimmtiere 99
Schwimmwesten 228
Schwindung 447
Sclair 75
Segelflugzeuge 187
Seile 80, 131
Seitenschutzprofile 148
Sekantenmodul 276, 354
Sektkorken 80
Selbstklebefolien 99
Sensoren 130, 164
Sensorgehäuse 132
Sequenzpolymere 20
Sessel 117
Sesselschalen 227
Shorehärte 311, 318
SI 192
Siamvic 92
Sicherheitsabdeckungen 121
Sicherheitsteile 164
Sicherheitsverglasungen 144

Sicherungsgehäuse 144, 148
Sichtgläser 91
Sichtkontrolle 481
Sichtscheiben 83, 108
Siebe 80, 157
Signalampelgehäuse 114
Sigrafil 188, 195
Sigrafil Prepreg 172
Sigratex 195
Silastic 209
Silikone 2
Silikonharzmassen 192
Silofolien 99
Silopren 209
Simulationsprogramme 506
Sink-Schwimm-Methode 241
Sinkral 108
Sinterüberzüge 117
Sitzmöbel 114, 187
Sitzschalen 111, 131, 200
Skalen 108, 121, 145
Skanopal 178
Skateboardrollen 216
Skibindungsteile 131, 136
Skier 192
Skinverpackung 43, 89, 96
Skischuhe 216
Skistockgriffe 221
Skistockteller 220
SMA 109
SMC 42, 68, 171, 186, 191, 200
SMC-Matten 131
SMC-Verfahren 200
SMD-Technik 154
Smith-Diagramm 361
SMT-Teile 132
Sniatal 133
Sockel 157, 192
Sockelkitte 176
Sofita 195
Sohlen für Sportschuhe 216

Solarzellen 169
Solef 169
Solvin 92
Sommerskipisten 87
Sonderharze 192
Spangebende Bearbeitung 46
Spannung bei x % Dehnung 271
Spannungs-Dehnungs-Diagramm, isochrones 346
Spannungs-Dehnungs-Diagramme 275, 283
Spannungs-Durchbiegungskurven 298
Spannungsrißbeständigkeit 491
Spannungsrißbildung 28, 35, 453
Spannungsrisse 346
Spannungsrißverhalten 482, 486
Spannweite 234
Speicher, optische 121
Sperrfolien 131
Sperrschicht 438
Spezialverbundfolien 168
spezifische Oberfläche 355
spezifische Wärme 251
Sphärolithenkreuz 18
Sphärolithe 17, 504
sphärolithfreier Rand 504
Sphärolithgrenzen 18
Spiegelelemente 155
Spiegelgehäuse 130, 148
Spiegelteile 140
Spielzeug 80, 103, 105, 111
–, technisches 111
–, aufblasbar 220
SPIRIT 446
Splitterbruch 328
Spoiler 87-88, 111, 148
Sportartikel 140, 164
Sportgeräte 227
Sportschuhe 89, 217
Spritzblasen 39

Spritzgießen 37, 41, 207
Spritzkuchen 51
Spritzpressen 41, 207
Sprödbruch 320, 328
Sprüharme 148
Spulenkörper 80, 103, 105, 130, 132, 135, 139, 144, 148, 154, 157, 164, 169, 187, 230
Spulenträger 176
Spülmaschinen 148
Stäbchen-Methode 464
Stabilisatoren 22-23
Stamylan 75, 83
Stamylex 75
Stamyroid 83
Stamytec 83
Standardabweichung 234
Standarddurchbiegung 367
Stanyl 123
Stapelfasern 182
Stapelkasten 105
statistische Methoden 234
Staubkappen 215
Staubsauger 111, 130, 144, 148
Stauchung bei Bruch, nominelle 288
Stauchung bei Druckfestigkeit, nominelle 288
Steckdosen 87, 176
Stecker 176, 181
Steckerleisten 139, 169, 187, 230
Steckverbinder 130, 148, 154, 157, 162, 164, 192
Stegdoppelplatten 121
Stehspannung 409
Stereolithografie 37
Sterilisierbare medizinische Geräte 87
Sterilisierbarkeit 162
Sterilisiergeräte 148, 157
Steuernocken 135

Steuerscheiben 130, 135, 139
Steuerungen 176
Stichproben 234
Stichprobenprüfung 485
Stick-Slip-Bewegung 165
Stick-Slip-Effekt 363
Stiefel 99
Stifteindrückverfahren 491
Stopfdichte 477
Stoßfängersysteme 52, 87, 88, 140, 148, 187, 228
Stoßversuche 507
Strahlenbeständigkeit 160, 162
Strahlverschleiß 365
Strangziehverfahren 201
Streckdehnung 271
Rohraufweiten 42
Streckspannung 271
Streuscheiben 121
Stromverteilerkasten 148
Struktur-Schaumstoffe 222
Strukturen von Thermoplasten 15
– von Makromolekülen 4
Strukturschäume 1, 222, 225, 226
Strukturschaum, Dichteverlauf 225
Stückgewicht 481
Stühle 111
Stuhlsitze 117, 176
100-Stunden-Zeitstandfestigkeit 495
Stützkerne 201, 226
Stützschalen 365
Styroblend 103
Styrodur 225
Styrol-Butadien-Kautschuk 207
Styrol-Polymerisate 99
–, Unterscheidungsmöglichkeiten 240
Styrolcopolymere 221
Styrolux 103
Styron 100

Styropor 225
Styropor-Verfahren 225
Sulzer-Pulverimprägnierverfahren 201
SUN-Testgerät 518
Supec 155
Supraplast 172, 177, 178, 183, 188, 193
Surfboardschlaufen 221
Surfbretter 80, 111
Surlyn A 88
Suspensions-PVC 93

Tachometerabdeckscheiben 121
Taktizität 254
Tankaufbauten 187
Taschenmesserabdeckungen 117
Tastenteile 139
Taster 130
Tauchausrüstungen 221
Tauchen 42, 98, 207
Taucherbrillen 117
Taue 87
Teamex 75
Technoklima 35
Technyl 123
Tecnoflon 169, 209
Tedlar 169
Tedur 155
Teflon 165, 168
Tefzel 168
Teigroller 168
teilkristalline Kunststoffe 5
Telefonapparate 108
Telefone 111, 113, 117
Temperatur-Index 375
Temperatur-Zeitgrenzen 382
Temperierkammer 325
Tempern 44
Tenite 114, 137
Tennisschläger 192

Teppichunterlagen 228
Terblend 112
Terluran 108
Termanto 225
Testmittel 487
Tetrachlorkohlenstoff 2
Tetrafluorethylen/Hexafluorpropylen-Copolymerisat 168
Tetrafluorethylen/Hexafluorpropylen/Vinylidenfluorid-Copolymerisat 169
Textilgummierungen 209
TFP 202
TGA 249
thermische Analysen 237
thermische Analysenverfahren 248
–, Anwendungsmöglichkeiten 251
thermisches Verhalten 31
thermoelastisch 32, 42
Thermoformen 42
Thermoformwerkzeuge 194
thermogravimetrische Analyse 249
thermomechanische Analyse 249
thermooptische Analyse 251
Thermoplast-Faserverbundsysteme 201
Thermoplaste 1, 4, 7, 12, 28, 31, 75, 304
–, amorph 305
–, Prüfbedingungen 263
–, teilkristallin 305
–, teilkristallin, Mikroskopie 503
thermoplastische Elastomere 1, 6
Thermoplastschäume 47
Thermoplastschaumguß 226
Thermoplastschaumspritzgießen 38
Thermostatventile 148
TI 378
Tiefziehwerkzeuge 191
Tintenpatronen 80
Tischdecken 99

Tische 187
Tischelemente 87, 114, 117, 176
Tischtennisschläger 227
Titration nach Karl Fischer 479
TMA 249
TnP-Test 487
TOA 251
Toaster 139
Toilettenartikel 105, 117, 181
Toleranzen 447
Tonbandspulen 103
Topas 83
Topfgriffe 176
Topfzeit 185
Torlon 132, 158
Torsionsschwingungsversuch 302
Tortenhauben 103
TPE 210
TPE-A 216
TPE-E 217
TPE-S 221
TPU+ABS-Blends 204
TPX-Polymers 90
Trafogehäuse 87
Tragetaschen 80
Tränkharze 176
Transfermoulding 41
Transformatoren 160, 194
Transformatorenteile 132
transluzent 436
transparent 436
Transportbehälter 80, 99, 111, 187
Transportgewebe 162
Transportkästen 87
Transportketten 130
Treibmittel 22, 27, 206
Trennfolie 131, 140, 169
TRGS 48, 238
Triax 109, 132
Trinkgeschirr 181
Trinkwasserrohre 80

Trockenschmiermittel 167
Trogamid T 123
TSG 27, 222
Tuben 80, 220
Tüllen 99
Türbeschläge 131, 135
Türdichtungen 221
Türschloßkeile 215
Türverkleidungen 176
TVI-Methode 479
Twaron 152, 195
typenrein 56
Tyril 106

Überschuhe 99
Überstrukturen 17, 503
Überzüge 167
Udel 152
UF 177
Uhren 111
Uhrgläser 121
U-Kerbe 321
UL 94 403
Ultem 158
Ultradur 137
Ultraform 133
Ultramid 123
Ultraschallschweißen 45
Ultrason 152
Umformen 304
Umformen von Thermoplasten 42
Umformkraft 43
Umleimer 99
Ummanteln von Metallteilen 187
Ummantelungen 90, 230
– von Lichtwellenleitern 168
Umrechnungsmöglichkeiten 519
–, Arbeit 519
–, Dichte 519
Umrechnungsmöglichkeiten, Druck 519

Umrechnungsmöglichkeiten, Energie 519
–, Festigkeit 519
–, Fläche 519
–, Kraft 519
–, Leistung 520
–, Spannung 519
–, Temperatur 520
–, Wärmeleitfähigkeit 520
–, Wärmemenge 519
–, Wärmestrom 520
Umwelteinflüsse 35
Umweltprobleme 48
Unbedenklichkeit, physiologische 48
Ungesättigte Polyesterharze 182
Unipolymerisate 7
Universalhärte 312
Unterbodenschutz 99
Untersuchungen im polarisierten Licht 484
UP 182
UP-DCPD-Harzen 182
Urepan 210, 213
Urformen 30, 32, 304
Urformen von Duroplasten 41
Urformen von Elastomeren 42
Urformen von Thermoplasten 37
UV-Einfluß 23
UV-Lampe, Bestrahlung durch 517

Valox 137
Valtec 83
Van der Waalssche Kräfte 12
Vandar 137
Varianz 234
Variationskoeffizient 234
Vectra 229
Ventilatoren 87
Ventildeckel 164
Ventile 139, 144, 148, 157, 167
Ventilelemente 135

Verarbeiten von Kunststoffen 37
Verarbeitung von EP-Formmassen 190
– von EP-Gießharzen 190
– von EP-Reaktionsharzen mit Fasern 190
– von Gummimischungen 206
– von Reaktionsharzen mit Fasern 185
– von Reaktionsharzmassen mit Faserverstärkungen 199
– von UP-Formmassen 186
Verarbeitungshilfen 22
Verarbeitungsmöglichkeit 457
Verarbeitungsparameter 447
–, prozeßrelevant 480
Verarbeitungsqualität 487
Verarbeitungsschwindung 447
Veraschungsmethode 244
Verbandkästen 111
Verblendungen 114
Verbundfedern 194
Verbundfolien 39, 80, 87, 169, 438
Verbundhohlkörper 39
Verbundlager 365
Verbundsysteme 195
Verfestigung 31
Verfestigungsverhältnis 276
Verformungsverhalten 29, 31
–, energie-elastisches 30
–, entropie-elastisches 30
–, quasi-viskos 30
Vergaserteile 157
Verglasungen, infrarotreflektierend 121
Vergußmassen 194
Verhalten gegen Umwelteinflüsse 34
– gegenüber Strahlung 35
Verhalten in organischen Lösemitteln 240

Verhalten von Kunststoffen 28
– von Kunststoffen bei Temperatureinwirkung 375
–, elektrisches 34
–, gummiähnlich 74
–, mechanisches 29
–, thermisches 31
Verkapselungsharze 194
Verkehrsschilder 114, 121
Verklebung 191
Verkleidungen 87, 148, 155, 168, 187, 191
Verkleidungsplatten 148
Verlustfaktor, dielektrischer 422
–, mechanischer 303
vermischt 56
vernetzte Elastomere 4
vernetzte Systeme 1
Vernetzung 3
–, physikalisch 210
–, weitmaschig 210
Vernetzungsgrad 14
Vernetzungsmittel 205
Vernetzungsreaktion 210
Verpackungen 87, 102, 169
–, antistatisch 231
– für heiße Füllgüter 90
–, glasklar 108
Verpackungsabfälle 53
Verpackungsbänder 87
Verpackungsbecher 87, 96
–, dünnwandig 84
Verpackungsbecher, transparent 84
Verpackungsbereich 83, 84, 204
Verpackungsfolien 80, 117, 131, 169, 220
Verpackungskunststoffe 49
Verpackungspolster 228
Verschleißteile 215
Verschleiß 36, 362, 365
Verschleißverhalten 36, 135

Verschlüsse 80, 220
Verschlußplatten 160
Verschrauben 45
Versprödung 453
Verstärkungsstoffe 22, 62
Verstärkung 182
Verstärkungszwecke 152
Verstrecken 15, 31
Verteilerdosen 80
Verteilergehäuse 139
Verteilerkästen 96, 130, 144, 187
Vertikalbrennprüfung 396
Verträglichkeit 56
Vertrauensbereich 234
Vertrauensniveau 235
verunreinigt 56
Verweilzeit 465
Verzug 44, 452
Vespel 158
Vestamid 123
Vestodur 137
Vestolen 75, 83
Vestolit 92
Vestoran 146
vibrationsmindernde Elemente 215
Vibrationsschweißen 45
Vicat-Erweichungstemperatur 371
Victrex PEEK 161
Victrex PEK 161
Videobänder 140
Videogeräte 108
Videokassetten 105
Vielzweckprobekörper 260
Vinnolit 92
Vinodur 92
Vinoflex 92
Vinylchlorid-Polymerisate 91
Vinylchlorid-Copolymerisate 93
Vinylesterharze 193
Visiere 144
viskos 30

36 Sachverzeichnis

Viskositätsmessungen 457, 475
Viskositätszahl 256, 460
Viton 169, 209
Vivifilm 137
Vliese 87, 196
Vollreifen 210
Voltalef 168
Vorhänge 99
Vorspannung 356
Vulkanisation 205, 210
Vulkanisationsmittel 205
Vulkollan 213
Vulkollan-Verfahren 194
Vydyne 123
Vyncolite 172

Wabengewebe 176
Waffeleisen 139
Wagenaufbauten 117
Wahrscheinlichkeit 235
Wälzlagerkäfige 130, 135
Wanddickenverteilung 43
Wandlerräder 176
Wandverkleidungen 176
Wärmealterung 376
Wärmeausdehnung 34, 469
Wärmeausdehnungskoeffizient 251
Wärmeaustauscher 157
Wärmedämmstege 131
Wärmeformbeständigkeitstemperatur 367
Wärmeleitfähigkeit 383
Wärmeleitung 34
Wärmetauscher 167, 204
Warmgasschweißen 45
Warmhärtung 185, 190
Warmlagerung 15, 452
Warmlagerungsversuch 482, 484
Warmluftverteiler 148
Warmpressen 200
Warmumformung 30, 32, 42

Warmwasserleitungen 90
Warndreiecke 108, 121
Waschbecken 121
Waschmaschinen 135, 148
Waschmaschinentrommeln 87
Wasseraufbereitung 148, 155
Wasseraufnahme 35, 438, 440
– von PA 126
Wasserbehälter 80
Wasserdampfdurchlässigkeit 439
Wasserhähne 130
Wasserstoffbrückenbindungen 12
Wasserstrahlschneiden 47
Wassertanks 91
WC-Spülkästen 111
Wechselbeanspruchung 356, 357
Weichmacher 22, 25, 62, 91, 96, 206, 254
–, Ausschwitzen 97
Weichmacherfreies Polyvinylchlorid 93
Weichmacherwanderung 20, 25
Weichmachung, äußere 19, 25, 97
–, innere 19, 25
Wellendichtringe 208
Wellplatten 96, 187
Wendelleitungen 221
Werbeschilder 114, 117
Werbetransparente 121
Werkstoffkennwerte 257
Werkstoffpaarung 363
Werkzeugbau 194
Werkzeugbehälter 87
Werkzeuge 168
Werkzeuggeometrie 46
Werkzeuginnendruckverlauf 480
Werkzeuggriffe 117
Werkzeugtemperatur 37, 38, 480
Wetterbeständigkeit 516
Wetterechtheit 516
Wickel-und Spanntechnik 201

Wickelharze 176
Wickelverfahren 182
Widerstände 192
Widerstandsfähigkeit, chemische 28
Wiederverwendung 48, 51
Wiederverwertung 48, 51
–, chemische 54
–, stoffliche 51
–, thermische 51, 54
Wintergartenbau 121
Wirbelsintern 41, 79-80, 98, 162
witterungsbeständige Folien 169
Witterungseinflüsse 516
Wöhlerkurve 357, 361
Wohnwagen 187
Wohnwagenverkleidungen 114
Wursthüllen 131

Xantar 141
Xenonbogenlampe, Bestrahlung durch 517
Xenontestgerät 518
Xenoy 145
x % Dehnung 271
x % Stauchung 288
Xydar 229

Zäh-spröd-Übergang 320
Zähbruch 328
Zähler 148
Zählergrundplatten 181
Zählwerksteile 108, 135
Zahnbürsten 103, 117
Zahnersatz 121
Zahnräder 81, 130, 135, 136, 139, 155, 160, 176, 215, 218
Zahnriemen 215
Zeichengeräte 121
Zeichenschablonen 117
Zeit(schwing)festigkeit 355
Zeitbruchlinie 346

Zeitdehnlinien 346
Zeitschaltgeräte 148
Zeitschwellfestigkeit 355
Zeitschwingfestigkeits-Diagramm nach Smith 360
Zeitschwingversuch 354
Zeitstand-Bruchzeit 495
Zeitstand-Rißbildungszeit 495
Zeitstand-Schaubild 346
Zeitstand-Zugfestigkeit 343
Zeitstandversuch 343
Zeitstandzugversuch 494
Zeitwechselfestigkeit 355
Zellstruktur 47
Zenite 229
Zentralverriegelungen 176
Zersetzungsbereich 306
Zersetzungsprodukte 48
Zersetzungstemperatur 31, 32
Zierleisten 117
–, verchromt 111
Zierprofile 99
ZMK, Zwischenmolekulare Kräfte 6, 12
Zugfestigkeit 271
Zugkriechmodul 343
Zugmodul 271
Zugprüfmaschine 274
Zugversuch 270
Zündanlagen 176, 187, 192
Zündkabel 209, 221
Zündspulen 194
Zusatzstoffe 22
–, leitfähig 22, 231
Zustand, gummielastisch 303
–, hart 303
–, spröde 303
Zustandsbereiche 32, 33
Zweikomponentenklebstoffe 45
Zweikomponentenspritzgießen 38
Zytel 123, 216